"十二五"国家重点出版规划
精品项目

U0598480

先进航空材料与技术丛书

航空橡胶与密封材料

刘嘉　苏正涛　粟付平　著

国防工业出版社

·北京·

内 容 简 介

本书介绍了当前航空、航天等装备使用的橡胶材料和密封剂,包括50年来使用效果好的成熟材料及近10年研制的新材料,基本反映出21世纪初我国航空橡胶材料和密封剂整体水平,也凸现该领域发展的总趋势。本书分两篇:第1篇为橡胶材料,第2篇为密封剂。第1篇详述了橡胶材料的化学结构、基本特性、混炼胶制备工艺和硫化胶物理力学性能以及应用范围;第2篇介绍了基体材料的化学结构和特性、密封剂制备工艺以及应用过程中出现的问题和解决方法。

本书在突出材料实用性的同时并融入高分子理论知识,尽力做到理论指导实践,可供各领域从事密封、减振降噪结构设计、选材和应用的工程技术人员参考。

图书在版编目(CIP)数据

航空橡胶与密封材料 / 刘嘉,苏正涛,栗付平著.
—北京:国防工业出版社,2011.5
(先进航空材料与技术丛书)
ISBN 978 - 7 - 118 - 07438 - 3

Ⅰ.①航... Ⅱ.①刘...②苏...③栗... Ⅲ.①航空材料:橡胶复合材料②航空材料:密封材料 Ⅳ.①V25

中国版本图书馆 CIP 数据核字(2011)第 077624 号

※

国防工业出版社出版发行

(北京市海淀区紫竹院南路23号 邮政编码100048)
北京嘉恒彩色印刷有限责任公司
新华书店经售

*

开本 710×960 1/16 印张 30 字数 568 千字
2011 年 11 月第 1 版第 1 次印刷 印数 1—3000 册 定价 68.00 元

(本书如有印装错误,我社负责调换)

国防书店:(010)68428422 发行邮购:(010)68414474
发行传真:(010)68411535 发行业务:(010)68472764

序

一部人类文明史从某种意义上说就是一部使用和发展材料的历史。材料技术与信息技术、生物技术、能源技术一起被公认为是当今社会及今后相当长时间内总揽人类发展全局的技术，也是一个国家科技发展和经济建设最重要的物质基础。

航空工业领域从来就是先进材料技术展现风采、争奇斗艳的大舞台，自美国莱特兄弟的第一架飞机问世后的100多年以来，材料与飞机一直在相互推动不断发展，各种新材料的出现和热加工工艺、测试技术的进步，促进了新型飞机设计方案的实现，同时飞机的每一代结构重量系数的降低和寿命的延长，发动机推重比量级的每一次提高，无不强烈地依赖于材料科学技术的进步。"一代材料，一代飞机"就是对材料技术在航空工业发展中所起的先导性和基础性作用的真实写照。

回顾中国航空工业建立60周年的历程，我国航空材料经历了从无到有、从小到大的发展过程，也经历了从跟踪仿制、改进改型到自主创新研制的不同发展阶段。新世纪以来，航空材料科技工作者围绕国防，特别是航空先进装备的需求，通过国家各类基金和项目，开展了大量的先进航空材料应用基础和工程化研究，取得了许多关键性技术的突破和可喜的研究成果，《先进航空材料与技术丛书》就是这些创新性成果的系统展示和总结。

本套丛书的编写是由北京航空材料研究院组织完成的。19 个分册从先进航空材料设计与制造、加工成形工艺技术以及材料检测与评价技术三方面入手，使各分册相辅相成，从不同侧面丰富了这套丛书的整体，是一套较为全面系统的大型系列工程技术专著。丛书凝聚了北京航空材料研究院几代专家和科技人员的辛勤劳动和智慧，也是我国航空材料科技进步的结晶。

当前，我国航空工业正处于历史上难得的发展机遇期。应该看到，和国际航空材料先进水平相比，我们尚存在一定的差距。为此，国家提出"探索一代，预研一代，研制一代，生产一代"的划代发展思想，航空材料科学技术作为这四个"一代"发展的技术引领者和技术推动者，应该更加强化创新，超前部署，厚积薄发。衷心希望此套丛书的出版能成为我国航空材料技术进步的助推器。可以相信，随着国民经济的进一步发展，我国航空材料科学技术一定会迎来一个蓬勃发展的春天。

2011 年 3 月

前　言

航空装备的密封和减振降噪技术是一门较复杂的通用技术,它与结构设计、制造工艺及选用材料是密切相关的,而材料性能的优劣关系着系统性能的可靠性和使用寿命。现代高新技术特别是先进武器装备的发展,更是紧密依赖于材料科学的进步,所以全面熟悉材料、掌握各种材料的性能特点,做到正确的选用材料,对各工业领域从事设计、材料应用的工程技术人员是十分重要的。本书是编者根据多年的实际工作经验并结合近 10 年最新的研究成果,如氟醚橡胶、氢化丁腈橡胶、防火阻燃胶料、高导电胶料、高阻尼胶料和直升机旋翼弹性元件、新型多功能密封剂等新材料以及为新武器装备研制的橡胶制品,通过以优代劣、精减材料牌号逐步形成我国航空橡胶和密封剂材料体系。该书的内容基本反映出 21 世纪初期我国航空橡胶材料和密封剂的总体水平以及国际合成橡胶工业发展的趋势。本书分两篇:第 1 篇为橡胶材料,共计 6 章。汇集了近年来在航空、航天等武器装备应用的近 400 牌号材料和制品的性能,并详细介绍了每个胶种的化学结构、特性和加工工艺、制品成形和硫化方法,胶料的使用范围。第 2 篇为密封剂,共计 7 章。详述了航空、航天、建筑、水利水电、城市建设所用密封剂的基础知识,包括材料的化学结构、特性及密封剂的制备工艺,应用实例和使用过程中会出现的问题及解决方法。本书在内容安排上尽力做到突出实用性,使读者方便了解各种胶料的使用特性,并通过应用实例起到举一反三的作用。为更深入掌握材料基本特性,在各章节内融入相关的高分子材料理论知识,使材料的实用性和知识性相结合,用理论指导选材工作。

本书由刘嘉、苏正涛、栗付平组织和撰写,此外参加橡胶篇撰写的还有张洪雁、王珍、章菊华、刘金岭、米志安、任玉柱、钱黄海、耿新玲、黄艳华、刘丽萍、周易文。参加密封剂篇撰写还有曹寿德、周军辉、刘刚、孙全吉、吴松华、范召东、蔺艳琴、柳莹、潘广萍、李利、宋英红、杨亚飞、秦蓬波、章谏正、刘梅、吴娜。全书由张洪雁、曹寿德、王景鹤、杨希仁研究员审校。在编写过程中得到周易文、蒋洪罡、罗华同志的热心帮助,在此表示感谢。

　　本书希望能对从事航空、航天、武器装备设计、选材和加工的工程技术人员有所帮助,对新型装备的研制起到推进作用。由于编者能力所限,不妥之处敬请不吝指正。

编者

2011 年 3 月

目　录

第1篇　橡 胶 材 料

第 2 篇 密封剂材料

绪　论

随着高新技术的发展,航空武器装备在高速度、大功率、长寿命和舒适可靠性方面取得长足的进步。当今飞机速度达到声速的 3 倍,飞行高度超过 20000m,连续飞行 2 万 km 以上,这些成绩取得是一系列复杂技术问题得到解决后实现的,而密封技术、减振降噪技术就是保证飞行安全可靠的基本保证之一,也是一门各工业领域的通用技术。人在空间生存应具备维持生命的基本条件[1]:氧气密度、环境温度、振动和噪声。随着飞行高度的增加高空的氧气密度和温度都在急剧下降,当高度超过 6000m 时空气中氧气分值压低于人类呼吸最低允许值(0.62 ~ 0.66) × 10^4Pa,此时人就会感到缺氧,思维能力和机体功能开始被破坏,进入生命的危险区域。飞行高度超过 10000m 环境温度降至 − 56.5℃,长期处于过冷状态人会因血液系统停滞而死亡,所以高空飞行必须有气密座舱并配置氧气增压、加温装置以及空调系统,而座舱和系统管路都离不开密封技术。一架远程飞机要带大量的燃料,如果飞机的重量有 180t,其中燃料贮量有 100t 以上。这么多燃料都贮存在机翼、机身的结构空间内,这需要用密封剂将机翼和机身未占用结构空间封闭起来贮存燃油,形成机翼、机身整体油箱。此外液压、冷气、氧气、润滑系统内都装配大量密封件,保证各功能系统密封和实施功能。初步估计一架大型客机使用橡胶密封件超过万件,密封剂达 1t 以上。航空发动机功率的提高带来强烈的振动和噪声,会造成受力结构产生多级共振,操作仪器仪表失灵,机械零部件疲劳寿命缩短,也损害人的神经系统,促使人的疲劳和器官病变。所以泄漏和振动噪声对航空装备造成的后果是灾难性的。美国挑战者号航天飞机、俄罗斯联盟号宇宙飞船返回舱都因为密封失效造成机毁人亡的惨剧。据初步统计由于密封、振动和噪声引起的故障约占航空、航天武器装备故障的 60%,所以尖端武器装备研制过程中应对系统的密封、减振降噪引起足够重视,做到正确选择密封和阻尼减振降噪材料,采用合理密封、减振结构,严格执行生产工艺才能使新型武器装备具有优良的可靠性。

贮存和传输流体的装备都存在密封问题,零部件的连接处间隙就是流体泄漏的通路。借助弹性的密封材料使连接件紧密贴合,堵塞间隙阻止流体渗出和逃逸起到密封作用。由于零件间连接形式不同,密封结构与方式也有较大差异。两个零部件相对静止间隙的密封称固定密封,可采用各种截面形状的密封件,如圆形、矩形、蕾形、V 形的密封圈和垫片等[2]。两个有相对运动的零部件间隙的密封称活动密封,液压系统伺服机构动筒活塞头和杆采用圆截面 O 形圈密封,油泵的旋转

1

轴采用唇形皮碗(油封)密封件,舱体、门窗、口盖结构采用各种截面形状的橡胶型材,借助型材凸缘、空腔的弹性压紧在被密封表面形成的接触应力起密封作用。歼击机座舱盖是采用充气密封胶带,充气后胶带凸起压在机身的边框内,保证座舱气密性;放气后胶带恢复至原形状,座舱与机身出现间隙很容易打开座舱。这种橡胶制品的密封是在过盈配合下橡胶被压缩,其弹性恢复对密封表面形成接触应力保证流体不会泄漏。对由成形的板材、加强肋和桁条通过铆接、螺接和焊接组装的,其结构复杂,尺寸大,很难用橡胶密封件进行密封的部位,需采用密封剂涂覆在接口的缝内和表面,经室温硫化形成粘附在接口间的弹性胶膜达到密封目的。如果零部件刚度大变性小,可在金属结构件上加工沟槽,在沟槽内充填不硫化密封剂即腻子施行沟槽密封[3]。密封剂密封形式应用十分广泛,如飞机客舱和整体油箱、宇宙飞船壳体结构、火车和船舶厢体、房屋建筑方面、污水处理沉淀池池体密封都采用膏状密封剂涂覆到接触的结构表面和间隙内,借助优异的粘接力和抗变性能力确保结构的密封。

为了使航空武器装备飞的更快、飞的更远,必须提高航空发动机推重比,功率增大会带来强烈的振动和噪声,最初人们采用垫橡胶板隔离振动源,用羊毛毡降低噪声。为了进一步提高减振降噪效果,近年在大功率振动源如高速列车上都采用黏弹阻尼器、液弹阻尼器吸收振动能。直升机旋翼系统为消除三维振动和噪声研制出橡胶与金属件组合的弹性轴承和频率匹配器;仪器仪表隔离振源消除共振采用各种结构形状的减振器。在薄壳结构表面贴覆约束阻尼片,借助黏弹胶层与铝箔间剪切变形损耗掉薄壁的振动能,即降低薄壁壳体高频噪声并提高疲劳寿命1倍以上,达到了减低振动和降低噪声的目的。为了创造一个安静舒适的环境,还可用多孔疏松纤维毡和胶黏剂制成隔音板,贴附于舱体壁上吸收振动能减小噪声的干扰。

橡胶是一种高分子聚合物,其分子是由千万个结构相同的链节聚合成线性的大分子。细长的分子链呈卷曲状态,受应力作用卷曲分子链被拉长,可产生原长度10倍以上变形,除去应力后其回缩至初始状态形成橡胶独具的高弹性变形。橡胶微观结构如同一团乱线头,每个细长大分子带有许多官能团,这些基团在化学药剂(硫化剂)的作用下可以相互交联(硫化)使生胶线团结构硫化成网状结构。分子的化学交联点和大分子链间物理缠结限制了橡胶大分子整体流动,而交联点间分子链段仍处于热运动状态。链段在应力下运动要克服分子间摩擦,使外加的机械能转变成热能而损耗。橡胶大分子高弹特性是密封、减振降噪作用的基础,也是橡胶材料所具有的两个基本功能。

尖端工业的发展使各种高新产品的工作环境更加苛刻,表现在被密封流体的温度、工作压力、介质的腐蚀性、振动的强度和频率范围都有大幅度提高。原有天然橡胶、毛毡、皮革、油灰等密封材料已不能满足使用要求,因而促进合成橡胶工业

2

的发展。20世纪初人们采用含有各种不同特征的官能团,如氯、氰基、乙烯基、苯基、异氰酸基、羟基、烷氧基、硫基等合成出氯丁、丁腈、乙丙、丁苯、聚氨酯、聚硫等橡胶。第二次世界大战后的冷战军备竞争期间,又出现耐油、耐热性更好的氟橡胶、丙烯酸酯橡胶和硅橡胶。20世纪末由于航空航天工业大发展,橡胶合成工业又出现许多改善性能的新品种,如改善低温性能的氟醚橡胶、耐强氧化剂的全氟醚橡胶、耐高温耐辐射的苯基硅橡胶、低温-120℃可工作的二乙基硅橡胶、具有耐油特性的氟硅橡胶、提高耐热性的改性聚硫和聚硫代醚橡胶。橡胶的物理状态随着相对分子质量的大小而有固态和液态之分。聚合度高,平均相对分子质量大的(5×10^5)是固状物,大部用于制造各种橡胶制品;平均相对分子质量低于10^4时,聚合物是黏稠液体,主要用于制造各种密封剂。从橡胶制作成橡胶制品要经过一系列的工艺过程:首先要进行塑炼提高生胶的可塑性,然后在炼胶机上加入各种填料、防老剂、增塑剂、硫化剂、硫化促进剂等组分炼制成混炼胶,这种混炼胶经成型和硫化形成橡胶制品。许多制品如胶布、胶管、封严皮碗还复合有织物或金属骨架以进一步提高制品强度和刚性。密封剂又分为硫化型和不硫化型(腻子),硫化型又分为单组分和多组分型。单组分室温硫化密封剂则首先将黏稠的生胶加温、减压,脱出聚合物中挥发分和残留的水分,其后加入经干燥处理的填料、增黏树脂、硫化剂、促进剂并在完全密闭容器内进行高速搅拌混合、分散均匀后封装。使用时打开封装口即可进行涂覆密封操作。双或多组分室温硫化密封剂是基胶和填料、增塑剂等配合组成一个组分,催化、硫化剂组成另一组分,分别进行包装配套供应。使用前按密封剂各组分的配比称量混合均匀,涂覆在密封部位,在室温下经一定时间硫化成具有弹性和粘附力的胶膜。

航空武器装备使用的橡胶、密封剂类型十分广泛,为便于掌握各种橡胶的特点、主要性能、使用工况和应用范围,现将常用橡胶密封材料作如下概述:

航空武器装备常用的橡胶性能比较

生胶类型	使用温度范围/℃	力学性能		低温性能		耐介质性、室温浸泡24h体积变化%		典型应用
		拉伸强度/MPa	扯断伸长率/%	脆性温度/℃	耐寒系数	石油基燃油	磷酸酯液压油	
天然橡胶(NR)	-60 ~ 100	25 ~ 30	600 ~ 800	-38 ~ -52	0.4 ~ 0.85 (45℃下)	不耐	不耐	轮胎、减振垫、真空和冷气系统密封件
丁苯橡胶(SBR)	-60 ~ 100	15 ~ 18	300 ~ 500	-55 ~ -72	0.8 ~ 0.85 (-50℃下)	不耐	不耐	冷气系统胶管、胶板

3

生胶类型	使用温度范围/℃	力学性能		低温性能		耐介质性、室温浸泡24h体积变化%		典型应用
		拉伸强度/MPa	扯断伸长率/%	脆性温度/℃	耐寒系数	石油基燃油	磷酸酯液压油	
氯丁橡胶（CR）	-30～130	10～12	500～650	-30～-57	0.2～0.5（-30℃下）	0～10	不耐	密封型材、阻燃制品、胶黏剂
丁腈橡胶（NBR）	-54～125	12～17	130～350	-30～-60	0.1～0.4（-45℃下）	0～7	不耐	油箱、耐油密封件、胶管
氢化丁腈橡胶（HNBR）	-54～150	19～24	120～300	-45～-55	—	0～7	不耐	高压胶管内胶管、密封垫片
乙丙橡胶（EPM）	-60～150	8～15	130～150	-55～-60	0.2（-50℃）	不耐	-5～-7	密封型材、胶管、磷酸酯系统密封件
硅橡胶（MQ、MVQ、MPVQ）	-70～250	3～7	150～250	-55～-75	0.45～0.75（-50℃）	不耐	≈20	密封型材、耐热胶管膜片、电绝缘材料、隔热材料
氟硅橡胶（MFQ）	-65～225	6～8	150～300	-60～-65	0.17（-65℃）	5～20	—	燃油系统密封垫片
氟橡胶（FPM）	-40～250	14～18	100～250	-25～-30	0.06（-30℃）	0～5	100～132	高强耐油密封件、胶管
氟醚橡胶	-50～250	12～16	100～250	-50	0.31（-30℃）	0～5	—	高温耐油密封件、胶管
聚硫橡胶（密封剂用）（T）	-60～120	2.8～6	400～600	-55	—	-8～+8①		飞机座舱、整体油箱密封

① 该数为质量变化

橡胶材料和密封剂的性能优劣是通过对硫化胶性能测试结果表征的。通常用标准试验方法对硫化胶测定其力学、耐热老化、耐介质等性能前后的变化以及不同环境下材料性能的稳定程度进行评估。橡胶材料和密封剂的力学性能包括拉伸强度、定伸应力、扯断伸长率和扯断永久变形。拉伸强度是试样拉伸至断裂的最大应力值。定伸应力也称定伸模量，是拉伸至规定长度所需的应力值。伸长率是指试样拉伸产生变形,伸长的增量与原长度之比,而将试样扯断时的伸长率称为扯断伸长率。扯断永久变形是试样扯断后将断口对接,标线内产生残余变形与原标线间的比值。硬度表示材料抵抗外力压入的能力。材料的力学性能之间是相关的,例如硫化胶硬度越高,通常其强度也比较大,而伸长率比较小,耐磨性较好,低温性能较差,但能承受高压下抗挤压破坏,适用于制造高压流体环境下的密封零件。胶料的力学性能是材料的基本特性,如果胶料的强度低于 10MPa 就不适于制造活动密封件,否则容易在运动时被剪断;又如胶料的硬度太低,由于难以抵抗高压流体的挤压作用,不适合做高压环境下的密封件。所以材料的力学性能是选择材料首要考虑的问题,也是保障密封可靠性的重要基础。

橡胶密封件通常处于受压缩状态,由于高分子材料具有黏弹性,受压时压缩力随时间而减小表现为应力松弛,除去压缩后不能恢复原来的形状产生了永久变形,在高温和油介质中这些现象更为显著。所以用应力松弛系数或压缩永久变形值来表示弹性体压缩时密封力衰减程度。应力松弛系数或压缩永久变形值越小,表示密封应力降低和压缩残余变形越小,密封件的使用寿命越长。

橡胶材料和密封剂在使用中经常遇见高温、低温和接触各种腐蚀性的化学介质,材料在这些环境的适应性分别用低温性能、耐油或耐介质性能和耐老化方面的性能指标来衡量。材料的耐低温性能通常采用三种测试方法:脆性温度是指试样在低温下受到一定载荷的冲击力时出现破裂的最高温度,用于比较不同材料、密封剂受冲击载荷下柔软性;低温回缩温度是在室温下将试样拉伸至一定长度然后固定,迅速冷却到冻结温度下,达到平衡后松开试片并以一定速度升温,记录回缩10%、30%、50% 和 70% 时的温度,分别以 TR10、TR30、TR50、TR70 表示,其中 TR10 作为常用标准指标,它与脆性温度有相关性。另外还用压缩耐寒系数表征橡胶密封材料的性能,它是将试样在室温下压缩到一定变形量(20% 或 30%),然后在规定温度下冷冻,再卸除负荷让其在低温下回复,回复量与压缩量之比称压缩耐寒系数,系数越大表示低温下橡胶弹性恢复能力越强,这对评定橡胶低温密封能力很有参考价值。对于密封剂的低温性能可用"低温柔软性"及"低温挠曲性"来评估,低温柔软性是将一定厚度的试样在规定的低温下冷冻一段时间后突然将其弯曲,查看是否出现裂纹,是否与被粘表面脱粘。低温挠曲性则是试样在规定的低温下冷却至一定时间后,按规定角度往复弯曲,考查密封剂在低温下经过动态载荷的反复作用下密封能力的变化。这些低温性能指标仅表示材料间在低温测试况态下的性能比较,并不代表材料最低的使用温度。由于橡胶制品和密封剂工作环境和受载荷的工况条件不同,使用的最低温度界定十分困难,必须综合考虑低温下关键性能的变化。一般薄膜橡胶制品如橡胶软油箱、减振垫多采用脆性温度;密封制品多采用压缩耐寒系数;受拉伸状态靠弹性恢复能力的制品用低温回缩温度;密封剂采用"低温柔软性"或"低温挠曲性"更贴合实际的使用条件。

橡胶材料和密封剂除接触石油基、双酯类、硅酸酯介质外，在化学工业中还可能接触各种酸碱和化学溶剂。在接触上述介质过程中除受侵蚀作用外，还会造成材料膨胀以及材料组分内增塑剂和可溶物的抽出，导致质量减轻、体积缩小、硬度和粘接性能降低，所以在接触介质中材料性能稳定性是至关重要的。此方面性能可以采用一定温度下在介质浸泡一定时间，测量试样的质量、体积变化以及强度、伸长率和硬度降低的程度来评定橡胶和密封剂耐介质性。

橡胶材料和密封剂在使用过程受到空气中的氧、臭氧、热、光、水分和机械应力等因素作用引起性能变化称为老化作用。其包括臭氧老化、热老化、湿热老化和耐介质老化。材料的耐老化可通过自然老化和人工加速老化试验来测定，通过老化前后试样的强度、伸长率、硬度以及低温性能变化来表示，其性能变化的越小说明该材料耐老化性越好。

对于密封剂和嵌有金属件及织物的橡胶制品粘接性能也是十分关键的性能。特别是密封剂，它是一种黏稠的膏状物，使用时涂覆在结构间隙和表面，牢固的粘接力是容器密封的基础。通常用90°和180°剥离强度、扯断强度、剪切强度来表征密封剂和被粘的基体的粘接状况和阻止各种外界因素侵蚀的能力。如果密封剂和被粘结基体间粘接性能不好，受外载荷作用后产生脱粘现象，即使这种密封剂其他性能再好，但工程上也是不能应用的。

橡胶材料和密封剂的施工工艺是完全不同的。密封剂是一种黏稠流体，在组分搅拌混合后进行涂覆施工，并在室温下硫化成固态的胶膜。在这个过程中涉及一些工艺状况的术语必须明确。混合好的硫化型密封剂都会有一定的流淌性，结构填角密封是靠对角缝处密封剂的堵塞保证的，缝内密封是靠贴面层中刷涂或刮涂的密封剂充盈达到的，一旦密封剂产生流淌会造成密封的失效。非硫化型密封剂涂覆于贴合面后，不需要较大的流动性以免造成空心现象。填角和缝内密封对于密封剂的流淌性有严格规定，常用下垂度和流平性表示密封剂工艺状态。活性期是指多组分密封剂混合或单组分硫化型密封剂暴露在空气中适于涂覆的时间，超过这段时间密封剂即失去必要的可涂覆性。密封剂在硫化过程中其表面上的粘合基团被消耗到无法粘贴在聚乙烯薄膜的时间称为不粘期，超过不粘期后即可进行下道工序。施工期又称装配期，是指结构贴合面密封剂仍保持足够塑性，适合铆接、螺接及整修工作进行的一段时间，超过这段时间再进行铆接、螺接等会影响装配质量。硫化期是指配制后密封胶达到规定硬度指标的时间。全面掌握密封剂施工过程这些工艺参数和精心涂覆即会制成性能优异的密封结构。

本书收集航空武器装备使用的重要的橡胶材料和密封剂，其中一部分是经多年使用，性能稳定可靠的骨干材料；另一部分是近十年为新航空装备研制的材料，这些材料采用了高分子合成工业迅速发展的新成果，开展了在耐高低温、耐介质等方面更优异、更有潜力的基材的研究，也代表着橡胶材料和密封剂发展方向。为了加速航空武器装备的发展,我们认为装备的设计者必须掌握两方面情况:一是了解武器装备材料使用部位实际工况条件,包括使用温度范围、载荷性质和大小、接触的介质和环境状况以及出现故障危害程度;二是全面掌握各类橡胶材料和密封剂的特征,尽量做到扬长避短发挥每种材料优点,只有两方面密切配合才会起到事半功倍的效果。

参 考 文 献

[1] 根金 C H,列别江斯卡娅 H K. 现在飞机密封技术. 范士军,等译. 北京:国防工业出版社. 1985.

[2] РАЗДОЛИН М В. УПЛОТНЕНИЯ АВИАЦИОННЫХ ГИДРАВЛИЧЕСКИХ АГРЕГАТОВ. МАШИН-ОСТРОЕНИЕ,1965.

[3] 北京航空材料研究院. 航空材料学. 上海:上海科学技术出版,1982.

第1篇 橡胶材料

人类从自然界获取橡胶已有100多年历史了,最初是从热带生长植物的乳浆经凝固、压片、干燥得到的,主要用于制造雨衣、胶靴等生活用品。特别是百年前美国人古德伊尔发现硫磺可以使天然橡胶硫化,这极大改善橡胶材料的弹性,使胶膜失去黏性,从而扩大这种胶乳的使用范围。由于自然资源的局限性和第二次世界大战前夕军备竞争激烈,新的军事装备对橡胶材料的性能和数量提出更高的要求,这也极大地促进合成橡胶工业的发展。20世纪30年代采用双烯类单体合成出丁钠、丁锂橡胶,引入氯原子合成出具有阻燃、耐日光老化性能的氯丁橡胶,引入氰基(CN)的丁腈橡胶能改善耐油性,在分子侧链引入高键能氟原子的氟橡胶极大提高材料耐热性和耐老化特性。采用不同结构的单体或引入不同取代基团得到了一系列具有不同特性的合成橡胶。当前合成橡胶类型不少于40种~50种,而每种类型生胶又有许多规格,所以合成橡胶品种是十分繁多的。

橡胶和密封剂都是线性高分子聚合物,其区别是橡胶的相对分子质量高是固态,而密封剂相对分子质量低是液态,其与金属、塑料、纤维等材料区别是弹性模量低,约为2MPa~4MPa,是金属模量的1/2000~1/3000,是塑料和纤维1/30~1/40,弹性伸长可达100%~1000%,去除应力能迅速恢复原状。这种橡胶黏弹特性赋予橡胶材料具有两大功能:密封和减振作用。

橡胶材料的生胶在强度和弹性方面都比较低不具备使用价值。只有加入补强填料、防老剂、加工助剂以及硫化剂,采用开放式或密炼式炼胶机混合均匀制成胶料或称混炼胶才有使用功能。胶料是制造各种橡胶制品的基本原料,而制品的主要性能如耐热、耐低温、耐化学介质等主要取决于胶料的生胶类型。橡胶的成形方法要根据制品形状和结构形式来确定:一般橡胶密封件不管是各种截面形状的胶圈或嵌有金属骨架唇形旋转轴油封和减振垫均采用模压成形方法,包括注压成形、真空模压成形;对于胶布有涂胶和刮胶、贴胶、擦胶方式;各种胶板均采用压延成形;胶管、胶绳、型材是用挤出机成形的,橡胶织物制成的大型胶囊和软油箱采用裱糊成形。成形后的制品还必须经过硫化工序,使线性大分子转变成三维网状结构,混炼胶转化成硫化胶才具备有使用价值的强度、弹性和耐介质性能。

橡胶材料应用到国民经济的各个领域,也是高科技领域不可缺少、不可替代的关键材料之一。在航空武器装备中使用的橡胶材料极为广泛,下面简单介绍常用航空用橡胶的主要结构和特性、硫化胶的性能和应用情况。

第1章　通用橡胶材料

通用橡胶是指一批在国民经济领域最早获得应用的弹性材料。它有较长的生产历史,是橡胶工业的主体,使用面广,生产量大。近 20 年 ~30 年由于尖端工业迅速发展,出现一批具有特殊性能的弹性体如氟醚橡胶、氟硅橡胶和耐辐射高苯基含量硅橡胶。这些特殊橡胶材料主要用于航空、航天新型武器装备、深井勘探和重型机械等领域要求性能更高部位。本章介绍了现航空工业仍在使用的一些通用橡胶如天然橡胶、丁苯橡胶、氯丁橡胶、乙丙橡胶和丁腈橡胶,这些胶料生产工艺和使用经验都很成熟,多年来使用效果很好。全面了解这些橡胶材料结构特性,硫化胶性能以及应用范围对新老航空装备选材和延寿是极有帮助的。

1.1　天然橡胶

天然橡胶(NR)是湿热带生长的三叶橡胶树和野生橡胶菊的乳浆经过凝固、压材、干燥、加工成的天然弹性材料。由于乳浆采用不同干燥方式故而得到各种类型生胶片,例如用烟熏干燥制成烟片,用催干剂或在自然中空气干燥得到风干胶。天然橡胶主要成分是 92% ~94% 橡胶烃和 2.5% ~5.5% 蛋白质,其余为无机盐、脂肪酸及灰分。

1.1.1　结构和特性

橡胶烃是异戊二烯(C5H8)聚合体,其化学结构为

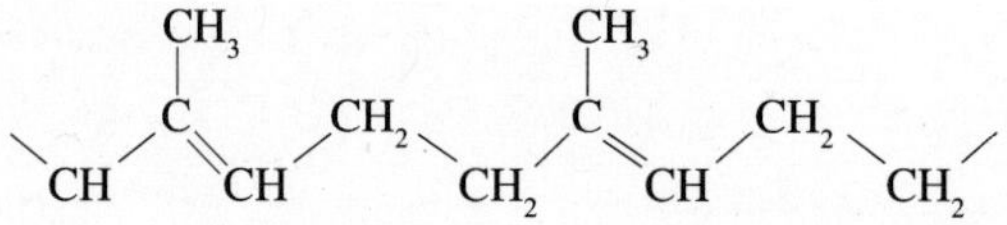

其中顺式 1,4 结构占 98% 以上。异戊二烯为基本链节组成聚合物大分子链,其相对分子质量为 $(8 \sim 15) \times 10^5$。天然橡胶大分子中每四个键中有一个双键,每四个碳原子有一个甲基,这种结构使得分子链很容易变形和流动,结构中双键是极为活泼的活性点,易于硫化交联、氧化和橡胶的改性。天然橡胶无一定熔点,在 130℃ ~140℃ 呈熔融状态,200℃ 开始热分解,到 270℃ 急剧分解。由于分子链极为规整,甲基位阻效应低,分子间相互作用力较小,其玻璃化转变温度较低,其变化区域约为 -69℃ ~ -74℃,冷却至 -70℃ 下为脆化材料,升高温度又转为高弹态。

10

天然橡胶大分子间作用力小易变形和流动,在应力作用时立体规整结构导致定向结晶效应,使拉伸强度显著增高,所以天然橡胶是自补强橡胶。未填充补强填料硫化胶强度可达 17 MPa ~25MPa,经炭黑补强可达 27 MPa ~35MPa,伸长率可达 700% ~1000%。冲击载荷下的回弹率达 60% 以上,所以天然橡胶是一种高强度和高弹性的橡胶材料。

天然橡胶分子结构规整并含有体积较大的甲基,具有很好的气密性,其渗透系数为 $2.969 \times 10^{-12} cm^2/s \cdot Pa$,在 1atm 下其透气率比丁基橡胶高 10 倍,不适用于高真空装置的密封。

天然橡胶分子链上含有大量具有化学活性的双键,它可参与加成、取代、环化反应,可改性天然橡胶产品,如环化天然橡胶,环氧化橡胶,氯化橡胶。分子链上的双键又是硫化反应活性点,与硫磺等硫化剂在一定温度和压力下可进行分子间交联形成网状结构。这种双键结构在一定温度可以和空气中氧进行自催化连锁反应,导致大分子链断裂或进一步交联,橡胶就会出现黏化和龟裂,这就是天然橡胶不耐老化的主要原因。通常天然橡胶制品在日光暴晒 30h 就会出现裂纹,如果接触臭氧时几分钟就会龟裂。

天然橡胶的耐热性、耐日光、耐臭氧较差,其长期使用的最高温度为 80℃,在 100℃ 下可使用几十个小时,制品应避光贮存可保证 2 年内性能不会发生较大的改变。

天然橡胶分子中不含极性原子和基团,是一种易结晶非极性橡胶,其溶解度参数为 8.1,与顺丁橡胶(8.1)、丁苯橡胶(8.1~8.6)、丁基橡胶(7.84)相当,其在各种化学试剂中性能变化见表 1-1[1]。

表 1-1 天然橡胶在各种介质中体积和质量变化

溶剂	最大溶胀体积 ΔV/%	质量增加 Δm (室温·100h)/%	溶剂	最大溶胀体积 ΔV/%	质量增加 Δm (室温·100h)/%
三氯甲烷	651	24.0	石蜡油	303	1.0
四氯化碳	659	8.9	环己烷	458	—
二硫化碳	583	18.0	环己酮	158	—
四氢化萘	564	17.9	环己醇	50	8.7
十氢化萘	510	19.6	乙酸环己酯	307	—
松节油	483	69.0	苯甲醚	323	3.4
苯	498	9.0	硝基苯	145	3.3
甲苯	504	—	乙酸戊酯	237	13.0
二甲苯	501	7.6	乙醚	243	3.0
石油醚	234	—	丙酮	3	—
汽油	389	8.4			

天然橡胶硫化胶在上述化学试剂和石油基油料、双酯类油中质量增加和体积膨胀达几倍以上,失去了基本的力学性能,所以天然橡胶以及与它溶解度参数相近的其他橡胶都不能制造接触非极性溶剂和各种石油基油料的橡胶制品。天然橡胶有较好耐碱性,但耐酸性较差。在90%浓度纯碱和氨水中性能保持率较高,有较长的使用期限,如要接触酸类,硫酸和盐酸浓度不要超过30%,而对硝酸不可超过10%,因为这些酸氧化作用太强。

1.1.2　胶料的力学性能

航空装备上用的天然橡胶胶料是由1号烟片加入炭黑和硫磺及硫化促进剂经混炼而成,经硫化后具有高弹性,高强度等优异的综合性能。主要用于制造在水、空气、氧气、乙醇—丙三醇防冻液、低浓度(20%以下)酸碱溶液工作的密封件、胶管和胶板、仪表减振垫,其使用温度为 -55℃~80℃,短期(24h)可到100℃。天然橡胶不能接触石油基油料,也不可在阳光下暴晒。

航空工业使用天然橡胶已有近50年历史,其中使用效果最好,用量最多的胶料有1140,1150,1161,1180,弹性轴承用胶料五个硬度等级胶料,其硫化胶的性能见表1-2。

表 1-2　硫化胶物理及力学性能

胶料牌号	密度/(g/cm³)	拉伸强度/MPa	扯断伸长率/%	扯断永久变形/%	硬度(邵氏A)	脆性温度/℃	压缩耐寒系数	90℃×24h空气老化后伸长率变化率/%	压缩永久变形/%(70℃×22h,空气)	
									压缩率/%	典型值
1140	0.96	23.5~29.7	790~884	12~19	34~36	-52	—	-14~-5	—	—
1150	1.38	16.4~20.8	575~641	16~25	54~58	-52	—	-4~+2	—	—
1161	1.20	21.2~24.4	422~512	16~24	62~70	—	0.60~0.71	-47~-31	30	23~36
1180	1.41	11.8~16.5	296~360	9~16	74~83	-35	—	—	—	—
弹性轴承用胶料	1.04	28~34	610~672	15~25	47~49	-55	—	0~-5	—	—

1.1.3　胶料的加工工艺

烟片经10次~15次薄通后天然橡胶门尼黏度降至30以下,具有良好包辊性,非常适宜混炼和成形工序的进行。天然橡胶胶料有很好流动性和黏性,适宜采用模压、挤出、压延等工艺方法来制造各种橡胶制品。密封圈、薄膜、减振垫等模压制品是借助模具和热压机(蒸气、电热)成形和硫化成的。胶板和贴胶布是用压延机碾压成片材,在蒸气硫化罐和电热压力釜内进行硫化;各种口径的纯胶管、编织胶管和胶绳、型材是由挤出机压出后在上述硫化装置内完成硫化的。五种胶料适宜的加工方法和标准试片硫化条件见表1-3。

表1-3　适宜加工方法和硫化条件

胶料牌号	适宜加工方法	标准试片(2mm)的硫化条件/℃×min
1140	模压、压延	$(143\pm2)\times15$;$(151\pm2)\times10$
1150	模压、压延、压出	
1161	模压、压延	$(143\pm2)\times15$;$(151\pm2)\times10$
1180	模压	$(151\pm2)\times20$
弹性轴承用胶料	模压、压出	$(143\pm2)\times20$;$(130\pm2)\times50$

生产模压制品前先将胶料在两辊炼胶机上进行返炼,在锁紧辊距下薄通5次,其后放开辊距排出气泡下片。根据制品形状制成坯料,其质量应有5%～10%余量。模压压力取决胶料的硬度,对于邵氏硬度50以下的胶料,模具单位面积压力为2MPa～3MPa,对于60以上胶料可选4MPa～6MPa,硫化时间应严格控制,防止胶料产生过硫现象。天然橡胶硫化体系多采用硫磺和促进剂配合使用。一般硫磺用量在2份以上,配用少于1份的秋兰姆促进剂称为一般硫化体系或高硫磺体系,其形成双硫键或多硫键,硫化胶耐热性较差但易于粘接;当硫磺用量低于2份而促进剂用量超过1份称为低硫配合,其形成单、双硫键其耐热性有改善;仅采用含硫促进剂而不加硫磺时为无硫配合,分子间形成单硫键其耐热性最好但粘接性和低温柔顺性有较大损失。在硫化时如果交联结构是双硫键时,在高温下会产生裂解即硫化返原现象,这种现象在硫化温度150℃以上时间超过40min后变得十分明显。厚度超过6mm的制品,由于橡胶导热性差不宜选择提高温度缩短硫化时间的硫化条件,应选用较低温度和长时间的硫化方式。

用天然橡胶生产压出制品要注意严格控制挤出机各部位的温度。经过返炼的胶料剪成片状带材送入料口,挤出机机筒温度控制在50℃～60℃,机头温度80℃～85℃,口型温度90℃～95℃。天然橡胶胶料流动性好,收缩小易包辊。在压延胶板时,将三辊压延机的上辊温度控制在100℃～110℃,中辊为85℃～90℃,下辊为60℃～70℃。

天然橡胶制品的耐老化性差,不能接触油类、酸、碱等物质。应在避免阳光直接照射、温度0～20℃,相对湿度抵于80%的库房内存放,具有包装的橡胶制品有2年～3年质量保证期限。

1.1.4　应用实例

天然橡胶在飞机上应用范围和应用部位见表1-4。

表 1 − 4 航空用天然橡胶的实例

胶料牌号	应 用 范 围	典 型 用 途
1140	在水、空气、丙三醇—乙醇防冻液中,温度 −50℃ ~80℃供制气动、氧气系统密封件、胶管和膜片	轰炸机、运输机机身密封圈、垫片、客窗气囊、胶套、胶管、减振垫
1150	在空气、水、防冻液中,工作温度为 −50℃ ~80℃氧气系统用零件	歼击机空气系统减振带,衬套和垫圈
1161	−50℃ ~80℃空气系统,与金属粘接良好的减振零件和弹性垫片	歼击机涡轮发电机与连接件减振零件
1180	在水、空气中工作、使用温度为 −30℃ ~80℃供制压缩载荷下的零件	飞机上空气、氧气系统内高硬度橡胶零件
弹性轴承用橡胶	在空气中工作 −50℃ ~70℃下有良好与金属粘接和耐压缩疲劳性能,供制减振零件	直升机旋翼弹性轴承,也可用于房屋地基和桥梁减振支架

天然橡胶具有高强度、高弹性、加工性能好,价格便宜,因而广泛用于国民经济各个领域,特别是日常生活用品、医疗器械大都是天然橡胶制品。当前全世界各种橡胶消耗量中天然橡胶居首位,占总量35% ~40%,其中主要用于制造各种车辆轮胎、运输带,这是其他橡胶无法替代的。航空用斜交轮胎,子午线轮胎的胎面,胎侧,内胎均是由天然橡胶生产的,此外还用于生产空气、氧气、冷气系统的密封件、减振垫和耐稀酸、碱的胶管、型材、胶棒和胶线。天然橡胶最大的弊端是耐老化性差,在日光下暴晒会产生老化龟裂,另外不能接触石油基油料和强酸,长期使用温度不能高于80℃,在 100℃下可有几十小时寿命。所以近年新型航空武器装备中除轮胎外,其他天然橡胶的零件逐渐被耐热性、耐老化性较好的乙丙橡胶、硅橡胶所替代。在俄罗斯 Ty005 − 1166—1987《航空橡胶零件及型材用胶料》标准中不再将天然橡胶列为新型航空装备推荐的材料,而作为维持老机种限制性使用。

1.2 丁苯橡胶

丁苯橡胶(SBR)是苯乙烯和丁二烯的共聚物,有乳液和溶液聚合两种合成方式[5]。20 世纪20 年代德国 I. G. Farben 公司在改进聚丁二烯物理性能时用苯乙烯作为第二单体首次用乳液聚合方法制取丁苯橡胶,在1937 年又采用乙炔路线开始工业化生产丁苯橡胶,商品名为 Buna S,在第二次世界大战期间丁苯橡胶作为战略物资用量急剧增长,于1942 年美国生产出 GR − S 丁苯橡胶,苏联也于1949 年开始生产丁苯橡胶。上述合成均采用50℃下乳液共聚的高温丁苯橡胶,聚合温度高凝胶成分高,支链多,低相对分子质量聚合物含量高所以物理力学性能较差。其后采用在5℃下低温聚合得到低温乳液丁苯橡胶,其相对分子质量高支链少,结构规整性好,其力学性能优于高温乳液丁苯橡胶。当前乳液聚合的丁苯橡胶90%以上都是低温聚合的。20世纪60年代中期随着阴离子聚合技术发展,采用烷基锂等催化剂制出溶液聚合丁苯橡胶,其生产的轮胎滚动阻力低,抗湿滑性优异,取得迅速的发展,现溶液丁苯橡胶占丁苯总量15%[3]。

丁苯橡胶是最早合成产量最大的橡胶,其产量占整个合成橡胶总量的34%,主要与天然橡胶并用制造各种车辆的轮胎和传送带。其品种繁多有如下类型生胶[5]:

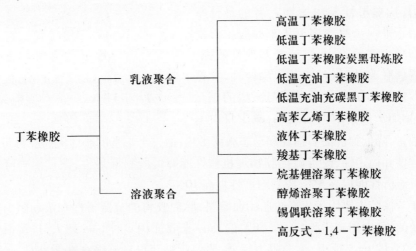

1.2.1　结构和特性

丁苯橡胶是丁二烯和苯乙烯单体,通过乳液或溶液聚合成的高分子聚合物,其结构式如下:

$$+(CH_2-CH=CH-CH_2)_x\,(CH_2-CH)_y\,(CH_2CH)_z$$

分子链中丁二烯和苯乙烯呈无规分布,丁二烯加成反应约80%发生在1,4位置,20%发生在1,2位置上;在1,4结构中又有顺式1,4结构和反式1,4结构两种构型。分子链中1,2结构和1,4结构的相对含量与聚合温度有密切关系,聚合温度为-33℃时,分子结构中顺式1,4结构含量为5.4%,反式1,4结构为80.4%,1,2结构为12.7%;在5℃下冷聚合时顺式1,4结构含量为12.3%,反式1,4结构含量为71.8%,1,2结构为15.8%;在50℃高温聚合时,顺式1,4结构为18.4%,反式1,4结构为65.3%,1,2结构为16.3%,三种结构中1,2结构的含量对胶料性能影响最大,1,2结构含量越低,玻璃化温度越低。顺式1,4结构影响硫化胶的弹性,含量越高弹性越好。乳液聚合丁苯橡胶主链上的丁二烯链段大部分是反式1,4结构和苯环体积效应的影响,分子链柔顺性差从而硫化胶弹性低,动态载荷下生热高,是天然橡胶的两倍[6]。耐寒性以含苯乙烯10%丁苯的橡胶最佳[4]。乳聚丁苯橡胶单体无规排列,体积大的苯环破坏分子链间规整性,因而不能结晶。

采用阴离子活性聚合,合成过程中苯乙烯和丁二烯比例,丁二烯单元的微观结构,单元组成的排列顺序,相对分子质量及相对分子质量分布都可以加以控制,能够获得滚动阻力,抗湿滑性及耐磨性三者的最佳平衡。为了进一步改善溶聚丁苯橡胶抗湿滑性能和减少滚动阻力,进行端基改性研究,采用锡偶联改性,氨基二苯甲酮改性,异氰酸酯改性提高了大分子末端与炭黑的相互作用,增加炭黑分散的稳定性,减少自由末

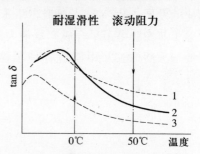

图 1-1　橡胶 tanδ 与温度间的关系
1—乳聚丁苯橡胶;2—溶聚丁苯橡胶;
3—顺丁橡胶。

端的数量,降低弹性滞后损耗和动态载荷生热,通过末端基的改性提高胶料与炭黑结合程度和稳定性,改善硫化胶物理机械性能降低胶料滞后性,滚动阻力降低了25%抗湿滑性能提高5%,胶料耐磨性提高10%[7]。

丁苯橡胶主要用于生产轮胎胎面胶料,胎面胶料的抗湿滑性和滚动阻力是十分重要的,分别用硫化胶0℃及50℃的 tanδ 来表征,0℃时 tanδ 越大,抗湿滑性能越好;50℃的 tanδ 越小,滚动阻力越低,要使胶料获得良好综合性能,应尽量增加0℃时 tanδ,减少50℃下 tanδ。图 1-1 表明乳聚和溶聚丁苯橡胶 tanδ 和温度关系[8]。

实验表明,溶聚丁苯橡胶具有抗湿滑性和滚动阻力最佳平衡,0℃时 tanδ 与乳聚丁苯橡胶相近,50℃时 tanδ 比乳聚丁苯橡胶有大幅降低。顺丁橡胶50℃时 tanδ 虽很低,但0℃的 tanδ 亦低,无法达到二者的综合平衡。经过端基改性后溶聚丁苯橡胶性能见表 1-5[9]。

表 1-5　锡偶联溶聚丁苯硫化胶与乳聚丁苯硫化胶性能对比

橡　胶	溶聚丁苯硫化胶	未偶联溶聚丁苯硫化胶	锡偶联乳聚丁苯硫化胶
胶料的门尼黏度($ML_{1+4}^{100℃}$)	72	87	65
拉伸强度/MPa	23.0	20.1	23.5
100%定伸应力/MPa	3.8	3.9	4.1
滚动阻力($tanδ$,60℃)	0.185	0.140	0.102
抗湿滑性指数	100	103	104
耐磨性指数	100	95	115

苯乙烯和丁二烯 1,2 结构含量增加,可使生胶玻璃化温度 T_g 提高,湿牵引力增加,耐老化性能变好,但回弹性、耐磨性降低。当苯乙烯含量大于 18% 时会降低耐磨性能。苯乙烯含量在 18% ~ 21% 间的溶聚丁苯橡胶加工性能,耐磨性能和湿滑路面上牵引性能等综合性能最佳。

溶聚丁苯橡胶中丁二烯顺式 1,4 结构含量增加,可使 T_g 下降,而耐磨性、回弹率提高,耐寒、耐热、耐压缩性能改善。而反式 1,4 结构含量增加,则大分子柔顺性下降,冲击弹性和耐磨性降低,由于可产生拉伸结晶,硫化胶强度提高了。

溶聚丁苯橡胶相对分子质量约 20×10^5,随着相对分子质量增加,硫化胶力学性能如拉伸强度、定伸应力、弹性和耐磨性均有提高,其工艺加工性变差,压出性能和焦烧安全性降低。溶聚丁苯橡胶相对分子质量分布窄,其分布指数一般为 1.5 左右。低相对分子质量部分减小有利于提高硫化胶的拉伸强度、耐磨性、回弹性和充油充炭黑的能力,因而溶聚丁苯橡胶低相对分子质量部分要比乳聚丁苯少得多,所以溶聚丁苯橡胶综合性能要优于乳聚丁苯橡胶[10]。

1.2.2 硫化胶的力学性能

与天然橡胶相比,丁苯橡胶具有较好的耐热性、耐老化性和耐磨性。丁苯橡胶的弹性、耐寒性、耐屈挠龟裂性和耐撕裂性均比天然橡胶差,尤其是苯乙烯含量越多,丁苯橡胶的弹性、耐寒性、滞后损失、粘着性和工艺加工性能就越差。丁苯橡胶制品在多次形变下生热量大,而且随着反式结构含量的增加而增大。光对丁苯橡胶的老化作用不明显,但丁苯橡胶对臭氧的作用比天然橡胶敏感,耐臭氧性能比天然橡胶差。普通乳聚丁苯橡胶的低温性能较差,脆性温度约为 -45℃,但苯乙烯含量低于 10% 的丁苯橡胶或用甲基苯乙烯替代苯乙烯后,其侧链结构可有效阻止丁苯橡胶的结晶现象,其脆性温度可达 -76℃。丁苯橡胶的电性能主要受配合剂的影响。

目前国防武器装备使用的是低温乳聚丁苯橡胶,有 3160、3170、3180、3383、3160T、3180T 等胶料牌号。3160、3170、3180 均以丁苯 - 10 为基胶,3383 是以丁苯 - 30 为基胶,3160T、3180T 是天然橡胶和高、低顺丁橡胶填加各种配合剂经混炼而成,是为解决丁苯 - 10 生胶缺货而研制的代用胶料。经硫化后弹性比天然橡胶差,但耐热、耐油、耐腐蚀及老化性能略优于天然橡胶,适于制造在空气、乙醇—丙三醇混合液中工作的橡胶零件和板材,使用温度为 -60℃ ~ 100℃,丁苯橡胶不能接触石油基油料的工作环境。其性能见表 1 - 6。

表 1-6　丁苯橡胶胶料的主要性能

胶料牌号	密度 /(g/cm³)	拉伸强度 /MPa	扯断伸长率/%	扯断永久变形/%	硬度（邵氏 A）	脆性温度/℃	耐寒系数（-50℃）	伸长率变化率(空气, 90℃, 24h)/%
3160	1.21	6.4~9.1	292~339	3~5	59~63	-67	—	-12~6
3160T	—	8.6~9.6	280~380	2	59~60	-72	0.80~0.85	-10~-3
3180	1.21	13.4~16.7	184~274	—	80~90	—	—	-23~-1
3180T	—	14.2~15.6	180~250	2	82~84	-72	0.80	-10~-7
3383	—	12.0	210	—	74	-55	—	—
3170	—	10.7	320	4	66	—	0.68（-60℃）	-4

1.2.3　胶料的加工工艺

1.2.3.1　配合技术

丁苯橡胶的硫化速度较慢,因而硫化促进剂用量较大,但硫化曲线平坦,胶料不易焦烧和过硫。丁苯橡胶的混炼加工性能差,炼胶中可塑度变化较小,压延压出变形大,黏着性差,因此必须选好填充剂、软化剂,并使用增黏剂。

丁苯橡胶的配合基本上与天然橡胶相似,分为硫化体系、补强与填充体系、防护体系、增塑剂、加工助剂和其他配合剂。

1. 硫化体系

一般分为硫磺硫化体系、有效和半有效硫化体系及有机过氧化物硫化体系。

(1)硫磺硫化体系。乳聚丁苯橡胶中含有残存的脂肪酸、皂类等,其硫化速度低于天然橡胶。由于乳聚丁苯橡胶的不饱和度低于天然橡胶,因而硫磺的用量低于天然橡胶,一般为 1.0 份~2.5 份,随着硫磺用量的增加,硫化时间缩短,交联密度增加,硬度、定伸应力、拉伸强度、回弹率都增大,而伸长率、永久变形、生热等减少,热老化性能和屈挠性能变差。促进剂的选择要与炭黑品种的选择结合考虑,着眼于混炼胶的焦烧特性和产品性能。常用的促进剂主要有噻唑类促进剂 M、DM 等、次磺酰胺类促进剂 CZ、NS、NOBS 等和秋兰姆类。实践表明,丁苯橡胶最宜用迟效型的次磺酰胺类促进剂,该促进剂具有在通常操作温度下门尼焦烧时间长,在硫化温度下的硫化速度又非常快的特点。助促进剂采用醛胺类或胍类,单用对丁苯橡胶效力较弱。

(2)有效和半有效硫化体系。硫磺硫化体系产生以多硫键为主的交联结构,并存在残余的游离硫,降低了硫化胶的耐热性和耐压缩永久变形性能。为改善这些性能,就需要少用硫磺多用促进剂,使硫磺仅参与有效交联,这种低硫高促硫化体系称为有效硫化体系。用硫磺给予体代替部分硫磺的硫化体系称为半有效硫化体系。

（3）有机过氧化物硫化体系。用过氧化二异丙苯等有机过氧化物可以获得耐热老化性能较好的丁苯橡胶胶料,但硫化胶伸长率低,撕裂强度差。

2. 补强与填充体系

丁苯橡胶的补强剂中以炭黑最优,影响硫化胶性能的炭黑特性主要是粒径大小(比表面积)、结构和表面性质。随炭黑粒径的减小,胶料拉伸强度增加,硬度增高,耐磨性变好。但炭黑粒径减小后胶料生热增大,容易产生龟裂,回弹性也变差。炭黑结构越高,定伸应力越大,伸长率越小,耐磨性越好。但炭黑结构提高后胶料容易产生龟裂,生热也变大。炭黑粒径越小,结构越高,则胶料门尼黏度高,焦烧时间短;炭黑结构高,压出速度快,压出制品的表面光滑,压出口型膨胀小。

另外,白炭黑、陶土、碳酸钙、碳酸镁及硫酸钡等可作为丁苯橡胶的白色填充剂。白色填充剂能够改善混炼胶的可塑性、粘着性并防止变形,还能改善硫化胶的性能如拉伸强度、硬度、磨耗性能、撕裂、弹性、耐热性和电性能等,同时还能降低成本,减少动态生热。

3. 防护体系

丁苯橡胶长期使用时会出现变硬、脆裂等老化现象,根据制品的特殊需要,需考虑防护问题。常用的防护剂有抗氧剂、抗臭氧和抗日光龟裂剂、屈挠龟裂抑制剂及有害金属抑制剂等。使用防护体系时应注意防老剂对混炼胶可塑性及硫化速度的影响,同时考虑其污染性、喷霜性、毒性、挥发性以及其他配合剂的影响。

4. 增塑剂

丁苯橡胶中使用的增塑剂主要有石油系、煤焦油系、松油系、脂肪系增塑剂,另外还有软脂酸、硬脂酸、油酸、硬脂酸钙、硬脂酸镁及硬脂酸锌等。

1.2.3.2 胶料的加工工艺

丁苯橡胶胶料的加工主要包括混炼、模压、压延、成形和硫化。丁苯橡胶的硫化速度较慢,但硫化曲线平坦,胶料不易焦烧和过硫。丁苯橡胶的混炼加工性能差,炼胶过程中可塑性变化小,包辊性差,压延压出变形大,常用丁苯橡胶的硫化条件见表1-7。

表1-7 常用丁苯橡胶加工方法和硫化条件

胶料牌号	适宜的加工方法	标准试样硫化条件/(℃×min)	
		2mm 厚试片	$\phi10mm \times 10mm$ 试样
3160	模压、压延	$(151 \pm 2) \times 25$	
3160T	模压、压延	$(151 \pm 2) \times 20$	
3180	模压	$(151 \pm 2) \times 25$	$(151 \pm 2) \times 25$
3180T	模压	$(151 \pm 2) \times 20$	
3383	模压、压延	$(151 \pm 2) \times 20;143 \pm 2 \times 30$	
3170	模压	$(151 \pm 2) \times 20$	

丁苯橡胶在加工过程中应注意如下事项：返炼和预制坯料过程中严防混入其他胶料碎屑；胶料使用前需进行返炼，返炼后的预制坯料应在 48h 内用完；对于高硬度胶料如 3180、3180T、3383 等，在压制时模具单位面积压力应大于 10MPa。硫化制品厚度超过 6mm 时，厚度每增加 2mm，硫化时间延长 5min。压制有金属骨架的制品应根据所用胶黏剂固化速度适当延长硫化时间。

1.2.4 应用实例

丁苯橡胶在航空武器装备的典型应用见表 1-8。

表 1-8 丁苯橡胶的典型应用

胶料牌号	应用范围	主要用途举例
3160、3160T	在空气中工作，温度为 -60℃~100℃，供制航空冷气系统的橡胶零件	歼击机上座舱压力调节器用橡胶件，外露系统的垫片；轰炸机炮塔上的橡胶活门垫
3180、3180T	在空气、乙醇—丙三醇混合液中工作，并用6号聚乙基硅油作为润滑剂，温度为 -60℃~80℃，供制高硬度耐寒橡胶零件	轰炸机炮塔回转器的密封碗
3383	工作温度为 -50℃~50℃，在 50℃下无刺激气味，供制氧气系统的零件	飞机氧气系统的橡胶件
3170	氧气中工作，温度为 -60℃~100℃，供制低温橡胶密封零件	导弹超低温氧气系统橡胶密封件

航空武器装备主要使用丁苯-10 橡胶为基的胶料，因为该胶料具有优异的低温性能。丁苯橡胶分子链上含体积较大的苯环，特别是采用甲基苯乙烯代替苯乙烯更进一步破坏分子间结构的规整性，CKMC-10 生胶的玻璃化温度低于 -70℃，不会出现天然橡胶长期低温下会产生结晶现象，因而广泛用于低温冷气系统。乙醇—甘油防冻液中工作的橡胶零件和胶板，其使用温度为 -60℃~100℃。特别是采用甲基丁苯-10（CKMC-10），与低顺丁橡胶并用，除具有优良物理力学性能外，其低温性能在 -60℃下耐寒系数达 0.6~0.7，在这样低的温度下还有 60%~70% 弹性恢复能力，特别适宜作冷气系统的密封件。

在轮胎工业中，丁苯橡胶在轿车胎、小型拖拉机胎及摩托车胎中应用较多，而在载重胎及子午胎中应用得较少。为了改善胎面胶的耐磨性能和花纹沟龟裂性，一般采用充油丁苯橡胶与顺丁橡胶并用；斜交乘用胎胎侧胶采用天然橡胶与丁苯橡胶并用胶。丁苯橡胶在胶带、胶管中也获得了广泛的应用。例如，用于运输带的覆盖胶、输水胶管、胶鞋底、胶辊、防水橡胶制品、胶布等。

1.3 氯丁橡胶

氯丁橡胶(CR)是由氯丁二烯单体经乳液聚合反应合成的高分子聚合物。它是开发较早、用途广泛的通用合成橡胶。最早投入市场的氯丁橡胶是美国杜邦公司 1931 年研制成功的,产品命名为 Neoprene,苏联于 1940 年实现氯丁橡胶工业化,产品命名为 Найрит,产量仅次于美国居世界第二位。我国 1950 年开始氯丁橡胶的研究,1958 年在四川长寿化工厂建成我国第一套氯丁橡胶生产装置,后又分别在青岛和山西建成了两套生产装置。目前我国氯丁橡胶的生产能力仍不能满足国内市场的需求,市场占有率仅为 50% ~ 60%。氯丁橡胶特有的性能和便宜的价格使其仍是合成橡胶中用量大、难以替代的弹性体[1]。

根据氯丁橡胶性能和用途可分类为[11]:

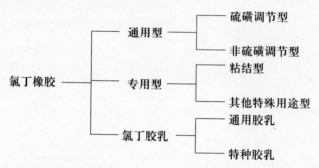

通用型氯丁橡胶分为硫磺调节型(G 型)和非硫磺调节型(W 型)。硫磺调节型氯丁橡胶是在乳液聚合过程中以硫磺作为调节剂,四乙基秋兰姆(TETD)为中止剂,防老剂 D 为稳定剂,所得的聚合物相对分子质量一般在$(2 \sim 95) \times 10^4$之间。聚合物主要是反式 1,4 加成结构,分子结构相当规整,受拉伸时易结晶,有较高的拉伸强度。由于在分子主链上存在双硫键或多硫键,因而耐热性和贮存性较差。非硫磺调节型氯丁橡胶在聚合过程中采用硫醇作为调节剂,聚合物分子链中不含双硫链,而且容易生成 1,2 加成结构。这种结构上的氯原子较易脱落,生成带活性基的侧链,导致链的支化和交联,其相对分子质量在$(18 \sim 20) \times 10^4$之间。耐热性优于用金属氧化物和硫磺硫化的 G 型氯丁胶,而且硫化胶的压缩永久变形小。在相同条件下其贮存期较 G 型生胶要长。在炼胶过程中不易焦烧,不易粘辊,压延、压出工艺较易掌握。在通用型氯丁橡胶中 W 型氯丁橡胶使用较广泛。还有一种 T 型氯丁橡胶,也属于非硫调节型,含有预交联成分,生胶不用塑炼,容易加工,硫化胶的弹性恢复小。

专用型氯丁橡胶主要用于胶黏剂及其他用途,其中粘接型氯丁橡胶是专为胶黏剂而开发的一种氯丁橡胶,分子结构规整,结晶性高,在室温下就有较好的粘接性能和较大的内聚强度,具有橡胶型胶黏剂的可屈挠性,耐老化,耐介质,材料适用范围广,可粘接橡胶、皮革、人造革、金属、织物、木材、石棉等,广泛应用于现代工业的各个领域,特别是制鞋工业和汽车制造工业上用量最大[11,12]。

氯丁橡胶中还包含了某些特殊型氯丁橡胶,如氯苯橡胶是由氯丁二烯与苯乙烯共聚合而成的,它又分为硫磺调节型和非硫调节型。由于大分子链上引入了苯乙烯分子,分子链间难以规整排列,因而结晶度和结晶速度都较低,较大地改善了橡胶的低温和工艺性能,该硫化胶耐压缩永久变形小,热稳定性较好,但撕裂强度及弹性恢复能力较低。氯丙橡胶是氯丁二烯和丙烯腈的共聚物,不用硫磺或硫化物作调节剂。丙烯腈含量有10%和20%左右两种,通称为氯丙-10和氯丙-20。氯丙橡胶既保持了氯丁橡胶的性能又提高了耐油性能,其耐油性能相当于中等丙烯腈含量的丁腈橡胶[12]。

1.3.1　结构和特性

氯丁橡胶是以2-氯-1,3-丁二烯为主要原料,通过均聚或共聚而成的一种高分子弹性体,其结构通式为

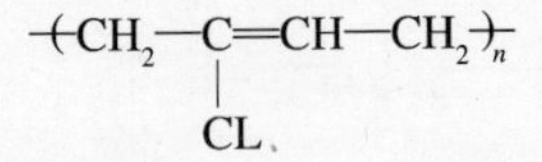

$$+CH_2-C=CH-CH_2\frac{}{}_n$$
$$CL$$

硫磺调节型氯丁橡胶在聚合过程中加入了硫磺、秋兰姆等物质,主链上含有多硫键,其结构式如下:

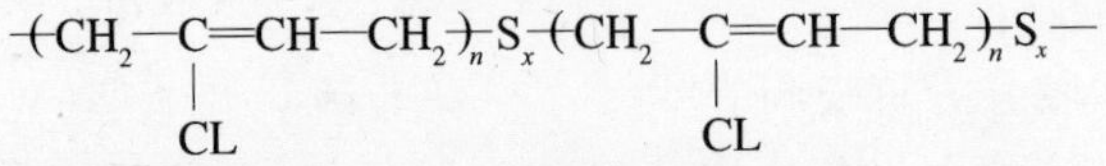

$$+CH_2-C=CH-CH_2\frac{}{}_n S_x+CH_2-C=CH-CH_2\frac{}{}_n S_x-$$
$$CL \qquad\qquad CL$$

$$(x=2\sim6,n=80\sim110)$$

非硫磺调节型氯丁橡胶的主链中含有单硫键,其结构如下:

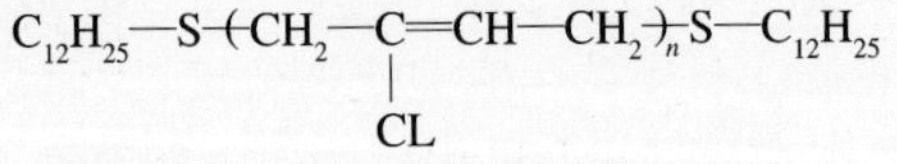

$$C_{12}H_{25}-S+CH_2-C=CH-CH_2\frac{}{}_n S-C_{12}H_{25}$$
$$CL$$

非硫磺调节型氯丁橡胶的大分子末端还有支化等结构,在聚合过程中生成反式-1,4,顺式-1,4,1,2和3,4四种结构,如下:

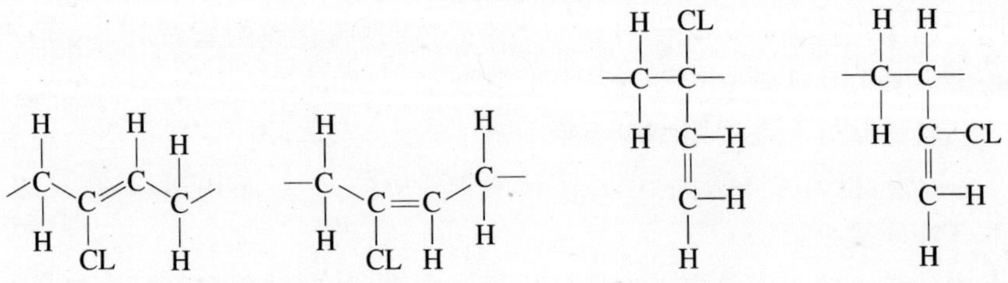

(1) 顺式-1,4 结构　　(2) 反式-1,4 结构　　(3)1,2 结构　　(4)3,4 结构

22

各种结构的比例:顺式-1,4占82%,反式-1,4占7%~12%,1,2结构占1.5%,3,4结构占1%。反式-1,4结构决定氯丁橡胶的结晶度。其比例越大,结晶度越高。氯丁橡胶的化学性能一方面决定于其链中所含乙烯基链,另一方面决定于链中存在的氯原子。

聚合温度的不同也会引起大分子微观结构的变化,见表1-9。

表1-9 聚合温度与硫磺调节型氯丁橡胶大分子微观结构的关系

聚合温度/℃	1,4加成/%		1,2加成/%	3,4加成/%
	顺式	反式		
-40	5	94	0.9	0.3
-10	7	—	—	—
10	9	84	1.1	1.0
40	10	87	1.6	1.0
50	11	—	—	—
80	—	—	2.0	2.1
100	13	71	2.4	2.4

核磁共振光谱还证明氯丁二烯单体连接的方式有头—尾、头—头、尾—尾三种异构体链节的存在,若不考虑顺反异构体的比例,则头—头与尾—尾异构的比例为10%~15%。正是由于分子结构上存在差异,不同类型氯丁橡胶在性能上也存在一定差别。

1.3.1.1 耐热性

由于氯丁橡胶的分子链上有极性较强的氯原子保护双键并降低其活性,因此氯丁橡胶有较好的耐热性,使用温度比天然橡胶高30℃~50℃,短时间的使用温度可达130℃,在90℃~110℃下可连续使用4个月。受氯丁橡胶极性的影响,其工艺性能和硫化胶的物理力学性能受温度的影响较大。硫化胶的强度随温度的升高而降低,这种性能衰减要比天然橡胶、丁苯橡胶、丁基橡胶明显,略次于丁腈橡胶。温度对氯丁橡胶拉伸强度影响见表1-10。

表1-10 温度对氯丁橡胶拉伸强度的关系

试验温度/℃	拉伸强度/MPa	
	通用型氯丁橡胶	天然橡胶
25	21.6	23.5
50	15.7	23.0
70	11.3	21.1
100	7.35	16.7

1.3.1.2 耐寒性

氯丁橡胶的脆性温度为-44℃。由于分子结构的规整性和氯原子的极性,氯丁橡胶的内聚能较高,限制了分子的热运动,拉伸后会产生结晶现象使橡胶失去弹性,甚至发生脆折现象,因此氯丁橡胶耐寒性较差。其结晶稳定范围在-35℃~32℃之间,最适宜的结晶温度为-12℃,所以制品在低温下使用虽未达到脆性温度,但由于结晶出现使硫化胶的硬度、刚性显著增高,失去弹性。

1.3.1.3 耐臭氧性

氯丁橡胶具有优良的耐臭氧老化性能,在通用橡胶中仅次于乙丙橡胶和丁基橡胶。氯丁橡胶与其他通用橡胶的耐臭氧性能对比见表1-11。

表1-11 各种橡胶的耐臭氧性能比较

橡 胶 名 称	产生龟裂的时间/h	橡 胶 名 称	产生龟裂的时间/h
天然橡胶	1.5	丁腈橡胶	4
丁苯橡胶	1.3	氯丁橡胶	21
试验条件:臭氧浓度1.7×10^{-4},温度22.2℃,试样预伸长为25%			

1.3.1.4 阻燃性

由于氯原子的存在,氯丁橡胶的阻燃性是通用胶中最好的,它具有不自燃的特点,接触火焰可以燃烧,但离开火焰即自行熄灭。这是因为氯丁橡胶燃烧时在高温的作用下,可分解出氯化氢气体而使火熄灭。

1.3.1.5 电性能

氯丁橡胶因分子中含有极性氯原子,电绝缘性比天然橡胶、丁苯橡胶、丁基橡胶差,其介电常数为6~8,体积电阻系数为$10^{10}\Omega \cdot cm \sim 10^{12}\Omega \cdot cm$,击穿电压为20MV/m,因此仅适于600V以下的低电压使用。由于其耐候、耐臭氧老化及难燃的特点,常被用作低压电缆的保护层及低压电线的绝缘层,但不能用于高频高电压电绝缘层材料。

1.3.1.6 耐介质性能

氯丁橡胶的极性赋予了其耐介质的能力。耐油性仅次于丁腈橡胶而优于其他通用橡胶,这是因为氯丁橡胶分子含有氯原子,增加了分子的极性。除氧化性很强的酸外,能耐一般化学药品的腐蚀。氯丁橡胶耐酸性与其他橡胶的比较见表1-12。

表1-12 氯丁橡胶耐酸性与其他橡胶的比较

酸 类	丁腈橡胶	丁苯橡胶	天然橡胶	氯丁橡胶
H_3BO_3	优	优	优	优
H_2SO_4(浓度10%以下)	优	优	优	优
HCl(浓度65%以上)	优	良	优	良

24

酸 类	丁腈橡胶	丁苯橡胶	天然橡胶	氯丁橡胶
HF(浓度65%)	中	良	良	优
HNO₃(浓度10%以上)	劣	劣	劣	劣
HCN	良	良	—	良
乙酸	良	中	中	良
甲酸	劣	优	优	劣
硬脂酸	优	中	中	优

氯丁橡胶的配合剂也会影响其耐介质性能。填充剂中以硅酸盐的耐油性较好,炭黑的耐油性比无机填充剂好,炭黑的粒径越小,耐油性越好。胶料的硫化程度提高也能改善耐油性能,软化剂多采用非抽出型。

由于多硫键的存在,S–S键的键能远低于C–C键或C–S键的键能,在一定条件下(如热、氧、光等作用)容易断裂,生成新的活性基团,导致发生再度交联,生成不同结构的聚合物,所以其贮存稳定性差,长期贮存会出现塑性下降、硬度增大、焦烧时间缩短及硫化速度加快等现象。

此外,氯丁橡胶具有良好的耐水性和气密性,气密性比天然橡胶大5倍~6倍,仅次于丁基橡胶和氯磺化聚乙烯橡胶。氯丁橡胶属自补强橡胶,外力作用下容易产生拉伸结晶,拉伸强度可达27.5MPa,扯断伸长率可达800%。氯丁橡胶的密度较大,制造相同体积制品时,其用量比一般通用橡胶大。

1.3.2 胶料的力学性能

由于氯丁橡胶分子含有极性的氯原子,所以耐热、耐老化性要比天然橡胶好得多,并表现出极优异的阻燃性。适于制造耐大气、耐臭氧并兼有耐油要求的橡胶零件和阻燃橡胶制品,在空气中工作温度为–30℃~100℃,短时间(6h)可到130℃,在石油基油料中使用温度为–30℃~130℃。目前军工装备使用的氯丁橡胶主要有几十个牌号,其中使用最多、性能最优良有4150、4160、4170、4190、CR4170等牌号,用于制造橡胶零件及型材。所推荐胶料的牌号性能见表1–13和表1–14。

表1–13 氯丁橡胶硫化胶的力学和耐热性能

胶料牌号	拉伸强度/MPa	扯断伸长率/%	扯断永久变形/%	硬度(邵氏A)	脆性温度/℃	拉伸强度变化率/%	
						90℃×24h	100℃×70h
4150	12.3~15.2	784~872	17~26	50~54	–40	–22~–18	—
4160	13.1~15	788~85	36~4	57~62	–35	–11~–5	—
4170	13.7~19.7	412~520	13~19	65~72	–40	–24~–11	—
4190	8.62~10.2	100~194	11~15	84~94	–20	–24~–18	—
CR4170	14.9	250	—	70	–36	—	4.3

表 1 - 14　氯丁橡胶硫化胶的耐介质性能

胶料牌号	质量变化率/%			密度/(g/cm³)
	NY - 120 + 苯(质量比为 75:25)(18℃ ~28℃)×24h	YH - 10(70℃ ×24h)	HH - 20(130℃ ×24h)	
4150	16.2 ~19.9	9	-3.5	1.35
4160	—	—	2.4	1.53
4170	13.0 ~17.2	5.2	-5.2	1.40
4190	—	—	0.5	1.65

1.3.3　胶料的加工工艺

1.3.3.1　胶料的配合技术

氯丁橡胶的氯原子使其分子主链上双键的活性降低,用硫磺硫化的方法受到限制,即使采用硫磺也仅起辅助硫化的作用。氯丁橡胶普遍采用金属氧化物作为硫化剂,其硬度、强度、伸长率等物理力学性能可通过填充剂、软化剂及其他配合剂获得,因此氯丁橡胶的基本配方包括生胶、金属氧化物、填充补强剂、防老剂、操作助剂等。

1. 硫化体系

氯丁橡胶硫化体系包括金属氧化物和硫化促进剂。

(1) 金属氧化物。硫磺调节型氯丁橡胶用金属氧化物作硫化剂。常用的是氧化镁和氧化锌,当要求胶料具有良好耐水性时,可使用铅的氧化物。氧化镁在混炼时先加入,可起稳定剂的作用,防止胶料焦烧,硫化时可与氯化氢结合起酸受体的作用。氧化镁的活性会影响胶料的加工安全性,多采用活性较高的氧化镁。氧化锌主要是作硫化剂,可使硫化曲线平坦,加快初期硫化,提高胶料的耐热、耐老化性能,但用量增大后胶料易焦烧,且贮存性降低。氧化锌应在混炼最后时加入。最新的研究表明[11],采用纳米氧化锌可比普通氧化锌获得较高的力学性能,同时用量由 5 份降低到了 3 份[15]。其他金属氧化物,如氧化汞、氧化钡、氧化钙、氧化铁、三氧化钛等,对氯丁橡胶均有硫化作用。用 PbO 或 Pb_3O_4 15 份左右代替氧化镁,硫化胶的强度和伸长率不变,耐水性比氧化镁要好[14]。

非硫调节型氯丁橡胶一般采用轻质氧化镁作硫化剂,氧化镁的活性对胶料影响较小。但当采用迟延型硫化体系如促进剂NA - 22和迟延剂 TMTS 并用时,配用高活性氧化镁的焦烧时间较长。氧化锌的质量一般不影响胶料的硫化特性,所以可采用一般橡胶工业用氧化锌[16]。

(2) 硫化促进剂。硫磺调节型氯丁橡胶不使用硫化促进剂就能很快硫化,但为了进一步缩短硫化时间和改进压缩永久变形及回弹性,会使用硫化促进剂NA - 22,为保证加工安全性,要求粒子在 200 目以下,用量 1.0 份以下。

非硫调节型氯丁橡胶需要使用促进剂以提高硫化速度和硫化程度,常用的硫化促进剂有 NA-22、DM、TMTD、水杨酸等。

2. 防护体系

氯丁橡胶在长期使用过程中,由于受到热、光、氧的作用,会逐渐氧化分解,致使物理力学性能下降,为进一步提高氯丁橡胶的耐老化性能,胶料中仍需配用适当的防老剂。深色和黑色氯丁橡胶中一般使用防老剂 A 或防老剂 D,当要求耐屈挠及其他性能时,可采用混合防老剂。对于浅色氯丁橡胶,一般可采用酚类防老剂。

非硫调节型氯丁橡胶的防护体系与硫磺调节型氯丁橡胶相似,若使用苯二胺类防老剂,如防老剂 H、4010、4010NA 等,则胶料的抗氧、抗臭氧能力提高。在使用抗臭氧防老剂时,应并用 1 份~2 份石蜡,石蜡可以在硫化胶表面形成有效的保护膜,以增强抗臭氧防老剂的防护作用。

3. 补强填充体系

由于氯丁橡胶的拉伸结晶作用,其纯胶就有很高的拉伸强度。填充补强体系对提高胶料的拉伸强度作用不大,但可使胶料的定伸应力和撕裂强度得到提高。最常用的填充补强剂是炭黑,能够提高硫化胶的定伸应力、撕裂强度,降低压缩和拉伸永久变形。配合粒径较大的半补强炭黑和配合粒径较小的高耐磨炭黑,其拉伸强度差别不大,但炭黑的粒径越小,硫化胶的硬度和定伸应力就越高,伸长率和弹性就越低。使用粒径较大的半补强炉黑,胶料的弹性好,伸长率大,耐屈挠龟裂性好。用粒径较小的高耐磨炉黑,胶料定伸应力较大。应当指出,各种炭黑在非硫磺调节型氯丁橡胶中的补强效果比在硫磺调节型氯丁橡胶中的效果好。

无机填充剂按补强效果分为三类:①非补强填充剂,如碳酸钙、硫酸钡、碳酸镁、氧化钛等,这类物质可降低硫化胶的永久变形,但不能提高硫化胶的定伸应力;②补强填充剂,如硬质陶土、微粒滑石粉、硅酸钙、沉淀法二氧化硅等,能提高硫化胶的定伸应力、撕裂强度和拉伸强度,但扯断永久变形要比炭黑填充胶料大些;③半补强性填充剂,如轻质陶土和煅烧陶土等,其性能介于上述二者之间。氯丁橡胶中比较常用的无机填充剂有陶土、硅酸钙、二氧化硅和二氧化钛等。

4. 操作助剂

氯丁橡胶采用的软化剂主要有石蜡油、环烷油、芳香烃油等。当要求耐低温时需要使用酯类增塑剂。其他增塑剂还有不饱和植物油、硫化油膏等。另外,氯丁橡胶中还根据加工和使用条件的不同加入各种润滑剂、塑解剂等。非硫调节型氯丁橡胶结晶性大,黏性小,还应加入增粘剂如松香、松焦油、古马隆树脂、酚醛树脂等。对非硫调节型氯丁橡胶来说,至今还没有有效的塑解剂。

1.3.3.2 氯丁橡胶胶料的加工

氯丁橡胶胶料的加工主要包括生胶塑炼、混炼、压出、压延及硫化等。硫磺调节型氯丁橡胶由于存在多硫键,在塑炼时其分子在多硫键处断裂,使相对分子质量降低,塑炼效果与天然胶近似。而非硫调节型氯丁橡胶机械塑炼或化学塑解剂对其均无作用。氯丁橡胶的硫化温度稍高于天然橡胶,最好在 150℃ 以上,硫化过程中不存在硫化返原现象。氯丁橡胶胶料的加工方法和模压硫化条件见表 1-15。

表 1-15　氯丁橡胶胶料的加工方法和模压硫化条件

胶料牌号	适宜的加工方法	标准试片(厚 2mm)的硫化条件/(℃ × min)
4150	模压	$(151 \pm 2) \times 25$;$(143 \pm 2) \times 40$
4160	模压、压延、压出	$(151 \pm 2) \times 30$
4170	模压	$(151 \pm 2) \times 20$
4190	模压	$(151 \pm 2) \times 20$
CR4170	模压	151×20

1.3.4　应用实例

本章推荐用的氯丁橡胶胶料在航空武器装备中应用最多、使用范围最广。其用途见表 1-16。

表 1-16　氯丁橡胶胶料的应用范围

胶料牌号	应用范围	用途
4150	在 YH-10 液压油、仪表油中工作温度为 -50℃ ~ 130℃,在滑油、燃油、汽油、变压器油中工作温度为 -40℃ ~ 130℃,在空气中工作温度为 -30℃ ~ 100℃,与金属粘着良好。供制滑油、燃油介质中的密封件	地面设备上的密封件
4160	在空气中工作温度为 -30℃ ~ 120℃,供制造点火系统绝缘橡胶零件。在滑油中工作温度为 -30℃ ~ 130℃。在仪表油、YH-10 液压油、燃油、汽油、变压器油中工作温度为 -40℃ ~ 130℃	歼击机上作帽盖材料,轰炸机炮塔机构的密封件,限制块、衬套和塞子
4170	在滑油、汽油和燃油中工作温度为 -40℃ ~ 130℃,与金属粘着良好。供制有耐臭氧性能要求的,在滑油、燃油、酒精—甘油混合液和矿物油中工作的密封零件	歼击机空气系统密封垫
4190	在空气、汽油、燃油和滑油中工作,温度为 -30℃ ~ 80℃。供制有耐臭氧、耐天候老化性能要求的,受较大压缩载荷的橡胶零件	轰炸机、运输机上的垫片、衬套、胶圈和活门。歼击机发动机上的堵头、堵塞等零件
CR-4170	用于接触石油基油料和其油溅出部位的紧箍件	机身、机翼和发动机的电气、液压系统管线的紧箍和支托

氯丁橡胶是一种多用途弹性体,主要表现在它比通用橡胶具有更宽的使用温

度范围和优良的物理力学性能。其优良的阻燃性使其成为矿山、船舶工业理想的阻燃电缆、阻燃运输带和导风筒材料,还常用作汽车、飞机和发动机的点火电线等。由于良好的耐油、耐化学腐蚀、耐热性能,氯丁橡胶还用于制造耐油橡胶制品及各种胶管、胶带,特别是耐热运输带、耐油和耐酸碱胶管。氯丁橡胶具有良好的气密性,汽车工业的密封部位越来越多的采用氯丁橡胶制造密封件,例如密封窗条、软管及各种密封垫圈。良好的耐老化性能和耐屈挠性使氯丁橡胶用于制造铁路轨枕垫、桥梁支座和伸缩缝、矿井升降车和油槽基础的支撑垫[17]。还用作印染、印刷和造纸等工业的胶辊,以及气垫、气袋、水坝、救生用具、帐篷用胶布、工业用衬里、涂料、机械零件等模压制品和共混改性制品。以氯丁橡胶为基的胶黏剂具有良好的粘合性和耐老化、耐油、耐化学药品性,被粘合基材的范围较广,主要用于金属、木材、玻璃、硬聚氯乙烯和各种硫化胶、皮革等材料的粘合[13]。

1.4　乙丙橡胶

乙丙橡胶(EPM、EPDM)为乙烯、丙烯的二元共聚物或乙烯、丙烯及少量非共轭双烯类烯烃的三元共聚物,采用溶液法和悬浮法在有机催化剂作用下进行二元或三元共聚制得的无规共聚物。

20世纪50年代意大利 Montecatini 公司以乙烯和丙烯为单体,采用齐格勒—纳塔型催化剂体系进行阴离子配位共聚,首先成功地合成了二元乙丙橡胶,其分子主链完全饱和,抗臭氧和耐热老化性能优良。1957年意大利实现二元乙丙橡胶工业化生产。1963年美国杜邦公司用乙烯、丙烯单体,加入少量非共轭的环状二烯做第三单体,合成出分子侧链上含有双键的低不饱和度的三元乙丙橡胶。由于分子主链是完全饱和的,仍保持了二元乙丙橡胶的优异性能,并实现了硫磺硫化的目的。此后,许多国家都积极致力于乙丙橡胶的开发。近年来又开发出了高乙烯含量的乙丙橡胶、高不饱和度的三元乙丙橡胶、热塑性乙丙橡胶、三元乙丙橡胶与丁腈橡胶共混胶及各种改性乙丙橡胶等。按分子结构和组成乙丙橡胶可分为如下几类[18]:

1.4.1　结构和特性[1]

乙烯、丙烯在过渡金属化合物和烷基铝卤化合物催化剂的存在下共聚的二元乙丙橡胶是一种无定型的非结晶橡胶,在饱和分子主链上乙烯与丙烯单体呈无规排列,由于失去了聚乙烯或聚丙烯结构的规整排列,成为具有弹性的橡胶。三元乙丙橡胶是在乙烯、丙烯结构单元中引入了非共轭双烯烃类单体作第三单体,由于非共轭双烯烃位于侧链上,主链与二元乙丙橡胶一样仍是饱和碳链结构。目前,三元乙丙橡胶用的第三单体主要有亚乙基降冰片烯(ENB)、双环戊二烯(DCPD)和1,4-己二烯(HD)。其中1,4-己二烯作第三单体仅有美国杜邦公司用来生产三元乙丙橡胶。

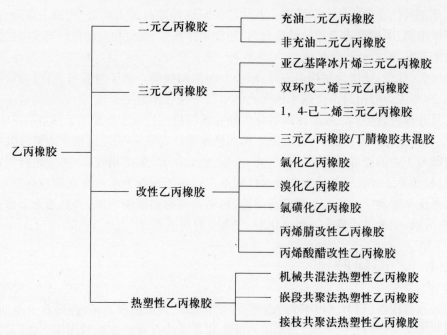

二元乙丙橡胶和三元乙丙橡胶的聚合度很大,约为2000,第三单体的聚合度很小,约为200。二元乙丙橡胶和典型第三单体的三元乙丙橡胶的结构式如下:

$$\text{┤(CH}_2-\text{CH}_2\text{)}_x\text{(CH}_2-\text{CH)}_y\text{├}_n$$

　　　　　　　　　　二元乙丙橡胶

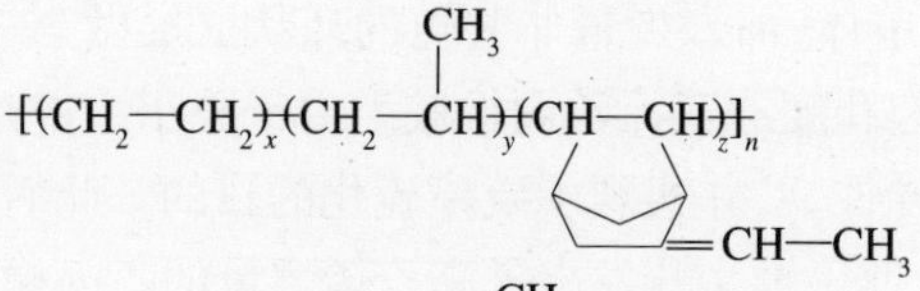

$$\text{┤(CH}_2-\text{CH}_2\text{)}_x\text{(CH}_2-\text{CH)}_y\text{(CH}-\text{CH)}_z\text{├}_n$$

　　　　　　　亚乙基降冰片烯三元乙丙橡胶

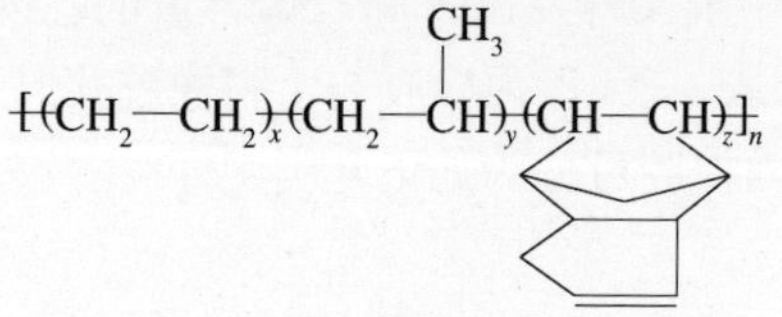

$$\text{┤(CH}_2-\text{CH}_2\text{)}_x\text{(CH}_2-\text{CH)}_y\text{(CH}-\text{CH)}_z\text{├}_n$$

　　　　　　　双环戊二烯三元乙丙橡胶

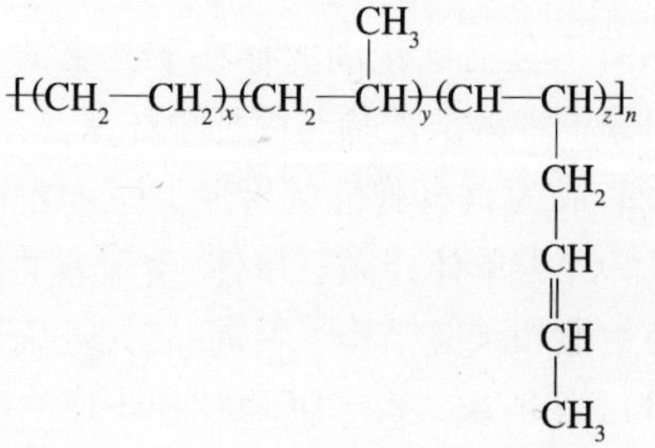

$$\text{┤(CH}_2-\text{CH}_2\text{)}_x\text{(CH}_2-\text{CH)}_y\text{(CH}-\text{CH)}_z\text{├}_n$$

　　　　　　　1,4-己二烯三元乙丙橡胶

乙丙橡胶的性能与分子结构密切相关,其中大分子化学组成、结构及其聚合后单体的排列、相对分子质量及其分布、第三单体类型和含量对乙丙橡胶的物理力学性能和工艺、硫化特性影响最为显著。

用凝胶渗透色谱法测得的乙丙橡胶的重均相对分子质量 $\overline{M}_w$ 为 $(20 \sim 40) \times 10^4$,数均相对分子质量 $\overline{M}_n$ 为 $(5 \sim 10) \times 10^4$,用黏度法测得的粘均相对分子质量 $\overline{M}_v$ 为 $(10 \sim 30) \times 10^4$。乙丙橡胶随平均相对分子质量的增大,其门尼黏度提高,生胶和硫化胶的强度、硬度、回弹性增大,而压缩永久变形和动态疲劳过程中生热量则减少,并且可以提高挤出半成品的挺性,此外,还可增加填料和增塑剂的填充量,降低成本。另一方面,增大生胶的相对分子质量会使填料不易分散,增加混炼、压出和压延等工艺上的难度。乙丙橡胶 100℃下的门尼黏度一般在 25 ~ 90 范围内,个别也可达到 105 ~ 110。但这些门尼黏度只是针对基础聚合物而言,有些乙丙橡胶品级填充大量的增塑剂,实际上相当中低等级门尼黏度的产品。此外,相对分子质量分布较窄的生胶具有压出制件表面光滑、混炼时吃料及压出速度快的特点,还可改善低温下压缩永久变形和加快硫化速度;相对分子质量分布较宽的生胶可提高生胶强度,并改善混炼和压延工艺操作性[18]。

分子结构中乙烯与丙烯含量比对乙丙橡胶生胶和混炼胶的加工和硫化胶的物理力学性能均有直接影响。聚乙烯的分子排列规整性强,室温和低温下分子链的结晶度很高,当引入丙烯后其侧链上甲基破坏了分子排列规整性,因而具有较低的玻璃化转变温度。当乙烯含量在 20% ~40% (库尔分数)范围时,乙丙橡胶的玻璃化温度 T_g 约为 $-60℃$,其低温下压缩永久变形和低温弹性好,但耐热性能较差。一般表现为随乙烯含量增加,其生胶和硫化胶的拉伸强度提高,常温下的耐磨性能改善,压出的半成品挺性和形状保持性好。为避免形成丙烯嵌段链段以保证其在乙烯和丙烯分子中的无规分布,要求乙烯含量必须大于 50% (摩尔分数);但乙烯含量超过 70% (摩尔分数)时,乙烯链段出现结晶,玻璃化温度 T_g 升高,耐寒性能下降,加工性能变差。所以乙烯含量控制在 60% (摩尔分数)左右的乙丙橡胶的加工性能和硫化胶物理力学性能均很优异。为了在性能上取长补短,以获得好的综合性能,可以两种或三种不同乙烯/丙烯含量比的生胶并用,以满足特殊橡胶制品的性能要求[19]。

三元乙丙橡胶的硫化速度和硫化胶的物理性能与第三单体均有直接的关系,第三单体对生胶硫化速度和结构影响见表 1 – 17。

第三单体含量通常用碘值表示,含量高则碘值高,乙丙橡胶的碘值范围为 6g/100g ~ 30g/100g 胶。碘值为 6g/100g ~ 10g/100g 胶其硫化速度较慢,可以与顺丁橡胶并用,但不能与高不饱和橡胶如天然橡胶、丁苯橡胶并用;碘值为 15g/100g 胶左右的为快速硫化型三元乙丙橡胶;碘值为 20g/100g 胶左右的为高速硫化型三元

表1-17 第三单体对三元乙丙橡胶性能影响[20]

第三单体	分子结构	主要特征	分子支化
亚乙基降冰片烯(ENB)		硫磺硫化速度快,硫化胶拉伸强度高,永久变形小;对过氧化物硫化速度一般,耐热性较好,耐臭氧老化性中等	少量
双环戊二烯(DCPD)		硫磺硫化速度慢,硫化胶压缩永久变形小,不易焦烧;过氧化物硫化速度快,耐热性中等,耐臭氧老化性优异	高
1,4-己二烯(1,4-HD)		硫磺硫化速度中等,硫化胶拉伸永久变形小,有臭味,成本低;过氧化物硫化速度慢,耐热,耐臭氧老化性一般	无

乙丙橡胶;碘值在 25g/100g～30g/100g 胶范围的为超高速硫化型三元乙丙橡胶,与二烯烃类高不饱和橡胶可任何比例并用。所以乙丙橡胶与其他橡胶并用时,应选用适宜碘值的三元乙丙橡胶,以实现同步硫化。随着三元乙丙橡胶生产技术的不断发展,人们又研制开发出一些新的第三单体,主要有:①采用 1,7-辛二烯作第三单体可合成出具有高度无规共聚及良好加工性能的三元乙丙橡胶;②采用 6,10-二甲基-1,5,9--十一三烯开发出一种新的不饱和乙烯聚合物橡胶,此三元乙丙橡胶不仅硫化速度快,而且具有良好的耐热、耐天候及耐臭氧氧化性能;此外还有 3,7-二甲基-1,6-辛二烯、5,7-二甲基-1,6-辛二烯和 7-甲基-1,6-辛二烯等非共轭双烯类化合物。采用非共轭双烯类化合物作为第三单体是因为非共轭双烯化合物所含的两个双键活性相差很大,活性高的双键可参与乙烯、丙烯进行的共聚合反应接到聚合物的主链上,而活性低的双键作为硫化时交联反应的活性点[22]。

乙丙橡胶的门尼黏度、丙烯含量和碘值变化对硫化胶物理力学性能的影响趋势见表1-18[20]。

表1-18 乙丙橡胶门尼黏度、碘值、丙烯含量与硫化胶物理力学性能的关系

生胶特性参数	硬度	拉伸强度	扯断伸长率	屈挠龟裂	扯断永久变形	回弹率	生热	磨耗
门尼黏度增大	增高	增高	降低	变差	降低	增高	降低	优良
丙烯含量增加	增高	—	降低	变差	降低	增高	降低	—
碘值增高	降低	降低	—	—	降低	降低	增高	变差

1. 耐臭氧性能

由于乙丙橡胶分子主链是饱和的,使其具有优异的耐臭氧、耐天候、耐热空气老化、耐化学药品、耐水以及良好的电绝缘性能,其中耐臭氧、耐天候和耐热是乙丙橡胶受人关注的特性。

乙丙橡胶的耐臭氧性能不但优于天然橡胶、丁苯橡胶、氯丁橡胶等通用橡胶，而且也优于一般被认为耐老化性能很好的丁基橡胶。例如在臭氧浓度为 1×10^{-6} 环境中，乙丙橡胶经 2430h 仍不会龟裂，而丁基橡胶仅 534h 即产生大裂口，氯丁橡胶则只需 46h 就龟裂。在臭氧浓度为 0.5×10^{-6} 环境中，试样预拉伸为 30% 时乙丙橡胶试样发生龟裂的时间大于 150h，而丁基橡胶只在几小时内就产生龟裂，可见乙丙橡胶的耐臭氧性能是最佳的。乙丙橡胶的耐臭氧性能与第三单体的种类和用量有密切的关系，其中以含双环戊二烯第三单体生胶的耐臭氧性能最好，而含 1,4 - 己二烯的生胶较差。

2. 耐天候老化性能

乙丙橡胶可长期在严寒、炎热、干燥和潮湿的气候条件下工作，而且对水和水蒸气作用也极为稳定，因而用来制造防水卷材、橡胶水坝、船舶部件、帐篷等户外条件下使用的橡胶制品。含炭黑的乙丙硫化胶在阳光下曝晒三年未发生龟裂，物理力学性能变化也很小。由于二元乙丙橡胶不含未饱和的双键，其耐天候老化性比三元乙丙橡胶更为优异。在各种气候条件下，乙丙橡胶的耐老化性能要比天然橡胶、丁苯橡胶、顺丁橡胶、氯丁橡胶等二烯烃类橡胶好得多。在三元乙丙橡胶中，含双环戊二烯类乙丙橡胶优于含亚甲基降冰片烯类乙丙橡胶。为了提高浅色乙丙橡胶制品的耐天候老化性，在配方中常需要加入紫外线吸收剂以防紫外线的催化降解作用。

3. 耐热性能

乙丙橡胶制品在一般情况下，可以在 120℃ 温度范围内长期使用，其最高使用温度可到 150℃。当温度高于 150℃ 时乙丙橡胶开始缓慢地分解，200℃ 时硫化胶的物理力学性能有显著的下降。所以 150℃ 以上的环境中乙丙橡胶制品只能短期或间歇使用。加入适宜的防老剂可以延缓橡胶氧化过程，改善乙丙橡胶的高温使用性能。过氧化物硫化的二元乙丙橡胶比三元乙丙橡胶有更好的耐热性，可在更苛刻的条件下使用。二元乙丙橡胶和三元乙丙橡胶硫化胶在空气中热老化的机理是完全不同的，二元乙丙橡胶硫化胶在热老化过程中以降解为主，而三元乙丙橡胶硫化胶老化中以结聚过程占优势[23]。随着三元乙丙橡胶胶料的交联速度增加，其耐热性有所降低，这与引入橡胶分子链的第三单体不饱和键的活性有关，随橡胶中丙烯和第三单体含量的增加其耐热性降低。

4. 耐化学介质性能

橡胶材料耐化学介质性能主要决定于其分子结构、不饱和度、极性、硫化胶交联结构和填充剂的种类及用量。由于乙丙橡胶是非极性材料，其主链是饱和碳链，因此对各种极性化学介质如醇、酸（乙酸、盐酸等）、强碱（氢氧化钠）、氧化剂（过氧化氢、次氯酸、过溴酸钠）、洗涤剂、动植物油、酮和某些酯类均具有极好的稳定性，长时间接触后其性能变化很小，所以乙丙橡胶可作这些化学介质容器的内衬材料。

在大型客机采用磷酸酯抗燃液压油后,对原用的丁腈橡胶、氟橡胶密封件侵蚀性很大,而乙丙橡胶是磷酸酯抗燃液压油中最适宜的密封橡胶。但乙丙橡胶在脂肪族和芳香族烃类溶剂,如苯、二甲苯等溶剂和石油基燃油、液压油和滑油中膨胀很大,性能衰减迅速,所以乙丙橡胶不能在接触矿物油介质环境中工作。乙丙橡胶也不能在浓酸中长期浸泡。

5. 耐水蒸气性能

乙丙橡胶耐高压蒸气性能优于其他各种橡胶。表1-19[21]介绍了各种橡胶耐高压饱和蒸气的性能。乙丙橡胶耐过热水蒸气性能与所用硫化体系密切相关,使用过氧化物和有效硫化体系硫化的乙丙橡胶硫化胶的耐过热水蒸气性能大大优于用硫磺硫化的乙丙橡胶或丁基橡胶,用硫磺硫化的乙丙硫化胶的耐过热水蒸气性能不如硫磺硫化的丁基橡胶。

表1-19　各种橡胶耐高压饱和蒸气的性能[20]

橡胶类型	作用时间 /h	外观变化情况	橡胶类型	作用时间 /h	外观变化情况
三元乙丙橡胶	96	无变化	甲基乙烯基硅橡胶	4	发黏
二元乙丙橡胶	72	无变化	氟硅橡胶	8	粉末
氟橡胶26-41	48	硬脆	丁基橡胶	48	表面稍黏
氟橡胶246	48	硬脆	丁腈橡胶	8	硬脆
氟橡胶23-11	8	表面稍黏	天然橡胶	24	发黏
聚四氟丙烯	20	表面发黏			
试验条件:蒸汽压力为2.5MPa,温度为230℃					

6. 耐电绝缘性

乙丙橡胶具有很好的电绝缘性能和耐电晕性,其电性能与丁基橡胶、氯磺化聚乙烯、聚乙烯和交联聚乙烯的电性能相近。乙丙橡胶的体积电阻率在$10^{16}\Omega \cdot cm \sim 10^{17}\Omega \cdot cm$ 范围内,其击穿电压和介电常数也较高,适于制造电气绝缘制品。由于乙丙橡胶吸水性极低,浸水后电气性能变化也很小,其浸水前后电性能的变化见表1-20。

表1-20　乙丙橡胶硫化胶浸水前后电性能比较

电性能	浸水前	浸水后(75℃×10天)	电性能	浸水前	浸水后(75℃×10天)
体积电阻率 /(Ω·cm)	1.03×10^{17}	2.48×10^{16}	介电常数 (1kHz,20℃)	2.27	2.48
击穿电压 /(MV/m)	32.8	40.8	介质衰耗因数 (1kHz,20℃)	0.0023	0.0085

1.4.2　胶料的力学性能

乙丙橡胶由于其优异的耐热性、耐臭氧性、耐化学介质、耐水及良好的电绝缘等性能,适于制造在磷酸酯液压油、空气和冷气系统工作的橡胶密封件、型材和活门件。使用温度为 −60℃ ~120℃,在150℃下可短期使用。目前航空装备使用的乙丙橡胶主要有 8350、8360 − 1、8370 − 1、8380 − 1、H8901、EP8282、EP8189、EP85052 等牌号。所推荐 8350、8360 − 1、8370 − 1、8380 − 1、H8901、EP8282、EP8189、EP85052 硫化胶力学性能见表 1 −21,硫化胶耐磷酸酯性能见表 1 −22,硫化胶耐热空气老化性能见表 1 −23,硫化胶耐沸水性能见表 1 −24,硫化胶耐臭氧性能见表 1 −25。

表 1 −21　乙丙橡胶硫化胶的力学性能

胶料牌号	拉伸强度/ MPa	扯断伸长率/%	扯断永久变形/%	撕裂强度/(kN/m)	硬度(邵氏 A)
8350	13.0 ~16.7	470 ~630	—	34.0 ~40.0	46 ~52
8360 − 1	15.5 ~18.5	220 ~275	—	34.0 ~38.5	61 ~64
8370 − 1	12.7 ~22.5	142 ~238	—	25.4 ~42.1	69 ~76
8380 − 1	14.8 ~20.4	130 ~213	—	24.5 ~38.2	75 ~80
EP8282	10.8 ~16.0	170 ~260	4 ~6		77 ~82
EP8189	12.6 ~17.6	120 ~210	4 ~6		85 ~90
H8901	13.9 ~23.3	98 ~140			89 ~92

表 1 −22　8360 −1、8370 −1、8380 −1 硫化胶耐磷酸酯液压油的性能

胶料牌号	介质	试验条件	拉伸强度变化/%	扯断伸长率变化/%	硬度变化(邵氏 A)	体积变化/%	恒定压缩永久变形/%
8360 − 1	4611 skydrol −500B	100℃ ×200h	− 16.3 ~ +9.4	− 15.4 ~ +18.8	− 7 ~ − 1	− 3.5 ~0.5	13 ~27
		100℃ ×200h	− 14.4 ~ +9.7	− 17.3 ~0	− 5 ~ − 1	− 5.0 ~ − 3.2	21 ~27
8370 − 1	4611 Hyjet − Ⅳ	100℃ ×100h	− 28 ~ 0	− 34 ~ − 2	—	− 1.5 ~ +5.5	6 ~15
		200℃ ×22h	− 34.4 ~ − 15	− 24.6 ~ − 8.5	− 14 ~ − 10	16.4	2.9
8380 − 1	4611 Hyjet − Ⅳ	100℃ ×200h	− 28 ~ − 2	− 13.7 ~ +13.6	− 5.7	3.6 ~5.5	6 ~11
		100℃ ×22h	− 37.7 ~ − 17.4	− 20.9 ~0	− 15 ~ − 9	15.9	3.9

表 1 - 23 8360 - 1 等硫化胶耐热空气老化性能

胶料牌号	温度/℃	时间/h	硬度变化(邵氏 A)	拉伸强度变化	扯断伸长率变化	压缩永久变形
				%		
8360 - 1	120	22	+2 ~ +6	-0.5 ~ +9.3	-11.5 ~ +6.2	16 ~ 27
	120	70	+4 ~ +6	-1.1 ~ +10.1	-14.9 ~ +2.9	27 ~ 42
	120	168	+6 ~ +11	-0.6 ~ +8	-14.9 ~ -2.1	46 ~ 57
	135	100	+3 ~ +9	-17.6 ~ +9.9	-13.1 ~ +3.8	29 ~ 57
	150	24	+1 ~ +9	-16.7 ~ +18	-36.7 ~ +11.7	26 ~ 48
	150	70	+7 ~ +13	-42.1 ~ -2	-59.5 ~ -27.8	49 ~ 64
8370 - 1	120	22	+3 ~ +5	-10.4 ~ +9.7	-8.8 ~ +8.9	18 ~ 28
	120	70	+3 ~ +9	-5.6 ~ +12.7	-12.3 ~ +0.5	29 ~ 41
	120	168	+5 ~ +9	-8.7 ~ +11	-22.8 ~ -10.6	43 ~ 61
	135	100	+2 ~ +6	-12.5 ~ -0.5	-21.5 ~ +5.4	35 ~ 55
	150	24	+2 ~ +10	-23.1 ~ +23.7	-33.6 ~ +19.8	25 ~ 50
	150	70	+9 ~ +11	-45.6 ~ -18.6	-50.2 ~ -35.9	49 ~ 65
8380 - 1	120	22	+3 ~ +8	-7.2 ~ +7	-16.7 ~ +15	19 ~ 40
	120	70	+6 ~ +10	-15.6 ~ +7.5	-32.6 ~ +10	32 ~ 55
	120	168	+6 ~ +10	-10.5 ~ -2.2	-15.9 ~ -1.3	47 ~ 70
	135	100	+3 ~ +6	-11.6 ~ -5.6	-21.8 ~ -5	41 ~ 50
	150	24	-2 ~ +10	-17.9 ~ +12.4	-23.3 ~ +5.4	29 ~ 59
	150	70	+8 ~ +13	-44.2 ~ -8.1	-55.7 ~ -37.8	48 ~ 74
EP8282	150	24	—	—		35 ~ 50
	150	72	—	—	-35 ~ -10	—
EP8189	150	24	—	—		35 ~ 50
	150	72	—	—	-40 ~ -20	—

表 1 - 24 8360 - 1、8370 - 1、8380 - 1 硫化胶耐沸水性能

胶料牌号	沸水浸泡时间/h	拉伸强度变化	扯断伸长率变化	硬度变化(邵氏 A)	体积变化	压缩永久变形
		%			%	
8360 - 1	70	-8.4 ~ +5.4	-17.9 ~ -4.2	+2	-1.5 ~ +1.0	13 ~ 21
	200	-13.7 ~ +10.6	-19.5 ~ +5.0	+1.4	-1.4 ~ +0.4	13 ~ 27
8370 - 1	70	-5.1 ~ +5.8	-15.8 ~ -6.4	+1.8	-1.1 ~ +0.6	12 ~ 23
	200	-8.0 ~ +11.0	-12.5 ~ +9.6	+2.2	-1.6 ~ +0.1	12 ~ 27
8380 - 1	70	-8.7 ~ +9.8	-12 ~ +2.2	+2.8	-1.2 ~ +0.8	18 ~ 32
	200	-6.0 ~ +15.4	-8.5 ~ +3.8	+2.5	-1.8 ~ -0.7	17 ~ 24

表 1 - 25　8360 - 1、8370 - 1、8380 - 1 硫化胶耐臭氧性能

胶料牌号	（温度 20℃，臭氧浓度 3.2×10^{-5}，工作流量 200L/h）		拉伸强度 /MPa	扯断伸长率 /%	硬度（邵氏 A）
8360 - 1	老化前		16.8	252	65
	静伸长臭氧老化后①		17.4	260	67
	拉伸疲劳臭氧老化后②		17.2	237	68
8370 - 1	老化前		19.0	198	76
	静伸长臭氧老化后①		18.1	183	77
	拉伸疲劳臭氧老化后②		18.2	184	77
8380 - 1	老化前		17.6	178	78
	静伸长臭氧老化后①		17.4	155	83
	拉伸疲劳臭氧老化后②		17.4	143	82

①试样预伸长 60%，臭氧老化 24h；
②试样预伸长 40%，在臭氧室内拉伸疲劳 24h，频率 15 次/min

1.4.3　胶料的加工工艺

1.4.3.1　胶料的配合技术

乙丙橡胶虽然具有优异的耐天候、耐臭氧老化性等性能，但由于结构的高度饱和性，其硫化速度比其他的合成胶慢 3 倍~4 倍，这也是乙丙橡胶使用中受到限制的主要原因之一。乙丙橡胶混炼胶是由硫化体系、补强填充体系、防护体系和增塑体系组成。乙丙橡胶也可与其他橡胶并用达到性能和加工性上的互补和改善胶料的加工性能。

1. 硫化体系

三元乙丙橡胶可用硫磺、硫给予体、过氧化物、醌肟或反应性树脂硫化。据文献介绍，硫化体系对乙丙橡胶硫化胶的强度、耐热性、压缩永久变形等性能有显著的影响，而对耐溶剂性和低温性能影响较小[23]。三元乙丙橡胶最常用是硫磺体系、硫给予体体系或过氧化物体系。试验表明，过氧化物硫化的乙丙橡胶虽具有较好的耐热老化性能，但硫化胶的拉伸强度和扯断伸长率不如硫磺硫化体系，硬度也较低。三元乙丙橡胶采用不同硫化体系对耐热性能的影响见表 1 -26[6]。

表 1 -26　不同硫化体系硫化的三元乙丙橡胶的耐热性能

硫 化 体 系		硫 磺 硫 化	低硫磺硫化	过氧化物硫化
硫化剂组成和用量		S　1.5　DM　1.0　TT　1.5　PZ　1.0	DTDM　2.0　TT　3.0　PZ　2.0　BZ　2.0　S　0.5	DCP　2.8　TAIC　2.0
老化后扯断伸长率保持率/%	125℃ ×70h	70	86	100
	125℃ ×168h	61	79	100
	150℃ ×70h	61	82	100
	150℃ ×168h	29	68	90
	175℃ ×70h	36	60	80
	175℃ ×168h	脆化	15	20

硫磺硫化体系具有适中的硫化速度,操作安全,综合力学性能较好,与二烯烃类橡胶并用时有相同的硫化特性,是三元乙丙橡胶广泛使用的硫化体系。在硫磺、促进剂的配合中,硫磺在乙丙橡胶中的溶解度较小而不宜多用,一般应控制其用量在 1 份 ~2 份,超过 2 份时硫化胶的耐热性能下降,高温压缩永久变形增大,而且硫磺的用量对于三元乙丙橡胶胶料焦烧时间的影响十分显著,随着硫磺用量的增加,焦烧时间逐渐缩短。当然,这与促进剂的用量有一定的关系,其中二硫代氨基甲酸类促进剂属超促进剂,胶料容易焦烧;噻唑类、胍类促进剂属于中速促进剂,胶料具有较长的焦烧安全期;而二硫代二吗啉(DTDM)、秋兰姆类促进剂既是促进剂又是硫磺给予体,它们用量的增加可以提高胶料的交联密度。硫磺给予体在三元乙丙橡胶硫化时多生成单硫键,因此胶料具有良好的耐热性及较低的压缩永久变形性能。采用 DTDM/TMTD/S = (2/2/0.3) 代替硫磺硫化,硫化胶在 150℃ ×70h 后的压缩永久变形可降到 28% ~30%。

在硫磺硫化体系,硫磺的最高用量约为 1.5 份,它的用量再高,对于硫化胶交联程度无明显增加。促进剂一般选用超促进剂或中超促进剂,较好的有秋兰姆类促进剂,如 TMTD 和 TMTM,并且应与噻唑类促进剂,如促进剂 M 或促进剂 DM 并用,这样可以提高硫化速度,改善硫化胶的性能。促进剂 TMTM 一般以 1.5 份为宜,小于 0.5 份一般促进效果不明显,促进剂 M 和促进剂 DM 的用量为 0.5 份较好,噻唑类促进剂用量的增大可以提高定伸强度与耐热性,但焦烧时间变短。由于三元乙丙橡胶的分子中仅含有少量的第 3 单体,硫化活性相对较低,为了提高胶料的硫化速度和硫化程度,通常在配方中采用高用量的促进剂并用体系,为了避免胶料产生喷霜,促进剂在选用时应发挥其协同效应,如在促进剂 TMTD 和促进剂 M 中并用促进剂 PZ、促进剂 BZ、促进剂 CZ、促进剂 TRA 等均可避免喷霜现象,表 1 – 27 列出了常用促进剂在乙丙橡胶中不产生喷霜的极限用量。通过采用复合促进剂也可改善喷霜现象,有资料显示,含复合促进剂 EG – 3、EG – 3、EM – 33、EG – 35、EP – 33、NE – 1、NE – 2 的硫化胶具有良好的力学性能,其硫化胶在室温停放过程中(30 昼夜)均无喷霜现象[24]。

表 1 –27　乙丙橡胶硫化胶促进剂不产生喷霜的极限用量

促进剂名称	极限用量(份数)	促进剂名称	极限用量(份数)
促进剂 M	3.0	促进剂 PZ	0.8
促进剂 DM	3.0	促进剂 TS	0.8
促进剂 CZ	3.0	促进剂 TT	0.8
促进剂 BZ	2.0	促进剂 TRA	0.8
促进剂 EZ	0.8	促进剂 TE	0.8

过氧化物按化学结构分类主要有二酰基过氧化物、二烷基过氧化物、烷基酰基

过氧化物和过氧酯化合物等类型。从硫化胶综合性能上看,过氧化二异丙苯(DCP)是乙丙橡胶较适合的硫化剂,但 DCP 硫化胶的异味严重,且硫化胶的压缩永久变形比 1,4 - 双叔丁基过氧化异丙基苯过氧化物(BIBP)也大些。为了获得最好的硫化效果,过氧化物的用量一定要适宜,用量不足硫化胶强度、硬度等物理力学性能较差,用量过高有部分过氧化物残留在橡胶中,对胶料的耐热性、耐老化性和压缩永久变形产生不利的影响。

过氧化物硫化属于自由基交联,过氧化物在高温下先分解生成自由基,再夺取大分子中 β - 碳原子上的氢原子产生大分子自由基,最终大分子自由基之间生成 C—C 键。对于乙丙橡胶分子链来说,分子失去氢原子形成大分子自由基的能力按下列顺序递减:次甲基(HC≡) > 亚甲基(H₂C=) > 甲基(H₃C—)。在乙丙橡胶分子中随着叔碳原子的增多,即丙烯含量的增加,形成大分子自由基的数目也随之增多,这是有利于提高交联速度的一面,但也使 β 键断裂发生的概率增大,导致交联效率降低。用过氧化物硫化三元乙丙橡胶,其交联部位除在叔碳原子外,还发生在侧基的二烯烃双键部位,烯烃形成自由基的能力远高于叔碳原子,所以烯烃自由基的交联是三元乙丙橡胶交联的主要形式,采用不同类型的第三单体,其过氧化物自由基反应形成烯烃自由基的能力也不同,所以交联密度也有很大差别,总之过氧化物硫化三元乙丙橡胶要比二元乙丙橡胶交联密度高得多。

为提高交联密度和改善硫化胶性能,在过氧化物硫化体系中,常需加入助交联剂。如在 DCP 硫化体系中添加少量的硫磺可显著提高硫化胶的拉伸强度和定伸应力,并可降低压缩永久变形。乙丙橡胶过氧化物硫化体系常用的助交联剂及缩写符号见表 1 - 28。

表 1 - 28　乙丙橡胶过氧化物硫化体系常用的助交联剂

助交联剂名称	缩写符号	助交联剂名称	缩写符号
二甲基丙烯酸丁二醇	BDMA	硫磺	S
二甲基丙烯酸乙二醇	EDMA	硫磺给予体	DTDM 和秋兰姆类
N,N, - 间 - 苯撑 - 双马来酰亚胺	HVA2	氰尿酸三烯丙酯	TAC
三羟甲基丙烷三甲丙烯酸酯	TRIM	异氰尿酸三烯丙酯	TAIC
对苯醌二肟	CDO 和其他	磷酸三烯丙酯	TAP
顺式 - 1,2 - 聚丁二烯	1,2 - BR	偏苯三酸三烯丙酯	TATM
邻苯二甲酸二烯丙酯	DATP	二糠叉丙酮	VP - 4
二乙烯基苯	DVB	二糠叉醛连氮	VP - 3

助交联剂能防止乙丙橡胶硫化过程中主链上丙烯链断链,降低胶料黏度,改善加工性能和提高硫化胶的物理力学性能。这样既保证胶料低压缩永久变形的要求,同时又能提高胶料的拉伸性能及撕裂性能。试验表明[24],在三元乙丙橡胶过氧化物加入助交联剂 TAIC 和 TAC 可提高硫化反应速率和交联程度,起到明显的促进交联的作用,同时自身还发生环化均相聚合反应。采用 5 份 DCP 和 2 份 TAIC 并用体系得到的乙丙橡胶硫化胶具有很好的耐热空气老化性能,与 DCP 与硫磺并用硫化体系相比,拉伸强度降低减小 16.7%,拉断伸长率降低减少 21.6%[24]。

在 120℃ 下乙丙橡胶的耐热性与过氧化物的类型无关,在 150℃ 下老化时,推荐使用过氧化二异丙苯(DCP)或 1,4 - 双叔丁基过氧化异丙基苯(BIBP),加入少量硫磺能提高过氧化物硫化胶的力学性能,但其耐热性稍有降低。用含硫化合物硫化的三元乙丙橡胶在热空气老化时其硫磺交联键的结合程度在不断下降,在 150℃ 下,含硫硫化体系能保证三元乙丙橡胶硫化胶的短期工作能力,在更高温度时,一般都采用有机过氧化物硫化[23]。

三元乙丙橡胶还可用反应性烷基酚醛树脂进行硫化,硫化胶高温下的热稳定性好,压缩永久变形较小,但硬度高,扯断伸长率低。为加快树脂交联反应速度,需加入含卤化合物做催化剂,主要有氯化亚锡、氯化亚铁、氯化锌和二苯基溴代甲烷等。醌肟类化合物硫化的三元乙丙橡胶,其耐老化性能优于过氧化物和硫磺硫化胶,但硬度高,物理力学性能较差,尚未在工业上普遍使用。双马来酰亚胺硫化的三元乙丙橡胶物理力学性能还不如醌肟硫化体系。另外,三元乙丙橡胶用作胶黏剂、防水卷材、胶布和喷涂材料时,可采用过氧化氢类过氧化物作交联剂,并添加钴盐、对醌二肟、丙烯酸酯或双马来酰亚胺等作助交联剂,可在室温下硫化。

2. 补强填充体系

乙丙橡胶属于非补强橡胶,本身物理机械强度很低,只有加入补强填充剂后才有使用价值。乙丙橡胶的密度为 0.86g/cm³ ~ 0.88g/cm³,比其他所有橡胶都小,其填充剂的用量可远大于其他橡胶。炭黑是乙丙橡胶使用最主要的补强剂,其补强性能以细粒子炉黑和槽黑为佳,硫化胶的拉伸强度最高可达到 29MPa,而耐磨性能上炉黑优于槽黑。在制造导电橡胶制品时,可采用导电性能好的乙炔炭黑或导电炭黑。

对浅色制品或物理机械强度要求不高的制品,可加入无机填料如白炭黑、陶土、碳酸钙、滑石粉等。其中以白炭黑补强性最高,此外白炭黑还能赋予乙丙橡胶对金属和纤维较好的粘合性能。碳酸钙是最经济和广泛使用的填料,轻质碳酸钙和活性碳酸钙均有一定的补强作用。滑石粉有一定的补强作用,与炭黑并用有助于炭黑的分散,多用于耐热、耐酸、耐碱和电绝缘制品。此外,对于非炭黑填充剂可适量加入一些硅烷偶联剂或己二醇,以调节胶料的 pH 值,避免白炭黑等填料对过氧化物交联反应产生不利的影响,提高填料在胶料中的分散程度,进一步改善硫化胶的物理力学性能。石棉纤维、非石棉型无机短纤维以及无机填料可作为耐烧蚀填料加入到乙丙橡胶中,这种隔热、耐烧蚀材料在航空航天领域获得了很多应用。

硫化胶的定伸应力、拉伸强度和撕裂强度在一定范围内随填充剂用量的增加而增大,而扯断伸长率则下降。采用甲基丙烯酸缩水甘油酯(GMA)、甲基丙烯酸 - 2 - 羟乙酯(HEMA)和 N - 羟甲基丙烯酰胺(NMA)单体对炭黑分别进行固相表面改性,可进一步改善硫化胶的定伸应力、拉伸强度和撕裂强度[20]。硫化胶的硬度主要是通过填充剂来调节,不同类型的填充剂对乙丙橡胶硫化胶的硬度影响不同,例如,硬度为 55、65、75 的三元乙丙橡胶硫化胶,其胶料中各种填充剂的质量份数分别为:中超耐磨炉黑和高耐磨炉黑为 20 份、40 份、55 份;快压出炉黑为 25 份、45 份、60 份;半补强炉黑为 35 份、65 份、90 份;中热裂炭黑为 50 份、85 份、120 份;白炭黑为 40 份、65 份、90 份;陶土为 70 份、110 份、175 份;碳酸钙为 90 份、175 份、260 份。

3. 防护体系

乙丙橡胶具有优异的耐老化性能,在不高于 80℃下使用可以不加入防老剂。在 80℃ ~110℃范围内,多使用酮胺生成物如三甲基二氢化喹啉化合物和氧化锌并用来提供硫化胶的抗氧化作用,当使用温度超过 120℃以上时,则可加入防氧化性能更优异的巯基苯并咪唑类化合物。

4. 增塑体系

乙丙橡胶中加入增塑剂增加了胶料的可塑性,使工艺操作变得更容易,并可提高制品的屈挠性能。乙丙橡胶中增塑剂的选择取决于相容性、操作要求、成本和所需硫化胶的性能。芳烃油、环烷烃油和石蜡油是最主要的增塑油,还有古马隆树脂、松焦油、酯类及低分子聚合物等。石油类通常是最好的增塑剂,它具有高的相容性,降低黏度,改善加工性,压延制品表明光滑,同时生热小,操作安全。使用环烷油不适于生产耐热制品的胶料;石蜡油因挥发性小,适于生产耐热胶料,但价格高;酯类增塑剂耐低温性好,但与乙丙橡胶相容性较差。

乙丙橡胶中增塑剂一般用量比较大,对于耐热材料,不推荐使用易挥发性增塑剂,除非用量小或使用温度低于 100℃。高质量环烷油挥发性居中可用于 120℃以下,但如果使用温度长期在 120℃或更高温度时,应采用低挥发性环烷油或石蜡油。在 70℃下增塑剂的挥发性已开始影响硫化胶定伸强度增加速度,但对扯断伸长率并不像定伸强度那样敏感,同样,低挥发性增塑剂对扯断伸长率有较好的保持率,特别当使用温度在 100℃以上时。表 1 - 29 介绍了不同挥发性的增塑剂对乙丙橡胶耐热性的影响[22]。

表 1-29　增塑剂的挥发性对乙丙橡胶耐热性的影响

性　能	易挥发性增塑剂	中等挥发性增塑剂	低挥发性增塑剂
硫化胶的初始性能：			
100%定伸应力/MPa	2.1	1.9	2.1
拉伸强度/MPa	14.3	14.7	13.3
扯断伸长率/%	500	530	490
硬度（邵氏 A）	60	59	59
70℃下热老化 28 天后：			
100%定伸应力/MPa	2.8	2.6	2.4
拉伸强度/MPa	13.8	14.1	12.9
扯断伸长率/%	410	450	410
硬度（邵氏 A）	71	65	60
100℃下热老化 28 天后：			
100%定伸应力/MPa	5.9	3.8	3.4
拉伸强度/MPa	14.7	14.0	12.2
扯断伸长率/%	260	330	260
硬度（邵氏 A）	78	72	68
121℃下热老化 28 天后：			
100%定伸应力/MPa	9.7	6.6	4.1
拉伸强度/MPa	14.3	14.0	12.4
扯断伸长率/%	170	240	250
硬度（邵氏 A）	87	78	69
150℃下热老化 14 天后：			
100%定伸应力/MPa	—	10.5	3.4
拉伸强度/MPa	11.6	11.9	9.5
扯断伸长率/%	90	120	220
硬度（邵氏 A）	90	88	72

配方：三元乙丙橡胶:100　氧化锌:5　硬脂酸:1　N550 炭黑:80　增塑剂:40　MBT:1.5　TMTM:
1.5　S:1.0　硫化条件:160℃×30min

　　增塑剂对不同硫化体系的影响也不同,低硫配合的硫化胶对增塑剂比较敏感。增塑剂也会降低过氧化物硫化效果,它和三元乙丙橡胶争夺由过氧化物产生的自由基,相对而言石蜡油的不利影响较小,环烷油次之,芳香油影响较大。任何增塑剂的用量增加时,过氧化物配合胶料的硫化效果均下降,石蜡油的用量加大时,通过调整炭黑和过氧化物的用量可以保持硫化胶良好的物理力学性能。加入增塑剂在不同程度上均能改善硫化胶的低温性能,高环烷油含量配合的三元乙丙橡胶可在 -51℃ ～ -57℃温度范围内保持硫化胶的柔软状态,脆性温度可达 -73℃。癸二酸二辛酯、己二酸二辛酯和磷酸三甲苯酚酯是改善低温性能最好的增塑剂,但这类增塑剂和乙丙橡胶的相容性不好[25]。

1.4.3.2 乙丙橡胶胶料的加工

乙丙橡胶胶料的加工主要包括生胶塑炼、混炼、压出、压延及硫化等基本工艺。由于乙丙橡胶的自黏性差,硫化速度慢其加工性能不如其他不饱和橡胶。二元乙丙橡胶、双环戊二烯三元乙丙橡胶、1,4-己二烯三元乙丙橡胶硫化速度较慢,需要较高的温度和较长的硫化时间才能完全进行硫化,为了提高模压硫化效率进一步改善硫化胶的物理力学性能,有时乙丙橡胶还需在烘箱中进行二段硫化。乙丙橡胶的具体硫化工艺与生胶种类、胶料配方和硫化方法密切相关,一般硫化温度在150℃~180℃范围内为宜。推荐的几种乙丙橡胶胶料适宜的加工方法和模压硫化条件见表1-30。

表1-30　推荐用乙丙橡胶适宜的加工方法和模压硫化条件

胶料牌号	适宜的加工方法	标准试样硫化条件/(℃×min)	
		2mm厚试片	φ10mm×10mm试样
8350	模压、压延、压出	(160±3)×20	(160±3)×25
8360-1	模压、压延、压出		
8370-1	模压、压延、压出		
8380-1	模压		
EP8282	模压、压延、压出	一段硫化:170×10 二段硫化:150℃×1h	一段硫化:170×20 二段硫化:150℃×1h
EP8189	模压、压延、压出		
EP85052	模压、压延、压出	(165±3)×20	(165±3)×30 (φ29mm×12.5mm)

1.4.4　应用实例

乙丙橡胶不但具有耐天候、耐热老化性、耐臭氧性、耐化学介质性、耐水、耐低温以及良好的电绝缘性等优异的综合性能,且有相对密度小、高充油、高填充性,所以被广泛地应用于汽车工业、电线电缆工业、建筑与防水材料、工业橡胶制品、与其他聚合物材料并用或共混以及用作油品添加剂等领域。8350、8360-1、8370-1、8380-1胶料主要用于大型客机液压系统,使用多年未发现泄漏现象,还用在直升机发动机上作隔振器和仪表减振垫;8350胶料在歼击机座舱、电器系统用于制造绝缘垫和外露系统橡胶件;EP8282主要用于飞机座舱密封;EP85052紫色乙丙橡胶符合美军标 MIL－C－85052/1B 性能要求,具有优异的力学、耐气候老化、耐磷酸酯液压油以及阻燃等性能,可用于军用和民用飞机机身、机翼以及动力部分的电气、液压系统管线的紧箍和支撑件。乙丙橡胶在汽车工业中主要用于制造门窗密封胶条、加热软管、冷却水软管、通风软管、制动管等,此外还通过与丁基橡胶并用在汽车内胎和胎侧大量使用;乙丙橡胶作建筑防水卷材,与传统沥青防水卷材相比,具有寿命长(约为 30 年)、强度大、弹性好、防水性能好及施工方便等特点,广泛用于房屋、桥梁、隧道、水库和堤坝等防水工程;乙丙橡胶广泛用作电力电缆、矿用电缆、军用舰艇电线电缆、X 射线直流电电缆、原子能装置用电缆等耐热和耐高压要求的领域。在工业发达国家,家用电器和办公设备耐热零部件也广泛采用乙丙橡胶作电绝缘材料,另外,通过填充导电炭黑或其他材料,制得导电或半导电橡胶。乙丙共聚物具有高增稠性和较好的抗剪切、耐低温和高温老化性能,是制备多级发动机用齿轮油的主要添加剂之一。

1.5　丁腈橡胶

丁腈橡胶(NBR)是丁二烯与丙烯腈单体经乳液聚合成的无规共聚物,其结构式为

$$\text{--}(\text{CH}_2\text{--CH}\text{=}\text{CH})_m(\text{CH}_2\text{--CH}_2\text{--CH})_n\text{--}$$
$$\overset{|}{\text{CN}}$$

丁腈橡胶最早于 1930 年在德国开始进行研制,它是丁二烯和 25% 丙烯腈的共聚物,由于其耐老化、耐热、耐磨和耐油等性能方面均优于天然橡胶,因而受到橡胶工业的重视,并于 1937 年在 I. G. Farben 公司实现工业化生产,其商品名称为 Perbunan,当时年产量为 400t。在第二次世界大战期间随着武器装备迅猛发展,耐油、耐热的丁腈橡胶作为战备物质需求量急剧增多,并由间歇式聚合生产改为连续聚合。经过半个世纪发展,丁腈橡胶生产工艺更加成熟,产品质量更优良和稳定,当今已有 20 多个国家生产丁腈橡胶,年产量达 56 万 t,占合成橡胶总量的 4.1%。由于丁腈橡胶具有优良耐热、耐油和力学性能,现已成为耐油橡胶的主体产品,用于生产各种耐油橡胶和石棉橡胶制品[1]。

丁腈橡胶的制造可分高温聚合和低温聚合两种,这主要取决于选择反应的引发剂。20 世纪 50 年代聚合反应的引发剂都采用过硫酸钾,用量为 0.2% ~ 0.3%,聚合温度为 30℃ ~ 50℃,另外加入胺类和亚铁盐等活性剂。在 60 年代后期采用氧化还原体系的引发剂,聚合温度降至 5℃ ~ 10℃,氧化剂为有机过氧化氢,以及乙二胺四乙酸钠盐、硫酸亚铁和雕白粉组成还原剂。低温和高温聚合的丁腈橡胶虽然物理力学性能和耐热、耐油性能相近,但工艺性能有很大差别:高温聚合的丁腈橡胶内含凝胶成分高,门尼黏度大,生产混炼胶时需进行多次塑炼,加工性差,加

工能量消耗巨大,又称硬丁腈橡胶。低温聚合的丁腈橡胶凝胶成分和门尼黏度低,不需要塑炼即可混炼加工,也称软丁腈橡胶。在18%~50%丙烯腈含量范围内可分为五个品级:丙烯腈含量高于42%以上为极高腈品级,36%~41%为高腈品级,31%~35%为中高腈品级[1],25%~30%丙烯腈为中腈品级,24%以下为低腈品级,在工业上使用量最大的是低腈品级的丁腈-18(结合丙烯腈含量17%~20%),中腈品级的丁腈-26(27%~30%)和高腈品级的丁腈-40(36%~40%)。按物理状态又分为固态(块、片、粉末)丁腈橡胶,相对分子质量在5万~70万,门尼黏度20~140范围,主要用于制造耐油橡胶制品;液态丁腈橡胶,其相对分子质量仅有1000~5000,用于制造胶黏剂和树脂的增韧材料,用量很少。近年来为进一步改善丁腈橡胶耐热和耐老化性能,开展了用胺类和酚类聚合型防老剂与丁二烯、丙烯腈进行乳液聚合,使防老剂活性基团接枝到聚合物分子链上,防止热和油的作用造成防老剂损失,这就是聚稳丁腈橡胶。但在丁腈橡胶改性品种中,最有价值的是羧基丁腈橡胶、丁腈酯橡胶和氢化丁腈橡胶。

丁腈橡胶具有良好的耐石油基油料的性能,在各种橡胶中耐油性能仅次于聚硫、丙烯酸酯和氟橡胶。由于其价格低,产量大,品种规格齐全,是工业中用量最多、使用最广泛的耐油橡胶,它广泛用于制造各种密封制品、胶管、胶带、胶辊、石棉橡胶、薄膜等耐油橡胶制品。

1.5.1 结构和特征

丁腈橡胶是由丁二烯(A)和丙烯腈(B)单体乳液聚合的。共聚物的组成中丙烯腈的含量对丁腈橡胶的性能具有较大的影响。由于两种单体的竞聚率不同在共聚物分子链中单体排列形式有BBB、BBA、ABA、AAA、AAB、BAB,其中BAB链接形式达60%以上。在丁二烯链段中也有反式1.4、顺式1.4和1.2加成等方式,所以共聚物分子是一种无规排列的结构。

在聚合过程中聚合物转化率随丙烯腈含量而变化,因而丁腈橡胶是由丙烯腈含量不同的分子组成的混合物。不同丙烯腈含量规格的丁腈橡胶,其丙烯腈含量是一个范围,例如NBR1504结合丙烯腈含量为15%~17%,NBR1704为18%~20%,NBR2707为27%~30%,NBR3604为36%~40%。波动范围过宽则丁腈硫化胶的强伸性能和耐油性较差。高温聚合丁腈橡胶分子结构中支化度大,较大的支化度和较高相对分子质量会促使结聚反应的产生。因而生胶凝胶含量大门尼黏度高,必须经过多次塑炼才能进行混炼、压出、压延等加工工艺。在采用低温聚合方法后降低了生胶凝胶含量和支化程度,生胶的性能和工艺性有了极大的改善。

丁腈橡胶的相对分子质量变化范围很大,液体丁腈橡胶相对分子质量仅有几千,高门尼固态丁腈橡胶相对分子质量可达70万。在工业上表示相对分子质量大小用门尼黏度指标,一般固态丁腈橡胶门尼黏度($ML_{1+4}^{100℃}$)约30~130范围内。相对分子质量高时分子间内聚能增加,硫化胶的拉伸性能高、耐热性好,但分子链位移困难,塑性变形小,加工工艺性能较差。如果相对分子质量分布较宽,其相对分子质量低的链段可作为高相对分子质量链段的"内塑剂",可提高分子的流动性改善其加工工艺,但相对分子质量分布过宽,低相对分子质量含量过多也会造成整个聚合物力学性能和耐热性的降低,所以在聚合时必须将相对分子质量分布控制在一定范围内。

1.5.1.1 耐介质性能

丁腈橡胶的相对分子质量、相对分子质量分布、支化度、聚合物链节中丁二烯和丙烯腈单体排列方式都会影响硫化胶的性能,而共聚物组成中丙烯腈含量对丁腈橡胶性能的影响最为显著。在分子结构中引入极性的腈基,对非极性和弱极性的矿物油、液体燃料和溶剂有较高的稳定性,而在极性芳烃溶剂、酮、酯等化学介质中则产生较大溶胀。在溶剂中的稳定性与溶剂的极性和芳香烃含量有关。不同的丙烯腈含量硫化胶在参考燃料 A、B、C 和烃类油的体积变化见表1-31。

表1-31 丁腈硫化胶在参考燃料中经22℃×72h浸泡后的体积变化 %

燃　　料	丙烯腈含量/%				
	20	28	33	40	50
参考燃料 A(异辛烷)	19	7	3	1	-0.3
参考燃料 B(异辛烷和甲苯混合物,体积比7:3)	82	53	41	28	15
参考燃料 C(异辛烷和甲苯混合物,体积比5:5)	141	96	76	49	38
二异丁烯	42	23	7	2	-0.3
二异丁烯、苯、甲苯和二甲苯混合物(体积比60:5:20:15)	—	134	61	42	23

丁腈橡胶在芳烃溶剂中具有较大的体积膨胀,芳烃含量越高,其苯胺点越低,对丁腈橡胶破坏作用越强,不同芳香烃含量的油料对丁腈橡胶作用见表1-32、表1-33。

表1-32 丁腈橡胶在 ASTM 油类中体积变化 %

试验油料名称	苯胺点/℃ ±1	丙烯腈含量/%			
		17~23	24~30	31~34	34~51
ASTM-1 号	121	4	3	1	-1
ASTM-2 号	93	24	16	8	3
ASTM-3 号	69.5	49	32	17	10

表 1-33 丁腈橡胶在 ASTM 油中老化前后性能变化

丙烯腈含量	100%定伸应力 /MPa	拉伸强度 /MPa	扯断伸长率 /%	硬度(邵氏 A)
老化前				
丁腈橡胶(35% ~41%丙烯腈)	2.5	11.8	400	65
丁腈橡胶(17% ~23%丙烯腈)	3.1	23.1	420	68
150℃×24h ASTM 1 号油老化后				
丁腈橡胶(35% ~41%丙烯腈)	3.9	7.1	140	62
丁腈橡胶(17% ~23%丙烯腈)	3.9	7.1	150	62
150℃×240h ASTM 3 号油老化后				
丁腈橡胶(35% ~41%丙烯腈)	2.7	11.1	290	55
丁腈橡胶(17% ~23%丙烯腈)	2.4	9.2	250	49

　　试验表明,随着丙烯腈含量的提高,硫化胶在石油烃油料的稳定性增强,浸渍后强伸性能和体积变化率较小。芳香烃含量高的油品(苯胺点低)要比脂肪烃含量高(苯胺点高)油品对丁腈橡胶有较大的侵蚀作用。丁腈橡胶在其他化学介质中体积溶胀性能见表 1-34。丁腈橡胶在酮、酯、卤代烃溶剂中有很大溶胀,其破坏作用也比较大。另外,丁腈硫化胶在混合溶剂中的溶胀程度要比单一溶剂中的大得多。例如丙烯腈含量为40%的硫化胶在苯和甲醇中体积增加分别为22%和3%,而在两种组成的混合溶剂中其最大膨胀可达62%。

表 1-34 丁腈橡胶在化学介质中体积变化(浸泡 7 天)

介质名称	浸泡温度/℃	不同丙烯腈含量丁腈硫化胶/%		
		28	33	38
甲醛	50	10	10	10
乙醇	50	20	20	20
乙二醇	50	0.5	0.5	0.5
乙醚	20	50	30	20
甲乙酮	50	250	250	250
三氯乙烷	50	290	230	230
四氯化碳	50	110	75	55
苯	50	250	200	160
苯胺	50	360	320	420
苯酚	50	450	470	510
环己烷	50	50	40	25
硅油	50	-1.5	-2	-2.5
蒸馏水	100	11	11	12
海水	50	2	3	3

1.5.1.2 耐寒性能

随着丙烯腈含量的增加，丁腈橡胶硫化胶的耐寒性能则降低。不同丙烯腈含量丁腈橡胶的玻璃化温度 T_g 和硫化胶的脆性温度 T_{xp} 及压缩耐寒系数见表1-35。

表1-35 不同丙烯腈含量丁腈橡胶低温性能

橡 胶 （丙烯腈含量）	玻璃化温度 T_g/℃	脆性温度 T_{xp}/℃	压缩耐寒系数		
			-15℃	-25℃	-35℃
CKH-18(17%~20%)	-51~-56	-58~-60	0.55~0.65	0.35~0.45	0.15~0.25
CKH-26(27%~30%)	-40~-42	-48~-50	0.35~0.45	0.15~0.25	—
CKH-40(36%~40%)	-25~-30	-23~-25	0.08~0.10	0.02~0.05	—
CKH-50	-7~-10	高于-8	0.035	—	—

丁腈橡胶主要用于制造在油介质工作的密封制品,低温下密封能力的主要依据是低温下橡胶弹性恢复能力(压缩耐寒系数)和低温下压缩永久变形。当低温下压缩永久变形达到100%时,橡胶完全失去弹性恢复能力,同时因橡胶产生低温收缩使密封部位出现间隙时就会造成密封介质的泄漏。各种丙烯腈含量的丁腈橡胶其低温下的压缩永久变形值见表1-36。丁腈硫化胶的低温性能与所选用的硫化体系、增塑剂类型和数量有一定关系,如辐射硫化和过氧化物硫化的丁腈橡胶比硫磺硫化胶料有略好的低温性能。加入增塑剂不但可改善胶料加工性能,还能提高橡胶在低温下的弹性恢复能力,但这种改善是暂时性的。当丁腈橡胶长期在油介质浸泡,其增塑剂会逐步扩散至油介质中,特别是在较高温度下和弱极性酯类介质中这种迁移效应更加明显,所以硫化胶低温工作能力主要决定于生胶类型。如果将低温下压缩永久变形值达80%作为低温工作能力的下限时,丁腈-18的硫化胶其工作温度下限为-50℃~-55℃;丁腈-26硫化胶约为-40℃~-45℃;丁腈-40硫化胶约-20℃~-25℃。

表1-36 丁腈橡胶硫化胶低温下的压缩永久变形(无增塑剂)

丙烯腈 含量/%	压缩永久变形/%					压缩永久变形值 达50%的温度 (压缩168h)/℃	压缩永久变形值 达80%的温度 (压缩168h)/℃
	-60℃	-40℃	-20℃	-10℃	0℃		
18	100	32	20	12	9	-49	-55
28	100	70	31	17	12	-33	-44
34	100	96	46	22	14	-21	-28
39	100	99	64	37	18	-16	-24

1.5.1.3 耐热性能

丁腈橡胶含有亲电子性较强的腈基,使烯丙基位置上的氢原子比较稳定,因而其耐热性比天然、丁苯、氯丁橡胶要好,高丙烯腈含量的丁腈橡胶所含丁二烯不饱和双键量少,所以随着丙烯腈含量的增加其耐热性有所改善。橡胶在高温下由于热、氧和水解作用,大分子会发生交联、结聚、降解、水解、环化和异构化等结构变化,造成硫化胶性能劣化,所以耐热好的橡胶除自身分子结构有较好的抵御热、氧等因素的作用外,其硫化过程中形成的交联键的结构也应该是很稳定的。热氧化反应是催化连锁反应,形成游离基会迅速使大分子链降解或解聚,其中氧和臭氧的影响最为严重。各种橡胶的耐热性能见图1-2,其臭氧龟裂扩展速度见表1-37。

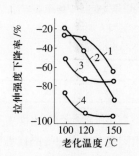

图1-2 各种橡胶耐热氧化性能

1—丁腈橡胶;2—氯丁橡胶;

3—丁苯橡胶;4—天然橡胶。

表1-37 各种橡胶臭氧龟裂扩展

胶 种	龟裂扩展速度/ (mm/min)
丁腈-40 硫化胶	0.04
丁腈-26 硫化胶	0.055
丁腈-18 硫化胶	0.22
天然橡胶硫化胶	0.22
丁苯-30 硫化胶	0.37
丁基橡胶硫化胶	0.02
氯丁橡胶硫化胶	0.01

虽然丁腈橡胶耐热氧老化比氯丁、丁苯、天然橡胶要好些,但耐臭氧稳定性很差,丁腈-18为基的硫化胶耐臭氧老化性与天然、丁苯橡胶相当,在10^{-4}高臭氧浓度下仅几分钟就会出现龟裂现象。高丙烯腈丁腈橡胶要好些,如果采用丁腈和聚氯乙烯共混胶,其耐臭氧性将会显著改善。对于不饱和二烯类橡胶热氧化过程是性能急剧劣化的主要原因,性能衰减的速度与橡胶吸氧速度密切相关。例如在110℃下天然橡胶可吸氧$20cm^3/g \cdot h$,其拉伸强度降低了75%,在120℃吸氧$30cm^3/g \cdot h$,应力松弛速度加快2倍,只要橡胶与1%氧相互作用,其硫化胶力学性将大幅度降低。吸氧的速度与温度、胶种和组成有关,温度每增加10℃,氧化速度可提高1倍以上。各种生胶的氧化稳定性如下:硅橡胶、氟橡胶>丁基橡胶>丁腈橡胶>氯丁橡胶>丁苯橡胶>顺丁橡胶>天然橡胶。在120℃下硅橡胶、氟橡胶、丁苯橡胶的吸氧速度分别为$22mm^3/g \cdot h$、$48mm^3/g \cdot h$、$5500mm^3/g \cdot h$。各种交联键耐氧化反应的能力为多硫键<单硫键<碳-碳键,形成碳-碳交联键对热氧化反应是最稳定的。

丁腈橡胶的耐热性除与丙烯腈含量有关外,也与胶料配方中选择的硫化体系以及防老剂(抗氧剂)类型有关。丁腈胶料一般采用硫磺硫化系统生成多硫键(—S—S—),其键能比较低,耐热性差。若用硫给予体(如促进剂秋兰姆)硫化,生成单硫键(—S—),硫化胶的耐热性得到改善。如用有机过氧化物硫化,生成C—C交联键,硫化胶耐热性优良,压缩永久变形小,但强度、伸长率和抗撕裂强度差,这与 C—C 交联键刚性大、伸长中取向不好有关系。用镉镁硫化系统能制出耐热性更好的丁腈胶料,但硫化速度慢,压缩永久变形变大,氧化镉和二乙基二硫代氨基甲酸镉有一定毒性,所以镉镁硫化体系并未得到广泛应用。过氧化物和镉镁化合物硫化胶性能对比见表 1 – 38。

表 1 – 38　过氧化物和镉镁类化合物硫化丁腈橡胶耐热氧化性能对比

温度/℃	时间/h	过氧化物硫化胶			镉镁化合物硫化胶		
		拉伸强度/MPa	扯断伸长率/%	硬度(邵氏 A)	拉伸强度/MPa	扯断伸长率/%	硬度(邵氏 A)
老化前		13.2	380	68	13.0	440	70
120	1000	6.4	20	92	15.8	75	87
150	72	6.8	20	90	9.2	80	79

过氧化物硫化胶耐降解反应性能优异,但在热空气长时间老化过程中会继续发生结聚反应,扯断伸长率急剧衰减,硬度增高,在相同老化条件下,镉镁硫化胶其继续交联程度较低。镉镁硫化胶虽然形成单硫键,但不生成在热老化过程能使橡胶继续交联反应副产物。从热老化后性能变化可看出:镉镁类硫化胶比过氧化物硫化胶耐热性高 10℃ ~20℃。

在橡胶中加入防老剂(抗氧剂)可以延迟热氧化过程,为防止合成橡胶在贮存中的氧化作用,在合成时加入了少量的抗氧剂如防老剂 D,但这远不足保证硫化胶在高温下长期使用。丁腈橡胶常用的防老剂是胺类、酚类、杂环类化合物,可有效抑制橡胶在高温下吸氧速度,终止热氧化过程中橡胶大分子裂解形成的游离基,延迟由于热、氧、光、应力作用下的连锁式裂解反应。配方设计时必须考虑热老化过程造成结构破坏的主要因素,选择合适防老剂,阻止橡胶热氧化反应。

1.5.1.4　力学性能

丁腈橡胶是非结晶性无规共聚物,其拉伸强度很低仅有 3 MPa ~4.5MPa,无使用价值。经填充补强后,丁腈硫化胶的力学性能见表 1 – 39。

表 1 – 39　丁腈橡胶的力学性能

性 能	丁腈 – 18 硫化胶	丁腈 – 26 硫化胶	丁腈 – 40 硫化胶
拉伸强度/MPa	25 ~28	29 ~33	30 ~34
扯断伸长率/%	500 ~600	625 ~690	590 ~670
撕裂强度/(kN/m)	55 ~65	65 ~75	70 ~75

丙烯腈含量对硫化胶力学有一定影响,高丙烯腈含量的硫化胶拉伸性能略高于低丙烯腈含量的胶料。但对硫化胶拉伸性能影响最大的是补强剂类型和用量,炭黑的补强性能优于二氧化硅、碳酸钙、硅灰石粉等矿物质填料。高结构、高耐磨等活性炭黑补强性能优于半活性或惰性炭黑。用高耐磨炭黑填充的丁腈硫化胶强

度高、扯断伸长率大,抗撕裂和耐磨性好,但弹性差,疲劳生热大,加工性能差。作为耐油橡胶密封件要求胶料具有良好综合性能,所以多采用半活性喷雾炭黑或高活性与半活性炭黑并用。丁腈硫化胶在冲击力作用下其回弹性见表1-40。

表1-40 丁腈橡胶的回弹性/%

生胶类型	未填充硫化胶	填充硫化胶	
	20℃	20℃	100℃
丁腈-18为基硫化胶	60~65	38~44	60~63
丁腈-26为基硫化胶	50~55	28~33	50~53
丁腈-40为基硫化胶	20~30	14~16	40~42

硫化胶回弹性与玻璃化温度密切相关,玻璃化温度低,回弹率高,耐寒性好,在交变应力下其力学损耗角 tanδ 小。在丁腈橡胶中随丙烯腈含量增加玻璃化温度升高,其回弹性降低,力学损耗角 tanδ 增大。填充量增加也会使硫化胶回弹性降低,填充同等份数活性炭黑要比半活性炭黑填充的硫化胶回弹性差些。极性的丙烯腈基团增加,使大分子间作用力增强,硫化胶强度和耐磨性将有所提高。

1.5.1.5 耐透气性

气体的透气性与橡胶大分子活动能力有关,玻璃化温度较低的硅橡胶透气性最大。如果在硅橡胶分子中引入三氟丙烯代替硅原子上部分亚甲基,可以降低分子链段活动性,改善硅橡胶的耐透气性能,所以氟硅橡胶对氢气、氮气、氧气和二氧化碳透气性要比二甲基硅橡胶小2/3~4/5。丁腈橡胶中丙烯腈含量增加,其链段活动能力降低,因而丁腈-40的透气性最小。在非极性二烯橡胶中丁基橡胶硫化胶透气性反常的低,其机理尚不清楚。在极性橡胶中丁腈-40和氟橡胶的透气性最小。橡胶的透气性受温度的影响,随着温度的提高橡胶的透气性增大。各种硫化胶对空气透气性与温度的关系见表1-41。

表1-41 温度对橡胶空气透气性的影响[1]

胶 种	透气性 $\rho/[10^7 cm^3/(s \cdot MPa)]$			
	24℃	80℃	121℃	177℃
天然橡胶	0.49	4.40	7.1	20.7
丁苯橡胶	0.25	2.90	4.7	15.4
氯丁橡胶	0.10	1.30	2.8	7.3
丁基橡胶	0.02	0.39	1.6	5.8
丁腈橡胶	0.13	0.80	2.2	6.6
聚硫橡胶	0.02	0.37	1.6	—

胶 种	透气性 $\rho/[10^7 \text{cm}^3/(\text{s} \cdot \text{MPa})]$			
	24℃	80℃	121℃	177℃
氯磺化聚乙烯橡胶	0.72	0.73	2.3	6.2
聚氨酯橡胶	0.05	0.97	3.1	7.1
硅橡胶	11.30	41.00	—	69～113
氟橡胶	—	0.88	3.6	14.6
丙烯酸酯橡胶	0.19	1.80	4.8	9.4

随着温度升高，气体(蒸汽)透过硫化橡胶的能力增强。一般在150℃以上的透气性要比室温的透气性提高10倍~40倍。硫化胶对高温高压气体(蒸汽)透气性能主要取决气体对交联网络的化学稳定性，在高温下氧气会加速硫化胶的氧化作用，损坏硫化胶物理力学性能，使应力松弛加快，压缩永久变形增大，造成真空密封的破坏。

在耐油橡胶中丁腈橡胶具有极低的透气性，是真空密封的合适选材，但其使用温度不能超过100℃。因为空气、氧气、氢气和硫化氢蒸气对丁腈橡胶有较强破坏作用，在此种情况下应选择透气性与丁腈橡胶相近而化学性更稳定的氟橡胶。

丁腈橡胶有较好的耐水性，随丙烯腈含量增加耐水性变差。由于丙烯腈基团有较强的极性，其硫化胶电绝缘性较差，其体积电阻约$(10^9～10^{10})\Omega \cdot \text{cm}$，工频电压的功率因数0.3，在1kHz下的介电常数为19，属于半导橡胶范围，不适于制造在高压高频下使用的电绝缘材料。

总之，丁腈橡胶具有很好的耐石油基油料的特性，但在合成双酯类油、磷酸酯油中，体积膨胀大(60%～200%)，性能衰减较快。硫化胶物理力学性能良好，耐透气性优异，其使用温度范围为-50℃～100℃。由于价格低廉，它是耐油橡胶中使用最广泛的胶种，其缺点是耐臭氧、耐氧化性能较差，不适于在高温空气中长期工作。

1.5.2 胶料的力学性能

丁腈橡胶胶料是丁腈生胶添加补强剂、防老剂、增塑剂和硫化剂等组分经混炼而成。经硫化后具有优异的耐油性能，在现有胶种中仅次于聚硫、丙烯酸酯和氟橡胶。为改善硫化胶的耐寒、耐油、耐老化性能还可以在丁腈橡胶中加入一定量聚硫、氯丁橡胶、聚氯乙烯、聚酰胺、氯化聚醚等树脂。常用的丁腈生胶是丁腈-18、丁腈-26和丁腈-40，随丙烯腈含量增加，硫化胶的耐热、耐油性能有所提高，但耐低温性能降低。丁腈橡胶主要用于制造石油基液压油、润滑油、煤油和汽油中工作的橡胶制品,其工作温度为 $-50℃ \sim 100℃$;短期工作可用于150℃;在空气和乙醇——甘油防冻液中工作温度为 $-45℃ \sim 100℃$。丁腈橡胶的耐气候老化性差,当臭氧浓度较高时会迅速老化龟裂,不宜在高温空气中长期工作,也不能在磷酸酯抗燃液压油中工作。

航空武器装备应用的丁腈橡胶胶料牌号有 100 多个,有些牌号是老机型时仿制的胶料,这些材料受当时技术水平的限制,其性能较差逐步被淘汰。随着航空武器装备的进步,特别是近年为新机种研制的新胶料性能有很大的改善,提高了武器装备的技战术水平也延长使用寿命。经过多年胶料性能优化,选出在宇航工业应用最广、综合性能最佳的 10 个牌号丁腈胶料。胶料的牌号、基胶及与国外相近材料牌号见表 1 – 42。5170F、试 5171、5860、硫化胶的力学性能见表 1 – 43,其耐介质性能典型值见表 1 – 44;P214、P801、硫化胶力学性能见表 1 – 45,其耐压缩和耐介质性能见表 1 – 46;5080、5080 – 1、5880、5880T 硫化胶主要性能见表 1 – 47;2 – 5018、5176S 胶料硫化胶的性能见表 1 – 48;5176S 硫化胶耐油性能见表 1 – 49;5870、5871、5171 胶料的硫化胶经 13 年仓库贮存,其性能变化见表 1 – 50。

表 1–42　常用丁腈胶料牌号和国外相近材料牌号

胶料牌号	生胶类型	材 料 标 准	国外相近材料牌号(俄)	国外相近材料标准
试 5171	丁腈 – 18	GJB 5258—2003《航空橡胶零件及型材胶料规范》	В – 14	ТУ 0051166 – 1987（俄罗斯）
5171F			В – 14	
5080			ИРП – 1078	
5880			ИРП – 1054	
5860			68 – 1、НО – 68 – 1	
5180F			В – 14 – 1	
2 – 5013		Q/SX6 – 250—2000	51 – 1668	
5176S		Q/6S 1547—2000 丁腈橡胶胶料	ИРП – 1353	
2 – 5014	丁腈 – 26	GJB 250Л – 1996《耐液压油和燃油丁腈橡胶胶料规范》	ИРП – 1078А	
5080 – 1		GJB 250А—1996《耐液压油和燃油丁腈橡胶胶料规范》	ИРП – 1078А	
P214		Q/XXY 101—1977《国防工业用橡胶胶料》		
P801		Q/XXY 201—1977《国防工业用橡胶胶料》		

表 1－43 5171 等胶料硫化胶物理力学性能

胶料牌号	拉伸强度/MPa	扯断伸长率/%	扯断永久变形/%	硬度(邵氏 A)	脆性温度/℃	压缩耐寒系数	伸长率变化率/%(90℃×24h)	恒定压缩永久变形/%					密度/(g/cm³)
								介质	温度/℃	时间/h	压缩率/%	典型值	
试5171	11.2~14.4	172~242	0~4	72~76	<-60	0.51~0.83	-17~+10	YH-10	100	70	30	12~46	—
5180	13.7~16.1	132~177	1~4	80~87	—	0.37~0.61	-15~-7	YH-10	100	70	20	29~38	1.30
5860	9.80~12.8	370~491	2~8	60~70	<-55	0.22~0.45	-20~-12	空气	70	22	30	15~32	1.26

表 1－44 5171 等硫化胶的耐介质性能

胶料牌号	压缩应力松弛系数					质量变化率 Δm (24h)/%			体积变化率 ΔV (48h)/%
	介质	温度/℃	时间/h	压缩率/%	典型值	NY-120+苯(质量比75:25)(18℃~28℃)	RP-2 航空燃油(18℃~25℃)	HH-20 航空润滑油(130℃)	YH-10 液压油(70℃)
试5171	YH-10	100	70	20	0.38~0.75	—	2.8~5.6	—	5.2~9.3
5180	YH-10	100	70	20	0.44~0.63	—	—	—	9.3~10.6
5860	—	—	—	—	—	16.6~23.9	6.3~10.2	-7.4~-4.4	—

表 1-45 P-214 等胶料硫化胶的物理力学性能

胶料牌号	拉伸强度/MPa	扯断伸长率/%	扯断永久变形/%	硬度(邵氏A)	脆性温度/℃	压缩耐寒系数(-50℃)	抗张积变化率(150℃,24h)/%
P214	15.3 ~ 20.2	135 ~ 256	1 ~ 4	76 ~ 85	-45		-15 ~ 10
P801	11.8 ~ 13.7	170 ~ 240	—	70 ~ 80	-62 ~ -69	0.2 ~ 0.4	-20 ~ 0 (70℃,144h)

表 1-46 P-214 等硫化胶的耐介质性能

胶料牌号	耐介质性能					
	介质	温度/℃	时间/h	伸长率变化率/%	压缩永久变形(压缩率20%)/%	体积变化率 ΔV/%
P214	12号航空液压油	150	24	-20 ~ 2	21 ~ 46	0.2 ~ 3.3
P801	YH-10航空液压油	70	48	—	—	3.5 ~ 4.5

表 1-47 5080 等胶料硫化胶物理力学性能

胶料牌号	拉伸强度/MPa	扯断伸长率/%	扯断永久变形/%	硬度(邵氏A)	脆性温度/℃	耐介质性能				密度/(g/cm³)
						介质	伸长率变化率(150℃,24h)/%	体积变化率(150℃,24h)/%	压缩永久变形(150℃,24h压缩率20%)/%	
5080	15.6 ~ 19.7	170 ~ 280	1 ~ 4	75 ~ 81	< -42	RP-2	-28 ~ -6	9.5 ~ 13.7	8 ~ 28	1.20
						YH-10	-22 ~ 8	3.1 ~ 9.4	19 ~ 48	
5080-1	13.4 ~ 19.2	150 ~ 273	1 ~ 4	76 ~ 82	< -42	RP-2	-24 ~ -6	7.9 ~ 12.9	9 ~ 26	—
						YH-10	-16 ~ 3	3.8 ~ 7.3	19 ~ 49	
5880	10.9 ~ 12.2	160 ~ 184	1 ~ 4	78 ~ 79	< -55	—	—	—	—	1.15
5880T	11 ~ 15.2	130 ~ 190	0 ~ 2	80 ~ 84	-61 ~ -70	YH-10	-15	30.3 ~ 39.7	5.6 ~ 26.5	1.25
						12号液压油	-18	36.1	17.5	

表 1-48 2-5013、5176S 胶料硫化胶的物理力学性能

性能	2-5013硫化胶	5176S硫化胶
拉伸强度/MPa	11.9 ~ 12.6	10.8 ~ 14.2
扯断伸长率/%	125 ~ 230	205 ~ 330
硬度(邵氏A)	70 ~ 75	70 ~ 80
扯断永久变形/%	1 ~ 4	0 ~ 2

性 能	2-5013 硫化胶	5176S 硫化胶
压缩耐寒系数	0.30~0.42(-50℃)	0.25~0.40(-45℃)
恒定压缩永久变形(YH-10 航空 液压油,150℃×24h,压缩率20%)/%	4.9~10.3	-26~-34 28~40
体积变化率 ΔV(YH-10,150℃×24h)/%	16.7~21.7	14~20
扯断伸长率变化率(空气,125℃×72h)/%	-4~-22	-17~+6
脆性温度/℃	—	-60

表1-49 5176S 硫化胶的耐油性能

介 质	拉伸强度/MPa	扯断伸长率/%	扯断永久变形/%	硬度（邵氏 A)	体积变化率 ΔV/%	质量变化率 Δm/%	压缩耐寒系数(-60℃以下)	恒定压缩永久变形(压缩率20%)/%
浸油前	13.4	235	2	76				
浸 YH-10 航空液压油	10.9	210	0	65	16.7	9.5	0.10	35
浸 YH-12 航空液压油	13.8	220	0	67	18.9	11.7	0.11	35
浸 YH-15 航空液压油	11.9	200	0	66	16.4	9.8	0.13	30
YH-10(150℃,24h 经十六烷油提)	13.3	200	0	69	—	—	—	—
RP-3 航空燃油	11.4	160	0	67	20.7	11.4		27

表1-50 5870、5871、5171 硫化胶贮存后的性能变化

胶料牌号	贮存时间/a	拉伸强度/MPa	扯断伸长率/%	硬度（邵氏 A)	质量变化率 Δm(70℃,24h)/%		
					RP-2 航空燃油	HP-8 航空润滑油	YH-10 航空液压油
5870	贮存期内指标要求	≥7.84	≥170	77±5	—	-6~+4	-6~+2
	0	14.7	151				
	3	13.2	133				
	5	13.4	140				
	13	14.7	136	83	+0.2	-0.7	-0.6

胶料牌号	贮存时间/a	拉伸强度/MPa	扯断伸长率/%	硬度（邵氏 A）	质量变化率 Δm(70℃,24h)/%		
					RP-2 航空燃油	HP-8 航空润滑油	YH-10 航空液压油
5871	贮存期内指标要求	≥9.80	≥250	78±5	—	-1～+5	-1.5～+5
	0	15.4	395				
	3	14.2	333				
	5	14.8	356				
	13	14.6	284	83	0.46	-0.3	0.3
5171	贮存期内指标要求	≥9.8	≥160	77±5	—	—	-1～+8
	0	13.1	217				
	3	12.7	224				
	5	12.7	204				
	13	14.1	—	83		-0.3	-0.3

1.5.3 胶料加工工艺

橡胶制品的生产中要经过三个基本工艺过程:胶料的制备,制品的成形和硫化。橡胶胶料是生产制品的基本原料,它是由生胶、补强填料、硫化剂、防老剂和加工助剂等组分经过混炼工艺制成的。研究胶料的配方和合理的混炼工艺是决定胶料使用性能的主要因素。

1.5.3.1 胶料的制备

丁腈橡胶胶料的制备包括生胶的塑炼和生胶与各种配合剂配合,塑炼的目的是为了降低生胶的相对分子质量,增加可塑性便于混炼。塑炼和混炼均可采用开放式炼胶机或密闭式炼胶机来完成。

1. 生胶的塑炼

高温聚合的丁腈橡胶分子的支化程度高,凝胶含量多,因而生胶门尼黏度达100 以上,所以在混炼前必须进行塑炼。通过炼胶机的机械力扯断过长的大分子链和支化侧链,增加生胶的可塑性。由于丁腈生胶的韧性大,塑炼时摩擦生热高,塑炼效果差,所以高温聚合丁腈橡胶多采用小辊距(0.5 mm～1.0mm),冷辊筒(40℃以下),小容量的低温塑炼方式。生胶如果长时间塑炼,温度可达80℃以上,被破坏的分子链段和凝胶成分将会再聚结,所以高温下塑炼效果不好,多采用分段塑炼方法。将生胶在 1mm 以下辊距下通过 10 次～15 次为一段塑炼,其后冷却 4h 以上再进行第二次塑炼,为达到混炼工艺所需的可塑性,高温聚合丁腈橡胶往往要进行 3 次～6 次塑炼。低温聚合丁腈橡胶凝胶含量少,门尼黏度低于60，混炼时容易吃料，且机械动力损耗小，生胶可直接进行混炼，不需要进行塑炼工序。

2. 混炼

将各种配合剂加入生胶内的工艺过程称为混炼。丁腈橡胶胶料可用开炼机和密炼机进行混炼，批量少时多采用开炼机进行混炼，对大批量丁腈胶料生产易采用密炼机。

(1)开炼机混炼。丁腈橡胶混炼工艺较差，生胶吃料慢，粉料不易分散，易脱辊，胶料生热高，需要控制辊温不要超过50℃，注意加料顺序和混炼的容量。为了降低辊筒温度可采用循环冷却水。混炼中各组分加入的顺序是：硫磺、氧化锌以及防老剂等，不易分散的小料先加入其后加入填料。由于填充量较多，可分2次~3次加入并与增塑剂或加工助剂交替加入，最后加入硫化促进剂或过氧化物。整个混炼操作如下：先将经过塑炼的高温聚合丁腈或未塑炼的低温聚合丁腈生胶放入小辊距下通过几次，待胶料变软后使其包辊，逐步放开辊距，使两辊间留有少量余胶，加入硫磺、氧化锌及防老剂等，割胶翻炼2min~3min，其后缓慢加入补强填料和增塑剂，补强剂和增塑剂加完后，割胶翻炼，最后加入硫化促进剂或过氧化物后继续左右割胶翻炼5 min~10min，待混炼基本均匀后胶料下辊。锁紧辊距进行胶料薄通，薄通10次~15次后观察胶片表面，如有残余分散不好的斑点时，待胶料冷却后可再次薄通直到斑点消除。混炼时间与配合剂类型、数量和混炼胶容量有关，一般控制在30min~45min之内。

(2)密炼机混炼。密炼机混炼生产效率高，环境污染小。由于丁腈橡胶塑性低，生热高，所以要保证混炼室和转子充分冷却，每次混炼容量要少些，仅为天然橡胶的60%~70%，转速控制在60r/min以下。其操作过程为在60℃~70℃下投入生胶进行塑炼0.5min，其后加入氧化锌、硬脂酸和防老剂等不易分散的小料，混炼1min后加入补强剂、填充剂和增塑剂。混炼过程控制在110℃~130℃范围内，混炼2.5min~3min后进行排胶。将排出的母炼胶冷却至60℃以下，再放入开炼机上翻炼1min后加入硫磺、硫化促进剂或过氧化物，割胶翻炼1min后薄通下片。混炼好的胶料(俗称混炼胶)经过全面性能检测合格后即可用于橡胶制品成形。

1.5.3.2 橡胶制品的成形

橡胶制品有三种基本成形方法：模压、压延和压出。对于不同结构形状的橡胶制品需采用不同的成形方法。各种形状的密封件，如不同截面形状的密封圈、旋转轴唇型密封件、橡胶薄膜、活门、紧箍件、胶套等采用模压方法成形。各种厚度的橡胶板材、片材采用压延方法成形，硫化后剪裁成各种用途的板材和密封垫片。各种口径的管材和型材通过压出机压出成形，如果承受高压时再编织增强纤维层和表面包覆层，硫化后制成纯胶管和增强胶管以及型材。

1. 模压成形

将胶料放入模具的型腔内,合模后放在平板硫化机内,在一定压力、温度下进行制品的成形和硫化。模压成形能制造各种形状复杂和尺寸精密的制品,该法加工设备少,投资费用低,工艺简单,制品成形和硫化一次完成,因而除胶板、胶管、型材外绝大多数制品都采用模压方法生产。其工艺操作如下:

(1) 胶料返炼:胶料在辊距为 0.5mm ~ 1mm 的开炼机上薄通 10 次 ~ 15 次,其后按制品的厚度将胶料辊成相近尺寸的胶片,并停放 4h 以上。

(2) 裁剪坯料:按制品形状裁剪相应尺寸的坯料,丁腈橡胶熔接性好,压制胶圈时可采用胶条进行搭接方式装模。

(3) 成形硫化:合模后放在平板硫化机内在压力和温度下成形和硫化。

(4) 取出制品和清除胶边:将模具从硫化机内取出,打开模具取出制品,待完全冷却后清除模具接合面流出的胶边。过氧化物硫化的丁腈橡胶的热撕裂性能较差,复杂结构制品从型腔取出时极易损坏,此种情况可将模具先冷却至 70℃ 以下再启开模具取出制品。

胶料成形的模具有三种类型:

(1) 敞开式模具:一般有 2 个 ~ 4 个部件组成,打开后型腔全面露出,加工方便,成本低,但制品结构不能太复杂,胶料直接加入型腔内进行压制成形。

(2) 传递式模具:由两部分组成,模具的型腔部分与敞开式模具相同,另外是注胶缸和柱塞部分。将胶料加入注胶缸内用柱塞加压,胶料经注胶口和流胶道注入型腔内,这种模具结构和工艺操作较为复杂和繁琐,其优点是可以生产较复杂结构的制品。例如蓄压器胶囊和弹性轴承,阻尼匹配器等大型橡胶制品均采用该种模具。

(3) 注射机用模具:模具型腔部分比较复杂,含有注胶口和注胶道、模具固定在注射机上能够自动闭合和开启并设有制件顶出装置,胶料先送入压注机胶缸内预热,当型腔模具升起与注射缸的注口吻合,柱塞将胶料压入型腔模具内。该种模压成形适合高温快速硫化的胶料,生产效率高和大批量生产。设备投资费用高,不适合小批量和多品种制品的生产。制品物理力学性能取决于胶料的组成和混炼工艺的合理性。其外观质量和尺寸是由模具表面粗糙度和尺寸来保证的,橡胶制品工作表面的粗糙度 Ra 应选为 $0.20\mu m ~ 0.10\mu m$,非工作表面的粗糙度 Ra 可选为 $1.60\mu m ~ 0.80\mu m$。为了防止胶料高温的腐蚀作用和磨损,模具表面应渗碳和镀铬处理。制品的尺寸取决于模具的加工尺寸,当橡胶制品从模具取出后,制品会产生收缩,所以设计模具尺寸时必须预先考虑胶料的模压收缩率。胶料模压收缩率的含义如下:

$$C = \frac{A_{制} - A_{模}}{A_{模}} \times 100\%$$

式中:$A_{制}$为室温下测得硫化制品尺寸;

$A_{模}$为室温下测得模腔尺寸。

胶料模压收缩率是一个受多种因素影响的参数,除胶种、配合剂的类型和填充量外,还受硫化工艺、坯料制备工艺以及制品结构尺寸的影响。丁腈橡胶胶料的模压收缩率一般在 1.5% ~ 2.0% 之间,随填料用量增加模压收缩率降低,例如 75 度 ~ 85 度硬度等级丁腈橡胶模压收缩率约为 1.6% ~ 1.8%,而 60 度 ~ 70 度硬度等级胶料收缩率 1.8% ~ 2.0%;硫化温度升高模压收缩率增高,143℃下模压收缩率为 1.86% 的胶料如采用 200℃硫化时,其收缩率可达 2.7%;另外在裁剪坯料时顺压延方向收缩率大,而垂直压延方向收缩率小。尺寸大的制品收缩率要比小尺寸的制品大些。橡胶制品的尺寸精度主要受胶料模压收缩率影响,所以直径大于 500mm 的胶圈尺寸公差达 ±1mm 以上,一般制品尺寸公差为 ±0.2mm,而对精度密封件的尺寸公差要求达到 ±0.05mm。生产精密密封制品,必须在胶料、硫化工艺等因素确定后,通过制品尺寸测定不断修改模型尺寸来达到的。

2. 胶料的压延

胶料通过压延机两辊间借助辊筒间的压力,使胶料产生延伸变形,制成不同厚度和宽度的胶片或胶板,也可对织物进行贴胶和擦胶制造胶布制品。丁腈橡胶的塑性低,收缩较大,压延工艺性要比天然橡胶困难得多。在压延前丁腈橡胶必须进行热炼,使其可塑性达压延工艺的需要。压延胶片时多采用三辊压延机,上中下辊筒线速度比为 2:1:1。由于丁腈橡胶在压延时易粘冷辊,所以中辊温度一般比上辊温度低 5℃ ~ 10℃,压延时上辊温度为 65℃ ~ 75℃,中辊为 60℃ ~ 65℃,下辊为 50℃ ~ 55℃,压延速度为 5m/min ~ 15m/min。压延过程中如果出现胶料粘辊或脱辊现象时应适当调整辊筒温度,温度过高易产生脱辊,温度过低也会造成胶片脱辊。压延时胶片在三维方向都有较大的收缩,丁腈橡胶压延收缩率约 10% ~ 20%,通过反复调整辊距来控制压延胶板厚度,其厚度公差见表 1 – 51。

表 1 – 51　压延胶板厚度规格和公差

胶板厚度/mm	公差/mm	胶板厚度/mm	公差/mm	胶板厚度/mm	公差/mm
0.5	±0.1	8.0	±0.7	20.0	±1.5
1.0	±0.15	10.0	±1.0	25.0	±2.0
1.5、2.0、2.5	±0.2	12.0	±1.1	30.0	±2.5
3.0	±0.25	14.0	±1.2	>30	双倍厚度公差之和
4.0	±0.4	16.0	±1.3		
5.0、6.0	±0.5	18.0	±1.4		

在生产耐油胶布时,需在织物表面贴合橡胶层。采用三辊压延机可进行单面贴胶,用四辊压延机可制备双面贴胶布。贴胶是在等速辊筒下进行的,为保证贴胶

表面光滑和贴胶层厚度均匀,辊筒线速度不宜过大,一般在 5m/min ~ 10m/min 范围内。胶料组分中应含有增塑剂或少量液体丁腈橡胶,这将有利于贴胶工艺和增加胶料与织物的粘合力。擦胶的工艺要比贴胶困难得多,用于擦胶的胶料必须对织物有很好的粘合性,而丁腈橡胶缺乏黏着性,所以在配合剂中除加入增塑剂外,有时还加入增粘剂如煤焦油、古马隆树脂以及液体丁腈橡胶等。擦胶在三辊压延机进行,上、中、下辊速比为 1:1.5 ~ 2.0:1,中辊转速快,增加胶料与织物间的剪切力,擦胶时辊温控制在上辊 75℃ ~ 90℃、中辊 60℃ ~ 70℃、下辊为 80℃ ~ 100℃。

3. 胶料的压出

橡胶管、线、棒和型材是橡胶胶料借助压出机成形其后在硫化装置上进行硫化而成的。丁腈橡胶塑性低,黏性不足,在压出时容易产生焦烧现象,用于压出的丁腈胶料必须有良好的流动性和较长的焦烧时间,在组分中加入含润滑性软化剂如石蜡、硬脂酸等,有时为增加胶料黏性还加入 8 份 ~ 10 份古马隆树脂。胶料的焦烧时间一般为 120℃ 下大于 20min,所以丁腈压出胶料多采用 TMTD 与 DM 并用或采用次磺酰胺类促进剂如 AZ、CZ、NOBS。胶料在混炼均匀后至少要放置 16h ~ 24h 后才能用于压出。胶料的压出可采用冷、热喂料压出机进行挤出。热喂料压出机使用的是热炼后的胶料,其热炼的条件是前辊 40℃ ~ 50℃、后辊为 50℃ ~ 60℃,热炼 4min ~ 5min 后剪成 4mm ~ 5mm 宽 10cm ~ 15cm 带材送入加料口。冷喂料压出机的胶料不需要热炼,混炼均匀的胶料剪成带材直接送加料口,丁腈橡胶压出生热高,要使用冷却效果好的压出机,各部位的温度控制在如下范围内:机筒 50℃ ~ 60℃、螺杆 50℃ ~ 60℃、机头 70℃ ~ 80℃、口型 70℃ ~ 95℃。

1.5.3.3 橡胶制品的硫化

橡胶制品在加热或高能射线照射下,生胶的大分子上的活性基团与硫化剂进行化学反应,由线型结构交联成网状的立体结构,胶料的物理力学性能产生了很大变化;橡胶失去了流动性,提高了弹性和强度以及耐介质性能。硫化后的橡胶制品才具有使用价值。不同的橡胶可采用不同的硫化方式:大部分橡胶密封件都采用模压硫化方式,借助模具和热压机进行一次性成形和硫化。对于胶板、涂胶布、胶管等制品在压延和压出成形后,可移至热空气或蒸汽硫化罐内硫化。连续压延和压出的型材、板材、胶管等可通过沸腾床、超高频微波炉、鼓式硫化机、高能辐照装置进行硫化。

在硫化过程中温度或辐照剂量以及持续时间是决定胶料硫化程度的关键条件。在选择胶料硫化条件时,通常要做各种温度或剂量下不同持续时间硫化的一系列试片,并进行物理力学性能对比,选出性能最佳的温度和时间作为正硫化条件,或称正硫化点。在选定胶料的最佳硫化条件时,也可先采用振荡圆盘硫化仪测定胶料的硫化曲线,找出最低、最高转矩和焦烧时间(t_1)及硫化时间(t_{90})。硫化仪反映了硫化过程扭转模量变化过程和胶料交联程度,但并不反映各种性能的变化的实际情况,所以还必须要进行性能验证试验。正硫化点是一个相对性概念,用不同性能作为评定标准时会出现不同的正硫化条件,即使同一性能作为评定,不同的硫化温度也会有不同的硫化时间,所以胶料正硫化条件不是单一的,是根据工况条件下关键性能为依据的一组数据。如5080丁腈橡胶胶料主要用于生产密封件,一般用恒定压缩永久变形作为关键性能,并兼顾强度和伸长性能时,选定的正硫化点为151℃硫化40min,如果为提高生产效率也可在161℃下硫化20min,两种硫化条件下硫化胶的硫化状态和性能基本一致。本节介绍的常用丁腈胶料牌号的适宜加工方法和标准试片硫化条件见表1-52。

表1-52　常用丁腈橡胶加工方法和硫化条件

胶料牌号	适宜的加工方法	标准试片(厚2mm)硫化条件/(℃×min)
5171F	模压、压延	$(151 \pm 2) \times 25$
试5171	模压、压延	$(151 \pm 2) \times 25$
5180F	模压	$(151 \pm 2) \times 25;(143 \pm 2) \times 40$
5860	模压、压延、压出	$(151 \pm 2) \times 20;(143 \pm 2) \times 30$
5080	模压、压延	$(151 \pm 2) \times 40;(161 \pm 2) \times 20$
5080 - 1	模压	$(151 \pm 2) \times 40;(161 \pm 2) \times 20$
2 - 5014	模压	$(151 \pm 2) \times 40;(161 \pm 2) \times 20$
5880	模压、压延	$(151 \pm 2) \times 40$
5880T	模压、压延	$(151 \pm 2) \times 40$
P214	模压	$(151 \pm 2) \times 40;(160 \pm 2) \times 20;(150 \pm 2) \times 202020$ 定型、$(150 \pm 2) \times 20$ 热处理
P801	模压、压出	$(151 \pm 2) \times 50$
2 - 5013	模压、压延、压出	$(151 \pm 2) \times 40$ 定型,$(151 \pm 2) \times 60$ 热处理
5176S	模压、压延、压出	$(160 \pm 2) \times 20$
5180	模压	$(151 \pm 2) \times 25;(143 \pm 2) \times 40$
5176S	模压、压延、压出	$(160 \pm 2) \times 20$

表1-52所推荐的硫化条件是对2mm厚的标准试片而言,在压制厚度超过6mm的制品零件时应适当增加硫化时间,由于橡胶是不良导热体,应尽量选择较低的硫化温度及延长硫化时间的方法,或短时间定型硫化后放在150℃~160℃烘箱进行二次补充硫化方式。在厚制品从模具或烘箱中取出时应避免急剧冷却,防止制品的开裂。

1.5.4　应用实例

上述胶料在飞机上应用实例见表1-53。

表 1-53 常用丁腈胶料的应用实例

胶料牌号	应 用 范 围	主要用途举例
试 5171	在空气和酒精—甘油混合液中工作,温度为 -45℃ ~ 100℃,在仪表油和 YH-10 液压油中工作,温度为 -60℃ ~ 100℃。供制液压系统零件,活动或固定密封圈、活门密封件	飞机液压油电磁开关,各机种的通用密封胶圈
5170F	在空气和酒精—甘油混合液中工作,温度为 -45℃ ~ 100℃,在仪表油和 YH-10 液压油中工作,温度为 -55℃ ~ 100℃。供制液压系统活动密封零件	歼击机液压助力器的活动密封件,工作温度为 -60℃ ~ 90℃
5180、5180F	在空气和酒精—甘油混合液中工作,温度为 -45℃ ~ 100℃,在仪表油、YH-10 液压油中工作,温度为 -60℃ ~ 100℃。供制液压系统活动或固定密封圈、橡胶金属活门密封件	轰炸机主起落架减振柱的密封圈和活门
5860	在空气中工作,温度为 -55℃ ~ 100℃,短时间(24h)可达150℃,用 JQ-1 胶黏剂使之与金属粘着,与银制件接触不引起变暗。供制特种密封零件	歼击机空气系统的胶带、垫片、轰炸机、运输机机身密封型材,应急舱密封垫、垂尾和机身对接处密封带,冷气电磁阀内密封件
5080 (5080-1)	歼击机、强击机发动机燃油、滑油系统和液压助力器内的密封件	歼击机、强击机发动机燃油、滑油系统和液压助力器内动、静密封件
5880	在 YH-10 液压油中工作,温度为 -60℃ ~ 150℃,供制液压系统固定接头密封件	飞机液压、气动附件内固定密封件
5880T	在 YH-10、12 号液压油中工作,温度为 -60℃ ~ 150℃,供制造飞机液压系统固定密封件或气动附件内固定密封件	ZB-34 系列液压油泵固定密封、YYF-2 安全活门,YDF-16 双位电磁开关和机轮刹车附件
P214	在石油基液压油、燃油及滑油中工作,温度为 -50℃ ~ 125℃,短期可达 150℃。供制高温耐油橡胶密封件及制品	歼击机液压助力器内活动和固定密封件;运输机发动机用密封件
P801	在 YH-10 液压油中工作,温度为 -60℃ ~ 100℃,供制橡胶密封圈和金属与橡胶复合件	运输机起落架收放筒内活动密封圈
2-5013	在 YH-10 液压油工作,工作压力 25MPa,长期工作在 -55℃ ~ 125℃,供制歼击机液压系统密封圈	歼击机液压系统动密封圈
5176S	在 YH-10 液压油工作,工作压力 25MPa,长期工作在 -55℃ ~ 125℃,供制歼击机液压系统密封圈	歼击机液压系统固定密封圈
注:牌号尾号加 F 字母表示胶料具有防霉功能		

丁腈橡胶胶料主要用于制造与石油基油料接触的橡胶制品,如密封圈、皮碗、膜片、传输油料的胶管和贮存油料的软油箱。其耐油性能优异,只要避免暴露在高温热空气和高浓度臭氧环境下,可在不超过120℃温度长时间安全使用。丁腈橡胶货源丰富,价格便宜,所以耐油橡胶制品中有90%以上都采用丁腈橡胶。

1.6 氢化丁腈橡胶

氢化丁腈橡胶(HNBR)是由 NBR 经催化加氢制得。1982 年 Bayer 公司宣布 HNBR 的开发成功,牌号为 Therban 系列,1984 年日本瑞翁(Zeon)公司建立 HNBR 生产厂,牌号为 Zeptol,加拿大宝兰山(Polysar)于 1988 年 11 月在美国得克萨斯州投产,牌号为 Tornac。兰州石化研究院和吉林石化研究院在 1999 年开发成功 LH9901、LH-9902 HNBR 产品。

HNBR 的性能主要取决于丙烯腈含量、门尼黏度及饱和度。丙烯腈含量和门尼黏度基本由所用的 NBR 决定,在氢化前后丙烯腈含量不变,故 HNBR 保持了 NBR 的耐介质性能[26,27]。门尼黏度决定 HNBR 的加工性能,随着氢化反应的进行,门尼黏度上升,从物理机械性能和加工性能均衡考虑,门尼黏度一般在 55~85 之间为宜。饱和度也是影响 HNBR 性能的重要因素,它决定了 HNBR 的耐高低温、耐臭氧等性能,且对黏弹特性、硫化特性影响显著[26]。

1.6.1 HNBR 的结构和特性

HNBR 的生产方法主要有三种:NBR 溶液加氢法、NBR 乳液加氢法和乙烯—丙烯腈共聚法。用乙烯—丙烯腈共聚法制备 HNBR 时由于组分控制较难尚处于理论研究阶段。NBR 溶液加氢法与 NBR 乳液加氢法在保持原有 NBR 耐介质性能的同时,又改善了耐热、耐老化等性能,从而得到广泛发展,其反应示意图见图 1-3。加氢反应后 HNBR 大分子主链的不饱和双键数量大幅减少,改善了聚合物的耐热性、耐候和耐臭氧性能,胶料的耐温等级从 100℃~120℃上升到 150℃~170℃,腈基的保留使 HNBR 具有与 NBR 同等的耐化学稳定性,少量的不饱和双键提供了硫化交联点[27]。

1.6.1.1 HNBR 的红外谱线

由图 1-3 可以看出,HNBR 的大分子由四种链段结构组成,其红外谱线上的特征吸收峰见表 1-54[29-31]。

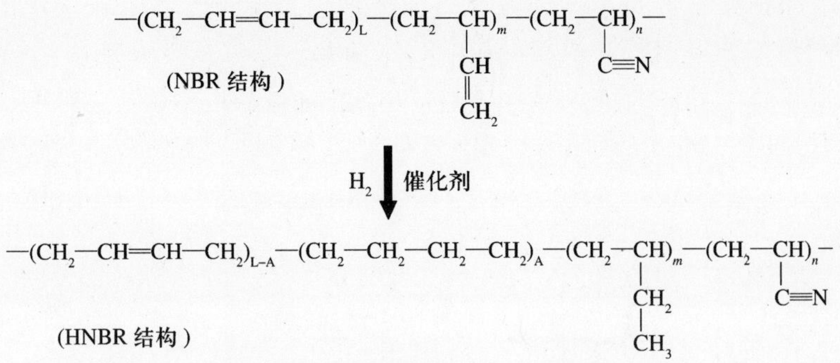

—(CH₂—CH=CH—CH₂)ₗ—(CH₂—CH)ₘ—(CH₂—CH)ₙ—

$$—(CH_2{-}CH{=}CH{-}CH_2)_L—(CH_2{-}CH)_m—(CH_2{-}CH)_n—$$

（NBR 结构）

CH
‖
CH₂

C≡N

H₂ ↓ 催化剂

$$—(CH_2{-}CH{=}CH{-}CH_2)_{L-A}—(CH_2{-}CH_2{-}CH_2{-}CH_2)_A—(CH_2{-}CH)_m—(CH_2{-}CH)_n—$$

（HNBR 结构）

CH₂
|
CH₃

C≡N

图 1-3　HNBR 生成反应示意图

表 1-54　HNBR 的分子结构单元与红外特征吸收峰

名　称	链段分子结构	基　团	峰　位
丙烯腈单元	—CH₂—CH— 　　　| 　　　C≡N	—C≡N 的伸缩振动	2240cm⁻¹
		—CH₂—的 C—H 伸缩振动	2917cm⁻¹
		—CH—的 C—H 伸缩振动	2848cm⁻¹
		C—H 弯曲振动	1440cm⁻¹
完全氢化的丁二烯单元	—CH₂—CH₂—CH₂—CH₂—	—(CH₂)ₙ($n>4$)的伸缩振动	720cm⁻¹
		—CH₂—的 C—H 伸缩振动	2917cm⁻¹
		C—H 弯曲振动	1440cm⁻¹
1,2 乙烯基单元	—CH₂—CH— 　　　| 　　CH₂—CH₃	—CH₂—的 C—H 伸缩振动	2917cm⁻¹
		—CH—的 C—H 伸缩振动	2848cm⁻¹
		C—H 弯曲振动	1440cm⁻¹
未氢化的丁二烯单元	—CH₂—CH=CH—CH₂—	C=C 伸缩振动	1645cm⁻¹
		—CH₂—的 C—H 伸缩振动	2917cm⁻¹
		—CH—的 C—H 伸缩振动	2848cm⁻¹
		反式—CH=CH—的伸缩振动	970cm⁻¹

不同结构 HNBR 与 NBR 的红外曲线对比见图 1-4。

一般情况下,当 HNBR 的总饱和度达到 70%以上时,顺式 1,4-丁二烯单元已完全氢化,当氢化率达到 85%以上时,1,2-乙烯基单元也氢化完全,而腈基—C≡N则不发生任何变化。图 1-4(a)中是丙烯腈含量在 17%~21%的牌号为 NBR-1704 的丁腈橡胶、牌号为 Therban LT 2157 及 Therban LT VP KA 8882 的 HNBR 红外图谱,图 1-4(b)是丙烯腈含量在 36%~43%的牌号为 NBR-3604 的丁腈橡胶、牌号为 Therban A 3407 及 Therban C 3467 的 HNBR 红外图谱。可以看出,HN-

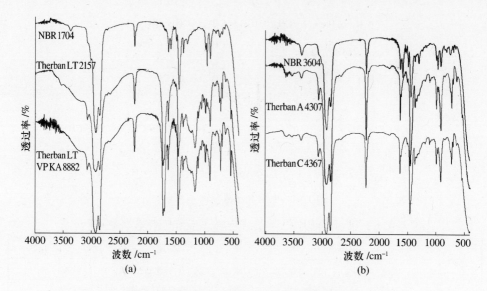

图 1 – 4 HNBR 与 NBR 生胶的红外谱图对比

(a)丙烯腈含量为 17% ~ 20% 的三种生胶；(b)丙烯腈含量 36% ~ 43% 的三种生胶。

BR 及 NBR 的各个结构单元都能在红外谱线上存在对应的吸收峰。由于 HNBR 大分子主链上饱和键$(CH_2)_n(n > 4)$较多,(CH_2)引起的 720cm^{-1} ~ 730cm^{-1} 处摇摆吸收峰非常明显,而 NBR 中则没有明显的$(CH_2)_n$吸收峰。同时在 3400cm^{-1} 附近没有发现代表 – NH$_2$ 基团的吸收峰,证实在氢化反应过程中腈基—C≡N 没有被还原。对比图 1 – 4(a)、(b)图谱还可以发现由于丙烯腈含量的不同由—C≡N 基团引起的 2240cm^{-1} 吸收峰的强度也有所差别,丙烯腈含量较高的橡胶其 2240cm^{-1} 吸收峰要明显强一些。Therban LT 2157 和 Therban LT VP KA 8882 在 1750 cm^{-1} ~ 1700 cm^{-1} 及 1190 cm^{-1} ~ 1150 cm^{-1} 附近的吸收峰是其第三单体丙烯酸烷基酯的特征吸收峰[32]。

图 1 – 5 为几种 HNBR 与 NBR 生胶的 DSC 曲线对比。从几种生胶的 DSC 曲线上可以看出,两种 NBR 橡胶在 350℃左右都有较大的吸热峰,这是由于 NBR 分子链上大量的 C═C 双键裂解所致,而 HNBR 由于大部分 C═C 双键被饱和,DSC 曲线上无明显的 C═C 双键裂解峰。

1.6.1.2 HNBR 的低温性能

1. DSC 试验

由 DSC 方法测试的几种材料其玻璃化转变温度如图 1 – 6 所示。

生胶的玻璃化转变温度(T_g)反映了大分子链段低温下热运动的能力,是材料低温性能的重要参数。由图 1 – 6 可以看出,在不饱和双键含量相同的情况下,生胶的 T_g 与丙烯腈含量有很大关系,丙烯腈含量越高,T_g 越高,如 Therban LT 2157

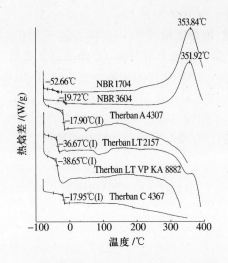

图 1-5 HNBR 与 NBR 生胶的 DSC 曲线

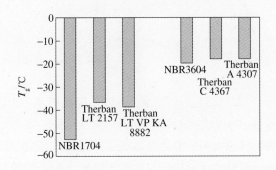

图 1-6 由 DSC 测定的各种生胶的玻璃化转变温度

的丙烯腈含量为 21%，其 T_g 为 $-37℃$，而丙烯腈含量为 43% 的 Theban C 4367 的 T_g 则高达 $-18℃$，这是由于低温下 HNBR 大分子结晶所致，而结晶主要来自于结

构单元 $\begin{matrix} -CH_2-CH_2-CH_2-CH_2-CH_2-CH- \\ C\equiv N \end{matrix}$ 的重复[35]。主链的饱和度也对 T_g 有一定的

影响，在丙烯腈含量较低（如 NBR1704 和 Therban LT 2157）的情况下，不饱和双键含量越低，则其 T_g 越高。而在丙烯腈含量较高时（如 NBR3604 和 Therban C 4307），T_g 随不饱和双键含量的变化不太明显。

2. 低温回缩（TR）试验

图 1-7 为丙烯腈含量和不饱和双键含量对 HNBR 低温回缩 TR 曲线的影响。TR 曲线表征的是被单轴拉伸的试样在低温下冻结后随着温度的升高，由于弹性恢复试样发生回缩的百分数，表征橡胶试样在低温下弹性恢复的能力。曲线上最大斜率的反向延长线与横坐标轴的交点可视为橡胶的玻璃化转变温度，试样回缩百

分率在 10%,30%,50% 和 70% 时所对应的温度分别称为 TR10,TR30,TR50 和 TR70。由图 1-7 可见,饱和度相同时,丙烯腈含量对 HNBR 硫化胶的低温恢复性能有很大影响,低丙烯腈含量的 HNBR 的 TR 曲线明显更趋近低温,丙烯腈含量为 21% 的 Therban LT 2157 的 TR10 比丙烯腈含量为 43% 的 Therban C 4367 低 15℃ 左右。从 TR 曲线上可以明显看出不饱和双键含量对 HNBR 低温性能的影响,无论丙烯腈含量的高低,不饱和双键含量较高时胶料的低温弹性恢复能力较好,这是由于主链上较多双键的存在增加了大分子链的柔顺性。

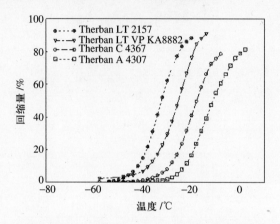

图 1-7　不同分子结构 HNBR 橡胶的 TR 曲线

3. 动态力学性能(DMTA)试验

图 1-8 是几种不同结构 HNBR 橡胶在低温下的动态性能,可以看出,丙烯腈含量较高的 HNBR,其 tanδ 峰值所对应的温度比丙烯腈含量较低的 HNBR 向高温方向移动;而丙烯腈含量相同的 HNBR 橡胶,其 tanδ 的峰值所对应的温度大致相同。损

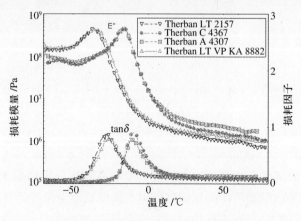

图 1-8　不同 HNBR 的 tanδ - T 曲线

耗因子 tanδ 表征橡胶材料在动态变形时耗能的大小,一般在玻璃化转变温度附近达到峰值,可以用 tanδ 曲线峰值所对应的温度表征材料的玻璃化转变温度。

用 DSC、TR 和 DMTA 法测得的玻璃化转变温度见表 1 – 55。

表 1 – 55　不同方法测定的 HNBR 玻璃化转变温度

生胶牌号	DSC 方法所测 T_g/℃	TR 方法所测 T_g/℃	DMTA 方法所测 T_g/℃
Therban LT VP KA 8882	– 36.7	– 36	– 26.6
Therban LT 2157	– 38.7	– 42	– 28.2
Therban A 4307	– 17.9	– 24	– 10.5
Therban C 4367	– 18.0	– 29	– 9.6

可以看出,由于测试条件不同,所测得的 T_g 数值不尽相同,但基本呈现了同一个趋势:丙烯腈含量高的 HNBR 具有较高的玻璃化转变温度。DMTA 和 DSC 方法的测试结果表明双键含量不同但丙烯腈含量相同的 HNBR 胶料的 T_g 相差不大,但从 TR 曲线上可以看出双键含量对低温性能有较大影响,用 TR 方法测试不饱和双键含量不同的 HNBR 的 T_g 有较明显的差别。对比表 1 – 55 中数据还可以看出 DMTA 方法测试的 T_g 比 DSC 测定的 T_g 温度高 7℃ ~ 10℃。

1.6.1.3　HNBR 的高温性能

表 1 – 56 为不同规格的 HNBR 与 NBR 生胶的热分解温度。

表 1 – 56　不同生胶的热分解温度

胶料/项目	热分解温度/℃		
	分解始点温度/℃	分解速度最大时温度/℃	分解末点温度/℃
Therban C 4367	429.0	450.0	471.7
Therban C 3467	399.9	417.2	440.0
Therban LT 2157	393.2	425.0	440.4
Therban A 4307	410.3	437.0	449.3
Therban A 3907	417.6	440.0	453.9
Therban A 3407	421.3	440.7	440.1
Therban LT VP KA 8882	414.6	448.2	463.3
NBR 3604	389.3	434.5	452.5
NBR 2707	382.5	420.4	440.4

由图 1 – 4 HNBR 与 NBR 的 DSC 曲线也可以看出,高温下 NBR 的曲线上有一个双键氧化而产生的巨大的吸热峰而 HNBR 曲线较为平缓没有相应的吸热峰,说明 HNBR 高温下更加稳定。表 1 – 56 所示 HNBR 的热分解温度普遍高于 NBR,说明 HNBR 比 NBR 生胶具有更好耐热性。

1.6.2 胶料的力学性能

1.6.2.1 生胶结构对力学性能的影响

表 1-57 为丙烯腈含量不同、双键含量为 0.9% 的 HNBR 的物理性能,表 1-58 为丙烯腈含量不同、双键含量为 5.5% 的 HNBR 的物理性能。胶料试验配方: HNBR 100,MgO 5,SA 1,HAF 50,DOP 10,TAIC 2.5,BIPB 3。

表 1-57 不同丙烯腈含量 HNBR 的性能(双键含量 0.9%)

生 胶 牌 号	Therban A 4307	Therban A 3907	Therban A 3407	Therban LT VP KA 8882
硫化工艺参数(160℃×45min)				
最低转矩(ML)/N·m	0.58	0.69	0.74	0.69
最高转矩(MH)/N·m	3.97	4.17	4.15	4.10
MH−ML/N·m	3.39	3.48	3.41	3.41
焦烧时间(T10)/min:s	3:34	3:10	3:9	3:38
正硫化时间(T90)/min:s	26:39	26:5	26:1	26:28
常温物理性能				
硬度(邵氏 A)	74	72	73	73
拉伸强度/MPa	24.5	21.5	20.9	16.3
扯断伸长率/%	230	190	180	150
撕裂强度/(kN/m)	42.7	41.4	34.9	31.6
125℃×72h 热空气老化后物理力学性能				
邵氏 A 硬度变化	+3	+4	+2	+2
拉伸强度变化率/%	+6	+13	+10	+19
扯断伸长率变化率/%	−4	0	0	+7
撕裂强度变化率/%	+24	+10	+30	+9
恒定压缩永久变形(空气·150℃×24h·压缩率20%)/%	52	44	44	41
脆性温度/−60℃下	通过	通过	通过	通过

表 1-58 不同丙烯腈含量 HNBR 的性能(双键含量 5.5%)

牌 号	Therban C 4367	Therban C 3467	Therban LT 2157
硫化工艺参数			
最低转矩(ML)/N·m	0.62	0.83	0.67
最高转矩(MH)/N·m	4.33	4.56	4.18

牌　号	Therban C 4367	Therban C 3467	Therban LT 2157
MH－ML/N·m	3.71	3.73	3.51
焦烧时间（T10）/min:s	2:10	1:50	2:10
正硫化时间（T90）/min:s	15:8	14:25	16:29
物理力学性能			
硬度（邵氏 A）	75	72	75
拉伸强度/MPa	26.3	23.6	17.4
扯断伸长率/%	225	210	170
撕裂强度/（kN/m）	42.8	41.6	30.8
恒定压缩永久变形（空气·150℃×24h×空气·压缩率20%）/%	42	39	48
脆性温度/－60℃下	通过	通过	通过

丙烯腈含量对硫化工艺参数影响不大，如表 1－57 中的 Therban A 4307、Therban A 3907、Therban A 3407 和 Therban LT VP LA 8882 四种胶料，其正硫化时间分别为 26:39m:s、26:5m:s、26:1m:s 和 26:28m:s，基本没有差别。对比表 1－57 及表 1－58 可以发现双键含量对硫化工艺参数相差较大，双键含量由 0.9% 提高到 5.5% 后（Therban A 4307 与 Therban C 4367），正硫化时间 T90 由 26min 降低到 15min，焦烧时间也由 3.5min 降低到 2min，而最高转矩、最低转矩之间的差值（MH－ML），与交联密度成线性关系随之上升。这是由于 HNBR 的双键含量提高以后，更多的双键参与交联，硫化速度加快，交联密度提高。

丙烯腈含量对胶料的物理力学性能影响较大。随着丙烯腈含量的增加，胶料的强度、扯断伸长率、撕裂强度及压缩永久变形均有不同程度的增大。丙烯腈含量的增加使大分子在拉伸状态下更容易产生结晶，结晶部分的比例也更大，因而强度和伸长率增加。同时，丙烯腈含量的增加使大分子刚性增加，变形后的恢复能力减弱，因而恒定压缩永久变形增高。低温型 HNBR（Therban LT 2157）由于添加了第三单体丙烯酸烷基酯恒定压缩永久变形也较大。NBR 氢化后最终形成如下结构单元：

$$—CH_2—CH_2—CH_2—CH_2—CH_2—CH—$$
$$C≡N$$

这种结构单元的重复使得 HNBR 在拉伸的情况下产生结晶，提高了拉伸强度[32,33]。丙烯腈含量越高，这种交替结构单元越多，结晶部分的比例越大，因而 HNBR 的拉伸强度越高，伸长率和撕裂强度也较高。

1.6.2.2 配合剂对力学性能的影响

HNBR 的配合剂主要包括硫化剂、硫化促进剂、填充补强剂和增塑剂等,各种组分对性能影响如图 1 – 9 所示。组分对硬度影响的主次顺序为 DCP、DOP;炭黑 TAIC 对拉伸强度影响的主次顺序为 TAIC、炭黑;DCP、DOP 对扯断伸长率影响的主次顺序为 DCP、TAIC、DOP;炭黑对压缩永久变形影响的主次顺序为 DCP、TAIC、DOP、炭黑。图 1 – 9、图 1 – 10 分别为 DCP、TAIC 及 DOP 三种因素对拉伸强度、扯断伸长率、压缩永久变形及硬度的影响趋势曲线。同样可以看出,DCP 是影响胶料硬度、压缩永久变形和扯断伸长率的主要因素,随着 DCP 用量的增加,胶料的硬度增加,伸长率和压缩永久变形显著下降,DCP 对上述性能的影响主要是因为 DCP 在很大程度上决定了 HNBR 胶料的交联密度,随着交联密度上升,胶料硬度上升,扯断伸长率下降,较高的交联密度同时限制了材料的塑性形变,压缩永久变形随之下降。TAIC 对强度影响较大而 DOP 主要影响胶料的硬度。

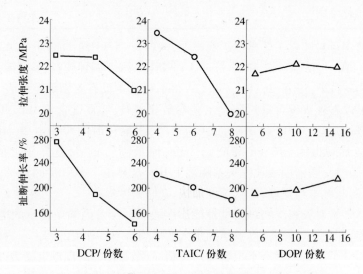

图 1 – 9 DCP、TAIC、DOP 用量对拉伸强度和扯断伸长率的影响

1.6.2.3 二段硫化对力学性能的影响

胶料一段硫化条件为 160℃ × 30min,为进一步改善硫化胶的物理力学性能,有时还对 HNBR 硫化胶在 150℃烘箱内进行二段热处理称为二段硫化,其对性能影响见图 1 – 11、图 1 – 12。

随着二段硫化时间的增加,胶料的伸长率基本保持不变,硬度呈上升趋势,强度在二段硫化 4h 后趋于稳定,而恒定压缩永久变形在 12h 达到最佳,继续延长时间,胶料发生热老化,恒定压缩永久变形反而上升。

在航空工业使用效果较好的氢化丁腈胶料见表 1 – 59。

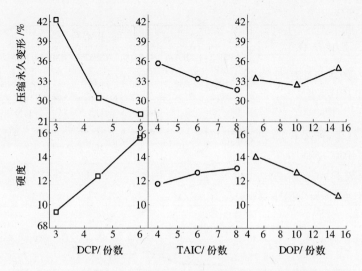

图 1-10 DCP、TAIC、DOP 用量对恒定压缩永久变形和硬度的影响

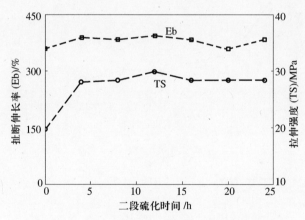

图 1-11 二段硫化对拉伸强度和扯断伸长率的影响

表 1-59 HNB5160、HNB5170、HNB5180、HNB5360、
HNB5370、HNB5380 硫化胶性能

序号	性能项目	技术指标						
		HNB5160	HNB5170	HNB5180	HNB5261	HNB5360	HNB5370	HNB5380
1	拉伸强度/MPa	15.0	15.0	15.0	10.0	15.0	18.0	18.0
2	扯断伸长率/%	250	200	150	200	250	200	150
3	硬度(邵氏 A)	60 ±5	70 ±5	80 ±5	75 ±5	60 ±5	70 ±5	80 ±5
4	恒定压缩永久变形(热空气,150℃,70h,压缩率 25%)/%	60	60	60	—	60	60	60

73

序号	性能项目	技术指标						
		HNB5160	HNB5170	HNB5180	HNB5261	HNB5360	HNB5370	HNB5380
5	耐热空气老化后扯断伸长率变化率(150℃,70h)/%	−50	−50	−50	−35①	−50	−50	−50
6	耐 YH−10 或 12 号液压油体积变化率(150℃,24h)/%	25	25	25	10②	10	10	10
7	耐 RP−2 或 RP−3 燃油体积变化率(150℃,24h)/%	40	40	40	10②	15	15	15
8	脆性温度/℃	−55	−55	−55	≤45	−45	−45	−45
注：①试验时间为 24h；②试验温度为 23℃								

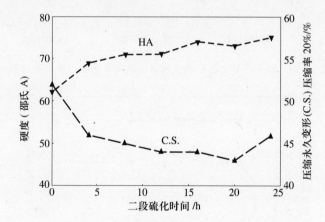

图 1−12 二段硫化对硬度和压缩永久变形的影响

1.6.3 胶料的加工工艺

在航空工业中常用的氢化丁腈胶料的硫化工艺见表 1−60。

表 1−60 HNBR 橡胶胶料的加工方法和硫化工艺条件

胶料牌号	适宜的加工方法	硫化条件/(℃,min)	
		2mm 厚试片	φ10mm×10mm 试样
HNB5160	模压、压延	(170±3)×15	
HNB5170	模压、压延	(170±3)×15	
HNB5180	模压、压延	(170±3)×15	
HNB5360	模压、压延	(170±3)×15	(170±3)×25
HNB5370	模压、压延	(170±3)×15	
HNB5380	模压、压延	(170±3)×15	
HNB5261	模压、压延	(160±3)×20	(160±3)×30
HNB5470	模压、压延	(160±3)×30	(160±3)×40

1.6.4　应用实例

　　氢化丁腈橡胶分子主链上饱和度较高,赋予胶料的耐热性、耐介质、耐臭氧性能均比丁腈橡胶有较大的改善。现代汽车工业大量采用氧化汽油和含抗氧剂、极压添加剂、防垢剂等组分的润滑油,在深井勘探时井下温度可达200℃,油气压力可达20MPa以上,并含有大量硫化氢、甲烷和酸性介质,这些介质对橡胶有很强破坏作用,而氢化丁腈具有良好的耐氧化稳定性,虽然氢化丁腈橡胶价格要比丁腈橡胶贵5倍～10倍,但使用寿命长,性价比高因而受汽车、石油勘探工业的重视。为延长航空装备的使用寿命,近年在航空工业也正在用氢化丁腈替代原用的丁腈橡胶;采用氢化丁腈制造歼击机倒飞油箱安装边密封垫片,疲劳寿命超过1万次以上;用氢化丁腈生产液压系统蓄压器胶囊,实验寿命达300h以上。大型运输机用的高压胶管,正选用氢化丁腈做内、外胶层提高耐热和耐油性能。氢化丁腈橡胶具有强极性侧基,分子链间作用力较强,受到外力作用时内摩擦阻力较大,阻尼峰值较高,但同大部分橡胶一样,其阻尼峰宽度较窄,有效阻尼温度范围较小。较高的阻尼峰值使氢化丁腈橡胶作为阻尼材料具有一定的优势,如能拓宽其阻尼温度范围,则可扩展HNBR的应用领域,作为用于有腐蚀介质的振动环境中的阻尼减振材料是极有发展前途的。

参 考 文 献

[1]　尼尔生 L E. 高聚物力学性能. 上海:上海科学技术出版社,1966.

[2]　橡胶工业手册修订工作委员会. 橡胶工业手册. 第一分册. 生胶与骨架材料. 北京:化学工业出版社,1991.

[3]　纪奎江. 实用橡胶制品生产技术. 北京:化学工业出版社,2000.

[4]　北京航空材料研究院. 航空材料学. 上海:上海科学技术出版社,1985.

[5]　兰州化学工业公司. 合成橡胶工业手册. 北京:化学工业出版社,1991.

[6]　Karen Manly, Mitch Barry. Benefits of Solution Polymerized SBR. Tire Technology International, 1998, 78 – 82.

[7]　Sung W H, Dean A B. Evaluation of Various SBR in Tread Compound, 135th Meeting of the Rubber Division ACS, 1990:15.

[8]　Tsutsumi F. Structure and Dynamic Properties of Solution SBR Coupled with Tin Compounds. Rubber Chemistry and Technology, 1989, 63(1):8 – 21.

[9]　李扬,张淑芬. 我国锂系聚合物发展的前景展望. 合成橡胶工业,1995,18(3):266 – 272.

[10]　Brantley H L. Improved Tire Performance with Solution SBR Type Polymers, Kautschuk + Gummi + Kunststoffe, 1987,40(2):122 – 125.

[11]　刘印文,刘振华,等. 氯丁橡胶配合、加工与应用. 北京:化学工业出版社,2002.

[12] 张学义,郭顺先. 国内粘接型 CR 生产技术现状及发展方向. 合成橡胶工业,1997,20(1):5.

[13] 张泗文. 氯丁胶粘剂、涂料的研究进展. 合成橡胶工业. 1996,19(2):122 – 124.

[14] 纪奎江. 实用橡胶制品生产技术. 北京:化学工业出版社,2000.

[15] 周丽玲,刘毓真,等. 纳米氧化锌在氯丁橡胶中的应用研究. 特种橡胶工业,2003,24(2):1 – 4.

[16] 陈经盛. 氯丁橡胶耐水性和耐老化性配方研究. 合成橡胶工业,1996,19(3):174 – 176.

[17] 张泗文. 我国氯丁橡胶应用开发与市场前景,合成橡胶工业,1998,21(2):71 – 74.

[18] Chara S. 三元乙丙橡胶的混炼. 王进文,译. 橡胶参考资料,1999,29(5):43 – 49.

[19] 王作龄编译. 乙丙橡胶配方技术. 世界橡胶工业,1998,25(6):59.

[20] 费久金 Д Л. 橡胶的技术性能和工艺性能. 刘约翰,译. 北京:中国石化出版社,1990.

[21] 安宏夫. 橡胶配合加工技术讲座. 橡胶工业,1998,45(9):572.

[22] 日本橡胶协会. 特种合成橡胶. 江伟,纪归奎江,译:燃料化学出版社,1974.

[23] 刘森培摘译. 三元乙丙橡胶的硫化. 天津橡胶,1995,1:42.

[24] 苏志忠,等. 助交联剂 TAC 和 TAIC 对 EPDM 过氧化物硫化的影响. 橡胶工业,2000,47(10):596.

[25] 杨玲敏摘译自 Dupont 技术报告. 乙丙橡胶塑化剂的选择. 天津橡胶,1998,4 – 5.

[26] Claus Wrana, Klaus Reinartz, Hans R. Winkelbach. Therban ® – The High Performance Elastomer for the New Millennium. Macromolecular Materials and Engineering, 2001, 286(11): 657 – 662.

[27] Chaudhry R A, Hussein I A, Amin M B, et al. Influence of molecular parameters and processing conditions on degradation of hydrogenated nitrile butadiene rubber. Journal of Applied Polymer Sciengce, 2005, 97: 1432 – 1441.

[28] 于世林,李寅蔚. 波谱分析法. 第二版. 重庆:重庆大学出版社,1994.

[29] Dariusz M. Bielinski, Ludomir Slusarski, Andrzej Wlochowicz, et al. Stucture and mechanical properties of nitrile rubbers modified with iodine. Journal of Applied Polymer Science, 1998, 67: 501 – 512.

[30] GB/T 7764—2001 橡胶鉴定 红外光谱法(S).

[31] M. Patri, C. V. Reddy, C. Narasimhan, et al. Sequential interpenetrating polymer network based on styrene butadiene rubber and polyalkyl methacrylates. Journal of Applied Polymer Science, 2007,103: 1120 – 1126.

[32] Pradip K. Das, Anirban Ganguly, Madhusudan Banerji, Electron – beam curing of hydrogenated acrylonitrile – butadiene rubber. Journal of Applied Polymer Science, 2005, 97: 648 – 651.

[33] Severe G, White J L. Physical properties and blend miscibility of hydrogenated acrylonitrile – butadiene rubber. Journal of Applied Polymer Science, 2000, 78: 1521 – 1529.

第 2 章　硅橡胶和氟硅橡胶材料

2.1　硅橡胶

硅橡胶胶料是由线形高聚合度的聚有机硅氧烷生胶,添加补强填料、结构化控制剂、功能助剂和硫化剂混炼成混炼胶,经加热硫化成的弹性体。硅橡胶的性能主要由生胶决定。硅橡胶生胶是以硅氧键单元为主链,以有机基团为侧基的线性聚合物,它与 C – C 键单元为主链的线性聚合物在结构和性能上有明显不同。它是典型的半无机半有机聚合物,既具有无机高分子的耐热性,又具有有机高分子的柔顺性,因而具有优异的耐高低温性能。由于航空、航天等尖端工业的发展,迫切需要耐高温和耐低温的橡胶密封材料,早期使用的天然、丁腈、氯丁等通用橡胶已不能满足发展的要求,因而在 20 世纪 40 年代初期由美国 Dowcorning 公司和 General Electric 公司分别研制出最早的二甲基硅橡胶[1-3]。我国也在 20 世纪 60 年代初期研究成功并投入工业化生产。经过几十年的发展,硅橡胶的品种、性能及产量都得到极大发展,尤其是从 20 世纪 90 年代中期世界有机硅工业进入一个高速增长期,国际资本进入和市场需求促使国内的发展速度更快。

硅橡胶生胶的化学结构通式为

$$R_3 \negthickspace-\negthickspace\underset{\underset{R}{|}}{\overset{\overset{R}{|}}{Si}} \negthickspace-\negthickspace O \negthickspace\underset{m}{-}\negthickspace\underset{\underset{R_2}{|}}{\overset{\overset{R_1}{|}}{Si}}\negthickspace-\negthickspace O\negthickspace\underset{n}{-}\negthickspace\underset{\underset{R}{|}}{\overset{\overset{R}{|}}{Si}}\negthickspace-\negthickspace R_3$$

通式中 R,R_1,R_2,R_3 代表烷基或烃基,也可以是其它基团。m,n 为聚合度可以在很宽的范围内变化。R 通常是甲基,R_1,R_2 通常是甲基、乙基、苯基、乙烯基、三氟丙基等,R_3 通常是甲基、羟基、乙烯基等。根据引入侧基的不同,可以改善和提高硅橡胶某些性能。例如用苯基取代一部分甲基,可以改进硅橡胶的低温性能和耐辐射性能;引入少量乙烯基可以改善硅橡胶的硫化特性和压缩永久变形;引入三氟丙基可以使硅橡胶具有良好的耐油性能;在硅橡胶的硅氧烷主链中引入一定量的亚苯基后,可将拉伸强度从 11MPa 提高到 17 MPa ~ 18MPa,耐热性能也有所提高。根据硅原子上所连接的有机侧基不同,硅橡胶可有二甲基硅橡胶、甲基乙烯基硅橡胶、甲基苯基乙烯基硅橡胶、乙基硅橡胶、氟硅橡胶及亚苯基硅橡胶等品种[4]。按 GB 5577 合成橡胶牌号规定,硅橡胶的牌号见表 2 – 1。由于氟硅橡胶具有良好的耐油性能,在航空、航天、汽车等工业中受到很大重视,近年来发展也很快。

表 2 - 1   国产硅橡胶的品种和牌号

新 牌 号	原牌号及名称	相对分子质量($\times 10^5$)	基团含量/%
MQ 1000	甲基硅橡胶 101	40 ~ 70	—
MVQ 110l	甲基乙烯基硅橡胶 110 - 1	50 ~ 80	乙烯基 0.07 ~ 0.12
MVQ 1102	甲基乙烯基硅橡胶 110 - 2	45 ~ 70	乙烯基 0.13 ~ 0.22
MVQ 1103	甲基乙烯基硅橡胶 110 - 3	60 ~ 85	乙烯基 0.13 ~ 0.22
MPVQ 1201	甲基苯基乙烯基硅橡 120 - 1	45 ~ 80	苯基 7 ~ 8
MPVQ 1202	甲基苯基乙烯基硅橡 120 - 2	40 ~ 80	苯基 20 ~ 25
MNVQ 1302	腈硅橡胶 130 - 2	>50	β - 氰乙基 20 ~ 25
MFVQ 1401	氟硅橡胶 SF - 1	40 ~ 60	乙烯基 0.3 ~ 0.5
MFVQ 1402	氟硅橡胶 SF - 2	60 ~ 90	乙烯基 0.3 ~ 0.5
MFVQ 1403	氟硅橡胶 SF - 3	90 ~ 130	乙烯基 0.3 ~ 0.5

2.1.1　硅橡胶的结构与特性

硅橡胶的结构与特性是由其生胶聚硅氧烷的结构与特性决定的。决定聚硅氧烷特性的因素有[5]:①作为硅氧烷主要结构单元的 Si—O 键特性;②聚硅氧烷整个分子链内硅原子和氧原子的交替排列,构成最柔顺的原子链结构特性[6];③与硅原子相连的有机取代基的种类及排列方式。前两者是聚硅氧烷自身固有的化学组成和结构特征,其决定了硅橡胶的基本性能;后者是不同种类硅橡胶特性差异的主要原因。

2.1.1.1　硅橡胶的结构

为了说明硅橡胶的化学结构特性,在表 2 - 2 列出了一些原子同硅原子键接时的键能及这些原子同碳原子键接时的键能[7]。从表中可以看出,Si—O 键能比 C—C 键能高得多,因而硅橡胶与通用橡胶相比具有更高的稳定性,如耐热性、耐天候老化性、电绝缘性和化学稳定性。在描述 Si—X 键的性质时,除了键能外,离子特性和供化学键合的硅右旋轨道的存在也是重要的因素。表 2 - 3 对某些 Si—X 的离子特性百分率作了比较。同时,表中还列出了电负性值(Pauling 标度),以及硅同其他元素之间的电负性差值($\Delta E1$)。电负性值说明,与碳比较硅的正电性高得多;电负性差值说明,与碳比较硅氧键更具离子特性。因此在对碳的亲电子攻击或对硅的亲核攻击作用下,Si—C 键按 $Si^+ C^-$ 的方向断裂,Si—O 键容易异裂。Si—O 的离子特性和供化学键特性决定其具有较高的解离能,因而具有优异的高温稳定性。

表2-2 Si键和C键的键能

Si 键类型	键能/(kJ/mol)	C 键	键能/(kJ/mol)	Si 键类型	键能/(kJ/mol)	C 键	键能/(kJ/mol)
Si—Si	222	C—Si	318	Si—F	564	C—F	485
Si—C	318	C—C	345	Si—Cl	380	C—Cl	339
Si—H	318	C—H	413	Si—Br	309	C—Br	284
Si—O	451	C—O	357	Si—I	234	C—I	213
Si—N	—	C—N	304				

表2-3 Si—X键的电负性和离子特性

X 元 素	电负性($E1$)	$\Delta E1$	Si—X 键中离子特性的百分率/%
Si	1.8	—	—
O	3.5	1.7	50
C	2.5	0.7	12
H	2.1	0.3	2
F	4.0	2.2	70
Cl	3.0	1.2	22
Br	2.8	1.0	22

表2-4给出了键长和键角的近似值[7]。由表中数据可知,Si—O键键长较长,使其对侧基转动的位阻小;Si—O—Si键角大,使Si—O键之间容易旋转;因此,聚硅氧烷分子主链比较柔顺,使硅橡胶具有优异的耐寒性。硅橡胶的典型结构聚二甲基硅氧烷,如图2-1所示,具有规整的卷曲螺旋分子链结构,取代基指向外,并朝向临近的分子链,邻近有机取代基之间的低强度相互作用以及绕Si—C键进行比较自由旋转的取代基对骨架的有效屏蔽作用,使得链间作用力较小,因而具有良好的回弹性和可压缩性。侧甲基的自由旋转赋予硅橡胶独特的表面特性,如憎水性及表面防黏性。一些特殊结构的硅橡胶还具有优异的耐油性、耐辐射性及能在超高、低温下使用等特性。

表2-4 硅键的键长和键角

键类型	键长/nm	键角/(°)
Si—O	0.164	—
Si—C	0.188	—
Si—O—Si	—	145
O—Si—O	—	110
C—Si—C	—	110

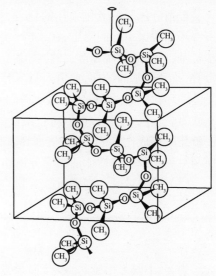

图2-1 二甲基硅橡胶的螺旋形分子构象

2.1.1.2 硅橡胶的特性

1. 耐热性能

硅橡胶最显著的特性是高温稳定性;在开放的高温系统中硅橡胶一般发生硬化老化,主要由二甲基被氧化交联点增加所致;在封闭的高温系统中一般发生软化老化,主要由聚合物中残存的硫化剂分解产物、水分及其他不纯物引起聚硅氧烷裂解生成低聚物或环硅氧烷,交联点减少所致。在各种温度下硅橡胶的连续使用寿命初步推算见表 2-5。硅橡胶的拉伸强度和拉断伸长率随温度的升高而降低。硅橡胶 SE6450 在高温下的力学性能见表 2-6。

表 2-5 硅橡胶的可使用温度与时间(连续)

温度/℃	可使用时间/h	温度/℃	可使用时间/h
150	15000	316	100 ~ 300
200	7500	371	0.5 ~ 1
260	2000		

表 2-6 硅橡胶 SE6450 在高温下的力学性能

温度 项目	30℃	60℃	90℃	120℃	150℃	200℃
拉伸强度/MPa	9.5	7.2	5.6	4.7	3.4	2.4
拉断伸长率/%	525	372	263	214	135	85

根据硅橡胶热老化破坏的机理,提高硅橡胶热稳定性的途径有[8-12]:①防止主链环化解聚引起的降解,在主链上引入大体积的链段,如碳十硼烷基,亚苯基,亚苯醚基,环二硅氮烷基等;②防止由于硅橡胶的有机侧基的氧化分解引起的交联和降解,改变侧基的结构,如引入苯基;③以耐热添加剂来防止侧链的氧化交联和主链的环化解聚,如 Fe_2O_3、CeO_2 等可提高硅橡胶侧基的热氧化稳定性,六苯基环三硅氮烷,硅氮橡胶等可以防止主链的环化解聚;④防止硫化胶中交联键的断裂,使硫化胶形成比 C-C 键有更高热氧化稳定性的交联键。生胶、交联反应和耐热添加剂对硫化胶耐热性能的影响分述如下:

(1)硅硼橡胶。硅硼橡胶生胶的化学结构式为

$$+Si-CB_{10}H_{10}C+Si-O+_x+_n$$

Me 和 Me 为侧基

当 $x=1$ 时为树脂状;$x \geqslant 2$ 时呈橡胶状,$x=2$ 时耐热性最好。碳硼烷笼状结构具有高度的缺电子性及超芳香性,起到了能量槽的作用,同时又因其体积大,对邻

近的基团可起到一定的屏蔽作用,保证了附近基团的稳定性,因此它具有很高的热稳定性。硅硼橡胶开始降解的温度高出聚二甲基硅氧烷100℃~150℃,硫化胶在300℃左右可长期使用;在350℃以上的氧化介质中可短期使用几小时,在482℃老化24h仍具有弹性[11]。俄罗斯和美国均研制成硅硼橡胶[2,12],现处于实验室阶段,主要原因是作为原料之一的硼碳烷合成十分复杂,成本高,毒性极强,目前工程化方面还未有突破性进展。

(2)硅氮橡胶。硅氮橡胶因为主链结构中含有环二硅氮烷,它在430℃~480℃时仍不分解,有的甚至能耐500℃以上高温,用亚硅芳基改性的硅氮橡胶在空气中加热到425℃仍不失重,570℃时失重仅为10%,且具有较高的水解稳定性,因此曾有人预测,硅氮橡胶将是最有希望的耐高温材料。我国合成了主链含环二硅氮烷的硅橡胶生胶,其化学结构式为

式中:R 为甲基;R_1 为甲基、苯基;Z 为亚苯基、亚苯醚基;$x=1,2,3,\cdots$。据报道这种硅氮橡胶在350℃~400℃的热空气中仍能够保持良好的力学性能,水解稳定性也很好。苯基硅氮橡胶的热老化性能见表2-7[11]。

表2-7　苯基硅氮橡胶的热老化性能

老 化 条 件	拉伸强度/MPa	拉断伸长率/%	硬度(邵氏A)
硫化胶原始性能	8.9	280	74
空气中350℃×36h	7.3	70	71
空气中400℃×4h	4.3	37	76
水煮8h	7.3	300	—
水泡520天	5.0	325	—
95%湿度中520天	5.0	—	—

苯基硅氮橡胶性能优越,但其合成困难,价格昂贵。据报道在硅橡胶胶料中加入少量聚硅氮烷,尤其是苯基硅氮橡胶可以明显提高硅橡胶的耐热性能。如在二苯基硅橡胶生胶(苯基含量13%)、二氧化硅、γ型氧化铁和过氧化物组成的配方中加入10%苯基硅氮胶,硫化后的耐热性能见表2-8[11]。上述苯基硅橡胶配方若不加苯基硅氮橡胶则在300℃老化10天后拉伸强度降低50%,350℃老化24h后拉伸强度降低60%,48h后变脆。

表 2-8 加入 10% 苯基硅氮胶对苯基硅橡胶热老化影响

老化温度/℃	老化时间/h	拉伸强度/MPa	拉断伸长率/%	硬度(邵氏 A)	质量损失/%
300	老化前	8.4	570	40	—
	240	5.3	210	57	10
	1000	4.3	100	78	31
350	老化前	8.0	400	41	—
	24	5.7	280	42	12
	72	4.1	130	59	20

(3) 亚苯基硅橡胶[1,13,14]。亚苯基硅橡胶生胶的结构式为

$$+(Si-Ar-Si-O)_a\ (Si-O)_b\ (Si-O)_c\ ]_n$$

式中:Ar 为亚苯基或亚苯醚基,$a:b=1:(2\sim5)$,$(a+b):c=1000:3$,亚苯基硅橡胶具有突出的耐热性和耐辐射性。由无定形亚苯基硅氧烷交替共聚物补强的硫化胶在 400℃氮气中质量损失在 5% 以下,有规亚苯基硅橡胶具有突出的高温性能,在 500℃的氮气中尚能稳定。亚苯基硅橡胶是 20 世纪 60 年代为适应原子能工业,核动力工业装置及宇航方面的耐高温及耐辐射的要求而开发的,20 世纪 70 年代初在苏联取得成功,由于生产过程复杂,原料精制及溶剂蒸馏中损耗大,故生产成本高限制了它的生产规模及应用,我国于 1975 年研制成功耐辐照亚苯基硅橡胶,其使用温度为 -25℃~250℃。该生胶尚处于试验室阶段,还未见工程化报道。

(4) 苯基硅橡胶。甲基乙烯基硅橡胶由于在聚二甲基硅氧烷侧链中引入少量乙烯基,改进了硅橡胶的硫化性能,减少了硫化剂的用量,并可使用活性较低的乙烯基专用硫化剂,提高了胶料的力学性能和耐热性。如果主链结构相同,侧基上双键的数量相近,硅橡胶的耐高温氧化性受到取代基的影响最大,带有供电子取代基的易氧化,带有吸电子取代基的较难氧化。对于甲基、苯基而言,苯取代基吸电强则更难氧化[9,16,17]。生胶结构对硫化胶热稳定性的影响见表 2-9。

表 2-9 生胶结构对硫化胶热稳定性的影响

性 能	中苯基硅橡胶	低苯基硅橡胶	乙烯基硅橡胶
硬度(邵氏 A)	65	63	61
拉伸强度/MPa	4.5	4.4	4.7
扯断伸长率/%	160	165	235
300℃×96h 老化后			
硬度变化	-1	+2	+11

性　能	中苯基硅橡胶	低苯基硅橡胶	乙烯基硅橡胶
拉伸强度变化率/%	−28	−33	−36
拉断伸长率变化率/%	0	−11	−36
压缩永久变形/% （250℃×24h，压缩率30%）	67	55	75

热硫化（HTV）硅橡胶一般采用过氧化物硫化，但是过氧化物在硫化过程中，生成的分解产物中含有机酸。即使通过后硫化工序，也难以去除干净，特别是在高温环境中，过氧化物分解的副产物会催化聚硅氧烷分子的水解和硅氧烷的重排反应导致降解，使硅橡胶的热稳定性受损。除过氧化物作为高温硫化方式外，硅氢化反应和辐射交联也是硅橡胶硫化方式[18-20]。

硅氢化反应式为

$$\equiv Si—H + H_2C\!\!=\!\!CH—Si\equiv \xrightarrow{\text{铂催化剂}} \equiv Si—H_2C—CH_2—Si\equiv$$

它是通过含 Si-H 基团的低分子聚硅氧烷与含乙烯基聚硅氧烷的加成反应，从而形成交联网络达到硫化的目的。近年来加成型硅橡胶研究十分活跃，这不仅表现在结构、合成工艺、配方和性能研究方面，而且在生胶生产、硫化工艺、加工技术和设备等方面也实现了工业化。加成型硅橡胶不仅在设备、原材料、能源、劳力等方面得到节省，而且具有十分突出的综合性能，例如美国道康宁公司的 Silastic® 4600 和德国威克公司的 ELASTOSIL②LR 系列都是性能优异的加成型硅橡胶。其综合性能包括热稳定性都优于传统的过氧化物硫化硅橡胶。辐射硫化方式因无过氧化物分解的副产物，使硫化制品的耐热性得到提高，经300℃长期热老化后仍能保持较好的弹性和拉伸强度[14]。

耐热添加剂对硅橡胶的耐热性也有很大的影响，这是由于生胶和配合剂在混炼过程中发生了热化学转化，因此硫化胶的耐热性并不总是与相应的生胶的热稳定性一致，因而可以通过改变配合剂的种类和数量，制作出性能优异的胶料，满足不同用途的特殊需要。

在硅橡胶基础配方（包括生胶、补强剂、硫化剂等）确定的情况下，可以通过加入热稳定剂或耐热添加剂来提高橡胶的耐热性能[21,22]。这些添加剂通常为金属氧化物、金属化合物、金属和炭黑。其中铁的化合物是最常用的热稳定剂，Fe_2O_3 对硫化过程的遏制作用最小，含铁的甲硅烷基衍生物能增强热稳定性，因为它与生胶有较好的相容性[23]。CeO_2 也是一种常用的浅色耐热添加剂[24]。比较特殊的是一些低熔点的金属如铋、铝、锡等的衍生物也具有一定的热稳定效果。例如加入锡的无机盐可以使硅橡胶的热老化以及空气封闭下老化性能显著提高，使用温度由150℃提高到300℃[25]。采用细分散的铁粉，铜粉和氧化钴时，以甲基苯基乙烯基硅橡胶为基础胶的硫化胶,在空气350℃~400℃下耐老化的时间比添加氧化铁或氧化锌的硫化胶长几倍[14]。山东大学陈剑华等[26]合成了一系列多苯基有机硅化合物,并研究了多苯基三联苯有机硅化合物对硅橡胶的耐热性的影响,发现以1,4-双(2,3,6四甲基乙烯基二硅氧基苯基)苯做热稳定剂,所得到的弹性体经过300℃×150h后,仍具有较好的力学性能。

对以 Fe_2O_3、Fe_2O_3/SnO_2、SnO_2、CeO_2 为耐热添加剂的高温硫化乙烯基硅橡胶的耐热性的研究表明,不同耐热添加剂对提高硅橡胶耐热性作用的差别较大[21,22],见表2-10。经过300℃×24h 热空气老化后,未添加耐热添加剂的硫化胶已完全变硬变脆,失去弹性,而添加 Fe_2O_3、Fe_2O_3/SnO_2、SnO_2、CeO_2 试样在不同程度上提高了甲基乙烯基硅橡胶的耐热性。其中 Fe_2O_3/SnO_2 复合加入要比单独使用效果好,具有一定的协同效应。CeO_2 是浅色耐热添加剂,对颜色有特殊要求的耐热硅橡胶有更高使用价值[27]。

表2-10 金属氧化物对高温硫化甲基乙烯基硅橡胶的耐热性能的影响

金属氧化物	未填加	Fe_2O_3	Fe_2O_3/SnO_2	SnO_2	CeO_2
200℃×4h 二段硫化后					
硬度(邵氏 A)	47	54	49	54	52
拉伸强度/MPa	8.3	8.4	8.9	8.4	8.0
拉断伸长率/%	680	616	690	630	470
300℃×24h 热空气老化后					
硬度(邵氏 A)	脆硬	60	52	61	60
拉伸强度/MPa	—	3.7	4.8	3.8	5.8
拉断伸长率/%	—	228	250	210	475

一般认为变价金属氧化物提高硅橡胶耐热性能的机理是分解硅橡胶热氧化产生的自由基,防止硅橡胶的氧化交联[28,29]。利用 X 射线光电子能谱(XPS)分析了二氧化锡固体粉末及添加二氧化锡的硅橡胶试样热空气老化前后锡元素的价态变化,见表2-11。在二氧化锡固体粉末中 Sn 元素只表现为 Sn^{+4},在老化前的硅橡胶中 Sn 元素表现为 Sn^{+4} 和 Sn^0,Sn^0 的相对含量较小($Sn^0/Sn^{+4} = 0.56$),这是由于在硫化过程中硫化剂分解产生的自由基向 Sn^{+4} 转移,Sn^{+4} 被还原为 Sn^0;在经过300℃×24h 热空气老化后,也表现为 Sn^{+4} 和 Sn^0 两种价态,其中 Sn^0 的相对含量显著增加($Sn^0/Sn^{+4} = 3.12$)。试验结果表明在热空气老化过程中 Sn^{+4} 被还原为 Sn^0,发生了多个电子转移的氧化还原反应,从而阻止了硅橡胶的热氧化自由基链增长,提高了硅橡胶的耐热空气老化性能。同时也证明 Sn^0 被氧化为 Sn^{+4} 的速率比 Sn^{+4} 被还原到 Sn^0 的速率慢[30]。

表 2 - 11　Sn 3d$_{5/2}$ 的结合能

	结合能/eV	结合能位移/eV	面积/%	高斯分布/%
SnO$_2$　　Sn^{+4}	486.41	—	—	—
热老化前				
Sn^0	484.20	0	35.88	100
Sn^{+4}	487.14	2.94	64.14	100
热老化后				
Sn^0	484.56	0	75.86	90
Sn^{+4}	487.11	2.56	24.14	80

2. 耐寒性能

橡胶具有高弹性,但在低温下由于橡胶分子热运动减弱,分子链段及分子链被冻结,就会逐渐失去弹性。影响橡胶耐寒性的两个重要过程是玻璃化转变和结晶转变。表 2 - 12 列出了甲基乙烯基硅橡胶 SE6450 在低温下的力学性能,图 2 - 2 为其在低温下的拉伸应力—应变曲线。

表 2 - 12　SE6450 在低温下的力学性能

温度 项目	-70℃	-60℃	-50℃	-40℃	-30℃	-10℃	30℃
拉伸强度/MPa	15.0	14.5	13.5	13.3	13.9	12.5	9.5
拉断伸长率/%	296	372	444	564	629	627	527

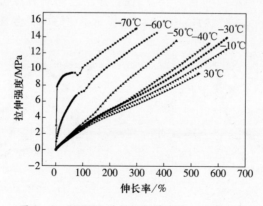

图 2 - 2　SE6450 的低温拉伸应力—应变曲线

在低温下硅橡胶分子链运动活性降低,侧基、链节、链段活动越加困难,橡胶体积收缩,链缠绕更加紧密,分子间力增大,因此拉伸强度呈增大的趋势,拉断伸长率则先增大后减小。有机硅橡胶硫化胶的耐寒性与玻璃化过程和结晶过程有关,甲基乙烯基硅橡胶(CKTB、CKTB - 1)的玻璃化转变温度 T_g 为 - 125℃ ~ -

130℃[31],但其硫化胶在 -50℃下长期放置后,由于强烈结晶会逐渐失去弹性,因此 SE6450 硅橡胶在 -50℃后的拉伸应力—应变曲线斜率变大,模量增加。

硅橡胶的低温性能主要是由生胶结构和性能决定的。一般情况下,填料对硅橡胶的低温性能影响不大。在甲基乙烯基硅橡胶生胶中用乙基或苯基取代甲基,破坏了聚二甲基硅氧烷分子链的规整性,降低聚合物的结晶温度和结晶度,从而改善硅橡胶的低温性能。表 2 - 13 列出了不同生胶结构对压缩耐寒系数的影响。图 2 - 3 ~ 图 2 - 8 是不同硅橡胶硫化胶的动态机械热分析曲线。

表 2 - 13　生胶结构对压缩耐寒系数的影响

生　胶	甲基乙烯基硅橡胶	10% 二乙基硅橡胶	20% 二乙基硅橡胶	4% 苯基硅橡胶	8% 苯基硅橡胶	11% 苯基硅橡胶
硬度(邵氏 A)	57	60	62	49	50	50
拉伸强度/MPa	9.2	10.9	10.6	10.4	10.9	10.3
拉断伸长率/%	315	252	220	353	347	334
压缩耐寒系数						
-60℃	0.16	0.76	0.77	0.67	0.74	0.73
-80℃	0	0.45	0.67	0.23	0.42	0.41
-100℃	0	0.19	0.47	0.12	0.14	0.04

压缩耐寒系数试验表明,聚硅氧烷主链上引入二乙基链节和对苯基链节后破坏了主链的规整性,抑制硅橡胶在 -50℃左右的结晶过程,显示了较好的低温性能;用二乙基取代甲基不但抑制了低温结晶,并且乙基对分子链的柔顺性影响较小,在 -100℃下压缩耐寒系数值达到 0.47,显示了更好的低温性能。

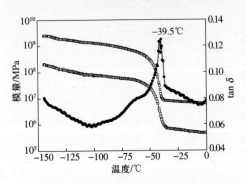

图 2 - 3　甲基乙烯基硅橡胶的动态
机械热分析曲线

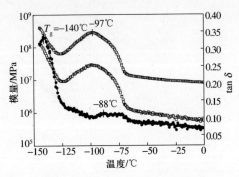

图 2 - 4　含 10% 二乙基链节硅橡胶
的动态机械热分析曲线

从图 2 - 3 可以看出,甲基乙烯基硅橡胶低温性能比较差,这主要是因为,聚甲基硅氧烷在远高于玻璃化温度下出现结晶,并且相对分子质量越高结晶速率越快[32,33]。因此,甲基乙烯基硅橡胶在 −39℃ 左右结晶,低温性能变差。从图 2−4 可以看出,在甲基乙烯基硅橡胶中引入 10% 二乙基链节,破坏了聚甲基硅氧烷的规整结构,使结晶温度明显降低。二乙基硅橡胶硫化胶的储能模量在结晶区既不是单调上升,也不是单调下降,而是在某一温度下达到极大值,这也说明结晶速率随温度的变化,既不是单调上升或单调下降,而是在某一温度下达到极大值。结晶需要一定的时间,在测试中随着温度的升高,静态结晶的橡胶在拉应力作用下,可能产生应变诱导结晶[34],所以,储能模量在 −125℃ 后逐渐升高,但随着温度升高到 −97℃ 后,结晶又随温度的升高而受到破坏,逐渐恢复橡胶的弹性,储能模量则呈现出下降的趋势。从图 2−5 可以看出,引入 20% 二乙基链节的硅橡胶在 −150℃ ~0℃ 范围内只有一组损耗模量峰,没有结晶熔化转变,属于非结晶橡胶;其在 −100℃ ~0℃ 之间储能模量也没有明显的变化,保持了很好的低温稳定性。含 10% 二乙基链节硅橡胶的玻璃化转变温度 T_g 为 −140℃,含 20% 二乙基链节硅橡胶的玻璃化转变温度 T_g 为 −143℃,随乙基链节含量的增加,玻璃化转变温度呈降低的趋势。这可能是由于当乙基取代基沿主链骨架隔开时,它们可能从大分子轴心向外伸出,并倾向于将临近的链段相互推开,从而增大链段间的自由体积,使高分子链段的运动能力提高,从而降低玻璃化温度[6]。

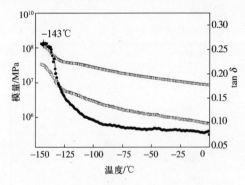

图 2−5 引入 20% 二乙基链节的硅橡胶
动态机械热分析曲线

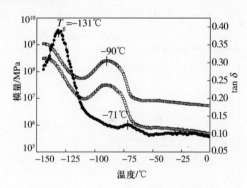

图 2−6 含 4% 二苯基链节硅橡胶的
动态机械热分析曲线

从图 2−6、图 2−7 和图 2−8 可以看出,在甲基乙烯基硅橡胶中引入 4% 苯基链节,也可破坏聚甲基硅氧烷的规整结构,使结晶温度明显降低。静态结晶的橡胶在拉应力作用下,同样产生应变诱导结晶,当引入 8% 苯基链节时,硅橡胶没有结晶熔化转变出现,属于非结晶橡胶。含 4% 苯基链节硅橡胶的玻璃化转变温度 T_g 为 −131℃,含 8% 苯基链节硅橡胶的玻璃化转变温度 T_g 为 −128℃,含 11% 苯基链节硅橡胶的玻璃化转变温度 T_g 为 −123℃,可见在硅橡胶中引入刚性的苯基,使分子链刚性增大柔性降低,因此随苯基含量的增加,玻璃化转变温度呈升高的趋势。

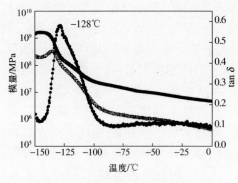

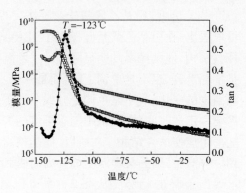

图2-7　含8%苯基链节硅橡胶的
动态机械热分析曲线

图2-8　含11%苯基链节硅橡胶的
动态机械热分析曲线

3. 耐油及耐化学介质性能[35]

甲基乙烯基硅橡胶对乙醇、丙酮等极性溶剂和食用油类等耐受能力相当好,只引起很小的膨胀,力学性能基本不降低。甲基乙烯基硅橡胶对低浓度的酸,碱、盐的耐受性也较好,如在10%的硫酸中常温浸渍7天,体积和质量变化都小于1%,力学性能具有很高保持率。但它不耐浓硫酸、浓碱、四氯化碳和甲苯等非极性溶剂。甲基乙烯基硅橡胶的耐油耐化学介质性能见表2-14。

表2-14　甲基乙烯基硅橡胶的耐油耐化学介质性能

介质名称	试验条件	硬度变化	拉伸强度变化率/%	拉断伸长率变化率/%	体积变化率/%
ASTM NO.1 油	100℃/3d	−5	−10	−5	5
	150℃/1d	−5	−10	−10	10
	150℃/3d	−10	−5	−5	10
	150℃/7d	−10	−10	−10	10
	150℃/30d	−10	−35	−25	10
	177℃/3d	−5	−10	−10	10
	177℃/7d	−20	−50	−30	10
	177℃/14d	−20	−50	−30	10
ASTM NO.2 油	150℃/70h	−6	4	−2	1
	150℃/7d	−6	8	0	8
ASTM NO.3 油	150℃/1d	−15	−35	−20	45
	150℃/3d	−20	−45	−25	35
	150℃/7d	−25	−45	0	40
	177℃/4h	−25	−35	−25	45
	177℃/3d	−40	−60	−15	60
	177℃/7d	−50	−80	−30	70

介质名称	试验条件	硬度变化	拉伸强度 变化率/%	拉断伸长率 变化率/%	体积变化 率/%
	24℃/5min	—	—	—	25
ASTM 参考燃 A	24℃/10min	—	—	—	35
	24℃/30min	—	—	—	90
ASTM 参考燃 B	65℃/3d	—	—	—	215
丙酮	24℃/7d	— 10	—	—	15
乙醇	24℃/7d	— 5	—	—	5
苯	24℃/14d	—	—	—	175
甲苯	24℃/7d	—	—	—	205
二甲苯	24℃/5d	— 35	—	—	135

4. 耐天候老化性能[36]

硅橡胶具有优异的耐天候老化性。大多数橡胶在电晕放电产生的臭氧作用下会迅速降解，而硅橡胶不受它的影响。此外，即使长时间在紫外线和其他气候条件下其物理及力学性能也仅有微小的变化。在不同地点放置的硅橡胶试样拉伸强度和扯断伸长率的损失到原始性能50%的时间都大于10年。硅橡胶的耐候性能见表2－15。

表 2－15　硅橡胶的耐候性能

拉伸强度降低/%	10	25	50
Panama(OS)	5a	7a	>10a
Panama(RF)	2.5a	6.5a	>10a
Rock Island(OS)	7a	>10a	—
Rock Island(Shelf)	6a	>10a	—
Alaska(OS)	>10a	—	—
空气老化204℃	<1d	1d	>1d
拉断伸长率降低/%	10	25	50
Panama(OS)	3.5a	7.5a	>10a
Panama(RF)	7.5a	9.5a	>10a
Rock Island(OS)	9.5a	>10a	—
Rock Island(Shelf)	5.5a	>10a	—
Alaska(OS)	>10a	—	—
空气老化204℃	>14d		
注:OS—阳光照射;RF—雨淋;shelf—自然老化挂架;a—年			

5. 耐辐射性能[15]

甲基乙烯基硅橡胶具有中等的耐辐照性能。在侧链或主链中引入苯基后,耐辐射性能明显提高。表2-16中列出硅橡胶的耐辐射性能。

表2-16 硅橡胶的耐辐照性能

辐照,剂量/Gy	甲基乙烯基硅橡胶		甲基乙烯基苯基硅橡胶		主链含亚苯基硅橡胶	
	拉伸强度/MPa	拉断伸长率/%	拉伸强度/MPa	拉断伸长率/%	拉伸强度/MPa	拉断伸长率/%
辐照前	8.3	200	8.3	600	3.68	94
5×10^4	6.9	130	7.6	450	—	—
5×10^5	6.2	50	6.2	225	—	—
1×10^6	4.1	20	5.9	75	—	—
5×10^6	—	—	—	—	5.9	125
1×10^7	—	—	—	—	4.3	56
2×10^7	—	—	—	—	1.3	20

6. 介电性能[37]

硅橡胶具有很高的体积电阻率,约为$10^{14}\Omega \cdot cm$,~$10^{16}\Omega \cdot cm$,并且在很宽的温度范围内电阻值保持稳定,电绝缘性能很少受到水分的影响,因而广泛用作电绝缘材料。同时硅橡胶对高压放电和电弧放电有很好的抵抗能力,可用于高压条件下的绝缘。填充经过表面充分疏水处理气相法白炭黑的硅橡胶胶料具有极佳的电绝缘性能。

7. 阻燃性能

通用硅橡胶接近火焰时,虽然不会立即燃烧,但着火后会持续燃烧下去。通过添加铂化合物可以抑制可燃低分子硅氧烷产生,使之燃烧后形成绝缘性陶瓷层。燃烧中产生的有毒气体很少,是良好的无卤阻燃橡胶材料,阻燃性能可以达到UL94 V-0级,是家用电器、交通工具及地下建筑中不可缺少的安全性材料。

2.1.1.3 特殊性能的硅橡胶胶料

1. 高强度硅橡胶

不含补强填料的硅橡胶拉伸强度非常低,仅有0.2 MPa~0.4MPa,应用范围受到限制。从1944年第一个专利公开以来,研究集中在提高硅橡胶的强度上,表2-17揭示了拉伸强度提高的技术措施和提高的过程。

表 2 - 17 　硅橡胶拉伸强度的提高过程[38]

时期	拉伸强度/MPa	拉断伸长率/%	硬度(邵氏 A)	技 术 措 施
1944	1.31	115	40 ~ 50	弱聚合物冻胶 + 金属氧化物 + 过氧化物拉伸强度较高的聚合物胶
	1.41	115	55 ~ 60	
	2.75	300	45 ~ 55	
1946	4.13	200	55 ~ 60	(K 或 FeCl₃作催化剂) + 金属氧化物 + 过氧化物
	4.83	75	75 ~ 80	
1948	7.4	400	45 ~ 55	线性聚合物 + 白炭黑 + 过氧化物
1952	7.59	500	45 ~ 55	加入带 -OH 端基聚硅氧烷
1953	9.00	500	45 ~ 55	含乙烯基聚硅氧烷
1954	11.0	600	50 ~ 60	憎水性白炭黑
1985	14.0	540	50 ~ 60	憎水性湿法白炭黑(WPH)

2. 高抗撕硅橡胶[39]

硅橡胶的拉伸强度满足人们的要求后,研究的重点转向解决硅橡胶的撕裂强度低的问题。有些使用部位要求硅橡胶具有高强、高韧和高弹特性,这类产品在 1966 年研制成功。美国道康宁公司的 TR55 和 TR70 是典型代表,其性能见表 2 - 18。它主要是通过添加少量高乙烯基含量的硅油改变网络的交联点分布,形成集中交联从而达到高韧性。

表 2 - 18 　高抗撕硅橡胶的性能

基 础 胶	TR55	TR70	基 础 胶	TR55	TR70
硬度(邵氏 A)	60	70	拉伸永久变形/%	7	10
拉伸强度/MPa	10.0	9.4	撕裂强度/(kN/m)	54	62
拉断伸长率/%	780	560			

注:试验配方为基础胶 100 份,双二五硫化剂 0.4 份

3. 耐疲劳硅橡胶

硅橡胶的缺点是动态载荷下耐疲劳性较差,研究结果表明,硅橡胶的疲劳特性与生胶和白炭黑的性能密切相关。这类胶料一般是由乙烯基封端的甲基乙烯基硅生胶和表面处理白炭黑配制而成。日本信越公司通过对白炭黑表面改性开发成功了持久疲劳性极好的 KE5140U 等系列产品,它们可大幅度提高计算机和遥控器按键触点用硅橡胶寿命。其性能见表 2 - 19。

硅橡胶牌号	高耐疲劳硅橡胶			中耐疲劳硅橡胶			通用硅橡胶
	KE5l40－U	KE5150－U	KE5160－U	KE9411－U	KE9511－U	KE9611－U	KE951－U
外观	乳白色半透明	乳白色半透明	乳白色半透明	乳白色半透明	乳白色中透明	乳内色半透明	乳白色半透明
相对密度(25℃)/(g/cm³)	1.09	1.11	1.12	1.11	1.14	1.14	1.15
可塑度(Williams 返炼10min 后)	160	170	175	175	200	205	255
硬度(JISA)	40	50	60	40	50	59	51
拉断伸长率/%	550	480	410	390	290	290	330
拉伸强度/MPa	7.9	8.1	8.1	6.4	7.1	6.6	8.0
撕裂强度/(kN/m)	14	19	15	9	8	10	9
回弹性/%	82	77	71	73	73	73	75
压缩永久变形(150℃×22h)/%	7	6	6	4	4	4	10
线收缩率/%	3.9	3.7	3.9	3.9	3.5	3.4	4.0
抗疲劳性(循环次数)/10⁶	6~10	4~8	2~4	3~5	2~3	1.5~2.0	4~5

注:使用 Mattia 疲劳试验机 测定条件:预伸长 100% ,5 循环/s

4. 减振阻尼硅橡胶[37,38]

减振橡胶的使用温度要求越来越宽(－50℃~200℃),以往使用的各种橡胶已不能满足要求。流变学研究表明:硅橡胶可能成为耐热减振阻尼橡胶的主要基胶,如:加热硫化的硅橡胶根据其结构不同,黏弹特性有很大差别,若在硅氧烷侧链上引入苯基、三氟丙基,则可以获得 $\tan\delta$ 值高的硅橡胶,且对温度变化依赖小,日本信越公司开发成功的减振硅橡胶在 25℃时 $\tan\delta$ 在 0.4 以上,见表 2－20。

表 2－20　有机硅减振阻尼硅橡胶的特性

牌　号	KE5530U	KE5540U	KE5550U	KE5560U	KE5570U
外观	淡黄色	淡黄色	淡黄色	灰色	灰色
相对密度(25℃)	1.16	1.23	1.25	1.45	1.41
硬度(JISA)	33	41	51	60	72
拉伸强度/MPa	91	105	108	76	60
拉断伸长率/%	750	605	530	470	370

牌　号	KE5530U	KE5540U	KE5550U	KE5560U	KE5570U
撕裂强度 A 型/（kN/m）	24	33	32	22	23
回弹性/%	36	25	23	22	25
压缩永久变形(180℃×22h)/%	6	7	7	11	20
弹性模数/（×10^6Pa）	2.0	4.6	5.3	6.4	13.0
力学损耗角正切 $tan\delta$	0.31	0.40	0.42	0.45	0.41
硫化条件:硫化剂为 C-8、用量 2.0 份;模压硫化 170℃×10min,烘箱硫化 200℃×4h					

5. 导热硅橡胶

硅橡胶的热导率约为 0.21W/（m·K），高于大部分橡胶的热导率,通过增加无机填料的用量,可以进一步提高其导热性。高导热硅橡胶的热导率在 1.26W/（m·K）~4.2W/（m·K）范围内,可用于散热片,密封垫及加热辊。各种导热硅橡胶胶料性能见表 2-21。

表 2-21　导热硅橡胶胶料[39]

牌　号	片　材				帽　材	
	TC-A	TC-CG	TC-EG	TC-BG	TC-C-CP	TC-A-CP
颜色	深蓝	浅红褐	浅蓝	白	浅红褐	深蓝
厚度/mm	0.45	0.45	0.45	0.45	0.45	0.45
相对密度(23℃)	2.2	2.5	3.1	1.5	2.6	2.2
硬度(邵氏 A)	70	90	85	90	80	80
击穿电压/kV(0.45mm)	15	10	8	16	15	15
介电强度/（kV/mm）	9	5	6	7	13	9
体积电阻率/（Ω·cm）	1.0	1.2	19.0	9.0	3.2	1.0
热导率/（W/m·K）	1.1	1.9	4.5	5.0	1.5	1.1

6. 加成型硅橡胶[40]

加成型硅橡胶是以含乙烯基封端的聚二有机基硅氧烷作为基础聚合物,低分子量的含氢硅油作为交联剂,在铂化合物等催化剂作用下进行硅氢加成反应交联形成弹性体。加成型硅橡胶具有在硫化过程中不产生副产物、硫化速度快、收缩率小的特点。表 2-22 列出了 Wacker 公司的铂催化加成型固体硅橡胶的性能。

表 2 - 22 ELASTOSIL® 加成型固体硅橡胶的性能

系列	硬度	成型工艺	外观	拉伸强度/MPa	拉断伸长率/%	撕裂强度/(kN/m)	回弹性/%	压缩永久变形/%	体积电阻率/Ω·cm	击穿电压/(kV/mm)
R plus 533	60	模压、压出	透明	9	600	45	62	—	>10^16	20
R plus 543	70	压出	白	8	500	25	—	—	>10^16	20
R plus 573	50、70、80	模压、压出	黑	6	200 ~ 350	12 ~ 16	45 ~ 55	25 ~ 30	10.0 ~ 2.0	—
R plus 4000	40 - 70	模压	透明	10 ~ 11	800 ~ 1100	45 ~ 52	50 ~ 55	25 ~ 27	—	—
R plus 4001	40 - 80	模压	透明	7 ~ 9	400 ~ 950	17 ~ 34	50 ~ 62	22 ~ 25	—	—
R plus 4020	30、50、80	模压	透明	8 ~ 10	850 ~ 100	36 ~ 43	45 ~ 51	25 ~ 30	—	—
R plus 4070	60	模压	透明	10	1100	45	42	65	—	—
R plus 4110	60 - 80	压出	透明	7 ~ 11	300 ~ 900	18 ~ 45	15 ~ 70	20 ~ 30	—	—
R plus 4305	40 - 80	压出	透明	7 ~ 12	350 ~ 900	18 ~ 46	54 ~ 65	15 ~ 30	—	—

2.1.2 硅橡胶硫化胶物理力学性能[41]

硅橡胶硫化胶具有优异的耐高低温、耐臭氧及大气老化性能,还兼有良好的介电、憎水、生理惰性等特点。适于制造在空气、臭氧、滑油和电场中工作的橡胶零件、胶板、胶管和型材。硅橡胶使用温度为 - 70℃ ~250℃,某些使用部位可低于 - 70℃或高于 250℃。这里介绍的硅橡胶胶料均是近二十年在航空、航天等工业上配套使用的胶料,其材料的标准和国外相近牌号的标准见表 2 - 23,胶料的性能见表 2 - 24、表 2 - 25 和表 2 - 26。

表 2 - 23 常用的硅橡胶的牌号和标准

胶料牌号	材料标准	国外相近材料牌号	国外相近材料标准
GX2 - 50	Q/6S 1022—1992《GX2 - 50 硅橡胶胶料》	—	—
XG 6240	Q/6S 1156—1995《高强度硅橡胶》	—	—
XG22 - 61	Q/6S 1080—1994《高强度硅橡胶胶料》	—	—
LBG - 1	Q/6S 1131—1994《LBG - 1 兰白光滤光罩用硅橡胶胶料标准》	—	—
PS6035	Q/6S - 1832—2002	—	—
SE6450	Q/6S - 1824—2002	—	—
SE6465	Q/6S - 1824—2002	—	—
PS5360	Q/6S - 1534—2000	ИРП - 1354	TY005 1166—1987 (俄)
PS6050	Q/6S - 1821—2002	ИРП - 1267	
G197	Q/XXY - 362—2000	ИРП - 1338	
SE6042	Q/6S 1823—2002	ИРП - 1265	
SE6050	Q/6S 1823—2002	ИРП - 1266	
SE6180	Q/6S 1831—2002	ИРП - 1285	

表 2-24 GX2-50 等硅橡胶硫化胶物理力学性能

胶料牌号	拉伸强度/MPa	拉断伸长率/%	硬度(邵氏A)	撕裂强度/(kN/m)	脆性温度/℃	压缩永久变形/% 温度/℃	时间/h	压缩率/%	击穿电压/(kV/mm) 典型值	体积电阻率/Ω·cm
GX2-50	5.0~7.0	300~465	46~51	14.0~19.0	—	250	24	30	36~38	—
XG6240	8.2~10.6	503~775	38~45	20.7~37.0	—	175	22	30	18~37	—
XG22-61	7.5~9.2	380~460	55~65	22.0~26.4	—	—	—	—	—	—
XG22-70	7.6~9.4	300~460	66~75	21.0~28.0	—	—	—	—	—	—
LBG-1	7.46~9.40	200~265	62~70	19.0~24.5	—	—	—	—	—	—

表 2-25 GX2-50 等硅橡胶硫化胶耐热老化和耐介质性能

胶料牌号	热老化性能 温度/℃	时间/h	拉伸强度/MPa	拉断伸长率/%	硬度	耐介质性能 介质	温度/℃	时间/h	质量变化/%	体积变化/%	颜色
X2-50	250	24	6.5	339	+1	—	—	—	—	—	灰色,红,绿,蓝,黑,白
XG6240	200	70	—	406~533	—	—	—	—	—	—	蓝色
LBG-1①	—	—	—	—	—	—	—	—	—	—	—

① LBG-1 胶料(0.35±0.05mm 胶片)透光率 28.0~32.3 色度坐标 X=0.1809~0.2122 Y=0.2687~0.3095

表 2-26 PS6035 等硅橡胶硫化胶物理力学性能

胶料牌号	拉伸强度/MPa	拉断伸长率/%	硬度(邵氏A)	撕裂强度/(kN/m)	压缩耐寒系数	脆性温度/℃	压缩永久变形/% 温度/℃	时间/h	压缩率/%	典型值	拉断伸长率变化率/% 温度/℃	时间/h	典型值	击穿电压/(kV/mm) 典型值	体积电阻率/Ω·cm	颜色
PS6035	7.0	680	38	12.0	—	-75 通过	—	—	—	—	—	—	—	—	—	透明
SE6450	10.5	720	55	54.0	—	-55 通过	—	—	—	—	—	—	—	—	—	灰色或绿色
SE6465	9.8	585	69	54.0	—	-55 通过	—	—	—	—	—	—	—	—	—	灰色或绿色
PS5360	7.8	320	58	17.0	0.55(-70℃)	-75 通过	200	24	20	27	250 / 300	72 / 50	-16 / -30	25.0	5.0×10¹⁴	黑色
PS6050	7.8	260	52	—	0.79(-60℃)	-75 通过	200	24	20	32	250	72	-15	19.0	5.0×10¹⁵	铁红
SE6042	6.5	290	48	—	0.60(-50℃)	-65 通过	200	24	20	30	250	72	-10	20.0	5.0×10¹⁵	铁红
SE6050	7.5	290	50	—	0.75(-50℃)	-65 通过	200	24	20	28	250	72	—	18.0	1.0×10¹⁶	铁红
SE6180	6.8	200	78	—	0.45(-50℃)	-65 通过	200	24	20	55	300	72	-35	16.5	2.3×10¹⁵	粉红至红褐

2.1.3 硅橡胶胶料加工工艺

2.1.3.1 硅橡胶胶料的加工方法和硫化条件

常用硅橡胶胶料的加工方法和硫化条件见表 2-27。

表 2-27　常用硅橡胶胶料的加工方法和硫化条件

胶料牌号	适宜的加工方法	一段硫化条件 (2mm 厚试片)℃×min	二段硫化条件(烘箱)
GX2-50	模压	150×20	0.5h　　1h　　2h 室温→150℃→200℃→250℃×2h
XG 6240	模压	115×15	1h　　1h 室温→150℃→200℃×4h
XG22-61	模压	170×10	
XG22-70	模压	170×10	
LBG-1	模压	160×15	1h　　1h　　1h　　1h 室温→100℃→150℃→200℃→250℃×8h
SE6042	模压	170×10	1.5h 室温→200℃×4h
SE6050	模压	170×10	
SE6450	模压	170×10	
SE6465	模压	170×10	
SE6180	模压	165×15	1.5h 室温→200℃×1h→250℃×10h
PS5360	模压	170×20	1.5h 室温→250℃×4h
PS6035	模压	170×10	1.5h 室温→200℃×4h
PS6050	模压	165×10	1.5h 室温→200℃×6h

2.1.3.2 加工过程中注意事项

（1）加工过程必须保证胶料清洁,防止混入外来杂质。

（2）胶料存放过程中要变硬,可塑性降低。使用前必须进行返炼,待胶料变软,表面光滑平整后即可下料出片。返炼时间不足时表面有皱纹,返炼过度胶料发粘而粘辊。

（3）压机硫化时模具温度应低于硫化剂的分解温度,否则易焦烧。加压后应迅速卸压 1 次～2 次,以排除模腔内的空气。对于大型或厚制品件应在加压下将模具冷却到 70℃～80℃启模,以防止制品起泡和损坏。

（4）二段硫化条件可根据胶料配方、制品的规格尺寸和使用要求而定。二段硫化温度应略高于使用温度，通常起始温度为150℃，然后逐步升温到200℃～250℃恒温。硫化时间从数小时至数十小时不等。对于厚制品应采用缓慢逐步升温的方法。厚度超过20mm的制品升温速度不要超过5℃/h～10℃/h，升温速度过快会引起制品起泡和破裂。

（5）二段硫化时橡胶件的放置以方便和不产生变形为限。硫化结束后关闭电源自然冷至室温，制品的骤然冷却会引起开裂和变形。

2.1.4 应用实例

硅橡胶具有优异的耐高低温、耐臭氧及大气老化性能，并兼有良好介电、憎水、生理惰性，适于制造在空气、臭氧、滑油和电场中工作的橡胶制件、胶板和型材。硅橡胶胶料在尖端工业中的典型应用见表2-28。

表2-28 常用硅橡胶典型应用

胶料牌号	应 用 范 围	主 要 用 途
GX2-50	适用于制造空气及氧气系统中密封性、耐高低温性能优异的薄膜和密封件，工作温度-50℃～200℃	歼击机、运输机座舱压力调节器中敏感元件，火箭和飞机仪表密封件
XG6240	适用于制造热空气系统和大气中工作的零件，工作温度-60℃～200℃	歼击机热空气通道密封零件
XG22-61	适用于制造热空气系统和大气中工作的零件，工作温度-60℃～200℃	歼击机电缆工艺垫片
LBG-1	用于直升机座舱仪表盘灯光控制部位	直升机座舱仪表蓝白光照明用
SE6042	用于模压空气系统的密封和电绝缘零件。在臭氧含量较高的空气和电场中工作温度为-60℃～250℃；在润滑脂中工作温度为-55℃～150℃	密封圈、密封罩
SE6050	用于制造空气系统的密封和电绝缘零件。在臭氧含量较高的空气和电场中工作温度为-60℃～250℃；在润滑脂中工作温度为-55℃～150℃	座舱、座椅密封衬垫、电器绝缘件、减压器用密封圈及橡胶金属件
SE6180	用于制造高温空气系统中的密封和电绝缘零件。在臭氧含量较高的空气和电场中工作温度为-60℃～300℃；在润滑脂中工作温度为-55℃～150℃	高温电绝缘管套和绝缘套管、各种管线胶垫的紧箍件
SE6450	用于制造形状复杂的高抗撕硅橡胶零件，在空气中的工作温度为-50℃～200℃	加压氧气面罩主体
SE6465	用于制造形状复杂的高抗撕硅橡胶零件，在空气中的工作温度为-50℃～200℃	加压氧气面罩供氧波纹管

胶料牌号	应 用 范 围	主 要 用 途
PS5360	用于制造臭氧含量较高的空气、电场中的固定密封件和电绝缘零件,工作温度为 −70℃~250℃,短期(50h)可达 300℃	歼击机高温部位密封件、电绝缘零件
PS6035	用于制造氧气面罩呼吸气活门膜片,在空气中的工作温度为 −50℃~100℃	氧气面罩呼吸气活门膜片
PS6050	用于模压空气、氧气和臭氧含量较高系统中低温下工作的密封和电绝缘零件	密封圈

2.2 氟硅橡胶

1951 年美国空军与道康宁公司开始合作研究氟硅橡胶,五年后研制成功了 Silastic® LS 型氟硅弹性体,并先后发展了高相对分子质量的纯胶、基础胶、配合胶;中相对分子质量的室温固化密封剂。1978 年日本信越化学工业公司吸收美国技术并加以改进,开发了 FE 系列氟硅弹性体。苏联于 1967 年公开发表投产了四个品种。迄今为止,国外有美国、日本、俄罗斯三个国家生产氟硅弹性体。我国从 1958 年开始研制氟硅橡胶,直至 70 年代初研制出相当于美国道康宁公司的 Silastic® LS −420 生胶,并能生产相当于 Silastic® LS −53 和 LS −63 的两种氟硅橡胶胶料,应用于各种耐高温耐油的装备上。20 世纪 90 年代国产氟硅橡胶生产有了一定发展,年产·4t 的合成氟硅橡胶装置投料生产。近年来随着国内交通运输工业的快速发展,氟硅橡胶的需求市场迅速扩大,氟硅橡胶的合成和配合技术及生产规模也有了很大进步。

2.2.1 氟硅橡胶的结构和特性

2.2.1.1 氟硅橡胶的结构

氟硅橡胶是以硅氧键为主链结构,侧链上引入氟烷基或氟芳基的线性聚合物。氟硅橡胶的品种较多,但获得广泛应用并具有大规模生产的是甲基(γ−三氟丙基)硅橡胶,其乙烯基含量通常少于 0.5%。其化学结构可用下式表示:

$$\begin{array}{ccc} & \text{Me} & & \text{Me} \\ & | & & | \\ \left[\text{Si}-\text{O}\right]_m & & \left[\text{Si}-\text{O}\right]_n \\ & | & & | \\ & \text{R}_f & & \text{CH}=\text{CH}_2 \end{array}$$

其中,Me 代表 CH_3-,R_f 代表 $CF_3CH_2CH_2-$,其中 $n/m = 1 \sim 10/1000$

氟硅橡胶的分子链呈螺旋形,这种结构是由 Si—O 和 Si—C 旋转的高度自由性和 Si—O—Si 键角的不稳定性所决定的。在氟硅橡胶的主链结构中,Si—O—Si 键角(130°~160°)比在 sp^3 杂化中的氧原子的通常键角(109°)大得多,这就赋予了氟硅橡胶分子链特有的热稳定性和低温柔顺性。因而氟硅橡胶具有优良的耐油性、耐溶剂性、耐化学药品以及良好的耐寒性、耐热性,是兼有乙烯基硅橡胶和氟橡胶优异性能的弹性体,也是 -68℃~232℃ 使用温度范围可耐非极性介质的唯一胶种。

2.2.1.2 氟硅橡胶的特性

1. 流变性能

Polmanteer 研究了一系列结构单元为 $CH_3(R)SiO$ 的均聚物,其中 R 为甲基、丙基、三氟丙基、苯基等,发现硅原子上有机基团类型对线型硅氧烷均聚物的流变行为有显著影响。在聚合度相同时,均聚物的黏度随有机基团尺寸的增大而上升。温度对聚二甲基硅氧烷的黏度影响很小,对聚甲基三氟丙基硅氧烷则有较大的影响,而对聚甲基苯基硅氧烷的影响更大。表 2-29 列出了 R 为不同取代基的四种聚合物的黏流活化能,数值越大,说明黏度随温度的变化越大。

表 2-29　含不同 R 基团的硅氧烷均聚物的黏流活化能

R 基 团	$E/(kJ/mol)$	R 基 团	$E/(kJ/mol)$
甲基	14.2	三氟丙基	33.0
丙基	18.0	苯基	49.8

2. 耐油及耐溶剂性能

耐油、耐溶剂和耐化学药品是氟硅橡胶的特点之一,是硅橡胶引入氟烷基后赋予的新特性。表 2-30 列举了氟硅橡胶在各种油、溶剂中性能变化。氟硅橡胶的耐化学药品性能则与硅橡胶大致相同,见表 2-31。

表 2-30　氟硅橡胶的耐油及耐化学溶剂性能

介　质	浸湿条件	硬度变化	拉伸强度变化/%	拉断伸长率变化/%	体积变化/%
ASTM NO.2 油	150℃/70h	—	—	-14	1
	150℃/7d	-2	1	-13	1
ASTM NO.3 油	150℃/1d	-5	-10	10	5
	150℃/3d	-5	-25	-10	5
	150℃/7d	-5	-17	-15	5
	177℃/3d	-10	-25	5	5
	177℃/7d	-10	-40	5	5
	200℃/14d	-25	-40	-10	—

介　质	浸湿条件	硬度变化	拉伸强度变化/%	拉断伸长率变化/%	体积变化/%
ASTM 参考燃料 A	24℃/7d	-5	-40	-30	15
	150℃/3d	-20	-60	-30	25
ASTM 参考燃料 B	-54℃/1d	-5	-20	-20	10
	24℃/3d	-5	-55	-35	20
	24℃/7d	-5	-40	-30	20
	24℃/14d	-10	—	-30	15
	65℃/3d	-5	-50	-40	15
	150℃/3d	-20	-60	-35	30
	232℃/3d	损坏	损坏	损坏	损坏
10%甲醇+90%无铅汽油	24℃/1d	-19	-47	-35	27.5
	24℃/7d	-19	-19	-26	25.9
	24℃/14d	-20	-48	-26	-26.6
	24℃/28d	-21	-50	-26	-24.4
10%乙醇+90%无铅汽油	24℃/1d	-18	-37	-19	21.5
	24℃/7d	-16	-37	-16	21.3
丙酮	24℃/7d	-20	-85	-75	180
乙醇	24℃/7d	—	-30	-15	5
苯	70℃/3d	-17	-22	-15	23
甲苯	24℃/7d	-10	-50	-35	20
二甲苯	24℃/3d	-10	-45	-35	20
	24℃/7d	-10	-55	-40	20

表 2-31　氟硅橡胶耐化学药品性能（浸泡条件 25℃/3 天）

介　质	硬度变化	拉伸强度变化率/%	拉断伸长率变化率/%	体积变化/%	质量变化/%
5%醋酸	-6	-15	-13	13.2	9.4
5%盐酸	-3	-7	-11	0.4	0.2
20%苛性钠	-5	-6	-7	0.1	0.2
28%氨水	+3	-18	-41	1.6	1.1
10%硫酸	-4	-6	-6	6.7	4.9
20%硫酸	-1	-15	-12	0.3	0.1

注:硫化胶初始值为硬度(JIS A)54;扯断伸长率372%;拉伸强度8.7MPa

3. 耐热性能

氟硅橡胶与甲基乙烯基硅橡胶的结构有所不同,由于三氟丙基的存在降低了氟硅橡胶的耐热性。三氟丙基容易热分解,热氧化稳定性比甲基差,尤其是三氟丙基上的α碳极易被氧化分解,分解产生酸性很强的化合物加速了氟硅橡胶的热老化反应。氟硅橡胶在288℃高温下就会产生氟化合物等有毒气体。氟硅橡胶的耐热性能如表2-32~表2-35所列。氟硅橡胶与氟橡胶相比,最突出的优点是高温性能保持率很高。

表2-32 氟硅橡胶在177℃热老化后的高温性能

老化时间/天	0	5	10	15
通用型氟硅橡胶老化后177℃下性能				
拉伸强度/MPa	4.4	3.8	3.4	3.5
扯断伸长率/%	370	240	200	200
100%定伸强度/MPa	1.0	1.2	1.4	1.6
高抗撕型氟硅橡胶老化后177℃下性能				
拉伸强度/MPa	—	3.6	3.3	3.6
扯断伸长率/%		300	250	250
撕裂强度/(kN/m)	—	8.8	12	7.9
高定伸应力氟硅橡胶老化后177℃下性能				
拉伸强度/MPa	4.1	3.5	3.4	3.0
扯断伸长率/%	200	160	150	130
100%定伸强度/MPa	2.0	2.1	2.2	2.2
通用型氟橡胶老化后177℃下性能				
拉伸强度/MPa	—	3.0	3.4	2.9
扯断伸长率/%	—	100	100	90
撕裂强度/(kN/m)	—	5.1	4.6	4.6

表2-33 氟硅橡胶经204℃热老化后的高温性能

老化时间/天	0	5	10	15
通用型氟硅橡胶老化后204℃下性能				
拉伸强度/MPa	3.5	3.0	2.4	2.6
扯断伸长率/%	300	180	140	150
100%定伸强度/MPa	1.0	1.5	1.7	1.7
高抗撕型氟硅橡胶老化后204℃下性能				
拉伸强度/MPa	3.2	2.3	2.1	1.9
扯断伸长率/%	325	160	180	240

老化时间/天	0	5	10	15
撕裂强度/(kN/m)	8.8	4.9	4.6	4.0
高定伸应力氟硅橡胶老化204℃下性能				
拉伸强度/MPa	3.2	2.8	2.8	2.6
扯断伸长率/%	160	150	120	150
100%定伸强度/MPa	1.9	2.1	2.4	2.6
改善低温型氟橡胶老化后204℃下性能				
拉伸强度/MPa	2.8	2.9	2.8	2.8
扯断伸长率/%	90	90	80	91
撕裂强度/(kN/m)	5.1	4.2	4.2	4.2

表 2-34　通用氟硅、氟橡胶在各种温度下的恒定压缩永久形变

压缩条件	通用型氟硅橡胶/%	改善低温型氟橡胶/%
24℃/70h	3	7
175℃/166h	45	15
200℃/22h	27	9
200℃/70h	52	18
200℃/336h	100	33

表 2-35　氟硅橡胶和氟橡胶在不同温度下的性能对比

温度/℃	25	100	177	204
通用型氟硅橡胶				
拉伸强度/MPa	8.0	6.2	4.4	3.5
扯断伸长率/%	480	480	370	300
100%定伸应力/MPa	1.2	0.96	1.0	1.0
高抗撕氟硅橡胶				
拉伸强度/MPa	8.0	5.5	—	3.2
扯断伸长率/%	420	450	—	325
撕裂强度/(kN/m)	47	32	—	8.8
高定伸应力氟硅橡胶				
拉伸强度/MPa	7.6	5.5	4.1	3.2
扯断伸长率/%	350	260	200	160
100%定伸应力/MPa	2.1	1.9	2.0	1.9
通用型氟橡胶				

温度/℃	25	100	177	204
拉伸强度/MPa	12.4	4.5	—	2.8
扯断伸长率/%	350	160	—	90
撕裂强度/(kN/m)	23	8.8	—	5.1
50%定伸应力/MPa	2.4	1.6	—	1.7
改善低温型氟橡胶				
拉伸强度/MPa	15.8	6.6	—	3.6
扯断伸长率/%	350	190	—	90
撕裂强度/(kN/m)	32	6.5	—	3.2
50%定伸应力/MPa	2.2	1.6	—	1.6

氟硅橡胶与甲基乙烯基硅橡胶相同,在高温空气流通条件下发生的是解聚反应,老化后橡胶硬度急剧升高;在高温空气封闭环境下发生的是降解反应,硫化胶产生软化现象。提高氟硅橡胶热稳定性的途径:一是防止主链环化解聚引起的降解,在主链中引入碳—氟的链段;二是防止硫化胶交联键的断裂,使硫化胶含有比 C—C 键有更高热氧化稳定性。采用耐热添加剂可以防止侧链的氧化交联和主链的环化解聚,例如 Fe_2O_3,CeO_2 等可以提高氟硅橡胶侧基的热氧化稳定性,弱碱性金属氧化物如氧化钡、氧化钙、氧化镁、氧化锌等酸接受体及硅氮橡胶等可以防止主链的环化解聚。

表 2-36　金属氧化物对氟硅橡胶硫化胶耐热性的影响

耐热添加剂	未填加金属氧化物	二氧化铈	三氧化二铁	铁锡氧化物的复合物
硬度(邵氏A)	61	60	59	59
拉伸强度/MPa	8.81	8.96	8.91	8.56
扯断伸长率/%	470	545	525	545
200℃×72h 热空气老化后				
硬度变化	+11	+12	+12	+11
拉伸强度变化率/%	−19	−14	−14	−13
扯断伸长率变化率/%	−19	−23	−24	−23
250℃×48h 热空气老化后				
硬度变化	+7	+7	+10	+9
拉伸强度变化率/%	−66	−52	−46	−50
扯断伸长率变化率/%	−46	−42	−38	−33
压缩永久变形(200℃×24h)/%	49	23	22	21

金属氧化物对氟硅橡胶耐热性能的作用如表 2-36 所列。经 200℃ ×72h 热空气老化后,硫化胶的力学性能变化差别不大;经 250℃ ×48h 热老化后,填加金属氧化物耐热添加剂硫化胶的拉伸强度和扯断伸长率下降比较小,未填加金属氧化物的硫化胶的拉伸强度和伸长率下降比较大。压缩永久变形是衡量橡胶在高温条件下密封性能的主要技术指标,压缩永久变形越小,密封性能越好。经 200℃ × 24h 压缩永久变形试验后,未填加的硫化胶的压缩永久变形达到 49% ,填加金属氧化物耐热添加剂试样的压缩永久变形值仅为 21% ~23% 。总之 CeO_2、Fe_2O_3、Fe_2O_3/SnO_2 可以显著地提高氟硅橡胶的耐热性,尤其是氟硅橡胶在 250℃ 的耐热空气老化性能和在 200℃ 下的压缩永久变形性能。

共聚氟硅橡胶同时含有二甲基硅氧烷结构单元、三氟丙基甲基硅氧烷结构单元和少量的甲基乙烯基硅氧烷结构单元。共聚氟硅橡胶生胶也是以硅氧键为主链的线性结构。金属氧化物对共聚氟硅橡胶耐热性能的影响如表 2-37 所列。硫化胶的原始性能差别不大,拉伸强度都不低于 8.0MPa,扯断伸长率在 400% 左右,具有很好的物理力学性能。经 200℃ ×70h 热空气老化后,未填加耐热添加剂的硫化胶硬度上升最多,拉伸强度和扯断伸长率下降最大;填加二氧化铈、气相法二氧化钛和三氧化二铁试样的性能下降要小得多,二氧化铈、气相法二氧化钛和三氧化二铁明显提高了共聚氟硅橡胶在 200℃ ×70h 热空气老化条件下的耐热性能。试样经 250℃ ×24h 热空气老化后,填加气相法二氧化钛试样的硬度达到邵氏 A88 度,已经变硬,失去弹性,其性能最差;未填加与填加二氧化铈、三氧化二铁的硫化胶相比性能下降也比较大,硬度上升到邵氏 A67 度;而填加二氧化铈、三氧化二铁的硫化胶经 250℃ ×24h 热空气老化后其拉伸强度在 5.0MPa 以上,扯断伸长率超过在 200% ,仍然具有较好的弹性。二氧化铈和三氧化二铁可以明显提高共聚氟硅橡胶在 250℃ ×24h 热空气老化下的耐热性能,而气相法二氧化钛则严重损害了共聚氟硅橡胶 250℃ ×24h 热空气老化下的耐热性能。

表 2-37　金属氧化物对共聚氟硅橡胶 CKTφT-25 耐热性能的影响

耐热添加剂	空白样	二氧化铈	二氧化钛	三氧化二铁
硬度(邵氏 A)	50	48	48	48
拉伸强度/MPa	8.2	8.0	8.1	8.2
扯断伸长率/%	380	420	420	410
200℃ ×70h 热空气老化后				
硬度(邵氏 A)	60	52	52	53
拉伸强度/MPa	7.0	8.0	8.0	7.7
扯断伸长率/%	240	320	290	320
拉伸强度变化率/%	-15	0	-2	-6
扯断伸长率变化率/%	-37	-24	-31	-22
250℃ ×24h 热空气老化后				

耐热添加剂	空白样	二氧化铈	二氧化钛	三氧化二铁
硬度（邵氏 A）	67	62	88	61
拉伸强度/MPa	4.3	5.3	脆断	5.7
扯断伸长率/%	120	230	脆断	240
拉伸强度变化率/%	−48	−34	—	−30
扯断伸长率变化率/%	−69	−45	—	−41

4. 耐寒性能

氟硅橡胶与硅橡胶一样以柔顺的 Si-O 为主链,因此它也具有优良的耐低温性能。氟硅橡胶在 −60℃ ~ −70℃ 的低温下仍具有弹性。低温下由于橡胶分子热运动减弱,分子链段及分子链被冻结就会逐渐失去弹性。影响橡胶耐寒性的两个重要过程是玻璃化转变和结晶转变。有机硅橡胶的耐寒性与玻璃化过程和结晶过程有关。对于玻璃化温度（T_g）,二甲基硅橡胶、甲基乙烯基硅橡胶为 −125℃ ~ −130℃;甲基苯基乙烯基硅橡胶为 −110℃ ~ −115℃;甲基乙基硅橡胶为 −125℃。虽然二甲基硅橡胶和甲基乙烯硅橡胶的玻璃化温度很低,但其硫化胶在 −50℃ 下放置后,由于强烈结晶而失去弹性,因此它在低温下的长时间工作能力受到了限制。用乙基或苯基或三氟丙基取代甲基,可以破坏聚二甲基硅氧烷分子链的规整性,降低聚合物的结晶温度和结晶程度,进而改善有机硅橡胶的低温性能[53]。采用动态机械热分析（DMTA）方法,测定硫化胶在交变应力（或应变）作用下作出的应变（或应力）响应随温度或频率的变化关系。DMTA 能够灵敏地检测到硫化橡胶在温度变化中其性能的微小变化,从而评价材料的耐热性和耐寒性。不同 γ—三氟丙基含量的氟硅橡胶 CKTφT −25、CKTφT −50、AFS −R −2000、CKTφT −100、AFS −R −1000 以及甲基乙烯硅橡胶 110 −2VT 的低温性能如表 2 −38 所列,其动态机械热分析曲线如图 2 −9 ~ 图 2 −13 所示。E' 是贮能模量,E'' 是损耗模量,$\tan\delta = E''/E'$ 是力学损耗。对比图 2 −9 ~ 图 2 −13 可以看出,110 −2VT 乙烯基硅橡胶是结晶性橡胶。该类型硅橡胶在 −30℃ ~ −40℃ 区间内会发生强烈结晶,尽管在 −60℃ 下的压缩耐寒系数可达 0.20,但低温下长期使用温度不超过 −30℃。CKTφT −25 和 CKTφT −50 、AFS −R −2000 共聚氟硅橡胶的低温性能比 CKTφT −100 和 AFS −R −1000 氟硅橡胶、110 −2VT 甲基乙烯硅橡胶优异得多。110 −2VT 硫化胶的 DMTA 曲线见图 2 −14。

表 2 −38 共聚氟硅橡胶硫化胶的力学和低温性能

生胶类型	CKTφT −25	CKTφT −50	AFS −R −2000	CKTφT −100	AFS −R −1000	110 −2VT
室温力学性能						
拉伸强度/MPa	8.2	8.6	8.8	8.0	8.2	8.3
扯断伸长率/%	370	280	290	300	320	400

（续）

生胶类型	CKTφT－25	CKTφT－50	AFS－R－2000	CKTφT－100	AFS－R－1000	110－2VT
硬度（邵氏 A）	58	58	59	60	60	59
耐热空气老化性能/（200℃×72h）						
拉伸强度变化率/%	－23	－23	－20	－20	－18	－25
扯断伸长率变化率/%	－10	－5	－6	－6	－5	－18
硬度变化	＋6	＋6	＋6	＋6	＋5	＋5
在参考燃油 B 中,于23℃×24h 浸泡后质量变化/%	＋98	＋40	＋38	＋8	＋7	＋145
压缩耐寒系数						
在－55℃下	0.53	0.53	0.50	0.12	0.11	0.45
在－60℃下	0.45	0.46	0.45	0.06	0.06	0.20
在－70℃下	0.33	0.23	0.21	0.03	0.03	0.02

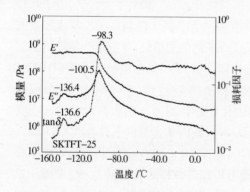

图 2－9　CKTφT－25 硫化胶的 DMTA 曲线

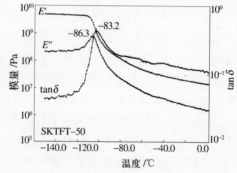

图 2－10　CKTφT－50 硫化胶的 DMTA 曲线

5. 耐天候老化性能

氟硅橡胶的耐天候老化性非常优异,在常规试验条件不会出现明显的老化现象。在特别苛刻条件下,例如经五年户外曝露试验后仍能保持良好的弹性。即使长时间在紫外线和严酷的气候条件下其物理力学性能也仅有微小的变化。在不同地点放置的氟硅橡胶试样拉伸强度和扯断伸长率降低到原始性能 75% 的时间都大于 10 年以上。在实际应用中,氟硅橡胶用于制造烃类燃料管路 O 形圈。这些管路中有许多管接头,在飞行中当机翼弯曲时,它们也可以弯曲和移动,随着温度的变化,同时可以伸张和收缩。每架 DC－8 飞机有 420 个接头,用 840 个环形圈。这些飞机使用氟硅橡胶密封件的寿命超过 18 年。氟硅橡胶的耐天候老化性能见表 2－39。

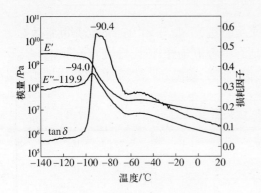

图 2 – 11　AFS – R – 2000 硫化胶的
DMTA 曲线

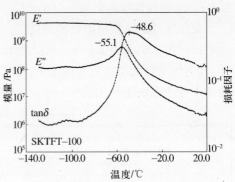

图 2 – 12　CKTφT – 100 硫化胶的
DMTA 曲线

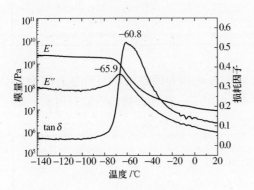

图 2 – 13　AFS – R – 2000 硫化胶的
DMTA 曲线

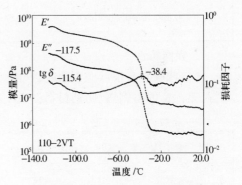

图 2 – 14　110 – 2VT 硫化胶的
DMTA 曲线

表 2 – 39　氟硅橡胶的耐天候老化性能

拉伸强度降低/%	10	25	50	75
Panama（OS）	1. 5a	3. 5a	6. 5a	>10a
Rock Island（OS）	>10a	—	—	
Alaska（OS）	>10a	—	—	
204℃空气老化	<5d	10d	>14d	—
扯断伸长率降低/%	10	25	50	75
Panama（OS）	<0. 5a	<0. 5a	<0. 5a	>10a
Rock Island（OS）	<0. 5a	>1. 5a	>10a	
Alaska（OS）	<0. 5a	>1. 5a	>10a	
204℃空气老化	<1d	2d	>14d	—
注:OS 指阳光光照射条件下 ;a 为年				

6. 电绝缘性能

氟硅橡胶的体积电阻比硅橡胶低三个数量级,一般为 $10^{14}\Omega\cdot cm$,介电常数和介电损耗角正切见表 2－40。氟硅橡胶具有中等电绝缘性能,除高压高频电环境外,其电绝缘性能可达到实用水平。在高温、低温、潮湿、油、溶剂、化学药品等恶劣条件下电绝缘性能变化很小。

表 2－40　氟硅橡胶的电绝缘性能

体积电阻率/$\Omega\cdot cm$	干	4.2×10^{14}
	湿	2.4×10^{14}
工频介电强度/(kV/mm)	干	20
	湿	19
介电损耗角正切(50Hz)	干	3.0×10^{-3}
	湿	5.0×10^{-3}

7. 表面特性

氟硅橡胶具有很低的表面能,这使一般的极性和非极性液体很难在其表面上润湿,是优良的易剥离、防粘材料。表 2－41 列出了一些聚合物的表面自由能。

表 2－41　一些聚合物的表面能数据

聚 合 物	表面能/(mJ/m^2)	聚 合 物	表面能/(mJ/m^2)
聚二甲基硅氧烷	21～22	聚乙烯树脂	31
聚三氟丙基甲基硅氧烷	21～22	聚丙烯酸酯树脂	33～44
聚苯基甲基硅氧烷	26	聚四氟乙烯树脂	18.5
聚氯乙烯树脂	39	聚三氟乙烯树脂	22
偏氯乙烯树脂	40	聚偏氟乙烯树脂	25

2.2.1.3　特殊性能的氟硅橡胶胶料

1. 高强度氟硅橡胶

高强度氟硅橡胶是对聚合物、填充剂、交联结构等进行综合技术改进的结果,它弥补了氟硅橡胶机械强度低的缺点。提高强度是通过对氟硅氧烷聚合物所含乙烯基反应活性与交联链段的研究,认为以二甲基乙烯基硅氧烷为末端的聚合物比末端为乙烯基的聚合物或侧链为乙烯基的聚合物具有更优异的硫化特性和强度而开发成功的。美国道康宁公司高强度氟硅橡胶的性能如表 2－42所列。

108

表 2 - 42 高强度氟硅橡胶的性能

性　能	SILASTIC® LS 5 - 2040	SILASTIC® LS 5 - 2060
外观	灰白	灰白
相对密度/(g/cm³)	1.43	1.47
硬度(邵氏 A)	40	58
拉伸强度/MPa	12.1	10.6
扯断伸长率/%	528	474
撕裂强度 B 型/(kN/m)	39	46
Bashore 回弹/%	—	17
恒定压缩永久变形(177℃ ×22h)/%	—	17
Fuel B 体积变化(24℃ ×24h)/%	18	18

2. 高抗撕氟硅橡胶

高抗撕氟硅橡胶的性能见表 2 - 43。国产高抗撕氟硅橡胶的撕裂强度也可以达到 35kN/m 以上。

表 2 - 43 美国道康宁公司高抗撕氟硅橡胶的性能

性　能	SILASTIC® LS 5 - 8740	SILASTIC® LS 5 - 8754	SILASTIC® LS 5 - 8760
外观	灰白	灰白	灰白
密度/(g/cm³)	1.42	1.50	1.48
硬度(邵氏 A)	44	53	60
拉伸强度/ MPa	10.1	8.7	9.6
扯断伸长率/%	560	270	430
撕裂强度 B 型/(kN/m)	36	38	42
Bashore 回弹/%	21	—	21
恒定压缩永久变形(177℃ ×22h)/%	18	—	—
Fuel B 体积变化(24℃ ×24 h)/%	20	—	18

3. 低压缩永久变形氟硅橡胶

美国道康宁公司生产的低压缩永久变形氟硅橡胶的性能如表 2 - 44 所列。

表 2-44　低压缩永久变形氟硅橡胶的性能

性　能	SILASTIC® LS 4-9040	SILASTIC® LS 4-9060	SILASTIC® LS 4-9080
外观	灰白	灰白	灰白
密度/(g/cm³)	1.4	1.45	1.55
硬度(邵氏 A)	40	59	81
拉伸强度/MPa	8.2	9.2	7.5
扯断伸长率/%	415	348	159
撕裂强度 B 型/(kN/m)	18	22.8	19.9
Bashore 回弹/%	29	27	29
恒定压缩永久变形(177℃×22h)/%	10	10	11
Fuel B 体积变化(24℃×24h)/%	18	18	15

4. 共聚型氟硅橡胶

氟硅橡胶价格昂贵,并且混炼时易粘辊,高温下主链容易引起断裂。为了改善这些缺陷,常常使用氟硅橡胶与二甲基硅橡胶进行共混,但由于二者缺乏相容性,成形时经常会出现相分离现象,这就限制了氟硅橡胶广泛应用。为了克服这种缺点,又开发出三氟丙烯(甲基)硅氧烷单体和二甲基硅氧烷的共聚物,虽然共聚物的氟含量降低了,但也可以得到同样的耐油性,而且耐热、耐低温性能也得到了明显的改善。对一些耐油性能要求不很高而对耐高低温性要求比较高的工况下,选用甲基乙烯基硅橡胶其耐油性能不能满足要求时,选用氟硅橡胶其耐油性能又不能充分利用,这时采用共聚氟硅橡胶既可降低材料成本,又可以克服甲基乙烯基硅橡胶/氟硅橡胶共混物硫化胶易分层,疲劳性能差的缺点。共聚氟硅橡胶还具有非常好的低温性能,优于甲基乙烯基硅橡胶、通用氟硅橡胶共混胶的低温性能。共聚氟硅橡胶具有中等的耐油性能和良好的耐热性能,可以在接触油料的环境中作密封垫、油封等使用,也可以在受到少量燃油污染的环境中作为航空电连接器的密封件使用。共聚氟硅橡胶的性能见表 2-45。

表 2-45　共聚氟硅橡胶的性能

胶料牌号	FS8350	FS8365
硬度(邵氏 A)	55	64
拉伸强度/MPa	7.8	7.6
扯断伸长率/%	440	270
150℃×196h(15W40 油)		
拉伸强度/MPa	4.8	4.7
扯断伸长率/%	370	230
体积变化率/%	4.0	3.7
参考燃油 B(23℃×24h)浸渍后质量变化/%	50	48

5. 新型氟硅橡胶

SIFEL 是日本信越化学工业公司新开发的一类耐苛刻环境的弹性体材料。它具有全氟醚主链和可交联有机硅端基,其加工性能与通用橡胶没有差别,有模压、注射成型等多种产品。模压成型的 SIFEL 的性能见表 2-46,SIFEL 与氟橡胶、氟硅橡胶的耐介质性能比较见表 2-47。

表 2-46　模压硫化的 SIFEL 的性能[①]

性　能	SIFEL5701	SIFEL5800
外观	黑色	黑色
密度/(g/cm³)	1.87	1.88
硬度(邵氏 A)	71	83
拉伸强度/MPa	10	8.6
扯断伸长率/%	270	180
撕裂强度 B 型/(kN/m)	18	20
恒定压缩永久变形(200℃×24h)	19	20
①硫化条件:150℃×10min,二段硫化 200℃×4h		

表 2-47　含氟橡胶耐介质性能比较

介　质	SIFEL	氟橡胶	氟硅橡胶
在 -50℃下的低温柔性	优	差	优
耐极性溶剂	优	差	差
耐燃油	优	中	中
耐胺类油添加剂	优	差	差
耐化学介质	优	优	中
耐蒸汽	优	差	差

2.2.2　氟硅橡胶的物理及力学性能

氟硅橡胶胶料由氟硅生胶填加二氧化硅补强剂、结构控制剂和硫化剂等经混炼而成。氟硅硫化胶具有优异的耐高低温、耐臭氧及大气老化性能,还兼有良好的介电、憎水、生理惰性等特点。氟硅硫化胶具有良好的耐油性能,适于制造在燃油介质中工作的密封圈和垫片,使用温度为 -55℃~225℃。氟硅硫化胶的强度和耐磨性比其他橡胶低得多,耐酸、碱性能较差,价格较贵。这里介绍的氟硅胶料均是近二十年,在航空、航天等武器上配套使用的胶料,其材料的标准和国外相近牌号的标准见表 2 - 48,胶料的性能见表 6 - 46 ~ 表 6 - 49;FS6165 氟硅橡胶的物理力学性能见表 2 - 50;FS6145 和 FS6161 氟硅橡胶的物理力学性能见表 2 - 51。

表 2 - 48 氟硅橡胶胶料的标准和国外相近牌号的标准

胶料牌号	材料标准	国外相近材料牌号	国外相近材料标准
FS6265	Q/6S 1541—2000《FS6265 氟硅橡胶胶料》	51—1434(俄)	TY005 1166—1987 (俄)
FS4270	Q/6S 1542—2000《FS4270 氟硅橡胶胶料》	51—1570(俄)	TY005 1166—1987 (俄)
FS6161	Q/6S 1537—2000《FS6161 氟硅橡胶胶料》	—	AMS R 25988
FS6165	Q/6S 2410—2010《FS6165 氟硅橡胶胶料》	—	AMS R 25988

表 2 - 49 FS6265 和 FS4270 氟硅橡胶的物理力学性能

性　能	FS6265	FS4270
拉伸强度/MPa	7.2	6.6
扯断伸长率/%	260	190
扯断永久变形/%	5	8
硬度(邵氏 A)	64	74
200℃ ×72h 热老化后扯断伸长变化率/%	− 25	− 25
压缩耐寒系数	0.17 (− 55℃)	0.65(− 60℃)
200℃ ×24h 热老化后恒定压缩永久变形(压缩率20%)/%	26	25
耐介质后质量变化/%		
RP − 3 燃油(150℃ ×24h)	9	—
参考燃油 B(23℃ ×24h)	10	45
密度/(g/cm^3)	1.45	1.39
脆性温度/℃	− 60 通过	− 70 通过
撕裂强度/(kN/m)	18.0	16.0
耐霉菌等级	4 级	4 级
耐腐蚀试验	A	A
恒定压缩永久变形(压缩率20%)/%		
空气、200℃ ×100h	70	88
空气、250℃ ×24h	75	85
恒定压缩永久变形(压缩率20%)/%		
100℃ ×200 h × RP − 3 煤油	30	− 3.5
150℃ ×96h × RP − 3 煤油	35	− 2.7
130℃ ×150h × YH − 10 液压油	43	− 10
150℃ ×96h × YH − 10 液压油	53	23
硫化橡胶体积电阻率 /Ω·cm	2.0 ×10^{12}	4.3 ×10^{14}
硫化橡胶工频介电强度 /(kV/mm)	11	12
胶料的收缩率/%	4.3	4.0

表 2-50　FS6165 氟硅橡胶的物理力学性能

性　能	FS6165	性　能	FS6165
硬度(邵氏 A)	65	拉伸强度保持率/%	91
拉伸强度/ MPa	8.8	扯断伸长率保持率/%	97
扯断伸长率/%	269	耐参考燃油 B 性能(23℃ ×24h)体积变化率/%	35
恒定压缩永久变形(200℃ ×24h ×30%) /%	29	耐液压油性能(150℃ ×24h)积变化率/%	18
老化性能(200℃ ×24h×空气)		脆性温度/℃	-70 通过

表 2-51　FS6145 和 FS6161 氟硅橡胶的物理力学性能

性　能	FS6145	FS6161	性　能	FS6145	FS6161
颜色	绿色	蓝色	颜色	绿色	蓝色
硬度级别/ ±5	45	60	恒定压缩永久变形/%		
硬度(邵氏 A)	48	60	150℃ ×70h(GB7759)		23
拉伸强度/MPa	9.6	8.0	175℃ ×22h(GB7759)	38	—
扯断伸长率/%	485	310	23℃ ×24h 参考燃油 B 浸泡后		
撕裂强度/(kN/m)	20	18	体积变化/%	20	22
200℃空气热老化性能			硬度变化		-10
老化时间/h	22	70	拉伸强度变化率/%		-40
硬度变化	0	+3	扯断伸长变化率/%		-34
拉伸强度变化率/%	-16	-18	体积电阻率/(Ω · cm)	2.6×10^{13}	—
扯断伸长率变化率/%	-21	-20	工频介电强度/(kV/mm)	14.5	—

2.2.3　胶料加工工艺

2.2.3.1　胶料的加工方法和硫化条件

推荐的氟硅橡胶胶料的加工方法和硫化条件见表 2-52。

表 2-52　胶料的加工方法和硫化条件

胶料牌号	适宜的加工方法	一段硫化条件(2mm 厚试片)℃ ×min	二段硫化条件(烘箱)
FS6265	模压	165 ×15	1.5h 室温→200℃ ×4h ~6h
FS4270	模压	165 ×15	1.5h 室温→200℃ ×4h ~6h

113

胶料牌号	适宜的加工方法	一段硫化条件(2mm厚试片)℃×min	二段硫化条件(烘箱)
FS6161	模压	165×15	1.5h 室温→200℃×4h~6h
FS6165	模压	165×15	1.5h 室温→200℃×4h~6h
FS6250	模压、注射	170×10	1.5h 室温→200℃×6h

2.2.3.2 加工过程注意事项

氟硅橡胶在返炼过程中易粘辊,工艺性能较差,返炼时出现严重粘辊现象,不能辗压出光滑平整胶片,给硫化制件剪裁坯料造成很大困难。改善氟硅橡胶胶料的工艺性能,尤其是返炼工艺性能对实际生产非常重要。在氟硅橡胶返炼过程中应注意以下问题:

1. 环境温度对胶料的混炼和返炼工艺及硫化胶的性能有重要影响

当环境温度低于18℃时,胶料在返炼过程中开始粘辊;当环境温度高于28℃时也开始粘辊。氟硅橡胶的返炼加工温度范围在18℃~28℃之间,氟硅橡胶与甲基乙烯基硅橡胶在工艺上的区别是它对环境温度要求很严格。

2. 炼胶机的参数如辊筒直径、速比、转速对工艺性能也有很大影响

辊筒转速过高、速比过大容易粘辊,最适宜的范围:转速低于20r/min,速比1:1.2较为适宜见表2-53。

表2-53 炼胶机参数对氟硅橡胶工艺性能的影响

辊筒直径/mm	160	250	300	250	400	160	160
辊筒转速/(r/min)	22	15	15	15	18	22	48
辊筒速比	1:1.15~1.2	1:1.2	1:1.2	1:1.1	1:1.1	1:1.2	1:1.4
返炼工艺性	不粘辊	不粘辊	稍粘辊	不粘辊	稍粘辊	不粘辊	严重粘辊

2.2.4 应用实例

氟硅橡胶具有氟橡胶与硅橡胶的许多优良性能,有较好的耐高温、低温,耐臭氧和耐天候老化性,还兼有良好的耐石油基油料性能,工作温度为-55℃~225℃,适于制造耐油密封制品。其典型应用见表2-54。

表 2 − 54　常用氟硅橡胶的典型应用

胶料牌号	应用范围	主要用途实例
FS6265	用于制造飞机发动机高温区空气、燃油、液压系统密封件和电绝缘零件。含燃油蒸汽的空气中工作温度为 − 55℃ ~ 200℃，燃油中为 − 55℃ ~ 175℃，在液压油、润滑脂中为 − 55℃ ~ 150℃	歼击机发动机的空气、燃油系统密封件、电绝缘件
FS4270	用于制造固定和微动的模压和挤出密封件，空气中工作温度为 − 70℃ ~ 200℃；在 RP − 3 油中为 − 60℃ ~ 150℃	歼击机燃油系统密封件
FS6161	用于制造液压、电气管路的紧箍件，工作温度为 − 55℃ ~ 232℃	各种大型客机油、气管路紧箍件
FS6165	用于制造航空发动机高温区域空气、燃油、液压系统密封件和电绝缘零件。使用的温度范围；YH − 15 液压油、HP − 8B 润滑油中为 − 70℃ ~ 150℃、RP − 3 燃油中为 − 70℃ ~ 175℃、空气中 − 70℃ ~ 200℃ 可长期工作，250℃ 可以短期工作(24h)	发动机的空气、燃油系统密封件、电绝缘件
FS6145	用于注射成形制造航空电连接器，工作温度为 − 55℃ ~ 200℃	电气系统接插件

参 考 文 献

[1] 晨光化工研究院有机硅编写组. 有机硅单体及聚合物. 北京:化学工业出版社, 1986.

[2] 谢遂志，等. 生胶与骨架材料//橡胶工业手册:第一分册. 第二版. 北京:化学工业出版社, 1989.

[3] 吴森纪. 有机硅及其应用. 北京:科学技术出版社, 1990.

[4] 章基凯. 有机硅材料. 北京:中国物资出版社,1999.

[5] Polmanteer K E. Current perspective on silicone rubber technology. Rubber Chem. Technol, 1981, 54:1051 − 1071.

[6] 苏正涛. 金属氧化物对硅橡胶和氟硅橡胶耐热性的影响. 有机硅材料, 2000,14(6):5 − 6.

[7] 韩淑玉，译. 硅氧烷弹性体的化学结构对其热氧化稳定性的影响. 橡胶参考资料, 1980(1):1 − 11.

[8] 韩淑玉，译. 硅橡胶硫化胶热老化过程的规律性及提高其稳定性的途径. 橡胶参考资料,1980(10): 3 − 8.

[9] 谢择民,李光亮. 硅氮聚合物研究进展. 高分子通报,1995(3):138 − 144.

[10] 巨克让,译. 最近的 Millable 型硅橡胶. 橡胶参考资料, 1991(1):4 − 14.

[11] 幸松民,王一璐. 有机硅合成工艺及产品应用. 北京:化学工业出版社,2000.

[12] 费欠金 Л Д. 橡胶的技术性能和工艺性能. 刘约翰，译. 北京:中国石化出版社 1990.

[13] 谢择民,李其山. 硅氮聚合物研究进展. 高分子通讯, 1979(4):215 − 223.

[14] 韩淑玉,郭建民. 国产苯醚撑硅橡胶应用研究. 特种橡胶制品,1980(2):1 − 8.

[15] 李星兰. 硅橡胶耐热性的探讨. 特种橡胶制品,1987(3):16 − 20.

[16] 韩淑玉,雷育民. 国产苯基硅橡胶应用研究. 特种橡胶制品, 1981(3):7 − 14.

[17] Warrick E L, Pierce O R, Polmanteer K E, et al. Development of silicone rubber 1967 − 1977. Rubber

Chem. Technol. ,1979 52:437 – 503.

[18] 李光亮. 有机硅高分子化学. 北京:科学出版社,1998.

[19] 杜作栋. 有机硅化学. 北京:高等教育出版社,1990.

[20] 郑俊萍,苏正涛,蔡宝连. 过渡金属氧化物对硅橡胶耐热性的影响. 合成橡胶工业,1997,20(5): 296 – 299.

[21] 苏正涛. 有机硅基先进复合材料的研究. 天津:天津大学出版社,1997.

[22] Yishinobu koda Chiba. Organopolysilicone composition having improved heat stability. USP 3 884 950(1975).

[23] 吉田 武男. ッリューソム用热安定剂わよびその制造方法. JP 61 – 285257. 1986.

[24] George Juris Vik sne. 稳定的热硫化硅橡胶(USP 3 810 925). 雷育民,译. 橡胶参考资料,1977 (9):13 – 18.

[25] 陈剑华. 几种新的四苯(基)苯基有机硅橡胶化合物的研究. 高等学校化学学报,1986, 7(12):1150 – 1154.

[26] 苏正涛. 金属氧化物对硅橡胶和氟硅橡胶耐热性的影响. 有机硅材料,2000,14(6):5 – 6.

[27] Wilson B J, Richardo F S, Fernado G. Interfacial reactions and self – adhesion of polydimethylsiloxanes. J. Adhesion Sci. Technol. , 1992 (6):791.

[28] SuZhengtao. The interfacial reaction of stannic oxide insilicone rubber at 300℃. J of Applied Polymer Science, 1999, 73(13):2779 – 2781.

[29] 宋义虎,刘江,魏伯荣. 硅橡胶的低温性能. 特种橡胶制品,1999,20(3):10 – 15.

[30] Helmer J D,Polmannteer K E. Super cooling of polydimethylsiloxane. J. Appl. Polym. Sci. , 1969,13:2113 – 2118.

[31] 苏正涛. 苯基硅橡胶低温性能的研究. 有机硅材料,2000,14(5):4 – 7.

[32] 美国 Dowcorning 公司网站,http:// www. dowcorning. com

[33] Bergpstrom E W. Environmental Aging of Elastomer. Elastomerics, 1977 (2): 21 – 30.

[34] 韩淑玉,郭建民,张博. 高抗撕硅橡胶研究. 特种橡胶制品,1980(3):6 – 11.

[35] 中村勉. 硅橡胶的粘弹性和在减振橡胶中的应用. 杨启发,译. 橡胶参考资料,1998,28(5):15 – 20.

[36] 日本信越化学工业公司网站 http:// www. shinetsu. jp

[37] 德国 Wacker 公司网站 http://www. wacker. de

[38] 《中国航空材料手册》编辑委员会. 中国航空材料手册. 第8卷. 第二版. 北京:中国标准出版社,2002.

[39] 韩淑玉. 硅橡胶配合技术的研究. 特种橡胶制品, 1985, 6(4):17.

[40] Pierce O R,Yung K Kim. Fluorosilicones as high temperature elastomers. J Elastoplastics[J],1971 3:82 – 96.

[41] 日本橡胶协会编. 特种合成橡胶. 江伟,纪奎江,译. 北京:石油化学工业出版社,1977.

[42] 福田键. 氟硅橡胶的开发动向. 毕爱林,译. 橡胶参考资料,1998(7):7 – 17.

[43] Cabey M A,Vogel G E. 耐苛刻化学品和热环境的橡胶密封件. 沈云初,译. 橡胶参考资料,1980(4): 44 – 52.

[44] 苏正涛. 低压缩永久变形氟硅橡胶. 材料科学与工艺, 2001(9):122 – 123.

[45] 苏正涛,米志安,王景鹤. 金属氧化物对共聚物氟硅橡胶耐热性能的研究. 有机硅材料,2004,18 (1):13 – 14.

[46] 费久金 Л Д. 橡胶的技术性能和工艺性能. 刘约翰,译. 北京:中国石化出版社,1990.

[47] 过梅丽. 世界先进的动态机械热分析仪(DMTA)及其应用. 现代科学仪器,1996(4):57 – 60.

[48] 苏正涛. SKTFT – 50 共聚氟硅橡胶的低温性能研究. 特种橡胶制品, 2003,24(2):12 – 14.

[49] Bush. Peroxide – curable fluorosilicone copolymer compositions. USP 4,525,528 June 25, 1985.

[50] 邵本美,杨荣美. 高抗撕氟硅橡胶胶料的研制. 橡胶工业, 1983(5):1 – 4.

[51] 吉田武男. 最近フルロッツリューソゴム. 日本ゴム协会志,1989,62(12):778 – 786.

第3章　氟橡胶和氟醚橡胶材料

氟橡胶和氟醚橡胶又称为氟弹性体,是在主链和侧链碳原子上含有氟原子的高分子聚合物。由于航空、航天等尖端工业的发展,迫切需要耐高温、耐油、耐强氧化剂和燃料的橡胶密封材料。早期使用的耐油丁腈橡胶已不能满足发展的要求,因而从20世纪50年代初期,美国、苏联就开始含氟弹性体的开发。最早投入工业化生产的是美国杜邦和3M公司的Viton A和Kel－F型弹性体。经过半个世纪的研制,含氟弹性体在耐热、耐介质、低温性和工艺性能方面取得了飞速进展,并形成系列化产品。至今已有四类组成和结构不同的氟橡胶:氟烯烃共聚物、四氟乙烯和丙烯共聚物,主链引入亚硝基的亚硝基氟橡胶,主链含磷、氮原子的氟化磷腈和碳、氮三嗪环结构的全氟三嗪弹性体。氟弹性体具有优异的耐热、耐油和良好的综合力学性能,因而广泛用于航空、航天、武器装备、重型机械、汽车等动力装置的密封和化工机械及管道耐腐蚀介质的密封和防腐,上述氟弹性体结构和特性如下:

1. 氟烯烃共聚物

这类橡胶有氟橡胶－23、氟橡胶－26、氟橡胶－246,它们的化学结构分别为[1]

$$\left[\left(CF_2-CH_2 \right)_x \left(\underset{\underset{Cl}{|}}{CF}-CF_2 \right)_y \right]_n \qquad (氟橡胶－23)$$

$$\left[\left(CF_2-CH_2 \right)_{0.8} \left(CF_2-\underset{\underset{CF_3}{|}}{CF} \right)_{0.2} \right]_n \qquad (氟橡胶－26)$$

$$\left[\left(CF_2-CH_2 \right)_{0.65} \left(CF_2-CF_2 \right)_{0.2} \left(CF_2-\underset{\underset{CF_3}{|}}{CF} \right)_{0.15} \right]_n \qquad (氟橡胶－246)$$

氟橡胶－23是偏氟乙烯和三氟氯乙烯的共聚物,式中x与y的总分子比为1:1或2:1。其商品牌号有Kel-F5500、Kel-F3700(美国),СКΦ－32－11、СКΦ－32－12(俄罗斯),氟橡胶－23－11、氟橡胶－23－21(中国)。该橡胶耐热、耐发烟硝酸及强氧化剂,适用于制造耐酸碱胶管、胶带、胶布,并可作耐温电介电容材料,其最高使用温度为200℃。由于其不耐双酯类润滑油,弹性差,工艺性能不好,现逐步被26型、246型氟橡胶代替。当三氟氯乙烯被六氟丙烯取代后生成的共聚物是氟橡胶－26,有较大空间体积的三氟甲基取代氯原子使分子链间的内聚力减弱,分子链节内旋转能垒降低,因而有较好的弹性,三氟甲基的热稳定性比氯原子好,因而氟橡胶－26 具有较好耐热、耐油性,其用量最多约占含氟弹性体的 70% ～80%,其代表牌号有 VitonA、VitonA－HV、VitonA－35、VitonE－60C(美国)、CKΦ－26(俄罗斯)和氟橡胶－26(中)。如果氟橡胶－26 在合成中引入四氟乙烯单体,形成三元共聚物,它比二元共聚物氟橡胶－26 有更优异的耐热和耐油性,但弹性要比二元共聚物差些。其主要商品牌号有 VitonB、VitonB－50、VitonB－910(美国),氟橡胶 246(中)。

2. 四丙氟橡胶

四氟乙烯与丙烯共聚物的化学结构为[2]

$$-(CF_2-CF_2)_{0.52}(CH_2-\underset{\underset{CH_3}{|}}{CH})_{0.48}-]_n$$

它的分子链中两种单体是高度交替排列的,每个 C_3H_6 单元都被 C_2F_4 单体所隔离,丙烯单元中体积较小的氢原子被体积较大的负电性极强的氟原子所屏蔽,使整个分子链具有较好的耐热性和化学稳定性,－CH_3 侧基可防止大分子结晶并提供交联点,可硫化成弹性体。四丙氟橡胶的使用温度为 －20℃ ～200℃,间歇使用温度可到 230℃,耐高浓度酸碱和强氧化剂性能较好,耐高压蒸汽和耐热水性优异,主要用于化工设备管道的密封。其主要牌号有 Aflas100、150(日本),Sinoflas TP－1、TP－2(中国)。这种橡胶氟含量低,其价格也便宜。

3. 亚硝基氟橡胶

亚硝基氟橡胶包括二元亚硝基氟橡胶和三元羧基亚硝基氟橡胶。

亚硝基三氟甲烷与四氟乙烯的二元共聚物的化学结构式为

$$-(\underset{\underset{CF_3}{|}}{N}-O-CF_2-CF_2)_n$$

亚硝基三氟甲烷、四氟乙烯和亚硝基羧基六氟丙烷的三元共聚物的化学结构式为

$$-(\underset{\underset{CF_3}{|}}{N}-O-CF_2-CF_2)_{99}(\underset{\underset{\underset{COOH}{|}}{(CF_2)_3}}{N}-O-CF_2-CF_2)_1-$$

在分子结构中碳原子完全氟化,不含能与氧化剂发生作用的基团如 C＝C、CH_2、CH 等,因而较一般氟橡胶有更好的化学稳定性,能耐强氧化剂、发烟硝酸、四氧化氮和三氟化氯。在亚硝基氟橡胶主链上有大量 N－O 链节,这种连接键能低(9.32kJ/mol),柔顺性好,所以该胶比一般氟橡胶低温性能好得多,其玻璃化温度为 －45℃,但 N－O 键能低易高温裂解,通常使用温度为 －57℃ ～180℃。另外亚硝基氟橡胶高温裂解时放出 COF_2 及 CF_2＝NCF_3 气体能熄灭火焰,即使在纯氧中也不会燃烧 。主要用于宇宙飞船、火箭耐强氧化剂的储囊和管道密封件。

4. 磷、氮、碳主链的含氟弹性体

有主链含磷、氮的氟化磷腈和含碳氮三嗪环的全氟三嗪弹性体。氟化磷腈弹性体的分子结构为

$$
\begin{array}{c}
OCH_2CF_3 \\
| \\
(P=N)_n \\
| \\
OCH_2C_3F_6CF_2H
\end{array}
$$

为改善硫化胶性能,还加入少量含双键的第三单体,如邻烯丙基苯氧基。1975年在美国首先研制成功,其商品牌号为 PNF200。有优良的耐油、耐热和电性能,低温性能更为优异,−50℃下的弹性恢复系数为 0.10,−74℃仍不变脆,在 180℃下热空气老化 500h,拉伸强度在 7MPa 以上,主要用于寒带或极地航空航天装备的燃油、滑油和液压油系统的密封件,工作温度 −60℃ ~ 180℃。全氟三嗪弹性体分子结构为[2,5]

$$
-\left[(CF_2)_xC\underset{\underset{N}{\big|}}{\overset{\overset{N}{\big\|}}{\diagup\diagdown}}C\right]_n
$$

$$
(CF_2)_y
$$

$$
CF_3
$$

这种弹性体有突出的耐油、耐热、耐氧化和耐辐射性能,在 317℃ 老化 72h 后仍保持 10MPa 的拉伸强度和 200% 的伸长率,但低温性能差。

当前在武器装备、重型机械、化工、石油开采和加工、汽车等工业中使用最广、用量最多的是氟烯烃共聚物,其产量占含氟弹性体总量的 95% 以上,已工业化生产并有系列化不同品级的产品供应。下面介绍的氟橡胶胶料性能和应用均是以氟橡胶 26 型、氟橡胶 246 型、改善低温性能和耐介质性能氟醚橡胶为基胶的材料。

3.1 结构和特性[3]

自 1958 年 VitonA 氟弹性体研制成功后,20 世纪 50 年中氟弹性体在合成和应用方面取得突出的进步,这主要表现在以下三个方面:

(1) 研制成低压缩永久变形氟胶料,延长了氟橡胶的使用寿命。在系统研究氟烯类橡胶硫化机理基础上,从使用胺类或雪夫碱硫化剂换成季膦(铵)盐和芳香二元酚硫化体系,使硫化胶 200℃ × 24h 的压缩永久变形从 40% ~ 50% 降到 13% ~ 15%,极大地延长密封寿命,其代表性商品牌号为 VitonE − 60C。

(2) 调整了生胶的门尼黏度、改善了胶料的加工工艺。除适于模压成形外,还

可压注、挤出成形,其代表商品牌号为 VitonE430、VitonB50、A – 1201 等。但氟橡胶的主要缺点是低温性能较差,动态条件下其使用温度只能达到 –29℃ 左右;而在近代尖端技术中许多情况下使用温度低于 – 40℃ ~ – 54℃ 左右,同时还要求不能牺牲氟橡胶耐高温、耐介质的综合性能。在此背景下开展了改善氟弹性体低温和耐强氧化剂性能的研究。

(3)改善氟弹性体低温和耐介质性能。在氟橡胶侧链上通过引入醚键,破坏分子链的结构的规整性,增加了氟碳分子链的柔顺性,达到降低玻璃化温度的目的。通过将侧链上氢原子全部被氟原子取代,提高氟含量来解决耐强氧化剂性能。所以第三方面主要是氟醚橡胶和全氟醚橡胶的合成和应用研究。

氟醚橡胶是 20 世纪 70 年代末开始研究的,其通过乳液共聚手段将全氟烷基乙烯基醚或不同链长氟醚单体引入到氟橡胶分子上赋予了材料新的特性[5]。氟醚橡胶研究最成功的是俄罗斯列别捷夫合成橡胶研究院、意大利苏菲和美国杜邦公司。氟醚橡胶又可分成改善低温型和耐介质型两种,其相应的牌号见表 3 – 1。

表 3 – 1　俄罗斯、美国、意大利氟醚橡胶牌号

生 胶 类 型	改善低温性能	改善耐化学介质性能(全氟醚结构)
美国杜邦公司产品牌号	Viton GLT	kalrez 系列
俄罗斯 ВИНИСК 产品牌号	СКФ – 260(A – 1300) СКФ – 260ВРТ(A – 1301)	СКФ – 460Н(НЕОФТОН)
	СКФ – 260МПАН(A – 1532)	
意大利 SOLVAY SOLEXIS 公司	TECNOFLON　VPL 系列	TECNOFLON　PFR 系列

氟弹性体优良的耐热、耐油和耐化学药品性能是高分子聚合物分子中引入氟原子带来结构变化的结果:氟原子取代氢原子形成的 C – F 键能很高,达 447.2kJ/mol,而 C – C 键能只有 262.5 kJ/mol,C – Cl 键能为 278 . 0kJ/mol,C – H 键能为 365.0 kJ/mol,高键能对热、辐射、化学试剂作用稳定性就好。氟原子是元素周期表中电负性最强的元素,因此含氟聚合物处于最高的氧化程度,它不会被空气中的氧所氧化,即使在 250℃ 以上氧化裂解反应也很缓慢。随聚合物氟化程度增强或氟含量增加,C – C 键能还会进一步增高,在全氟聚合物中 C – C 键能可达 359.4 kJ/mol。氟原子共价半径为 0.064nm,略大于氢原子,约等于 C – C 键长(0.131nm)的一半,对 C – C 主链起到良好的屏蔽作用,保证主链的化学稳定性[6]。

3.1.1　氟橡胶的结构表征

根据资料报道,氟橡胶 – 26 型、氟橡胶 – 246 型和氟醚橡胶化学组成见表3 – 2。

表 3 - 2　氟橡胶 26 型、246 型和氟醚橡胶化学结构[3]

氟 橡 胶 类 型	化 学 结 构
氟橡胶 26 型	$(CH_2CF_2)_x(CF_2CF)_y$ 　　　　　　$\mid$ 　　　　　CF_3
氟橡胶 246 型	$(CH_2CF_2)_x(CF_2CF_2)_y(CF_2CF)_n$ 　　　　　　　　　　　　$\mid$ 　　　　　　　　　　　CF_3
Viton GLT 氟醚橡胶(CKФ - 260BPT)	$(CF_2CH_2)_x(CF_2CF)_y(CH_2CH)_m(CF_2CF_2)_n$ 　　　　　　$\mid$　　　　　$\mid$ 　　　　OCF_3　　CF_2CF_2Br
CKФ - 260 氟醚橡胶	$(CF_2CH_2)_x(CF_2CF_2)_y$ 　　　　　　　$\mid$ 　　　　　OCF_3
CKФ - 260MПAH 全氟醚橡胶	$(CF_2CF_2)_n(CFCF_2)_m(CFCF_2)_p(CFCF_2)_k$ 　　　　　$\mid$　　　$\mid$　　　$\mid$ 　　　　O　　　O　　　O 　　　$\mid$　　　$\mid$　　　$\mid$ 　　CF_3　　CF_2　　$(CF_2)_3$ 　　　　　　$\mid$　　　$\mid$ 　　　　　$CFCF_3$　　O 　　　　　　$\mid$　　　$\mid$ 　　　　　　O　　$CFCF_3$ 　　　　　$\mid$　　　$\mid$ 　　　　CF_2　　CN 　　　$\mid$ 　　CF_2CN
CKФ - 460H(HEOФTOH)和 Kalrez 全氟醚橡胶	$(CF_2CF_2)_m(CFCF_2)_n(CFCF_2)_p$ 　　　　　$\mid$　　　$\mid$ 　　　CF_3　　O 　　　　　　$\mid$ 　　　　　$(CF_2)_k$ 　　　　　　$\mid$ 　　　　　CN
TECNOFLON　VPL 系列	$(CH_2CF_2)_m(CF_2CF)_n$ 　　　　　　　$\mid$ 　　　　　　O 　　　　　$\mid$ 　　　　CF_2 　　　　$\mid$ 　　　O 　　$\mid$ 　CF_3
TECNOFLON　PFR 系列	$(CF_2CF_2)_n(CF_2CF)_m(CF_2CF)_z$ 　　　　　　$\mid$　　　$\mid$ 　　　　O　　X 　　$\mid$ 　CF_3

氟橡胶 246 型和氟醚橡胶 VitonGLT 的红外光谱如图 3 – 1、图 3 – 2 所示。

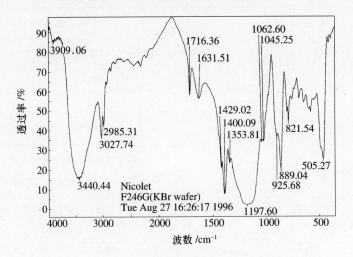

图 3 – 1　F246 型氟橡胶红外光谱图

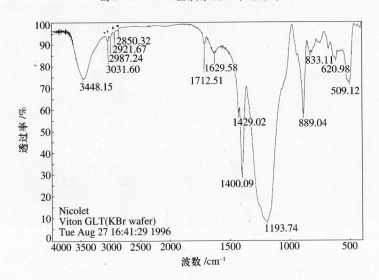

图 3 – 2　VitonGLT 氟醚橡胶红外光谱图

由于氟橡胶 246 型和 VitonGLT 氟醚橡胶化学结构极为相近，因而红外光谱图在 1150cm^{-1} ~ 1200cm^{-1} 和 1380cm^{-1}、885cm^{-1} 都存在氟橡胶典型吸收峰。二者差别仅在醚键的存在。但红外特征频率区，醚键 C – O 伸缩引起红外特征频率范围为 1070cm^{-1} ~ 1150cm^{-1}，而氟代烷 C – F 伸缩引起的红外特征频率也在 1000cm^{-1} ~ 1350cm^{-1} 区域，两种特征频率发生重叠，C – F 又是强峰，所以在傅里叶红外谱图里两种生胶谱线基本一致，无法分辨出醚键的存在。

氟橡胶 246 型、VitonGLT 和 CKФ – 260МПАН 氟醚橡胶的核磁共振谱图如图

3-3 所示。在 ^{1}H 和 ^{12}C 谱中三种生胶也没有明显的差异,这是大分子中 C 和 H 原子的结构特征一致的缘故。但在 ^{19}F 谱中三者有明显差别,VitonGLT 和 CKΦ - 260MПAH 氟醚橡胶在 $20 \times 10^{-6} \sim 30 \times 10^{-6}$ 处有明显的共振峰,这是醚键的特征指纹,而氟橡胶 246 型生胶无此峰。CKΦ - 260MПAH 在 $-1 \times 10^{-6} \sim -8 \times 10^{-6}$ 处还有共振峰存在,这是 -CN 基团的特征。

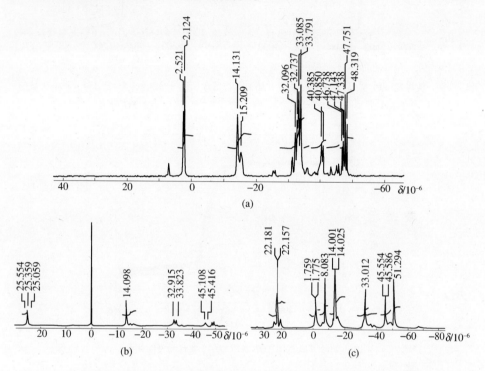

图 3 - 3 氟橡胶 246 型和氟醚橡胶 Viton GLT、CKΦ - 260ПMAH 核磁共振谱图
(a)氟橡胶 246 型生胶 ^{19}F 核磁共振谱线;(b)VitonGLT 生胶 ^{19}F 核磁共振谱线;
(c)CKΦ - 260MПAH 生胶 ^{19}F 核磁共振谱线。

3.1.2 耐热性能[3,6]

氟橡胶是最耐热、耐化学药品的弹性体。三种弹性体和其硫化胶在加热过程质量变化(TG 热重法)如图 3 - 4 ~ 图 3 - 6 所示。

从 TG 曲线可以看出:氟橡胶 246 型、VitonGLT、CKΦ - 260MПAH 三种生胶的起始分解温度分别为 445.58℃ 、445.98℃ 和 437.39℃。三条曲线极为吻合,在低于上述温度时生胶的质量没有明显变化,这表明三种生胶具有相近的热稳定性。VPL 系列生胶 TG 曲线见图 3 - 6,几种生胶的热分解温度相差不大,基本都在 400℃以上开始热分解,520℃分解完毕。结构中含醚键多的生胶耐热性有所降低。

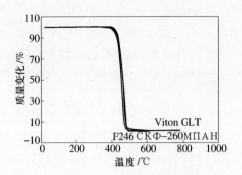

图 3 - 4 氟橡胶 246 型、VitonGLT、СКΦ - 260
МПАН 生胶 TG 曲线

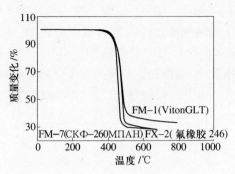

图 3 - 5 FM - 1、FX - 2、FM - 7 硫化胶
的 TG 曲线

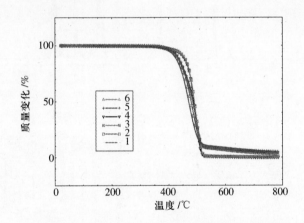

图 3 - 6 TECNOFLON VPL 系列生胶的 TG 曲线

以三种生胶为基的硫化胶在 300℃ 以上有少量质量损失,可能是配合剂少量挥发所致。经 250℃ ×24h 空气老化后其力学性能变化见表 3 - 3。

表 3 - 3 氟橡胶硫化胶的耐热老化性能

胶料牌号(基胶类型)	硬度变化(邵氏 A)	拉伸强度变化率/%	扯断伸长率变化率/%
FX - 2(氟橡胶 246 型)	+3	+3	- 10
FM - 1(VitonGLT)	- 2	- 5	10
FM - 7(СКΦ - 260МПАН)	- 2	- 5	3

据资料报道,VitonA 硫化胶在 232℃、260℃、288℃ 和 300℃ 下可以分别工作 3000h、1000h、240h 和 48h。当然,氟橡胶的耐热性与选用的硫化体系有很大关系,在 20 世纪 60 年代,氟橡胶采用二胺类硫化剂,形成亚胺(- C - NH$_2$ -)或叔胺(- C = N -)交联键,其耐热性较差,所以胺类硫化的氟橡胶在空气中的耐热性比在真空中低得多(表 3 - 4)。

表 3-4　胺类硫化 CKΦ-26 氟橡胶在空气和真空中热老化 120h 后的性能变化

热老化的温度/℃	介 质	200% 定伸应力/MPa	拉伸强度/MPa	扯断伸长率/%
260	真空	13.8	15.0	210
	空气	3.6	4.3	410
316	真空	4.0	4.3	240
	空气	—	1.5	110

在 20 世纪 70 年代研制成功的低压缩永久变形氟橡胶,采用了季铵盐及季鏻盐促进剂和芳香族二元酚(氢醌和双酚 AF)硫化体系,生成醚型(-C-O-C-)交联键,硫化胶的耐热性有了很大提高,例如 VitonE-60 和 VitonE-60C 为基胶的硫化胶在 275℃下老化 70h 后,100% 定伸应力还有 5MPa,拉伸强度为 7 MPa～8MPa,扯断伸长率超过 140%。

氟橡胶的耐热性和耐介质性能与氟含量密切相关,含氟量越高耐热性、耐化学药品性能越好,但低温性能越差。氟橡胶 26 型如 VitonA、CKΦ-26 和 F26 氟弹性体含氟量为 66%;氟橡胶 246 型如 VitonB、F246 的氟含量为 67%～68%,氟醚橡胶 VITON-GLT、TECNOFLON-VPL 含氟量仅有 64%、而全氟醚橡胶氟含量可达 70%～72%,所以具有最佳的耐热、耐化学介质性能。美国杜邦公司的 ECD-006、CKΦ-460(俄罗斯)和 TECNOFLON-PFR(意大利)都是四氟乙烯和含有硫化活性点的全氟甲基乙烯基醚单体的共聚物,其耐热性除全氟三嗪橡胶外,远超过其他的各种氟橡胶,如果以老化 168h 扯断伸长率降低 50% 作为评定耐热性标准,各类氟橡胶的耐热温度见表 3-5。

表 3-5　各类氟橡胶的耐热温度

氟橡胶类型	耐热温度/℃	氟橡胶类型	耐热温度/℃
氟橡胶 23 型(CKΦ-23、kelf-5500)	200	V iton G-LT	250～260
氟橡胶 26 型(CKΦ-26、VitonA)	290	全氟醚橡胶(ECD-006、CKΦ-460)	315
V iton-60C	285	全氟三嗪橡胶	345

全氟醚硫化胶在各种温度热老化后,其性能变化见表 3-6。

表 3-6　热老化对全氟醚 ECD-006 硫化胶性能影响

温度/℃	时间/h	100% 定伸应力保持率/%	拉伸强度保持率/%	扯断伸长率保持率/%	硬度变化
232	1200	50	92	183	-4
260	2700	52	92	200	-3
288	670	48	62	267	-4
316	168	53	76	192	-3

试验表明:ECD-006类型的全氟醚硫化胶在316℃仍具有工作能力。虽然氟橡胶有优异的耐热性,但在高温下力学性能会急剧下降,甚至在200℃下的拉伸强度均低于硅橡胶和氟硅橡胶(表3-7),这是因为氟橡胶的分子间相互作用力强,超过150℃时大分子热运动破坏了分子间的内聚力使强度大幅度下降。如果氟橡胶制品在高温下承受较大应力时应在制品中加入增强纤维,防止制品因强度低产生的破坏。

表3-7 氟橡胶在25℃和200℃下的力学性能[6]

橡胶	温度/℃	50%定伸应力/MPa	拉伸强度/MPa	扯断伸长率/%	撕裂强度/(kN/m)
VitonE-60C 硫化胶	25	2.4	12.4	350	23
	200	1.7	2.8	90	5
VitonGLT 硫化胶	25	2.2	15.8	350	23
	200	1.6	3.6	90	3
氟硅橡胶 硫化胶	25	1.2	8.3	415	46
	200	0.7	3.7	300	8
有机硅橡胶	22	—	7	300	
	204	—	3.3	100	

3.1.3 低温性能

橡胶材料使用的温度范围是其高弹态温度区域。低温下高分子链段运动逐渐失去活动能力被冻结,在玻璃化转变的过程中橡胶的物理机械性能发生很大的变化:硫化胶的刚性、硬度、内摩擦损失增大,弹性、复原性和变形试样的弹性恢复力逐渐降低至消失,所以玻璃化温度(T_g)是衡定高分子材料耐寒性表征之一。但在低温过程中大分子链有序区域会产生规整排列导致链段的局部结晶现象,像天然橡胶、顺丁橡胶、氯丁橡胶、氟橡胶这些橡胶的结晶能力较强,低温下硫化胶一旦出现结晶现象,其物理机械性能变化与玻璃化转变是一样的,橡胶的弹性急剧丧失,致使橡胶制品工作能力下降,特别是在动态工作条件下,一些结晶性强的橡胶冷却到高于玻璃化温度时便会完全丧失弹性,其最低使用温度可高于玻璃化温度70℃~80℃。结晶作用和玻璃化不同的是需要一定的时间,其丧失弹性的速度和程度与停放的温度和时间有关,在结晶速度最大的温度下,聚丁二烯硫化胶在10min~15min后开始丧失弹性,而天然橡胶要120min~180min开始丧失弹性,各种结晶型橡胶在不同的低温下,其丧失工作能力时间可从几小时至几个月不等。几种易产生结晶的硫化胶的结晶温度见表3-8。

表 3-8　几种橡胶硫化胶的结晶温度[6]

橡 胶 类 型	结晶温度上限/℃	最大结晶速度温度/℃	结晶温度下限/℃
天然橡胶和合成聚异戊二烯橡胶	5	-25	-40
顺丁二烯橡胶	-20	-55	-80
氯丁橡胶	10	-10	-30
丁基橡胶	-20	-40	-50
甲基乙烯硅橡胶	-30	-80	-110

在测定结晶性橡胶耐寒性时,只在低温下放置很短时间,如果未考虑到贮存和使用期间结晶过程的发展,这种评定低温性能的方法是不完全真实的,例如甲基乙烯基硅橡胶的硫化胶在 -75℃放置 5min 其拉伸耐寒系数为 1.0,但停放 30min ~ 120min 后降低为零。

为了比较准确的评价各种橡胶的低温性能,结合橡胶制品的使用情况,出现了一些表征耐寒性不同的性能指标。

1. 脆性温度

采用具有一定冲击力和速度的冲头撞击冷冻 3min 后的条状试样,当试样出现裂纹时的最高温度称为脆性温度,这种试验条件比较符合受冲击载荷的橡胶制品如减振垫等。脆性温度虽可反映材料的低温特性,但脆性温度与试样的厚度、变形大小、变形速度、材料的强度有关,所以这种方法并不总能给出硫化胶在给定使用条件下的耐寒性。

2. 吉门扭转刚性

测定低温下硫化橡胶的扭转刚度与室温下扭转刚度的比值,当扭转刚度增加 1 倍、4 倍、9 倍、99 倍时的温度称为 T_2、T_5、T_{10}、T_{100} 温度,吉门温度主要反映低温下硫化橡胶定伸强度和硬度的变化。

3. 低温回缩温度

在室温下将试样拉伸至一定长度,然后固定并迅速冷却到冷冻温度以下,达到温度平衡后松开试样,并以一定速度升温,记录试样回缩 10%、30%、50% 和 70% 时的温度,分别以 TR10、TR30、TR50 和 TR70 表示,其中 TR10 与橡胶的脆性温度有关。TR 温度变化可以衡量橡胶在低温下弹性恢复能力。

4. 压缩耐寒系数

将圆柱试样在室温下压缩至一定的变形量,然后在低温下冷冻,再卸除负荷让其在低温下恢复,恢复量与压缩量的比值称为压缩耐寒系数。俄罗斯在评定橡胶密封件的低温性能时多采用此方法,系数越大表示低温下橡胶的弹性恢复能力越强,这对评定橡胶低温密封能力很有参考价值。

上述的这些试验方法都是以硫化胶某一性能为判据,但橡胶制品使用工况条件是很复杂的,所以根据任何一个指标的测定结果来评定硫化胶的耐寒性都可能是错误的,例如用丁腈 -40 橡胶制成软油箱,其脆性温度只有 -17℃,但在 -40℃ ~ -45℃ 的西伯利亚冬季能可靠使用。FX -2 氟橡胶硫化胶的玻璃化温度为 -17.7℃,脆性温度为 -30℃ ~ -32℃,TR -10 回缩温度为 -15.6℃, -35℃ 下的耐寒系数为 0,却能在 -40℃ 下很好密封 0.5MPa 压力的润滑油。在 -35℃ 氟橡胶完全丧失弹性恢复能力,对被密封表面无接触应力,但密封结合面尚无出现间隙,另外润滑油黏度增高几十倍也很难出现泄漏现象。所以确定橡胶的最低使用温度是十分复杂的问题,必须很好分析材料的工况条件,考虑密封介质对橡胶溶胀特性、压力和低温下黏度变化以及低温试验测试数据综合加以判断。

通过高聚物热焓差值变化,测定了氟橡胶的玻璃化温度,氟橡胶 246 型、VitonGLT 和 СКФ - 260МПАН 三种生胶 DSC 曲线如图 3 -7 所示。

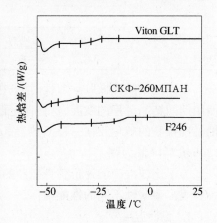

图 3 -7 三种生胶的 DSC 曲线

三种生胶玻璃化转变温度 T_g 分别为 -17.7℃ 、 -28.8℃ 、 -47.7℃。氟醚橡胶 T_g 温度明显低于 F246 型氟橡胶,其中以 СКФ - 260МПАН 为最低,反映出三种生胶耐低温性能的差别。СКФ - 260МПАН 有较长的柔性侧基,使分子间距离增大,相互作用力减弱,内旋转位垒降低,柔性增大,即产生了"内增塑"作用,表现为 T_g 的降低。实践表明氟橡胶 246 型为基的硫化胶在 -40℃ 下对润滑油有良好密封效果,在同样工况条件, VitonGLT 和 СКФ - 260МПАН 硫化胶可在更低的温度下保持密封能力。

美国低压缩永久变形氟橡胶 VitonE -60C 和氟醚橡胶 VitonGLT 的低温性能对比见表 3 -9。

表 3 -9 VitonE -60C 和 VitonGLT 硫化胶的低温性能

橡胶	脆性温度/℃	回缩温度/℃	刚性温度/℃	吉门扭转刚性/℃			
				T_2	T_5	T_{10}	T_{100}
VitonE -60C	-34	-18	17	-6	-10	-12	-16
VitonGLT	-50	-34	-31	-21	-25	-27	-33

用 VitonE -60C 和 VitonGLT 制造的橡胶密封件在温度从 -54℃ 至 163℃ 压力由 0.3MPa 至 10.4MPa 的温度和压力脉冲交变作用下,分别在 -29℃ 和 -40℃ 保持密封性,而在 -34℃ 和 -46℃ 下发生泄漏。

意大利 VPL 氟醚橡胶低温性能见表 3 – 10。

表 3 – 10　VPL 系列氟醚橡胶的低温性能

低温性能		VPL – 1	VPL – 2	VPL – 3	VPL – 4
低温回缩温度/℃	TR – 10	– 30.1	– 29.9	– 41.0	– 40.8
	TR – 30	– 27.2	– 27.1	– 38.4	– 38.1
	TR – 50	– 252	– 25.1	– 36.7	– 36.2
	TR – 70	– 23.1	– 22.9	– 35.0	– 34.2
压缩耐寒系数		0.11 （– 30℃）	0.10 （– 30℃）	0.13 （– 40℃）	0.12 （– 40℃）

　　以氟橡胶 246 型为基胶的 FX – 2 和以 VitonGLT 为基胶的 FM – 1 硫化胶的 TR 转变曲线见图 3 –8。

　　从 TR 曲线可以得出：FX – 2 硫化胶 TR –10 温度为 – 15.6 ℃，而 FM – 1 为 –28.8℃，氟醚橡胶的 TR 转变温度明显向低温区域移动，反映出在氟烯烃橡胶的侧链引入醚键后，破坏结构规整性改善了氟弹性体的低温性能。

　　TR 试验反映了低温下橡胶拉伸状态下弹性恢复能力，但大多数橡胶密封件是处于压缩状态下工作的，其在压缩下的低温弹性形变的恢复能力可用压缩耐寒系数指标反映出来，F246 氟橡胶为基的 FX – 2 硫化胶，VitonGLT 为基的 FM –1 和 СКΦ –260МПАН 为基的 FM –7 硫化胶低温下的压缩耐寒系数见表 3 –11。

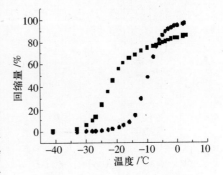

图 3 – 8　硫化胶 TR 转变曲线
■ FM – 1 硫化胶；● FX – 2 硫化胶。

表 3 – 11　三种硫化胶压缩耐寒系数比较[3]

试验温度/℃	FX – 2 硫化胶	FM – 1 硫化胶	FM – 7 硫化胶
– 20	0.10	0.90	0.88
– 25	0.04	—	—
– 30	0.03	0.31	0.84
– 35	—	0.07	0.73
– 40	—	0.06	0.46
– 45	—	—	0.17

　　三种硫化胶的耐寒系数有很大差别，在低温下氟弹性体引入氟醚侧链可极大改善硫化胶的耐寒性，而且引入多个长侧链的氟弹性体 СКΦ –260МПАН 的低温性能更优异。

橡胶材料实际使用常受到交变应力的作用,在动态下氟橡胶的低温性能可从硫化胶黏弹谱线反映出来,因为硫化胶的力学性能在玻璃化温度转变区域发生很大的变化。三种生胶为基的硫化胶 FX-2、FM-1、FM-7 黏弹曲线如图 3-9 和图 3-10 所示。

硫化胶动态黏弹曲线反映了不同频率下硫化胶弹性模量与内耗随温度的变化,玻璃化转变温度与频率关系。三种硫化胶其 T_g 相差 15℃~20℃,这与 DSC 曲线的结果是一致的,从黏弹曲线推算链段平均活化能分别为:FX-2 是 147.5kJ/mol,FM-1 是 128.4 kJ/mol,FM-7 是 127.5 kJ/mol 这也说明氟醚分子链段自由活动位垒较低,有利大分子构象变化。生胶的玻璃化温度随频率提高向高温区域移动,所以动态下密封条件要比静态下密封更为苛刻和困难,在高频载荷下的密封有可能在温度远未达到玻璃化转变温度时就产生泄漏。

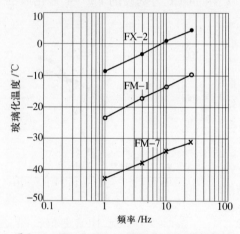

图 3-9 FX-2、FM-1、FM-7 硫化胶玻璃化温度与频率关系

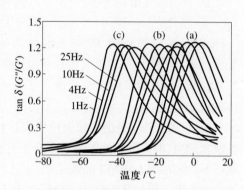

图 3-10 FX-2(a)、FM-1(b)、FM-7(c)硫化胶力学损耗 tanδ 与温度关系

3.1.4 耐介质性能

氟弹性体除具有优异的耐热性能外,另一个特点是有极好的耐介质性能,它对有机液体如燃油、液压油、润滑油,对各种稀、浓硝酸、硫酸和盐酸以及高浓度过氧化氢等强氧化剂作用的稳定性均优于其他橡胶(表 3-12),氟橡胶耐酸性能见表 3-13。

表 3-12 几种橡胶在酸和参考燃料 B 中的稳定性[1]

性能	介质及条件	胶 种				
		氟橡胶 KelF5500	丁腈橡胶	氯丁橡胶	氯磺化聚乙烯	丁基橡胶
拉伸强度保持率/%	发烟硝酸,室温,2h	100	30min 裂开	60min 裂开	20min 裂开	30min 裂开
体积变化率 ΔV/%	发烟硝酸,室温,24h	0.5	炭化	炭化	炭化	炭化
体积变化率 ΔV/%	参考燃料 B,室温,24h	4	20	60	60	200

表 3-13　氟橡胶的耐酸性能[1]

介质名称	23 型氟橡胶			26、246 型氟橡胶		
	浸泡时间	体积变化率 ΔV/%	浸泡时间	体积变化率 ΔV/%		
				Viton A	Viton B	
发烟硝酸	室温×27 天	24	室温×7 天	31	24	
发烟硝酸	室温×27 天	1	室温×7 天	3.1	4.2	

　　23 型氟橡胶的耐强酸性能要比 26 型、246 型氟橡胶好,但在耐芳香烃溶剂和含氯有机溶剂、石油基燃油、液压油以及双酯类、硅酸酯类润滑油性能方面不如 26 型、246 型氟橡胶,其中 246 型三元氟橡胶要比 26 型氟橡胶更好些。Viton A 硫化胶在各种油类和化学溶剂中浸泡后其拉伸强度保持率和体积变化率见表 3-14。

　　氟醚橡胶中氢原子全部被氟原子取代后就得到全氟醚橡胶,当今世界全氟醚橡胶有 KALREZ(美国)和 НЕОФТОН、СКФ-260МПAH(俄罗斯)、意大利 TECNO-FLON-PFR,其氟含量达到 70% 以上,对强氧化剂 N_2O_4、甲基肼、强酸强碱等腐蚀性化学介质很稳定,除可被六氟苯溶解外其他任何化学介质对其都不会产生腐蚀作用。根据资料介绍,НЕОФТОН 硫化胶在化学介质中的使用寿命和质量变化率见表 3-15。

表 3-14　Viton A 硫化胶耐介质性能[6]

介质	浸泡时间/天	温度/℃	浸泡后性能		介质	浸泡时间/天	温度/℃	浸泡后性能	
			拉伸强度保持率/%	体积变化率/%				拉伸强度保持率/%	体积变化率/%
苯胺	7	24	100	3.0	丙醇	21	24	—	2.0
戊醇	21	24	—	0.8	磷酸三甲酚酯	7	150	93	24
丙烯腈	7	50	100	3.0	三氯乙烷	21	24	—	2.7
乙酸戊酯	3	24	—	230	三氯乙烷	21	100	31	46
乙酰胺	3	99	89	6.2	三氯乙烯	21	24	—	10
丙酮	7	150	—	9.2	三氯乙烯	28	70	61	15
苯	4	121	—	6.6	涡轮油 15(二醚)	7	205	60	19.6
丁二烯	7	24	73	20	乙酸	7	24	—	62
丁二烯	28	70	51	30	氟里昂 11	28	24	61	34
汽油	7	24	96	1.3	氟里昂 12	88	24	46	21
己烷	21	24	—	13	氟里昂 12	7	150	36	20
甘油	5	121	—	1.4	氟里昂 14	7	24	95	0.6
二氯苯	28	150	83	25	氯苯	4	24	—	10
二氯乙烷	7	24	—	16	环己烷	7	24	—	4
异丁醇	21	24	—	18	四氯化碳	7	21	85	1.3
异辛烷与甲苯(7:3)混合液					乙酸乙酯	1	24	—	280
					丙烯酸乙酯	7	24	—	230
重煤油	7	24	—	4	乙醚	7	24	97	1.7

（续）

介质	浸泡时间/天	温度/℃	拉伸强度保持率/%	体积变化率/%	介质	浸泡时间/天	温度/℃	拉伸强度保持率/%	体积变化率/%
重煤油	28	70	94	7.4	水	180	70	74	9.8
煤油	28	50	56	20	水	365	70	67	16
丙烯酸甲酯	7	24	—	210	水	3	100	100	2.1
异戊酮(2)	7	24		290	水	7	100	97	2.7
丁酮	7	24		458	水	21	100	—	7.1
矿物油 ASTM-3	7	150	95	2.5	氢氧化钠溶液(30%)	7	24		0.2
甲醇	21	24	—	18					
硝基苯	10	24		15	氢氧化钠溶液(46.5%)	7	24	75	2.1
橄榄油	7	24		4					
吡啶	3	24		120					
次氯酸钾溶液(20%)					硫酸(60%)	28	121	90	10
氢氟酸(48%)	7	24	98	1.5	硫酸(95%)	28	70	88	4.8
氢氟酸(75%)	5	5	81	—	最浓的盐酸	7	24	58	2.0
氢氟酸(75%)	5	70	60	—	盐酸(37%)	7	24	—	1.5
硝酸(60%)	7	24		4.4	盐酸(37%)	365	43	75	7.2
发烟硝酸	7	24		28	盐酸(37%)	7	70	86	3.2
硫酸(60%)	28	70	60	0.5	磷酸(60%)	28	100	89	4.2

表 3-15 НЕОФТОН 硫化胶的化学稳定性

介质	温度/℃	工作寿命/天	质量变化率/%	介质	温度/℃	工作寿命/天	质量变化率/%
氯气	20	180	—	丙烯腈	20	90	—
氨气	100	5(h)	3.6	丙烯氢化物	80	365	—
CO2(在3MPa压力下)	250	360	—	α-硝基氯苯	220	365	—
NaOH·H2O	90	3000(h)	—	二氯乙烯	20	365	—
HCL(发烟)	20	180	—	二乙基胺	28	168	3.2
HNO3(90%)	20	123(h)	—	矿物油 И-20	80	42	0.4
H2SO4发烟(含20质量份的SO3)	80	180	—	二甲苯	70	720	2.0
CH3COOH				二氯乙烷	100	228	5.6

介 质	温度/℃	工作寿命/天	质量变化率/%	介 质	温度/℃	工作寿命/天	质量变化率/%
30%水溶液	120	846(h)	2.3	混合物:(水、蒸汽、石油、H_2S)	250	72	3.3
70%水溶液	20	135	—	甲乙酮	20	72	2
丙烯酸甲酯	150	730	—				

氟橡胶的耐化学介质性能与含氟量密切相关,VITONA 与全氟醚橡胶在各介质性能对比见表 3 – 16。

表 3 – 16　氟含量与耐介质性能的关系

化学介质	全氟醚橡胶（氟含量 72.5%）	Viton A 氟橡胶（氟含量 66%）	化学介质	全氟醚橡胶（氟含量 72.5%）	Viton A 氟橡胶（氟含量 66%）
丙烷	优	优	酯类 MTBE	优	差
苯	优	优	丙酮	优	差
醋酸	优	良	氰胺基盐	优	良
硫酸	优	优	氯气	优	优
甲醇	优	良	矿物油	优	优
氢氧化钠	优	差	水	优	优
丙胺	优	良	含氯制冷剂 MFC – 134a	良	差

在过热水和水蒸气中氟橡胶分子结构不会产生水解,性能是极为稳定的,但在硫化过程中形成的交联键类型与高温下水解作用有密切联系,这取决于交联键对水解的稳定性。例如 CKΦ – 32 氟橡胶硫化胶在 150℃水中放置 240h 后,拉伸强度和扯断伸长率保持率为 40% 和 55%,放置 720h 后材料完全损坏。CKΦ – 26 硫化胶在同样条件下,拉伸强度和扯断伸长率保持率为 94% 和 83%。各种氟橡胶和不同硫化体系的硫化胶,在 204℃过热蒸汽中老化 336h 前后性能变化见表 3 – 17。

表 3 – 17　不同硫化体系氟橡胶在水蒸气(204℃ ×24h)老化前后的性能

橡胶类型	100%定伸应力/MPa		拉伸强度/MPa		扯断伸长率/%		硬度(邵氏 A)		压缩永久变形/%	
	老化前	老化后	老化前	老化后	老化前	老化后	老化前	老化后	老化前	老化后
VitonB（胺类硫化胶）	4.6	1.8	11.5	3.7	275	270	70	48	—	94
VitonE – 60C（酚类硫化胶）	4.5	3.3	9.6	6.7	220	250	72	61	—	66
Viton449B（过氧化物硫化胶）	9.0	6.5	14.5	11.7	150	160	72	71	—	46

胺类硫化胶形成($>C=N-$)交联键,酚类硫化胶生成($-C-O-$)交联键,这些交联键在高温下产生水解作用,造成交联结构破坏。而过氧化物硫化和辐射硫化生成的是($-C-C-$)型交联键对过热水和蒸汽则十分稳定,所以对过热水和蒸汽稳定性以辐射或过氧化物硫化胶最佳,而酚类和胺类硫化胶较差。例如过氧化物硫化 Viton449B(氟醚型生胶)的硫化胶制成密封件可在170℃水中工作14400h,而芳香烃二元酚硫化胶仅能工作2400h。用全氟醚 ECD-006 为基胶的硫化胶能在280℃蒸汽下保持气密性10000h。

3.1.5 其他性能

氟橡胶对日光、臭氧和天候的作用十分稳定。预拉伸25%的 Viton 型氟橡胶试样,在 10^{-4} 高臭氧浓度空气中经受45天作用不会出现裂纹,在日光中曝晒2年和经10年自然老化后其物理力学性能变化很小,所以氟橡胶制品的贮存寿命不作限制,氟橡胶对各种霉菌的作用也极为稳定。

氟橡胶分子中含有大量氟原子,有极好的阻燃性,与火焰接触时氟橡胶能够燃烧,但离开火焰后能自动熄灭,属于自熄性橡胶。燃烧中主要裂解出氟碳低分子气体,具有低度的毒性。

氟橡胶属耐中等剂量辐射的材料,26型氟橡胶允许剂量 $5 \times 10^4 J/kg \sim 10 \times 10^4 J/kg$,而23型氟橡胶允许辐射剂量为 $10^4 J/kg \sim \times 10^4 J/kg$。氟橡胶含大量的极性氟原子,其电绝缘性能较差,适用于低频、低电压场合,不能作为高温环境下的绝缘材料使用。氟生胶的吸水性、填料类型和用量对硫化胶电性能影响较大。

氟橡胶还具有极佳的耐真空性能。在高温和高真空条件下气体在氟橡胶内的扩散速度极小,胶料组分中也不含易挥发的物质、失重率低,所以 VitonA 和 VitonB 型氟橡胶可用于 $10^{-9} \sim 10^{-10}$ 超高真空环境中,是宇航装备难得的高真空密封材料。

氟橡胶的耐热性、耐介质性能和低压缩永久变形是其他橡胶无法比拟的,而这三方面的特性又与氟胶料选择的硫化体系,也就是说与硫化过程中形成的交联键类型有直接关系,氟烯烃类弹性体的硫化可采用多胺类,芳香族二元酚与季铵盐或季磷盐硫化体系,还有过氧化物和辐射硫化方式,不同硫化体系的硫化胶性能上有很大差别。氟弹性体分子结构中含有偏氟乙烯基团($-CH_2-CF_2-$),由于氟原子极强电子特性,使 CF_2 基团中碳原子电子密度不足,表现出部分正电特性:

$$\cdots\cdots \overset{\overset{\displaystyle H}{|}}{\underset{\underset{\displaystyle H}{|}}{C}} - \overset{\overset{\displaystyle F}{|}}{\underset{\underset{\displaystyle F}{|}}{\overset{\oplus}{C}}} \cdots\cdots$$

这样电荷分布容易分离出 HF 而形成双键,特别是在碱性环境下,HF 脱出更迅速。氟烃双键的碳原子易被亲核试剂(如胺类)攻占,按离子型反应进行交联。其交联机理如下[6]:

$$
\begin{array}{c}
\vdots \\
\mathrm{CH_2} \\
| \\
\mathrm{CF_2}
\end{array}
\xrightarrow{-HF}
\begin{array}{c}
\vdots \\
\mathrm{CH} \\
\| \\
\mathrm{CF}
\end{array}
\xrightarrow{H_2NRNH_2}
\begin{array}{c}
\vdots \\
\mathrm{CH_2} \\
| \\
\mathrm{FC-NHRNH-CF}
\end{array}
\begin{array}{c}
\vdots \\
\mathrm{CH_2} \\
|
\end{array}
$$

$$
\xrightarrow{-HF}
\begin{array}{ccc}
\vdots & \vdots \\
\mathrm{CH_2} & \mathrm{CH_2} \\
| & | \\
\mathrm{C=NRN=C}
\end{array}
\underset{}{\overset{H_2O}{\rightleftharpoons}}
\begin{array}{c}
\vdots \\
\mathrm{CH_2} \\
| \\
2\mathrm{C=O}
\end{array}
+ \ \ H_2NRNH_2
$$

胺类硫化剂生成 C–N 交联键,遇热脱去 HF 形成 C=N 键,遇有水分则产生水解,生成酮型结构,并可高温下再度交联。所以胺类硫化胶在压缩状态下受热时,其交联键可断裂并能在新位置上重新交联,导致压缩永久变形增大,密封持久性不好。1960 年以前氟弹性体均使用多胺类硫化剂如己二胺基甲酸盐(Diak No1)乙二氨基甲酸盐(Diak No2)并与 65# 铜抑止剂配合使用,这种脂肪族二元胺活性高,因而氟胶料易焦烧混炼工艺差。其后采用带保护基团的双胺类即雪夫碱如 *N. N′* 二亚肉桂基 1.6 己二胺(Diak No3)和 *N. N′* 双呋喃甲叉 1.6 己二胺(糠胺),雪夫碱在 100℃ 以上二亚肉桂基或双呋喃亚甲基脱出形成 1.6 己二胺进行交联反应。胺类硫化胶硫化工艺性差,制品有缩边现象,耐过热水或蒸汽性能不好,压缩永久变形大,在 200℃ 经 24h 空气老化后可达 60% ~70%。为了延长氟橡胶密封使用寿命,人们对改善压缩永久变形进行了探索,在 1966 年前后研制出低压缩永久变形氟橡胶 VitonE – 60C、Fluorel – 2170 等,其采用新的硫化体系,如用双酚 AF 与苄基三苯基氯化鏻,氢醌和四丁基氢氧化铵等,其交联机理仍按离子型反应进行:

$$
2\mathord{\sim}\mathrm{CH_2CF_2CH_2CFCF_2CF_2CH_2CFCF_2}\mathord{\sim} \xrightarrow{2OH^-}
$$
$$
\qquad\qquad\qquad\quad \underset{CF_3}{|} \qquad\qquad \underset{CF_3}{|}
$$

$$
2\mathord{\sim}\mathrm{CH_2CF{=}CHCFCF_2CF_2CH{=}CCF_2}\mathord{\sim}{+}2F^-
$$
$$
\qquad\qquad\qquad\quad \underset{CF_3}{|} \qquad\qquad\quad \underset{CF_3}{|}
$$

酚类硫化剂可获得热稳定性高的 C–O 交联键,从而使氟橡胶的耐热性和耐压缩永久变形性能得到改善。胺类硫化胶在 200℃ 经 600h 老化后压缩永久变形达到 100%,而酚类硫化胶经 1000h 老化后压缩永久变形值达 50%,因而提高氟密封件的使用寿命。另外用酚类和有机强碱促进剂后,胶料可适应高温快速硫化。在 175℃ ~180℃ 经过 4min ~6min 即可完成压机硫化过程,极大提高了生产效率。而且酚类硫化胶混炼,硫化工艺较好,不会产生缩边现象。为改善氟弹性体耐低温性能和耐水解性能,在 20 世纪 70 年代中期研制成氟醚橡胶(G 型生胶)。这类氟橡胶中含有溴或碘原子,组成的 C–Br 或 C–I 键,其键能比 C–F 键能低,热稳定

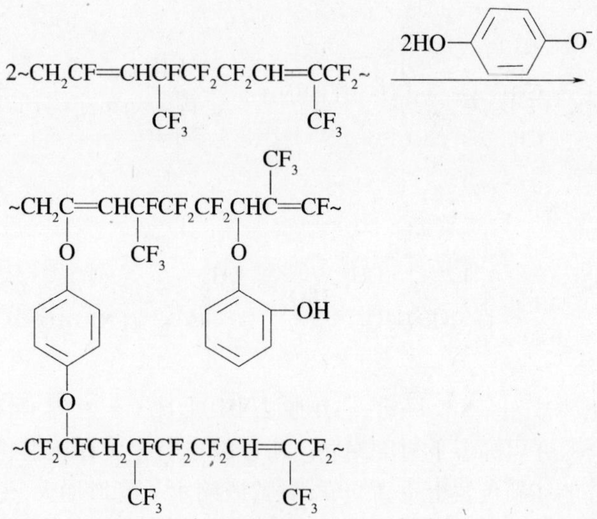

$$2\sim CH_2CF=CHCFCF_2CF_2CH=CCF_2\sim \xrightarrow{2HO-\bigcirc-O^-}$$
$$\underset{CF_3}{|} \qquad \underset{CF_3}{|}$$

$$\sim CH_2C=CHCFCF_2CF_2CHC=CF\sim$$

以三嗪环为结点其耐热性极好,而弹性体仍以 C－C 交联,故能承受高温水蒸

性差,在压机硫化时容易脱出溴或者碘原子形成自由基,可与过氧化物生成的游离基进行硫化反应。通常采用的过氧化物是 2.5 二甲基 2.5 二叔丁基己烷,还须与三异氰尿酸三烯丙酯(TAIC)并用,其交联过程如下[2]:

ROOR→RO·＋RO·（过氧化物高温下生成游离基）

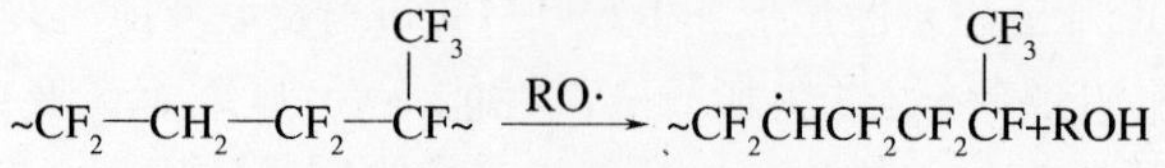

$$\sim CF_2-CH_2-CF_2-\underset{CF_3}{\overset{CF_3}{C}}\sim \xrightarrow{RO\cdot} \sim CF_2\dot{C}HCF_2CF_2\underset{\,}{\overset{CF_3}{C}}F+ROH$$

［P·］（生成聚合物游离基）

［P·］＋

→

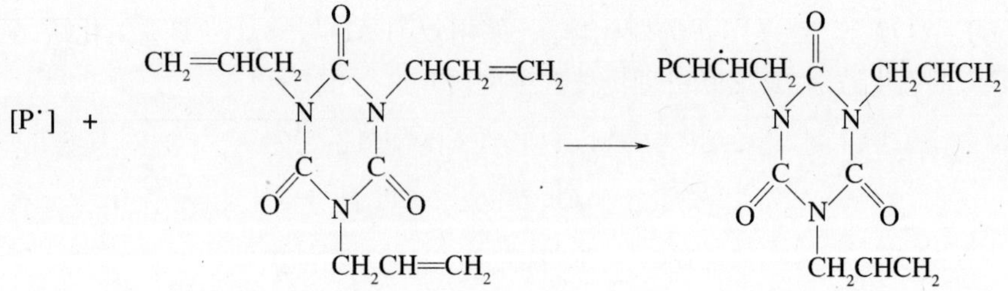

［P–TAIC］·

［P－TAIC］·与聚合物反应得到

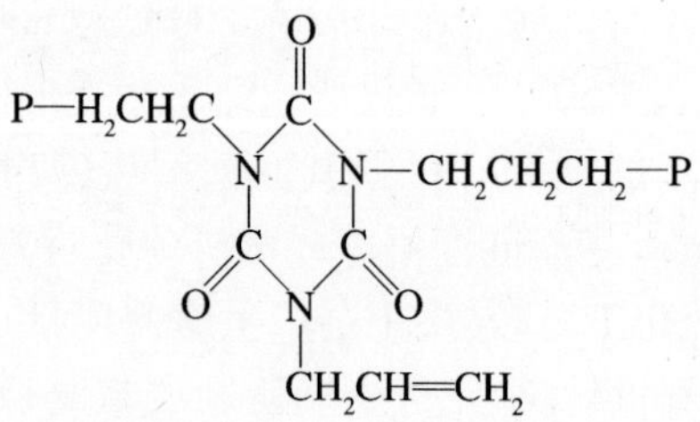

以三嗪环为结点其耐热性极好,而弹性体仍以 C－C 交联,故能承受高温水蒸

气的作用。

3.2　硫化胶的物理力学性能

氟和氟醚橡胶胶料是由氟生胶填加酸受体、填料和硫化剂经混炼而成。经硫化后具有优异的耐热、耐臭氧和耐各种航空油料的性能。适于制造在空气、石油基滑油、燃油和液压油、硅酸酯和双酯类合成滑油中工作的密封零件、胶板、胶管及其他橡胶制品。F26、F246 型胶料在空气中工作温度为 −40℃～250℃,在航空油料中为 −40℃～180℃,对于某些使用部位温度可低于 −40℃,或高于 250℃。氟醚胶料可在 −55℃～200℃的空气、石油基滑油、燃油和液压油、硅酸酯和双酯类合成滑油中工作。含氟胶料的加工、粘接工艺比通用橡胶困难、价格也较贵,所以多用于通用橡胶不能胜任的高温环境中,但不适于在某些磷酸酯液中使用。

本节介绍了四十年多年来航材院在氟橡胶和氟醚胶料方面研究成果,这些材料使用效果良好,成为航空、航天工程中重要不可替代的功能材料,其中氟醚橡胶是近年研制成功具有特殊用途的先进材料。FX−2、FX−4、FX−5、FX−6、FX−10 硫化胶物理、力学性能见表 3−18,耐热老化性能见表 3−19、表 3−20,FX−2 胶料耐介质性能见表 3−21,FX−4、FX−5、FX−6、FX−10 胶料耐介质性能见表 3−22,FX−16、FX−17 硫化胶的物理机械性能见表 3−23,FM−1D、FM−2D、FM−20 胶料性能见表 3−24,FM 系列氟醚橡胶的性能见表 3−25。

表 3−18　FX−2、FX−4、FX−5、FX−6、FX−10 硫化胶的物理力学性能

性能	胶料牌号				
	FX−2	FX−4	FX−5	FX−6	FX−10
拉伸强度/MPa					
室温	16.5～20	15～18.6	17～21.2	18～22.2	18～19
150℃	5.9	3.4	—	5.8	3.5
200℃	4.7	2.3	3.4	5.1	1.9
250℃	4.0	2.1	3.1	4.8	—
扯断伸长率/%	140～180	170～240	145～190	93～143	168～180
扯断永久变形/%	3～7	—	—	—	—
硬度(邵氏 A)	68～73		70～76	82～87	74～77
撕裂强度/(kN/m)	24.5～29.4	66～68	18.4	24	29～32
脆性温度/℃	−41～−34	16.5	−30	−13	−25.6
摩擦系数	—	−36	—		0.2～0.3
腐蚀性(45 钢、LY−12 铝合金)	无	—	无	无	无

表 3 – 19 FX – 2、FX – 4、FX – 5、FX – 6、FX – 10 硫化胶的耐热老化性能

胶料牌号	老化时间/h	老化温度 200℃				老化温度 250℃			
		拉伸强度变化率/%	伸长率变化率/%	硬度变化	压缩永久变形（压缩率20%)/%	拉伸强度变化率/%	伸长率变化率/%	硬度变化	压缩永久变形（压缩率20%)/%
FX – 2	24	0	– 17	0	16	+ 3	– 10	+ 3	34
	72	– 7	– 30	– 1	26	– 18	– 4	– 1	56
	200	– 5	– 9	– 1	37	– 26	+ 4	– 2	77
FX – 4	24	8	– 5	0	15	– 3	– 3	– 1	30
	100	4	– 10	– 2	21	0	– 20	– 2	56
	200	0	0	– 2	27	– 9	+ 2	– 2	86
	336	0	– 16	0	30	—	—	—	—
FX – 5	24	– 1	– 10	– 1	22	+ 2	– 9	– 1	33
	100	– 1	– 8	– 1	29	– 9	– 8	– 2	57
	200	– 3	– 3	– 2	35	– 10	– 2	– 2	75
	336	– 6	– 10	0	35	—	—	—	—
FX – 6	24	+ 6	+ 5	– 1	24	+ 4	– 4	+ 1	39
	100	+ 6	– 4	– 1	32	0	– 11	0	53
	200	– 6	– 4	– 2	37	– 6	+ 8	– 3	73
	336	+ 3	+ 10	0	40	—	—	—	—
FX – 10	24	—	—	—	29	– 6	– 2	0	48

表 3 – 20 300℃热老化后 FX – 2、FX – 4、FX – 5、FX – 6、FX – 10 的性能变化

胶料牌号	老化时间/h	老化温度 300℃			
		拉伸强度变化率/%	伸长率变化率/%	硬度变化	压缩永久变形（压缩率20%)/%
FX – 2	24	– 38	– 4	– 1	97
	72	– 60	– 21	– 2	—
	200	– 62	– 88	+ 14	—
FX – 4	24	– 5	+ 19	– 6	81
	100	– 58	+ 19	– 16	—
FX – 5	24	– 14	+ 6	– 4	70
	100	– 65	– 7	– 6	—
FX – 6	24	– 11	+ 15	0	77
	100	– 53	– 42	+ 5	—

138

表 3 - 21　FX - 2 硫化胶耐各种油料的性能

介　质	温度 / ℃	时间 / h	拉伸强度 变化率/ %	伸长率变 化率/%	质量变化 率/%	体积变 化率/%	压缩永久变形 （压缩率20%）/%
RP - 1 航空燃油	150	24	—	—	2.7	6.5	10
	180	72	- 33	- 12	4.2	10.5	10
	200	24			3.5	9.3	
YH - 10 液压油	150	24	- 3	0	1.1	2.6	
	150	100	- 7	- 4	—		
	150	200	- 2	+ 6	—		
12 号液压油	150	24	—	—	1.2	3	11
	180	72	- 24	- 18	2.4	5.6	15
HP - 8 滑油	150	24	—	—	0.8	1.6	10
	180	72	- 14	- 15	1.5	3.1	15
4109 合成油	150	24	- 20	- 4	4.1	8.7	13
	150	100			—	—	15
	150	200	- 23	+ 13			
	200	24	- 52	- 37	4.4	9.2	28
4106 合成油	200	24	- 23	- 6	3.6	7.2	20
4050 合成油	150	24	- 16	- 2	4.1	8.7	11
	150	100	- 15	0	—		11
	150	200	- 16	+ 11	—		—
	180	72	- 33	- 23	4.4	9.2	18
	200	24	—	—	4.9	11.0	14
4611 抗燃液压油	150	72			4	9	40
	150	100	- 79	- 36	—		—
Castrol 325 合成滑油	150	24	- 11	- 4	4.7	10.1	7
	150	100	- 15	- 17			6
Mobile Ⅱ 合成滑油	150	200	- 18	+ 10	—		—
	175	72	—	—	5.3	10.8	—
	200	24	- 28	- 17			

表 3 - 22　FX - 4、FX - 5、FX - 6、FX - 10 耐各种油料的性能

胶料牌号	介 质	温度/℃	时间/h	拉伸强度变化率/%	伸长率变化率/%	硬度变化	质量变化率/%	体积变化率/%	压缩永久变形(压缩率20%)/%
FX - 4	RP - 1 航空燃油	150	24	- 11	+ 10	- 2	3.7	7.1	3
		150	200	- 23	- 7	- 4	3.3	6.5	6
	HP - 8 滑油	150	24	- 6	+ 4	- 2	1.1	1.4	9
		150	200	- 7	- 2	- 4	1.2	0.8	11
	12 号液压油	150	24	- 4	+ 27	- 1	2.2	3.9	8
		150	200	- 13	0	- 2	2.0	3.3	10
	4109 合成油	180	24	- 29	+ 10	- 6	5.6	10.8	11
		180	200	- 79	- 58	- 8	7.6	14.8	16
FX - 5	RP - 1 航空燃油	150	24	- 17	+ 5	- 2	3.0	7.1	11
		150	200	- 18	- 2	- 4	3.0	6.2	13
	HP - 8 滑油	150	24	- 4	+ 10	- 1	1.1	2.4	14
		150	200	- 12	- 1	- 2	1.3	1.5	21
	12 号液压油	150	24	- 12	+ 16	- 2	1.8	4.5	14
		150	200	- 14	+ 5	- 2	2.0	3.5	19
	4109 合成油	180	24	- 21	+ 11	- 8	4.1	10.0	17
		180	200	- 75	- 49	- 7	6.8	14.0	—
FX - 6	RP - 1 航空燃油	150	24	- 7	+ 38	- 4	2.7	5.5	11
		150	200	- 14	+ 3	- 5	2.5	4.7	12
	HP - 8 滑油	150	24	- 3	+ 27	- 1	1.1	2.0	16
		150	200	- 5	+ 23	- 5	1.2	1.3	16
	12 号液压油	150	24	- 4	+ 33	- 3	1.4	2.8	15
		150	200	- 8	+ 32	- 3	2.0	3.5	20
	4109 合成油	180	24	- 13	+ 18	- 7	5.4	11.0	15
		180	200	- 74	- 35	- 9	7.7	15.3	26
FX - 10	RP - 2 航空燃油	150	24	—	—	—	2.9	7.5	26 ~ 28
	HP - 8 滑油	150	24	—	—	—	0.6	1.4	29
	12 号标准油	150	24	—	—	—	1.5	3.8	28
	4109 合成油	180	24	—	—	—	4.7	11.0	30 ~ 31

表 3 - 23   FX - 16、FX - 17 硫化胶的物理力学性能

性　能	FX - 16	FX - 17
拉伸强度/MPa	16. 7 ~ 18. 4	13. 2 ~ 18. 0
扯断伸长率/%	40 ~ 130	140 ~ 170
扯断永久变形/%	5 ~ 8	5 ~ 10
硬度(邵氏 A)	80 ~ 90	74 ~ 84
撕裂强度(直角型)/(kN/m)	25 ~ 33	—
脆性温度/℃	- 20 ~ - 26	- 30 ~ - 36
摩擦系数	0. 5 ~ 0. 24	—
胶料密度/(g/cm³)	1. 9 ~ 2. 0	1. 99 ~ 2. 03
恒定压缩永久变形(200℃×24h,压缩率20%)/%	25 ~ 40	13 ~ 19
耐介质性能		
体积变化率 ΔV(RP - 3 燃油,150℃×24h)/%	5. 4 ~ 10	3. 0 ~ 10
YH - 10 液压油,150℃×24	—	5. 2 ~ 10
4010 合成油,175℃×24h	12. 6	—
恒定压缩永久变形(4010 合成油,175℃×24h)/%	19	—
耐热性能 250℃,老化时间	24h	72h
拉伸强度变化率/%	- 20 ~ - 3	- 17 ~ + 8
扯断伸长率变化率/%	- 20 ~ 0	- 45 ~ + 20
空气 250℃×300h 老化后		
拉伸强度/MPa	14. 5	—
扯断伸长率/%	125	—
4010 合成油,175℃×300h 后		
拉伸强度/MPa	13. 5	—
扯断伸长率/%	105	—

表 3 - 24　FM - 1D、FM - 2D、FM - 20 胶料全面性能

性　　能	胶料牌号		
	FM - 1D	FM - 2D	FM - 20
硬度	74	70	77
拉伸强度/MPa	13.8	15.2	14.5
扯断伸长率/%	135	176	145
压缩耐寒系数(-40℃)	0.12	0.13	0.13
脆性温度/℃	—	—	-55
TR - 10/℃	-40	-40	-40
热空气老化性后 200℃ ×24h			
拉伸强度保持率/%	93	98	*89
扯断伸长率保持率/%	89	91	*97
恒定压缩永久变形(压缩率25%)/%	26	30	*13
耐液体性能			
YH - 15,(150 ±3)℃ ×72h,体积变化率/%	—	—	3.8
YH - 15,(150 ±3)℃ ×72h			
恒定压缩永久变形(压缩率25%)/%	—	—	19
拉伸强度保持率/%	—	—	85
扯断伸长率保持率/%	—	—	92
RP - 3,(23 ±2)℃ ×24h,体积变化率/%	0.20	0.26	2.1①
RP - 3,(135 ±3)℃ ×72h			
恒定压缩永久变形(压缩率25%)/%			23
拉伸强度保持率/%	—	—	88
扯断伸长率保持率/%	—	—	97
4109 合成润滑油,(150 ±3)℃ ×72h,体积变化率/%	4.8	5.0	4.7
① 试验时间为48h			

表 3 - 25　FM 系列氟醚橡胶硫化胶的性能

胶料牌号	FM-1	FM-2	FM-3	FM-4	FM-5	FM-6	FM-7
硫化胶特点	中硬度低压变胶料	低硬度低压变胶料	薄膜专用胶料	薄膜专用胶料	低摩擦系数胶料	耐强氧化剂胶料	耐强氧化剂,低温
生胶类型	VitonGLT	VitonGLT	CKΦ-260BPT	CKΦ-260BPT	VitonGLT	HEOΦTOH	CKΦ-260MΠAH
使用温度范围	-50℃~250℃短期(24h)300℃	-50℃~250℃短期(24h)300℃	-50℃~250℃	-50℃~250℃	-50℃~250℃短期(24h)300℃	-30℃~300℃	-55℃~300℃
工作介质	空气,航空燃料,航空液压油,酯类油	空气,航空燃料,航空液压油,合成双酯类油	空气,航空燃料,液压油,合成双酯类油	空气,航空燃料,液压油,合成双酯类油	航空燃料,液压油合成双酯类油	强氧化剂,化学药品过热蒸汽,强酸强碱介质	强氧化剂,强酸强碱腐蚀介质,航空燃油
物理机械性能							
硬度(邵氏A)	70~80	60~69	64~67	71~77	75~85	70~85	70~80
拉伸强度/MPa	13~16	9~13	12~14	12~14	13~15	12~15	7~9
扯断伸长率/%	110~130	120~150	170~190	130~150	120~150	120~130	70~80
脆性温度/℃	-50~-52	-50~-52	-50~-52	-48~-50	-45~-46	—	—
撕裂强度(直角型)/(kN/m)	—	—	—	—	25~30	25~30	—
恒定压缩永久变形(200℃,24h压缩率20%)/%	35~50	35~50	45~60	45~60	50~55	35~45	45~50
耐热老化性能(250℃,24h)							
拉伸强度变化率/%	-5~10	-5~10	-10~10	-10~10	-5~10	—	—
扯断伸长率变化率/%	-60~20	-10~20	-10~20	-10~20	-10~20	—	—
耐寒系数	—	—	—	—	—	—	0.2~0.3(-40℃)
摩擦系数	—	—	—	—	0.2~0.4	—	—

3.3 胶料加工工艺

氟和氟醚橡胶分子间内聚能高分子链刚性大,造成胶料的门尼黏度比较高,流动性较差,加工工艺要比其他橡胶困难。另外含氟橡胶是耐热的弹性材料,在压机硫化后还需在高温200℃或250℃下进行二段处理,所以氟和氟醚胶料配方中通常不填加酯类、氟烃类增塑剂或加工助剂以免影响胶料的耐热性能,这也是造成氟橡胶加工性能较差的原因之一。

氟橡胶的混炼通常是在开放式两辊炼胶机上进行,氟生胶不需进行塑炼可以直接开始加料混炼。由于氟生胶门尼黏度高生热量大,在混炼时一定注意装胶量和强制冷却。混炼时氟橡胶的装胶量为其他橡胶的1/2~2/3。例如 XK-160型炼胶机装胶量不应超过1kg,XK-230型为2kg~3kg,XK-360型为5kg~6kg。混炼时温度控制在60℃以下。加料顺序为生胶、酸受体、补强填料和硫化剂。酸受体多采用氧化镁、氧化锌等碱土金属氧化物,其极易粘辊,应和少量填料混合均匀后加入,出现粘辊时应及时刮净,填料加完后,左右各捣胶四次,锁紧辊距进行薄通8次~10次。如果混炼胶表面残余白点,待胶料冷却8h后再进行薄通。

含氟橡胶胶料主要用于模压高温密封件,有时也用于制造少量的胶板和胶管,用于压延和压出的氟胶料必须选用低门尼黏度生胶和低活性填料,有时还加入少量氟烯烃类增塑剂,在压出前氟胶料应进行充分热炼,使胶片温度保持在40℃~45℃趁热进行压出,冷胶片不能挤出会损坏压出机。挤出时要严格控制压出机各部位的温度:机身为40℃~50℃,机头为70℃~80℃,口型为80℃~90℃。压出的胶管会产生膨胀,一般通过调整口型温度和压出速度,也可修正口型形状和尺寸来保证压出制品的形状和尺寸。

含氟胶料的压延是在普通压延机上进行的,一般中辊温度控制在50℃~55℃,上辊温度为90℃~100℃,便可得到光滑平整的压延胶片。生胶的相对分子质量对压延性能有一定影响,低门尼黏度的氟生胶有较好的压延性能。

本章介绍的含氟胶料均是采用模压成形方法,来制造航空大功率发动机高温部位的密封件,其硫化工艺分两阶段进行:第一阶段为定型硫化,在热压机的模具内完成,第二阶段是模压制品在烘箱内进行热处理或称为后硫化。胶料的硫化条件见表3-26。

表 3-26 氟胶料的硫化条件

胶料牌号	压机硫化条件/(℃×min)		二段硫化条件
	2mm 厚胶片	φ10mm×10mm 试样	
FX-2	(175±3)×10	(175±3)×15	室温 $\xrightarrow{1h}$100℃$\xrightarrow{1h}$150℃$\xrightarrow{1h}$200℃$\xrightarrow{1h}$250℃,8h
FX-4	(175±3)×15	(175±3)×20	
FX-5	(175±3)×15	(175±3)×20	
FX-6	(175±3)×15	(175±3)×20	
FX-10	(175±3)×15	(175±3)×20	
FX-16	(175±3)×15	(175±3)×25	室温 $\xrightarrow{1h}$100℃$\xrightarrow{1h}$150℃$\xrightarrow{1h}$200℃$\xrightarrow{1h}$250℃,8h
FX-17	(175±3)×15	(175±3)×25	室温 $\xrightarrow{1h}$70℃$\xrightarrow{1h}$130℃$\xrightarrow{1h}$170℃$\xrightarrow{1h}$200℃,20h
FM-1	(177±3)×15	(177±3)×25	室温 $\xrightarrow{1h}$70℃$\xrightarrow{1h}$130℃$\xrightarrow{1h}$170℃$\xrightarrow{1h}$200℃,20h
FM-2			
FM-3	(177±3)×15	(177±3)×25	室温 $\xrightarrow{1h}$70℃$\xrightarrow{1h}$140℃$\xrightarrow{1h}$200℃,20h
FM-4			
FM-5	(177±3)×15	(177±3)×25	室温 $\xrightarrow{1h}$100℃$\xrightarrow{1h}$150℃$\xrightarrow{1h}$200℃$\xrightarrow{1h}$260℃,20h
FM-6	(180±3)×30	(180±3)×40	室温 $\xrightarrow{4h}$205℃$\xrightarrow{1h}$260℃,16h
	(190±3)×20	(190±3)×30	
FM-7	(160±3)×30	(160±3)×40	室温 $\xrightarrow{1h}$100℃$\xrightarrow{1h}$150℃$\xrightarrow{1h}$200℃$\xrightarrow{1h}$250℃,20h
	(170±3)×15	(170±3)×25	
FM-1D	(160±3)×10	(160±3)×20	室温——230℃,4h
FM-2D	(160±3)×10	(160±3)×20	室温——230℃,4h
FM-20	(160±3)×10	(160±3)×20	室温——230℃,4h

氟橡胶的模压工艺过程与其他橡胶基本相似,由于氟胶料门尼黏度高、流动性差,胶料熔接性不好,胶料收缩率大,以及不易与金属粘接,所以氟橡胶压制零件时应注意如下几点:

(1)在压制前氟胶料必须进行返炼,橡胶胶料在放开辊筒间距通过几次,待胶料变软后锁紧辊距薄通 10 次~15 次,按压制零件的厚度预制坯料,其质量比零件的质量盈于 5% ~10%。

(2)由于氟胶料的熔接性较差,采用胶条搭接装料方法会在胶圈表面残留接头痕迹,对于活动密封件最好用相应尺寸的冲刀或划刀制成环状坯料。

（3）氟胶料比较硬且流动性差，模具单位面积压力应大于10MPa，压机吨位在45t以上。

（4）制品的压机硫化时间取决于截面的尺寸，当厚度超过6mm时每增加2mm硫化时间延长5min。压制嵌有金属骨架油封时应根据胶黏剂固化速度适当延长硫化时间。低压缩永久变形氟橡胶的撕裂强度较低，复杂形状和厚制品零件应将模具冷却到70℃以下启模取出制品。

（5）压制零件停放24h后清除制品表面流出的飞边，进行二段硫化。

（6）经过修剪胶边后，压机硫化的零件自由状态摆放在烘箱隔板上，不能叠压和相互挤压，胶圈可以套在相近尺寸的芯棒上悬挂。对形状复杂和厚制品零件二段硫化的升温速度要慢，可采用20℃/h~30℃/h，最高处理温度可降至200℃，时间延长至24h~36h，在整个二段硫化的过程中，烘箱要进行鼓风，送风量不低于20dm³/min。二段硫化结束后关闭电源自行冷却至50℃后取出制品。严禁高温下打开烘箱取出制品，以防止急骤收缩造成制品开裂。

氟橡胶的模压收缩率约为3.0%~3.5%，其精确数据除与配方、工艺因素有关外，也受零件结构尺寸的影响。FX系列胶料模压收缩见表3-27，公差低于0.01mm的精密橡胶制品要经过反复测量制品尺寸和修复模具来实现。

表3-27 FX系列胶料收缩率

胶料牌号	模 压 收 缩 率		胶料牌号	模 压 收 缩 率	
	O形圈内径<50mm	O形圈内径>50mm		O形圈内径<50mm	O形圈内径>50mm
FX-2	2.8~3.0	3.0~3.5	FX-10	2.3~2.5	—
FX-4	2.7~2.9	—	FX-16	2.5~3.5	—
FX-5	2.4~2.6	—	FX-17	3.0~4.0	—
FX-6	2.2~2.4	—	FM-20	2.4~2.8	—

氟橡胶是一种饱和型聚合物，其表面能很低不易粘接。在制造嵌有金属骨架的密封件时需与金属热硫化粘接。采用JQ-1(三苯甲烷三异氰酸酯)胶黏剂时，其毒性较大，耐热性较低使用温度和二段硫化温度不能超过200℃。当前氟橡胶与金属热硫化粘接主要采用硅烷偶联剂，如Chemilok-607、608、FXY-4、APM。其毒性小，耐热性好，但易受环境温湿度的影响。FX-2、FX-4、FX-5、FX-6、FX-17均采用FXY-4胶黏剂，其粘合扯离强度可达4MPa~7MPa，FX-10采用FXY-7胶浆和2号表面处理剂粘合扯离强度大于4.5MPa，FX-16采用FXY-9胶浆和FXY-4胶黏剂粘合，扯离强度可达4MPa。FX系列胶料的硫化胶与金属室温下粘合可用FXY-3胶黏剂，剥离强度大于2kN/m。

氟橡胶除可模压成形纯胶制品外，还可与织物复合生产涂胶制品，如含织物膜片、隔热包复布等。首先将氟胶料薄通成片,剪成碎片溶在甲乙酮、乙酸乙酯等有机溶剂中。胶料与有机溶剂质量比为1:04~5。浸泡2h~3h后不断搅拌成黏稠液体。织物如玻璃布、芳纶布先用硅烷偶联剂浸渍处理,其后在涂胶机或浸胶机上涂覆。可根据涂胶布需要的厚度进行多次涂覆干燥即可得氟胶布。未经硫化的涂胶布可作为膜片坯布,剪裁后压制成膜片,经过鼓式硫化机硫化的涂胶布可作为隔热玻璃棉或矿物棉的包复布。

氟橡胶制品具有极好耐光、臭氧、天候老化性能,其贮存期可不作时间限制。

3.4 应用实例

含氟橡胶的工况条件和用途见表3-28。

表3-28 在航空、航天上使用的含氟橡胶应用实例

胶料牌号	应用范围	主要用途举例
FX-2、FX-4、FX-5、FX-6	适用于制造在空气、石油基滑油、燃油、液压油、硅酸酯和双酯类合成滑油中工作的活动或固定密封件。长期工作温度为-40℃~250℃,对于某些作用部位可低于-40℃或高于250℃,短期可达300℃	FX-2用于歼击机发动机滑油和燃油系统的密封件。还用于深井潜水泵内密封件。FX-4用于歼击机滑油系统,还用于大型客机滑油系统,与Mobile oil、jetⅡ及Castrol-325合成油配套使用。FX-5用于直升机滑油系统,与4050合成油配套使用。还用于5kt级油轮推进器的密封。FX-6用超深井石油勘探和石油管道的密封
FX-10	适用于制造石油基润滑油、燃油、液压油、硅酸酯和双酯类滑油中工作的旋转轴唇形密封件。该密封件除具有优异的耐介质性能外,还具有磨擦系数低和导热性好的优点,工作温度为-40℃~250℃	用于歼击机发动机滑油系统的端部密封,也用于核潜艇潜望镜的密封和各种高速油泵转轴的密封
FX-16	适用于制造在空气,石油基滑油,合成酯滑油中工作的高速旋转轴密封皮碗,长期工作温度-20℃~200℃,转速18m/s,纯橡胶制品可在250℃~300℃短期工作	高速歼击机低压转子传感器的减速器,外置附件机匣,滑油附件的活动密封件,重型机械装置活动密封圈和油泵等皮碗密封
FX-17	适用制造空气燃油、滑油、液压系统密封件。长期工作温度为-20℃~200℃,纯橡胶制品可在250℃~300℃短期工作	高速歼击机刹车装置缸内密封,液压电磁阀的油气密封、机身高温密封

胶料牌号	应 用 范 围	主要用途举例
FM－1、FM－2	适用工作温度为－50℃～250℃，工作介质空气、合成油、航空液压油中制造活动、固定密封件和调压阀门	发动机液压系统密封胶圈,液体火箭发动机伺服机构控制阀门
FM－3、FM－4	该胶适用工作温度为－50℃～250℃,工作介质为空气、合成油、航空燃油及汽油的密封,FM－3用于涂复织物,FM－4用于薄膜边缘密封垫部位	高速歼击机发动机燃油调解器薄膜,比其他橡胶薄膜延长3倍
FM－5	该胶料适用工作温度为－50℃～250℃短期(24h)300℃,工作介质为双酯合成油、石油基航空滑油、燃油旋转轴密封件	发动机尾喷口收紧油泵密封皮碗,高温250℃以上连续工作200h无泄露现象
FM－6	该胶料用强氧化剂燃料体系活动和固定密封件,工作温度－30℃～300℃	用于火箭发动机强氧化剂燃料体系的密封和胶囊,含H_2S、CO_2、油和水蒸气气体深井勘探机械的密封
FM－7	该胶料用强氧化剂和航空油料系统,用温度－55℃～300℃	液体火箭发动机和航天飞机的燃料和操纵系统的固定密封件
FM－1D FM－2D	主要用于制造在空气、石油基润滑油、燃油、液压油、硅酸酯和双酯类滑油中工作的密封件,还可用于制造耐低温和耐液体的其他橡胶制件。硫化胶工作温度为－50℃～200℃,短期工作(不超过24h)可达到250℃	飞行器方向舵液压系统、助力器液压系统及航天火箭惯导系统等
FM－20	主要用于制造在空气、石油基润滑油、燃油、液压油、硅酸酯和双酯类滑油中工作的密封件,还可用于制造耐低温和耐液体的其他橡胶制件。硫化胶工作温度为－50℃～200℃,短期工作(不超过24h)可达到250℃。	歼击机、运输机燃油和液压油系统

　　氟橡胶具有优异的耐热、耐石油基和双酯类油料性能,在宇航、重型机械中用于制造高温部位的活动和固定密封件。包括O形、矩形、V形密封圈和唇型密封皮碗,也用于耐酸、耐碱的导管和密封垫片。F26、F246型氟橡胶的缺点是低温性能较差,而采用氟醚橡胶其低温性能有很大改善,但价格要比一般氟橡胶贵20倍～50倍。另外氟橡胶加工也比较困难,工序繁琐,成品率要比其他橡胶低。

参 考 文 献

[1] 《橡胶工业手册》修订工作委员会. 橡胶工业手册(第一分册)生胶与骨架材料. 北京:化学工业出版社,1995.
[2] 兰州化学工业公司. 合成橡胶工业手册. 北京:化学工业出版社,1991.
[3] 北京航空材料研究所. 航空材料学. 上海:上海科学技术出版社,1982.
[4] 李恒法. 现代材料与工程辞典. 济南:山东科学技术出版社,2001.
[5] Галил-Оглыф. А. Новиков А. С Фторкаутукил рноснове. Издательство. Хими. Москва. 1966:185-224.
[6] 费久金 Д Л. 橡胶的技术性能和工艺性能. 刘约翰,译. 北京:中国石化出版社. 1990:144-145.

第4章　特殊功能橡胶材料

特殊功能材料是在橡胶中加入某些填料使材料具有特殊性能的材料。以橡胶为基胶加入阻尼填料提高材料力学损耗系数，可起到减振降噪作用；加入导电填料和金属颗粒可制成导电、防静电材料；加入阻燃防火配合剂可使橡胶制品不燃、可隔离热源保护基体。下面将介绍这些材料的制备、性能和应用。

4.1　阻尼减振橡胶

采用橡胶减振已有70余年的历史，最早应用于飞机仪表、航空发动机和舰船的柴油机架减振，其后迅速扩展到汽车、火车、土木建筑以及各种重型机械上。随着尖端工业向高速度、大功率方向的发展，振动和噪声日趋严重。宽频带的随机振动会引发结构多级共振可使电子器件失效、仪器仪表失灵、机械零部件寿命缩短，从而降低装备的精度与可靠性。振动和噪声还会损坏人的神经系统，导致疲劳、工作效率降低甚至人体器官发生病变。资料介绍，火箭、卫星事故中约有60%的故障与振动和噪声有关。所以阻尼减振作为一门新技术受到产业部门的重视，而阻尼减振橡胶的研究和应用是这门技术中一个重要组成部分。阻尼减振橡胶就是利用橡胶的阻尼特性提高防振和减振效果的一类材料。在使用条件下阻尼减振橡胶的力学损耗系数约为0.1～0.3，特殊使用部位要求损耗系数可高于0.7。近年来随着合成橡胶及配合技术的进步已从普通减振橡胶而发展到阻尼橡胶，而对阻尼减振橡胶又提出了低动静比高阻尼、高阻尼低蠕变等更高的要求，同时还开展了新型减振橡胶制品的设计工作，从材料和结构等方面提高阻尼减振橡胶制品的使用性能。

4.1.1　阻尼和振动隔离的基本原理

4.1.1.1　阻尼的基本原理

在工程结构中阻尼是指将结构振动的能量转换成损耗能量而抑制振动与噪声的能力。可分为材料阻尼、流体黏滞阻尼、接合面阻尼、冲击阻尼和磁电效应阻尼五类。

工程材料种类繁多，其阻尼特性相差甚远，表4-1列出了各种材料在室温下和声频范围内的损耗因子。损耗因子是阻尼大小的量度，从表中看出，它们相差近五个数量级,其中黏弹性材料损耗因子最高,阻尼减振橡胶是粘弹材料的一种主要类型。这里将着重讨论阻尼减振橡胶的阻尼基本原理。

表 4-1　各种材料的损耗因子值

材料	损耗因子值 β	材料	损耗因子值 β
钢铁	$1 \times 10^{-4} \sim 6 \times 10^{-4}$	木纤维板	$1 \times 10^{-2} \sim 3 \times 10^{-2}$
有色金属	$1 \times 10^{-4} \sim 2 \times 10^{-3}$	混凝土	$1.5 \times 10^{-2} \sim 5 \times 10^{-2}$
玻璃	$0.6 \times 10^{-3} \sim 2 \times 10^{-3}$	砂(干砂)	$1.2 \times 10^{-1} \sim 6 \times 10^{-1}$
塑料	$3 \times 10^{-3} \sim 1 \times 10^{-2}$	黏弹性材料	$2 \times 10^{-1} \sim 5 \times 10^{0}$
有机玻璃	$2 \times 10^{-2} \sim 4 \times 10^{-2}$		

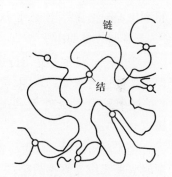

图 4-1　硫化橡胶分子结构示意图

各种材料在一定条件下均可产生阻尼,而减振橡胶材料的阻尼是最高的。一个理想的弹性固体在受到外力作用时会产生应变,此时外力所施加的动能因应变而转化成位能,外力除去应变恢复;对于理想的黏性液体当受到外力作用时会产生黏性流动而将外力所作的功转变成热能而耗散。阻尼减振橡胶是由成千上万个单体分子聚合而成的高分子材料,其分子呈卷曲缠绕状态见图 4-1,而硫化后其交联点即为结点。当受到外力作用时一方面分子链可以拉伸,另一方面分子与分子之间的链段滑移,当去除外力时拉伸了的分子链要恢复原位返回外力所作的功,但分子链段的滑移则不能完全恢复原位而产生永久变形,这部分不能返回的能量以热的形式耗散到周围环境中。弹性恢复是理想弹性固体的特征,而黏性流动以热的形式耗散能量是理想液体的特征,阻尼减振橡胶兼有理想固体和理想液体的双重特征。不同的阻尼减振橡胶因其分子结构、相对分子质量、填充剂、交联度的不同呈现出不同的阻尼能力。因此通过高分子结构设计及配合技术,可以制造出具有不同阻尼特征的阻尼减振橡胶材料。

4.1.1.2　振动隔离的基本原理[1]

1. 积极隔振与消极隔振

在减振产品的设计中,通过安装减振器减少扰动力向基础的传递量,使机器的振动得以有效隔离,这种方式称为积极隔振或称主动隔离,如各种发动机或动力源的减振支座。在仪器设备与基础之间安装弹性支承,以减少基础的振动向仪表、仪器传递的方式称为消极隔振或称被动隔离,如仪表减振器、减振垫等。

2. 振动的传递率与隔振效率

（1）振动传递率指激振系统传递给隔振系统的力 F_T 与激振力 F_0 之比。其比值 T_A 称为振动传递率，其公式如下：

$$T_A = \frac{F_T}{F_0} \times 100\% \qquad (4-1)$$

对于用减振橡胶制成的减振器支承系统的振动的传递率为

$$T_A = \sqrt{\frac{1 + 4(c/c_c)^2(f/f_n)^2}{[1 - (f/f_n)^2]^2 + 4(c/c_c)^2(f/f_n)^2}} \qquad (4-2)$$

式中：T_A 为振动传递率（%）；f 为激振频率（Hz）；f_n 为支承系统固有频率（Hz）；c/c_c 为减振器的临界阻尼比。

从式（4-2）可以看出，传递率 T_A 与频率比 f/f_n 及临界阻尼比 $D = (c/c_c)$ 有关，三者的关系如图 4-2 所示。

当 $f/f_n < \sqrt{2}$ 时，振动传递率大于 1，即力的传递有放大的现象，尤其是 $f/f_n = 1$ 时整个隔离系统处于共振状态，危害极大；

当 $f/f_n = \sqrt{2}$ 时，振动传递率等于 1，此时隔振系统无隔振效果；

当 $f/f_n > \sqrt{2}$ 时，传递率 T_A 小于 1，有隔振效果。因此要使隔振系统有效果务使 $f/f_n > \sqrt{2}$。

对于积极隔振与消极隔振，振动传递率的计算公式相同，因此消极隔振和积极隔振均应力求避免 $f/f_n \approx 1$，一般应将 f/f_n 控制在 2~5。

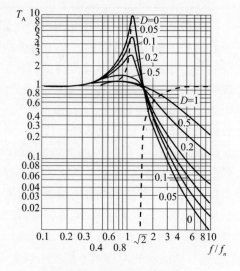

图 4-2　振动传递率曲线

（2）隔振效率是指激振力被隔振系统隔离掉的力（或位移）的百分数，即

$$\eta = \frac{F_0 - F_T}{F_0} = (1 - T_A) \qquad (4-3)$$

式中：F_0 为激振力（或位移）；F_T 为隔振系统所受的力（或位移）；T_A 为传递率。

对于阻尼趋近于零的系统，如钢弹簧系统，振动传递率为

$$T_A = \frac{1}{(f/f_n)^2 - 1} \times 100\% \qquad (4-4)$$

通过式（4-3）、式（4-4）可计算出表 4-2 所示频率比 f/f_n，传递率 T_A 和隔振效率 η 的变化关系。从表 4-2 中看出当频率比等于 2 时隔振效率已达 66.7%，这一数值已为一般设计者所接受。

表 4 – 2　频率比与振动传递率和隔振效率的关系

f/f_n	T_A	$\eta/\%$	f/f_n	T_A	$\eta/\%$
1	∞	—	3	12.5	87.5
$\sqrt{2}$	100	0	4	6.7	93.3
2	33.3	66.7	4.5	5.2	94.8
2.5	19.0	81	5	4.2	95.8

3. 阻尼在隔振中的作用

从式(4 – 2)和图 4 – 2 可看出,在 $f/f_n = 1$ 时,c/c_c 越高动态放大倍数越低,在 $f/f_n > \sqrt{2}$ 时,c/c_c 越高隔振效率越低。表 4 – 3 给出橡胶减振器的临界阻尼比与共振放大倍率数据。可见随临界阻尼比的增加共振放大倍率迅速降低。它大大降低了在随机振动中共振的危害。目前在减振器的设计中常将共振放大倍率控制在 2 ~ 5 之间。

表 4 – 3　临界阻尼比与共振放大倍率的关系

c/c_c	0.05	0.10	0.15	0.20
T_A	10	5	3.3	2.5

表 4 – 4 列出了阻尼对隔振效率影响的数据。表明临界阻尼比 c/c_c 的影响要比频率比 f/f_n 对隔振效率的影响低得多。通过调整频率比 f/f_n 的数值可以补偿这一影响。

表 4 – 4　临界阻尼比 c/c_c 对隔振效率的影响

c/c_c　　$\eta/\%$　f/f_n	0	0.05	0.10	0.15
2	66.7	66.1	64.4	61.9
3	87.5	87.0	85.5	83.3
4	93.3	92.8	92.3	89.5
5	97.9	97.4	95.2	92.9

数据表明,当 c/c_c 等于 0.15,f/f_n 为 4 时的隔振效率近 90%,完全可以满足设计要求。如果将隔振效率设定在 60% ~ 90%,频率比 f/f_n 控制在 2 ~ 5,将 c/c_c 调整至 0.15 是一种最佳选择。

4.1.1.3　附加阻尼减振

对于薄板结构和宽频带随机振动的情况下无法采用减振器,为了降低振动和噪声,多采用增加部件阻尼的方法。在结构件表面粘结阻尼材料即进行附加阻尼处理而构成复合阻尼结构,由结构提供强度和刚度,由减振材料提供阻尼,是减振降噪设计另一类方法。阻尼处理主要通过大结构阻尼耗散振动的能量。一般对于拉压变形的多采用自由阻尼处理，对于剪切变形的多采用约束阻尼处理。

阻尼结构设计一般与激励特性、振动模态、阻尼结构的几何参数、刚度特性、工作温度及阻尼材料的动态特性等有关，因而完善的阻尼结构设计比较复杂，但从减振效果看有效地提高结构的损耗因子 η 是最重要的。

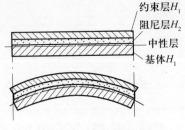

阻尼层 H_2
中性层
基体 H_1

图 4 – 3 自由阻尼结构

1. 自由阻尼处理

在基础结构的表面直接粘贴阻尼材料，其结构如图 4 – 3 所示。

复合结构的损耗因子 η 按下式计算，即

$$\eta = \frac{\dfrac{E'_2}{E_1}\dfrac{H_2}{H_1}\left[3 + 6\left(\dfrac{H_2}{H_1}\right)^2 + 4\left(\dfrac{H_2}{H_1}\right)^2 + 2\left(\dfrac{E'_2}{E_1}\right)\left(\dfrac{H_2}{H_1}\right)^3 + \left(\dfrac{E'_2}{E_1}\right)^2\left(\dfrac{H_2}{H_1}\right)^4\right]\beta_E}{\left(1 + \dfrac{E'_2}{E_1}\dfrac{H_2}{H_1}\right)\left[1 + 4\dfrac{E'_2}{E_1}\dfrac{H_2}{H_1} + 6\dfrac{E'_2}{E_1}\left(\dfrac{H_2}{H_1}\right)^2 + 4\dfrac{E'_2}{E_1}\left(\dfrac{H_2}{H_1}\right)^3 + \left(\dfrac{E'_2}{E_1}\right)^2\left(\dfrac{H_2}{H_1}\right)^4\right]}$$

$$(4 – 5)$$

式中：η 为阻尼结构的损耗因子；β 为阻尼层材料的损耗因子；H_1 为基体材料的厚度（m）；H_2 为阻尼材料的厚度（m）；E_1 为基体材料的弹性模量（Pa）；E'_2 为阻尼材料的储能弹性模量（Pa）。

2. 约束阻尼处理

在结构的机体表面粘贴阻尼层后再粘贴一层刚度较大的约束板，其结构如图 4 – 4 所示。

复合结构的损耗因子 η 按式（4 – 6）计算，即

$$\eta = \frac{12\left(\dfrac{E_3}{E_1}\right)\left(\dfrac{H_3}{H_1}\right)\left(\dfrac{H_1 + 2H_2 + H_3}{2H_1}\right)^2 g\beta_G}{1 + 2g + (1 + \beta_G^2)g^2}$$

$$(4 – 6)$$

$$g = \frac{G'H_1}{4\pi E_3 H_2 H_3 f}\sqrt{\frac{E_1}{3\rho_1}} \qquad (4 – 7)$$

约束层 H_1
阻尼层 H_2
中性层
基体 H_1

图 4 – 4 约束阻尼结构

式中：η 为阻尼结构的损耗因子；β_G 为对应于剪切应力的阻尼层材料的损耗因子；H_1 为基体材料的厚度（m）；H_2 为阻尼材料的厚度（m）；H_3 为约束层材料的厚度（m）；E_1 为基体材料的弹性模量（Pa）；E_3 为约束层材料的弹性模量（Pa）；g 为与剪切有关的参数；ρ_1 为基体材料的密度（kg/m³）；G' 为阻尼材料储能切变模量（Pa）。

154

4.1.1.4 阻尼减振橡胶的特性

1. 阻尼减振橡胶的静态性能

（1）微小变形下的性质。橡胶的剪切模量 G 一般在 2MPa 以下，本体模量 B 要高出 3 个数量级。根据橡胶的弹性理论，在小变形时泊松比 γ 与弹性模量 E 的关系为

$$\gamma = (3B - 2G)/(6B + 2G) \approx \frac{1}{2} \qquad (4-8)$$

$$E = 2(1 + \gamma)G \approx 3G \qquad (4-9)$$

上述结果表明，橡胶在变形时，其体积保持不变，小变形下的泊松比 $\gamma \approx \frac{1}{2}$，因此设计橡胶减振器时要留有足够的空间，使其可以自由变形。

（2）减振橡胶的硬度与弹性模量。在减振装置设计中橡胶的弹性模量是最主要的设计参数。但弹性模量的测试需要复杂而精确的测试设备，而且对试验试样要求严格，更难于从成品上切取试样进行测定。硬度是橡胶力学性能的主要参数之一，不仅可以用标准试样测定还可以从成品上切取试样进行测定。因而硬度和剪切模量的关系在许多国家都开展研究，得出了硬度和模量的关系曲线。不同的橡胶如天然橡胶、丁苯橡胶、丁基橡胶、氯丁橡胶、乙丙橡胶，其相同硬度时模量相差不超过 10%。对橡胶模量和硬度的关系有如下经验公式[2]：

$$H_S = \frac{G}{G + G_{50}} \qquad (4-10)$$

$$G = \left(\frac{H_S}{19.57}\right)^2 \qquad (4-11)$$

$$G = 1.19e^{0.034H_S} \qquad (4-12)$$

式中：H_S 为硫化橡胶的邵氏硬度；G 为硫化橡胶的剪切模量；G_{50} 为邵氏硬度为 50 的硫化橡胶的剪切模量；e 为自然对数。

在已知硬度情况下通过这些公式可推算出相应的剪切模量。但使用中发现对于蠕变率大的合成橡胶如硅橡胶（尤其是高阻尼硅橡胶）上述经验公式的适应性还需进一步研究。

橡胶减振制品是在低应变下工作的，其应变静态剪切变形一般不超过 25%，动态变形不超过 8%，静态拉压变形不超过 15%，动态变形不超过 5%，在此变形范围内橡胶制品不会产生断裂，所以在减振器的设计中最关心的是硫化橡胶的模量。

2. 阻尼减振橡胶的动态特性

（1）阻尼材料动态性能的数学描述。当阻尼橡胶受到正弦激励振动时，所施加的力和产生的变形均随时间而正弦地变化，其频率一般用 f（周/秒）或角频率表

示,$\omega = 2\pi f(\text{rad/s})$。对于线性黏弹体其应变将随应力正弦地交替变化,但与应力有一个相位差如图 4-5 所示。应力 σ 和应变 ε 可以用下式表示[4]:

$$\sigma = \sigma_0 \sin(\omega t + \delta) \qquad (4-13)$$

$$\varepsilon = \varepsilon_0 \sin\omega t \qquad (4-14)$$

此处 ω 是角频率,δ 是相位角,所以

$$\sigma = \sigma_0 \sin\omega t \cos\delta + \sigma_0 \cos\omega t \sin\delta \qquad (4-15)$$

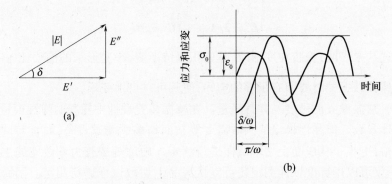

图 4-5 动态测试中不同参数之间的关系

(a) 复数模量、实模量和虚模量之间的关系图;(b) 应力与应变之间的关系图。

应力可以认为由两部分组成,一部分是与应变同相($\sigma_0 \cos\delta$),另一部分是与应变异相 $90°$($\sigma_0 \sin\delta$)。将其分别除以应变,则可将模量变成同相模量(或实模量)和异相模量(虚模量)两部分,其关系为

$$E' = \frac{\sigma_0}{\varepsilon_0}\cos\delta \qquad\qquad E'' = \frac{\sigma_0}{\varepsilon_0}\sin\delta \qquad (4-16)$$

式中:E' 为模量的实部;E'' 为模量的虚部。

复合模量的表示法如图 4-5(a)所示,可以表示如下:

$$E^* = E' + iE'' \qquad (4-17)$$

则

采用其他变形形式亦可同样表示。如剪切变形可表示为

$|G^*|$——剪切复合模量;

G'——实模量;

G''——虚模量。

可由式(4-18)、式(4-19)表示阻尼减振橡胶的力学损耗系数 $\tan\delta$、复合模量 $G^*(E^*)$、实模量 $G'(E')$、虚模量 $G''(E'')$ 和滞后角 δ 之间的关系。

$$\tan\delta = G''/G' \qquad (4-18)$$

$$G' = |G^*|\cos\delta \qquad\qquad G'' = |G^*|\sin\delta \qquad (4-19)$$

阻尼减振橡胶在正弦交变应力的作用下,单位体积的材料在一个振动周期损

耗的能量为 $\Delta W = \pi G' \varepsilon_0^2 \tan\delta$,其损耗的能量与 G'、$\tan\delta$ 和 ε_0^2 的乘积成正比,所以阻尼橡胶的 G'、$\tan\delta$ 是动态性能重要指标[3]。

（2）影响阻尼减振橡胶动态力学性能的因素。阻尼减振橡胶的动态特性是一种物质常数,一般随温度、振动频率和变形振幅而变化。当要考查其中一种因素的影响时,需要是另外两种因素保持一定。采用独立变量求得的动态特性称为温度特性、频率特性和振幅特性。

① 温度的影响。在振动振幅和频率不变的情况下,随着温度的升高阻尼减振橡胶将呈现出由玻璃态区域转变区（皮革态区）向高弹态区域的转变,而在转变区域,阻尼减振橡胶的力学损耗系数出现峰值。不同的阻尼减振橡胶三个区域的温度范围、力学损耗系数的数值各不相同。

图 4-6 给出阻尼减振橡胶随着温度的变化,动态下弹性模量和力学损耗系数变化的温度谱。

② 频率的影响。在温度、振幅不变的情况下,随着频率的增高,阻尼减振橡胶呈现出由高弹态区域经转变区向玻璃态区域的变化。在转变区域,阻尼材料的力学损耗系数出现峰值。图 4-7 表征了阻尼减振橡胶随着频率的变化,动态弹性模量和力学损耗系数的频率谱。

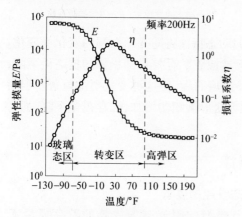

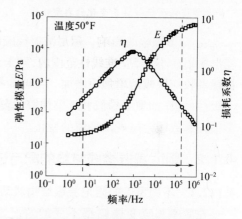

图 4-6　阻尼减振橡胶的动态弹性模量 G' 和损耗系数 $\tan\delta$ 与温度关系

图 4-7　阻尼减振橡胶的动态弹性模量 E 和损耗系数与频率变化的典型曲线

从图 4-8 可以看出,温度降低和频率增高对阻尼橡胶动态弹性模量与力学损耗系数的影响具有同等作用。

③ 时温叠加原理及其应用。温度降低时阻尼橡胶性能的变化与频率提高时性能的变化具有同等效果。实际上阻尼减振橡胶的温、频特性在定量上具有平行性质。根据这一性质威廉斯、兰德和费里把沿时间的对数轴平移和温度的变化联系起来,即通过在不同温度和不同频率下测得的阻尼材料的动态性能数据,利用数

学方法作出包括很宽温度和频率范围的主曲线图(称诺模图),该方法已列入国际标准(ISO 112—1991),也列入国家标准(GB/17809—1999)。该法在实验上解决了在几个数量级频率范围内测试的困难,也解决了工程上宽温、宽频条件下采集阻尼橡胶动态性能数据的可能性,如图4-9[6]所示。通过图4-8可以方便地查出特定阻尼橡胶在各种频率和温度下的复合动态模量、动态弹性模量、动态损耗模量和力学损耗系数。

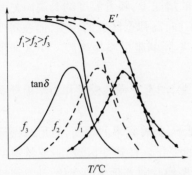

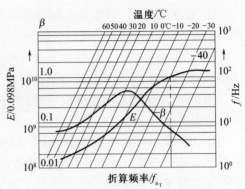

图4-8 阻尼减振橡胶的动态弹性模量
和力学损耗系数与温度变化的典型曲线

图4-9 阻尼橡胶的诺模图
E—动态弹性模量;β—力学损耗系数。

④ 变形振幅的影响。阻尼减振橡胶的动态特性将随变形振幅的变化而变化。变形振幅在小于5%准线性范围内,对于天然橡胶贮存模量随振幅的提高而下降,损耗系数随振幅的增加而增加。在填加补强填剂后,使这种变化更加显著。但对于极性橡胶(如氯丁橡胶和丁腈橡胶),随着变形振幅的增加,贮存模量下降,而力学损耗系数还会呈现出峰值的变化。

4.1.2 阻尼减振橡胶材料的配方设计

4.1.2.1 不同用途的阻尼减振结构对动态性能的要求

在频率和应变振幅都不变的情况下,典型的阻尼减振橡胶的贮存模量 E'(G')、力学损耗系数 $\tan\delta$ 的温度谱线如图4-10所示。该图中用虚线示出自由阻尼处理、约束阻尼处理和减振器的阻尼防振橡胶的最佳温度范围。自由阻尼处理用的材料的最佳温度范围在温度谱中处于玻璃态区和转变区之间的温度区域,在此温度范围内贮存模量 E' 较高,力学损耗系数亦较高,是耗能较高的温度区域;约束阻尼处理用的材料的最佳温度范围处于转变区向高弹态过渡的区域,在此温度范围内,贮存模量已降低,可以增大剪切变形,且力学损耗系数较高是耗能较高的区域;在接近转变区的高弹态温度区域,贮存模量趋于稳定,减振器的自振频率易于控制,因而有利于提高隔振效率和降低共振放大倍率,是减振器用阻尼橡胶的最

158

佳温度区域。图4-10清楚地表明,对于不同用途的阻尼减振橡胶,在选材时应使阻尼减振橡胶所要求的动态性能处于合适的温度范围之内。

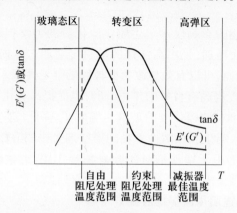

图4-10 三种不同用途阻尼材料在 E',$\tan\delta$ - T 谱曲线上适用的温度范围

4.1.2.2 阻尼减振橡胶的组分对动态性能的影响

表4-5给出天然橡胶和合成橡胶硫化胶的玻璃化温度、最高力学损耗系数、力学损耗系数为0.7时对应的温度区域。

表4-5 各种硫化橡胶的动态性能参数(在11Hz下)[7]

硫化胶牌号	玻璃化温度 T_g/℃	最高力学损耗 $\tan\delta_{max}$	损耗系数为0.7时温度区域 $\Delta T_{0.7}$/℃
天然橡胶 1152	-49	1.75	-54 ~ -30
丁苯橡胶 3160	-58	1.50	-66 ~ -46
氯丁橡胶 4150	-37	2.22	-53 ~ -19
丁腈橡胶 5160	-39	1.08	-49 ~ -30
乙丙橡胶 8360	-45	0.94	-50 ~ -37
硅橡胶(高补强)	-108	0.72	-110 ~ -106

数据表明,上述硫化橡胶其玻璃化转变温度 T_g 均在0℃以下,最高力学损耗系数 $\tan\delta_{max}$ 均在0.7以上,$\Delta T_{0.7}$ 的温度扩展的区域为4℃~34℃。在高分子中引入极性侧基会使 T_g 向高温区域移动。氯丁橡胶和丁腈橡胶,由于它们引入极性 -Cl、-CN 侧基使其比具有 C—C ═ C—C 主链的天然橡胶、丁苯橡胶和乙丙橡胶的 T_g 都高。硅橡胶的 T_g 温度最低,是由于其主链为二甲基硅氧烷具有螺旋结构构型,其分子链非常柔顺。为了提高力学损耗系数,生胶可采用软硬段共聚、接枝、互穿网络和不同生胶共混的方法加以解决。

在高于玻璃化温度时,交联对动态性能的影响非常显著。硫化橡胶在交联度较低的情况下,温度远高于 T_g 时,力学损耗系数随交联度的提高而降低, T_g 向高温偏移,亦可因交联点间相对分子质量分布不均匀使转变温度区域变宽。

填充剂对动态性能的影响仅次于生胶。硫化胶的力学损耗系数 $\tan\delta$ 随填充剂的比表面积的增加而增加,采用高活性的填料可增加力学损耗系数 $\tan\delta$。实验证实片状云母、石墨、蛭石可以有效地改善硅橡胶的阻尼性能。填充剂不仅对硫化胶的力学损耗系数 $\tan\delta$ 提高有良好的作用,同时也能提高硫化橡胶的模量。

胶料中加入增塑剂可使硫化胶的玻璃化温度 T_g 降低、提高工艺性能,还会使玻璃化转变区域变宽。与生胶相溶性不良的增塑剂要比相溶性优良的增塑剂有更宽的力学损耗峰。当然由于增塑剂对生胶有稀释作用,可使硫化胶硬度和模量降低。

4.1.2.3 两种不同用途阻尼减振橡胶配方特点

减振器在支承系统中是受力部件,它的减振能力是靠支承体系自振频率的调整和减振系统的临界阻尼比控制的。因此在使用条件下减振器稳定的刚度和较高的临界阻尼比(0.10)是必要的,这就要求阻尼减振橡胶在使用条件(温度、频率)下动态弹性模量要稳定,力学损耗系数较高(≥ 0.20),所以在配方设计中主要选择合适的生胶,使其玻璃化转变温度远低于使用温度的下限,而采用填充剂、增塑剂和阻尼剂提高阻尼减振橡胶在使用条件下的力学损耗系数。

阻尼处理用阻尼减振橡胶在使用时是粘贴在刚性(金属或塑料)基体上构成复合体,它本身不是承力部分,其减振能力是靠其复合结构件的阻尼系数 η 控制的。因复合体在使用温度和频率下的高阻尼系数 η,即阻尼减振橡胶的高力学损耗系数就成为必要条件。通常要求 $\Delta T_{0.7}$ 的温度范围要符合结构件的使用温度和频率范围,因此选材时要求阻尼橡胶基本组分的玻璃化温度转变区要宽。除了要求合成出宽温宽频高阻尼橡胶外,配方设计时可采用嵌段共聚、互穿网络和两种或多种玻璃化温度不同的非相容性的橡胶或树脂进行共混,拓宽玻璃化转变区的范围。选择合适的增塑剂和填充剂亦可取得一定的效果。

4.1.3 阻尼减振橡胶及其制品的性能

4.1.3.1 减振器用胶料及制品的性能

(1)SE20 系列硅橡胶胶料。SE20 系列硅橡胶胶料是以甲基苯基硅橡胶为基胶加入补强剂、结构控制剂、阻尼剂经特殊处理而成的胶料。该胶料不仅具有良好的阻尼性能,耐气候老化性能和耐高低温性能外,还有优良的高低温环境下的性能稳定性,在 −40℃ ~70℃ 使用范围内硬度变化小于 10。采用 SE20 系列硅橡胶胶料成形的减振产品,广泛应用于航空、航天、兵器、电子等领域的仪器、仪表的减振和缓冲。SE20 系列硅橡胶胶料的性能见表 4 − 6。

表 4-6   SE20 系列硅橡胶胶料的性能

序 号	项 目	指　标					
		SE2025	SE2035	SE2045	SE2055	SE2065	SE2075
1	拉伸强度/MPa≥	6.0	7.0	7.0	7.0	7.0	7.0
2	拉断伸长率/%≥	600	500	400	400	400	350
3	硬度(邵氏 A)	20±5	35±5	45±5	55±5	65±5	75±5
4	撕裂强度/(kN/m)≥	10	25	25	25	25	25
5	损耗角/(°)	10~18	10~18	10~18	10~18	10~18	10~18

（2）JZH 航空仪表用硅橡胶减振器,如图
4-11所示。

采用 SE20 系列阻尼硅橡胶制造减振器,其
工作温度范围为 -45℃~80℃;减振器安装尺寸
满足 HB6-21-83 规定,性能指标满足 GJB 5257
（替代原 HG6-410-83）要求,原天然橡胶减振
器（HB6-21-83）可直接升级。与原天然橡胶
减振器相比,减振效率提高 50%,使用寿命 10 年

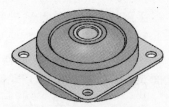

图 4-11   JZH 航空仪表用
硅橡胶减振器

以上。满足 GJB 150 环境试验条件要求。该减振器的减振效果达到 60% 以上,适
用于宽温域高精度航空仪器仪表减振,现在航空、航天、电子、兵器等型号中获得应
用。JZH 航空仪表用硅橡胶减振器的性能见表 4-7。

表 4-7   JZH 航空仪表用硅橡胶减振器的性能

序 号	型 式	减振器 号	额定载荷/kg	极限载荷/kg
1	1	1	0.450	28
2		2	0.900	28
3		3	1.350	28
4		4	1.800	28
5		5	2.250	28
6	2	1	0.450	80
7		2	0.900	80
8		3	1.350	80
9		4	1.800	80
10		5	2.250	80
11		2.700	80
12		8	3.600	80
13		10	4.500	80
14		12	5.400	80

序 号	型 式	减振器号	额定载荷/kg	极限载荷/kg
15		10	4.500	150
16		15	6.750	150
17	3	20	9.000	150
18		25	11.250	150
19		35	15.750	150

（3）JZQ 惯导平台用硅橡胶减振器,如图 4-12 所示。

采用 SE20 系列阻尼硅橡胶制造的减振器,谐振点放大倍数小于 5,在 -40℃~70℃ 使用温度范围内,减振器谐振频率变化小于 30Hz。经三个方向各 2.5h 耐久振动试验后,减振器无损坏,功能正常,减振器使用寿命可达 10 年或 1000 飞行小时以上。JZQ 惯导平台用硅橡胶减振器型号、载荷见表 4-8。

表 4-8 JZQ 惯导平台用硅橡胶减振器的型号和载荷

序 号	减振器型号	额定载荷/kg	序 号	减振器型号	额定载荷/kg
1	JZQ-001	0.11	5	JZQ-100	0.78
2	JZQ-002	0.32	6	JZQ-200	0.62
3	JZQ-003	0.01	7	JZQ-300	0.88
4	JZQ-004	0.12	8	JZQ-400	1.5

（4）大载荷航空减振器,如图 4-13 所示。

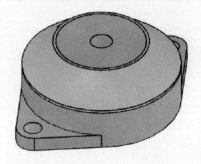

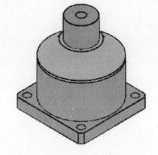

图 4-12 JZQ 惯导平台用硅橡胶减振器　　　　图 4-13 大载荷航空减振器

采用 SE20 系列阻尼硅橡胶制造减振器,单件承受载荷从 14.5kg~75kg,在加速度为 3g、300h 可靠性试验中功能完好。功能振动加速度为 9.7g,耐久振动加速度为 11.7g,减振效率达到 80% 以上。该类减振器的工作温度为 -40℃~60℃,可满足湿热、霉菌、盐雾三防要求、在额定载荷下的行程小于 2mm;共振频率 13Hz~20Hz、其减振效率大于 85%;极限行程小于 ±5mm;耐久振动载荷从 11.6g 降低至小于 2g。该系列减振器的型号、载荷见表 4-9。

表 4-9　大载荷航空减振器型号、载荷

序　号	减振器型号	额定载荷/kg	序　号	减振器型号	额定载荷/kg
1	JZB-1-1-145	14.5	7	JZA-1-2-190	19
2	JZB-1-2-160	16	8	JZB-2-1-330	33
3	JZB-1-3-190	19	9	JZB-3-1-500	50
4	JZB-1-4-240	24	10	JZB-3-2-600	60
5	JZB-1-5-260	26	11	JZB-3-3-650	65
6	JZA-1-1-160	16	12	JZB-3-4-750	75

（5）高抗冲缓冲器，如图 4-14 所示。

用 SE 系列阻尼硅橡胶生产的缓冲器，其结构形式为剪切型金属橡胶结构，盘式阻尼橡胶板等形式，缓冲器抗冲击载荷从 $200g \sim 20000g$。其型号见表 4-10。

表 4-10　高抗冲缓冲器型号

序号	减振器型号	额定载荷/kg	冲击加速度/g
1	JZC-1-1-20	5	200
2	JZP-1-1-15	2	20000

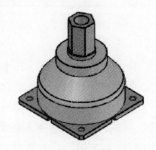

图 4-14　高抗冲缓冲器

4.1.3.2　直升机黏弹性阻尼器

直升机黏弹阻尼器又称减摆器，是直升机星型柔性桨毂中的主要功能部件。它能防止直升机旋翼系统的不稳定运动，防止地面共振和空中共振的发生。黏弹性阻尼器与传统使用的液压及摩擦型阻尼器相比，具有如下优点：①结构简单、重量轻；②没有液压油，不需要密封和润滑；③可靠性高、寿命长；④视情维护，安全破损，橡胶体出现裂纹后还有相当长的使用寿命。黏弹性阻尼器是用高强度高阻尼硅橡胶与金属件经高温硫化粘合而成的橡胶—金属复合件。现已研制出"凹"式、板式、筒式三种结构黏弹性阻尼器，使用温度 $-40℃ \sim 50℃$。

4.1.3.3　直升机弹性轴承

弹性轴承是天然橡胶与不锈钢隔片及铝合金接头在高温硫化粘接而成的橡胶金属件。在直升机飞行中承受离心、挥舞、摆振三维方向的载荷，与传统铰链机构相比，具有结构简单，质量轻，价格低，不需维修、润滑和防尘，使用寿命长的特点，是直升机升力系统的关键部件，使用温度 $-50℃ \sim 50℃$。其胶料性能见表 4-11。

表 4-11 弹性轴承用胶料的性能

拉伸强度/MPa	扯断伸长率/%	硬度(邵氏 A)	撕裂强度/(kN/m)
≥20	≥600	47±2	≥36

4.1.4 阻尼减振技术的应用

阻尼减振技术的应用已扩大到航空、航天、舰艇、汽车等诸多领域。表 4-12 列出美国在这些相关领域中阻尼技术应用的比例。其中飞机及仪表居于首位,军事工业的应用占 90% 以上。

表 4-12 阻尼减振技术应用领域

领域	飞机及仪表	涡轮机	海军舰艇	宇航结构	汽车	导弹	电子光学和激光系统	机床工具
比例/%	17	14	13	13	12	11	11	10

阻尼减振技术应用主要是解决振动控制、噪声控制、高周疲劳、声疲劳等四个方面其应用的比例分别为40%、32%、16%和12%。采用橡胶减振器降低振动,大量用于火车、汽车、船舶、土木工程、机械制造等部门。在飞机方面,如涡轮螺旋桨发动机和直升机、飞机发动机支架的橡胶减振器可以降低发动机的振动向飞机的传递。为了使仪器、仪表与发动机及外部各种振源的振动相隔离采用了低刚度的航空仪表橡胶—金属减振器,我国生产的航空仪表橡胶—金属减振中仅平板型减振器就有 3 组、18 个牌号,其额定载荷小至 4.4N,大至 154N 已成系列产品广泛用于各种型号飞机的仪器仪表减振。

对结构进行附加阻尼处理是减低宽频带随机振动和噪声的有效方法。对于间隙过小不适合安装减振器或薄壁结构的振动控制,一般采用附加阻尼处理,特别适合于梁、板、壳件的减振降噪。据报道,美国 HH53 直升机的舱内降噪处理、F111飞机发动机进气道导向叶轮的延寿、Harrer 垂直起落飞机仪器拖架的减振等均采用了附加阻尼材料处理的方法,取得了良好的效果。俄罗斯也采用约束阻尼涂层对客机的机舱蒙皮进行阻尼处理,取得了减振降噪和提高蒙皮疲劳寿命的双重作用。

在我国,阻尼处理技术在火箭、飞机及船舶的减振降噪方面开始大量应用。例如在飞机降低输油管噪声、精密仪表板减振也采用了阻尼材料处理的方法。

4.2 导电橡胶

20 世纪 70 年代随着电子工业迅猛发展,导电高分子材料和制品的需求和应用受到极大的重视,人们开始导电高分子材料的研究。按导电类型导电高分子材料分为结构型和复合型导电高分子材料。结构型导电高分子材料一般是通过结构导电或者参杂其他原子增强导电性能,其结构或者参杂的原子能够提供易定向移动的载流子和可供载流子在分子之间传递的通道,从而形成结构型导电高分子材料。例如通过碘蒸气氧化的聚乙炔薄膜,其导电率可提高 10^7 倍以上,导电性可与金属铜、银相媲美。聚乙炔本身只具有半导体性质,通过碘的掺杂可使它的导电性发生质的飞跃。目前最常见的结构型导电高分子材料主要有:反、顺式聚乙烯、聚苯胺和聚吡咯等[4-6]。这类材料合成条件比较苛刻、控制手段比较复杂,需要通过工艺、试验条件的严格控制达到对微观分子结构的控制,以期得到预先设计的分子结构。例如控制聚乙炔顺、反式结构的合成,成本高而且合成过程副产品多,工业化生产较困难。结构型导电高分子材料最大的优点是通过掺杂量可控制材料的导电性。目前结构型导电高分子材料室温下电导率可与铜的电导率相当,而质量仅为铜的1/12,它有共轭规整的分子结构,易结晶,是极有发展前途的一类新型功能材料。复合型导电高分子材料是通过聚合物与导电填料分散复合、层压复合以及形成表面导电膜等方式构成的。其中分散复合型(或填充型)导电高分子材料是将导电填料以不同的方式和加工工艺均匀分散到聚合物基体中,利用导电填料接触导电或者形成导电通道制备的导电高分子材料,导电橡胶就属于此类。复合型导电橡胶最显著的优点就是可设计性;通过选择适宜基胶、配合各种导电填料以及控制填加量可以制备出各种用途、不同导电性能的橡胶胶料。通过选择导电填料和添加量以及不同的加工方法,可以制备出体积电阻率在 $10^{-3}\Omega \cdot cm \sim 10^{10}\Omega \cdot cm$ 范围内各种类型的导电材料。复合型导电高分子材料除具有良好导电性能外,还保留了聚合物的自身特性,它与结构型导电高分子材料相比其制备工艺简单,价格便宜,已有导电塑料、导电橡胶、导电腻子以及导电密封剂在工业领域内应用。

4.2.1 导电的基本原理

导电橡胶分为通用导电橡胶和高导电橡胶两大类。通用导电橡胶又可分为半导电性橡胶、防静电橡胶、导电橡胶等。国内外对通用型导电橡胶的研究已经非常成熟。导电橡胶添加的填料多采用乙炔炭黑、石墨、碳纤维、防静电剂或其他导电填料等。在少量添加后就可达到导电性能的要求,制备简单。主要有导电硅橡胶和导电乙丙橡胶,广泛应用于电力行业制造电缆附件等产品。而高导电橡胶材料一般均采用硅橡胶和氟硅橡胶为基胶,研究工作集中在导电填料的研制以及导电填料与基胶的配合技术。早期制备高导电橡胶是采用银粉作为导电填料,试验表明银粉是优良的导电填料,但银价昂贵密度较大。当前导电橡胶主要研究用新型的导电填料来取代银粉,多采用粉末化学镀银技术,制备的导电颗粒不但具有银优异的导电性,而且质量轻氧化稳定性好。

按橡胶的导电性能可分为:体积电阻为 $10^7\Omega \cdot cm \sim 10^{10}\Omega \cdot cm$ 的称为半导电橡

胶、体积电阻为 $10^4\Omega\cdot cm \sim 10^7\Omega\cdot cm$ 的称为防静电橡胶、体积电阻为 $10^2\Omega\cdot cm \sim$ $10^4\Omega\cdot cm$ 的称为导电橡胶、体积电阻为 $10^{-3}\Omega\cdot cm \sim 10^2\Omega\cdot cm$ 的称为高导电橡胶。前三类导电橡胶用导电炭黑填料即可,而对于体积电阻率低于 $10^2\Omega\cdot cm$ 的导电橡胶,应选用乙炔炭黑以及其他高性能导电填料,例如银粉、镀银粉等。

对于大多数高分子材料,当一开始加入导电填料时,该材料的导电率 σ 仅略有上升,只有当导电填料浓度达到某一临界值或称阈值时,聚合物的导电率突然增大,通常在一个很小填料范围内,导电率会有大幅度上升,如图 4 - 15 所示。目前国内外比较流行的导电机理:一种是宏观的渗流理论,即导电通路学说;另一种是微观的量子力学隧道效应理论。

通过观察电子显微镜照片[4],在炭黑增强导电硅橡胶中的确有一薄膜包着导电炭黑聚集体,根据导电颗粒在橡胶基胶中的分布示意图(图 4 - 16)以及 Sheng 等人的量子涨落隧道导电理论,在两种机理中起决定性作用的是隧道效应,体积电阻率与 W 统计值密切相关,W 值越大导电性能越差;W 值越小导电性能越好。

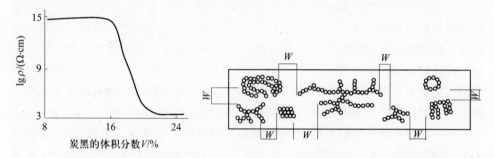

图 4 - 15 炭黑含量与电阻率的关系　　　图 4 - 16 炭黑在硅橡胶中的分布示意图

有些学者认为导电性橡胶的导电机理更倾向于导电通路学说:当硅橡胶中只加入很少量的导电颗粒时,导电颗粒被橡胶分隔开且间距较大,因而呈现出绝缘性;当导电颗粒加入量逐渐增大时颗粒间的距离相应缩小,部分颗粒逐渐能够相互接触从而表现出一定的导电性;当用量继续增大至一定程度时(临界值),就会表现出良好的导电性,并认为是导电颗粒相互接触形成通路的结果。采用金属或者镀银导电颗粒填充的高导电橡胶的导电机理与乙炔炭黑填充机理是一致的,导电率变化也存在临界填充浓度。

4.2.2　导电填料类型和特征

导电橡胶主要的组成有生胶、导电填料、补强填料、增塑剂、防氧化剂以及硫化剂等,而对橡胶导电性能影响最显著的是导电填料。橡胶的导电性主要取决于选用导电填料类型,炭系列导电填料主要用于低导电率的胶料,而镀银粉末用于高导电橡胶,所以导电橡胶的性能与选用导电填料密切相关。

166

4.2.2.1 炭系列导电填料

炭系列导电填料主要包括炭黑、碳纤维、石墨以及目前引起人们广泛关注的碳纳米管等。几种常用炭黑的 DBP 值及其体积电阻率的关系见表 4 – 13。

表 4 – 13   不同导电炭黑的 DBP 值及体积电阻率

炭 黑 类 型	DBP 吸收值/$(cm^3 \cdot g^{-1})$	体积电阻率/$(\Omega \cdot cm)$
高结构高耐磨炉法炭黑	1.24	1.0×10^8
低结构半补强炭黑	0.58	1.0×10^9
喷雾炭黑	1.00	1.0×10^9
乙炔炭黑	3.00	60.7

由表 4 – 13 可看出各种炭黑均有一定的导电性能,而且导电性能与炭黑的结构密切相关,炭黑聚集体吸收邻苯二甲酸二丁酯(DBP)的体积数表征了炭黑粒子连接成长链并熔成一起而成为三度空间的聚集倾向和聚集体之间空隙的程度,DBP 吸收值越大说明炭黑结构性越强,导电性能也越强。乙炔炭黑的 DBP 吸收值大导电性能最好,体积电阻率仅为 $60.7\Omega \cdot cm$,因此乙炔炭黑在导电高分子材料中的应用也最为广泛,是目前制备通用导电橡胶最常用的导电填料之一。

为了提高导电高分子材料的导电性能,国内外均研究开发了导电性能更好的炭黑,如国产的华光超导电炭黑、美国的 N472 型导电炭黑、以及荷兰 AK 公司的 Kentjen – black EC 导电炭黑。国产华光导电炭黑与 Kentjen – black EC 导电炭黑的导电性能相似,但在橡胶中的添加量不宜过大,用量超过 15 份会影响胶料的硫化,使胶料变硬或发生焦烧现象,而且加工性能较差,所以华光超导电炭黑无法在硅橡胶中大量使用。可通过和其他导电填料并用改善华光超导电炭黑对生胶和硫化体系的影响。

石墨也是常用的导电填料,石墨粉为无定形碳呈碱性、化学性质稳定且纯度高,填加量较大。由于石墨的自润滑特性,与橡胶的浸润性差造成混炼胶易分层,硫化胶的拉伸强度低,影响橡胶的工艺性能和力学性能,一般石墨不单独使用应与导电炭黑并用。

碳纤维的导电性能介于炭黑和石墨之间,而且具有高强度、高模量、耐腐蚀、耐辐射、耐高温等多种优良性能。炭纤维具有较大的长径比,易相互缠绕不易分散,加工困难成本高,会导致胶料变硬,易碎且添加量少,不推荐作为导电橡胶的导电填料使用。

目前处于研究阶段的纳米乙炔导电纤维(Nano)是原生态下聚集体,具有良好的弹性、工艺性较好,对混炼胶硫化无影响,且已形成导电通道。采用其填充的硅橡胶具有硬度低、弹性高、弹性恢复能力好的优点,而导电性略低于高导电炭黑,将纳米乙炔导电纤维与高导电炭黑并用取得了良好效果。

4.2.2.2　金属类导电填料

金属具有优良的导电性能,是目前制备高导电橡胶的重要填料。常见的金属颗粒主要有铝粉、铜粉、镍粉、铁粉、银粉以及金粉。但铝粉、铁粉、镍粉在空气中易于氧化造成颗粒导电性能降低,不能单独作为高性能导电填料使用,通常作为载体进行镀银制备高性能导电颗粒。金粉虽有良好的导电性和耐氧化性能,但价格昂贵也无法作为主要的导电填料,仅用于特殊用途武器装备上;银粉具有优良的耐候性和导电性,其导电性能与金粉相当,高于铜、铝(主要由于表面氧化形成保护膜)、镍等其他金属粉末,因此在电子工业中银粉还是被用来作为高导电橡胶或导电涂料的最佳填料。为了降低成本在粉末上化学镀银得到的颗粒表面银层体积电阻相当小,从而降低了整个颗粒的体积电阻,一般约为 $4.5 \times 10^{-3} \Omega \cdot cm$,最好的要低于 $3 \times 10^{-3} \Omega \cdot cm$。通过化学镀银制备高性能导电填料,可以采用金属颗粒,例如上述的铜粉、铝粉和镍粉等,而且还可以对无机或有机物的颗粒如三氧化二铝、玻璃微球、聚苯乙烯以及云母颗粒等进行化学镀银。这类导电填料不仅具有像银一样的导电性,而且成本较低,密度轻于银粉。已经研制成的有镍镀银颗粒、铝镀银颗粒、铜镀银颗粒以及玻璃微球镀银等,银含量 10% ~ 40%。银含量越高颗粒制造的导电橡胶耐氧化性越好,而相应成本也越高。

金属纤维和镀银纤维也是优良的导电填料。玻璃纤维进行了表面处理后,利用化学镀高导电金属技术,已制备出镀镍玻璃纤维、镀铜玻璃纤维和镀铜镍玻璃纤维三种导电玻璃纤维填料。这类导电填料具有密度小、导电性能好、成本低以及补强效果好等特点,也是一种很有前途的导电填料。其主要缺点是在基胶中不易分散。由于导电纤维在胶料中相互搭接形成导电通路网络,可获得良好的导电性能。将导电纤维填充到生胶中,经过适当的成型工艺,可以制成导电性能优异的导电橡胶制品,其体积电阻率可达到 $(10^{-3} \sim 10^2) \Omega \cdot cm$。采用填充少量导电纤维除可以达到理想的导电效果外,还较大幅度的提高导电橡胶制品的强度。现最常用的导电纤维有黄铜纤维、不锈钢纤维、铁纤维以及镀银玻璃纤维。

制备体积电阻率低于 $1\Omega \cdot cm$ 的导电橡胶,应选用上述高性能导电填料,虽然其成本高、力学性能较炭黑类导电橡胶差,但其电性能方面是炭黑类填料无法达到的。

4.2.2.3　导电填料形貌的影响

导电填料最重要的指标为粒径、形状、材料自身的导电性能以及表面状态。粒径越小结构性越高,经过适当的表面处理可以达到较大的添加量,同时具有良好的力学性能,相反粒径越大胶料在添加量较小时就易碎,混炼工艺性差。目前导电颗粒的形状主要有球状、树枝状以及纤维状,三者的长径比依次增加,形成导电通道的能力也依次增加,对于材料力学性能的贡献也越大,但工艺性逐渐下降,在胶料中不易分散。导电填料自身的导电性能决定了胶料的导电性能,保证了在较少添加量的情况下具有较好的导电性能。表面状态决定了导电填料与基体材料的结合力与浸润性,直接影响胶料的混炼工艺性能。

4.2.3 导电橡胶的配方设计

4.2.3.1 导电填料的选择

在导电橡胶中导电填料是导电因子,其导电特性和填充量直接影响导电橡胶的性能。表4-14给出了各种填料在硅橡胶中最大填充量及导电性能。

表4-14 硅橡胶中添加不同填料的导电性能

填 料 名 称	乙炔炭黑	碳纤维	石墨	镍镀银粉(80μm)	铝镀银粉(80μm)	银粉(80μm)	玻璃微球镀银粉(80μm)
允许加入量(质量分数)	80	30	120	530	180	550	40
体积电阻率/Ω·cm	1.3	—	2.8	0.008	0.008	0.001	0.008
拉伸强度/MPa	4.2	—	3.3	0.8	0.9	0.8	0.9
注:金属颗粒填充的导电橡胶中填加了约15质量份数的气相法白炭黑							

从表4-14可看出,橡胶的导电性能取决于导电填料,制备不同导电性能的橡胶应采用不同类型的导电填料。通用型应采用乙炔炭黑,而高导电橡胶应采用高性能的镀银粉或银粉。用乙炔炭黑填充的导电硅橡胶随着炭黑用量的增加,硫化胶的体积电阻率降低,见图4-17。当乙炔炭黑多于30份时,体积电阻率随炭黑用量增加而迅速降低,超过60份时电阻率变化很小。随乙炔炭黑用量增加,硬度几乎成线性增加、冲击弹性和伸长率呈下降趋势,拉伸强度和抗撕裂强度在40份~50份时出现最大值。炭黑的加入不但影响橡胶的体积电阻,而且对橡胶的物理机械性能也有很大影响[5]。

图4-18给出了物理力学性能随炭黑用量变化情况,因此在配方设计时,应全面考虑炭黑用量对胶料的影响。

白炭黑是硅橡胶的最佳补强剂,它能显著提高硫化胶的力学性能,但对导电性能有一定劣化作用,为调整体积电阻率和力学性能的平衡,可采用白炭黑和乙炔炭黑并用。白炭黑的加入对导电橡胶的体积电阻率有一定影响,添加量低于10份时对导电性能影响较小;当添加量超过10份时,虽然力学性能得到改善,但导电性能会有显著降低。高导电橡胶多采用硅、氟硅橡胶为基胶,填加金属类导电填料。在配方设计时应注意两个问题,首先由于金属颗粒粒径大,对硅橡胶的补强作用极小,而硅橡胶基胶的强度很低,必须同时加入补强性好的白炭黑填料。而加入白炭黑对橡胶的体积电阻率和硬度影响较大,因此白炭黑的用量控制在10份~20份较为合适。金属导电填料与硅、氟硅基胶浸润性差、分散不均匀极易聚集成较大颗

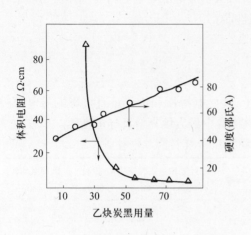

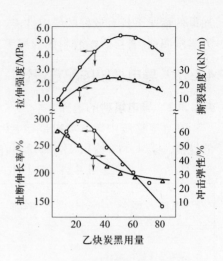

图 4-17 乙炔炭黑用量与体积电阻率、
硬度之间的关系

图 4-18 炭黑用量对导电橡胶物理
力学性能的影响

粒分布在基胶中,所以混炼时添加量受到限制。为了改善导电颗粒表层对基胶的结合能力,对金属颗粒可以采用硅烷偶联剂进行处理,如用乙烯基三叔丁基过氧化硅烷(VTPS)处理银或镀银粉末,可以改善金属粉末在基胶中的分散程度,提高填充量并能显著的改善胶料的导电性能,见表 4-15。

表 4-15 金属导电填料的最大添加量及体积电阻率

金属颗粒种类	最大添加量/ (未处理, g/100g 硅橡胶)	最大添加量/ (VTPS 处理, g/100g 硅橡胶)	体积电阻率/Ω·cm	
			导电填料 未处理	导电填料经 VTPS 处理
镍粉	380	430	0.8	0.2
镍镀银粉	430	600	0.052	0.0008
铜镀银粉	450	600	0.024	0.0030
银粉	480	600	0.005	0.0007

　　超细的金属颗粒有很强的表面活性,在热空气中极易被氧化,氧化后的金属颗粒导电性能有很大的衰减。资料报道:高导电硅橡胶镀银颗粒的最高使用温度一般为 125℃,纯银颗粒能够在 200℃下使用,笔者在研究过程中发现在胶料中不添加抗氧剂的镀银颗粒实际使用温度不到 100℃。当采用乙炔炭黑作为抗氧剂时,温度的升高乙炔炭黑还原能力增强,而且乙炔炭黑自身又具有良好的导电性能,所以只需要加入少量的乙炔炭黑即可。超细的金属颗粒尺寸对硅橡胶导电的影响是随粒径的减小,在胶料中填充相同质量份的导电颗粒时工艺性会逐渐好转,力学性能提高,体积电阻率下降。例如 $40\mu m$ 的粒子,最大添加量可达到 600 份以上,低

于此份量时导电性能较差,而150μm的导电粒子添加量小,混炼工艺性较差,无法达到导电橡胶要求,因此一般采用80μm左右的导电颗粒。对于使用温度在160℃~200℃的高导电硅橡胶,应采用纯银颗粒作为导电填料;密度要求小的可选择铝镀银颗粒、玻璃微球镀银颗粒以及非金属类基材的导电颗粒。要求电磁屏蔽的应该采用镍镀银颗粒,而一般用途的可选择铜镀银颗粒。

4.2.3.2 导电橡胶基胶的选择

导电橡胶基胶是导电颗粒分散的载体或形成胶体连续相,基胶最好选择介电常数尽可能大、黏度尽可能小的生胶,以获得良好的导电性能或通过提高导电颗粒在胶料中的添加量来改善导电性能。

表4-16 几种橡胶材料的物理性能

种 类	丁腈橡胶	乙丙橡胶	氯丁橡胶	硅橡胶	氟橡胶
密度/(g/cm³)	1.0~1.2	0.86	1.2	0.97	1.81
门尼黏度(ML1+4,100℃)	30~100	50~150	45~120	黏性液体	65~180
介电常数	20	3.1~3.4	7.5	3.2~10	2.0~2.5

通过表4-16可以看出,导电橡胶基体材料一般选用硅橡胶、氟硅橡胶、氯丁胶、乙丙橡胶以及丁腈胶等,其中硅橡胶和氟硅橡胶性能基本相同,具有较高的介电常数,是唯一呈粘流态的橡胶以及较小的密度。笔者发现氯醇橡胶也是非常好的基胶,采用乙炔碳黑等导电填料可以制备通用型导电橡胶,其体积电阻率可达$10^2\Omega\cdot cm$。

另外选择基胶还需考虑导电橡胶的使用环境,在热空气中使用时可以选择硅橡胶、乙丙橡胶等;在与油或油气接触则应选择氟硅橡胶、丁腈橡胶、氯醇橡胶以及氯丁橡胶等。目前制备高导电橡胶均采用硅橡胶和氟硅橡胶,制备的高导电橡胶除具有优异的导电性能和较宽的使用温度范围(-70℃~200℃)外,还具有良好的混炼和成型工艺性能,适于制造形状和结构复杂的导电橡胶制品。该制品与电器件贴合紧密还可起到减振和密封的作用。氟硅橡胶导电制品具有优异的耐油性能,可用于接触油介质的环境中。硅、氟硅橡胶门尼粘度低、流动性好其工艺性能是其他生胶所不及的,但硅、氟硅生胶的强度低,采用的镀银导电填料粒径大补强性差,因此硅、氟硅为基胶的高导电橡胶力学性能较差。通用导电橡胶多选用天然橡胶、顺丁橡胶、乙丙橡胶和丁苯橡胶,其填充乙炔炭黑后的导电性能如图4-19所示。随着乙炔炭黑的增加电阻变小,在同等填充量下,顺丁橡胶导电性能要比天然橡胶、丁苯橡胶好得多。

4.2.3.3 硫化体系的选择

高导电橡胶一般采用硅橡胶和氟硅橡胶,填加乙炔炭黑和导电金属粉末,这些胶料均采用过氧化物作为硫化剂。在选乙炔炭黑作为导电填料时,由于乙炔炭

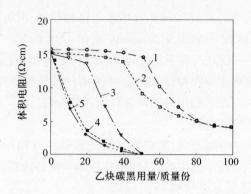

图 4 - 19　各种生胶填充乙炔炭黑后的体积电阻
1—丁苯橡胶；2—天然橡胶；3—顺丁烯橡胶；4—氟硅橡胶；5—硅橡胶。

黑粒子表面存在不对称电子易形成 π 电子，它能消耗酰基过氧化物分解产生的游离基，故酰基过氧化物如过氧化苯甲酰（BP）、2,4 - 二氯苯酰过氧化物（DCBP）均不能使乙炔炭黑填充的硅橡胶交联。而芳基和烷基过氧化物如过氧化二异丙苯（DCP）和 2,5 - 二甲基 2,5 - 二叔丁基过氧化物等均可使乙炔炭黑填充的硅橡胶硫化，且具有良好的体积电阻率和物理化学性能。导电填料自身特性对硫化体系的选择起决定作用，在选择填料时应考虑硫化剂是否产生副反应，造成欠硫和不硫化现象。以乙炔炭黑填充的导电硅橡胶为例，采用 DCP 硫化剂，当用量小于 1 份时，随 DCP 用量的增加，体积电阻率下降；当用量为 1 份 ~ 3 份时二段硫化胶的体积电阻率基本上不变化，说明达到一定交联度后，硫化剂对导电性能影响不显著。

4.2.3.4　影响橡胶导电性的其他因素

导电填料在生胶中分散程度直接影响导电通路和数量，当分散不均匀时导电填料的聚集体没有被打开，造成导电性能下降，所以导电橡胶混炼工艺是十分关键的。采用金属粒子制备导电橡胶时，金属及镀银导电颗粒的粒径均在 $5\mu m$ ~ $80\mu m$，而白炭黑的粒径为 $8nm$ ~ $15nm$，炭黑为 $30nm$ ~ $40nm$。由于金属颗粒粒径较大，制备胶料时由于炼胶机强烈的机械剪切作用，会使金属颗粒变形，甚至使镀银颗粒表面的银层脱落，造成导电颗粒导电性能急剧下降，因此必须要先混炼母胶，然后再添加导电填料，辊距不要低于 1mm 以减少机械作用对导电金属颗粒破坏。

在选择结构控制剂和其他添加剂时，应避免选用含有卤素元素、胺基以及氧化性较强的元素和基团，以避免镀银层被氧化造成导电性能下降。导电橡胶的硫化状态不仅影响硫化胶物理机械性能，同时也影响导电性能。对于乙炔炭黑填充的导电硅橡胶需要二段硫化，一段硫化胶的体积电阻率要比二段硫化胶大近 2 倍，图 4 - 20 给出了二段硫化过程中乙炔炭黑填充的硅橡胶体积电阻的变化。二段硫化初期体积电阻率明显下降，随二段硫化时间延长体积电阻率趋于恒定。所以乙炔炭黑填充硅橡胶采用鼓风热烘箱在 200℃经 4h 热处理后，硫化胶导电性能达到最佳状态。

对于采用金属导电填料的硅橡胶也应进行二段硫化,由于导电粒子表面银层在高温下易氧化,因此其二段硫化温度不可超过 120℃,一般条件为:在鼓风式热烘箱内 100℃ ×6h ~8h。图 4 – 21 为 100℃下体积电阻率随时间的变化。如果二段硫化温度选择在 120℃时,热处理 1h 其体积电阻急剧增高,可达 $10^3\Omega\cdot cm$ 以上。

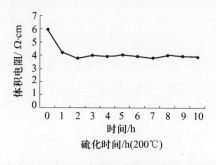

图 4 – 20　二段硫化对乙炔炭黑填充
硅橡胶的体积电阻的影响

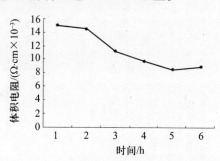

图 4 – 21　体积电阻率随二段硫化
时间的变化

4.2.4　国内外导电橡胶性能

近年来导电橡胶的研究日臻完善,一批电性能优异、工艺稳定性好的胶料相继投入使用。国内外通用导电橡胶和高导电橡胶的性能对比,见表 4 – 17 ~ 表 4 – 19。

表 4 – 17　国内外通用导电橡胶性能的对比

产品牌号	日本东芝硅橡胶公司 YE3452μ	美国通用电气公司专利	北京航空材料研究院 EC4260	西北橡胶制品研究所	
				D – 5	D – 131
导电填料	乙炔炭黑	乙炔炭黑	乙炔炭黑	乙炔炭黑	乙炔炭黑
硫化类型	过氧化物	铂催化	过氧化物	过氧化物	铂催化
主要特点	导电性好	常压热空气硫化	导电性能及综合性能好	导电性能及综合性能好	常压热空气硫化
密度/(g/cm³)	1.18	—	1.20	1.15	—
硬度(邵氏 A)	62	60	60	60	68
拉伸强度/MPa	5.0	3.67	5.7	5.7	4.7
扯断伸长率/%	220	140	200	265	228
撕裂强度/(kN/m)	12	21	22	20	24
冲击弹性/%	—	—	35	39	31
线性收缩率/%	4.7		4.0	5.3	4.7
体积电阻率/Ω·cm	4.0	10	5.0	5.3	4.7

表 4-18　国外高导电橡胶性能

导电胶牌号	CHO-SEAL 1501	CHO-SIL 1401	CHO-SEAL 1224	CHO-SEAL 1240	CHO-SEAL 1215	CHO-SEAL 1212	CHO-SEAL 1278	CHO-SEAL 1350	CHO-SEAL 1285	CHO-EAL 1221	CHO-SEALL 6303	CHO-SEAL 1217	CHO-SEAL 1287	CHO-SEALV 6433	CHO-SEALE 6434	DX-1
基体材料	硅橡胶	硅橡胶	硅橡胶	硅橡胶	硅橡胶	硅橡胶	硅橡胶	硅橡胶	硅橡胶	氟硅橡胶	氟硅橡胶	氟硅橡胶	氟硅橡胶	氟橡胶	三元乙丙	三元硅橡胶
导电填料	Ag	Ag	Ag	Ag	Ag/Cu	Ag/Cu	Ag/Ni	Ag/玻璃	Ag/Al	Ag	Ni/C	Ag/Cu	Ag/Al	Ag/Ni	Ag/Ni	Ag
体积电阻率/Ω·cm	0.03	0.010	0.002	0.005	0.004	0.005	0.005	0.01	0.008	0.002	0.1	0.010	0.012	0.006	0.006	0.01
硬度(邵氏A)	35	45	65	80	65	80	75	65	65	75	65	75	70	85	75	65
密度/(g/cm³)	2.7	1.6	3.4	4.0	3.7	3.5	4.0	1.8	1.9	4.0	2.3	3.85	2.0	4.8	3.9	3.6
拉伸强度/MPa	0.55	1.38	2.07	2.76	1.38	2.76	1.38	1.03	1.38	1.72	1.30	1.24	1.24	2.76	1.38	1.4
扯断伸长率/%	—	75	200	90	100	100	300	75	100	100	200	100	60	100	200	100
撕裂强度/(kN/m)	3.50	3.50	8.75	10.5	7.00	7.00	5.34	4.35	5.25	7.00	6.13	6.13	6.13	12.5	13.5	5.25
100℃×70h压缩永久变形/%	80	30	45	60	32	35	32	30	32	60	25	32	30	45	40	30
脆性温度/℃	—	-55	-65	-55	-65	-45	-55	-55	-65	-65	-45	-55	-55	-25	-45	-45
连续使用的最高温度/℃	200	200	200	160	125	125	125	160	200	200	150	125	200	200	125	200

174

表4-19　国内高导电硅、氟硅橡胶性能比较

导电橡胶牌号	EC6165	EC6265	EC6365	EC6465	EC6665	EF6165	EF6265	EF6365	EF6465	EF6665
基体材料	硅橡胶	硅橡胶	硅橡胶	硅橡胶	硅橡胶	氟硅橡胶	氟硅橡胶	氟硅橡胶	氟硅橡胶	氟硅橡胶
导电填料	银	银/铝	银/镍	银/铜	镍/石墨	银	银/铝	银/镍	银/铜	镍/石墨
硬度(邵氏A)	65	68	66	65	73	66	68	65	65	75
体积电阻率 /$\Omega \cdot cm$	0.002	0.008	0.008	0.008	0.02	0.003	0.009	0.008	0.008	0.03
密度/(g/cm^3)	4.3	1.9	4.5	3.9	1.7	4.3	1.9	4.6	3.9	1.8
拉伸强度/MPa	2.1	1.8	1.9	2.3	1.8	2.4	1.9	2.1	2.4	1.8
扯断伸长率/%	130	120	130	140	130	130	130	140	120	120
撕裂强度 /(kN/m)	6.5	6.5	6.5	6.5	6.5	6.5	6.5	6.5	6.5	6.3
100℃70h 压缩永久变形/%	24	24	23	22	19	22	24	24	22	20
脆性温度/℃	-55 通过	-55 通过	-55 通过	-55 通过	-55 通过	-55 通过	-55 通过	-55 通过	-55 通过	-55 通过
连续使用的最高温度/℃	200	160	125	125	150	200	160	125	125	150

通过性能对比可以看出,目前通用导电橡胶国内外的性能水平相当,在力学性能、体积电阻率以及导电填料也很相近。在高导电橡胶性能方面国内外的也基本相近,但国内品种规格较少,国外导电胶料已经系列化,种类繁多选择面广。

4.2.5　导电橡胶制品生产工艺

室温硫化加成型硅橡胶和过氧化物硫化的乙烯基硅橡胶,黏度低流动性好均可制成导电硅橡胶,可采用不同的成形工艺生产出形状复杂的导电橡胶零件。

高温硫化硅橡胶常用模压硫化工艺,根据硫化剂的类型确定硫化温度,按橡胶制品大小和厚度选取硫化时间。也可采用压出工艺用微波、沸腾床等硫化装置进行硫化。至今还未见使用注射成型工艺的报道,表4-20列出了几种常用的加工方法和硫化条件。

表4-20　导电橡胶常用的加工方法和硫化条件

胶料牌号	适宜的加工方法	一段硫化条件(2mm 厚试片)℃×min	二段硫化条件(烘箱)
导电硅、氟硅橡胶	模压、压延、压出	根据硫化剂种类确定	室温→50℃→100℃×4h (1h 1h)
其他生胶为基胶的导电橡胶	模压、压延、压出	按一般胶料加工方法进行硫化	

加工中应注意以下事项:①加工过程中必须保证胶料清洁,防止混入外来杂质。②胶料存放过程中要变硬可塑性降低,使用前必须进行返炼,待胶料变软表面光滑平整后即可下料出片。返炼时间不足时表面会有皱纹,返炼过度胶料则发黏而粘辊。③压机硫化的模具温度应低于硫化剂的分解温度否则易焦烧,加压后应迅速放气 1 次~2 次以排除模腔内的空气。对于大型或厚制品件在硫化完成后继续保压将模具冷却到 70℃~80℃ 再启模,防止制品产生气泡和损坏。④二段硫化时橡胶件的放置不应产生变形。硫化结束后关闭电源自然冷却至室温,制品的骤然冷却会引起开裂和变形。⑤对于采用金属导电粒子制备的高导电橡胶尽量减少返炼次数,返炼的辊距不应小于 1mm,防止金属导电颗粒被氧化和镀层损坏。

4.2.6 应用实例

按着橡胶的导电性能可分为四大类,其用途见表 4-21。

表 4-21 导电硅橡胶的种类及用途

导电橡胶种类	体积电阻率范围/Ω·cm	主要用途
半导电橡胶	$10^7 \sim 10^{10}$	传真电极板、低电阻带、静电记录纸、感光纸
防静电橡胶	$10^4 \sim 10^7$	防静电外壳、罩板、电波吸收件、导电轮胎、防爆电缆等
导电橡胶	$10^0 \sim 10^4$	面状发热体、CV 电缆、导电薄膜
高导电橡胶	$10^{-3} \sim 10^0$	印制电路、电极板、电磁屏蔽材料、导电软连接体等

目前防静电橡胶主要用于矿山输送带、纺织用胶辊等方面;导电橡胶则主要用于电子仪器开关触点、液晶显示及医疗保健器材等方面;随着电子工业和国防工业的发展,导电橡胶这一新型功能材料应用的范围越来越广泛。其中导电橡胶既有优良的导电性能,又保留了高分子材料结构的多样性、易加工、密度小等优点,符合现代信息科技对器件尺寸微型化的要求,特别适用于电子、光学、磁学等形状复杂的器件上。美国、日本对聚合物导电高分子材料的需求量每年以 20%~30% 的速度递增,发展潜力巨大;国内的需求也逐年增长,主要用于电磁屏蔽和触点材料方面,导电橡胶的产量和用途在不断的扩大。

4.3 阻燃防火橡胶

大多数橡胶是可燃或易燃的材料,燃烧时热释放速率大,热值高,火焰传播速度快,不易熄灭;燃烧中产生的浓烟和有毒气体造成对环境的污染和生命安全巨大的威胁。因此,研究橡胶的阻燃防火技术、扩大阻燃防火橡胶材料的应用,具有重大的现实意义。

在某些指定防火区域,如采用一般的阻燃级别的橡胶密封材料难以抵抗火焰和热源的破坏作用,会产生裂纹、气泡、碳化层脱落等现象,难以满足潜在的起火区发生火灾时所必需的防火要求,不能有效地防止有害气体和烟雾的侵入,隔绝热源,阻止热量的传递。如果使用特殊的阻燃防火隔热橡胶材料,可保护武器装备的内部结构、敏感仪器免受热损坏和其他有害物质的侵蚀,提高设备可靠性。

下面介绍橡胶的燃烧特性与阻燃机理,阻燃橡胶与防火橡胶胶料的配方设计、阻燃材料的性能以及应用实例。

4.3.1 橡胶的燃烧特性与阻燃防火途径

4.3.1.1 橡胶的燃烧与阻燃机理

燃烧是可燃剂与氧化剂之间的一种快速氧化反应,是一个复杂的物理—化学过程,并伴随有放热及发光等特征和生成气态和凝聚态产物。

橡胶的燃烧过程一般可分为着火和火焰传播两个阶段,当分解后产生的可燃气体积聚到一定浓度,若遇明火接触并达到其燃点时即发生有焰燃烧,此即着火阶段;橡胶的燃烧持续过程既为火焰传播阶段。当橡胶遇火受热时,其状态变化见图4-22。

着火后的橡胶能否继续燃烧以及燃烧速度的快慢,实际上均取决于乙烷等可燃气体燃烧产物 $HO \cdot$ 的多少,这是因为 $HO \cdot$ 与其他热分解产物如 CO 等可进行如下反应:

$$HO \cdot + CO \rightarrow CO_2 + H \cdot \qquad H \cdot + O_2 \rightarrow HO \cdot + O \cdot$$

生成的 $HO \cdot$ 越多,反应进行得越激烈就会产生更多的热,燃烧得越激烈又导致生成更多的 $HO \cdot$;这样就使 $HO \cdot$ 和 $O \cdot$ 不断的循环产生,不断放出大量热量,使燃烧得以持续进行。燃烧是一个连锁反应过程,如果处在空气流通的环境中,燃烧就会越烧越旺。根据上述橡胶燃烧的过程,橡胶的主要阻燃途径包括以下几种方法:①加入一种可以捕捉 $HO \cdot$ 的物质,终止上述反应发生,使燃烧停止;②加入一种改变橡胶热分解进程、促进形成三度空间炭层、减少焦油和可燃气体等产物;③加入一种受热分解吸收热量并产生不燃气体的物质;④加入一种受热分解产生黏稠物质覆盖在橡胶表面,使橡胶与空气中的氧隔离并起绝热保护作用的物质;⑤加入一种可使橡胶线性分子交联或增加其交联密度,从而提高其热稳定性的物质;⑥在橡胶的分子上引入卤素、磷、氮等阻燃元素。当前橡胶阻燃最常用的方法是上述的①、②、③、④四条途径组合使用,或使用其中二条或三条途径并用,第⑥条途径的成本较高,一般仅在少数情况下应用。

4.3.1.2 影响橡胶燃烧的主要因素

可燃物、空气和热源是物质燃烧的三要素缺一不可。橡胶燃烧进行的难易和

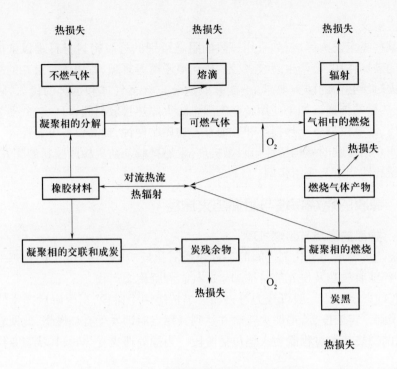

图 4 - 22　橡胶材料燃烧过程示意图

快慢与热源温度、可燃物的特性和氧气的浓度等因素密切相关。①实验证明,热源温度越高,燃烧的速度越快,放出的热量越多;同时热源温度对燃烧时的氧气的扩散速度、热量的散失速度也密切相关。②橡胶的物理化学特性,不同的高聚物的组成、结构和聚集状态都有不同的燃烧特性,在橡胶分子中碳、氢元素的比例越高越易燃烧,如果在大分子中引入卤素(Cl、Br、F)等原子后,燃烧性能随之降低。橡胶的燃烧特性包括有吸热和导热、热分解、燃烧的放热和火焰的传播。③氧气浓度,一般说来物质燃烧需要有充足的氧气,否则,燃烧就不能发生或难于维持稳定的燃烧。空气中的氧含量为21%,通常足以使许多材料(如棉麻、木材及大部分聚合物等)维持稳定的燃烧。材料的组成是决定其燃烧性能的主要因素,不同分子组成的材料,燃烧时要求的氧气氛也不同。

4.3.1.3　橡胶的燃烧等级

各种橡胶的燃烧特性不同,易燃程度与结构密切相关。燃烧的难易程度可用氧指数(LOI)来划分橡胶的燃烧等级:通常氧指数小于20称为不阻燃(易燃级),氧指数在20～30之间称为一般等级(不燃级),而氧指数在30以上称为高阻燃(难燃级)。常用胶种如以氧指数来衡量,则燃烧难易程度排列的顺序见表4 - 22。

表 4 - 22　常用橡胶的氧指数及燃烧等级

序号	氧指数范围	橡 胶 种 类	燃 烧 等 级
1	17	三元乙丙橡胶	易燃级
2	18～19	顺丁橡胶、异戊二烯橡胶、丁基橡胶	
3	20	天然橡胶	不燃级
4	21～22	丁苯橡胶、丁腈橡胶	
5	27～30	氯磺化聚乙烯、氯醚橡胶、硅橡胶	
6	38～41	氯丁橡胶	难燃级

由表 4 - 22 可见,含卤橡胶的氧指数高于不含卤橡胶,不含卤橡胶中含侧基的氧指数高于不含侧基的。不含卤橡胶具有耐燃特性的唯一例外是硅橡胶,其主链结构由硅、氧原子组成,在阻燃方面有一定价值,但其物理性能较差而限制了它的使用范围。不过自身难燃并非橡胶获得阻燃效果的唯一途径,不阻燃橡胶若添加阻燃剂后也具有一定的阻燃性。当然,难燃橡胶中添加阻燃剂则可进一步提升阻燃等级。

4.3.2　阻燃橡胶胶料

由于橡胶与各种添加剂间具有比其他高分子材料更好的相容性,使用阻燃填料对橡胶进行阻燃改性是目前橡胶阻燃化的主要手段。一般橡胶的阻燃是根据橡胶种类及橡胶制品的用途选择一种或多种阻燃剂、或选择复合阻燃剂体系与其他配合剂并用制得各种阻燃橡胶制品。近年来,采用化学改性方法制备阻燃橡胶取得了一些进展,但尚未在工业中大量采用,如通过化学反应在天然橡胶主链上引入氯原子、在硅橡胶主链上结合大环配体等。

4.3.2.1　阻燃剂的种类[8]

在实际应用中橡胶的阻燃化多采用加入阻燃剂的方法。按阻燃剂与被阻燃材料的关系,阻燃剂可分为添加型及反应型两大类。添加型阻燃剂与基材及其他组分不发生化学反应,只是以物理方式分散于基材中。国内外已开发了许多用于橡胶和塑料的添加型有机阻燃剂,如十溴二苯醚、三(2,3 - 二溴丙基)磷酸酯、六溴环十二烷、聚 2,6 - 二溴苯醚、氯化石蜡、多磷酸酯及红磷等。反应型阻燃剂或作为高聚物的单体,或作为辅助试剂而参与合成高聚物的化学反应,最后成为高聚物的结构单元。如在二甲基硅橡胶分子主链上引入对亚苯基,使其成为含有对亚苯基链节、具有热稳定性较高的硅橡胶可提高其阻燃性按阻燃元素种类,阻燃剂常分为卤系、有机磷系及卤—磷系、氮系、磷氮系、锑系、铝镁系、无机磷系、硼系、钼系等。前几类属于有机阻燃剂,后几类属于无机阻燃剂。目前在工业上用量最大的阻燃剂是卤化物、磷(膦)酸酯(包括含卤衍生物)、聚磷酸铵、氧化锑、氢氧化铝、氢氧化镁及硼酸锌。近年来,出现了一类新的所谓膨胀型阻燃剂,它们多是磷—氮化合物的复合物。

(1) 卤素阻燃剂(包括溴系和氯系)是目前世界上产量最大的有机阻燃剂,具有高效阻燃、适用范围广、原料充足等优点。卤素阻燃剂在一定程度上改善了高分子材料的阻燃性,降低发生火灾的可能性,但同时也增加了有毒烟雾、腐蚀性气体等有害物质的产生,造成使逃离者窒息或迷失方向、腐蚀损坏设备和电路等重要设施。因此,随着人们环保意识的提高,卤素阻燃剂的使用逐渐减少,阻燃剂的无卤化成为橡胶阻燃技术研究的一个重要发展方向。

(2) 含磷阻燃剂是与卤素阻燃剂同等重要的阻燃剂,品种多、用途广,应用最多的是有机磷的磷酸、磷酸酯和无机的红磷、聚磷酸铵。前者受热分解产生正磷酸,促进聚合物炭化,或者覆盖在其表面以阻止火焰的蔓延;后者受热时产生聚偏磷酸,既可覆盖于材料表面形成隔离层,又可促进材料炭化,隔绝氧和热量的传输使燃烧中断。但该系列阻燃剂特别是磷酸酯都有一定的毒性,制造和使用过程中会对环境造成污染,并且会使阻燃材料燃烧时发烟量增加。

(3) 金属氢氧化物阻燃剂主要有氢氧化铝、氢氧化镁,其燃烧时无有害气体产生,符合低烟、无毒要求,安全性较高,既能阻燃又可作填充剂,降低材料成本,因而近年来用量急剧增加。但金属氢氧化物缺点是阻燃效率低,需大量填充而导致胶料性能降低、其在橡胶中分散性和加工流动性比较差。为克服上述缺点,通常采用对金属氢氧化物表面改性和超细化等方法。

(4) 含硅阻燃剂包括硅酸盐、硅胶、硅酮类等。该类阻燃剂作用形式多样,其作用机理也不尽相同。硅酸盐、硅胶等受热形成玻璃状物覆盖在材料表面达到阻燃目的,硅酮阻燃剂则是形成硅酮特有的 – Si – O – 键和(或) – Si – C – 键的无机隔氧绝热保护层,既阻止了燃烧生成的分解产物的外逸,又抑制了高分子材料的热分解,达到高阻燃、低发烟、低毒性的目的。含硅阻燃剂不论单独使用、或与聚合物掺合、还是作为合成共聚物都是极有发展前途的阻燃剂。

(5) 膨胀型阻燃剂(IFR)是最近发展起来的一类阻燃体系,具有发烟量少、无滴落和不产生毒气等优点。膨胀型阻燃剂主要以磷、氮为主要成分,由碳化剂、碳化催化剂和膨胀剂三部分组成,其典型的膨胀阻燃体系为聚磷酸铵(APP)+季戊四醇((PER)+三聚氰胺(MEL)。该类阻燃剂少烟、低毒,但阻燃效率尚需提高。

(6) 无机阻燃剂包括锑系阻燃剂、硼系阻燃剂、锡系阻燃剂、钙化合物、钼化合物、铁化合物等。

随着阻燃技术的发展,阻燃剂已成为一类品种繁多、性能多样的聚合物添加剂或助剂。在制备阻燃橡胶和制品时选用何种阻燃剂,要视橡胶种类及制品的用途而定。表4 – 23 给出了一些常用橡胶适用的复合阻燃剂体系。

表 4 - 23   一些常用橡胶适用的复合阻燃剂体系

橡 胶 名 称	适用的阻燃剂体系
天然橡胶	氯化石蜡 - 70,Sb_2O_3,$Al(OH)_3$
丁苯橡胶	氯化石蜡 - 70,四溴双酚 A(三溴苯酚),磷酸三(2,3 - 二氯丙基)酯,Sb_2O_3,$Al(OH)_3$
乙丙橡胶	Sb_2O_3(氧化锆),$Al(OH)_3$,$CaCO_3$,十溴二苯醚,三(2,3 - 二氯丙基)三异氰酸酯,FB 阻燃剂(即硼酸锌)
氯丁橡胶、氯磺化聚乙烯、氯化聚乙烯	① Sb_2O_3,FB 阻燃剂(即硼酸锌),$Al(OH)_3$,氯化石蜡 - 70,三(2,3 - 二氯丙基)三异氰酸酯 ② Sb_2O_3,全氯戊环癸烷(Dechorance),$Al(OH)_3$ ③ Sb_2O_3,磷酸三(2,3 - 二氯丙基)酯,$Al(OH)_3$,十溴联苯醚[或三(2,3 - 二氯丙基)三异氰酸酯]
丁腈橡胶	Sb_2O_3,硼酸锌,磷酸三甲酚酯(磷酸三甲苯酯),氯化石蜡 - 70
硅橡胶	铜及铜化合物,铂及铂化合物,硅酸铝,四溴双酚 A,六溴苯,十溴联苯醚

阻燃剂的作用是通过在着火过程中发挥下列的一个或多个作用来实现的:①捕捉自由基;②吸收热量;③生成稳定的覆盖层或泡沫状物质的覆盖作用;④产生不燃气体稀释可燃气体的稀释作用;⑤使橡胶发生热分解的转移作用。

4.3.2.2　阻燃橡胶配方设计[9]

阻燃橡胶的配方设计包括:橡胶胶种的选择,硫化体系、阻燃体系、促进体系、补强填充体系的确定。按照橡胶大分子的组成和易燃程度,可将橡胶分为烃类橡胶、含卤素橡胶和主链上含杂元素的橡胶三类,以下将分别介绍这三类橡胶的阻燃配方设计。

1. 烃类橡胶

烃类橡胶是指橡胶大分子链中只含碳、氢的橡胶品种,它是三类橡胶中数量最多的胶种,其阻燃性能最差,属于可燃的或易燃的橡胶材料。氧指数低,热释放速率高,而且在燃烧过程中生烟量较大,成炭量非常低。这类橡胶的阻燃化配方设计应从以下几个方面进行:

(1) 选择门尼黏度较大的生胶。相对分子质量大的胶料耐热性能比较好。

(2) 与含卤素橡胶共混。如在乙丙橡胶、天然橡胶、顺丁橡胶、丁腈橡胶中掺入氯丁橡胶、氯磺化聚乙烯、氯化聚乙烯等材料既可保证胶料的物理机械性能,又提高了胶料的阻燃性能,含卤素橡胶一般加入量为15% ~40%。

(3) 添加阻燃剂体系。烃类橡胶的阻燃剂体系可以采用无机阻燃填料与其他种类阻燃剂复合的阻燃剂体系。无机阻燃填料可以减少可燃橡胶材料所占的比例,提高胶料的阻燃性能。常用的无机阻燃填料有氢氧化铝、氢氧化镁、碳酸钙、陶土、滑石粉、沉淀法白炭黑等。但是一般无机阻燃填料的填充量大,往往会影响制品的物理机械性能,因此常常需要与其他种类的阻燃剂配合使用,如三氧化二锑、含卤阻燃剂等。

(4) 选择合适的硫化体系提高橡胶的交联密度。实验证明,橡胶的交联密度增大,其耐热性能随之提高。

(5) 选择加入阻燃性的软化剂,既满足加工性要求又可改善胶料的阻燃性。

2. 含卤素橡胶

含卤素橡胶是指橡胶大分子中包含有卤素原子的橡胶品种,主要有氯丁橡胶、氯磺化聚乙烯橡胶、氯化聚乙烯、氟橡胶等,卤元素的含量大多在28% ~40% 范围。这类橡胶的氧指数高于不含卤素橡胶,阻燃性较好,难以燃烧。但是由于分子中含有卤素燃烧时的发烟量很大,燃烧产物的毒性和腐蚀性较强,必须重视和予以解决。这类橡胶的阻燃配方设计应从以下几个方面进行:①阻燃剂体系一般通过加入三氧化二锑、氯化石蜡、十溴二苯醚以及氢氧化铝、硼酸锌复合阻燃体系,进一步提高含卤素橡胶的阻燃性能。②添加碱性无机阻燃填料,吸收和消除燃烧产生的卤化氢等有害气体。如碳酸钙、氢氧化铝、氧化锌、氧化镁等填料,能与氯化氢反应生成稳定的氯化物,从而减少了氯化氢对机器设备等的腐蚀作用。③加入一定量的磷酸酯起增塑作用,如磷酸三甲酚酯、磷酸三甲苯酯。

3. 主链上含杂元素的橡胶

主链上含杂元素的橡胶是指橡胶大分子主链上除含碳、氢外,还含有其他元素的橡胶,如硅橡胶、聚硫橡胶、氯醇橡胶、1,2 – 环氧丙烷橡胶和硝基橡胶等。

这类橡胶中最重要的就是硅橡胶,其主链结构由硅、氧原子组成,耐热性和阻燃性优于烃类橡胶,燃烧时的发烟量小,无有毒和腐蚀性燃烧产物生成,因此硅橡胶作为阻燃防火橡胶基胶的地位越来越重要。硅橡胶的阻燃化主要是提高热分解温度、增加热分解时残渣和减缓产生可燃气体的速度:

(1) 采用反应型阻燃剂,在其分子主链上引入对亚苯基等空间位阻大的基团,以提高其热分解温度。

(2) 使用添加型阻燃剂提高硅橡胶的阻燃性。硅橡胶常用的添加型阻燃剂体系有:铜及铜化合物、铂及铂化合物、硅酸铝、芳香族溴化合物等。上述这些添加型阻燃剂起到催化作用,使硅橡胶的热分解反应发生了变化燃烧残渣量增加,从而起到了隔热和延缓燃烧的作用。

(3) 通过添加氢氧化铝、氢氧化镁等无机阻燃剂来提高其阻燃性,这些无卤阻燃剂具有发烟量少、产生气体毒性量低,且分解温度较高吸热量大,能够降低材料的温度、减少可燃气体浓度起到阻燃的作用。

4.3.2.3 阻燃橡胶的性能及其制品的性能

阻燃橡胶的性能与添加的配合剂类型有密切关系,表4 – 24列出了一些常用的阻燃橡胶品种及性能。

表 4 –24　阻燃橡胶的品种及性能

| 橡胶品种 | 配合体系 | | 物理力学性能 | | 阻燃性能 |
	阻燃剂体系	硫化体系	拉伸强度/MPa	断裂伸长率/%	垂直燃烧等级
天然橡胶	三氧化二锑/氯化石蜡/氢氧化铝	硫磺/促进剂	14～20	—	—
氯丁橡胶	三氧化二锑/氯化石蜡/氢氧化铝	氧化锌/氧化镁/促进剂	10～21	400～650	UL94 V－0
氯化聚乙稀	三氧化二锑/氯化石蜡/轻质碳酸钙/陶土	氧化锌/氧化镁/促进剂	8～20	300～750	UL94V－0
丁腈橡胶/聚氯乙烯（50/50）	三氧化二锑/氯化蜡/磷酸三苯酯	硫磺/促进剂/氧化锌	8～16	350～500	UL94V－0
丁苯橡胶	轻质碳酸钙/氢氧化铝/陶土/高苯乙烯树脂	硫磺/促进剂	8～11	200～500	UL94V－0
三元乙丙橡胶	氢氧化铝/氢氧化镁	氧化锌/TAC	9～17	280～700	UL94V－0
硅橡胶	氢氧化铝/苯基硅醇/铂化合物	有机过氧化物	4～10	150～500	UL94V－0

　　与其他种类的橡胶相比,硅橡胶不仅具有良好的阻燃性能,而且由于阻燃体系中可以不使用卤素化合物,燃烧不会产生有害气体。因此,阻燃硅橡胶已逐渐成为最主要的阻燃橡胶材料。目前国内外推出的阻燃硅橡胶的系列牌号,见表4 –25 ~ 表4 –27。

表 4 –25　国内外一些阻燃硅橡胶性能

橡胶牌号	Elastosil R 501/65 501/75	Elastosil Rplus533/60	MF8970L SP 2Grey A＋B	XHG－5061	SE3070	SE3060
密度/(g/cm³)	1.20/1.23	1.14～1.18	1.54	1.45±0.05	1.4±0.5	—
硬度(邵氏 A)	62/70	63～73	73	60±2	70±5	65～80
拉伸强度/MPa	10.0/8.0	9.0	6.5	4.0	5.5	6
断裂伸长率/%	450/450	600	200	150	200	200
撕裂强度/(kN/m)	19/30	45	17	10	—	—
极限氧指数/%	30	32	39	—	30	30
垂直燃烧等级	—	—	FV(IEC587)	UL94V－0	UL94V－0	UL94V－0
生产厂商	Wacker 公司		蓝星有机硅	新安化工	北京航空材料研究院	

表 4 – 26 Dow Corning 公司阻燃硅橡胶性能

橡胶牌号	SH – 502U A/B	SH – 1447U A	FM – 351U	211 Series
密度/(g/cm³)	1.38	1.46	1.41	1.37 ~ 1.45
硬度(邵氏 A)	54	70	57	44 ~ 82
拉伸强度/MPa	7.4	7.5	8.5	6.0 ~ 7.5
断裂伸长率/%	550	220	340	630 ~ 185
撕裂强度/(kN/m)	22	13	18	15 ~ 18
垂直燃烧等级	UL94V – 0	UL94V – 0	UL94V – 0	UL94V – 0

表 4 – 27 迈图有机硅阻燃硅橡胶性能

橡胶牌号	TSE2184U	TSE2186U	TSE2187U	HV2/3370UL
密度/(g/cm³)	1.44	1.49	1.50	1.33
硬度(邵氏 A)	55	58	55	70
拉伸强度/MPa	7.6	8.0	5.6	8.5
断裂伸长率/%	440	350	420	350
撕裂强度/(kN/m)	22	21	20	21
垂直燃烧等级	UL94V – 0 (1.5mm)	UL94V – 0 (0.5mm)	UL94V – 0 (1.0mm)	UL94V – 1(2.0mm) UL94V – 0(3.0mm)

目前,阻燃橡胶应用较多的是阻燃运输带、阻燃胶布制品、阻燃胶板、电线电缆、电器及电子零件用阻燃橡胶制品等,应用实例见表 4 – 28。

表 4 – 28 阻燃橡胶制品的种类

阻燃橡胶制品	主 要 用 途	对阻燃橡胶的性能要求	可选用的橡胶种类
阻燃运输带	胶带运输机	强度高,绝缘性好	氯丁橡胶,天然橡胶,丁腈橡胶,氯磺化聚乙烯,氯化聚乙烯等
阻燃胶布制品	人体防护制品,设备、材料用防护制品,通风制品	耐老化,质地柔软,气密性好,与织物粘接性好	天然橡胶,氯丁橡胶,氯化聚乙稀,硅橡胶等
阻燃橡胶胶板	衬垫、零件用胶板,橡胶地板、地砖	衬垫、零件用胶板要求耐热空气老化,橡胶地板要求耐磨、防滑、无嗅、减振	天然橡胶,丁苯橡胶,氯丁橡胶,丁腈橡胶,乙丙橡胶,丙烯酸酯橡胶,氟橡胶,硅橡胶,氯化聚乙烯,氯磺化聚乙烯,聚氯乙烯等
电线电缆用阻燃橡胶制品	电线电缆绝缘材料及外层保护材料	绝缘性好,低烟无毒	乙丙橡胶,氯丁橡胶,氯磺化聚乙烯,硅橡胶,天然橡胶,丁苯橡胶等

阻燃橡胶制品	主要用途	对阻燃橡胶的性能要求	可选用的橡胶种类
电器及电子零件用阻燃橡胶制品	电子元器件、构件，电子设备壳体材料，阻燃海绵橡胶制品	高阻燃，绝缘性好，耐热氧老化	氯丁二烯橡胶，橡胶改性高抗冲聚苯乙烯，乙丙橡胶，氯磺化聚乙烯，硅橡胶等
低烟无卤阻燃橡胶制品	有低烟、无卤、无毒要求的橡胶制品	低烟，无卤，无毒	硅橡胶，丁苯橡胶，乙丙橡胶，丙烯酸酯橡胶，天然橡胶等
其他阻燃橡胶制品	橡胶轮胎，橡胶密封材料，橡胶防水卷材，橡胶胶管等	—	各类橡胶

　　阻燃胶布的制品种类和应用非常多，随着航空、航天、舰艇及高速列车等领域对阻燃材料提出更新的要求，阻燃胶布产品也在逐渐更新换代，北京航空材料研究院在此方面做了一些研究工作。表 4-29 列出了几种阻燃橡胶棚布的性能，主要应用于高速列车、地铁列车的蓬布风挡。表 4-30 为阻燃橡胶胶布制备的通风软管的性能，该软管用于航天器通风系统的刚性管道的软连接上。

表 4-29　XJB 系列阻燃橡胶棚布产品

牌　号			XJB-1		XJB-2	XJB-3	XJB-4
规格(厚度)/mm			0.7~1.1	1.7~2.1	1.1~1.5	1.7~2.1	1.0~1.2
性能	拉伸强度/(N/30mm)	经向	1500	3000	400	400	3000
		纬向	1500	3000	300	300	2300
	疲劳性能		5 万次 20% 拉伸不断不裂		10 万次 30% 拉伸不断不裂	—	
	脆性温度/℃		—				≤-55
	热老化(80℃×24h)拉伸强度变化率/%		—				≤10
	氧指数		26	28	25	30	—
	45°角燃烧		难燃级				
	烟密度		—	—	≤75	≤75	A0(ON)[①]≤2. A0(OFF)[②]≤3.9 R[③]≤1.0
	表面火焰扩散等级(最差允许级别)		—	—	—	—	水平俯卧表面:类别1 垂直表面:类别2
	火传播指数		—	—	—	—	i_1[④]≤6 I[⑤]≤12
	环保性能/(mg/kg)		—	—	—	—	可溶性铅≤5 可溶性镉≤5 有机挥发物≤6 甲醛≤1.5

(续)

牌 号	XJB-1		XJB-2	XJB-3	XJB-4
规格(厚度)/mm	0.7~1.1	1.7~2.1	1.1~1.5	1.7~2.1	1.0~1.2
特点	高强度、密封好		低毒、低烟、弹性胶布	无卤、无毒	高强度、耐高低温、环保、符合英国BS6853Tadle2标准⑥
应用	低速列车、准高速列车、船舶橡胶风挡		高速列车(时速300km/h)车端风挡	高速列车(时速300km/h)、地铁列车下车端风挡	超高速列车(时速400km/h以上)、地下全封闭列车车端风挡

①A0(ON)为点燃开始时烟密度;②A0(OFF)为火焰结束时烟密度;③R为烟雾重量;④i_1为分指数;⑤I为火焰增长指数;⑥XJB-4型橡胶棚布的烟密度、表面火焰扩散等级、火传播指数和环保性能均按照英国BS 6853 Tadle2标准进行测试

表4-30 TG系列阻燃胶布通风软管产品

	规格/mm	70	120	153	183
尺寸	内径/mm	70~73	120~123	153~156	183~186
	长度/mm	400±10	400±10	400±10	300±10
面密度		<1.1kg/m²			
耐热性		-20℃~100℃下长期使用			
阻燃性①	60s垂直点燃自熄时间	<15s			
	12s垂直点燃自熄时间	<15s			
挥发性②	总质量损失	≤1%			
	可凝挥发物	≤0.1%			
毒性③	一氧化碳	≤25μg/g			
	总有机物	≤100μg/g			

①阻燃性符合HB 5470—91《民用飞机机舱内非金属材料燃烧性能要求》;②挥发性按标准QJ 1558《真空中材料挥发性能测试方法》进行测试;③毒性的测试条件为正常大气环境(101.325kPa),50℃,72h

4.3.3 防火橡胶胶料

防火橡胶是指在火焰的高温灼烧下能够保持长时间不变形、不脆化,有外部应力作用时不易从接缝中脱落,可以防止烟雾、火焰、热气从接缝处穿过的橡胶材料。这种橡胶材料在接触火焰时,通常表面能够形成坚固的陶瓷化保护层,并且不会从

接缝中脱落。

4.3.3.1 防火橡胶与阻燃橡胶的区别

阻燃材料与防火材料是有区别的,能够阻燃的材料不一定能够防火,它们在功能和应用等方面的要求也存在差异。阻燃是指材料自身具有不易点燃,防止、减缓或终止火焰燃烧以及提高耐燃的性能。而防火是指材料在火焰燃烧下延迟基体材料的热穿透,保持其设计功能的能力。防火材料或部件需要具有较低的热导率和良好的隔热性能,能对其背面的材料或器件起到保护作用。所以防火材料更加注重于自身的耐火性和隔热性能。根据国外标准,"防火"的定义是一种材料或者部件可以经受 2000 ℉(1093℃)火焰 15min 而不烧穿,在其背面观察不到任何火焰。

在某些指定防火的特殊区域,如采用普通的阻燃级别的橡胶材料难以抵抗高温火焰、热源的破坏作用,会产生裂纹、气泡、碳化层脱落等现象,不能满足潜在的起火区所必需的防火要求,即防止有害气体和烟雾的侵入,以及有效隔绝热源、阻止热量的传递。因此必须使用阻燃防火隔热橡胶保护机体内部结构、仪器等敏感部件免受热损坏和其他有害物质的侵蚀。防火隔热橡胶既可作为防火墙的弹性隔热层或防火橡胶密封件使用,也可单独使用或与织物复合制成橡胶紧箍件、衬垫、套管以及各类防火型材,用于航空、航天、舰艇船舶、电子电器、电线电缆、汽车、机械、建筑及日常生活等需要阻燃防火的部位。

4.3.3.2 防火橡胶性能评价

目前防火材料最主要的测试标准有 ISO 2685、AS 5127/2、FAA – AC – 20 – 135 以及 Aircraft Materials Fire Test Handbook。这些标准对防火测试的规定要求基本一致,AS 5127/2 和 FAA – AC – 20 – 135 要求能够经受温度为 2000 ℉ ± 65 ℉(1093℃ ± 65℃)、热流量达到 $10.6W/cm^2$ 的火焰燃烧 15min 以上而不被烧穿。借鉴国外防火材料的测试标准,国内相关的标准 HB 6167.14—92,其要求的火焰温度为 1100℃ ± 80℃,热流量为 $11.6 ± 1W/cm^2$。图 4 – 23 为防火测试专用的装置。在高温火焰喷灯喷口前方为测试试片安放位置,试片前面的管状装置为热流量计,在进行试验时测量火焰的热流量。

测试的具体操作步骤如下:点燃喷灯,预热 5min,用高温热电偶测量火焰在试片位置的温度 2min,通过调节喷灯的空气流量使其平均最低温度达到 1093℃ 以上;移走热电偶,将准备好的热流量计移到测试位置测量火焰热流量;如果热流量没有达到规定值,调节喷灯提高其热流量,之后再用热电偶测量温度,用热流量计测量热流量;反复调整直到温度和热流量都达到规定值。将试片放于测试处同时开始计时,如试片未烧穿且背面未着火,则在 15min 后终止试验,试片达到防火材料要求;或者在 5min 后终止试验,试片达到耐火材料要求。取下试片后,再用热电偶测量测试位置火焰温度 2min,如果平均温度低于要求温度 65℃ 以上,则调节喷灯重做试验;如果高于要求温度 65℃,则在记录里加以说明。

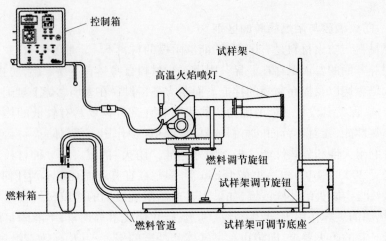

图 4 - 23　防火试验测试装置

4.3.3.3　防火隔热方法及其机理

制备防火材料的机理都是要阻止燃烧反应的发生。具体的实施方法有以下几种：

（1）加入各种无机填料。无机填料本身是不燃的,其热导率低可以延滞热量传递速度。

（2）添加吸热后可分解的阻燃剂,如氢氧化铝等。氢氧化铝热分解脱水过程中吸收一部分燃烧热,将使体系的温度降低。脱出的水在燃烧温度下变成水蒸气也需吸收热量。另外反应产生的 Al_2O_3 是无机耐火材料,与燃烧形成的其他碳化物在材料周围形成惰性屏障,起到减缓燃烧速度和控制火势蔓延的作用。

（3）加入热作用下能释放出活性气体的阻燃剂,如卤化物通常能对影响火焰形成或增长的自由基产生作用。一般说来燃烧时,链自由基 OH· 以及 H· 是引起火焰增长的主要因素。若能将其传递步骤加以抑制,对燃烧中自由基的结合和终止起催化作用,能控制自由基 OH·、H· 的生成,或终止就可控制住火焰的增长,使燃烧连锁反应中断,达到阻燃的目的。

（4）选择加入分解时能释放出大量惰性气体的添加剂。惰性气体可冲淡氧气浓度产生气体屏蔽作用,使氧气难以助燃能有效提高阻燃效果。

（5）加入受热后并不发生化学反应而只释放出重质蒸气的添加剂。这种蒸气可覆盖住体系分解出来的可燃气体,影响它与空气和氧气的正常交换,对产生火焰及延燃起到阻燃作用。

（6）加入膨胀防火体系的阻燃剂。遇火可膨胀并形成均匀而致密的蜂窝状或海绵状的炭质泡沫层,泡沫层不仅隔绝了氧气,而且因为其质地疏松有良好的隔热性能,可延滞热量传向被保护基材的速率,避免火焰和高温对基材破坏,起到高效的防火隔热作用。

（7）加入低熔点的不燃烧的材料,如玻璃粉末等,它们会在火焰热量下被融化,流淌在物体上形成一层隔热的防火层、阻止火势蔓延。

4.3.3.4 防火隔热添加剂

防火隔热添加剂是防火橡胶中的关键成分,材料是否能够防火、能达到什么样的防火级别,防火隔热添加剂是决定性的因素。所选择的防火隔热添加剂必须能与橡胶、配合剂有良好的相容性,在接触火焰时形成均匀、致密的隔热层并有一定的物理力学性能。

（1）阻燃剂。各种阻燃剂是防火隔热添加剂中重要的一类,上述的阻燃剂均具有一定的防火隔热作用。

（2）膨胀阻燃防火体系[10]。由于膨胀型阻燃剂在受到高温时能够膨胀发泡,形成均匀致密的防火隔热层,因此在防火隔热材料中应用非常多。

（3）增强填料。增强填料是一种固体添加剂,加入防火橡胶中可以稀释可燃烧橡胶成分的比例。在持续火焰的作用下不会分解成为气体化合物而烧掉,它会保持稳定骨架成分而长时间起到隔热作用。由于这些增强填料的热导率都很低,可以延滞热量传递,也有一定的隔热效果。另外,增强填料还能改善防火橡胶的力学性能,并且降低材料成本。防火橡胶中常用的增强材料有蛭石、云母粉、白云石、碳酸钙、滑石粉、高岭土、硅灰石、石英粉、硅藻土、空心微珠等。

（4）耐火纤维。在橡胶中添加耐火纤维,可以提高燃烧形成的炭层强度,防止或减少炭层产生裂纹,降低炭层的热导率进一步提高硅橡胶的防火耐火性能。耐火纤维有陶瓷纤维、玻璃纤维、芳纶纤维、酚醛纤维等。

（5）其他防火隔热添加剂。为了提高橡胶的耐烧蚀性能,除了选择合适的阻燃体系外,人们还在配方中加入有机硅树脂、耐烧蚀树脂等组分。近些年,常常在防火硅橡胶中添加铂化合物,铂化合物可以促进硅橡胶绝缘阻隔层形成从而提高硅橡胶的防火性能。

4.3.3.5 防火橡胶配方设计

具有优异的耐高、低温和耐老化的硅橡胶常被用来作防火隔热橡胶基材。本节以硅橡胶为例,来说明防火橡胶的配方设计。配方设计包括生胶的选择、阻燃防火体系的选择、补强体系的选择、硫化体系的确定以及其他添加剂的确定。在配方设计时,首先要根据制品的用途和防火的特点选择适合的生胶品种,然后根据具体的性能要求选择合适的阻燃防火体系及其他组分,并进行合理配比。

（1）生胶的选择。选择苯基含量高的硅橡胶耐热性能好,阻燃性能和成炭能力也比较好。

（2）填料体系的选择。填料体系包括增强填料、阻燃填料和防火填料等,它是影响防火硅橡胶性能的最主要成分,同时也是赋予防火功能的主要成分,因此填料体系的选择尤为重要。填料体系的选择要根据工况条件的具体要求,考虑填料的性质以及对硅橡胶物理性能、工艺性能的影响,还要考虑各填料之间的配合。

（3）防火纤维。单独使用粒状填料来实现防火功能效果并不理想,很容易出现裂纹、气泡、脱落等现象,因此需要使用防火纤维在硅橡胶中起到物理缠绕作用,使高温烧蚀后的硅橡胶残炭连接在一起,可有效的抑制裂纹、气泡、脱落物的产生。防火纤维根据防火的要求来选择,要有一定的强度,还能够承受高温烧蚀。需要注意的是防火纤维的加入会影响胶料的流动性和工艺性,造成制品的成形困难。

（4）硫化剂。选择合适的硫化体系,提高橡胶的交联密度,以提高硅橡胶的耐热性能。

（5）其他助剂。在硅橡胶中使用耐热添加剂能提高氧化稳定性,阻止分子侧链上基团的热氧化,提高硅橡胶的防火性能。在配方设计中,应该注意下列问题:①了解原材料的性能,选择的原材料间要有很好的相容性;②了解原材料对工艺性的影响,以利于制品的生产;③选择原材料时不仅要考虑质量指标也要考虑产品成本。

4.3.3.6 防火橡胶的性能及其制品的性能

防火阻燃隔热橡胶密封材料的研制和应用在美国较为成熟,完全能达到美国军用标准要求。如 Kirkhill – TA 公司采用硅橡胶生产的 Extreme Heat products TM650 系列防火橡胶材料寿命长、耐高温、耐 skydrol – LD – 4 磷酸酯液压油和 MIL – L – 7808润滑油,能单独使用也可与织物复合,模压成橡胶紧箍件、衬垫、套管在飞机机体和发动机中得以广泛使用。

在国内防火橡胶材料的研究尚处于起步阶段。北京航空材料研究院研制的防火硅橡胶 FH6360,它在 1050℃～1200℃ 火焰下燃烧 15min,火焰不会穿透 3.2mm 厚的橡胶板,板背面最高温度不超过 450℃;橡胶板经火焰烧蚀后能形成坚硬的陶瓷化保护层,在振动频率为 50Hz、加速度为 $4g～10g$ 条件下振动 15min,保护层表面也无裂纹、脱落物产生,见图 4 – 24,该防火材料的性能见表 4 – 31。

表 4 – 31　FH6360 防火硅橡胶性能

序号	项　　　　目	性　能
1	外观及颜色	胶料应颜色均一,表面平整,颜色随客户要求
2	硬度(邵氏 A)	68 ±5
3	拉伸强度/MPa	≥3.5
4	扯断伸长率/%	≥200
5	热空气老化性能,204℃ ±5℃ ×72h,拉伸强度保持率/%	≥70

序号	项　　目	性　能
6	与织物的粘合强度/（N/mm）	≥1.5 或内聚破坏
7	脆性温度/℃	≤ −60
8	氧指数/%	≥32
9	垂直燃烧等级	FV − 0
10	烟密度等级/%	≤50
11	耐火性能,3.2mm ±0.2mm 厚的橡胶板经过 1050℃ ~1200℃ 火焰燃烧 5min	火焰不会穿透
12	防火性能,3.2mm ±0.2mm 厚的橡胶板经过 1050℃ ~1200℃ 火焰燃烧 15min	火焰不会穿透
13	隔热性能,经 1050℃ ~1200℃ 火焰燃烧 5min 背面温度/℃	6.0mm ±0.3mm 厚橡胶板 ≤400
		3.2mm ±0.2mm 厚橡胶板 ≤450
14	抗振动性能,振动频率为 50Hz、加速度为 4g ~10g 的振动试验台振动 15min	没有气泡、裂纹、开裂等缺陷,表面不产生脱落
15	振动防火性能,6.0mm ±0.3mm 厚橡胶板,在频率为 50Hz、加速度为 4g 的振动条件下,经过 1050℃ ~1200℃ 火焰燃烧 15min	火焰不会穿透
16	耐 RP − 3 燃油,23℃ ±2℃,浸泡 8h	允许轻微变色,不允许有气泡、裂纹、开裂等缺陷
17	耐水性,蒸馏水,100℃ ±3℃,浸泡 24h	允许轻微变色,不允许有气泡、裂纹、开裂等缺陷
18	高低温交变性能,在 −55℃ ±2℃ →23℃ ±5℃ →204℃ ±5℃ →23℃ ±5℃ 每个温度下各保持 15min 为一个循环,总计 30 个循环	允许轻微变色,不允许有气泡、裂纹、开裂等缺陷

表 4 −32 为防火硅橡胶制品的种类及应用。表 4 −33 为 FH6360 −P 防火密封条性能。

表 4 −32　硅橡胶防火橡胶制品

序号	产品种类	应　　用
1	防火密封条	航空发动机、防火墙等防火隔热密封等
2	防火密封件	电线电缆的保护、固定、支撑及防火密封等
3	防火隔热胶管	电线电缆的保护、航空发动机连接及包覆等
4	防火橡胶板	飞机、舰艇等防火墙防火隔热材料等
5	电线电缆防火保护套	电线电缆的保护

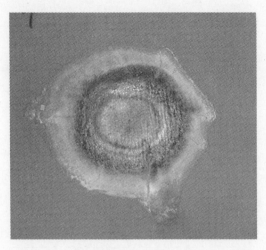

图 4 – 24　防火硅橡胶 FH6360 火焰喷烧后表面

表 4 – 33　FH6360 – P 防火密封条性能

序号	性能项目	技术要求
1	尺寸	按具体要求,公差按照 GJB 2314—95
2	密度/(g/cm³)	1.6 ± 0.3
3	垂直燃烧	FV – 0
4	防火性能	经 1050℃ ~1200℃ 的火焰燃烧 15min 火焰不会穿透,背面没有明火
5	振动防火性能	在频率为 50Hz、加速度为 4g 的振动条件下,经过 1050℃ ~1200℃ 火焰燃烧 15min 火焰不会穿透,背面没有明火
6	高低温交变试验	在 –55℃→室温→204℃→室温三个温度下各保持 15min 为一个循环,循环 30 次。试验件允许有轻微变色,不允许有气泡、裂纹、开裂等缺陷
7	耐液体试验	蒸馏水,100℃ ±3℃,浸泡 24h,允许有轻微变色,不允许有气泡、裂纹、开裂等缺陷

4.3.4　阻燃防火橡胶的应用实例

4.3.4.1　阻燃防火橡胶的应用实例

　　(1)在轨道车辆上的应用。随着铁路、地铁和高架轻轨的快速发展,使用阻燃防火材料减少火灾发生和降低火灾的危害程度是基本要求,对高速列车和地铁的全封闭车厢更为重要。轨道车辆材料的阻燃防火是指车辆设计时应考虑所用材料一旦失火应能控制其燃烧及蔓延,做到对乘客的伤害和损失最小。因此选用的阻燃防火材料在燃烧时不但要减少产生高热量,而且不能产生烟雾和毒气使人被熏麻醉或受到刺激而导致降低乘客逃生能力。目前在轨道车辆中使用的橡胶密封材料已逐渐采用阻燃的橡胶品种替代了。最新的高速铁路列车时速达到 400km/h 以上,为满足高速轨道车辆的要求,阻燃防火橡胶材料应向高强度、耐疲劳、更环保的方向发展。

(2) 在航空航天上的应用。出于对飞机的可靠性和安全性考虑,在飞机和发动机舱的管道、导线堵头及束缚卡箍等部件应使用防火橡胶材料。美国在多种型号先进战斗机上使用的阻燃防火橡胶已形成系列化商品,而国内在此方面的研制较为薄弱。为此有必要加强此方面的研究以通过适航要求。

(3) 在船舶上的应用。采用大量各种防火材料组成防火分隔,以加强船舶结构的防火能力。防火橡胶作船舶的密封或装饰材料,不但能够起到密封、减重、阻燃、防火、隔热、隔声等作用,而且无卤阻燃防火橡胶还可以实现在火灾情况下不产生有毒、有腐蚀性的烟尘,避免人员与设备的二次伤害。

(4) 在电线电缆防护上的应用。目前国内外采用的防火电线/电缆主要是氧化镁矿物绝缘防火电缆和云母带绕包的耐火电缆。这两类电缆绝缘耐火材料均不能完全满足使用要求。新型的阻燃防火硅橡胶材料在遇到高温火焰时,能生成坚硬的陶瓷保护层,可抵抗上千度明火的烧蚀并有一定机械强度;在室温时与普通电线/电缆绝缘层具有相同的性质。

(5) 在海洋钻井平台上的应用。海洋平台极易遭受火灾的侵害。火灾一旦发生,油气燃烧产生的高温将很快引起海洋平台结构失效,对海洋平台及人员的安全造成极大危害。特别是高压碳氢气体泄漏产生的喷射火焰,可在数分钟内达到 1200℃～1300℃的高温,因此在海洋平台的建造过程中,对防火材料的应用是必不可少的。阻燃防火橡胶作为一种新型环保阻燃防火材料,可以满足海洋平台轻质高效防火的功能要求。

4.3.4.2　阻燃防火橡胶的发展方向

随着现代工业技术的发展,对橡胶及其制品的阻燃要求也日益提高。当前,阻燃橡胶的发展方向主要有以下几个方面:

(1) 制备无卤、低烟、低毒阻燃橡胶。目前含卤阻燃橡胶还在大量应用,虽然它有较高的阻燃性,但其燃烧时产生大量烟雾、毒性、强腐蚀性介质,污染环境及危害人的健康,因此制备无卤、低烟、低毒性阻燃橡胶是研究的发展方向。

(2) 通过化学改性制备阻燃橡胶。当前阻燃橡胶大多采用添加阻燃剂,且由多种阻燃剂添加到橡胶中,借助协同效应获得良好的阻燃性。近年来采用化学改性方法制备阻燃橡胶虽取得了一些进展,但工业化生产尚未大量运用,采用化学改性是制备阻燃橡胶的另一趋势。

(3) 采用超细化阻燃剂制备阻燃橡胶。阻燃剂粒径微细化能有效提高材料的阻燃和力学性能,如 Sb_2O_3 阻燃剂在粒径微细化后达到同样阻燃效果而用量大幅度减少。

（4）制备橡胶/黏土纳米复合材料（PCN）。对于传统阻燃剂，PCN 只需加入较少的黏土就能使阻燃性能显著地改善，同时也改善了材料的力学性能和抗冲击强度。黏土是由天然矿物加工而成，其成本低，且 PCN 符合环保要求，燃烧时不会增加材料中有毒气体的释放量，故制备 PCN 是提高橡胶阻燃性的有效方法。

参 考 文 献

［1］ GJB 3045—97 黏弹性阻尼材料通用规范.

［2］ Muayama,Takayuki. Dynamic Mechanical analysis of polymeric material,1978.

［3］ AD – A178 315 Aerospace structures Technology Damping design guide.

［4］ 徐秀玲,陈丽萍,等. 化学教学[J],2001,2:22 – 25.

［5］ 钟代英. 西安邮电学院学报[J],1996,12,1(4):30 – 32.

［6］ 宋波. 高分子材料科学与工程[J],1998,4(2):6 – 9.

［7］ 胡望宇,王玲玲,等. 高分子材料科学与工程,1995,11(2):106 – 110.

［8］ 王永强. 阻燃材料及应用技术. 北京:化学工业出版社,2003:374 – 425.

［9］ 张军,纪奎江,夏延致. 聚合物燃烧与阻燃技术. 北京:化学工业出版社,2005:57 – 98.

［10］ 谭文清,李风. 材料表面涂层防火阻燃技术[M]. 北京:化学工业出版社,2004:37.

第 5 章　橡胶胶黏剂

橡胶胶黏剂是由混炼胶或混炼胶及适量的合成树脂溶解在有机溶剂中配成的一种黏性液体,分单组分和双组分,室温固化和高温固化等类型。橡胶胶黏剂属于非结构黏接剂,粘接强度较低,但粘接层具有较好的弹性和韧性,主要用于粘接橡胶、金属、纤维织物、玻璃、塑料、木材及其他材料,含氯、氟胶黏剂还用于橡胶制品的防老化涂层和气密容器的堵漏材料。

本章将对胶黏剂的基本理论和最新进展的界相理论进行论述。这对于深入理解产生粘接的过程、胶黏剂的选择、被粘材料的表面化学等均具有指导意义。本章还将对国防工业用橡胶胶黏剂的特点和现有品种的具体使用情况进行介绍。尽管偶联剂和胶粘底涂不属于橡胶胶黏剂的范畴,但由于偶联剂常用作为硅、氟橡胶与金属热硫化胶黏剂,因此也对偶联剂和粘接底涂也进行了讨论。

5.1　选择胶黏剂的基本要求

粘接是将材料结合在一起形成组件的一种方法。ASTM 将粘接具体定义为"由界面力将两个面结合在一起的状态;这些界面力包括化学键力,机械啮合力或两者兼有之"。因此粘接是通过两个面的接触,形成新界相(含界面)的过程[1]。实现粘接有两种不同的方法:一是通过胶黏剂与被粘接材料表面之间的物理和化学反应;另一种是不使用胶黏剂而直接通过两被粘材料之间的相互作用。使用胶黏剂是最传统且最常见的方法。直接粘接虽然可使粘接工艺简化,成本降低,利于环保等,但在实际使用时仍存在许多有待解决的技术问题,目前直接粘接法只在一些较特殊的材料上得到应用,如纤维织物经冷等离子处理后与某些特定橡胶和树脂的粘接。使用胶黏剂进行粘接的基本过程是:胶黏剂在被粘接面上的流动、涂覆;胶黏剂对被粘接材料的润湿、胶黏剂与被粘材料相互作用形成稳定的界相。

5.1.1　胶黏剂与密封剂的关系[2]

通常胶黏剂,特别是橡胶胶黏剂和密封剂都由相近的材料组成,有时也应用于相似的场合,其加工要求、粘接破坏机理和工作原理也相似。因此,通常将橡胶型胶黏剂和密封剂放在一起讨论,但需要指出的是,对应于胶黏剂和密封剂的规范、测试方法是不同的,其应用目的也是截然不同的,这可以通过其定义明白无误地反映出来:胶黏剂是将至少两个表面坚固永久结合在一起的物质;密封剂则是能将至少两个表面结合在一起,且通过填充结合面间的空隙而起到密封层和保护作用。

胶黏剂和密封剂由于都具有粘接和密封的功能,都必须耐使用环境,二者的性质又与使用方法和过程密切联系,因此有着许多共同的特性:①为了能流过和润湿被粘接面,二者在组件形成的过程中,必须有流体的特点;②二者都通过粘接与表面相结合;③在寿命期内,都必须有足够的强度来承受固定的和变化的外部载荷;④二者都在整个组件中起传递和分散载荷作用;⑤都必须填满空隙,空洞和空间;⑥都必须与每个组件中其他部件一起工作才能使整个组件耐用持久。胶黏剂的使用选择一般以其粘接力而定,一般来讲胶黏剂都具有较高的剪切和拉伸强度;密封胶则以其填充空隙能力,适应被粘接物相对移动以及其他功能性等而定。通常密封胶由相对分子质量较低的液态聚合物制成,不加入溶剂,弹性好,伸长率大,收缩变形小,但粘接强度要低于胶黏剂,而柔顺性要优于胶黏剂。

5.1.2 粘接破坏的形式[3]

粘接是由两种不同物质分子间产生的相互吸引力形成,这与单一物质内分子间的内聚力截然不同。粘接破坏的方式主要有三种,即内聚破坏、粘接破坏和混合破坏,见图 5-1。

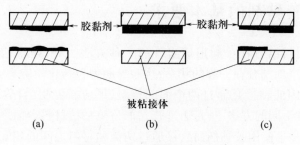

图 5-1 粘接破坏形式示意图
(a) 内聚破坏;(b) 粘接破坏;(c) 混合破坏。

粘接破坏发生在胶黏剂和被粘接材料的界面上;内聚破坏即可发生在胶黏剂层内也可发生在被粘接材料内部;如果发生在胶黏剂层,破坏面在被粘接材料表面留有一层胶黏剂,内聚破坏时胶粘强度要高于胶黏剂本身内在强度或被粘接材料的本体强度;而粘接破坏时胶粘强度则低于胶黏剂的内在强度或被粘材料的本体强度;当两种现象同时发生时即为混合破坏。

5.1.3 选择适宜胶黏剂应考虑的因素

粘接的复杂性不但表现在材料性质的千差万别,更重要的是粘接结构的多样性,因此仅仅了解材料本身的特性是远远不够的。粘接质量取决于许多因素,其中的一些因素又是相互影响的。表 5 - 1 列出了影响粘接的一些内在和外在因素,对这些因素的理解将决定粘接的好坏,当然粘接工艺过程、经济性、环境和安全性也是很重要的。

表 5 - 1　影响胶黏剂选择的因素[4]

应　　　力	
拉伸力	垂直于粘接表面的力,在薄塑料、薄金属片、皮革、软木粘接中不必考虑
剪切力	平行作用于胶黏剂面上的力,但在粘接中纯粹的剪切力很少遇到
剥离力	将柔顺的被粘材料从与之粘接的另一柔顺或刚性的材料上剥下来所需的力;剥离力作用于胶接面的某一线上,对相对刚性的材料,通常采用 90° 剥离,对柔顺性材料则采用 180° 剥离
冲击力	受冲击而使粘接结构破坏所需的最小力
劈裂力	作用于刚性被粘材料的一端,使粘接接头产生劈裂的力;可认为是作用于两种刚性材料粘接面的剥离力
疲劳	动态情况是剪切或拉伸—压缩方向上的交变载荷;静态情况是剪切或拉伸方向上长期保持的最大载荷
暴　　　露	
自然老化	雨、阳光、温变和空气等因素的综合影响
光照	人工、自然光、紫外线的影响
氧化	通常在臭氧中测试粘接结构在受力状态或非受力状态下的破坏速度
潮湿	无论胶黏剂还是被粘接材料都可能受高湿度的影响发生形态体积变化,一般通过干—湿循环试验测定
盐雾	适用于海岸或海上空气环境下工作的粘接件,应重点考虑被粘接材料的防盐雾侵蚀特性
温　　　度	
高温	高温下会导致胶黏剂或被粘材料的化学反应或老化,也会影响到粘接结构的强度变化
低温	可能导致结晶或脆化;高低温循环试验可用于评估粘接结构的耐久性
化 学 因 素	
外部因素	水、盐水、汽油、液压油、酸、碱等的影响
内部因素	被粘接材料对胶黏剂的影响(如一些塑料、橡胶中析出的增塑剂);胶黏剂对被粘材料的影响(如裂纹,浸蚀等)
生 物 因 素	
细菌或霉菌	通常在温暖潮湿的热带气候环境中发生,会影响粘接强度,导致掉色或异味
啮齿动物和害虫	动物或植物基胶黏剂可能会受到鼠类、蟑螂等的攻击

	使 用 性 能
施工	手工涂胶工艺如刷涂、喷涂、刮涂、涂抹等要通过实验选择最佳的方法。胶膜的均匀性和胶黏剂的黏度可以作为选择的依据,而对机械施工时乳液或悬浮液胶黏剂的机械稳定性和发泡性是很重要的
粘接安全期	粘合前胶黏剂的最短干燥或溶剂晾置时间;粘接前可允许停放的最长时间;热固化型胶黏剂停放的可允许温度范围
保护期	粘接前在轻压状态或在温湿度变化下,被粘接材料表面涂覆胶黏剂后的储存期限
固化速率	最短固化时间以及过分固化的影响
储存稳定性	在特定储存温度下,超过储存期后一定时间内相对初始状态胶黏剂的物理、化学性质的变化
涂覆率	单位质量或单位体积胶黏剂可粘接的面积,取决于施工方法

使用胶黏剂时都会遇到如何选择材料和适宜的方法。胶黏剂必须能流覆被粘材料的表面,在固化过程中更不能产生有害的内应力;被粘接材料表面粘接前必须清洗干净,必要时为获得最大粘接力还须经过特殊处理;粘接结构要根据所选择的材料和载荷进行正确的设计,以避免导致早期破坏的局部应力集中;同样,对粘接结构的物理和化学特点(胶黏剂、被粘接材料、界相区)要有充分的理解和掌握。在材料粘接的全过程中,包括胶黏剂的选择、粘接结构的设计、施工等进行认真观察和对比,就会发现无论哪一种使用环境和要求,对胶黏剂的基本要求都是相同的,这些要求包括:①被粘接材料表面洁净度;②胶黏剂对被粘接材料表面的润湿;③胶黏剂的固化和便利程度;④形成可以适应使用环境和抵抗使用应力的"粘接"结构;⑤粘接结构设计合理;⑥对材料和施工过程合理的选择和控制。

粘接过程的第一步必须从清洁被粘接材料表面开始。诸如灰尘、油污、湿气和弱氧化层等必须从被粘接材料表面清除。清洁被粘接材料表面或提高弱界面层的强度有许多方法,包括物理的或化学的方法,或者二者混合使用。选择适宜的表面处理方法取决于使用的胶黏剂、被粘接材料、被粘接材料的材质及所需的粘接强度、使用寿命、粘接方法。

涂胶的初期胶黏剂必须呈液态或黏流态,只有这样胶黏剂才能较容易地在粘接面形成特定的形状。胶黏剂还必须能够流动并在微观和宏观上与被粘接材料表面贴合。被粘接材料的粗糙表面形成的气孔和气泡必须易于去除,也就是说,被粘接材料表面易于被胶黏剂所润湿。润湿指的是一个液体扩散并与一个固体表面发生紧密接触的现象。润湿的好坏见示意图 5-2。良好的润湿会使胶黏剂与被粘接材料的接触面变大而有利于产生良好的粘接。

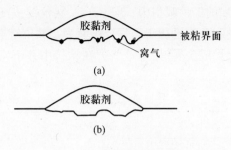

图 5-2　润湿效果示意图

(a) 劣；(b) 优。

液态胶黏剂必须经固化变成固态后才能产生良好的粘接。固化一般通过以下三种方式进行：①由热、压、固化剂或紫外线、高能射线辐照等相互协同作用产生的化学反应；②由熔融态经冷却而成固态；③溶剂的挥发干燥。采用哪种固化方式取决于胶黏剂自身的性质和特点。有机树脂的固化会伴随有交联反应、溶剂挥发或热胀冷缩效应由此导致的胶黏层的体积收缩不能太大，否则将会在胶接面上产生内应力而不利于形成良好的粘接。

固化后的胶黏剂在预期使用环境下必须具有适宜的强度和韧性来抵抗破坏的发生。为了确定环境对胶接的影响，必须对胶接形成前后胶黏剂、被粘材料和界相的性能变化进行充分考虑；如果在胶接过程或使用过程中被粘接表面的性质发生显著变化，那么胶接结构的性能也会发生相应的变化。

5.2　粘接的基本理论

粘接技术的应用已有几千年历史，作为一门古老的学科，粘接技术一直在不断地得到发展，对粘接机理认识的也不断加深，人们从不同的角度或不同的试验现象出发，相继提出了不同的粘接理论和模型，但至今为止，尚未有一个统一的粘接理论可以准确地表述发生在胶黏剂与被粘接材料之间的相互作用。本章介绍的理论是目前较公认的观点，可以用来解释和理解粘接效果优劣和推测粘接的质量以及粘接产生的过程。

5.2.1　粘接力和内聚力

粘接力是将两个材料在其表面处结合在一起，内聚力则是将一个材料内相邻的分子结合在一起。前面已讨论过，粘接破坏可能发生在粘接面，也可能发生在材料内部，或两者兼而有之，其形式取决于粘接力和被粘材料内聚力的相对强度大小。粘接力和内聚力都是材料原子或分子间的相互作用力，这些力有主价键力和次价键力，其特点见表5-2。在粘接界面产生的力有以下三种：①范德华力，属于物理吸附;②氢键,较强的极性吸引力;③离子键、共价键或配合键,属于化学吸附连接。离子键、共价键和金属键属于短程分子间力。共价键通过化学反应生成;点焊、钎焊等可在焊接面形成金属键,但这些力在粘接中并不常见,与粘接有关的多是次价力或范德华力。

表 5-2　粘接界面或粘接材料本体内存在的力

力 的 类 型	力的种类	键能/(kJ/mol)	特 征 描 述
主价力或短程作用力	共价键	60~700	金刚石或交联聚合物,方向性强
	离子键或静电力	600~1000	晶体,方向性较共价键低
	金属键	100~350	焊点中的力
次价力或范德华力	色散力	0.1~40	瞬时偶极之间的相互作用力,占分子内聚力的75%~100%,与分子间距的6次方成反比
	极性力(含取向力和诱导力)	4~20	固有偶极间的相互作用力,与分子间距的3次方成反比
	氢键	2~40	由电负性原子共享质子产生,作用距离比色散力和极性力长

5.2.2　粘接理论

最常见的粘接理论都是基于吸附、简单的机械啮合、扩散、静电作用和弱界面层有关的实验现象和理论提出的。目前没有一个理论可以综合普遍的解释粘接的机理和现象,但每一个理论都可以用于解释某些粘接体系和现象。

5.2.2.1　吸附理论

吸附理论认为粘接的形成是两个被粘接材料分子接触及由此产生的相互吸引力的结果,所有的粘接都包含有不同成分或组分的相互吸附。尽管物理吸附只是在胶黏剂和被粘材料之间产生的最弱的范德华力,但该理论认为,此力已足以在两个材料之间形成牢固的粘接。范德华力的生成要求两个材料表面间的距离不能大于0.5nm,也就是说胶黏剂必须与被粘接材料达到密切的分子接触,才能形成良好的粘接。胶黏剂与被粘接材料密切接触的能力大小可以通过测定胶黏剂对被粘材料的润湿能力来确定。要获得紧密接触,胶黏剂就必须有良好的润湿能力。良好的润湿还可以将粘接面间的憋气等缺欠降至最少。

5.2.2.2　机械理论

机械理论也称为机械啮合理论。该理论认为一个固体材料表面不会是绝对光滑的,而更像是由"峰"和"谷"构成的迷宫,当胶黏剂涂覆在这一粗糙表面时,胶黏剂就会流动并填充入迷宫的孔隙内,形成一种类似于"锁栓或锚"(Locked Key)的结构。如果这些孔不发生塑性变形或破裂,固化后的胶黏剂就不能从孔中脱出,孔发生塑性变形所需的能量就是粘接强度产生的根源。根据这一理论,要形成好的"铆接",胶黏剂就需要能进入到这些孔隙中,并将里面原有的空气排出。被粘接材料粗糙的表面有助于提高粘接强度的原因的另一个解释是,粗糙的表面具有比光滑表面更大的表面积。根据吸附理论,界面吸引力与接触面积成正比,因此,粗糙的表面有利于提高界面的吸引力。

机械理论也从另一个侧面说明了为什么在粘接结构设计时,大的粘接面积要比小的粘接面积好。粗糙表面产生的机械啮合效应也会阻碍裂纹的扩展。图5-3为当一楔子从粘接面进入到粘接接头中可能出现的结果。图(a)所示的界面是粗糙弯曲的,图(b)为一较光滑的界面,当楔子进入图(a)所示的粘接面时,弯曲的界面会阻隔裂纹的扩展,裂纹扩展偏离外加力的方向,从而对外部能量起到分散作用提高了粘接强度。总之,经粗糙处理后的表面有助于提高粘接强度,因为粗糙的表面有更大的机械啮合作用,而且粗糙处理使粘接面更清洁、更有活性,并增大了粘接面积。

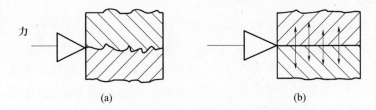

图5-3 粘接界面粗糙度对粘接面强度的影响

(a) 由两粗糙表面被粘接材料粘接在一起形成的不规则界面;

(b) 由两光滑表面被粘接材料粘接在一起形成的规则界面。

5.2.2.3 静电理论和扩散理论

静电理论和扩散理论不像吸附理论和机械理论那样具有普遍性,但在一定的场合下却能很好地解释粘接现象。静电理论是由 Derjaguin 提出的,他认为将两个材料贴合在一起,电子就会从带正电性的材料向带负电性的材料迁移,从而在两个材料之间形成一个双电层。粘接力就是将一个带电面从另一个带电面移开时要克服的库仑力。这一理论的实验依据源自胶黏剂从被粘接材料表面剥离时所观察到的放电现象。

扩散理论持这样的观点:如果将两个能互溶的材料紧紧贴合在一起,这两种材料分子就会产生相互扩散,起始的界面会因之消失并形成界相区。该理论主要适用于胶黏剂和被粘接材料都是高分子材料,而且这两种高分子材料均具有能运动且相容的大分子链。热塑性材料的溶解或热粘接就是由分子的相互扩散实现的，除了上述情形外，胶黏剂和被粘接材料互溶的情形很少，因此扩散理论仅适用于有限的粘接场合。

5.2.2.4　弱界面层理论

这一理论最早是由 Bikerman 提出的。他在研究粘接破坏方式时发现，虽然粘接破坏似乎发生在粘接界面，但真正的破坏是弱界面层的内聚破坏。因此他认为真正意义上的界面破坏是极少发生的。被粘接表面上的灰尘、油污等会在粘接面形成一个很弱的中间层；胶黏剂本身的某些因素，环境以及使用过程中也都会导致弱界面的形成。因此，清洁干净的表面是获得良好粘接的关键；而粘接过程中尽可能去掉界面上的水分和空气，这就需要胶黏剂能对被粘接材料有良好的润湿作用。

两个常见的发生弱界面层现象的材料是塑料和金属。聚乙烯一般会有低相对分子质量的组分，当未处理的塑料被用作胶黏剂或直接被粘接时，这些低相对分子质量的物质就会在粘接面形成弱界面层，从而导致粘接强度的下降。金属表面通常形成氧化层，一些金属氧化物，如氧化铝强度很大，不会对粘接产生损害，但有些金属氧化物，如氧化铜、氧化铁等，强度则很小必须在粘接前彻底从金属表面清除。

在粘接形成过程中也会形成弱界面层，比如胶黏剂的固化过程中会产生一些副产物，一些金属氧化物也会与胶黏剂中的配合剂发生化学反应，这些都可能导致弱界面层的形成。在使用过程中也会在粘接面生成弱界面层，环境中水气会渗入到粘接面附近的胶黏剂或被粘接材料中，增塑剂、溶剂或其他小分子物质会逐渐迁移到材料的表面，这些因素都会导致弱界面的产生。

5.2.2.5　粘接界相理论

粘接的机理研究指出了胶黏剂和被粘材料之间物理和化学相互作用对形成良好粘接的重要性。无论哪一种机理都是基于对粘接界面附近材料的物理化学性质及其在粘接前后的变化的观察和理解提出的，也就是说发生在粘接界面附近区域的材料物理化学性质的变化，一直是粘接机理研究的重要关注点。但以前由于受科学技术发展的局限，研究者都很难突破界面这一层次。粘接的扩散理论已隐约设想出在胶黏剂和被粘材料之间，即粘接界面附近可能存在一特殊的区域，但直到1972 年，Sharpe 在描述粘接结构中胶黏剂和被粘接材料之间以及复合材料中增强纤维与树脂基体之间，呈现出的材料性能有别于相邻本体材料的特别的区域时才正式引入了"界相"的概念。即界相被认为是"从被粘材料中材料性质稳定的那一点起，通过界面到胶黏剂本体相中性质稳定的那一点"所经过的区域。但需要指出的是，这一描述仍不完全正确，因为界相不仅仅局限在界相邻近胶黏剂一侧，也可能存在邻近被粘材料的一侧。

尽管界相中材料的组成和性质可能明显不同于相应的本体材料,但从热力学观点认为,界相并不是一个真实意义上的相。热力学认为一个相必须在组成和性质上均一,且与相邻的其他相有清晰的界限,而界相与相邻的至少一个本体相之间没有明显的界限,而且实际上界相是一个材料性质和组成转变的区域。图 5-4 是粘接面界面和界相的原理示意图。从图中可以看出,界面是一个二维区域,而界相则是一个三维区域,当界相尺寸无限小时,界相就转化为界面。

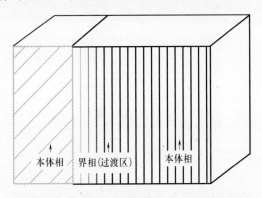

图 5-4 粘接面界面和界相原理示意图

界相的大小可能从几纳米到几微米不等,除"人为界相"(Artificial Interphase)外,一般认为界相的大小不会超过几十微米。在胶黏剂一侧,界相包括近界面处的材料结构形态变化,也可能包括被粘接材料如金属表面自然存在的或人为引进的氧化层。随表面处理的方法不同,这些氧化层的微观结构和物理形貌可能不同,高分子基胶黏剂的性能也会受到被粘接金属表面的影响。在靠近被粘金属表面的区域,胶黏剂固化后形成的交联结构可能会不同于远离金属表面的区域。

5.3　各种橡胶胶黏剂特点和性能

橡胶胶黏剂是以天然橡胶或合成橡胶为基体材料,配以补强填料、硫化体系、增稠剂、防老剂、防霉剂等助剂,经机械混炼均匀后,溶解到相应有机溶剂中而成。按组分有单组分型和双组分型两类,按固化条件有室温固化型和高温固化型。

橡胶胶黏剂的基本特征是:有较高的剥离强度和弹性,较低的剪切强度和良好的韧性。采用橡胶胶黏剂胶接结构具有良好的抗疲劳和抗冲击性能,因此适用于柔性和热膨胀系数相差较大的材料之间的粘接,如橡胶、金属、纤维织物、玻璃、木材、塑料等相互之间的粘接。

橡胶胶黏剂一般以基体材料命名,如以氯丁橡胶为基胶,经配合而成的胶黏剂称为氯丁胶黏剂,根据其物理表观形态不同又有溶液型、胶乳型和热熔型氯丁胶黏剂。橡胶胶黏剂的性能特点主要取决于橡胶,各种橡胶胶黏剂的性能特点简要归纳于表 5-3。

表 5-3　各种橡胶胶黏剂的性能特点

胶黏剂基体材料	粘接性能			耐候耐介质性能			
	粘附性	弹性	内聚强度	耐热性	耐寒性	抗氧性	耐油性
天然橡胶	中	优	中	一般	优	一般	劣
氯丁橡胶	良	中	优	一般	一般	中	中
丁腈橡胶	中	一般	中	中	中	中	良
氟橡胶	一般	一般	良	优	劣	优	优
硅橡胶	一般	一般	劣	优	优	优	劣
乙丙橡胶	劣	中	一般	中	中	优	劣

需要指出的是,胶黏剂的配方对其性能有着显著的影响,表 5-3 只是各种胶黏剂的一般特征,不同配合的胶黏剂其性能存在着显著的差异,在选用胶黏剂时还必须同时考虑到被粘材料的性质、粘接结构、成本预算、施工方法等。选用的胶黏剂须与被粘接材料有很好的匹配性才能达到预期的目的。如氯丁胶黏剂可以用于丁腈橡胶、氯丁橡胶、天然橡胶的粘接,却不适合氟橡胶、硅橡胶的粘接。

5.3.1　天然橡胶胶黏剂

天然橡胶胶黏剂的早期用途主要是轮胎的修补,其特点是有较好的粘接稳定性和良好的耐水性,但其耐油、耐有机溶剂和化学氧化剂性能较差。在天然橡胶胶黏剂配方中填加不同的硫化促进剂,便可在室温或高温下固化,并可以进一步提高胶粘强度和耐温性能。但天然橡胶分子易结晶,结晶点大约在 -34℃,因此胶乳型天然橡胶胶黏剂必须注意防冻。

天然橡胶胶黏剂适用于非金属材料如皮革、织物、纸张和其他橡胶制品的粘接,但其粘接强度一般较其他橡胶胶黏剂低,且性能依赖于生胶的化学改性和各种添加剂的选用。经化学改性的氯化天然橡胶更多的用于胶黏剂。通过氯化,天然橡胶分子的极性增加,从而提高了耐水、盐雾、酸、碱和一些油类的能力,但仍不耐有机溶剂,实际使用温度也不能超过 100℃。氯化天然橡胶胶黏剂可用于天然橡胶与金属的粘接,也可用于顺丁胶黏剂或氯丁胶黏剂粘接金属时的粘接底涂。天然橡胶经环化处理后(酸或金属盐处理),可以在金属粘接表面形成坚韧的胶膜;

经盐酸处理,可以制成透明而且低黏度的胶黏剂等。航空工业常用的天然橡胶胶黏剂牌号、组成和性能见表 5-4。

表 5-4　天然橡胶胶黏剂的性能

胶黏剂牌号	外观	胶料与溶剂比	干剩余物的质量分数/%	粘接剥离强度/(kN/m)	粘接扯离强度/MPa	组成和应用范围
XY103	灰黄或灰白色	1:6	12~16	0.98~1.37	—	天然橡胶、汽油,粘接天然橡胶胶布
XY104	灰色	1:8.5	9~12	—	0.58	β萘磺酸化天然橡胶、汽油,用于天然橡胶与金属粘接

天然橡胶胶料与金属粘接多采用热固化树脂型胶黏剂,例如 Chemilok-205 涂在喷砂金属件表面作底胶,用 Chemilok-220 作面胶,如果在被粘接金属表面涂覆一层含巯基的硅烷偶联剂,其粘接效果更佳。其粘接性能见表 5-5。

表 5-5　Chemilok-205、Chemilok-220 粘接性能

粘接对象	粘接剪切强度/MPa	破坏形式
天然橡胶胶料-1Cr18Ni9Ti 不锈钢	16~21	100%橡胶层内破坏
天然橡胶胶料-LD-7 铝合金	17~19	100%橡胶层破坏

5.3.2　氯丁橡胶胶黏剂

氯丁胶黏剂有硫化型和非硫化型两种,其中硫化型填加了硫化剂。金属氧化物和抗氧剂是氯丁橡胶胶黏剂最基本的添加组分,可以改善胶黏剂的抗臭氧和抗氧化性能。氯丁橡胶胶黏剂的特点是初黏性能优异,即施用后很快就有足够的强度,这一强度即使在高温下仍能承受一定的外部载荷,一旦两个粘接面贴合在一起后,重新调整其贴合位置是非常困难的。

在物理力学性能上氯丁橡胶与天然橡胶相似,但其强度高,耐高温老化性能更好些。氯丁橡胶胶黏剂适用温度范围为 -55℃~80℃。从机械角度上讲,氯丁胶黏剂粘接结构可以吸收外来的振动能,有较好的剪切和剥离强度,用于金属之间的粘接,剪切强度可达 20MPa~34MPa。由于氯丁橡胶在应力下变形小,因而胶接面具有优异的抗疲劳和抗冲击性能。但是氯丁橡胶有冷流的倾向,因此不适用于承受大于 2MPa 恒定剪切应力的工作场合。为了提高粘接强度和热稳定性,在氯丁胶黏剂中加入合成树脂,最常用的树脂是酚醛树脂。

氯丁胶黏剂适于粘接金属,如铝、镁、钢和不锈钢,不太适宜粘接铜、锌和铬;也

适用于橡胶间的粘接,特别是极性较强材料间的粘接。航空工业常用的氯丁橡胶胶黏剂的组成和性能见表5-6、表5-7。

表5-6　FN305胶黏剂的性能

外观		干剩余物的质量分数/%		天然橡胶与钢或硬铝粘合,室温放置48h		21/6×21/5帆布与Ly-12铝合金粘合放置48h后				90mm×100mm帆布与Ly-12铝合金粘合			腐蚀性(对钢、铝合金)
	指标	典型值	剥离强度/(kN/m)	扯离强度/MPa	剥离强度/(kN/m)	扯离强度/MPa		粘合力/kN	长期载荷作用下的粘合力/kN	疲劳强度(最大载荷1.96kN,最小载荷0.19kN,频率20次/min)		
			指标≥		指标≥	典型值	典型值					
淡黄色黏稠液体	28~32	30	2.45	1.27	2.94	5.29	3.31	7.01~8.23	固定载荷1.47kN下一个月无变化	垂直方向疲劳15×10⁴次,切向疲劳2.5×10⁴次,粘合面良好,帆布带缝合线断		无腐蚀

氯丁橡胶胶黏剂有较高的初粘强度和耐臭氧性能,可用作组合件加工的定位胶黏剂。在飞机进行静力试验时,用FN305将帆布带粘合到铝蒙皮各个部位进行加载考核。由于其黏度低还可涂覆于天然、丁腈、丁苯等橡胶制品表面作为防老化涂层,提高制品的耐臭氧老化能力。另外XY401还经常用于飞机气密座舱或气密容器检漏和堵漏用。

5.3.3　丁腈橡胶胶黏剂

丁腈橡胶胶黏剂也是应用最广泛的胶黏剂,增加丁腈橡胶中腈基的含量可以提高丁腈胶黏剂的粘接性能。由于丁腈橡胶与许多的填充材料和改进剂都有良好的相容性,因此可以配制出具有不同特点的胶黏剂配方。

丁腈胶黏剂一般先涂在被粘接材料表面上,在晾干后和粘接前可以通过加热或涂溶剂使粘接面复新。在150℃下固化约20min后可以得到适宜的交联度,如在更高的温度下固化,则可提高粘接件的高温强度。

丁腈胶黏剂的粘接强度和抗蠕变性能与配方有密切关系,其粘接强度在20MPa~27MPa范围内,可长期用于120℃的工作环境。但丁腈胶黏剂不适宜于超过6MPa连续载荷的使用条件,它有良好的耐油、耐水性能,主要用于粘接金属、织物以及硫化或未硫化橡胶。国防工业常用的丁腈橡胶胶黏剂的牌号和组成、粘接性能见表5-8、表5-9。

表 5 - 7 氯丁橡胶胶黏剂的组成和性能

胶黏剂牌号	外观	胶与溶剂之比	干剩余物的质量分数/%	黏度（涂料-1）/s	基本组成	粘接扯离强度/MPa		粘接剥离强度/(kN/m)		粘接试样制备条件（室温，相对湿度≤80%）	应用范围
						典型值	指标≥	典型值	指标≥		
XY401	黄色	1:2	28~33	—	氯丁橡胶、叔丁酚甲醛树脂、乙酸乙酯和汽油混合溶剂	1.98 / 2.45①	2.45~3.92 / 2.98	1.07 / 1.27①	1.07~2.45 / 1.86	天然橡胶与45钢或硬铝贴合，室温下放置24h或48h	可室温固化，用于橡胶与橡胶、橡胶与金属，橡胶与玻璃及其他材料间的粘接
XY402	灰色或淡黄色	1:9	8~12	10~35	氯丁和丁腈混合胶料、叔丁酚甲醛树脂、二氯乙烷或苯溶剂	2.94	2.94~4.9	—	—	一对24S/1×1白细布相贴，平板压硫化143℃×10min，压力不小于1MPa	用于丁腈橡胶与氯丁橡胶的粘接
XY403	淡黄色	1:2	31~35	≤15min	氯丁橡胶料、苯溶剂	1.37	1.37~3.94	—	—	一对24S/1×1白细布相贴，室温放置24h	粘合丁腈、氯丁、天然橡胶胶布制品
JX-15	棕褐色	—	30~34	—	氯丁和丁腈橡胶混凝土混合胶料、叔丁酚甲醛树脂、溶剂	1.96 / 2.45①	—	1.08 / 1.27①	—	丁腈硫化胶与Ly-12铝板贴合，室温下放置24h、48h	适用丁腈、天然、氯丁橡胶同粘接，丁腈橡胶与金属、帆布、塑胶间粘接
						1.96	—	—	—	丁腈硫化胶与Ly-12铝板贴合，在12#液压油中室温浸泡24h后	氯丁、陶瓷间粘接，使用温度为-60℃~100℃

① 室温下放置48h。

表 5-8 XY501 等胶黏剂的性能

胶黏剂牌号	黏度(涂料-1)/s	干剩余物的质量分数%	粘接对象		硫化(固化)条件	胶接强度			活性期/h	腐蚀性(钢、铝合金)
						强度类型	指标≥	典型值		
XY501	13~40	7.5~14.5	24S/1×1 白细布相贴		143℃×10min	剥离强度/(kN/m)	2.94	2.9~3.9		无
XY502	7~12	—	5470-1 未硫化胶-碳钢(硬铝)		143℃±2℃,30min~60min	扯离强度/MPa	4.9	4.9~7.1	6~8	无
			5470-1 硫化胶-钢(硬铝)		20℃×48h		3.92	3.9~7.8		
					20℃×72h		4.70	4.7~10.6		
			5470 橡胶间粘接		20℃×48h		2.35	2.4~6.3		
XY503	—	12~17	5470 橡胶间粘接		20℃×20min	剥离强度/(kN/m)	0.78	0.8~1.2	—	无
			未硫化的5470-1橡胶间粘合	老化前	143℃±2℃×50min		2.13	3.13~3.90		
				RP-1,20℃,24h浸泡			2.74	2.7~3.9		
XY504	20~150	26~35	硬铝(钢)—无碱玻璃纤维带粘合	20℃	15℃~30℃,×72h		0.39	0.40~0.49	60~72	无
				150℃			0.058	0.058~0.098		
XY505	—	20	30CrMnSiA钢间粘合	20℃	180℃±2℃,×1h	剪切强度/MPa	17.15	17.7~19.6	20~24	无
				200℃			5.88	5.9~6.9		

5.3.4 硅橡胶胶黏剂

硅橡胶黏剂的主要特点是优异的耐高低温性能和高抗剥离性,但剪切强度很低。硅橡胶胶黏剂主要用作压敏胶,一般是以胶液的形式提供的,在使用时通过缩合或自由基聚合机理固化。固化后的胶黏剂非常黏,但由于硅橡胶自身内聚强度非常低,所以固化后的胶黏剂只有中等的剥离强度。配合过氧化物交联的硅橡胶胶黏剂,经高温硫化可以获得较好的物理力学性能。

表 5 - 9　JX - 12、JX - 6 胶黏剂的性能

胶黏剂牌号	外　观	干剩余物的质量分数/%	粘接对象	固化条件(℃,h)	剥离强度/(kN/m)≥	扯离强度/MPa≥	剪切强度/MPa≥
JX - 12	双组分胶黏剂 组分一:黑褐色黏稠液体 组分二:棕红色均匀树脂溶液	21～75 66～74	4 号重帆布—LY12CZ 铝板	70,9	2.7	4.9	3.0
			4 号重帆布—LY12CZ 铝板,固化后在 90℃水浸泡 24h 后	70,9		4.4	
JX - 6	双组分胶黏剂 组分一:乳白色均匀橡胶胶液 组分二:棕红色均匀树脂溶液	28	棉帆布—LY12CZ 铝合金(搭接面积 9cm×10cm)	40,72		1.2	

　　硅橡胶胶黏剂在较宽的温度范围内和在较高的温度下,长期使用仍能保持其粘接特性。由于硅橡胶胶黏剂黏性高,可用于多种材料的粘接,另一方面,硅橡胶胶黏剂具有较低的表面活性,适宜粘接低表面活性的材料,如聚乙烯和氟塑料等。

　　室温硫化硅橡胶胶黏剂和密封剂是硅橡胶胶黏剂的另一种类。室温硫化硅橡胶胶黏剂对多种材料都能形成高剥离强度的柔软粘接。这类胶黏剂一般是单组分的,通过与空气中水分反应固化,这也决定了粘接面的宽度不能超过 1m。粘接面的宽度超过 1m 时,空气中水分将不能充分扩散到粘接面的内部,造成胶黏剂的固化不足和不均匀。室温硫化硅橡胶胶黏剂固化大概需要 24h～72h。大多数室温硫化硅橡胶胶黏剂在固化过程要脱出乙酸,因此在粘接金属如钢、黄铜等时要考虑对金属的腐蚀问题。在这种情况下,应选择脱醇型硅橡胶胶黏剂。双组分硅橡胶胶黏剂一般由氯化亚锡或二月桂酸二丁基锡在室温或高温下催化交联。在固化过程中不释放副产物,而且其组成中通常也含有少量水来提高交联效率。由于固化过程中不需要外部环境中的水分,双组分室温硅橡胶胶黏剂可以用于单组分型不适宜的较宽粘接面的粘接。

　　室温固化硅橡胶胶黏剂可长期在 230℃ ,短期 285℃ 的工况条件下使用。低温下由于乙烯基硅橡胶有结晶化倾向,一般使用温度不超过 -60℃ ,但低、中苯基含量的硅橡胶由于结晶化能力的丧失,其相应的胶黏剂使用下限温度要低于乙烯基硅橡胶胶黏剂。硅橡胶与金属如不锈钢、铝合金热硫化粘接多采用硅烷偶联剂为胶黏剂,如 Chemilok - 607 、608,硅烷偶联剂极易受环境因素污染,并对温、湿度很

敏感,所以被粘表面必须十分清洁。国防工业用硅橡胶胶黏剂的粘接性能见表5-10、表5-11。

表5-10 SF-5室温固化硅密封剂的粘接性能

粘接对象		剥离强度/(kN/m)				扯离强度/MPa	
		老化前		200℃×200h热空气老化后		老化前	200℃,200h空气老化后
		指标≥	典型值	指标≥	典型值	典型值	
LY-12铝合金—6145硅橡胶	室温下	2	13.1	1.76	3.9	1.0	—
	-60℃	0.58	4.7~18.0	0.53	3.3~8.6	—	
	200℃	0.09	1.3~7.4	0.08	0.2~1.8	—	
LY-12铝合金—6145硅橡胶	室温下	—	0.3~9.4		0.3~9.4	1.1	
	-60℃		2.7~11.8		0.8~10.2		
	200℃		0.8~8.6		0.2~7.0		
阳极化铝合金			4.0			3.7	1.5
聚氨酯漆			0.6			3.2	14.8
6145硅橡胶—聚氨酯漆			8.9				
6145硅橡胶—6143硅橡胶直口型对接			2.4				
6145硅橡胶—6143硅橡胶直口型对接		—	7.3	—	—	—	
6145硅橡胶—硅海绵直口型对接			1.6~3.3				
6145硅橡胶硅海绵斜口型对接			2.0~2.7				
14号硅漆						2.0	0.65
不锈钢			—			3.4	1.2
环氧锌黄漆						3.3	0.4~1.0
镀锌钢						2.1	1.3

表5-11 XY-901S和XY-601S胶黏剂的性能

胶黏剂牌号	粘接对象	试验温度/℃	粘接扯离强度/MPa	
			指标≥	典型值
XY-901S	PS5360(低苯基硅橡胶)—30CrMnSiA不锈钢	20	2.0	2.76
		200	1.0	1.40
	FS6265（氟硅橡胶）—30CrMnSiA不锈钢	20	2.0	2.33
		200	0.4	1.42
	FS6265-LY-12阳极化铝合金	20	2.0	3.5
		200	1.0	1.8

210

胶黏剂牌号	粘接对象	试验温度/℃	粘接扯离强度/MPa	
			指标≥	典型值
XY－601S	6144 乙烯基硅橡胶—30CrMnSiA 不锈钢	20	1.2	2.0
		250	0.4	0.8

5.3.5 氟橡胶胶黏剂

氟橡胶胶黏剂主要用于氟橡胶与金属、织物的粘接。氟橡胶具有较高的表面自由能,其胶黏剂不易对金属或其他被粘接材料表面产生良好的润湿作用,一般要加入环氧树脂或其他橡胶如丁腈橡胶、聚氨酯等极性较大的材料作为增粘剂。

氟橡胶胶黏剂根据固化方式分为单组分和双组分两类,单组分型是以固态形式提供的,粘接前溶于指定溶剂内。双组分型则只是将固化剂或硫化促进剂与氟胶液分开包装,使用前混合均匀即可。氟橡胶胶黏剂一般需与粘接底涂或粘接促进剂并用才能获得良好的粘接。常用的粘接促进剂是硅烷偶联剂。被粘接金属表面一般要经喷砂处理,织物或纤维则需要用丙酮或乙酸乙酯洗净,以除去加工过程中留在纤维表面的加工助剂等。国防工业常用的氟橡胶胶黏剂牌号见表 5 - 12,其粘接性能见表 5 - 13 ~ 表 5 - 17。

表 5 - 12 常用氟橡胶胶黏剂牌号、组成和应用范围

胶黏剂牌号	材料标准	基本组成	应用范围
FXY－3	Q/6S229—1982《氟橡胶室温胶黏剂》	单组分:氟橡胶胶料、环氧树脂、乙酸乙酯	主要用于氟硫化橡胶与钢、铝、钛合金、黄铜之间的粘合,使用温度为－40℃～180℃。耐石油基和双酯类合成滑油,也可作为耐酸、碱涂料
FXY－6	Q/6S115—1985《FXY－6胶黏剂》	组分一:氟橡胶胶料、固化剂、溶剂 组分二:树脂、溶剂	室温固化,具有优异耐热、耐油、耐热老化性能,适用于各种金属与玻璃布、有机玻璃、橡胶等材料间的粘合
FXY－4	Q/6S229—1989《氟橡胶高温胶黏剂》	单组分:硅烷偶联剂、乙醇	用于 FX、FM 系列氟、氟醚橡胶与钢、铝、钛合金的热硫化粘接,主要用于制造氟橡胶旋转轴密封件

211

表 5-13 FXY-3 氟橡胶室温胶黏剂的性能

粘接对象	粘接剥离强度/(kN/m)											
	原始值		200℃×24h空气老化后	250℃×24h空气老化后	150℃×24hRP-1浸泡后		150℃×24hYH-10浸泡后		150℃×24hHP-8浸泡后		150℃×24h4109合成油浸泡后	
	指标≥	典型值	典型值	典型值	指标≥	典型值	指标≥	典型值	指标≥	典型值	指标≥	典型值
FX系列氟橡胶—铝合金	1.96	2.94	1.96	1.66	0.98	1.56	0.98	1.56	0.98	1.66	0.98	1.27
FX系列氟橡胶—45钢		3.92	1.66	—		1.37		1.66		1.47		1.07
FX系列氟橡胶—不锈钢		3.62	1.76	—		1.37		1.27		1.76		1.27
FX系列氟橡胶—钛合金		3.62	1.27	—		1.37		1.37		1.37		1.07

表 5-14 FXY-6 氟橡胶室温胶黏剂的粘接性能

粘 接 对 象	剥离强度/(kN/m)	剪切强度/MPa
阳极化 LY-12 铝合金—阳极化 LY-12 铝合金	3.37	2.22
阳极化 LY-12 铝合金—氟橡胶	5.38	2.94
阳极化 LY-12 铝合金—丁腈橡胶	3.50	2.45
钛合金—氟橡胶	5.40	—
40 钢—40 钢	—	2.74
铸铁—铸铁	—	3.43

表 5-15 FXY-6 氟橡胶室温胶黏剂的耐热、耐油性能

粘 接 对 象	老 化 条 件	剥离强度/(kN/m)	剪切强度/MPa
LY-12 铝合金—LY-12 铝合金	125℃×100h,空气	6.78	7.08
	150℃×100h,空气	5.88	6.37
	180℃×100h,空气	4.70	4.04
	250℃×100h,空气	3.52	2.76
	150℃×100h,4109 合成油	5.78	7.93
	150℃×100h,12 号液压油	6.07	7.84
	150℃×100h,HP-8	6.27	7.15
	125℃×100h,RP-1、RP-2	9.80	8.62
	55℃×400d,98% 相对湿度	5.10	—
	55℃×600d,98% 相对湿度	3.92	—

表 5-16 7-801、7-801A、7-802 氟橡胶室温胶黏剂粘接性能

胶黏剂牌号	外观	黏度(涂-4黏度计)/min	粘接对象	固化条件(℃×d)	剥离强度/(kN/m) 指标	典型值	180℃,100h热空气老化	扯离强度/MPa
7-801	双组分胶黏剂淡黄色黏稠液体	4~9	B501氟胶布—B501氟胶布	室温×7		1.38	5.16	
			B501氟胶布—阳极化铝合金			2.1	3.76	
7-801A	双组分胶黏剂淡黄色黏稠液体	4~9	超细玻璃棉—B501氟胶布	室温×7		1.3		—
			B501氟胶布—B501氟胶布		0.7	1.06	2.46	
7-802	双组分胶黏剂淡黄色黏稠液体	4~9	B501氟胶布—B501氟胶布	室温×4		0.96(氟胶布自身破坏)	0.96(氟胶布自身破坏)	—
			B501氟胶布—阳极化铝合金			1.0(氟胶布自身破坏)	—	
			钢—钢				—	1.31

表 5-17 FXY-4 氟橡胶高温胶黏剂的粘接性能

胶黏剂牌号	外观	质量分数/%	粘接对象	粘接扯离强度/MPa 原始	200℃×200h空气老化后	250℃×200h空气老化后	150℃×200hRP-1老化后	200℃×200hYH-10老化后	200℃×200hHP-8老化后	200℃×200h4109合成油浸泡后
				指标≥ 典型值	典型值					
FXY-4	白色透明液体	2.45	FX-2氟橡胶—钢	4.5~6	5.1	4.6	4.5	4.9	5.4	3.3
			FX-2—铝合金	4.2~4.4	4.3	3.0	4.5	4.2	5.0	3.7
			FX-2—钛合金	3.5~4.0	3.9	2.9	4.6	5.1	5.5	3.5
			FX-5氟橡胶—钢	2.8~4.3	3.7	3.6	4.2	5.3	5.2	2.5
			FX-5—铝合金	2.8~4.0	3.0	—	4.8	6.6	5.2	2.8
			FX-5—钛合金	2.5~4.2	2.4	3.1	4.0	4.5	5.2	3.1

5.3.6 橡胶制品防老化涂料

橡胶制品防老化涂料是以耐老化橡胶为基胶添加各种配合剂混炼成胶片,溶于溶剂中配制的黏性溶液。该溶液刷涂或喷涂于硫化橡胶制品表面,形成一层粘附牢固的柔软耐老化胶膜。作为防老化涂料最基本的要求有两点:一是胶膜细密、柔软、耐老化性能好;二是与橡胶制品表面有良好粘附性,不开裂,不起泡,不脱落。现用的防老化涂料多选用含氟聚合物为基胶,由于含氟聚合物具有优异的耐热、耐日光、耐臭氧和耐溶剂特性,因而涂覆于橡胶制品表面可显著提高制品的耐老化性能延长使用寿命。为提高涂料与制品表面粘合力,在溶剂中一般要加入树脂和硅烷偶联剂。在航空上为延长橡胶制品的使用寿命,最常用的防老化涂料见表5-18,其性能见表5-19~表5-21。

表5-18 常用橡胶防老化涂料牌号、组成和应用范围

防老化涂料牌号	材料标准和名称	基本组成	应用范围
KF-1	Q/6S678—1998《KF-1航空橡胶软油箱防老化涂料》	氟弹性体、酸受体、颜料、固化剂、硅烷偶联剂	KF-1涂覆航空软油箱外表面,使用温度可达150℃,使用寿命达15年~20年
KF-3	Q/6S678—1998《KF-1航空橡胶软油箱防老化涂料》	氟弹性体、氯磺化聚乙烯、酸受体、固化剂、硅烷偶联剂	KF-3涂覆橡胶软管、异形管和型材,可延长使用寿命至15年
FXB	Q/6SZ123—1983《氟橡胶标志胶》	氟橡胶胶料、颜料、乙酸乙酯	主要用于丁腈、氟橡胶制品上作标志用,颜色稳定性好,涂层与橡胶件粘附牢固,可在-40℃~250℃空气中长期使用,也可作丁腈橡胶件耐热、防老化涂层
XY-708S	Q/6S1974—2001《氟橡胶胶黏剂》	组分一:氟橡胶、树脂、酸受体、颜料、溶剂 组分二:固化剂、溶剂	用于保护以丁腈、氯丁生胶为基的橡胶零件和制件防光、臭氧老化,工作温度为-50℃~250℃

表5-19 KF-1、KF-3抗老化涂料物理及化学性能

性能		KF-1 涂料	KF-3 涂料
涂膜颜色及外观		浅绿、灰、黑色光亮细密胶膜	浅绿、灰、黑色光亮细密胶膜
细度		通过孔径0.31mm铜网无残留物	
黏度(涂-4黏度计)/s	喷吐型	10~14	10~14
	刷涂型	15~25	15~25

214

性 能		KF-1 涂料	KF-3 涂料
干燥时间	表干(室温)/min	10～20	10～20
	实干(60℃)/h	24～48	48
剥离强度(与B106 硫化胶布)/(kN/m)		>0.5	1.69～1.81
耐老化性能	100℃,90d	—	不开裂、不起泡、不脱落, 90°弯曲无裂纹
	120℃,40d	不开裂、不起泡、不脱落, 90°弯曲无裂纹	—
	130℃,9d	—	不开裂、不起泡、不脱落, 90°弯曲无裂纹
	150℃,4d	不开裂、不起泡、不脱落, 90°弯曲无裂纹	—
耐介质性能		KF-1、KF-3抗老化涂料在NY-120汽油、RP-2、RP-3航空燃油和 YH-10、YH-12液压油中,室温浸泡14d后,涂层表面不起泡、不起皮和 脱落	

表5-20 FXB氟橡胶标志胶耐热、耐油性能

耐热老化性	耐 油 性	耐 磨 性
氟橡胶零件上作标志,经 250℃,200h老化,标志胶膜 柔软,不脱落,颜色变化很小	在RP-1、HP-8、12号液压油中经150℃× 200h,在4109合成油中经180℃×200h浸泡 后,颜色稳定,不起泡、不脱层,粘附性好	涂有标志胶的O形圈经 35h旋转轴疲劳试验后,标 志清晰,无脱落、无裂纹

表5-21 XY-708S氟橡胶胶黏剂的全面性能

外 观	双组分: 组分一:绿色黏稠均匀液体、无凝胶块和外来杂质 组分二:淡绿色透明液体
干剩余物质量分数/%	组分为18.9%～20.0%
黏度(涂-4黏度计)/s	组分为20.5～30.1,组分:无黏度要求
粘接剥离强度/(kN/m) (B-106丁腈胶布之间)	1.9～2.6
胶膜耐溶剂性	XY-708S胶膜室温固化后,在乙酸乙酯溶剂中 浸泡20min后胶膜不溶,溶剂澄清
胶膜的磨蚀性	在150℃下对接触的重铬酸盐填充的阳极化铝合金不产生腐蚀

外　观	双组分： 组分一：绿色黏稠均匀液体、无凝胶块和外来杂质 组分二：淡绿色透明液体		
厚度 0.3mm 胶膜的力学性能 （室温,72h 固化后）		老化前	250℃×12h 老化后
	拉伸强度/MPa	6.1	9.7
	扯断伸长率/%	600	200
	扯断永久变形/%	20	5
胶黏剂适性期/h （两组分混合后）	6～8		

可以采用喷涂、刷涂和浸涂方法在橡胶制品表面形成防老化胶膜,KF－1、FXB 施工期为 24h,KF－3、XY－708S 为 8h。其涂覆工艺如下:

(1) 施工场地应清洁并有通风和防尘装置,环境温度 15℃～35℃,相对湿度不大于 80%;

(2) 用湿毛巾擦净橡胶制品表面的滑石粉、灰尘和喷出的碳黑等杂物,再用乙醇或乙酸乙酯擦洗三遍,晾干 1h;

(3) 配制好的涂料可用溶剂稀释至所需的施工黏度,喷涂型的 9s～13s(涂料－4黏度计)较合适;

(4) 涂覆程序是先涂一遍表面处理剂、晾置 10min～20min,再涂 3～4 遍涂料,层间晾置 10min～15min。涂好的制品在无尘条件下室温放置 24h～48h,但在 60℃下可缩短晾置时间。

5.3.7　胶粘底涂和胶粘促进剂

一些被粘接材料的表面能比胶黏剂低,或材料表面强度较弱,这都导致这些材料只能勉强与胶黏剂发生粘接,粘接效果很差。另外被粘接材料也可能是可渗透材料,周围环境中的湿气或化学物质易于渗透进入到粘接面上,而对粘接造成损害。这就要求对被粘接材料表面进行处理或对胶黏剂配方进行调整,但是如果这两种措施仍不能很好地解决上述的问题时就应考虑使用胶粘底涂和胶粘促进剂。在粘接结构中使用胶粘底涂和胶粘促进剂是很普遍的,如天然橡胶与金属粘接时,Chemilok205 作为底涂预先涂覆在金属表面,在硅、氟橡胶与金属粘接时用硅烷偶联剂进行热硫化粘合,为了提高防老化涂料与橡胶制品表面粘附力,也用硅烷偶联剂处理橡胶表面。胶粘底涂和胶粘促进剂的粘接机理是相似的。二者均是通过在粘接界面上形成一个新的有机粘接层,也称为"人工界相"的材料层来提高粘接的效果,见图 5－5。

胶粘底涂和促进剂都要与被粘接材料有较强的相互吸附作用,这种吸附作用不单是物理吸附,更包括相互之间的化学吸附。化学吸附与物理吸附的根本不同就在于前者是不可逆的,在化学吸附过程中与被粘材料之间将形成化学键。

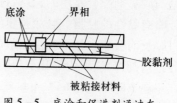

图 5-5 底涂和促进剂通过在粘接面上形成的界相区

胶粘底涂和胶粘促进剂一般都是液态的,其不同在于胶粘底涂在被粘接材料表面形成较厚的涂层,而胶粘促进剂则仅在被粘材料表面形成非常薄的一般是单分子层的涂层。使用胶粘促进剂后,在被粘接材料、胶粘促进剂和胶黏剂三者之间都会形成化学键,这些化学键一般比胶黏剂本身的化学键要强,而且形成的界相具有更好的抵抗环境侵蚀的能力。因此,胶粘促进剂也被称为偶联剂。

胶粘促进剂既可以直接加入到胶黏剂中,也可以先涂覆于被粘接材料表面。在直接配合到胶黏剂中时,粘接过程中胶粘促进剂可以通过扩散迁移到界面,并同时与被粘接材料和胶黏剂分子形成连接。某些胶粘促进剂已成功地用于玻璃纤维与聚酯树脂、碳纤维与环氧树脂、轮胎帘布层与轮胎胶的粘接,在这些应用中,胶粘促进剂不仅提高了粘接强度和界面的耐环境侵蚀性能,而且使材料的强度模量和弹性都有很大提高。胶粘底涂和胶粘促进剂一般是与胶黏剂相配套使用的,在选择胶黏剂时,相应的底涂和促进剂也会同时得到配套供应,但有时胶粘促进剂也可直接用作胶黏剂。

5.3.7.1 胶粘底涂

胶粘底涂是使用胶黏剂前先涂覆在被粘接材料表面的液体材料。采用底涂的作用有如下几点:

(1) 保护处理过的材料表面,延长粘接前保存期限;

(2) 改善材料表面的自由能,使之更易被胶黏剂所润湿;

(3) 溶解材料表面的小分子有机污染物,避免形成弱界面层;

(4) 促进胶黏剂与被粘材料之间的化学反应;

(5) 防止使用过程中材料发生侵蚀;

(6) 作为过渡层,提高粘接结构的物理力学性能和粘接强度。底涂的黏度要低于配套的胶黏剂,这样才能更容易地浸入到被粘接材料表面的空隙中,形成更好的机械啮合和细密的胶膜。底涂也经常被用作材料的保护涂层,使用底涂无疑增加了粘接工序,提高了粘接的成本,因此采用底涂与否要根据具体的实际情况来定,而不是任何场合都需要使用底涂。使用底涂的情况是:

(1) 被粘材料表面处理后不能马上进行粘接;

(2) 被粘材料表面呈强度较低的多孔状态;

(3) 胶粘界面需特殊保护,以免受环境因素,如水分的侵蚀等。胶粘底涂一般是与胶黏剂配套使用的,被粘材料经表面处理后应马上涂覆底涂,并形成一个干燥或略有黏性的胶膜。底涂胶膜的厚度一般应控制在几十微米到大约2mm范围内,过厚反而会成为整个粘接面最薄弱的部分。在与胶黏剂粘接前,胶粘底涂一般需经过溶剂挥发、固化等几个阶段。但在初始阶段底涂通常并不要求完全固化,只需在室温下晾干或在65℃下烘箱中烘干30min~60min即可。完全固化一般在胶接过程中实现。如果仅用于粘接前被粘材料处理后的表面保护,可以用胶黏剂基本配方为基料用有机溶剂稀释到10%(质量分数)即可。与胶黏剂基本配方相似,底涂需含有润湿剂、黏度控制剂、增强材料等;如果用于金属表面,还应加入阻蚀剂如锌和铬酸锶等。含底涂胶接结构在使用中粘接失效发生在底涂层时,与粘接过程有关的原因有:①过厚的底涂;②涂后停放时间过长,底涂可能水解和污染;③固化速度过快导致底涂层泡沫化和多孔;④交联程度太低使底涂中的增塑剂或小分子物质迁移到粘接界面;⑤交联过度使底涂太脆,以至于不能承受弯曲或热应力变化;⑥与被粘材料表面或胶黏剂相容性不好;⑦橡胶材料欠硫或过硫;⑧胶黏剂中溶剂的有害作用;⑨胶黏剂固化过程中温度波动造成的影响。导致底涂失效的上述原因,有些可以在涂覆底涂后和在粘接过程中被检测出来,有些则不易检测。橡胶胶料与金属粘接最有成效的底涂见表5-22。

表5-22　未硫化橡胶与金属粘接用底涂[5]

牌　号	制 造 厂 商	应 用 场 合	产品类型
Chemlok 205		NBR	
Ty Ply Up	Hughson Chemicals	CR	金属底涂
Ty Ply T		NBR、ACM、OT	
Thixon P5		NBR、CR、CO	
Thixon P6	Dayton Coatings And Chemicals	NBR	金属底涂
Thixon P7		NBR	
Thixon P9		NBR、CR	
Cilboud 10	Compounding Ingredients Limited(LIK)	NBR	金属底涂
Cilboud 17		NBR、ACM	

注:NBR—丁腈橡胶;CR—氯丁橡胶;ACM—丙烯酸酯橡胶;OT—聚硫橡胶;CO—氯醚橡胶

5.3.7.2　胶粘促进剂

胶粘促进剂是带有双官能团的一类特殊化合物,其官能团的化学性质各不相同,能分别与被粘材料和胶黏剂发生化学反应,从而在界面两侧形成牢固的化学键。这类化合物通常由带有许多较短有机链的分子组成,这些有机分子链的链端组成是不同的,一端是有机官能团可以与胶黏剂相容和反应,另一端是无机官能团可以与特定的被粘材料相容和反应。因此,胶粘促进剂就可以在胶黏剂和被粘材料起到桥梁作用。胶粘促进剂最早用于玻璃纤维和其他纤维在与液态树脂复合时的表面处理,所以在纤维工业也被称为表面修蚀剂或保护剂。

硅烷偶联剂是最常用的胶粘促进剂,广泛用于改善高分子材料与金属及无机材料之间的粘接效果。硅烷偶联剂的结构式为 X_3Si-R,式中 X 基团为氯或者烷氧基,R 为有机官能团。有机官能团与胶黏剂中的树脂或有机组分发生反应,硅烷部分与被粘材料发生反应,形成的粘接界相可以起到被粘材料与胶黏剂之间的桥梁作用,可以防止湿气进入界面,并在被粘材料与胶黏剂之间传递应力,并有效地分散填料,降低胶黏剂表观黏度。硅烷一般先配制成水或乙醇溶液使用,通常浓度是 0.01% ~2% 左右(质量分数),这样才能保证其高活性水解分子之间发生相互反应,硅烷偶联剂浓度超过 2% 时粘接强度反而降低。硅烷偶联剂首先与水溶剂或环境中的水分子反应生成水解硅烷,水解硅烷再与被粘无机材料反应,在被粘无机材料表面形成聚合硅烷层,聚合硅烷中的有机基团有序排列在其表面,并与胶黏剂发生进一步反应。这一过程见图 5 - 6。

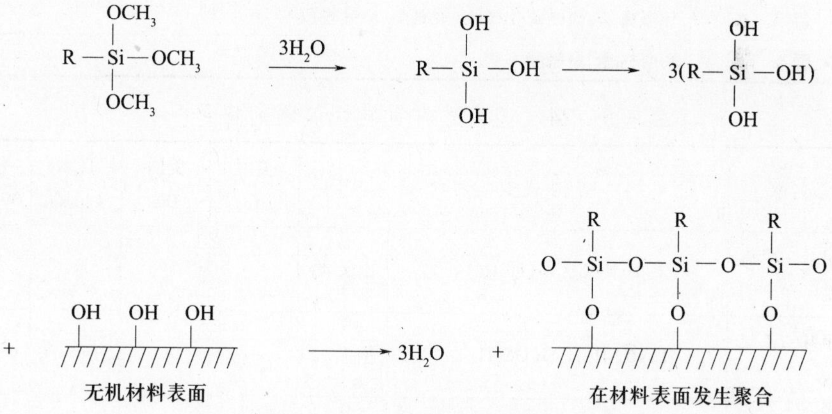

图 5 - 6　硅烷偶联剂反应原理示意图

硅烷偶联剂可以在陶瓷和金属表面形成坚固的聚硅烷膜,但该膜的化学和机械完整性依赖于硅烷溶液的浓度、pH 值、干燥时间、温度和被粘材料的表面特性。硅烷溶液可以通过喷、刷、涂、浸等方法涂覆于被粘材料表面,并在 50℃ ~60℃ 下干燥 10min 使溶剂挥发。但聚硅烷膜的完整性,是否完全覆盖在被粘材料表面,除非通过染色的方法来检查其他方法是很难直接检查的。如图 5 - 5 所示,硅烷在被粘材料的排列是高度有序的,但粗糙的表面会影响到这种有序性,一个粗糙的表面会打破第一级有序排列,从而妨碍第二级结构的形成。硅烷形成的人工界相对整个粘接的性能有很大的影响,连续完整很薄的硅烷层可以使粘接更加坚固耐久,有助于提高粘接效果。对此目前主要有以下三种不同的看法:①认为硅烷偶联剂的有机官能团与胶黏剂发生反应;②聚硅烷膜表面呈多孔结构,液态胶黏剂进入这些孔隙固化后形成互穿界相;③硅烷偶联剂溶液中的溶剂及硅烷本身会打开被粘高聚物材料表面的结构,使硅烷扩散到被粘材料中形成另一类型的互穿界相。

由硅烷偶联剂形成的界相可能是硬的,也可能是软的,这一界相也会对粘接面其他界相的性能产生影响。硅烷偶联剂的种类很多,官能团的不同,适用粘接的高聚物也不同。表 5 - 23 介绍了一些典型硅烷偶联剂及其应用领域,表 5 - 24 给出国内外常用的硅烷偶联剂结构和对应牌号,表 5 - 25 为被粘材料对硅烷偶联剂粘接的影响。

表 5 - 23　针对不同材料推荐使用的硅烷偶联剂

硅烷官能团	应 用 对 象
乙烯基	自由基固化体系、高密度聚乙烯、过氧化物硫化弹性体、聚酯、聚乙烯、聚丙烯
环氧基	环氧树酯、丙烯酸酯、聚氨酯、聚硫橡胶
甲基丙烯酸基	不饱和聚酯、丙烯酸酯
氨基	环氧树酯、酚醛树酯、聚氨酯、丁基橡胶、三聚氰胺
巯基	环氧树酯、硫磺硫化橡胶、聚氨酯、聚硫橡胶
脲基	酚醛树酯、聚氨酯

表 5 - 24　国内外常见硅烷偶联剂牌号

化学名称	结 构 式	中国	美国 UCC	美国 DC	日本 Chisso	法国 Wacker
苯胺甲基三甲氧基硅烷	$C_6H_5NHCH_2Si(OCH_3)_3$	南大43	—	—	—	—
苯胺甲基三乙氧基硅烷	$C_6H_5NHCH_2Si(OC_2H_5)_3$	南大42	—	—	—	GF - 81
γ - 缩水甘油基丙基三甲氧基硅烷	$CH_2{-}CHCH_2OCH_2CH_2CH_2Si(OCH_3)_3$ $\backslash\,/$ O	KH - 560	A - 187	Z - 6040	C - 6720	GF - 62
乙烯基三乙酰基硅烷	$CH_2 = CH - \underset{\underset{OOCCH_3}{\mid}}{\overset{\overset{OOCCH_3}{\mid}}{Si}} - OOCCH_3$	—	A - 188	Z - 6075	V - 4800	—
乙烯基三甲氧基硅烷	$CH_2 = CHSi(OCH_3)_3$	—	A - 171		V - 4917	—
$N - \beta$(氨基乙基) $- \gamma$ - 氨丙基三甲氧基硅烷	$NH_2CH_2CH_2NH(CH_2)_3Si(OCH_3)_3$	—	A - 1120	Z - 6020	A - 0700	GF - 58

化学名称	结 构 式	中国	美国 UCC	美国 DC	日本 Chisso	法国 Wacker
乙烯基三（2-甲基乙氧基）硅烷	$CH_2=CHSi(OCH_2CH_2OCH_3)_3$	ND-78	A-172	Z-6082	V-5000	—
γ氨基丙基三乙氧基硅烷	$H_2NCH_2CH_2CH_2Si(OC_2H_5)_3$	KH-550 NDZ-603	A-1100	—	A-0750	—
乙烯基三叔丁基过氧硅烷	$CH_2=CH-Si[OO(CH_3)_3]_3$	—	A-1010	—	—	—
γ-（甲基丙稀酰氧基）丙基三甲氧基硅烷	$CH_2=\underset{\underset{CH_3}{\vert}}{C}-\overset{\overset{O}{\Vert}}{C}-O(CH_2)_3 Si(OCH_3)_3$	KH-570	A-174	M-8550	—	—
β(3.4环氧基环乙基)乙基三甲氧基硅烷	$-CH_2CH_2Si(OCH_3)_3$	—	A-186	—	E-6350	—
γ-巯基丙基三甲氧基硅烷	$HSCH_2CH_2CH_2Si(OCH_3)_3$	KH-580	A-189	Z-6062	M-8500	GF-70
甲基三甲氧基硅烷	$CH_3Si(CH_3)_3$	—	A-163	—	—	—
乙烯基三氯硅烷	$CH_2=CHSiCl_3$	—	A-150			GF-54
甲基三乙酰氧基硅烷	$CH_3-\underset{\underset{OCOCH_3}{\vert}}{\overset{\overset{OCOCH_3}{\vert}}{Si}}-OCOCH_3$	—	—	—	—	—
甲基三叔丁基过氧基硅烷	$CH_3-\underset{\underset{OOC(CH_3)_3}{\vert}}{\overset{\overset{OOC(CH_3)_3}{\vert}}{Si}}-OOC(CH_3)_3$	—	—	—	—	—
乙烯基三乙氧基硅烷	$CH_2=CHSi(OC_2H_5)_3$	A-151	A-151	—	V-490	GF-56
γ脲基丙基三乙氧基硅烷	$H_2N-\overset{\overset{O}{\Vert}}{C}-NH(CH_2)_3Si(OC_2H_5)_3$	—	A-1160	—	—	—

表 5 –25　被粘材料对硅烷偶联剂粘接的影响

硅烷偶联剂的有效性	没有 → 轻微 → 良好 → 优异	二氧化硅 石英 玻璃 铝 铜 氧化铝 无机物 黏土 云母 滑石粉 无机氧化物 铁、钢 石棉 镍 锌 铅 碳酸钙 硫酸钡 石墨 炭黑

需要指出的是光滑、高表面能的材料是硅烷偶联剂理想的粘接材料,而有粗糙表面的材料则效果不好。除了常用的硅烷偶联剂外,偶联剂还包括钛酸酯偶联剂、锆酸酯偶联剂及其其他类型,而且使用品种还不断增长,这些新型偶联剂在复合材料和高填充塑料上的应用说明同硅烷偶联剂一样,这些新型偶联剂也可以提高材料的抗冲击强度和其他物理性能。尽管钛酸酯和锆酸酯偶联剂也通过于材料表面的羟基发生类似于硅烷偶联剂的反应,但与硅烷偶联剂不同的是,它不会发生缩合聚合而形成一个聚合物的网络。钛酸酯偶联剂的结构式为

$$(RO)_m - Ti - (O - X - R_2 - Y)_n$$

其中 $(RO)_m$ 可以水解,从而与无机物结合在一起,这一基团还起到控制偶联剂在被粘材料表面扩散湿润,填充体系黏度,疏水性等所用;基团 X 可以提高体系的抗腐蚀性和耐酸性,也可根据不同体系中化学极性的不同,起到抗氧化的作用;基团 R_2 由于具有较长的碳氢链,从而可以形成大分子链的缠结,并通过范德华力的作用提高粘接效果;基团 Y 则提供热固化的活性点,并通过化学反应与高分子基体材料产生有效的粘接。表 5 – 26 是一些典型的钛酸酯和锆酸酯偶联剂。

表 5 – 26　钛酸酯和锆酸酯偶联剂的结构和特点

偶　联　剂	应用示例、特点	化　学　结　构
单烷氧基钛酸酯偶联剂	硬脂酸官能团；有助于矿物填料在聚烃类聚合物中的分散	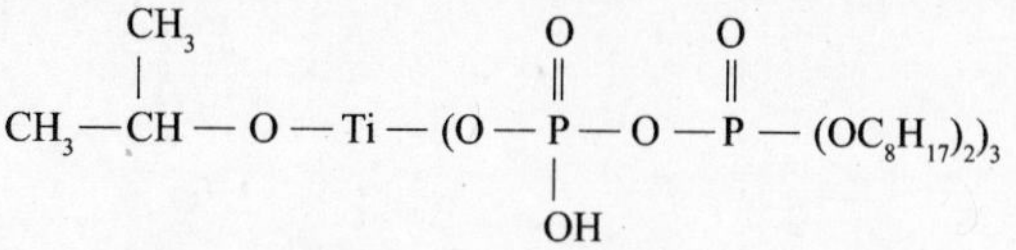 $CH_3-CH(CH_3)-O-Ti-(O-P(=O)(OH)-O-P(=O)-(OC_8H_{17})_2)_3$
螯合型钛酸酯偶联剂	优异的潮湿环境稳定性	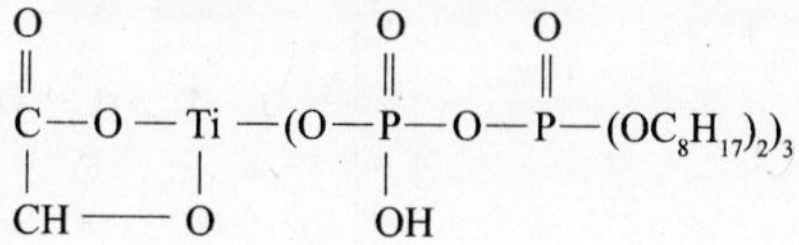 $(C(=O)-O)(CH-O)Ti-(O-P(=O)-O-P(=O)(OH)-(OC_8H_{17})_2)_3$
季胺盐型钛酸酯偶联剂	水溶性	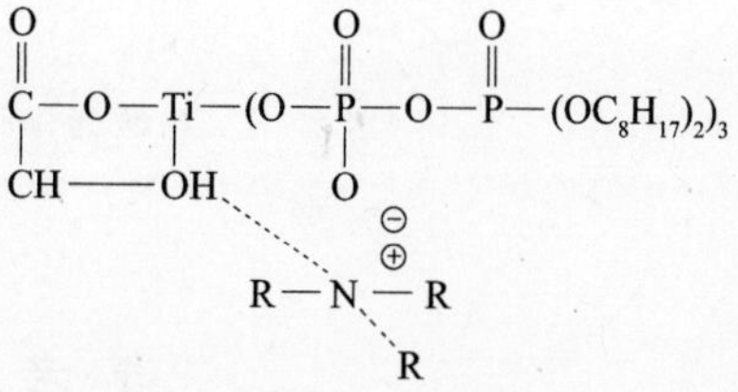 $(C(=O)-O)(CH-OH)Ti-(O-P(=O)-O-P(=O)-(OC_8H_{17})_2)_3$　$R-\overset{\oplus}{N}(R)-R$
络合型钛酸酯偶联剂	磷酸盐官能团，可降低环氧树脂的黏度 W/O 加速硫化	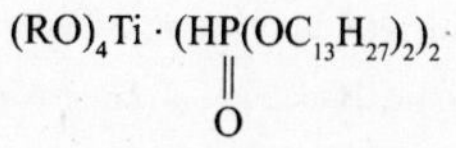 $(RO)_4Ti \cdot (HP(OC_{13}H_{27})_2)_2(=O)$
新烷氧基型锆酸酯偶联剂		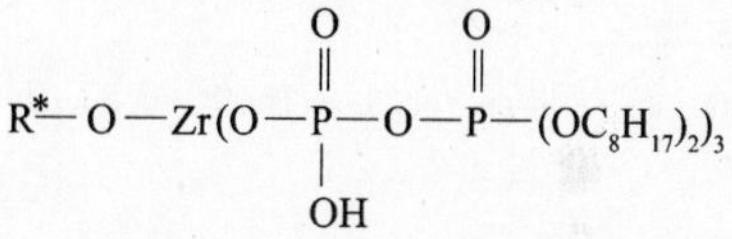 $R^*-O-Zr(O-P(=O)-O-P(=O)(OH)-(OC_8H_{17})_2)_3$
新烷氧基型钛酸酯偶联剂	无需预处理，适用于高温热塑性塑料和聚氨酯，也可用于铝合金粘接	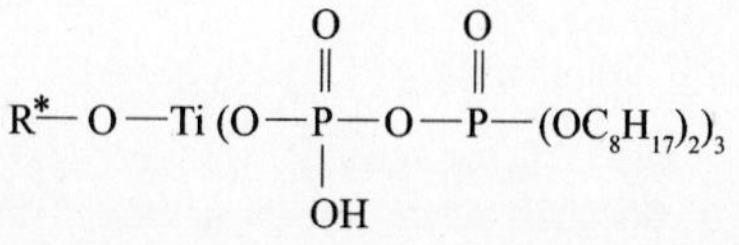 $R^*-O-Ti(O-P(=O)-O-P(=O)(OH)-(OC_8H_{17})_2)_3$
六原子环型钛酸酯偶联剂	超高温特性	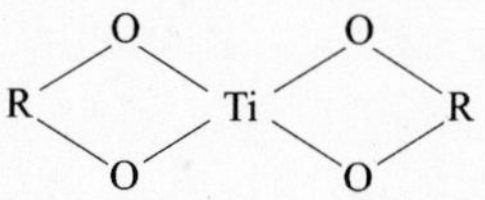 $R(O-O)Ti(O-O)R$

　　锆酸酯偶联剂具有与钛酸酯偶联剂相似的化学结构，与钛酸酯偶联剂相比，其应用更少，目前主要用于聚烃类材料电晕处理后油墨印刷的粘接促进剂，也可用于聚合物添加剂的分散剂等。钛酸酯偶联剂与材料表面羟基基团反应原理如图5 – 7所示。

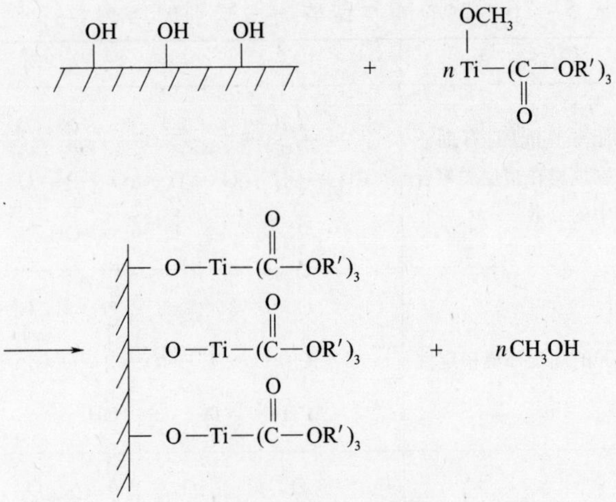

图5-7 钛酸酯偶联剂反应原理示意图

参 考 文 献

[1] Fuping Li. Study of interphase in Alumiun/epoxy joints. Thesis for the degree of Ph. D. MTU,2003.

[2] Eduward M Petrie. Handbook of Adhesives and Sealants. McGraw – Hill,New York,2000.

[3] Alphonsus V Posius. Adhesion and Adhesive Technology. Znd Edition Hanser,Munich,2002.

[4] ASTM D907, Standard definitions of tennis relating to Adhesives, Annual Book of ASTM Standard, Volume15. 06.

[5] Comyn,John. Adhesive science. The Royal Society of Chemistry. Cambridge,UK. 1997.

第6章　橡胶—金属复合制品

在各种工程装备中使用了许多橡胶—金属复合制品,例如油泵旋转轴的密封就采用嵌有金属骨架的皮碗,输送高压流体的钢丝编织胶管,发动机和仪表的减振垫和阻尼片。这些制件借助金属的强度和刚性,利用橡胶的弹性和阻尼特性完成其密封、减振降噪的功能。随着武器装备动力源向大功率方向发展,又出现一批新型式的橡胶—金属复合制品,现将直升机旋翼系统的弹性元件,管线固位、隔振用的紧箍件以及高速列车用减振、降噪的橡胶弹簧研制情况介绍如下。

6.1　直升机旋翼弹性元件

直升机的旋翼系统是产生升力和拉力的动力体系。在先进星形、球柔性桨毂中弹性轴承和黏弹性阻尼器是两个关键功能构件。弹性轴承是通过弹性变形实现并传送三方向的桨叶的变距、挥舞、摆振及离心运动。在使用过程中弹性轴承承受很大离心力,扭矩,代替三个方向铰链轴承,采用弹性轴承能减轻旋翼系统的重量和零部件的数量约30%,大幅度提高直升机的可靠性、维修性及经济性。黏弹性阻尼器(也称频率匹配器)是旋翼系统的阻尼功能构件,为桨叶摆振运动提供阻尼,还为桨叶附加了摆振刚度,防止出现地面共振和空中共振[1]。旋翼弹性轴承和粘弹阻尼器在直升机位置见图6-1、其结构形状见图6-2、图6-3。

频率匹配器

弹性轴承

图6-1　AS365海豚直升机主桨桨毂图[2]

6.1.1　旋翼弹性轴承的发展

弹性轴承的概念是由最早的"橡胶堆弹簧"逐渐演变而来的。1955年法国在

225

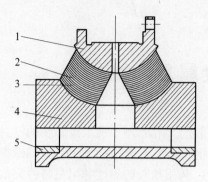
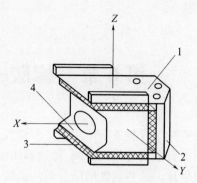

图 6-2　旋翼弹性轴承结构形状
1—小接头；2—金属隔片；3—橡胶层；
4—小接头；5—衬套。

图 6-3　黏弹阻尼器结构形状
1—夹板；2—大接头；3—阻尼橡胶；4—小接头；
X—离心力方向；Y—摆振方向；Z—挥舞方向。

BB66080 型内燃机车上开始使用一种"橡胶金属板三明治"结构的复合件，称为"橡胶堆弹簧"；同期美国 Lord Manufacturing Company 公司将类似结构件用于活塞式飞机发动机试车台减振器，从而开始了弹性轴承的发展历程。弹性轴承最早作为正式概念的提出和应用于直升机旋翼系统是 1960 年由美国海军航空兵司令部（Navy Air System Command）委托 Lord Manufacturing Company 公司研制的，主要用于 Boeing-Vertal-CH-47 直升机旋翼系统，成功的将旋翼系统零件数量减少到原件数的 26%，经在 AH-1 直升机上飞行 2800h 和在 UH-1 直升机上飞行 4500h 后使用效果良好，减少传动机构组合件达 30%，减轻重量 30%~40%，且不需维修，一次寿命可达 1000h 以上[3]。作为直升机球柔性旋翼系统的关键功能件，弹性轴承除可传递离心、扭转和挥摆力矩外，还有调节频率防止共振作用。随着弹性轴承技术的不断完善，目前欧美主要的直升机旋翼系统如"黑鹰"、"大黄蜂"、"虎式"、"阿帕奇"等都已经广泛采用了弹性轴承作为桨叶和中央件的连接件。作为动部件连接件的弹性轴承从 1960 年代仅在 UH-1、AH-1、CH-17 三个型号应用，到目前国外已超过 35 个型号直升机得到应用。在 V-22 鱼鹰直升机中有超过 58 种动部件连接件采用了弹性轴承，其倾转旋翼动部位连接全部采用了弹性轴承或其他型式的橡胶复合件。

　　直径达 10 英寸大型球面轴承已用在 Boeing-Vertal-HLH 升力系统，承受 170000 磅的离心力。不同结构形状弹性轴承在 CH-53D 直升机中批生产使用几十年。目前国外弹性轴承使用寿命均已达到了 2000h 以上，法国 Hutchinson 公司制造的弹性轴承更是达到 5000h 以上的评估寿命，并给出了 3000h 的可靠寿命。我国 20 世纪 80 年代引进的法国"海豚"机旋翼毂采用四个球形轴承，"小松鼠"直升机也采用三个球形轴承传递水平、扭转、偏摆三个方向的扭力，寿命可达到近 1500h。

　　国内对直升机弹性轴承的认识和研究主要是从 1980 年引进法国"海豚"直升

机生产线开始的。1991 年—1995 年,北京航空材料研究院与 602 所、550 厂一起以直 11 型机为应用对象,开始球面弹性轴承研制。直 11 型机弹性轴承属于小型(1.5t)机用弹性元件,由 14 层球形金属隔片,铝合金上下接头与 15 层不同厚度的橡胶层经粘接整体复合成形,其结构与进口海豚机相似,属于第一代球面弹性轴承。1996 年—2000 年,对"25B 旋翼原理样机"用弹性轴承进行了研究。2001 年—2005 年,开展了大尺寸弹性轴承的研究。自 2004 年开始承担多个型号直升机旋翼弹性轴承研制工作,经过 5 年多的技术攻关,于 2009 年实现首飞。

6.1.2 弹性轴承的技术分析

在 1979 年第 20 届世界结构动力学和材料会议上,P. Donguy 宣读了名为"Design and Development of Helicopter Rotor Hub and Elastomeric Bearing", "Development of an Helicopter Hub Elastomeric Bearing"的两篇报告。从报告中可知,球型弹性轴承结构设计要兼顾多个性能。提高使用寿命,就应降低动态工作条件下各层的剪切应力;途径之一就是增加弹性材料层的厚度,但却会导致轴向压缩刚度的下降;同样低扭转刚度和高压缩刚度的要求也是矛盾的,因此轴承结构的设计、材料和成形必须密切的结合。表 6 - 1 中列出了 P. Donguy 报告中给出的弹性轴承的基本性能。

表 6 - 1   P. Donguy 报告数据

弹性轴承的变形和载荷		P. Donguy 报告数据
最大变形	变矩角(Pitch angle)	±20°
	挥舞角(Flap angle)	±8°
	摆振角(Lead - lag angle)	±1°
最大载荷	OY 轴	137000N
	OX 轴	5000N
刚度	OY 轴压缩刚度	100000N/mm
	OX 轴横向刚度	10000N/mm
	OY 轴扭转刚度	<4mN/(°)
	OX 轴扭转刚度	10mN/(°)
使用温度/℃		- 54 ~ 54
		- 54 ~ 90(停机)
外廓尺寸/mm		125
碗型隔片直径/mm		42.5 ~ 70.8

弹性轴承由金属隔片、接头和橡胶热硫化粘接而成,橡胶的性能对轴承性能、使用寿命十分关键。飞行中弹性轴承受三个方向交变应力的作用,其疲劳破坏也

主要源于动态剪切力,橡胶材料在满足制品刚度要求的同时,还应有较高的剪切强度、较长的疲劳寿命、较小的弹性损耗系数;在使用中应具有较低的弹性滞后生热,低温下弹性模量变化要小;同时胶料还应具有良好的耐热、耐天候老化性能。

用于直升机旋翼系统弹性轴承的弹性体材料主要是天然橡胶(NR)或者合成聚异戊二烯,其他的弹性材料也可用于制造弹性轴承,如氯丁橡胶、硅橡胶等,但这些材料的应用主要在较特殊的使用环境条件中。这主要是因为天然橡胶具有以下特点:①优异的疲劳寿命。②低裂口敏感性。③较宽的剪切模量范围。④低动静模量比和适宜的阻尼特性。适宜的阻尼特性可以使轴承在低温使用环境下预热,也可避免正常使用中产生过量的内部热量。美国 Lord 公司轴承用天然橡胶胶料的动静模量比为 1.05 ~ 1.30。⑤适宜的耐环境因素特性(臭氧、阳光、霉菌、盐雾、湿气、高低温、沙石灰尘、润滑油、液压介质和清洗剂等)。⑥较宽的使用温度范围(−54℃ ~ 80℃)。⑦低成本,容易加工和粘接。

天然橡胶的低温硬化特性也使其成为弹性轴承最适宜的材料。低温硬化效应是指弹性轴承随着使用环境温度的下降,刚度反而上升,特别是在低温停机一段时间后刚启动阶段,刚度经过自我预热后才可以达到室温状态。这对于弹性轴承在低温下的性能是非常关键的。在相同的剪切应变和频率下,不同温度的刚度比与循环数的关系可以用来表征弹性轴承的低温特征,见图6−4。

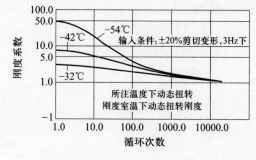

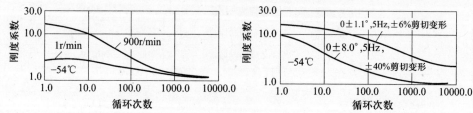

图6−4 天然橡胶的低温硬化效应

从图6−4可以看出,天然橡胶具有较高的初始循环刚度系数(Stiffening Factor),但衰减很快,在低温下运转几百个循环后弹性轴承刚度就趋于平衡接近室温下的刚度。

对于弹性轴承用金属材料而言,由于金属片在加工中的应力残余和使用的受载而产生的疲劳可导致金属片的翘曲变形,过早达到使用寿命,因此,选择适宜的金属材料对于弹性轴承也是非常关键的;同时金属材料的选材还需考虑轴承种类、性价比、可加工性、与弹性材料的粘接以及金属片承受的应力等因素。常选用的材料有低碳钢、合金钢、铝、不锈钢、钛及特殊金属如镍钢和马氏体时效钢等。金属片的厚度一般为 0.76mm ~ 1.9mm,其中径向轴动轴承和棒端面轴承为 0.76mm ~ 1.0mm,一般轴向振动轴承和球推力轴承和圆锥状轴承则在 0.76mm ~ 1.9mm。金属片可以通过锻、铸、挤、粉末金属加工、型材等不同方法进行加工,其外露部分要采用一定的保护手段。

弹性轴承损坏的模式是逐步表面磨耗的过程,外观上表现为产生胶沫、弹性体挤出、或金属片疲劳(裂破)、超出使用温度而导致弹性体裂解、返原成黏胶状和脱胶等现象;另外一个潜在的失效方式是轴承的结构不稳定性,作为预防措施可以在出场前进行地面检查。

模拟使用的环境条件,包括载荷、运动形式、频率、对轴承进行寿命预测,评估轴承的实际使用寿命是特别重要的,而实验评估是不能进行加速实验,因为弹性体滞后阻尼产生的热量会导致胶料的老化或粘接的破坏。结果表明,弹性轴承的实际使用寿命要远高于实验寿命。原因是实验评估是连续的,这比实际使用的状态更为苛刻,连续实验产生的热积累可加速橡胶材料的老化。

弹性轴承用胶料的基本性能见表 6 - 2。

表 6 - 2　弹性轴承用胶料的基本性能

拉伸强度/MPa	扯断伸长率/%	硬度(邵氏 A)	撕裂强度/(kN/m)
≥20	≥600	47 ± 2	≥36
脆性温度/℃	硬度变化(90℃,24h)	粘接强度(不锈钢)/MPa	胶层破坏面积/%
≤ - 53	≤6	≥9	≥95

6.1.3　旋翼阻尼器的发展

从 20 世纪 50 年代开始,摩擦阻尼器被用于直升机提供摆振阻尼。但是摩擦阻尼器结构复杂可靠性很差,到 60 年代摩擦阻尼器被液压阻尼器替代。液压阻尼器比摩擦阻尼器可靠性好至今还在使用。70 年代为克服液压阻尼器易受风沙和密封件磨损漏油的影响,研制成不受风沙影响、没有密封问题的粘弹阻尼器,这种阻尼器具有更高可靠性;可通过目视检查和视情更换来检查黏弹性阻尼器阶段破坏模式,而不用定期特别检查。黏弹阻尼器现在多种型号直升机上使用,包括波音 AH - 64 阿帕奇和欧直公司的"海豚"、EC155、EC175 等。海豚/直 9 采用的是 70 年代的第一代黏弹阻尼器,EC155 采用 90 年代的第二代黏弹阻尼器,EC175/Z15 采用的是第三代黏弹阻尼器。为克服黏弹阻尼器的一些问题,满足新型直升机的设计需求,80 年代开始液弹阻尼器概念设计,90 年代开始产品应用,它具有安装空间更小和阻尼更高的特点[4]。NH - 90、AB139、RAH - 66 等第四代先进直升机采用了液弹阻尼器。液弹阻尼器尺寸小、阻尼大,对小位移敏感,阻尼特性随位移、频率和温度变化小,如表 6 - 3 所列[5]。另外,由于直升机黏弹阻尼器和液弹阻尼器的研制技术难度大,目前国外仅有美国 LORD 公司和法国 PAULSTRA 公司进行专业研制和生产。

表 6 - 3　国外直升机旋翼阻尼器发展

时间	60 年代	70 年代	90 年代
类型	液压阻尼器	黏弹阻尼器	液弹阻尼器
图示		 	
代表性直升机	UH - 60 黑鹰 米 - 171	AH - 64 阿帕奇 EC - 120、EC - 135、EC - 155、EC - 175、AS365N	NH - 90 AB139、EC - 225、EC - 725、RAH - 66 科曼奇
优点	小位移下阻尼特性稳定、阻尼刚度大	结构简单、质量轻;没有液压油,不需密封和润滑;可靠性高、寿命长、视情维护,安全破损,橡胶体出现裂纹后还有相当长的使用寿命	兼具有液压阻尼器和黏弹阻尼器的优点:结构简单、质量轻,尺寸小;阻尼大,小位移下阻尼特性稳定;可靠性高、寿命长、视情维护,安全破损
缺点	设计相对复杂,易漏油、寿命短、可靠性差	阻尼刚度随位移、频率、温度变化大	设计复杂

6.1.4　几种型号国产弹性元件的主要性能

6.1.4.1　AC311 型直升机弹性元件的性能(表 6 - 4 和表 6 - 5)

表 6 - 4　AC311 型直升机球面弹性轴承性能

件　号	压缩刚度/(kN/mm)	扭转刚度/(Nm/(°))	弯曲刚度/(Nm/(°))
C201	314	5.8	12
C202	326	5.9	12
C203	305	5.9	14
C204	306	5.9	13

表 6 – 5 AC311 型直升机频率匹配器性能

序　号	摆振刚度/(N/mm)	动态弹性刚度/(N/mm)	阻尼刚度/(N/mm)
S3 – 01	927	2582	1009
S3 – 02	898	2543	1045
S3 – 03	1087	2493	1031
S3 – 04	912	2578	1048
S3 – 05	1030	2474	995
试验条件:6Hz,6mm ± 1.2mm			

6.1.4.2　AC312 型直升机弹性元件的主要性能(表6-6和表6-7)

表 6 – 6　AC312 型直升机主桨球面弹性轴承性能

件　号	压缩刚度/(kN/mm)	扭转刚度/(Nm/(°))	弯曲刚度/(Nm/(°))
C104	327	5.4	14
C105	329	5.6	12
C106	330	5.1	12
C107	312	5.1	11
C108	318	5.5	12

表 6 – 7　AC312 型直升机频率匹配器性能

序　号	摆振刚度/(N/mm)	动态弹性刚度/(N/mm)	阻尼刚度/(N/mm)
S1 – 01	950	2550	920
S1 – 02	942	2542	903
S1 – 03	961	2572	915
S1 – 04	978	2611	931
S1 – 05	930	2513	909
试验条件:6Hz,6mm ± 1.2mm			

6.1.4.3　AC313 型直升机弹性元件的主要性能(表6-8~表6-10)

表 6 – 8　主桨弹性轴承性能

序　号	压缩刚度/(kN/mm)	扭转刚度/(Nm/(°))	弯曲刚度/(Nm/(°))
S501	467	12.77	37.95
S502	442.9	13.34	39.92

序　号	压缩刚度/(kN/mm)	扭转刚度/(Nm/(°))	弯曲刚度/(Nm/(°))
S503	427.2	12.9	41.35
S504	426.7	12.58	39.54
S505	432.9	12.94	39.59
S506	410.4	11.94	38.38

表6-9　尾桨弹性轴承性能

序　号	压缩刚度/(kN/mm)	扭转刚度/(Nm/(°))	弯曲刚度/(Nm/(°))
P101	129	2.7	7.0
P102	133	2.8	7.2
P103	129	2.7	6.9
P104	130	2.6	6.9
P105	123	2.6	6.8

表6-10　尾桨阻尼器性能

序　号		S201	S202	S203	S204	S205
	静刚度/(N/mm)	1164	1171	1190	1213	1186
17Hz,2.5mm±0.5mm	弹性刚度 K'/(N/mm)	3725	3411	3893	3433	3501
	阻尼刚度 K''/(N/mm)	1693	1545	1612	1511	1563
	损耗角/(°)	24.4	24.3	22.5	23.7	24.0
12Hz,2.5mm±1.5mm	弹性刚度 K'/(N/mm)	2339	2152	2456	2234	2174
	阻尼刚度 K''/(N/mm)	978	931	947	913	855
	损耗角/(°)	22.7	23.4	21.1	22.2	21.4

6.2　宇航用高性能卡箍

卡箍(紧固件)在飞机、发动机和宇航装备上用于各类线路和管路的集束、支撑和固定,并具有耐磨、减振降噪等功能,对所固定的线路、管路起到保护作用。一般来说,使用卡箍要根据使用工况条件的不同,选择具有优异耐老化、耐介质等性能的橡胶作为弹性衬垫,而在发动机高温部位使用的卡箍还要求具有好的耐高温性能、隔振等性能。北京航空材料研究院自 2000 年以来,与美国 Kirkhill – TA 公司的合作,并自行研制成适应各种环境使用的橡胶衬垫材料、选择相应的金属骨架材料,材料和卡箍全部通过美宇航标准要求。10 年间生产近千万件 MS21919,AS21919,AN735,AN742,ST1428,ST1850,以及 2 个系列的铰链型卡箍,供应国内外军民各种型号的飞机、发动机使用。卡箍的外观和安装部位见图 6 – 5。

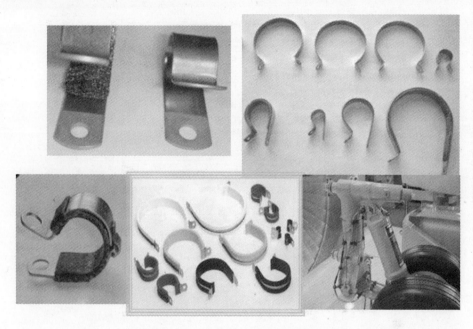

图 6 – 5　卡箍的外观和安装部位

6.2.1　MS21919 环形支撑卡箍

　　MS21919 环形支撑卡箍是由橡胶衬垫和金属骨架组成,主要用于飞机机身、机翼及动力部分的电气、液压系统管线的紧箍和支撑。橡胶衬垫的胶料有氯丁橡胶、丁腈橡胶、乙丙橡胶、硅橡胶、氟硅橡胶。氯丁橡胶衬垫用于接触石油基油料和其油溅出部位;丁腈橡胶用于接触燃油和油蒸气部位;乙丙橡胶用于接触磷酸酯液压油和空气部位;硅橡胶用于高温空气、接触磷酸酯油部位;氟硅橡胶用于高温空气和接触燃油和蒸气部位。金属骨架有铝合金和不锈钢、碳钢带材。MS21919 系列卡箍已在美国军用、民用飞机上使用多年,广泛用于机身、机翼和发动机的电气、液压系统管线的紧箍及支托。国产军机、民机设计和维修中逐渐使用该系列制件。

6.2.1.1 名称及型号

根据橡胶衬垫、金属骨架尺寸及材质不同,MS21919 环形支撑卡箍包括 11 个系列,56 种尺寸规格,共 616 个零件型号,各系列所用的金属带材和橡胶衬垫见表 6-11,MS21919 环形支撑卡箍及使用材料标准见表 6-12。

表 6-11　MS21919 环形支撑卡箍所用金属带材和橡胶衬垫

系列名称	金属骨架材料/橡胶衬垫材料	使用温度/℃	外　观
DE	铝合金/乙丙橡胶	100	紫色
DF	铝合金/丁腈橡胶	100	黄色
DG	铝合金/氯丁橡胶	100	黑色带蓝色标志线条
CE	不锈钢/乙丙橡胶	135	紫色
CF	不锈钢/丁腈橡胶	100	黄色
CH	不锈钢/硅橡胶	204	白色
CG	不锈钢/氯丁橡胶	100	黑色带蓝色标志线条
CJ	不锈钢/氟硅橡胶	232	蓝色
F	低碳钢/丁腈橡胶	100	黄色
G	低碳钢/氯丁橡胶	100	黑色带蓝色标志线条
H	低碳钢/硅橡胶	201	白色

表 6-12　MS21919 环形支撑卡箍及使用材料标准

材　料　标　准	国外相近材料标准
Q/6S 1706—2004《MS21919 卡箍》	MS21919《带橡胶套的环形支撑卡箍》 MIL-C-8603B《环形和带状的支撑卡箍》
GB 4239—1991 中的 OCr18Ni10Ti 不锈钢	AMS5510 中的 321 抗腐蚀钢
GB/T 3880.1—2006 中的包铝 2024-0 铝合金	AMS-QQ-A-250 包铝 2024-0
GB/T 3522—1983 优质碳素结构钢冷轧钢带	ASTM A109/A109M-08 的 1010
Q/6S 1536—2004《EP8370 彩色阻燃三元乙丙橡胶胶料》	MIL-C-8603B
Q/6S 1535—2003《NBR5370 丁腈橡胶胶料》	AMS3215
Q/6S 1533—2003《CR4170 氯丁橡胶胶料》	AMS3209
Q/6S 1534—2000《HR6060 通用硅橡胶胶料》	AMS3303
Q/6S-1537—2002《FS6161 氟硅橡胶胶料》	AMS-R-25988

6.2.1.2 结构及尺寸

MS21919 系列卡箍的外形机构如图 6 - 6 所示，其规格尺寸见表 6 - 13。

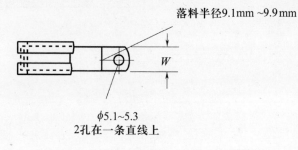

(a)

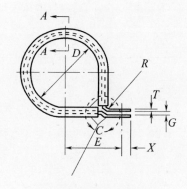

压肩隆起高度与胶套底面
高度之差在0.25之内

(b)

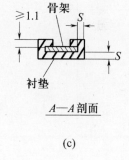

(c)

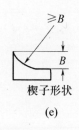

(d)

(e)

图 6 - 6　MS21919 系列卡箍的外形结构

単位:mm

表 6-13　MS21919 系列卡箍的规格尺寸

序号	B	D±0.4	E±0.4 铝合金	E±0.4 不锈钢 低碳钢	G	R±0.4	S+0.5-0.0	T±0.08 铝合金	T±0.08 不锈钢 低碳钢	W±0.3 铝合金	W±0.3 不锈钢 低碳钢	X±0.4 铝合金	X±0.4 不锈钢 低碳钢
1	—	1.6	11.1	11.1				0.5	0.5	9.5			
2	1.2~ 2.8	3.2	11.6	11.6					0.8	12.7		4.8	
3		4.8	12.6	12.6									
4		6.4	13.4	13.4		1.6		0.8			9.5	5.5	4.8
5		8.0	14.2	14.2									
6	2.4~ 3.2	9.5	15.0	15.0									
7		11.1	15.8	15.8									
8		12.7	16.6	16.6									
9		14.3	19.1	19.0	1.6 + 0.4 - 0.0		1.0				12.7		5.5
10		15.9	19.9	19.8									
11		17.5	20.7	20.6		2.8		1.3					
12		19.1	21.5	21.4									
13	3.9~ 7.9	20.7	22.3	21.8									
14		22.2	23.1	22.6									
15		23.8	23.9	23.4									
16		25.4	24.6	24.2									
17		27.0	25.5	25.0									

序号	B	D±0.4	E±0.4		G	R±0.4	S+0.5−0.0	T±0.08		W±0.3		X±0.4	
			铝合金	不锈钢 低碳钢				铝合金	不锈钢 低碳钢	铝合金	不锈钢 低碳钢	铝合金	不锈钢 低碳钢
18		28.6	27.0	26.2		3.2	1.5	1.6					
19		30.2	27.8	26.9									
20		31.8	28.5	27.7									
21		33.4	29.4	28.5									
22		34.9	30.2	29.3									
23		36.5	30.9	30.1	2.4 +0.8 −0.0								
24		38.1	31.7	30.9									
25		39.7	32.5	32.0									
26		41.3	33.3	32.5									
27		42.9	34.1	33.3									
28		44.5	34.9	34.1									
29		46.1	35.7	34.9									
30		47.6	36.5	35.7					1.0				
31		49.2	37.3	36.7	3.2 +0.8 −0.0								
32		50.8	38.1	37.5									
33		52.4	38.9	38.3									

尺　寸

序号	B	D±0.4	E±0.4		G	R±0.4	S+0.5-0.0	T±0.08		W±0.3		X±0.4	
			铝合金	不锈钢 低碳钢				铝合金	不锈钢 低碳钢	铝合金	不锈钢 低碳钢	铝合金	不锈钢 低碳钢
34		54.0	39.7	39.1									
35		55.6	40.5	39.1									
36		57.2	41.2	40.6									
37		58.7	42.0	41.4									
38		60.3	42.8	42.2									
39		61.9	43.7	43.1									
40		63.5	44.5	43.9									
41		65.1	45.3	44.7									
42		66.7	46.0	45.4									
43		68.3	46.8	46.2									
44		69.9	47.6	47.0									
45		71.4	48.4	47.8									
46		73.0	49.2	48.6									
47		74.6	50.0	49.4									
48		76.2	50.8	50.2									
49	—	77.8	51.6	51.0									

序号	B	D±0.4	E±0.4		G	R±0.4	S+0.5−0.0	T±0.08		W±0.3		X±0.4	
			铝合金	不锈钢 低碳钢				铝合金	不锈钢 低碳钢	铝合金	不锈钢 低碳钢	铝合金	不锈钢 低碳钢
50		79.4	52.4	51.8									
51		80.9	53.2	52.6									
52		82.6	54.0	53.4									
53		84.1	54.8	54.2									
54		85.7	55.5	54.9									
55		87.3	56.3	55.7									
56		88.9	57.2	56.5									
57		90.5	57.9	57.3									
58	—	92.1	58.7	58.1									
59		93.6	59.5	58.9									
60		95.3	60.3	59.7									
61		96.8	61.1	60.5									
62		98.4	61.9	61.3									
63		100	62.7	62.1									
64		101.6	63.5	62.9									
65		103.2	64.3	63.7									
66		104.8	65.1	64.5									

尺　寸

6.2.1.3 性能

1. 橡胶衬垫材料性能

生产 MS21919 环形卡箍衬垫所用丁腈橡胶、氯丁橡胶、绝缘氯丁橡胶、硅橡胶、氟硅橡胶、乙丙橡胶的性能见表 6-14～表 6-19。

表 6-14 丁腈橡胶性能

性　能	指　标	典　型　值
硬度(邵氏 A)	70±5	69
拉伸强度/MPa	≥10.3	16.8
拉断伸长率/%	≥250	610
100%定伸强度/MPa	≤6.89	2.45
撕裂强度/(kN/m)	≥34.4	43
密度/(g/cm³)	1.32±0.02	1.32
体积变化(燃油 A,室温浸渍 24h 后,在 70℃±1℃干燥 24h 后)/%	≤-5	-2.7
燃油 B,室温浸渍 166h 后		
硬度变化(邵氏 A)	-20～0	-17
拉伸强度变化率/%	max -50	-40
拉断伸长率变化率/%	max -45	-2
体积变化率/%	0～+35	+20
体积变化率(浸油 168h 后在 70℃±1℃干燥 24h 后)/%	max -10	-8.4
100℃±1℃,70h 空气老化后		
硬度变化(邵氏 A)	0～+10	+6
拉伸强度变化率/%	max -20	-4
拉断伸长率变化率/%	max -40	+11
压缩永久变形/%	≤75	60
低温脆性/℃	≤-18	-22
耐臭氧老化(50℃±3℃,臭氧浓度 6×10⁻⁶,6h)	无裂纹	无裂纹

表 6-15 氯丁橡胶性能

性　能	指　标	典　型　值
硬度(邵氏 A)	70±5	70
拉伸强度/MPa	≥11.7	14.9
拉断伸长率/%	≥200	250
100%定伸强度/MPa	试生产值±20%	6.2
密度/(g/cm³)	1.39±0.02	1.39
耐介质性能(IRM903,100℃,70h)拉伸强度变化率/%	max -50	-38
拉断伸长率变化率/%	max -40	-30
体积变化/%	40～100	70
耐热老化性能(空气,100℃,70h)硬度变化	0～10	6
拉伸强度变化率/%	max -20	4.3

性　能	指　标	典　型　值
拉断伸长率变化率/%	max　-50	-18.5
压缩永久变形/%	70	62
脆性温度/℃	-35	-36℃不断
耐臭氧老化(52℃,4h,浓度6×10⁻⁶)	无裂纹	通过

表6-16　绝缘氯丁橡胶性能

性　能	指　标	典　型　值
硬度(邵氏A)	70±5	70
拉伸强度/MPa	≥11.7	14.9
拉断伸长率/%	≥200	250
100%定伸强度/MPa	试生产值±20%	6.2
密度/(g/cm³)	1.39±0.02	1.39
耐介质性能(IRM903,100℃,70h)		
拉伸强度变化率/%	max　-50	-38
拉断伸长率变化率/%	max　-40	-30
体积变化/%	40~100	70
耐热老化性能(空气,100℃,70h)		
硬度变化	0~10	6
拉伸强度变化率/%	max　-20	4.3
拉断伸长率变化率/%	max　-50	-18.5
压缩永久变形/%	70	62
脆性温度/℃	-35	-36℃不断
耐臭氧老化(52℃,4h,浓度6×10⁻⁶)	无裂纹	通过
击穿电压/(kV/mm)	≥11.7	18.7

表6-17　硅橡胶性能

性　能	指　标	典　型　值
硬度(邵氏A)	60±5	59
拉伸强度/MPa	≥4.48	7.8
拉断伸长率/%	≥150	440
撕裂强度/(kN/m)	≥17.6	20.2
密度/(g/cm³)	1.18±0.03	1.18(试生产值)
脆性温度/℃	-65	(-65℃)通过
耐介质性能(ASTM1号油,150℃,70h)硬度变化	-15~+5	-4
拉伸强度变化率/%	max　-20	-3
拉断伸长率变化率/%	max　-15	-6.4
体积变化率/%	0~15	+5
耐热老化性能(空气,100℃,70h)硬度变化	±10	+2
拉伸强度变化率/%	max　-20	-12.8
拉断伸长率变化率/%	max　-40	-9.1
压缩永久变形(空气,150℃,70h)/%	≤25	16

241

表 6-18 氟硅橡胶性能

性　　能	指　标	典 型 值
硬度(邵氏 A)	60 ±5	65
拉伸强度/MPa	≥6.20	8.10
拉断伸长率/%	≥175	240
撕裂强度/(kN/m)	≥11	—
密度/(g/cm³)	1.50 ±0.03	1.50(试生产值)
耐热老化性能(200℃,70h)硬度变化	+10 ~ -5	+4
拉伸强度变化率/%	max -25	-15.7
拉断伸长率变化率/%	max -25	-22.4
质量变化率/%	max -5	-2.91
压缩永久变形(空气,175℃,22h)/%	≤40	33
耐油性能(参考燃油 B,23℃,22h)硬度变化	max -20	-16
拉伸强度变化率/%	max -50	-20.9
拉断伸长率变化率/%	max -40	-10.2
体积变化率/%	1 ~25	23

表 6-19 乙丙橡胶性能

性　　能	指　标	典 型 值
硬度(邵氏 A)	70 ±5	70 ~74
拉伸强度/MPa	≥13.8	15 ~18
拉断伸长率/%	≥500	550 ~750
撕裂强度/(kN/m)	≥35	38 ~44
压缩永久变形(空气,100℃,70h)/%	≤70	40 ~63
耐介质性能(Skydrol 500B,135℃,22h)硬度变化	≥45	46 ~56
拉伸强度变化率/%	≥6.9	11 ~13
拉断伸长率变化率/%	≥375	430 ~730
撕裂强度/(kN/m)	≥21	24 ~25
体积变化率/%	≤30	13 ~29
耐热老化性能(空气,135℃,70h)硬度变化	≤85	78 ~83
拉伸强度变化率/%	≥11.0	16 ~24
拉断伸长率变化率/%	≥350	400 ~550
撕裂强度/(kN/m)	≥28	31 ~45
体积变化率/%	≤ -10	-1 ~ -4

2. 金属骨架性能

（1）铝合金骨架应符合 AMS-QQ-A-250/5 或 GB/T 3880.1 中包铝 2024-0
材料性能,按 MIL-H-6088 热处理至 T42 状态,其后处理按 AMS-C-5541、MIL-

C – 5541 中 1A 进行。

（2）不锈钢骨架应符合 AMS5510 中 321 或 GB 4329 中 OCr18Ni10Ti 的性能,其表面清洗和去毛刺钝化处理工艺按 Q/6SZ1846(ASTM A380,AMS2700)要求进行。

（3）碳钢骨架应符合 GB/T 3522 中的 20# 或 ASTM A109 中 1010 要求,按 AMS—QQ – 416 中的 Ⅱ型 2 类进行镀镉处理。

（4）金属骨架在 5% 氯化钠溶液的盐雾试验中,不锈钢骨架经 2h 试验后表面不应出现腐蚀斑痕;经化学膜处理的铝合金骨架经 168h 试验后,碳钢骨架镀镉后经 96h 试验后,每片试片不得多于 5 个分离的腐蚀斑点,其斑点直径不大于 0.78mm。允许金属表面失去光泽。

3. 卡箍成品外观质量

金属骨架应表面光滑,无毛刺和锐边,橡胶衬垫表面应清洁、颜色均匀,无穿孔等缺陷。衬垫的楔形部位应结合牢固,卡箍闭合后楔形部位吻合无间隙。

6.2.2　AS21919 环形支撑卡箍

AS21919 环形支撑卡箍是由橡胶衬垫与金属骨架组成,所用的橡胶衬垫材料有丁腈橡胶、氯丁橡胶、绝缘氯丁橡胶、乙丙橡胶、硅橡胶、氟硅橡胶,金属骨架材料有铝合金和不锈钢。与 MS21919 系列卡箍相比,AS21919 系列卡箍提高了丁腈橡胶、乙丙橡胶、硅橡胶的性能要求,不再采用碳钢骨架,而且采用了珠状压肩,主要用于新一代军用和民用飞机机身、机翼及动力部分的电气、液压系统管线的紧箍和支撑,逐步代替 MS21919 系列卡箍在军机、民机设计和维修中使用。

6.2.2.1　名称及型号

根据橡胶衬垫、金属骨架尺寸及材质不同,AS21919 环形支撑卡箍包括 8 个系列,56 种尺寸规格,共 448 个零件型号,各系列所用的金属带材和橡胶衬垫见表 6 – 20,AS21919 环形支撑卡箍及使用材料标准见表6 – 21。

表 6 – 20　AS21919 环形支撑卡箍所用的金属带材和橡胶衬垫

系列名称	金属骨架材料/橡胶衬垫材料	使用温度/℃	外　观
DE	铝合金/乙丙橡胶	135	紫色
DF	铝合金/丁腈橡胶	135	黄色
DG	铝合金/氯丁橡胶	100	黑色带蓝色标志线条
CE	不锈钢/乙丙橡胶	135	紫色
CF	不锈钢/丁腈橡胶	135	黄色
CH	不锈钢/硅橡胶	204	白色
CG	不锈钢/氯丁橡胶	100	黑色带蓝色标志线条
CJ	不锈钢/氟硅橡胶	200	蓝色

表 6-21　AS21919 环形支撑卡箍及使用材料标准

材　料　标　准	国外相近材料标准
Q/6S 2432—2010《带橡胶衬垫环形卡箍规范》	AS 21919《带橡胶套的环形支撑卡箍》
GB 4239—1991《OCr18Ni10Ti 不锈钢》	AMS5510 中的抗腐蚀钢
GB/T 3880.1—2006《包铝 2024-0 铝合金》	AMS-QQ-A-250 中包铝 2024-0
Q/6S 2056—2005《EP85052(EP8372)彩色阻燃三元乙丙橡胶胶料》	MIL-C-85052/2
Q/6S 2057—2005《NBR85052(NBR8372)黄色丁腈橡胶胶料》	MIL-C-85052/1
Q/6S 1533—2003《CR4170 氯丁橡胶胶料》	AMS3209
硅橡胶	AMS3310
Q/6S-1537—2002《FS6161 氟硅橡胶胶料》	AMS-R-25988

6.2.2.2　结构及尺寸

AS21919 系列卡箍的外形结构见图 6-7,卡箍的规格尺寸见表 6-22。

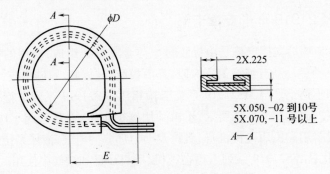

图 6-7　AS21919 系列卡箍的外形结构

表 6-22　AS21919 系列卡箍规格尺寸　　　　　　　　　英寸

规　格	适用管径 ϕD	E 值	骨架厚度	规　格	适用管径 ϕD	E 值	骨架厚度
01	0.062	0.436	0.020	12	0.750	0.842	
02	0.125	0.457	0.032	13	0.813	0.858	
03	0.188	0.498		14	0.875	0.889	
04	0.250	0.529		15	0.938	0.920	
05	0.313	0.560		16	1.000	0.951	
06	0.375	0.592		17	1.063	0.983	
07	0.438	0.623		18	1.125	1.030	
08	0.500	0.654		19	1.188	1.061	
09	0.563	0.749		20	1.250	1.092	
10	0.625	0.780		21	1.313	1.124	
11	0.688	0.811		22	1.375	1.155	

规 格	适用管径 ϕD	E 值	骨架厚度	规 格	适用管径 ϕD	E 值	骨架厚度
23	1.438	1.186		38	2.375	1.663	
24	1.500	1.217		40	2.500	1.728	
25	1.563	1.259		42	2.625	1.788	
26	1.625	1.280		43	2.688	1.820	
27	1.688	1.312		44	2.750	1.851	
28	1.750	1.342		45	2.812	1.882	
29	1.813	1.374	0.032	46	2.875	1.913	
30	1.875	1.405		48	3.000	1.976	
31	1.938	1.444	0.040	50	3.125	2.038	
32	2.000	1.475		52	3.250	2.101	
33	2.062	1.507		54	3.375	2.163	
34	2.125	1.538		56	3.500	2.226	
35	2.188	1.570		58	3.625	2.288	
36	2.250	1.600		64	4.000	2.476	
37	2.312	1.631		66	4.125	2.538	

6.2.2.3 性能

1. 橡胶衬垫材料性能

生产 AS21919 环形卡箍衬垫所用氯丁橡胶、绝缘氯丁橡胶、氟硅橡胶与 MS21919 相同,丁腈橡胶、乙丙橡胶的性能指标和典型值分别见表 6 - 23、表6 - 24。

表 6 - 23　丁腈橡胶性能

性 能 项 目	指标	典型
外观	黄色	合格
硬度(邵氏 A)	70±5	72
拉伸强度/MPa	≥13.8	18.1
拉断伸长率/%	≥500	564
撕裂强度/(kN/m)	≥52	53
压缩永久变形(空气,100℃,70h)/%	≤55	24
密度/(g/cm³)	实测值	1.31
耐热老化性能(空气,135℃,70h)硬度变化	≤10	8
拉伸强度变化率/%	≥-40	-7.7
拉断伸长率变化率/%	≥-75	-29
撕裂强度变化率/%	≥-40	-7.5
密度变化率/%	-2~2	1.5

245

性　能　项　目	指标	典型
体积变化率/%	≥ -10	-8.2
耐介质性能(JP-4,38℃,168h)硬度变化	≥ -10	-8.5
拉伸强度变化率/%	≥ -20	-9
拉断伸长率变化率/%	≥ -30	-12
撕裂强度变化率/%	≥ -35	-13
体积变化率/%	≤15	7.1
体积变化率(空气中干燥24h后)/%	≤10	5.2
耐介质性能(YH-15,70℃,70h)硬度变化	≥ -15	-7
拉伸强度变化率/%	≥ -10	1.7
拉断伸长率变化率/%	≥ -10	-9.9
撕裂强度变化率/%	≥ -10	-9.4
体积变化率/%	≤10	2.9
体积变化率(空气中干燥24h后)/%	≤10	2.1
耐臭氧性能(52℃,6h,600×10^{-8},拉伸变形20%)	无裂口	合格
燃烧性能(12s,垂直燃烧)燃烧时间/s	≤15	1.3
燃烧长度/cm	≤3.8	0.46
脆性温度/℃	≤ -54	通过

表6-24　乙丙橡胶性能

性　能　项　目	MIL-DTL-85052/2C	试验结果
外观	紫色	合格
硬度(邵氏A)	70±5	65
拉伸强度/MPa	≥13.8	20.2
拉断伸长率/%	≥500	620
撕裂强度/(kN/m)	≥35	55
压缩永久变形(空气,100℃,70h)/%	≤30	20
耐热老化性能(空气,135℃,70h)硬度变化	≤10	1
拉伸强度变化率/%	≥ -20	3.0
拉断伸长率变化率/%	≥ -45	-11
撕裂强度变化率/%	≥ -40	-1.8
体积变化率/%	≥ -10	-1.6
密度变化率/%	-2~2	0
耐介质性能(Skydrol 500B油,135℃,22h)硬度变化	≥ -20	-10
拉伸强度变化率/%	≥ -50	-8.4
拉断伸长率变化率/%	≥ -25	8.1
撕裂强度变化率/%	≥ -40	0
体积变化率/%	≤30	1.6
体积变化率(空气中干燥24h后)/%	≤10	-4.6
燃烧速率(15s,水平点燃)/(mm/min)	≤63.5	11.0
脆性温度/℃	≤ -35	合格

2. 金属骨架性能

（1）铝合金骨架应符合 AMS – QQ – A – 250/5 或 GB/T 3880.1 中包铝 2024 – 0 材料性能,按 MIL – H – 6088 热处理至 T42 状态,其后处理按 AMS – C – 5541、MIL – C – 5541 中 1A 进行。

（2）不锈钢骨架应符合 AMS5510 或 GB/T 4239 中 0Cr18Ni10Ti 的性能,其表面清洗和去毛刺钝化处理工艺按 Q/6SZ1846（ASTM A380,AMS2700）要求进行。

（3）金属骨架在 5% 氯化钠溶液的盐雾试验中,不锈钢骨架经 2h 试验后表面不应出现腐蚀斑痕;经化学膜处理的铝合金骨架经 168h 试验后,每片试片不得多于 5 个分离的腐蚀斑点,其斑点直径不大于 0.78mm。允许金属表面失去光泽。

3. 卡箍成品外观质量

金属骨架应表面光滑,无毛刺和锐边,橡胶衬垫表面应清洁、颜色均匀,无穿孔等缺陷。衬垫的楔形部位应结合牢固,卡箍闭合后楔形部位吻合无间隙。

6.2.3 AN735 环形卡箍

AN735 卡箍是由纯金属制造的卡箍,主要用于飞机机体管路的固定。AN735 系列卡箍所用的金属材料有铝合金、不锈钢、碳钢。

6.2.3.1 名称及型号

根据金属骨架材质不同,AN735 环形支撑卡箍包括 3 个系列,47 种尺寸规格,共 141 个零件型号,各系列所用的金属带材见表 6 – 25,使用材料标准见表2 – 26。

表 2 – 25 AN735 环形支撑卡箍所用的金属带材

系列名称	材料	使用温度/℃	系列名称	材料	使用温度/℃
AN735	碳钢	204	AN735DC	铝合金,镀化学膜	121
AN735D	铝合金	121	AN735C	不锈钢	704

表 2 – 26 AN735 环形支撑卡箍使用材料标准

材料标准	国外相近材料标准
Q/6S 2437—2010《无衬垫环形金属卡箍规范》 GB 4239—1991《0Cr18Ni10Ti 不锈钢》 GB/T 3880.1—2006《包铝 2024 – 0 铝合金》 GB/T 3522—1983 优质碳素结构钢冷轧钢带	AN735《环形卡箍》 AMS5510 中的抗腐蚀钢 AMS – QQ – A – 250 中包铝 2024 – 0 ASTM A109 中 1010

6.2.3.2 结构及尺寸

AN735 系列卡箍的外形结构见图 6 – 8,卡箍的规格尺寸见表 6 – 27。

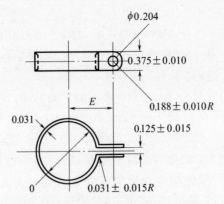

图 6-8 AN735 系列卡箍的外形结构

表 6-27　AN735 系列卡箍的规格尺寸　　　　　　英寸

规　格	适用管径 ϕD	E 值	骨架厚度	规　格	适用管径 ϕD	E 值	骨架厚度
02	0.125	0.313	0.031	25	1.563	1.094	0.031
03	0.188	0.344	0.031	26	1.625	1.125	0.031
04	0.250	0.375	0.031	27	1.688	1.156	0.031
05	0.313	0.406	0.031	28	1.750	1.188	0.031
06	0.375	0.469	0.031	30	1.875	1.250	0.031
07	0.438	0.500	0.031	31	1.938	1.281	0.031
08	0.500	0.531	0.031	32	2.000	1.313	0.031
09	0.563	0.563	0.031	34	2.125	1.375	0.031
10	0.625	0.594	0.031	35	2.188	1.406	0.031
11	0.688	0.625	0.031	36	2.250	1.438	0.031
12	0.750	0.656	0.031	38	2.375	1.500	0.031
13	0.813	0.688	0.031	40	2.500	1.563	0.031
14	0.875	0.719	0.031	43	2.688	1.656	0.031
15	0.938	0.750	0.031	44	2.750	1.688	0.031
16	1.000	0.813	0.031	48	3.000	1.813	0.031
17	1.063	0.844	0.031	52	3.250	1.938	0.031
18	1.125	0.875	0.031	56	3.500	2.063	0.031
19	1.188	0.906	0.031	64	4.000	2.313	0.031
20	1.250	0.938	0.031	72	4.500	2.563	0.031
21	1.313	0.969	0.031	80	5.000	2.813	0.031
22	1.375	1.000	0.031	88	5.500	3.063	0.031
23	1.438	1.031	0.031	96	6.000	3.313	0.031
24	1.500	1.063	0.031				

6.2.3.3 性能

1. 金属骨架性能

（1）铝合金骨架应符合 AMS－QQ－A－250/5 或 GB/T 3880.1 中包铝 2024－0 材料性能,按 MIL－H－6088 热处理至 T42 状态,其后处理按 AMS－C－5541、MIL－C－5541 中 3 类进行。

（2）不锈钢骨架应符合 AMS5510 或 GB/T 4239－2006 中 0Cr18Ni10Ti 的性能,其表面清洗和去毛刺钝化处理工艺按 Q/6SZ1846(ASTM A380,AMS2700)要求进行。

（3）碳钢骨架应符合 GB/T 3522 中的 20# 或 ASTM A109 中 1010 要求,按 AMS－QQ－416 中的 II 型 2 类进行镀镉处理。

（4）金属骨架在 5% 氯化钠溶液的盐雾试验中,不锈钢骨架经 2h 试验后表面不应出现腐蚀斑痕;经化学膜处理的铝合金骨架经 168h 试验后,碳钢骨架镀镉后经 96h 试验后,每片试片不得多于 5 个分离的腐蚀斑点,其斑点直径不大于 0.78mm。允许金属表面失去光泽。

2. 卡箍成品外观质量

金属骨架应表面光滑,无毛刺和锐边。

6.2.4 AN742

AN742 卡箍是由纯金属制造的卡箍,主要用于飞机机体的管路的固定。AN7425 系列卡箍所用的金属材料有铝合金、不锈钢、碳钢。

6.2.4.1 名称及型号

根据金属骨架材质不同,AN742 环形支撑卡箍包括 3 个系列,56 种尺寸规格,共 168 个零件型号,各系列所用的金属带材见表 6－28,使用材料标准见表 6－29。

表 6－28 AN742 环形支撑卡箍所用的金属带材

系列名称	材料	使用温度/℃
AN742	碳钢	204
AN742D	铝合金	121
AN742C	不锈钢	704

表 6－29 AN742 环形支撑卡箍使用材料标准

材 料 标 准	国外相近材料标准
Q/6S 2438—2010《无衬垫环形金属支撑卡箍规范》	AN742 环形卡箍
GB 4239—1991 中的 0Cr18Ni10Ti 不锈钢	AMS5510 中的抗腐蚀钢
GB/T 3880.1—2006 中的包铝 2024－0 铝合金	AMS－QQ－A－250 中包铝 2024－0
GB/T 3522—1983 优质碳素结构钢冷轧钢带	ASTM A109 中 1010

6.2.4.2 结构及尺寸

AS21919 系列卡箍的外形结构见图 6－9,环形卡箍的规格尺寸见表 6－30。

表 6-30　AN742 系列卡箍的规格尺寸

英寸

规格	适用管径 φD	E 值 铝合金	E 值 钢	G	R	T 值 铝合金	T 值 碳钢	T 值 不锈钢	铝合金 W	铝合金安装孔直径	钢 W	钢安装孔直径	X
02	0.125	0.360	0.360						0.500	0.218			
03	0.188	0.423	0.423										
04	0.250	0.457	0.457										
05	0.313	0.498	0.498			0.320 ±0.0025	0.0320 ±0.0035	0.020 ±0.003					
06	0.375	0.529	0.529		0.062						0.375	0.204	0.188
07	0.438	0.560	0.560										
08	0.500	0.592	0.592										
09	0.563	0.623	0.623	0.062 + 0.016 − 0.000									
10	0.625	0.654	0.654										
11	0.688	0.752	0.749		0.109	0.050 ±0.004		0.032 ±0.004			0.500	0.218	0.218
12	0.750	0.783	0.780										
13	0.813	0.814	0.811										
14	0.875	0.845	0.842										
15	0.938	0.877	0.858										
16	1.000	0.908	0.889										
17	1.063	0.939	0.920										
18	1.125	0.970	0.951										

250

（续）

规格	适用管径 φD	E 值		G	R	T 值			铝合金 W	铝合金安装孔直径	钢 W	钢安装孔直径	X
		铝合金	钢			铝合金	碳钢	不锈钢					
19	1.188	1.002	0.983										
20	1.250	1.062	1.030	0.094 + 0.031 − 0.000	0.125	0.063 ± 0.005							
21	1.313	1.093	1.061										
22	1.375	1.124	1.092										
23	1.438	1.156	1.124										
24	1.500	1.187	1.155										
25	1.563	1.218	1.186										
26	1.625	1.249	1.217										
27	1.688	1.281	1.249										
28	1.750	1.312	1.280										
29	1.812	1.344	1.312										
30	1.875	1.374	1.342										
31	1.938	1.406	1.374										
32	2.000	1.437	1.405										
33	2.062	1.468	1.444	0.125 + 0.031 − 0.000			0.040 ± 0.004	0.040 ± 0.004					
34	2.125	1.499	1.475										
35	2.188	1.531	1.507										

规格	适用管径 φD	E值 铝合金	E值 钢	G	R	T值 铝合金	T值 碳钢	T值 不锈钢	铝合金W	铝合金安装孔直径	钢W	钢安装孔直径	X
36	2.250	1.562	1.538										
37	2.312	1.594	1.570										
38	2.375	1.624	1.600										
40	2.500	1.687	1.663										
42	2.625	1.752	1.728										
43	2.680	1.778	1.754										
44	2.750	1.812	1.788										
45	2.812	1.844	1.820										
46	2.875	1.875	1.851										
48	3.000	1.937	1.913										
50	3.125	2.000	1.976										
52	3.250	2.062	2.038										
54	3.375	2.125	2.101										
56	3.500	2.187	2.163										
58	3.625	2.250	2.226										
64	4.000	2.437	2.413										
66	4.125	2.500	2.476										

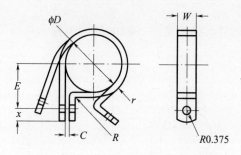

图 6-9 AS21919 系列卡箍的外形结构

6.2.4.3 性能

1. 金属骨架性能

（1）铝合金骨架应符合 AMS-QQ-A-250/5 或 GB/T 3190 中包铝 2024-0 材料性能，按 MIL-H-6088 热处理至 T42 状态，其后处理按 AMS-C-5541、MIL-C-5541 中 1A 进行。

（2）不锈钢骨架应符合 AMS5510 或 GB/T 4239—2006 中 OCr18Ni10Ti 的性能，其表面清洗和去毛刺钝化处理工艺按 Q/6SZ1846(ASTM A380,AMS2700)要求进行。

（3）碳钢骨架应符合 GB/T3522 中的 20# 或 ASTM A109 中 1010 要求，按 AMS-QQ-416 中的 Ⅱ 型 2 类进行镀镉处理。

（4）金属骨架在 5% 氯化钠溶液的盐雾试验中，不锈钢骨架经 2h 试验后表面不应出现腐蚀斑痕；经化学膜处理的铝合金骨架经 168h 试验后，碳钢骨架镀镉后经 96h 试验后，每片试片不得多于 5 个分离的腐蚀斑点，其斑点直径不大于 0.78mm。允许金属表面失去光泽。

2. 卡箍成品外观质量

金属骨架应表面光滑，无毛刺和锐边。

6.2.5 ST1428 环形卡箍

ST1428 卡箍是由不锈钢网带和不锈钢焊接而成，用于发动机的耐高温区，使用温度达到 600℃。

6.2.5.1 名称及型号

ST1428 环形支撑卡箍包括 1 个系列，共 34 个零件型号，使用材料标准见表6-31。

表 6-31 ST1428 环形支撑卡箍使用材料标准

材 料 标 准	国外相近材料标准
Q/6S 2074-2006 ST1428 系列卡箍 GB 4239—1991 中的 OCr18Ni10Ti 不锈钢	ST1428 卡箍 AMS5510 中的 321 抗腐蚀钢

6.2.5.2 结构及尺寸

ST428 系列卡箍的外形结构见图 6-10,环形卡箍的规格尺寸见表 6-32。

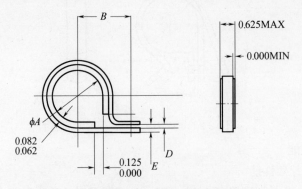

图 6-10　ST428 系列卡箍的外形结构

表 6-32　ST428 系列卡箍的规格尺寸　　　　　　　英寸

规　格	适用管径 ϕA	B 值	骨架厚度	规　格	适用管径 ϕA	B 值	骨架厚度
01	0.188	0.498	0.026~0.036	18	1.062	1.002	0.046~0.056
02	0.250	0.529	0.026~0.036	19	1.094	1.046	0.059~0.069
03	0.312	0.560	0.026~0.036	20	1.125	1.062	0.059~0.069
04	0.375	0.592	0.026~0.036	21	1.188	1.093	0.059~0.069
05	0.438	0.623	0.026~0.036	22	1.250	1.125	0.059~0.069
06	0.500	0.654	0.026~0.036	23	1.312	1.156	0.059~0.069
07	0.562	0.752	0.046~0.056	24	1.344	1.171	0.059~0.069
08	0.625	0.783	0.046~0.056	25	1.375	1.188	0.059~0.069
09	0.656	0.798	0.046~0.056	26	1.438	1.219	0.059~0.069
10	0.688	0.814	0.046~0.056	27	1.500	1.250	0.059~0.069
11	0.750	0.845	0.046~0.056	28	1.546	1.273	0.059~0.069
12	0.781	0.862	0.046~0.056	29	1.625	1.312	0.059~0.069
13	0.812	0.877	0.046~0.056	30	1.750	1.375	0.059~0.069
14	0.875	0.908	0.046~0.056	31	1.875	1.438	0.059~0.069
15	0.938	0.939	0.046~0.056	32	2.000	1.500	0.059~0.069
16	1.000	0.970	0.046~0.056	33	2.062	1.531	0.059~0.069
17	1.031	0.986	0.046~0.056	36	2.250	1.610	0.059~0.069

6.2.5.3　性能

1. 金属骨架性能

（1）不锈钢骨架应符合 AMS5510 或 GB/T 4239—2006 中 0Cr18Ni10Ti 的性

254

能,其表面清洗和去毛刺钝化处理工艺按 Q/6SZ1846(ASTM A380,AMS - QQ -
P - 35)要求进行。

（2）金属骨架在5%氯化钠溶液的盐雾试验中,不锈钢骨架经2h 试验后表面
不应出现腐蚀斑痕。

2. 卡箍成品外观质量

金属骨架应表面光滑,无毛刺和锐边,金属网带无散落;金属网带与骨架的焊
接良好,焊点平滑,端部粗糙度 Ra110 ~ 170 微英寸。

6.2.6　ST1850 环形卡箍

ST1850 卡箍是由纯不锈钢制造而成,用于发动机的耐高温区,使用温度达到
700℃。已在普惠发动机上使用多年,主要用于管路的固定。

6.2.6.1　名称及型号

ST1850 环形支撑卡箍包括 1 个系列,共 29 个零件型号,使用材料标准见
表6 - 33。

表 6 - 33　ST1850 环形支撑卡箍使用材料标准

材　料　标　准	国外相近材料标准
Q/6S 2075—2006　ST1850 系列卡箍 GB 4239—1991 中的 OCr18Ni10Ti 不锈钢	ST1850 卡箍 AMS5510 中的 321 抗腐蚀钢

6.2.6.2　结构及尺寸

ST850 系列卡箍的外形结构见图 6 - 11、环形卡箍的规格尺寸见表6 - 34。

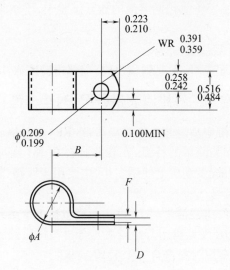

图 6 - 11　ST850 系列卡箍的外形结构

表 6 – 34　ST1850 环形卡箍的规格尺寸　　　　　　　　英寸

规格	适用管径 ϕA	B 值	骨架厚度 F	规格	适用管径 ϕA	B 值	骨架厚度 F
02	0.125	0.350～0.370	0.026～0.036	16	1.000	0.898～0.918	0.046～0.056
03	0.188	0.413～0.433	0.026～0.036	17	1.062	0.929～0.949	0.046～0.056
04	0.250	0.447～0.467	0.026～0.036	18	1.125	0.960～0.980	0.046～0.056
05	0.312	0.488～0.508	0.026～0.036	19	1.188	0.992～1.012	0.046～0.056
06	0.375	0.519～0.539	0.026～0.036	20	1.250	1.052～1.072	0.059～0.069
07	0.438	0.550～0.570	0.026～0.036	21	1.312	1.083～1.103	0.059～0.069
08	0.500	0.582～0.602	0.026～0.036	22	1.375	1.115～1.135	0.059～0.069
09	0.562	0.613～0.633	0.026～0.036	23	1.438	1.146～1.166	0.059～0.069
10	0.625	0.644～0.664	0.026～0.036	24	1.500	1.178～1.198	0.059～0.069
11	0.688	0.742～0.762	0.046～0.056	25	1.567	1.209～1.229	0.059～0.069
12	0.750	0.773～0.793	0.046～0.056	26	1.625	1.240～1.260	0.059～0.069
13	0.812	0.804～0.824	0.046～0.056	28	1.750	1.302～1.322	0.059～0.069
14	0.875	0.835～0.855	0.046～0.056	29	1.875	1.365～1.385	0.059～0.069
15	0.938	0.867～0.887	0.046～0.056	32	2.000	1.428～1.448	0.059～0.069

6.2.6.3　性能

1. 金属骨架性能

（1）不锈钢骨架应符合 AMS5510 或 GB 4239 中 OCr18Ni10Ti 的性能，其表面清洗和去毛刺钝化处理工艺按 Q/6SZ1846（ASTM A380，AMS2700）要求进行。

（2）金属骨架在 5% 氯化钠溶液的盐雾试验中，不锈钢骨架经 2h 试验后表面不应出现腐蚀斑痕。

2. 卡箍成品外观质量

金属骨架应表面光滑，无毛刺和锐边，端部粗糙度 Ra110～170 微英寸。

6.2.7　带耐高温芳纶纤维浸渍带（KP）衬垫卡箍

该系列卡箍由带耐高温芳纶纤维浸渍带（KP）为衬垫环与不锈钢骨架组成，为铰链型卡箍，具有安装简单的特点，安装孔直径 0.281 英寸，使用温度 250℃。KP 系列卡箍已在 Snecma 发动机上使用多年，主要用于线路、管路的固定。

6.2.7.1　名称及型号

带耐高温芳纶纤维浸渍带（KP）衬垫卡箍包括 1 个系列，共 14 个零件型号，符合 Q/6S 2435—2010《发动机用芳纶浸渍复合材料衬垫铰链卡箍规范》，KP 材料符合 AMS3367 要求，金属材料符合 AMS5510 要求。

6.2.7.2　结构及尺寸

KP 系列卡箍的外形结构见图 6 – 12，环形卡箍的规格尺寸见表 6 – 35。

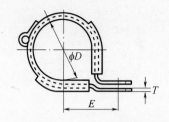

图 6-12　KP 系列卡箍的外形结构

表 6-35　　KP 系列卡箍的规格尺寸　　　　　　英寸

规格	适用管径 ϕD	E 值	骨架厚度 T	规格	适用管径 ϕD	E 值	骨架厚度 T
02	0.250	0.528	0.032	09	0.688	0.811	0.050
03	0.312	0.559	0.032	10	0.750	0.843	0.050
04	0.375	0.591	0.032	11	0.812	0.858	0.050
05	0.438	0.622	0.032	12	0.875	0.890	0.050
06	0.500	0.654	0.032	13	0.938	0.921	0.050
07	0.562	0.748	0.050	14	1.000	0.953	0.050
08	0.625	0.780	0.050	15	1.062	0.984	0.050

6.2.7.3　性能

1. 金属骨架性能

（1）不锈钢骨架应符合 AMS5510 或 GB 4239 中 0Cr18Ni10Ti 的性能,其表面清洗和去毛刺钝化处理工艺按 Q/6SZ1846(ASTM A380,AMS2700)要求进行。

（2）金属骨架在 5% 氯化钠溶液的盐雾试验中,不锈钢骨架经 2h 试验后表面不应出现腐蚀斑痕。

2. 卡箍成品外观质量

金属骨架应表面光滑,无毛刺和锐边;KP 衬垫材料无开裂。

6.2.8　带金属网带衬垫卡箍

该系列卡箍由不锈钢网带为衬垫与不锈钢骨架焊接组成,为铰链型卡箍,具有安装简单的特点,安装孔直径 0.281 英寸,使用温度 400℃。网带系列卡箍已在 Snecma 发动机上使用多年,主要用于高温区线路、管路的固定。

6.2.8.1　名称及型号

该系列卡箍包括 1 个系列,共 3 个零件型号,符合 Q/6S 2436—2010《发动机用带金属网毡衬垫环形铰链卡箍规范》。金属材料符合 AMS5510 要求。

6.2.8.2　结构及尺寸

网带系列卡箍的外形结构见图 6-13,环形卡箍的规格尺寸见表 6-36。

257

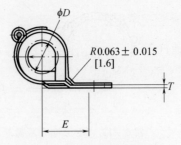

图 6-13　网带系列卡箍的外形结构

表 6-36　网带系列卡箍的规格尺寸　　　　　　　　　　英寸

规　格	适用管径 ϕD	E 值	骨架厚度 B
01	0.256	0.559	0.030 ± 0.002
02	0.335	0.591	0.030 ± 0.002
03	0.413	0.654	0.030 ± 0.002

6.2.8.3　性能

1. 金属骨架性能

（1）不锈钢骨架应符合 AMS5510 中 321 或 GB/T4239 中 OCr18Ni10Ti 的性能,其表面清洗和去毛刺钝化处理工艺按 Q/6SZ1846（ASTM A380,AMS2700）要求进行。

（2）金属骨架在 5% 氯化钠溶液的盐雾试验中,不锈钢骨架经 2h 试验后表面不应出现腐蚀斑痕。

2. 卡箍成品外观质量

金属骨架应表面光滑,无毛刺和锐边;金属网带无散落,网带与金属骨架间的焊接良好,焊点平滑。

6.3　高速列车用橡胶减振器

随着高速铁路的快速发展,列车速度大幅度的提高,目前高速列车商业运营速度已从 200km/h 提高到 350km/h 左右,未来将达到 400km/h 以上。由于列车运行的高速化,运行中振动与噪声的不断增大,将导致车辆动态性能和乘坐舒适性严重的恶化,加大了车辆的结构疲劳,并降低车辆的操纵稳定性和运行安全可靠性等。为了解决大功率、高速运行带来的关键性技术问题,高速列车在牵引、驱动、连接、支承等部位使用了大量各种橡胶—金属复合制件,起到减振降噪功能,还起到柔性支承机车装置自身重量,即保持装置在外力作用下相对位置,减少刚性连接与支撑带来的疲劳损坏等功能。

6.3.1　橡胶减振器的减振原理

橡胶是一种黏弹性材料。黏弹性材料具有独特的应力—应变特性,使它在受力时储存大量的能量,而在卸载时将其释放出来;由于时间效应,卸载时的应力—应变曲线与加载曲线不重合,因而产生能量滞后损失。这就使得橡胶材料既有弹性大变形又具有较大的内阻尼特性,在发挥良好弹性作用的同时,又是很好的阻尼材料,这是橡胶金属复合制件用于隔离振动和吸收冲击能量的原理。

橡胶的减振原理的力学模型可简化为单自由度线性阻尼—弹簧质量系统[6],如图6-14所示。

如果系统质量为 m、刚度为 k_d、系统阻尼系数为 c;则橡胶减振器构成的线性单自由度体系,当系统受 $z_e = z_0 e^{j\omega t}$ 的简谐支撑激振时,其运动方程可表示为

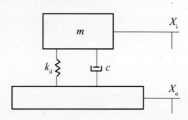

图6-14　线性单自由度体系模型

$$mz + k_d(z - z_e) + c(z - z_e) = 0 \qquad (6-1)$$

以 $u = z - z_e$ 代入式(6-1)可得:

$$m\,u + c\,u + ku = -m\omega^2 z_0 e^{j\omega t} = F(\omega) e^{j\omega t} \qquad (6-2)$$

$F(\omega)$ 为随激振频率的平方而变化的基振力幅值。求解方程式(6-2)可以得到系统的相对位移振幅:

$$u = \frac{F(\omega)}{\sqrt{(k - m\omega^2) + (c\omega^2)}} = \frac{(\omega/\omega_n)^2 \times z_0}{\sqrt{[1 - (\omega/\omega_n)^2]^2 + [2\xi(\omega/\omega_n)]^2}} \qquad (6-3)$$

同理可以得到系统减振传递率 T 为

$$T = \sqrt{\frac{1 + [2\xi(\omega/\omega_n)]^2}{[1 - (\omega/\omega_n)^2]^2 + [2\xi(\omega/\omega_n)]^2}} \qquad (6-4)$$

式中:ω 为外界激振力频率;ω_n 为系统固有频率;ξ 为系统的阻尼比 $\xi = c/c_c$;系统的固有频率为 $\omega_n = \sqrt{\dfrac{k}{m}}$ rad/s,$f_n = \dfrac{1}{2\pi}\sqrt{\dfrac{k}{m}}$ Hz;系统临界阻尼 $c_c = 2\sqrt{km}$。

以 ξ 为参数,振动传递率 T 与频率比 f/f_n 的关系如图6-15所示。

从图6-15中可以看出,仅当 $f/f_n \geqslant \sqrt{2}$ 时,系统的减振传递率小于1,即系统进入减振区;当 $f/f_n \approx 1$ 时,系统处于共振状态。在工程设计中,一般要求频率比设在2.5~5之间。在减振区域,随着阻尼比 ξ 的减小,系统的减振效果越来越好;但阻尼比越小,系统共振时的共振放大率越大,这会危害车辆操纵稳定性,甚至由于共振变形过大导致车体结构灾难性破坏。因此,理想的减振器应该是使系统的固有

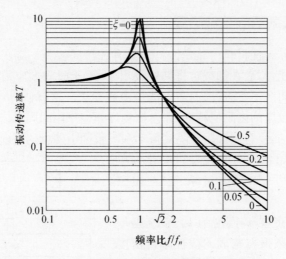

图 6-15 振动传递率与振动频率比的关系

频率低,并具有可变的阻尼特性,即在系统的共振区有较大的阻尼,使系统不会产生显著的共振放大,而在减振区有较小的阻尼,使系统有良好的减振效果,提高系统的抗冲击能力和操作稳定性。

6.3.2 橡胶—金属复合减振器在高速机车应用的特性

高速列车在运行过程中会受到来自轮轨间强烈的瞬时冲击载荷,不仅会引起列车车辆的疲劳破坏,也会导致高速列车产生强烈的共振。为衰减这些运行中产生的冲击和振动,满足车辆各种动力学性能,例如平稳性指标、脱轨系数、轮重减载率、轮轨冲角等,在车轮和车体构架间、转向架和车体之间以及其他各种关节间装有橡胶减振器。相对于采用金属弹簧,橡胶减振器具有如下优点[7]:

(1)橡胶减振器的弹性范围大:橡胶弹性模量要比金属小得多,其剪切弹性模量为 0.5MPa ~ 3MPa(钢约为 80GPa),橡胶伸长率可以达到 500% 以上。

(2)橡胶减振器的非线性刚度特性:非线性刚度特性是橡胶减振器的一个显著特点。图 6-16 表示一般橡胶减振器的刚度曲线,小变形情况下变形和载荷基本呈直线,有稳定的刚度。随着载荷的增加静刚度急剧上升,位移增加很少,这种特性很符合车辆的动力学要求。在列车车辆正常运行时,冲击载荷相对较小。相应产生恒定刚度实现平稳行驶;当列车车辆突遇意外情况,产生强大冲击载荷时,橡胶减振器能迅速产生大的阻抗力,可防止因位移过大使列车严重倾斜造成事故。

(3)橡胶减振器的多向刚度特性:车辆乘坐舒适性和高速运行,需要减弱或降低来自垂向、横向和纵向三个方向的不同冲击,这就需要满足其垂向、横向和纵向三个方向的动力学性能要求,橡胶减振器须具有多向刚度特性。一般情况下车辆

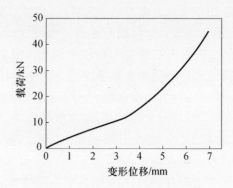

图 6 – 16　橡胶减振器静刚度曲线

纵向的冲击较大,在通过弯道的时候会产生一定的横向冲击,而垂向的冲击加速度相对较小,因此要求车辆用橡胶减振器的纵向刚度需要大于横向刚度,而垂向刚度设置最小。对此,一般金属零件很难满足,而橡胶减振器可以通过结构设计、材料性能和生产工艺的调整等方面,比较容易实现这个目的。例如,图 6 – 17 所示的弹性节点在横向对称去掉一些橡胶材料就可以较容易地实现对称结构下纵向刚度和横向刚度的完全不等(见图 6 – 18)。

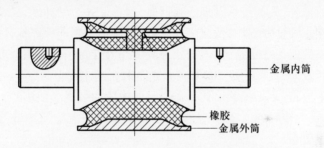

图 6 – 17　动车转向架用弹性节点的结构示意图

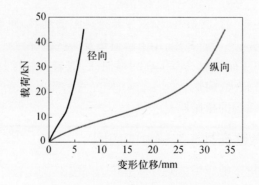

图 6 – 18　弹性节点纵径向刚度曲线

（4）橡胶减振器的阻尼和动静刚度不一致特性:橡胶减振器具有适当的阻尼,有利于越过共振区,衰减和吸收高频振动与噪声。橡胶材料的阻尼作用直接与其动态力学松弛性质相关,依赖于其应变滞后应力现象。滞后现象使得橡胶的拉伸—回缩循环变化均需克服链段间的内摩擦阻力而产生内耗;同时橡胶在很窄的玻璃态转变区域内,其模量可以大幅度变化,产生足够高的损耗因子。另外橡胶减振器动刚度和静刚度的不同,有利于缓和冲击;在低频段时,橡胶减振器可以看成是一个由刚度和阻尼组成的集中参数元件,主要由橡胶减振;而在高频段时,橡胶减振器中金属件的刚度将起主要作用。

（5）橡胶可与金属牢固粘合,可以获得结构紧凑的减振装置。

（6）由于橡胶材料耐热、耐寒、耐油、耐候等方面比金属弹簧差,因此需注意橡胶减振器使用的环境条件,同时应充分注意橡胶材质的选择。

6.3.3 橡胶减振器使用材料

橡胶材料的选择,应根据橡胶减振器的工作条件和使用场所的不同,合理采用不同种类的橡胶,有效地发挥各种橡胶的特性,满足减振器各种功能需要。当前橡胶减振器常用的橡胶材料如下[8]:

（1）天然橡胶:人类最早发现的弹性体,具有优异力学性能、易粘接性、疲劳强度以及加工性能等良好,具有低或中等的阻尼,可用于制造性能优良的减振器。天然橡胶对应变的变化并不敏感,但天然橡胶的局限性在于其应用温度范围较窄,耐候性和耐油性较差,温度超过 100℃和阳光照射会迅速龟裂。

（2）氯丁橡胶:氯丁橡胶最初是作为天然橡胶的替代品使用的,与天然橡胶使用范围相同,具有较好的耐候性,主要用于长期暴露在室外的场合,其缺点是应变及温度变化很敏感。

（3）丁基橡胶:丁基橡胶的减振性能比较突出。耐热老化性、耐候性优于天然橡胶,但它的低温性、粘接性较差,加工性能也不好。

（4）丁苯橡胶:与天然橡胶相比较,丁苯橡胶耐磨性好,而力学强度较差,由于加工工艺性差,多与天然橡胶并用,用于轨道垫及一些缓冲橡胶元件。

（5）丁腈橡胶:丁腈橡胶具有优良的耐油性,但与天然橡胶相比较,力学性能略微差,但阻尼系数较大,耐热空气性能差,阳光直射照射迅速产生裂纹,通常用于制造接触油类介质场合的减振器。

6.3.4 橡胶减振器在列车车辆上的应用

橡胶减振器在机车的应用主要有以下几个部位:

1. 转向架用橡胶减振器

安装在转向架轴箱或均衡梁和构架之间,也称一系悬挂橡胶减振器。其主要形式有橡胶关节、轴箱锥形橡胶弹簧、橡胶缓冲垫等。

橡胶关节由于结构紧凑、制造方便，易于装配，且强度高，噪声低，本身有轴承和密封作用，不需润滑，可降低动载荷，用于转向架各部件的连接，传递载荷，起到弹性节点的作用。橡胶节点可设计性好，形式多样，可根据使用的工况条件选择合适形式的橡胶节点。各种形式橡胶关节结构图如图 6 – 19 所示。

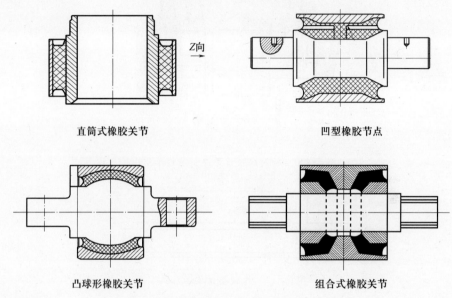

直筒式橡胶关节

凹型橡胶节点

凸球形橡胶关节

组合式橡胶关节

图 6 – 19　转向架用各种类型橡胶关节的结构示意图

轴箱锥形橡胶弹簧、橡胶垫主要用于弹性支撑大吨位部件，同时有效地隔离轨道振动传递到车体。这类产品垂向承载，要求其垂向的静刚度值大。为了提高橡胶减振器垂向静刚度，主要从两个方式实现：一种通过多层设计改变橡胶减振器的形状系数，增加橡胶约束面积，使橡胶自由变形更困难，从而提高其刚度特性，如轴箱锥形橡胶弹簧；第二种是改变受力方式，橡胶近似为不可压缩性材料，其抗压能力强，采用垂向压缩型的结构可提高垂向的刚度值。锥形橡胶弹簧和橡胶垫的结构图如图 6 – 20、图 6 – 21 所示。

2. 车体与转向架用橡胶减振器

连接车体与转向架弹性连接元件，也称为二系悬挂橡胶减振器，弹性元件承担车体的垂向载荷，并给车辆各轴以一定的重量分配，以使所分配的重量在车轮行经不平线路时不发生显著变化；同时缓解车垂向的有害振动，改善车辆的抗蛇行稳定性。它的形式有各种各样。根据连接部件的重量不同，橡胶减振器的结构也不同。一般连接重量较轻的部件采用柱形橡胶减振器，重量大的部件采用压缩型的橡胶减振器如矩形橡胶堆、V 形橡胶减振器等。常用的二系悬挂橡胶减振器如图 6 – 22、图 6 – 23 所示。

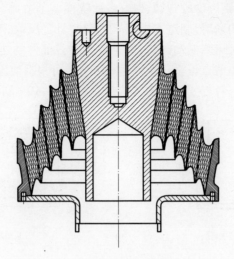

图 6-20　轴箱橡胶锥形弹簧结构示意图

图 6-21　橡胶垫结构示意图

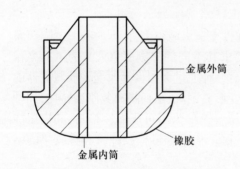

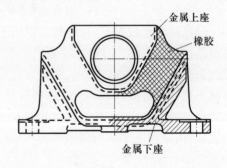

图 6-22　柱形橡胶减振器示意图　　图 6-23　动车组用 V 形橡胶减振器示意图

　　V 形橡胶减振器的竖向方向的静刚度不仅与橡胶材料力学性质有关,同时还与减振器的结构参数、橡胶层的自由面的形状有关。橡胶材料的弹性模量影响减振器的静刚度,在橡胶工业中,常常用橡胶的硬度来表示橡胶的弹性模量。研究表明:V 形橡胶减振器内外骨架为金属,弹性模量远大于橡胶的弹性模量,因此 V 形橡胶减振器的静刚度主要取决于橡胶材料的模量,而且该结构减振器的静刚度随着橡胶硬度的增大而增大,近似呈线性关系。

　　V 形橡胶减振器的静刚度与结构参数中倾斜角度、橡胶层厚度以及形状系数有关。调整倾斜角度、橡胶厚度可以改变 V 形减振器的静刚度,并可以通过有限元分析技术得到倾斜角度、橡胶厚度和静刚度的关系式。橡胶层自由面形状不仅影响 V 形减振器的静刚度特性,并影响橡胶层应力分布。合适的橡胶自由面形状可以使减振器刚度满足要求的同时,优化橡胶层的应力分布,提高减振器的使用寿命。

3. 缓冲用橡胶减振器

车辆在行驶中,特别在载重情况下和路况较差时行驶,可能在垂直方向、行驶方向或横向方向受到冲击,为了避免车体与车架发生冲击,采用橡胶缓冲制品起到缓冲、吸振作用,如橡胶横向缓冲器(见图6-24)、车钩缓冲橡胶件等。缓冲器具有吸收车轮对车体的冲击力的作用,因此要求橡胶具有耐冲击特性和负荷—挠度特性。由于冲击变形速度快,会显示振动时

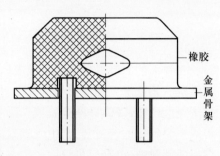

图6-24 橡胶横向缓冲器结构示意图

的高频率区域变化相同的状态,因此不适合使用耐寒性差的材料以及受温度影响大的材料。作为材料来讲,除天然或二烯类橡胶外,也可用发泡聚氨酯类材料。

参 考 文 献

[1] Johnson, W. Helicopter Theory. Dover Publications, Inc. , New York, NY, 1994.

[2] Domke B. Aviation Images. Rev. March 2004. http://www. b-domke. de/AviationImages. html(March 14, 2005).

[3] McGuire D P. The Application of Elastomeric Lead – Lag Dampers to Helicopter Rotors. Lord Corporation Library of Technical Papers LL – 2133, Erie, PA, 1976.

[4] McGuire D P. Fluidlastic® Dampers and Isolators for Vibration Control in Helicopters. Lord Corporation Library of Technical Papers LL – 6502, Erie, PA, 1994.

[5] Jones P, Russell D, McGuire D. Latest Developments in Fluidlastic® Lead-Lag Dampers for Vibration Control in Helicopters. Proceedings of the 51st AHS Forum, Phoenix, Arizona, May 6 – 8, 2003.

[6] 朱石坚,楼京俊,何其伟,翁雪涛,等. 振动理论与隔振技术[M].北京:国防工业出版社,2006.

[7] 晏红文,田红旗,黄友剑,等. 有限元法在机车车辆橡胶元件设计的应用[J].机车电传动,2007(6):29 – 30.

[8] 龚积球,龚震震,赵熙雍. 橡胶件的工程设计及应用[M].上海:上海交通大学出版社,2003.

第2篇 密封剂材料

密封剂的研制最早是从合成液体橡胶材料开始的。1943 年，美国加利福尼亚工学院的帕特里克和斐佳松首次发明了液体聚硫橡胶。此后十几年陆续开发了液体聚氨酯橡胶、液体硅酮橡胶等。以液体橡胶为主要原料，各国科学家开发了多种可以室温硫化的密封剂，其中既有耐油性良好的聚硫密封剂，具有一般耐油能力的聚氨酯密封剂，也有仅可以用于空气系统但耐老化性能优良的有机硅密封剂。此后，随着工业化程度的不断加深，对密封剂的需求向着高性能化、多功能化、低密度化的方向发展。为满足此需求，在已有工作的基础上，进一步合成出了液体改性聚硫橡胶、聚硫代醚橡胶、氟硅橡胶、氟硅苯撑橡胶、氟醚橡胶和氟硅醚橡胶等，并以此为原料研制了各种类别的耐高温密封剂、耐油密封剂、低密度密封剂；通过配方研究，赋予了密封剂缓蚀、防霉、防火、导电、导热、隔热、吸波等各种功能。密封剂最初主要用于航空航天等军工等领域，随着原材料成本的降低，密封剂在民用领域已经得到了大范围的推广应用。

密封剂是从橡胶衍生发展而来的一种功能性高分子材料，其主要成分是相对分子质量相对较低的液态橡胶以及与之配伍的室温硫化剂、补强剂等功能助剂。由于具备室温硫化的特点，硫化剂与液体橡胶应分开，因此密封剂多为双组分或多组分，也有少数类别是单组分材料，利用空气中的湿气硫化。密封剂主要适用于密封形式不固定的部位密封，在未固化前处于液态，与待密封表面的浸润能力比橡胶好，因此对应的粘接能力也好，除可以起到密封作用外还可以用于非结构密封部位的粘接。与胶黏剂材料相比，密封剂的结构强度低，不具有结构强度，因此不能替代胶黏剂使用。

在军用武器装备上使用的密封剂一般分为五类。其中 A 类密封剂黏度最小，主要用于表面刷涂辅助密封；B 类密封剂黏度较大，主要用于填角密封和螺栓、铆钉头的罩封；C 类密封剂的黏度介于 A 类和 B 类之间，而且具有一定的流淌性，特别适用于大面积的贴合面密封；D 类密封剂的黏度最大，主要用于密封孔洞填充和密封层的加厚处理；E 类密封剂黏度适中，可以用于机器自动装配密封。密封剂根据密封部位的不同可以整成任意形状，特别适用于复杂结构形状部位的密封。

随着新式武器装备上应用的新型材料越来越多,对于航空密封剂也提出了更严格的粘接要求。为了更好的保证粘接能力,提高粘接持久性,现在的航空密封剂大都需要配合粘接底涂使用。另一方面,为了提高密封剂的耐老化能力和防霉菌能力,还需要在密封剂表面涂刷一层保护顶涂。现有的粘接底涂和保护顶涂均为溶剂型,对施工工人和环境均有不利的影响,采用水溶性粘接底涂和保护顶涂是发展趋势。

密封剂作为一种高分子材料,既可以用于航空航天等军工领域,在建筑、汽车、机械等领域也有广泛用途。在航空武器领域,密封剂的应用较为广泛,下面将简单介绍常用的密封剂及相关配套材料的主要结构和特性以及相关应用情况。

第7章　聚硫和改性聚硫密封剂

7.1　概述

聚硫密封剂是指由数均相对分子质量不大于 6000g/mol 的液体多硫聚合物（俗称液体聚硫橡胶）为基体材料并可在室温条件下或加温条件下通过化学交联成为对金属或其他材料表面具有良好粘接力的弹性密封材料。由于航空工业的带动，使聚硫密封剂获得了持续的发展，经历了多组分、双组分及单组分发展过程，三类配方体系各有特点。配方设计可使密封剂有自流平性、非下垂性和优良的涂敷浸润工艺性以及活性期、不粘期、硫化期等工艺性能，聚硫密封剂对空气、喷气燃料、喷气燃料蒸气、水气、非极性液体介质及大气环境有良好的耐受能力，能始终保有对铝合金、结构钢、钛合金、水泥、玻璃等多种材料表面的可靠粘接和一定的拉伸力学性能，具有较宽的工作温度范围，−55℃低温环境下发生挠曲变形而不发脆，能在动态条件下保证结构密封和110℃高温环境下结构的长期密封。因此，聚硫密封剂被广泛用于飞机整体油箱、飞行员座舱、客舱、水密舱的密封和防雨水、防腐蚀的密封，也广泛用于导弹、汽车、绝热玻璃、建筑物（楼房、地下铁路）以及桥梁主缆、吊索、钢架结构防腐密封。理论计算和应用实践都已证明聚硫密封剂在飞机上的工作寿命在20年以上[1]。

改性聚硫是利用聚硫橡胶分子中的双硫键以及其与巯基间可发生内交换反应的特点，将双巯基单硫化合物引入聚硫分子中，使双硫键数量大量减少，从而提高新型聚硫聚合物的耐热性，美国 PRC 公司合成出了牌号为 Permapol P−5[2] 的改性液体聚硫聚合物。

7.2　聚硫和改性聚硫密封剂的基体材料的结构和特性

7.2.1　聚硫和改性聚硫密封剂基体材料的结构

7.2.1.1　液体聚硫橡胶的结构

（1）巯端基三官能团液体聚硫分子的化学结构：

$$\text{HS}-(\text{R}-\text{S}-\text{S}-)_a\,\text{CH}_2-\overset{\displaystyle |}{\underset{\displaystyle (\text{S}-\text{S}-\text{R}-)_c\text{SH}}{\text{CH}}}-\text{CH}_2-(\text{S}-\text{S}-\text{R}-)_b\text{SH} \tag{7-1}$$

（2）巯端基双官能团液体聚硫分子的化学结构为

$$HS—(R—SS)_n—R—SH \qquad (7-2)$$

式（7-1）及式（7-2）中：$a+b+c=n$；n 为聚合度；—SS—为双硫基团。R 的结构有很多种，主要的见表 7-1[2]。

表 7-1 R 的结构特性

聚硫橡胶牌号	R 的化学结构式	脆性温度/℃
LR_{12}、LR_{31}、$LP-32$、$LP-2$	$CH_2—CH_2—O—CH_2—O—CH_2—CH_2$	-41 ± 1
国产老牌号 Y31（二种单体与 NaS_4 反应成聚硫橡胶）	$+(CH_2)_2—O—CH_2—O+(CH_2)_2+_{3n}$ 与 $+(CH_2)_4—O—CH_2—O+(CH_2)_4+_{7n}$ 联合组成R	-61

7.2.1.2 改性液体聚硫橡胶的结构

双巯端基聚合物改性地液体聚硫橡胶的结构通式为

$$HS—(C_2H_4OCH_2OC_2H_4SS)_m—R—(SSC_2H_4OCH_2OC_2H_4)_n—SH \qquad (7-3)$$

式中：m、n 为聚合度；R 是嵌入改性液体聚硫聚硫橡胶分子主链上的改性剂，其结构有很多种，主要的见表 7-2。

表 7-2 式（7-3）中 R（改性剂主链）的结构式

改性剂代号	改性剂分子化学结构式	R 的化学结构式
DMDS	$HS—(CH_2)_2—S—(CH_2)_2—SH$	$—(CH_2)_2—S—(CH_2)_2—$
DMDO	$HS—(CH_2)_2—O—(CH_2)_2—O—(CH_2)_2—SH$	$—(CH_2)_2—O—(CH_2)_2—O—(CH_2)_2—$
ED	$HS—(CH_2)_2—SH$	$—CH_2—CH_2—$
HD	$HS—(CH_2)_6—SH$	$—CH_2—CH_2—CH_2—CH_2—CH_2—CH_2—$
DMDE	$HS—(CH_2)_2—O—(CH_2)_2—SH$	$—CH_2—CH_2—O—CH_2—CH_2—$
ECDM	$\begin{array}{c} CH_2—CH—SH \\ \mid \\ C_2H_5—CH \quad CH_2 \\ \mid \\ CH_2—CH—SH \end{array}$	$\begin{array}{c} CH_2—CH— \\ \mid \\ C_2H_5—CH \quad CH_2 \\ \mid \\ CH_2—CH— \end{array}$

Permapol P-3 为巯端基聚硫代醚聚合物，化学结构式为

$$HS—[(O—C—CH_2—S—CH_2—CH_2)_m—(O—CH_2—CH_2—S—CH_2—CH_2)_n]—SH$$
$$\underset{\quad CH_2}{\mid} \qquad\qquad\qquad\qquad\qquad\qquad\qquad (7-4)$$

式中：m、n 为聚合度。

7.2.2 聚硫和改性聚硫密封剂的基体材料的特性

7.2.2.1 液体聚硫橡胶的特性

我国及世界各国生产的聚硫密封剂基体材料类型有多种，基体成分一般为巯端基液体聚硫橡胶见表 7-3～表 7-6。

表7-3 国产JLY-系列液态聚硫橡胶的性能

性能名称	技术指标				
	JLY-121	JLY-124	JLY-115	JLY-155	JLY-215
	Q/JHY001-2000	Q/JHY002-2000	Q/JHY003-2000	Q/JHY004-2000	Q/JHY005-2000
硫醇基含量/%	5.9~7.7	1.47~1.89	1.2~1.47	1.1~1.65	1.16~1.47
交联剂含量*/%(摩尔分数)	2.0	2.0	1.0	0.5	1.0
水分/%	≤0.1	≤0.1	0.1	≤0.1	≤0.1
pH值	6~8	6~8	6~8	6~8	6~8
杂质/%	≤0.5	≤0.3	≤0.3	≤0.3	≤0.3
游离硫含量/%		≤0.1	≤0.1	≤0.1	≤0.1
黏度(25℃)/Pa·s		50~120	—	70~150	80~200
硫化后力学性能 拉伸强度/MPa	≥3	≥3	≥3.0	≥4.0	≥5.0
硫化后力学性能 扯断伸长率/%	≥350	≥350	≥500	≥600	≥600
硫化后力学性能 永久变形/%	≤10	≤10	≤15	≤25	≤25

① 指三氯丙烷与二氯乙基缩甲醛的摩尔数的比值,以下均同

表7-4 俄罗斯喀山合成橡胶厂的液体聚硫橡胶型号及技术指标[②]

技术规格	НВБ-2[①]		I	Iс	II	32	ТСД
	НВБ-2-1	НВБ-2-2					
外观	无机械杂质、暗绿或暗褐色均匀黏稠体						
甲苯中不溶物杂质/%	≤0.6						—
质量损失/%	≤0.1						—
铁含量/%	≤0.015						—
密度(25℃±0.2℃)/(g/cm³)	≤1.28		≤1.30				

270

技术规格	НВБ-2①		I	Ic	II	32	ТСД
	НВБ-2-1	НВБ-2-2					
相对分子质量 /(g/mol)	1650~2200	2000~2500	2500~3000		2800~3800	2800~3800	—
黏度(25℃) /Pa·s	7.5~11.5	10.0~15.0	15.0~30.0		30.0~50.0	40.0~50.0	12.1~20.0
总硫的质量 分数/%	≤40	≤40	≤40		≤40	≤40	—
水的质量 分数/%	≤0.2	≤0.2	≤0.2		≤0.2	≤0.2	≤0.3
SH-的质量 分数/%	3.0~4.0	3.0~4.0	2.2~3.3	2.2~3.4	1.7~2.6	1.7~2.6	
交联剂含量/% （摩尔分数）	2.0	2.0	2.0		2.0	0.5	

① НВБ-2 的英文名称为 NVB-2。② 符合 ГОСТ12812-80(1986 年 12 月再版)

表 7-5　德国阿克苏诺贝尔化学公司的液体聚硫橡胶类型和技术指标

类型	颜色 %TM	黏度/ (Pa·s)	密度/ (g/cm³)	挥发分 /%	水分 /%	结合硫 含量/%	游离硫 含量/%	玻璃化 温度/℃	闪点 /℃	比热容/ (kJ/(kg·K))	燃烧热/ (kJ/(kg·K))
G1	最小30	41~52	1.286	最大1.3	最大0.3	37~38	最大0.1	接近-60	>230	1.26	24.075
G4	最小50	最大1.3	1.259	最大1.3	最大0.3	37~38	最大0.1	接近-60	>230	1.26	24.075
G10	—	—	—	—	—	—	—	—	—	—	—
G12	最小30	38~50	1.285	最大0.3	最大0.3	37~38	最大0.1	接近-60	>230	1.26	24.075
G13	最小30	38~50	1.285	最大0.3	最大0.3	37~38	最大0.1	接近-60	>230	1.26	24.075
G21	最小45	10~20	1.285	最大0.3	最大0.3	37~38	最大0.1	接近-60	>230	1.26	24.075
G22	最小45	10~20	1.285	最大0.5	最大0.3	37~38	最大0.1	接近-60	>230	1.26	24.075
G40	—	—	—	—	—	—	—	—	—	—	—
G44	—	—	—	—	—	—	—	—	—	—	—
G112	最小30	38~50	1.285	最大0.3	最大0.3	37~38	最大0.1	接近-60	>230	1.26	24.075
G113	—	—	—	—	—	—	—	—	—	—	—
G131	最小30	80~145	1.310	最大0.3	最大0.3	37~38	最大0.1	接近-60	>230	1.26	24.075
G217	—	—	—	—	—	—	—	—	—	—	—

类型	颜色%TM	黏度/Pa·s	密度/(g/cm³)	挥发分/%	水分/%	结合硫含量/%	游离硫含量/%	玻璃化温度/℃	闪点/℃	比热容/(kJ/(kg·K))	燃烧热/(kJ/(kg·K))

类型	聚合度/n	数均相对分子质量/(g/mol)	巯基含量/%	交联剂含量/%（摩尔分数）
G1	19~21	3300~3700	1.8~2.0	2.0
G4	<7	<1100	>5.9	2.0
G10	—	4000	—	0.0
G12	23~26	3900~4400	1.5~1.7	0.2
G13	23~26	4200~4700	1.4~1.6	0.05
G21	12~15	2100~2600	2.5~3.1	2.0
G22	14~18	2400~3100	2.1~2.7	0.5
G40	—	1000		0.0
G44		1000		0.5
G112	23~25	3900~4300	1.5~1.7	0.5
G131	30~38	5000~6500	1.0~1.3	0.5
G217		2500		2.5

表7-6　日本东丽聚硫株式会社生产的液体聚硫橡胶类型和技术指标

类型	外观	黏度(25℃)/Pa·s	黏度(65℃)/Pa·s	数均相对分子质量/(g/mol)	交联剂含量/%（摩尔分数）	巯基含量/%	密度/(g/cm³)
LP-2		41.0~48.0	6.5	4000	2.0	1.5~2.0	1.29
LP-3		0.94~1.44	0.15	1000	2.0	5.9~7.7	1.27
LP-12		38.0~50.0	6.5	4000	0.2	1.5~2.0	1.29
LP-23		10.0~14.0	1.5	2500	2.0	2.5~3.5	1.28
LP-31	赤褐色透明液体	90.0~160.0	14.0	7500	0.5	0.8~1.5	1.31
LP-32		41.0~48.0	6.5	4000	0.5	1.5~2.0	1.29
LP-33		1.5~2.0	—	1000	0.5	5.0~6.5	1.27
LP-56		14.0~21.0	4.0	3000	0.05	2.0~2.5	1.28
LP-55		41.0~48.0	6.5	4000	0.05	1.5~2.0	1.29
LP-980		10.0~12.5	—	2500	0.5	2.5~3.5	1.29

1. 液体聚硫橡胶的物理特性

1）液体聚硫橡胶相对分子质量、分布及黏温特性[3]

液体聚硫橡胶是由聚合度不等的分子混合而成,其相对分子质量仅具有统计平均的意义,一般在 $1 \times 10^3 \sim 6 \times 10^3$ 范围内,具有一定的高分子物质的特性,但不典型,属准高分子物质。和其他高分子或准高分子物质的相对分子质量分布特性不同,由于合成配方和合成条件的不同,一般来说,会有不同的分布,但分布一旦形成,不再发生变化。巯端基液体聚硫橡胶则不同,最初可能有各种不同的相对分子质量分布状态,但最终仅有相同的一种正态分布,图7-1中试验样品是牌号为JLY-121、相对分子质量为1214的液体聚硫与牌号为JLY-125相对分子质量为5771的液体聚硫,按0.637:1的质量比掺混在一起,经搅拌均匀而成的,其新的相对分子质量 M_n 按下式计算:

$$M_n = 1/(a/M_{n1} + (1-a)/M_{n2}) \tag{7-5}$$

式中: M_{n1} 为第一种聚硫橡胶的相对分子质量; M_{n2} 为第二种聚硫橡胶的相对分子质量; a 为第一种聚硫橡胶的质量分数; $(1-a)$ 为第二种聚硫橡胶的质量分数。

经计算 $M_n = 2345g/mol$。将四份液体聚硫橡胶分别隔绝空气贮存至规定时间测其DPG图,如图7-1中曲线1、2、3、4所示。1、2、3、4四种相对分子质量分布状态(曲线号与状态号相同)分别为:1—刚混好的样品的DPG图;2—室温下贮存8个月后的DPG图;3—室温下贮存19个月后的DPG图;4—室温下贮存4年后的DPG图。这种质量分布特性是由于巯端基液体聚硫橡胶分子间不断进行着内交换反应,会导致黏度下降至一个最低值并稳定不再变化,相对分子质量分布也出现一个不再变化的正态分布,这一变化会为密封剂带来黏度和工艺性能的稳定。巯端基液体聚硫橡胶的黏度与温度也有密切关系,见图7-2。

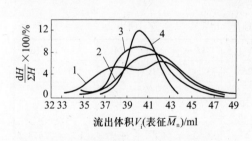

图7-1　液体聚硫相对分子质量分布由始态
到终态的变化过程(DPG)分布状态

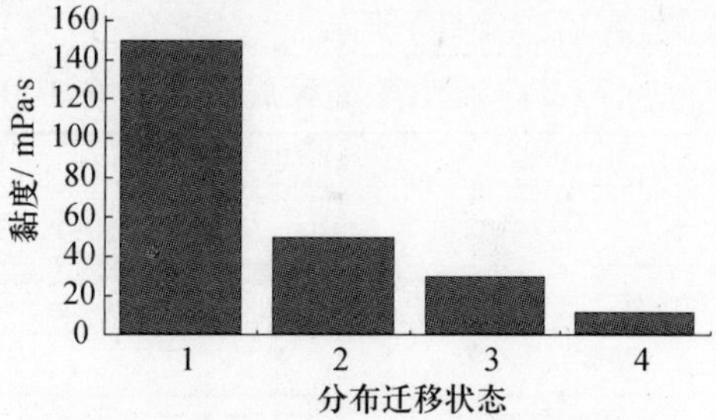

图7-2　曲线1、2、3、4四种不同相对分子
质量的巯端基液体聚硫橡胶的黏度

图7-3中两条曲线是由同一种聚硫橡胶的两个样品测定的,其一是"隔绝空气放置"的,它为图7-1中曲线4所示相对分子质量分布已达到终态即正态分布的聚硫橡胶样品,在隔绝空气的条件下,它的相对分子质量不随贮存温度的变化而变化;其二是"在空气中放置"的,由于聚硫橡胶分子与空气中的氧分子反应发生链增长导致数均相对分子质量变大,图中的垂直曲线代表这一变化。图7-4中两条曲线也是由同一种样品测定的,该样品为图7-1中曲线1所示相对分子质量分布状态的巯端基液体聚硫橡胶,在隔绝空气的条件下贮存温度低时有高的黏度。

随贮存温度的升高,其黏度变低,在110℃最终达到一个最低的恒定值,随后将此样品开放于110℃空气中,数小时后其黏度显著变高(黏度测定均在25℃下进行),这一现象证明聚硫橡胶分子与空气中氧分子间发生了反应,导致聚硫橡胶数均相对分子质量增大而变黏稠,见图7-3、图7-4。

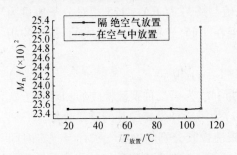

图7-3 相对分子质量分布平衡态的样品
在隔绝空气和在空气中随温度的不断升高
数均相对分子质量变化情况

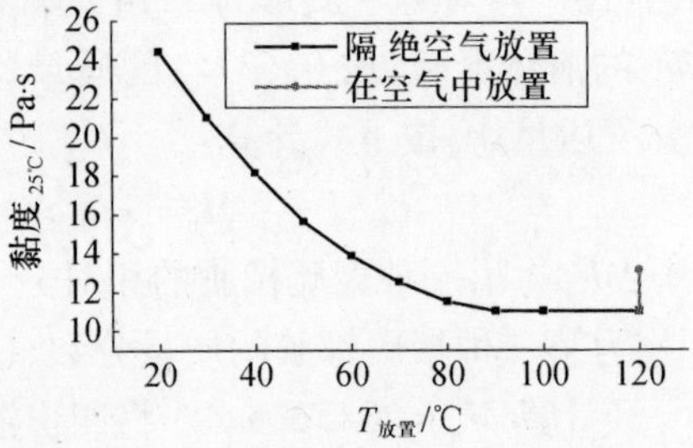

图7-4 相对分子质量分布呈双峰态的
样品在隔绝空气和在空气中随温度的不
断升高动力黏度变化的情况

2)液体聚硫橡胶相对分子质量、分布特性对密封剂的耐介质性能、贮存稳定性和工艺性能的影响

液体聚硫橡胶相对分子质量、分布特性对密封剂的耐燃料性能、工艺性能和贮存稳定性有显著影响,分别见表7-7、图7-5(挤出性)、图7-6(活性期)和图7-7(贮存后流淌性)所示。

表7-7 液体聚硫橡胶硫化后在100℃航空煤油中浸泡100h后的各种性能

样品号	8	9	10	11	12	13	14	15	16
数均相对分子质量	1019	1551	2099	2664	3254	3850	4471	5123	5776
聚合物黏度/ (25℃)/Pa·s	10	40	150	300	550	950	1400	1700	—
拉伸强度/MPa	1.9	2.1	2.0	2.9	4.0	4.8	4.9	4.7	4.8
扯断伸长率/%	30	50	80	150	320	400	420	390	400
邵氏A型硬度	78	71	64	55	54	51	49	49	49
质量变化/%	25	-19	-15	-12	-6	-3.4	-1.5	-1.5	-1.0
扯断永久变形/%	1.0	1.0	1.7	2.5	3.7	4.0	4.1	4.0	4.0
线膨胀率/%	9.0	9.0	7.4	4.0	0.2	0.1	0.1	0.1

2. 液体聚硫橡胶的化学特性

巯基中的氢元素是活泼氢,双硫键键能很低,可以发生如下化学反应[4,5]:

(1)与金属氧化物反应:

$$2RSH + MO \rightarrow R—S—M—S—R + H_2O \tag{7-6}$$

274

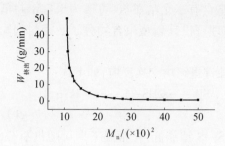

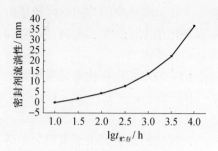

图7-5 液体聚硫橡胶 M_n 与聚硫
密封剂挤出量 $W_{挤出}$ 的关系

图7-6 密封剂基膏贮存时间($\lg t_{贮存}$)
与密封剂挤流淌性的关系

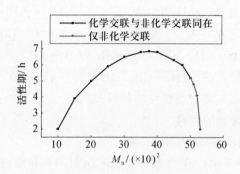

图7-7 液体聚硫橡胶 M_n 与聚硫密封剂活性期的关系

（2）与金属过氧化物反应：

$$4RSH + MO_2 \rightarrow R—S—M—S—R + R—S—S—R + 2H_2O \qquad (7-7)$$

$$R—S—M—S—R + MO_2 \longrightarrow R—S—S—R + 2MO \qquad (7-8)$$

反应式中的金属硫化合物并不是在所有条件下均生成。

（3）与有机过氧化物反应：

$$2RSH + R'COOH \rightarrow R—S—S—R + R'COH + H_2O \qquad (7-9)$$

（4）与环氧基反应：

$$CH_2—CH—R''—CH—CH_2 + 2HS—R—SH \longrightarrow$$

$$\underset{O}{\diagdown\diagup} \qquad \underset{O}{\diagdown\diagup}$$

$$\qquad (7-10)$$

$$HS—R'—S—CH_2—CH—R''—CH—CH_2—S—R—SH$$

$$\qquad\qquad\quad \underset{OH}{|} \qquad\quad \underset{OH}{|}$$

（5）与异氰酸根反应：

$$2OCN—R—NCO + HS—R'—SH \rightarrow$$

$$OCN—R—NH—CO—S—R'—S—CO—NH—R—NCO \qquad (7-11)$$

（6）与含氧酸反应：

$$H_2SO_4 + 2HS—R'—SH \longrightarrow HS—R'—SS—R'—SH + H_2SO_3 \qquad (7-12)$$

上述六类反应的共同原因乃是由于巯基含有一个活泼氢,可成为聚硫密封剂室温硫化和化学改性的基础,借鉴它们的原理可设计新型聚合物分子及密封剂配方的硫化系统。

（7）双巯基化合物通过聚硫分子的双硫键进行内交换反应,如下式:

$$HS—R'—SS—R'—SH + HS—R—SS—R—SH \longrightarrow 2HS—R—SS—R'—SH$$

$$(7-13)$$

此反应的发生是由于聚硫分子链上的 S—S 键能低,在常温下即可随机断开,此分子的一部分与另一分子的一部分相结合,形成新的聚硫分子。该反应是巯端基液体聚硫橡胶具有独特相对分子质量分布特性的化学基础。利用内交换反应可以对聚硫分子进行改造,如与端二巯基烷烃（如 HS—CH$_2$—CH$_2$—SH 及 HS—(CH$_2$)$_6$—SH）、端二巯基烷基醚（如 HS—CH$_2$—CH$_2$—O—CH$_2$—CH$_2$—SH）、端二巯基烷基硫醚（（如 HS—CH$_2$—CH$_2$—S—CH$_2$—CH$_2$—SH）、1,8-二巯基,3,6-二氧取代（亚甲基）辛烷（HS—CH$_2$—CH$_2$—O—CH$_2$—CH$_2$—O—CH$_2$—CH$_2$—SH）等巯基化合物反应,可形成具有新特性的材料,是十分有意义的一类反应。

7.2.2.2 改性聚硫橡胶的特性

1. 液体聚硫橡胶的降解机理

液体聚硫橡胶分子链中存在缩醛基团—OCH$_2$O—和双硫键—SS—两处弱点,O—C—O 键和 S—S 键在一定条件下会断裂产生自由基,引发聚硫橡胶的热降解反应,生成环状的二硫或多硫化物和小分子聚硫产物,如下式。

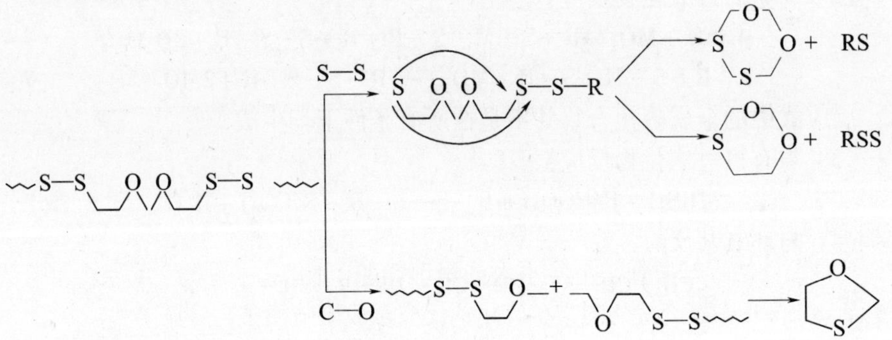

$$(7-14)$$

2. 液体聚硫橡胶改性

基于上述降解机理,很多材料工作者开展了有针对性的改性研究。

1）采用含芳香结构的二卤化物与多硫化钠反应合成聚硫橡胶

20 世纪 80 年代 Kshirsagar, S. N. 等人采用 Na$_2$S$_2$,1,2-二氯乙烷（Ⅰ）和 2,2′-二氯—邻二甲苯（Ⅱ）或 2,5-二氯甲基噻吩（Ⅲ）合成聚硫橡胶,硫化后橡胶的拉伸强度和硬度均高于 Thiokol 1620HA（丁腈橡胶与聚硫橡胶的高聚物共混体）,拉伸强度与 Thio-

kol3000KA 橡胶(1,2 - 二氯乙烷与二氯二乙基缩甲醛的共聚物)相当。当芳香族组分增加时,Ⅰ-Ⅱ-Na$_2$S$_2$和Ⅰ-Ⅲ-Na$_2$S$_2$反应生成物硫化后的拉伸强度增加,耐溶剂性能(苯和甲苯除外)优于聚硫橡胶1620HA(Thiokol 1620HA)和聚硫橡胶3000KA(Thiokol 3000KA 橡胶)。而用Ⅲ-Ⅲ-Na$_2$S$_2$合成的聚硫橡胶硬度大,不适合用作弹性材料。

20 世纪 90 年代 HobbsS. J. 等人采用二氯乙基缩乙醛、二氯癸烷及对二氯甲基苯等二卤化物代替 2,2′ - 二氯乙基缩甲醛或与 2,2′ - 二氯乙基缩甲醛共同与多硫化钠反应,在传统聚硫橡胶的相邻 S—S 键之间,增加碳链长度或引入芳香基团,制得如式(7-15)~式(7-17)结构的聚硫高分子。性能分析的结果表明,与传统的聚硫橡胶相比,上述三种改性聚硫橡胶在 S—S 键之间增加了碳链或引入了芳香基团,改善了聚硫橡胶的热稳定性,而且(2)(3)改性聚硫橡胶的湿气透过率和渗透率均低于传统聚硫橡胶,如表7-8所列。

$$HS \diagdown O \diagdown O \diagdown S \{ S \diagdown O \diagdown O \diagdown S \}_n S \diagdown O \diagdown O \diagdown SH \qquad (7-15)$$

$$HS \diagdown O \diagdown O \diagdown S \{ S \diagdown\diagdown\diagdown S \}_n \{ S \diagdown O \diagdown O \}_m S \diagdown O \diagdown O \diagdown SH \qquad (7-16)$$

$$HS \diagdown O \diagdown O \diagdown S \{ S \diagdown O \diagdown O \diagdown S \}_{0.8n} \{ S \diagdown \bigcirc \diagdown S \}_{0.2n} \diagdown O \diagdown O \diagdown SH \qquad (7-17)$$

表7-8 其他二卤化物与多硫化钠反应得到的改性聚硫与传统聚硫部分性能比较

结　构	湿气透过率/(g/m²/d)	渗透率	热失重10%的温度/℃(加热速率为20℃/min)
传统聚硫橡胶	20.0	0.0761	270~290
(1)	—	0.096	289
(2)	11.25	0.0437	314
(3)	13.5	0.0522	293

但相关研究表明,单纯用脂肪族二卤化物与多硫化物反应生成的聚硫橡胶弹性较好,而热稳定性较差;单纯用芳香族二卤化物与多硫化物生成的聚硫橡胶虽然热稳定性较好,但弹性很差。而采用芳香族和脂肪族二卤化物共同与多硫化物反应,可以得到热稳定性均较好而弹性下降不大的聚硫橡胶。例如,可采用 2,5 - 二氯甲基对二甲苯和 1,2 - 二氯乙烷共同与多硫化钠反应合成聚硫橡胶。详见下式。

$$^mCl—CH_2—CH_2—Cl+(m+n) \quad Na_2S_x+{}^nCl—CH_2—\overset{CH_3}{\underset{CH_3}{\bigcirc}}—CH_2—Cl \longrightarrow$$

$$(7-18)$$

$$\{CH_2—CH_2\}_m\{S_x\}_{m+n}\{CH_2—\overset{CH_3}{\underset{CH_3}{\bigcirc}}—CH_2\}_n+2(m+n)\ NaCl$$

对该材料玻璃化温度的进一步研究表明,随着芳香基团的增加,聚硫橡胶的玻

277

璃化温度随之提高,这主要是由于苯环的存在增加了链的刚性。当生成的聚硫橡胶分子主链中脂肪族和芳香族基团的比例为7:3时,聚硫橡胶的综合性能较好。

这一改性路线是从合成阶段进行改性,整个合成路线都发生了变化,由于成本和部分技术问题未解决等原因,一直没有推广使用。

2）硫磺改性液体聚硫橡胶

20世纪90年代PeterH. J.等人将聚硫橡胶与硫磺反应,改变聚硫橡胶的分子结构。在聚硫橡胶分子中引入三硫键和四硫键,当三硫键和四硫键的含量达到0.2%时,聚硫橡胶耐高温燃油后,拉伸强度有明显提高,但弹性出现明显下降。

聚硫橡胶与硫磺的化学反应详见下式。

$$HS—R—SH+S \longrightarrow HSRS—S—SRSH+HSRS—S—S—SRSH \qquad (7-19)$$

3）低分子二硫醇改性液体聚硫橡胶

液体聚硫橡胶分子中的巯基和双硫键之间可以发生链交换反应,低分子二硫醇改性聚硫橡胶就是以此反应机理为基础的。20世纪80年代Singh等人研究认为,使用适当的二硫醇改性液体聚硫橡胶,提高分子链中耐高温链段的相对含量,减少分子断链的机会,从而改善聚硫橡胶的耐高温性能,具体反应历程见下式。

$$HS\text{-}\!\big[CH_2\text{—}CH_2\text{—}O\text{—}CH_2\text{—}O\text{—}CH_2\text{—}CH_2\text{—}(S_x)\big]_n CH_2\text{—}CH_2\text{—}O\text{—}CH_2\text{—}O$$
$$\text{—}CH_2\text{—}CH_2\text{—}SH+HS\text{—}R\text{—}SH \longrightarrow HS\text{-}\!\big[CH_2\text{—}CH_2\text{—}O\text{—}CH_2\text{—}O\text{—}CH_2\text{—}CH_2$$
$$\text{—}(S_x)\big]_m CH_2\text{—}CH_2\text{—}O\text{—}CH_2\text{—}O\text{—}CH_2\text{—}CH_2\text{—}SH+HS\text{-}\!\big[CH_2\text{—}CH_2\text{—}O\text{—}CH_2$$
$$\text{—}O\text{—}CH_2\text{—}CH_2\text{—}(S_x)\big]_{n-m} R\text{—}SH$$

$$(7-20)$$

Singh比较了多种二硫醇对聚硫橡胶的改性结果,认为适当比例的DMDE(二巯基乙二醚)、DMDS(二巯乙基硫醚)、DMDO(1,8-二巯基-3,6-二氧苄)改性后的液体聚硫橡胶密度降低,粘接性能、耐热性能、耐渗透性能及其他物理性能均有提高,而其中以DMDS改性效果最为显著,几种改性后聚硫橡胶的热性能如图7-8所示。

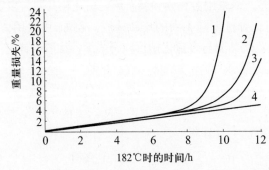

图7-8 未改性聚硫橡胶与几种改性聚硫橡胶的热性能比较

1—ThiokolLp-2C;2—LP-12C/DMDO;3—LP-2C/DMDE;4—LP-2C/DMDS。

在 20 世纪 80 年代的美国专利 US4,623,711 中也详细介绍了采用 DMDS 改性聚硫胶的方法及结果。该专利认为,与同相对分子质量、同黏度的未改性聚硫橡胶相比,DMDS 改性聚硫橡胶在热稳定性、拉伸强度、耐油性、耐紫外线性、抗惰性气体或燃料蒸气渗透性以及和传统增塑剂的相容性等方面都有很大提高。

7.3 聚硫和改性聚硫密封剂基本组成和制备工艺

7.3.1 聚硫和改性聚硫密封剂基本组成

7.3.1.1 巯端基液体聚硫橡胶

巯端基液体多硫聚合物是双组分聚硫密封剂的基体成分,最终形成弹性体的主体,它的含量可从 40% ~70% 。当不强调某些力学性能时,含量可降至 30% ,聚硫与改性聚硫密封剂的主要特点源于聚硫橡胶的存在,例如室温硫化特性、耐油特性等。聚硫密封剂中应用的是端巯基液体聚硫生胶,改性聚硫密封剂中应用的是端巯基液体改性聚硫生胶。

1. 巯端基液体聚硫橡胶的合成

巯端基液体聚硫生胶的合成有下述步骤:

(1)聚合反应。化学反应式为

$$6Cl—CH_2—CH_2—OH + (H_2C = O)_3 \longrightarrow 3Cl—$$
$$CH_2—CH_2—O—CH_2—O—CH_2—CH_2—Cl + 3H_2O \tag{7-21}$$

$$nCl—CH_2—CH_2—O—CH_2—O—CH_2—CH_2—Cl + ClCH_2—$$
$$ClCH—CH_2Cl + nNa_2S_4 \longrightarrow [—(CH_2)_2—O—CH_2—O—(CH_2)_2 \tag{7-22}$$
$$—SSSS—]_n + \{—CH_2—[C(SSSS)H]—CH_2—SSSS—\}_n + 2nNaCl$$

前已设:$(CH_2)_2—O—CH_2—O—(CH_2)_2 = R$,则有$[—R—SSSS—]_n$,下述过程则用$[—R—SSSS—]_n$叙述。

并设 R′ 为 $\{—CH_2—[C(SSSS)H]—CH_2—SSSS—\}_n$;R″ 为 $C(SSSS)H$(是第三官能团,其中—SSSS—是能直接与其他分子连接的基团);则有 R′ 为 $\{—CH_2—R″—CH_2—SSSS—\}_n$。聚合反应生成的四硫化物分子结构为$[—R—SSSS—]_n$(在液体聚硫的混合物中占的比例最大)和$\{—CH_2—R″—CH_2—SSSS—\}_m$(在液体聚硫的混合物中占的比例很小)。

(2)脱硫反应。为减少高分子主链上的硫原子,聚合完的反应物料与浓氢氧化钠液反应,过多的硫原子可被脱掉,反应式如下:

$$3[—R—SSSS—]_n + \{—CH_2—R″—CH_2—SSSS—\}_n + 6nNaOH$$
$$\longrightarrow 3[—R—SS—]_n + \{—CH_2—R^{\#}—CH_2—S—S—\}_n + \tag{7-23}$$
$$2nNa_2S_2 + nNa_2S_2O_3 + 3nH_2O$$

式中 R″ 为($=$ C(—SSSS)H),脱硫后也变成 C(S—S)H,令 R# 为 $=$ C(S—S)H,其中 S—S 是能直接与其他分子连接的基团,即第三官能团)。

(3) 裂解反应。为了调整聚合物的相对分子质量(由 n 和 m 表征),采用硫氢化钠(NaHS)作裂解剂,把形成的高相对分子质量的二硫化物切割成我们所需要的相对分子质量的直链和有侧链的二硫聚合物,同时用硫吸收剂亚硫酸钠(Na$_2$SO$_3$)溶液吸收多余的硫,反应式如下:

$$[—R—SS—]_n + [—CH_2—R^\#—CH_2—S—S—]_n + Na_2SO_3 + \tag{7-24}$$
$$NaHS \longrightarrow NaS—R—SS—R^\# + HS—R—SS—R^\#— + NaS_2O_3$$

(4) 酸凝反应。为使液体聚硫橡胶的硫钠基的转变为硫醇基,采用浓盐酸可达目的并使液体聚硫橡胶从反应液中凝聚沉降出来,反应如下:

$$NaS—(R—SS)_n—R—SNa + 2HCl \rightarrow HS—(R—SS)_n—R—SH \downarrow + 2NaCl \tag{7-25}$$

(5) 水洗。凝聚出来的液体聚硫橡胶完全沉降后,排出含氯化钠和盐酸的水溶液,用净水洗涤凝聚物,直到氯化钠和盐酸全部被清除干净为止。

(6) 干燥。原始方法为:将得到的液体聚硫橡胶置入盘中,然后放入 70℃ 真空干燥箱中,真空度达到 93.1kPa,直干燥到产物变透明为止。现代的干燥法是通过一套膜式干燥器进行干燥。我国还生产含羟基的巯端基液体聚硫橡胶,是由二氯乙基缩甲醛、多硫化钠、β-羟基氯丙基氯乙基醚和三氯丙烷四种单体经缩聚而成,其合成路线大致与巯基封端液体聚硫橡胶相类似。凝聚后的产物分子式为

HS[—CHCH$_2$—O—CH$_2$—O—CH$_2$—CH$_2$—SS—]$_n$[CH$_2$—CH$_2$—O—CH$_2$—O
—CH$_2$CH—CH$_2$—SS]$_p$C$_2$H$_4$—O—CH$_2$—O—C$_2$H$_2$—SH
　　|
　　OH

它由端巯基、缩醛基团、双硫基团和羟基组成。其特点是对金属粘接性好,内聚强度高,耐燃油性更好。

2. 巯端基改性液体聚硫橡胶的合成

巯端基改性液体聚硫橡胶的合成方法见式(7-20)。

7.3.1.2 硫化体系组成及特性

硫化体系由硫化剂和催化剂组成,硫化剂一般采用金属过氧化物或变价金属氧化物如二氧化锰、二氧化铅、过氧化钙、过氧化镁、高锰酸钾、含氧强酸、氢过氧异丙基苯(C$_6$H$_5$—C(CH$_3$)$_2$—O—OH)、对醌二肟(GMF)(与氧化锌、铬酸锌配套)、低价金属氧化物、其他有机氢过氧化物,金属用油漆催干剂和醛等也可以成为硫化剂,其用量与巯端基液体多硫聚合物的相对分子质量和其在聚硫密封剂中的用量有确定的当量关系。另一类硫化剂是含有环氧基、异氰酸根的有机低聚物,它们与巯端基液体多硫聚合物的巯端基发生加成反应,形成硫化弹性体,由于没有低分子物产生,弹性体体积不收缩,并可制成浅色或无色密封剂。

聚硫密封剂最常用的硫化剂二氧化锰是由化学氧化还原法合成的化学品,我国生产液体聚硫密封剂的企业均采用该类二氧化锰,其性能指标见表 7-9。

表 7-9 化学氧化还原法合成二氧化锰技术指标

序号	性 能 名 称	Q/HXF-001—1996	苏联 ГОСТ 25823—83
1	外观颜色	红褐色至黑褐色微细粉	红褐色至黑褐色微细粉
2	MnO_2 含量/%	≥95	≥90
3	Mn_2O_3 含量/%	≤5	≤8
4	吸油值/(mL/g)	≥1.5	—
5	沉实体积/(mL/g)	≥2	—
6	pH 值	6.5~7.5	4~5.5
7	水含量/%	≤3	—
8	水浸硫酸根含量/%	痕迹量	≤1.3
9	水浸氯根含量/%	痕迹量	—
10	比表面积/(m²/g)	—	≥20
11	66μm 筛孔的筛余物/%	≤10	
12	Fe、Pb、Sb、As、Ni、Co 总含量/%		≤0.85

其用量按下式计算:

$$W = A86.94B/M \qquad (7-26)$$

式中:W 为每 100g 聚硫密封剂基膏硫化所需二氧化锰量(g);

A 为过量系数,A 值的选择须考虑密封剂的类型、密封剂的使用环境温度等因素,表面密封用密封剂配方 A 值取高,贴合面密封用密封剂配方 A 值取低,环境温度高 A 值取低,A 的取值范围为 1~2,一般取为 2;86.94 为二氧化锰的相对分子质量(g/mol);B 为密封剂基膏中巯端基液体多硫聚合物含量比(%);M 为密封剂基膏中巯端基液体多硫聚合物数均相对分子质量(g/mol)。

计算举例:某聚硫基膏中巯端基液体多硫聚合物含量比为 35%,巯端基液体多硫聚合物的数均相对分子质量 M 为 4000,使用密封剂的环境温度为 35℃ 左右,则取过量系数 A 为 1.5,每 100g 聚硫密封剂基膏硫化所需二氧化锰量 W = 1.5 × 86.94 × 35/4000 = 1.14g。如果使用聚硫密封剂的环境温度为 15℃ 左右,则取过量系数 A 为 2,此时 W = 2 × 86.94 × 35/4000 = 1.52g。

催化剂则是有效进行室温硫化的关键成分,它们的存在可显著地降低硫化反应的活化能,常用有效催化剂有有机碱类如胍类、二硫代氨基甲酸盐类以及秋兰姆类如促进剂 D、促进剂 BZ、促进剂 TMTM,详细介绍于表 7-10。

表 7 – 10 各类促进剂的性能指标

性能名称	促进剂 D	促进剂 BZ	促进剂 TMTM
外观颜色	白色粉末	乳白色粉末	白色或灰白色粉末
毒性	无毒无臭	无毒无臭	无毒无臭
密度(20℃)/ (g/cm^3)	1.13 ~ 1.19	1.18 ~ 1.24	1.37 ~ 1.40
熔点/℃	≥144	104 ~ 108	≥100
溶解性	溶于苯、甲苯、氯仿、乙醇、丙酮、乙酸乙酯,不溶于水和汽油	溶于乙醚、乙醇、苯、氯仿、二硫化碳,不溶于水和稀碱	溶于苯、甲苯、氯仿、二硫化碳、二氯乙烷,微溶于乙醇和乙醚,不溶于水和汽油
贮存性	稳定	稳定	稳定
功能	液体聚硫橡胶的优良硫化促进剂	改性液体聚硫橡胶的辅助硫化促进剂和耐热剂	液体聚硫橡胶的较好硫化促进剂
结构式	⬡—NH—C—NH—⬡（下接 ‖NH）	[(H_9C_4)₂N—C(=S)—S]₂Zn	H_3C、H_3C—N—C(=S)—S—C(=S)—N—CH_3、CH_3
学名	二苯胍	二丁基二硫代氨基甲酸锌	一硫化四甲基秋兰姆

催化剂的用量决定着硫化的速度。密封剂物料和密封剂使用环境中的水分是聚硫密封剂硫化体系中的助催化剂,会导致聚硫分子间产生横向交联成为弹性体,而剩余的 MnO 与空气中的氧分子又发生反应形成 MnO_2,以填料形式存在于密封剂弹性体中,具有阻止聚硫密封剂降解的作用。在密封剂制造和使用环境中,水分的助催化作用可由环境的相对湿度来表征。在二氧化锰 – 胍类体系中,当环境相对湿度小于 30% 时,硫化速度明显变慢,当相对湿度高于 75% 时,硫化速度明显变快。水分子的助催化作用的机理可考虑为:二苯胍分子中的 =NH 基团是一个亲核基团,当其接触水分子时,水分子中的一个氢原子被电负性很强的氮原子吸引形成氢键,这个氢原子变成了丢掉外层价电子的质子,它就是一个原子核,为亲核基团 =NH 所结合,结果出现了氢氧根,使密封剂本体呈现碱性,在碱性环境中,二氧化锰分子中的锰原子被氢氧根中的氧原子吸引,氢氧根的氧原子上的电子云向锰原子靠拢,随机地削弱了二氧化锰分子中的锰原子与两个氧原子的结合力,导致二氧化锰分子释放出一个氧化能力很强的初生态的氧原子[O],便发生了聚硫橡胶的硫化。这种认识很好地指导了人们对聚硫密封剂的正常使用。总之,水分能大大地缩短硫化反应的诱导期,用量一般为密封剂基膏的 0.5% ~ 3%。当采用氧化性较强的硫化剂时,可不采用促进剂,如采用二氧化铅为硫化剂时,室温下聚硫密封剂即可硫化成弹性体。环境温度的变化对硫化速度的影响远大于相对湿度的影响,经试验可知,硫化温度每升高 10℃,硫化速度约提高一倍,反之约降低一倍(密

封剂的硫化速度可由活性期表征)。

阻硫剂是能够减缓密封剂硫化速度的配合剂,它也属于硫化系统的一部分。对聚硫密封剂而言,一般采用酸性物质作阻硫剂,常用的有硬脂酸、油酸等,它们的加入不仅使聚硫密封剂的硫化速度可控,还使整个物料容易混合均匀,硬脂酸的化学式为 RCOOH(R 为氢化烷烃基),系由 C16 和 C18 为主的饱和脂肪酸,常温下为白色片状固体,不溶于水,微溶于苯和二硫化碳,易溶于热乙醇,无毒无味,具有有机羧酸的一般化学通性,在密封剂中起阻止硫化的作用,也起分散的作用。动物油酸/植物油酸常温下为浅黄色透明油状液体,溶点 13.4℃,密度 0.8905g/cm³ 不溶于水,可溶于乙醇、汽油等有机溶剂,氢化时转变为硬脂酸,具有有机羧酸的一般化学性质及不饱和双键的化学特性,在密封剂中起阻止硫化的作用。它们的性能指标见表 7 – 11。

表 7 – 11　脂肪酸阻硫剂性能指标

序号	性 能 名 称	200 型牛羊油硬脂酸指标#	Y – 4 型油酸指标
1	酸值/(mg/g)	198 ~ 208	190 ~ 203
2	皂化值/(mg/g)	199 ~ 209	190 ~ 205
3	碘值/(g/100g)	< 2.0	80 ~ 95
4	色泽 APHA##	< 200	< 400
5	凝固点/℃	57 – 64	< 4.0
6	水分/%	< 0.2	< 0.50

脂肪酸大约组成##%

C12	C14	C14:1	C16	C16:1	C18:0	C18:1	C18:2	C18:3	C20
0.5	3	2	5	6	2	70	10	1	0.5

注:#200 型牛羊油硬脂代号:HYHFAC – 200T;动物油酸/植物油酸即 Y – 4 型油酸,产品代号:HYH-FAC – Y4);##色泽测定按 GB/T 1664 规定进行。

##脂肪酸是由羧基与不同数目碳原子的脂肪烃基连接而成的一元羧酸的混合物,其中的脂肪烃基可是饱和的,也可是不饱和的,也可是饱和与不饱和的混合型,表中 C12 表示含有 12 个碳原子的饱和脂肪酸,C14 表示含有 14 个碳原子的饱和脂肪酸。C14:1 表示含有 14 个碳原子和一个点的不饱和脂肪酸。C18:0 表示含有 18 个碳原子的饱和脂肪酸,0 表示饱和。C18:1 表示含有 18 个碳原子和一个点的不饱和脂肪酸。C18:2 或 C18:3 表示含有 18 个碳原子和 2 个点的或 3 个点的不饱和脂肪酸。不饱和点即脂肪酸链中的不饱和键。有 2 个以上不饱和点也称"聚不饱和"

7.3.1.3　其他配合剂

1. 补强剂

为提高硫化后密封剂弹性体的拉伸力学性能(拉伸强度、撕裂强度、拉伸粘接强度和伸长率),常将一些微粒粉体料与巯端基液体聚硫橡胶掺合在一起,经过研磨使其充分混合,如炭黑、碳酸钙、硫化锌、高岭土、沉淀法二氧化硅、超细滑石粉、超细硅灰石等,它们有巨大的比表面积,引发出了特有的表面与体积效应,由于表面积的扩大,比表面自由能变大(其物理意义是:在恒温恒压下,增加单位表面积,所引起的体系自由能的增量,单位为 erg/cm^2,$erg = 10^{-7}J$;或 J/m^2,在数值上等于表面张力),当表面积扩大到一定程度时,粉体对密封材料将产生种种特殊效应,显著影响其性能,如化学反应性变强(粒子表面有更多的活性基团,有人称它们为悬挂键或称悬空键),产生更大的吸附力,有利于密封剂粘接能力的提高;对紫外线吸收性变好(如二氧化钛),磁性粉体磁性变强,极有利于导磁密封剂的制备。另外,团粒表面对聚合物分子某些基团的吸附作用如羟基、羧基等,不仅提高了密封剂的力学性能,也明显降低了密封剂原材料的成本。对补强剂作特殊处理,会显著提高其补强效果,如使用硬脂酸与氢氧化钠形成的胶状物处理并再经研磨成细粉的重质碳酸钙后,其团粒被包裹一层脂肪酸皂,它不仅容易分散到液体聚硫橡胶中,还明显提高硫化后密封剂弹性体的拉伸性能和稳定密封剂的触变性。粉体材料粒径对粒子表面原子数与粒子具有的总原子数比值的影响[6]见表7－12、图7－9。由于粉体粒子粒径的变化引起粉体粒子表面能发生了 10^7(即千万倍)的变化,它必将对密封剂及其他材料的性能带来不可忽视的影响。密封剂可用到的补强剂详介如下。

表7－12 球形粒子表面原子数与粒子总原子数的比例

粒子直径/nm	总原子数/个	(表面原子数/总原子数)/%	粒子直径/nm	总原子数/个	(表面原子数/总原子数)/%
1	30	99	10	3.0×10^4	20
2	2.5×10^2	88	20	2.5×10^5	10
5	4.0×10^3	40	100	3.0×10^6	2

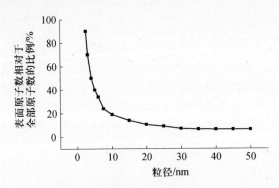

图7－9 粉体粒子表面原子数占粒子总原子数的比例与粒径的关系

1)炭黑

炭黑作为高分子材料的补强剂,其用量约占橡胶用量的40%～70%,在高性能航空密封剂中也占有重要地位,它显著提高和稳定了密封剂的各种性能,其品种很多,飞机整体油箱高性能密封剂大都用油炉法半补强炭黑(SRF),飞机复合材料整体油箱用高性能密封剂常用导电炭黑(如:特导电炉黑(XCF)、超导电炉黑(SCF)、乙炔炭黑(ACET))。炭黑表面往往含有由 H、O、C 等原子组成的基团如羟基、羧基、醌基等,这些基团都会影响密封剂的性能,过多时会对密封剂的性能产生不良影响。在白色粉料为配合剂的密封剂基膏中,炭黑主要为着色剂,主要性能见表 7 – 13。

表 7 – 13　炭黑性能

炭黑名称	半补强炭黑	超导电炉黑	特导电炉黑	乙炔炭黑
炭黑代号	SRF	SCF	XCF(N400)	ACET
平均粒径/nm	59 ~ 160	16 ~ 25	31 ~ 39	35 ~ 45
比表面积/(m²/g)	14 ~ 35	175 ~ 225	225 ~ 285	55 ~ 70
吸碘量/(mg/g)	11 ~ 28	不详	505.7	44
吸油值/(ml/g)	0.45 ~ 0.7	1.3 ~ 1.6	2.60	2.5 ~ 3.5
pH 值	7.0 ~ 10.0	不详	—	3.5 ~ 5
挥发分%	0.3 ~ 2.	不详	0.03	不详
特性及用途	填充量大,弹性高,补强性低于一般补强炭黑,密封剂补强	导电性好,防静电,用做密封剂导电介质	粒子表面孔度及结构性高,用做密封剂导电介质	结构性高,具有耐久的导电性,用做密封剂导电介质

2）二氧化硅

二氧化硅因为具有仅次于炭黑的补强效果,所以又称为白炭黑。与炭黑类似它的加入也可以显著提升密封剂的力学性能。二氧化硅分沉淀法和气相法两种,二者均为无定形的二氧化硅。因沉淀二氧化硅含有结晶水,因此又称为水合二氧化硅。气相二氧化硅又称无水二氧化硅。二氧化硅不溶于水,溶于氢氧化钠和氢氟酸,高温不分解,绝缘性好,具有一定的吸湿性。二氧化硅的补强效果主要取决于其表面积(或粒径)、结构和表面化学性质。表面积常用 BET 法或 CTBA 法测定,结构用 DBP 值或 DOP 值类测定。二氧化硅与炭黑相比,表面积更高,粒子更细,因此表面活性更高。沉淀法二氧化硅表面有硅醇基,气相法二氧化硅表面也有硅醇基,所以二氧化硅吸湿性比较强。加入二氧化硅通常会明显提高密封剂基膏的黏度,因此对密封剂基膏黏度要求比较低的种类,不适宜用二氧化硅补强。二氧化硅表面进行疏水处理后,加入密封剂中黏度下降明显,而且补强效果也有提高,因此现在聚硫橡胶使用的二氧化硅主要为表面处理的气相二氧化硅。沉淀法二氧化硅和气相法二氧化硅的技术性能见表 7 – 14 和表 7 – 15。

表 7-14　沉淀法二氧化硅技术性能

性　质	技术性能	性　质	技术性能	性　质	技术性能
二氧化硅含量/%	90 以上	加热减量(105℃)/%	4.0~8.0	铜含量/(mg/kg)	50
颜色	等于标样	灼烧减量(1000℃)/%	7 以下	锰含量/(mg/kg)	100
筛余物(45μm)/%	0.5 以下	pH 值	5.0~8.0	铁含量/(mg/kg)	1500

表 7-15　气相法二氧化硅技术性能

技术性能	1 号	2 号	3 号	4 号	5 号
表面积/(m²/g)	—	75~105	—	≥150	150~200
吸油值/(cm³/g)	<2.90	2.60~2.90	≥2.90	≥3.46	2.60~2.80
表观密度/(g/cm³)	—	≤0.05	—	≤0.04	0.04~0.05
pH 值	4~6	4~6	3.5~6	3.5~5.5	4~6
加热减量(110℃×2h)/%	≤3	≤3	≤3	≤3	≤1.5
灼烧减量(900℃×2h)/%	≤5	≤5	≤5	≤5	≤3
机械杂质/(个数/2g)	≤30	≤20	≤30	≤15	≤20
氧化铝(Al_2O_3)/%	—	—	—	<0.03	—
氧化铁(Fe_2O_3)/%	—	—	—	<0.01	—
铵盐(以 NH_4 计)/%	—	≤0.03	—	微量	—

3）碳酸钙[7]

大多数双组分的聚硫密封剂基膏和硫化剂要求有明显的色差,因此基膏中多采用碳酸钙补强、提高触变性、降低成本。密封剂常用的碳酸钙有重质碳酸钙、轻质碳酸钙和活性碳酸钙等。

重质碳酸钙由天然优质石灰石(白石)经粉碎机粉碎成为 40mm~60mm 的粒料,并用粉碎机研磨成粉,再经空气分级机分为不同粒径产品。用湿法机械粉碎研磨成的粉,经水分级为不同粒径产品,因粒径大,补强和触变效果几乎没有,仅起填充作用。

轻质碳酸钙,即沉淀法碳酸钙,又称白垩粉,它由二氧化碳法合成:石灰石($CaCO_3$)煅烧为生石灰(CaO),然后与水反应得熟石灰($Ca(OH)_2$)的悬乳液,向其通入 CO_2 气体,滤出新生的 $CaCO_3$,将滤出物于 150℃下干燥即得粒径为 1μm~4μm 的轻质碳酸钙。轻质碳酸钙多为纺锤状结构粒子,在密封剂配方中呈惰性,并能很好地分散在聚合物分子网络的空隙中,使分子链节旋转空间变小,从而使密封剂弹性体硬度变大,如果它处于泡沫密封剂中,可使泡沫体的压缩负荷值增大。

活性碳酸钙即胶体碳酸钙又称白艳华,可明显提高聚硫密封剂的触变性,用量很大。制备方法如下:用氢氧化钠(4.5 份)、水(40 份,70℃)配成溶液Ⅰ。用脂肪酸(15 份)、水(40 份)加热溶解配成溶液Ⅱ。将溶液Ⅱ缓缓加入溶液Ⅰ中,使生成硬脂酸钠溶液Ⅲ。将表面活性剂太古油即土耳其红油(6份)加入溶液Ⅲ中调至中性,再加水至总量为162份成为活化胶,将其缓慢加入3000份碳酸钙浆料中,搅拌均匀,浆料中脂含量达0.5%时,经过风干,使水分降至10%～15%,然后于80℃下烘干,使水分降至0.5%以下,再过筛成为活性碳酸钙。碳酸钙的详细性能详见表7-16。

表7-16 碳酸钙的性能

序号	名　称	类　别					
		轻质碳酸钙		活性碳酸		重质碳酸钙	
		HG 2226—91 指标	典型值	参考指标	典型值	ZBG 12009—88 指标	典型值
1	外观	白色粉末	白色粉末	—	白色粉末	—	白色粉末
2	碳酸钙含量/%	98～100	99.2	≥97	97～98	≥98	99.7
3	挥发物含量(105℃)/%	≤0.2	—	—	—	≤0.2	—
4	盐酸不溶物/%	≤0.1	—	≤0.3	—	≤1.0	—
5	水溶物/%	—	—	—	—	≤0.2	—
6	pH值	8～10	9.2	10～11	8～9	8～10	8.8
7	铁(Fe)含量/%	≤0.08	—	—	—	—	—
8	锰(Mn)含量/%	≤0.006	—	≤0.02	—	≤0.02	—
9	铜(Cu)含量/%	—	—	≤0.005	—	≤0.001	—
10	筛余物(150μm)/%	—	—	≤0.01	供需双方确定	—	—
11	筛余物(125μm)/%	≤0.005	—	—	—	—	—
12	筛余物(45μm)/%	≤0.30	—	—	—	—	—
13	白度/度	≥90.0	—	—	—	—	—
14	沉降体积/(ml/g)	≥2.8	—	—	—	—	—
15	细度/目	—	—	≥120	—	—	—
16	水分/%	—	—	≤0.3	—	—	—
17	脂肪物含量/%	—	0.0	≤0.5	—	—	—
18	总脂肪物含量/%	—	0.0	≤2.0～3.5	—	—	—
19	视比容/(ml/g)	—	—	≥2	—	—	—
20	灼烧失重/%	—	43.5	43～46	44～46	—	13.8
21	氯化物(以Cl⁻计)/%	—	—	≤0.04	—	—	—
22	混合氧化物/%	—	—	≤1.0	—	—	—
23	比表面积/(m²/g)	—	4.8	—	25～80	—	1.6

序号	名 称	类 别					
		轻质碳酸钙		活 性 碳 酸		重质碳酸钙	
		HG 2226—91 指标	典型值	参考指标	典型值	ZBG 12009—88 指标	典型值
24	平均粒径/μm	—	1.4	—	0.04 ~ 0.08	—	1.8
25	表观密度/(ml/g)	—	1.9	—	1.4 ~ 1.6	—	0.9
26	漫反射/%	—	9	—	65 ~ 95	—	93
27	吸油值/(ml/100g)	—	42	—	25 ~ 40	—	25

4）二氧化钛

二氧化钛常被作为着色剂和补强剂用于密封剂中,但其补强效果一般,通常需要配合其他补强剂一同使用。二氧化钛分为锐钛晶型和金红石型。

锐钛晶型二氧化钛即 A 型二氧化钛,相对密度为 3.84,折射率为 2.55。金红石型即 R 型二氧化钛,相对密度为 4.26,熔点为 1830℃ ~ 1850℃。它们不溶于水、有机酸和弱无机酸,可溶于浓硫酸、碱和氢氟酸,具有优异的着色性能,无毒。二氧化钛在受到太阳光或荧光灯的紫外线照射后,内部的电子就会发生激励。产生了带负电的电子和带正电的空穴。电子使空气或水中的氧还原,生成双氧水,而空穴则向氧化表面水分子的方向起作用,产生氢氧(羟)基原子团。这些都是活性氧,有着强大的氧化分解能力,从而能够分解、清除附着在氧化钛表面的各种有机物。这一特性对密封剂也会带来影响。二氧化钛自身不分解、几乎可永久性地起作用。

二氧化钛的制造方法有硫酸法、氯化法两种生产工艺。R 型二氧化钛和 A 型二氧化钛均可由任一种过程来生产,氯化法比较先进。在航空聚硫密封剂的研究中发现使用 R 型二氧化钛比使用 A 型二氧化钛能使聚硫密封剂有更好的拉伸性能。

5）硅藻土

硅藻土是一种生物成因的硅质沉积岩,主要由古代硅藻遗体组成,其化学成分主要是 SiO_2,含有少量的 Al_2O_3、Fe_2O_3,CaO、MgO、K_2O、Na_2O、P_2O_5 和有机质。SiO_2 通常占80%以上,最高可达94%。优质硅藻土的氧化铁含量一般为1% ~ 1.5%,氧化铝含量为3% ~ 6%。硅藻土的矿物成分主要是蛋白石及其变种,其次是黏土矿物——水云母、高岭石和矿物碎屑。矿物碎屑有石英、长石、黑云母及有机质等。有机物含量从微量到30%以上。硅藻土的颜色为白色、灰白色、灰色和浅灰褐色等,有细腻、松散、质轻、多孔、吸水和渗透性强的特性。硅藻土中的硅藻有许多不同的形状,如圆盘状、针状、筒状、羽状等。松散密度为 0.3g/cm³ ~ 0.5g/cm³,莫氏硬度为 1~1.5(硅藻骨骼微粒为 $4.5\mu m$~$5\mu m$),孔隙率达 80%~90%,能吸收其本身质量 1.5 倍~4 倍的水,是热、电、声的不良导体,熔点 1650℃~1750℃,化学稳定性高,除溶于氢氟酸以外,不溶于任何强酸,但能溶于强碱溶液中。硅藻土的二氧化硅多数是非晶体,碱中可溶性硅酸含量为 50%~80%。非晶型 SiO_2 加热到 800℃~1000℃时变为晶型,碱中可溶性硅酸可减少到 20%~30%。由于硅藻土特殊的结构,使得它具有许多特殊的技术和物理性能,如大的孔隙度,较强的吸附性,质轻、隔声、耐磨、耐热并有一定的强度,被广泛用于轻工、化工、建材、石油、医药、卫生等部门。密封剂中使用硅藻土可提高耐酸性、触变性,减小密度。

6）硅灰石粉

硅灰石为钙的偏硅酸盐矿物,其特点见表 7-17。

表 7-17 硅灰石粉特性

理论成分	$CaO48.25\%$;$SiO_2 51.75\%$		
实际成分	$CaO48\%$;$SiO_2 50\%$;$MgOO~10\%$;少量 Al_2O_3;微量 K_2O、Na_2OTiO_2、MnO、FeO		
同质多象体类型	三斜链状结构的 T_c 硅灰石(通称低温三斜硅灰石 $\alpha-CaSiO_3$),在 1125℃可转为假硅灰石		
	单斜链状结构的 ZM 型副硅灰石(通称副硅灰石 $\alpha'-CaSiO_3$)		
	三斜三元环链状结构的形硅灰石(通称假硅灰石 $\beta-CaSiO_3$)		
结构式	$Ca_3[Si_3O_9]$： $Ca\begin{smallmatrix}O\\O\end{smallmatrix}Si \begin{smallmatrix}\\O-Ca-O\end{smallmatrix} Si \begin{smallmatrix}O\\O\end{smallmatrix} Si \begin{smallmatrix}O\\O\end{smallmatrix} Ca$		
针状颗粒特性	提高涂料、密封剂的韧性、耐用性和提高抗击风化		
低吸油量	降低涂料、密封剂的黏度,提高使用操作工艺性		
低温三斜硅灰石	密度	2.78g/cm³~2.91g/cm³	
	硬度	4.5~5.0	
	熔点	1540℃	
	热膨胀系数	6.5×10^{-6} mm/(mm·℃),25℃~800℃条件下(低的热膨胀系数有利于涂层和密封剂层的粘接稳定性)	
色度特性	具有亮白色,可制成优质白色和柔和浅土层色的密封剂		
憎水性	用 $RnSi(OR)_{(4-n)}$ 或 $R'SiH(OR)_2$ 改性硅灰石,可使硅灰石憎水,成为有机硅密封剂的优良补强剂		
疏水亲油性[①]	用钛酸酯改性的硅灰石可获得疏水亲油性,可与密封剂或涂料的基体聚合物有良好的相容性		
纳米二氧化硅的原料[②]	由硅灰石直接转化的纳米二氧化硅		

① 疏水亲油性硅灰石生产法：将硅灰石粉料，在恒温 60℃条件下搅拌 10min；然后将钛酸酯偶联剂 TC - 114 与稀释剂无水二甲苯的混合液，在 60℃时一边喷洒一边恒温搅拌 15min 后，缓慢降至室温，就得到了干法改性粉体。所述的偶联剂用量为硅灰石的 0.5% ~3.0%（质量分数），偶联剂与稀释剂 1∶1~5 混合。所述的搅拌速度 500r/min。此方法改变了硅灰石微粒的表面性质，使原来的亲水疏油性，变为疏水亲油性。

② 由矿石一步到位生产纳米二氧化硅的方法：是在盛有热水的化学反应器中加入分散剂及硅灰石粉，再加入盐酸进行化学反应，反应后混合液用碱液中和调整 pH 值至 4~7，再用盐酸回调混合液 pH 值至小于 2，将产物滤出、甩干后放入另一个盛有热水的化学反应器中，加入盐酸，进行二次反应，反应结束后，将产物硅凝胶滤出、洗净、甩干，用酒精、叔丁醇或正丁醇浸没保护后，经烘干、灼烧得产品

7）膨润土

膨润土（Bentonite）又称斑脱岩、膨土岩等。类别有钠基膨润土（碱性土）、钙基膨润土（碱性土）、天然漂白土三种。化学成分为 SiO_2、Al_2O_3、Fe_2O_3、TiO_2、MgO、CaO、K_2O 等。膨润土具有膨润性、吸水性、吸附性、粘接性和可塑性等工艺性能，可作为粘接剂、吸附剂、催化剂、增稠剂、触变剂、脱色剂等广泛应用于化工、食品等个领域。是聚硫密封剂优良的补强、触变和防沉降剂。与密封剂有关的膨润土技术标准见表 7 - 18。

表 7 - 18 有机膨润土技术指标

序号	产品名称		颜色	水分/%	细度/μm	失重/%	黏度/mPa·s
1		4602	灰白	3	200 目	38 ~41	150
2		4603A	白	3	200 目	35 ~41	300
3		4603B	淡黄	3	200 目	35 ~41	300
4	天津有机陶土厂	4604A	灰白	3	200	33 ~38	300
5		4604B	灰白	3	200	33 ~38	500
6		4604C	灰白	3	200	33 ~38	1000
7		4605A	淡黄	3	200	35 ~40	500
8		4605B	淡黄	3	200	35 ~40	1000
9		4606B	灰白,淡黄	3	200	35 ~40	50
10	Claytone - 40（怀俄明土）美国南方黏土公司		—	<5	~74	30 ~15	>800
11	BT -881（浙江临安）		—	≤3.0	~74	—	≥1000
12	BS - IA		—	≤3.0	1 ~10	—	>1000
13	BS - IB（浙江安吉）		—	≤3.0	1 ~10	—	>1500
14	BS -4		—	≤3.0	1 ~20	—	≥3000
15	SD - 27（浙江安吉）		—	<5	5 ~30	胶体率 >95%	
16	HG/T2248 -91		—	≤3.5	~76	≤40.0	≥900

2. 触变性和流平性助剂

密封剂的触变性和流平性是两个相反的特性。为满足飞机、建筑、机械等结构的垂直、倾斜缝的密封需要密封剂具有触变性,而在水平接缝中使用的密封剂则需要其具有流平性。为了获得触变性,常采用加入一种使密封剂中的各种分子间、分子链段间产生相互作用力的化学成分,就像是产生了交联点一样,阻止分子间或分子链段间产生滑移,使堆积在立缝或倾斜缝中尚未硫化的密封剂不会下垂,直到硫化。而这种相互作用力是非化学性的键合力,量值小,易受外部剪力的破坏,使密封剂黏稠体分子间和分子链段间恢复相对滑移的能力,即发生剪切变稀的现象,密封剂物料本体黏度大幅度下降,使密封剂容易混合、容易涂敷,当外部施加的剪力撤消后,分子和分子链段间产生的临时性相互作用力立即得到恢复,涂敷在立缝上的密封剂不会下垂。改性脲、气相二氧化硅、硬脂酸盐以及前述的膨润土等易在密封剂物料分子间产生氢键力的物质都会赋予密封剂显著的触变性。适量加入低分子巯端基聚硫橡胶也可明显地使密封剂产生触变性,但随贮存时间的增长,所得到的触变性变弱,最终消失,它可能是由于聚硫橡胶特有的内交换反应,使能产生氢键力的低分子巯端基聚硫分子大幅度减小或消失造成。如果采用不具备发生内交换反应条件的低分子巯端基聚合物,如 HS—R—S—R′—SH、HS—R—O—R″—SH,结构式中 R、R′、R″ 可以是烷基,也可是氨基(—NH—)、酰胺基(—NH—CO—),这些小分子加入大分子液体聚硫中,可得到稳定的触变性。除内交换反应能破坏触变性外,当使用专门能破坏密封剂物料分子间产生氢键力的物质时,密封剂黏稠体的黏度会明显下降并具有流动性,在水平接缝中可自动流平填满。为了获得流平性,除了禁用触变性物质外,使用低黏度的酯类是最有效的方法,如磷酸三丁酯、邻苯二甲酸二丁酯、邻苯二甲酸丁苄酯是聚硫密封剂常用材料。

3. 增粘剂

飞机结构多用高粘接力聚硫密封剂,为此需加入使密封剂弹性体牢固粘接在金属、碳纤维复合材料、有机涂层面及旧有的密封剂层上的"增粘"性配合剂,常用的有含有羟基或室温硫化过程中可产生羟基的材料,如酚醛树脂、聚酰胺树脂、氧化乙烯基树脂、烷氧基硅烷化合物、钛酸酯类和异氰酸酯类等。在聚硫密封剂中成功使用的有线性固体酚醛树脂、双酚 A 型液体环氧树脂、螯合型钛酸酯、γ - 胺丙基三乙氧基硅烷、γ - [(2,3) - 环氧丙氧]丙基三甲氧基硅烷、γ - 巯丙基三甲氧基硅烷等。吴松华等[8]研究了环氧树脂对聚硫密封胶耐高温性能的影响,发现环氧树脂除具有增粘作用外,还是聚硫橡胶的潜伏固化剂,使用得当可以提高密封剂的耐高温性能;使用低分子环氧树脂会使密封剂的耐高温航空煤油性能下降,应根据实际情况选择环氧树脂。潘广萍等[9]进行了提高聚硫密封剂粘接性能的研究,发现偶联剂可以显著提高密封剂的粘接性能,环氧树脂不仅可以作为硫化剂,同时也能提高粘接性能。

1）酚醛树脂（代号为 PF）分子结构、特性、类别及制备方法

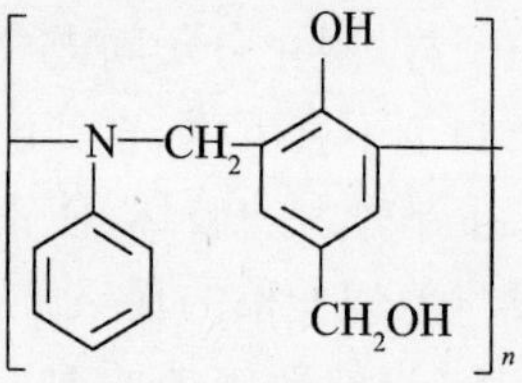

苯胺改性苯酚—甲醛树脂 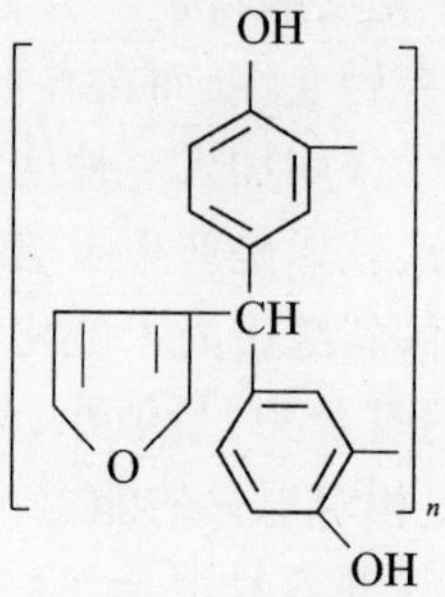　　　苯酚—糠醛树脂 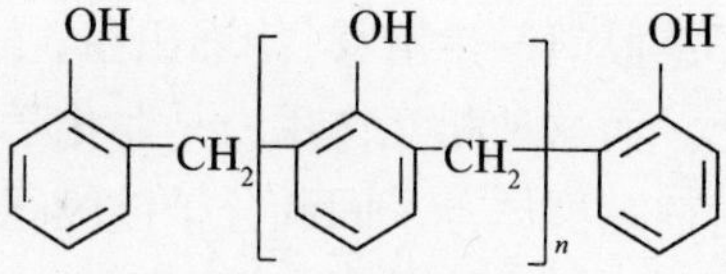　　　苯酚—甲醛树脂

酚醛树脂是最早合成的高分子化合物和用于胶黏剂工业的品种之一，具有优良的耐热性、耐老化、耐水性、耐蚀性、耐化学介质及电气绝缘性，耐蚀性见表 7 - 19，已被广泛用于密封剂的耐热增粘剂。它的组成见表 7 - 20。

表 7 - 19　2130 酚醛树脂常温下的耐蚀性

介　质	耐 蚀 性	介　质	耐 蚀 性
硫酸≤70%	耐	尿素	尚耐
盐酸≤31%	耐	氯化铵	尚耐
硝酸≤10%	尚耐	硝酸铵	尚耐
醋酸≤20%	尚耐	硫酸铵	尚耐
铬酸≤30%	耐	丙酮	不耐
氢氟酸≤30%	耐	乙醇	耐
氢氧化铵≤30%	不耐	汽油	耐
碳酸铵≤10%	尚耐	苯	耐
氨水	不耐	5%硫酸和5%氢氧化钠交替作用	不耐

表 7 - 20　酚醛树脂的类别、组成

序　号	单 体 组 成		改性剂（第三单体）
	酚类	醛类	
1	苯酚	甲醛	—
2	二甲酚、苯酚	甲醛	—
3	甲酚、苯酚	甲醛	—
4	苯酚、杂酚	甲醛	—
5	工业酚、苯酚	甲醛	—

292

序　号	单体组成		改性剂（第三单体）
	酚类	醛类	
6	工业酚	甲醛	—
7	苯酚	糠醛	—
8	酚	糠醛、甲醛	—
9	苯酚	甲醛	苯胺
10	苯酚	甲醛	聚氯乙烯（共混）
11	苯酚	甲醛	丁腈橡胶（共混）
12	苯酚	甲醛	聚酰胺（共混）
13	苯酚	甲醛	苯乙烯
14	苯酚	甲醛	二甲苯
15	苯酚	甲醛	三聚氰胺
16	苯酚	甲醛	聚乙烯醇缩醛

合成工艺路线：

路线图中的改性剂仅在改性酚醛树脂合成中使用，可能先与醛类单体反应成树脂再与酚类单体反应成最终的改性树脂，或改性剂最后同合成出的树脂共混改性。酚醛树脂合成的关键条件：酚类和醛类缩聚时，采用酸性催化剂得热塑性酚醛树脂（即二步法酚醛树脂）；采用碱性催化剂得热固性酚醛树脂（即一步法酚醛树脂）。

目前聚硫和改性密封剂中使用的主要品种是 K−18 酚醛树脂，该树脂在常温下为固态，使用时需要粉碎使用，如果不使用三辊研磨机不易混合均匀。

2）环氧树脂[10]

（1）环氧树脂分子结构、特性、类别及制备方法。

环氧树脂是指分子中含有二个或二个以上环氧基并在适当化学助剂如固化剂存在下能形成三维交联结构的化合物的总称。环氧树脂从其合成的方法和结构上可分为两大类，第一大类为缩水甘油基型：这类环氧树脂是由环氧氯丙烷（ECH）和含有活泼氢原子的化合物如酚、醚、胺类、有机胺等缩聚而成。第二大类为环氧化烯烃类：这类环氧树脂是由带双键的烯烃用过酰酸作氧化剂，使脂环族烯烃的双键环氧化，这类环氧树脂分子中没有苯环结构。最常用的环氧树脂是双酚 A（BPA）同环氧氯丙烷(ECH)反应制造的双酚 A 二缩水甘油醚,即双酚 A 型环氧树脂,它不是单一纯粹的化合物而是聚合度 n 不同的多分子混合物,相对分子质量约 700 以下的呈液态,超过 700 的是固态物。它的组成和特性见下述环氧分子结构式。

环氧树脂本身具有热塑性,它必须在固化剂、催化剂的存在下固化成三维交联结构,才呈现出各种宝贵的使用性能,同环氧树脂配合的固化剂常用的有二乙撑三胺(DTA)和二氨基二苯基甲烷(DDM),其化学结构为 $NH_2-(CH_2)_2-NH-(CH_2)_2-NH_2$(DTI)、$(NH_2)_2C(C_6H_5)_2$(DDM),这二种固化剂都是由氨基赋于反应性,DTA 具有较柔的乙撑胺骨架,而 DDM 具有耐热性和强韧性优良的二苯基甲烷骨架,将双酚 A 环氧 DTA 固化体系的耐热性(66℃~120℃)与双酚 A 环氧 DDM 固化体系的耐热性 144℃进行对比,后者要优越得多,很明显,固化剂的化学结构不同,它们之间的性能差别很大。即使环氧树脂、固化剂完全相同而采用不同的固化条件,交联密度就不同,因而其固化物的性能也相应地发生变化。固化后的环氧树脂具有良好的物理化学性能,它对金属和非金属材料的表面具有优异的粘接强度,介电性能良好,变定收缩率小,制品尺寸稳定性好,硬度高,柔韧性较好,对碱及大部分溶剂稳定,因而广泛应用于国防、国民经济各部门,作浇注、浸渍、层压料、粘接剂、涂料、密封剂的增粘剂等用途。我国除生产普通的双酚 A-环氧氯丙烷型环氧树脂外,还生产各种类型的新型环氧树脂,以满足国防建设及国民经济各部门的急需。环氧树脂的制备方法大致有下列几种类型:① 活性氢化物与环氧氯丙烷反应法;② 以过氧化氢或过酸(例如过醋酸)将双键进行液相氧化法;③ 双键化合物的空气氧化法;④ 其他方法。

(2) 环氧树脂的应用。环氧树脂本身可制成低黏度裂纹渗透补强密封剂,用于各类发动机机体微裂纹和砂眼修补,也可用于水泥道面冻熔微裂的强化修补,但对于聚硫和改性聚硫密封剂则主要用作密封剂基膏的增粘剂,常用的有 6101 和 F44 等。其中 6101 最为常用,一般在基膏中使用不超过 5 份,可以显著提高密封剂的粘接效果。F44 的增粘效果最好,但由于其属酚醛环氧树脂,分子链上还有很多未反应的酚羟基,与聚硫和改性聚硫生胶反应活性更高,因此一般单独作为密封剂的一个组分使用,双组分的密封剂无法使用 F44。

4. 增塑-稀释剂

为了提高密封剂的耐低温性能和为满足工艺性能的要求进行黏度的调整,常在密封剂基膏和硫化膏中加入液体活性和非活性增塑稀释剂,如石油系、煤焦油系、松油系、脂肪油系和合成增塑 – 稀释剂。其中合成增塑 – 稀释剂效果良好，其中苯二甲酸酯类中邻苯二甲酸二丁酯和邻苯二甲酸丁苄酯使用最多，它们的加入，拉大了聚硫分子或其他聚合物分子间的距离，破坏了分子间氢键力的形成条件，显著降低了物料的黏度，也降低了成本。由于它们是以物理状态存在于聚合物立体结构网络的间隙中，过多时就失去存留的空间，被排除在弹性体外，即所谓"发汗"，因此加入量是有限度的。

常在密封剂基膏和硫化膏中加入液体活性和非活性增塑稀释剂：活性稀释剂有 600 二缩水甘油醚、630 多缩水甘油醚、660 环氧丙烷丁基醚、690 环氧丙烷苯基醚、669 二环氧丙烷乙基醚，使用这些活性稀释剂必须多加固化剂。非活性稀释剂有苯二甲酸酯类，如邻苯二甲酸二丁酯、邻苯二甲酸丁苄酯、邻苯二甲酸二异辛酯（DOP）和氯化石蜡 – 52。

1）邻苯二甲酸二丁酯（DBP）

特性及结构式为

邻苯二甲酸二丁酯主要性能见表 7 – 21。

表 7 – 21　邻苯二甲酸二丁酯主要性能指标

序号	性能名称		HG2 – 465 – 67		橡胶工业控制指标	
			一级	二级	一级	二级
1	外观		透明油状液体	透明油状液体	—	—
2	色泽(Pt – Co)/号		25	60	—	—
3	酯含量(纯度)/%		99.5～100.5	99～100.5	99.5～100.5	99～100.5
4	密度(20/20℃)/(g/cm)		1.0465 ± 0.002	1.0465 ± 0.002	—	—
5	酸值/(mgKOH/g)		≤0.1	≤0.2	≤0.1	≤0.2
6	加热减量/%		≤0.3	≤0.6	≤0.3	≤0.6
7	闪点(开杯)/℃		≥160	≥160	—	—
8	灰分/%		≤0.01	≤0.03	—	—
9	热稳定性	加热后色泽((Pt – Co))/号	≤110	≤180	—	—
		加热后酸值/(mgKOH/g)	≤1.0	≤1.2	—	—
注：色泽(Pt – Co)的单位为"号"，也可称"铂 – 钴色度"						

2）邻苯二甲酸丁苄酯（BBP）

特性及结构式为

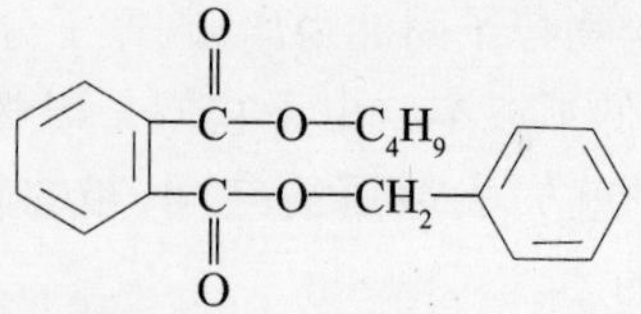

邻苯二甲酸丁苄酯主要性能见表7-22。

表7-22 邻苯二甲酸丁苄酯主要性能指标

序 号	性 能 名 称	一 级	二 级
1	外观	透明油状液体	透明油状液体
2	凝固点/℃	-35（实测）	-35（实测）
3	沸点/℃	370（实测）	370（实测）
4	闪点（开杯）/℃	≥182（实测199）	≥180（实测199）
5	折射率(n_D^{25})	1.534（实测）	1.534（实测）
6	黏度（25℃）/mPa·s	41.5（实测）	41.5（实测）
7	色泽（Pt-Co）/号	≤100	≤200
8	酸值/（mgKOH/g）	≤0.35	≤0.5
9	相对密度(d_4^{25})	1.116（实测）	1.116（实测）
10	相对密度($d^{20}/_{20}$)	1.120±0.002	1.120±0.002
11	皂化值/（mgKOH/g）	355±5	355±5
12	加热减量/%	≤0.4	≤0.7

3）邻苯二甲酸二异辛酯（DOP）

特性及结构式为

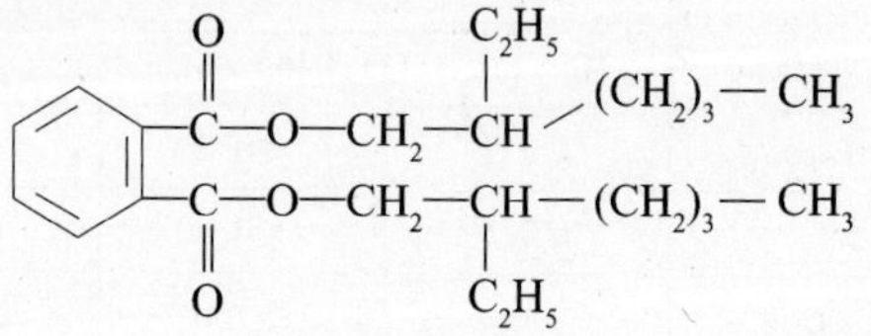

邻苯二甲酸二异辛酯（DOP）主要性能见表7-23。

表7-23 邻苯二甲酸二异辛酯主要性能指标

序号	性 能 名 称	GB11406-89		
		优级品	一级品	合格品
1	外观	透明油状液体	透明油状液体	—
2	色泽（Pt-Co）/号	≤30	≤40	≤120

序号	性能名称		GB11406 – 89		
			优级品	一级品	合格品
3	酯含量（纯度）/%		≥99.5	≥99.0	≥99.0
4	密度（$d^{20}{}_4$）		0.985 ± 0.003	0.985 ± 0.003	0.985 ± 0.003
5	酸度（以苯二甲酸计）/%		≤0.010	≤0.015	≤0.030
6	加热减量/%		≤0.2	≤0.3	≤0.5
7	闪点（开杯）/℃		≥192	≥192	≥190
8	灰分/%		≤0.01	≤0.03	—
9	热稳定性	加热后色泽（（Pt – Co））	≤75	—	—
		加热后酸值/（mgKOH/g）	0.3	0.5	
10	体积电阻/Ω·cm		—	1×10^{11}	

4）氯化石蜡

氯化石蜡（Chlorinated paraffin）为金黄色或琥珀色透明黏稠油状液体,不燃、不爆、不挥发、不导电、耐酸碱、耐水。化学性质稳定,对加工设备无腐蚀性,不溶于水,其分子主链结构为含有 16 个 ~ 35 个碳原子的正烷烃,主链为 CH_3—$(CHCl)_n$—$(CH_2)_m CH_3$,主链结构式中 $n + m = 14 \sim 33$,有少量的异构烷烃和环烷烃,定型的有氯化石蜡 – 42,分子式为 $C_{25} H_{45} Cl_7$ 为橙黄色黏稠液体;氯化石蜡 – 70,为白色或淡黄色树脂状粉末,分子式为 $C_{24} H_{29} CL_{21}$;氯化石蜡 – 52 为浅黄色至黄色黏稠液体,分子式为 $C_{14} H_{24} Cl_6$,聚硫密封剂中最常使用的是氯化石蜡 – 52,其技术指标见表 7 – 24。在聚硫密封剂中氯化石蜡分子中的氯原子电负性较强,在聚硫分子间、与被粘体表面的羟基间易架起氢键桥,有助于密封剂产生触变性和增强密封剂对被粘体的粘接强度,也具有明显的阻燃性和防霉性。

表 7 – 24　氯化石蜡 – 52 性能指标（标准 HG 2092—91）

序号	性能名称	优等品	一等品	合格品
1	色泽（铂 – 钴）号/号	100	250	600
2	密度（50℃）/（g/cm³）	1.23 ~ 1.25	1.23 ~ 1.27	1.23 ~ 1.27
3	氯含量/%	51 ~ 53	50 ~ 54	50 ~ 54
4	黏度（25℃）/mPa·s	150 ~ 250	≤300	—
5	折光率,n_D^{20}	1.510 ~ 1.513	1.505 ~ 1.513	—
6	加热减量（130℃,2h）/%	≤0.3	≤0.5	≤0.8

序号	性能名称	优等品	一等品	合格品
7	热稳定指数(175℃,4h 氮气 10/h),分解出 HCl 量/%	≤0.10	≤0.15	≤0.20
8	分子结构	$CH_3—(C-CH_2)_{12}—CH_3$ 带 Cl 和 H 取代		

5. 防老剂

一般认为聚硫密封剂的老化过程中会产生自由基,从而引发分子链的进一步降解。抗氧剂通过与产生的自由基结合产生相对较为稳定的新的自由基,从而抑制聚硫分子链的进一步降解。为防止聚硫密封剂结皮、开裂、硬度不断增大的老化弊端,配方中加入抗氧剂 2246、抗氧剂 1010、抗氧剂 AT215、抗氧剂 264、抗氧剂 3114、抗氧剂 AT-10、抗氧剂 AT-76 及光稳定剂 GW-540、等。紫外线吸收剂有 UV-531、UV-O、UV-24、UV-P、UV-327、UV-9、UV-3C 及纳米氧化锌在二丁酯中的均匀分散液(能发出荧光蓝色)等。防老剂 D(N-苯基-2-萘胺)与防老剂 H 并用对防日光照射老化有特效,用量为 0.5%～1%。

6. 阻硫剂

聚硫密封剂常是两个组分单独包装,硫化剂与催化剂常在一起组成一个组分,称为硫化膏。另一个组分含有聚硫橡胶,称为基膏,该组分是一个很不稳定的组分,随着存放时间的延长,黏度会渐渐变大,使工艺性变坏。加入少量酸性物质即可防止基膏黏度增大,如硬脂酸,油酸等,均有显著效果,这是因为在酸性条件下,空气中的氧与巯基的反应速度极为缓慢从而保护了基膏的稳定性。硫化系统中当硫化剂(如二氧化锰)与催化剂(如二苯胍)在一起时,具氧化性的硫化剂与具还原性的催化剂会缓慢的产生氧化还原反应,使催化剂失效,酸性物质(如硬脂酸、油酸)可减缓氧化还原反应的速度,保护硫化系统的效力。柳莹等[11]研究了作为阻硫剂的硬脂酸盐对聚硫橡胶预聚体硫化后性能的影响,结果表明,硬脂酸盐加入量控制在一定范围内,能有效地改善聚硫橡胶预聚体压制成型工艺性能并能显著提高聚硫橡胶预聚体硫化后的力学性能。

7. 耐热剂

为提高聚硫密封剂的热稳定性,常使用稀土化合物和三氧化二铁等耐热添加剂。耐热添加剂提高密封剂热稳定性的原理与抗氧剂不同,它是通过变价金属的价态变化来防止密封剂本身被氧化的。

8. 着色剂

为使聚硫密封剂呈所希望的颜色,可用各种颜料进行调色,如钛白粉、炭黑、三氧化二铁、酞青绿、群青等。

7.3.2 聚硫和改性聚硫密封剂制备工艺

7.3.2.1 单组分聚硫密封剂制备工艺

单组分聚硫密封剂是把所有成分都加到一起的全组分材料,其硫化方式是事先被密闭包装的密封剂从包装中挤出后,遇到空气中的水分或氧气即开始硫化。硫化剂和催化剂未加入前,其余成分经充分研磨和混合并脱水或脱游离氧,与经充分研磨和混合并脱水脱游离氧的硫化剂和催化剂在与空气隔离的条件下充分混合均匀后,进行密闭包装。制备工艺主要装备是三辊研磨机、真空多轴高速立式混和搅拌釜以及能保证隔离空气进行单件分装的分装机。

7.3.2.2 双组分聚硫与改性聚硫密封剂制备工艺

双组分聚硫与改性聚硫密封剂一般分为基膏和硫化剂两个组分,应单独制备,关键工艺是细化和均匀分散,基膏还要脱水。基膏一般采用真空多轴高速立式混和搅拌釜和三辊研磨机联机制备,现在新式工艺已经不使用三辊研磨机,而是采取搅拌后直接下料分装的方式,但是对搅拌设备和前期粉料的处理要求较高。由于在分装前不使用三辊研磨机,不再接触空气中的氧,对于密封剂基膏的贮存有利。硫化剂则采用普通搅拌器和三辊研磨机研磨即可。工艺路线如图 7 - 10 及图 7 - 11 所示。

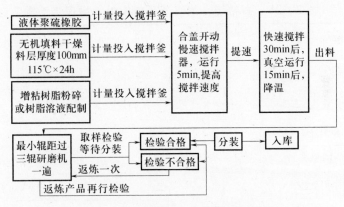

图 7 - 10 基膏制备工艺路线流程图

7.3.2.3 多组分聚硫密封剂制备工艺

多组分聚硫密封剂是把双组分中的个别关键并且敏感的成分取出单独作为一个或几个组分,如催化剂可单独包装作为一个组分,又如增粘剂可单独包装作为一个组分,这样的组分不必再加工,仅仅分装即可,其他组分的制备与双组分相同。多组分包装的好处是可以显著提高密封剂的贮存期,不利之处是硫化促进剂等组分比例较小,工厂使用配制时不利于称量和混合均匀,无法保证施工质量的一致性。

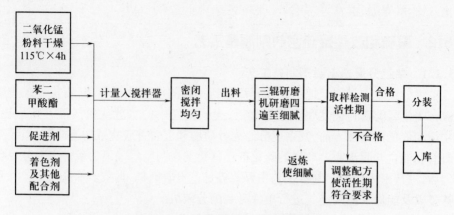

图 7 – 11　硫化膏制备工艺路线流程图

7.4　聚硫和改性聚硫密封剂的性能

7.4.1　聚硫密封剂的性能

7.4.1.1　聚硫密封剂的理化性能

高粘接力巯端基聚硫密封剂的理化性能见表 7 – 25。

表 7 – 25　高粘接力巯端基聚硫密封剂的理化性能

性能名称	国内水平	国际水平
密度/(g/cm³)	≤1.65	
腐蚀性及毒害性	对金属不腐蚀,低毒	
粘接性,剥离强度/(kN/m)	≥6	≥1.6
低温柔软性/℃	– 50 ±5	
最高使用温度/℃	150	150(俄罗斯)、120(美国)
可长期工作的环境	空气、喷气燃料、石油基液压油、滑油及水	
拉伸强度/MPa	≥3	
扯断伸长率/%	≥400	
热破裂性/mm	≤4.0	

7.4.1.2　聚硫密封剂的工艺性能

聚硫密封剂的工艺性能见表 7 – 26。

表 7 – 26 聚硫密封剂的工艺性能

序号	性能名称		AMS – S – 8802		
			A 类	B 类	C 类
1	基膏黏度/(25℃)/Pa·s		10 ~ 50	900 ~ 1400	100 ~ 400
2	流淌性	流淌长度法/mm	—	2.5 ~ 19	—
		厚度法/mm	—	—	≥0.25
3	活性期	1/2h 级/h	≥0.5	≥0.5	—
		1h 级/h	≥1	≥1	—
		2h 级/h	≥2	≥2	—
		4h 级/h	—	≥4	—
		8h 级(20)/h	—	—	≥8
		24h 级(80)/h	—	—	≥24
4	不粘期	1/2h 级/h	≤10	≤10	—
		1h 级/h	≤20	≤20	—
		2h 级/h	≤40	≤10	—
		4h 级/h	—	≤48	—
5	装配期	8h 级(20)/h	—	—	20
		24h 级(80)/h	—	—	80
6	硫化期	1/2h 级/h	≤40	≤30	—
		1h 级/h	≤55	≤55	—
		2h 级/h	≤72	≤72	—
		4h 级/h	测定值	≤90	—
		8h 级(20)/h	—	—	168
		24h 级(80)/周	—	—	4

注:序号 3 活性期如"8h 级(20)"中括号内的"20"表示活性期为 8h 级的密封剂的装配期应为 20h。
类似表达含义相同

7.4.1.3 环境条件对聚硫密封剂性能的影响

1. 环境温度、相对湿度对工艺性能的影响[12]

聚硫密封剂硫化是一个吸热过程。随温度的升高,密封剂的活性期缩短、黏度升高、挤出性变小。为了使密封剂得到一个稳定的施工特性,环境温度必须恒定。空气中水分是多种室温硫化密封剂的助促进剂,在聚硫密封剂中很明显。我们用 XM15、XM22B、XM22D、XM28、JLY155 聚硫橡胶标准检验配方五种聚硫密封剂配方,进行了环境温度、相对湿度对活性期的影响试验,结果见图 7 – 12 ~ 图 7 – 15,

图中 T_1 和 RH_1 分别为密封剂炼制的环境温度和相对湿度，T_2 和 RH_2 分别为密封剂施工和硫化的环境温度和相对湿度。

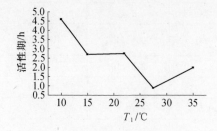

图 7 - 12　T_1 对活性期的影响

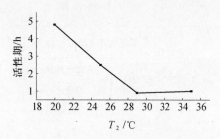

图 7 - 13　T_2 对活性期的影响

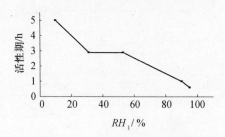

图 7 - 14　RH_1 对活性期的影响

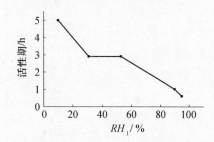

图 7 - 15　RH_2 对活性期的影响

2. 环境环境温度、相对湿度对粘接性能的影响[12]

密封剂对所接触的材料表面粘接力的形成有一个过程，它由涂敷施工和自然硫化两段过程组成，两个阶段的环境温度和相对湿度对粘接力的形成各有自己的规律。上文中所指四个聚硫密封剂配方和一个聚硫橡胶标准检验配方对粘接性能（180°剥离强度 $\sigma_{180°}$）影响试验结果见图 7 - 16 ~ 图 7 - 20（T_1、RH_1 和 T_2、RH_2 同图 7 - 12 ~ 图 7 - 15 含义）。XM22B 环境温度、相对湿度、施工时间分别对粘接性能和工艺性能的影响试验进一步证明了这一规律，详见图 7 - 20（a）、（b）、（c）、（d）。RH 代表炼制和施工环节为密封剂的炼制与施工的环境相对湿度。

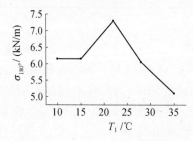

图 7 - 16　T_1 对剥离强度的影响

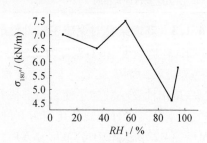

图 7 - 17　RH_1 对剥离强度的影响

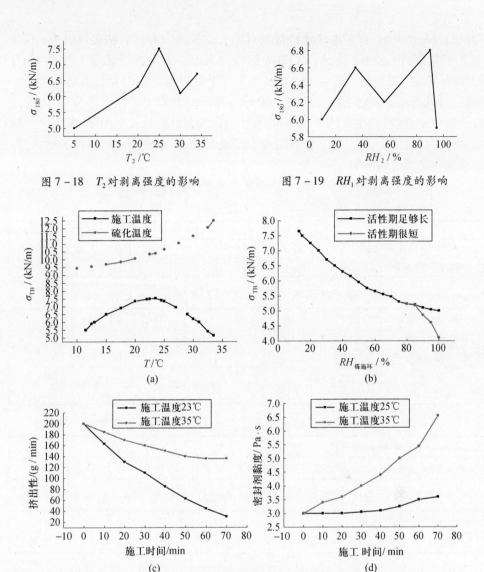

图 7-18 T_2对剥离强度的影响

图 7-19 RH_1对剥离强度的影响

图 7-20 环境条件、施工时间对剥离强度、挤出性、黏度的影响

3. 环境温度、相对湿度、清洁状况对阳极化铝合金表面粘接活性的影响[13]

环境的清洁状况会显著的影响阳极化铝合金表面的粘接活性,工厂部件铆装车间存放过程中表面被污染,会影响密封剂对部件的粘接活性。由于长时间使用压缩空气为动力的风动工具,空气中弥散着水和机油混合的并粘附着尘埃的大量微小雾珠,由于重力作用,小雾珠缓慢沉降,落在阳极化铝合金板面上,形成一层油腻状污染层,当存放时间在一个月内,用有机溶剂如丙酮清洗污染层,密封剂如XM22B、HM108 等涂于清洗后的阳极化铝合金板面上,仍可产生可靠的粘接力,当

存放超过一个月后,仅常温硫化密封剂对铝合金板面没有可靠粘接。表 7 - 27 ~ 表 7 - 31 显示了新鲜阳极化 LY12CZ 铝合金表面在各种环境条件下存放后,与 XM22B 聚硫密封剂粘接的变化规律。图 7 - 21 新鲜阳极化铝合金表面的扫描电镜图,可见表面呈蜂窝结构,孔径为 100nm ~ 330nm,相对分子质量为 5000 的聚硫分子若拉成直线,长度大约为 500nm,直径则比蜂窝结构孔径小的多,聚硫分子链容易进入蜂窝结构孔径中,当蜂窝结构表面被污染后,聚硫分子链就难于进入,粘接性能就必然受到影响。

表 7 - 27　暴露于飞机工厂铆装车间空气中的阳极化铝合金板对 XM22B 密封剂粘接性能的影响

暴露天数	0	52	80	114	223	494	755
室温硫化 8 天后剥离强度/(kN/m)	10.7	12.1	13.1	剥光	剥光	剥光	剥光
70℃硫化 6h 后剥离强度/(kN/m)	10.7	—	14.4	10.6	9.7	9.0	10.0

表 7 - 28　在 20 号机油中浸泡后对 XM22B 密封剂粘接性能的影响

浸泡天数	12	86	183	215	276	463
室温硫化 8 天后剥离强度/(kN/m)	8.9	6.5	2.0/剥光	1.5/剥光	1.5 ~ 6.3/剥光 ~ 撕裂	1.0/剥光
70℃硫化 6h 后剥离强度/(kN/m)	—	6.5,1/4 面积上剥光	10.3	11.4	—	—

表 7 - 29　暴露于洁净实验室空气中对 XM22B 密封剂粘接性能的影响

暴露天数	21	120	187	272	300	365
室温硫化 8 天后剥离强度/(kN/m)	12.1	8.5/斑点状剥光	10.0	7.3	8.5	11.0

表 7 - 30　放置于室温潮湿箱中对 XM22B 密封剂粘接性能的影响

暴露天数	120	276	380	455
室温硫化 8 天后剥离强度/(kN/m)	11.4	8.9	7.6	1.0/剥光

表 7 - 31　在聚乙烯袋中封存放置后对 XM22B 密封剂粘接性能的影响

封存天数	0	22	144	223	536
室温硫化 8 天后剥离强度/(kN/m)	15.0	10.7	12.0	9.3	10.0

图 7 - 22 为 99.99% 纯铝新鲜阳极化表面扫描电镜(FE - SEM)照片,更清楚地显示新鲜阳极化表面蜂窝状结构形貌。图 7 - 23 显示出新鲜阳极化 LY12CZ 铝合金表面在 60℃、相对湿度为 98% 的环境中放置 240h 后扫描电镜图中看出,蜂窝状结构已不存在,变为松散的白粉状腐蚀产物。这一结果在美国 HardwickAhear 等人对阳极化铝合金表面的水合作用拟制剂研究中得到了证明。他们认为阳极化铝合金表面在潮湿环境中的腐蚀过程分三步发生,首先阳极化铝合金表面对水进

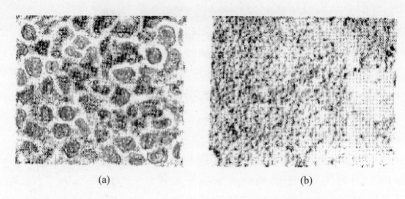

(a)   (b)

图 7-21 　新鲜阳极化 LY12CZ 铝合金表面扫描电镜图

（a）为（b）的放大图，新鲜阳极化 LY12CZ 铝合金表面为蜂窝状结构，

蜂窝孔径约为 100nm～300nm。

行可逆物理吸附，形成 β - Al_2O_3 · H_2O 组成蜂窝结构的物质，对粘接很有利。接着新鲜阳极化层的 Al_2O_3 与水很快合成勃母石，其结构为 AlOOH，最后进一步水合形成拜尔体，其结构为 Al(OH)$_3$，肉眼可见为白色粉末（图 7-23），它成为隔离剂，使密封剂不能与铝合金产生有效的粘接。因此环境条件（温度、相对湿度、清洁状况）影响聚硫密封剂对阳极化铝合金的粘接能力，是聚硫密封剂研制和施工过程中值得充分注意的问题。

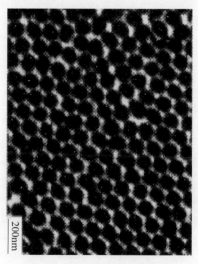

图 7-22 　99.99% 纯铝新鲜阳极化
表面的扫描电镜图

图 7-23 　新鲜阳极化 LY12CZ 铝合金表面
在温度为 60℃，相对湿度为 98% 的环境中
放置 240h 后扫描电镜图

4. 大气阳光照射对聚硫密封剂性能的影响

暴露于大气阳光照射下的聚硫密封剂超过一年半密封剂表面出现皱纹纸状的微裂纹,随着阳光照射积累时间的延长,裂纹不断扩大并在大约2年时间裂纹扩大导致密封失效,图7-24为某污水处理厂沉淀池外壁垂直接缝嵌缝聚硫密封剂阳光照射2年后的老化状态。阳光中紫外线引起聚硫分子断链由微观裂纹汇集为大裂纹。

5. 硫化剂对聚硫密封剂性能的影响

图7-24所示嵌缝聚硫密封剂硬度(邵氏A)已由40上升为约80,手触摸的感觉不再是弹性体,而是硬塑料。这是由于硫化剂二氧化锰不断向聚硫密封剂弹性体提供氧化性很强的氧原子并在聚硫分子间架起密度很大的氧桥使交联密度极大提高所致。

6. 酸性水对聚硫密封剂性能的影响

酸性水使聚硫密封剂很快失去弹性,成为硬塑料状,究其原因可能是硫化剂二氧化锰中含有少量的高锰酸盐,在酸性介质中,+7价的锰元素极具氧化性,自身被聚硫链段中的硫元素还原为+2价,此过程中形成数量很大的—S—O—S—桥将已经交联的聚硫网络进一步交联,使密封剂

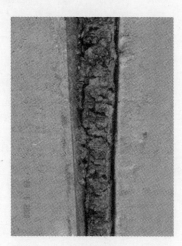

图7-24　聚硫密封剂阳光
照射老化裂纹

变为塑料状而失去弹性。也可能在酸性介质中二氧化锰发生了逆向反应形成了高锰酸盐而导致弹性体塑料化的发生。

7. γ射线辐射对聚硫密封剂性能的影响

吴松华等[14]研究了γ射线辐射对聚硫密封剂耐高温燃油性能的影响,发现以γ射线辐射巯基封端的液态聚硫橡胶,会同时发生交联和降解反应,低剂量时以交联为主,高剂量时以降解为主;当辐射剂量为16kGy时,可在一定程度上提高密封剂的耐高温燃油性能。

7.4.2　改性聚硫密封剂的性能

7.4.2.1　改性聚硫密封剂的理化性能

美国双巯基二乙基硫醚改性的Permapol P-5基密封剂的性能见表7-32。

表7-32　国外改性聚硫密封剂力学性能

序号	性　　能	Permapol P-5基改性聚硫密封剂
1	原始拉伸强度/MPa	3.52

序号	性　　能	Permapol P-5 基改性聚硫密封剂
2	在 60℃ 参考液 JRF 中浸泡 14 天后的拉伸强度/MPa	2.23
3	204℃ 空气中 2h 后的拉伸强度/MPa	0.76
4	最初的扯断伸长率/%	270
5	在 60℃ 参考液 JRF 中浸泡 14 天后的扯断伸长率/%	350
6	204℃ 空气中 2h 后扯断伸长率/%	50
7	撕裂强度/(kN/m)	12.96
8	100% 定伸模量/MPa	1.92
9	200% 定伸模量/MPa	2.62
10	空气中剥离强度/(kN/m)	5.26
11	在 60℃ 参考液 JRF 中浸泡 7 天后的剥离强度/(kN/m)	7.88
12	抗燃料蒸气油透过性,25℃,30 天后质量损失/(g/(m²/天))	1.51
13	25℃ 氩气损失量/%	0.25

国内以双巯基硫醚改性的液体改性聚硫密封剂的性能见表 7-33。

表 7-33　国内改性聚硫密封剂力学性能

序号	性　　能	以改性聚硫密封剂
1	原始拉伸强度/MPa	3.6
2	在 60℃3 号喷气燃料中浸泡 14 天后的拉伸强度/MPa	2.7
3	204℃ 空气中 2h 后的拉伸强度/MPa	1.2
4	最初的扯断伸长率/%	450
5	在 60℃3 号喷气燃料中浸泡 14 天后的扯断伸长率/%	400
6	204℃ 空气中 2h 后扯断伸长率/%	120
7	空气中剥离强度/(kN/m)	8.5
8	在 60℃3 号喷气燃料和 3% NaCl 水溶液混合液 中浸泡 7 天后的剥离强度/(kN/m)	7.6

7.4.2.2　改性聚硫密封剂的工艺性能

国外改性聚硫密封剂的工艺性能见表 7-34。

表 7-34　改性聚硫密封剂工艺性能

序号	性能名称	AMS3276				
		A 类	B 类	C 类	D 类	E 类
1	基膏黏度(25℃)/Pa·s	10~60	900~1600	100~400	2000~3000	30~80

307

序号	性能 名称		AMS3276				
			A类	B类	C类	D类	E类
2	流淌性	流淌长度法/mm	—	2.5～19	—	≥5.1	—
		厚度法/mm	—	—	≥0.25	—	—
3	活性期	1/4h 级/h	—	≥0.25	—	≥0.25	—
		1/2h 级/h	≥0.5	≥0.5	≥0.5	≥0.5	—
		1h 级/h	—	≥1			—
		2h 级/h	≥2	≥2	≥2		—
		4h 级/h	≥4	≥4			—
		6h 级/h	—	≥6	—	—	≥6
		8h 级(20)/h	—	—	≥8	—	—
		12h 级/h	—	—	≥12	—	—
4	不粘期	1/4h 级/h	—	≤6	—	≤6	—
		1/2h 级/h	≤10	≤10	≤10	≤10	—
		1h 级/h	—	≤12	—	—	—
		2h 级/h	≤24	≤24	≤24	—	—
		4h 级/h	≤36	≤36	—	—	—
		6h 级/h	—	≤48	—	—	≤120
		8h 级(20)/h	—	—	≤96	—	—
		12h 级/h	—	≤120	—	—	—
5	装配期	8h 级(20)/h	—	—	20	—	—
6	硫化期	1/4h 级/h	—	≤16	—	≤16	—
		1/2h 级/h	≤30	≤30	≤30	≤30	—
		1h 级/h	—	≤36	—	—	—
		2h 级/h	≤72	≤72	≤72	—	—
		4h 级/h	≤90	≤90	—	—	—
		6h 级/h	—	≤120	—	—	≤240
		8h 级(20)/h	—	—	≤336	—	—
		12h 级/h	—	≤240	—	—	—

7.4.2.3 环境对改性聚硫密封剂性能的影响

由于改性聚硫密封剂与聚硫密封剂具有类似的分子链结构和端基,因此对环境的敏感程度与聚硫密封剂类似。

7.5　应用实例

7.5.1　聚硫密封剂

各类飞机上使用的聚硫密封剂见表 7-35、表 7-36,目前应用较多的 XM22、HM106、HM108、HM109 分别具体介绍。

表 7-35　我国部分用于飞机上的聚硫密封剂

密封剂牌号	组分数	特　性	使用温度范围/℃	应用范围
XM15	三及四组分	耐喷气燃料,性能稳定	-55~110,短期130	飞机整体油箱密封
XM16	三及四组分	耐喷气燃料、水,粘接性能优良	-55~110,短期130	飞机座舱、水上飞机船体、浮筒密封
XM18	四组分	耐大气老化,拉伸力学性能优良,对有机玻璃不产生银纹	-55~135,短期150	飞机座舱结构密封
XM22	A型、B型、C型为四组分 D型为双组分	耐喷气燃料、潮湿,粘接性优良,工艺配套性较好	-55~110,短期130	飞机整体油箱密封
XM23	四组分	耐水、大气老化,拉伸力学性能及粘接性能优良	-55~110,短期130	飞机座舱、水上飞机船体、浮筒密封
XM28	四组分	耐大气老化,拉伸力学性能及粘接性能优良	-55~120,短期130	飞机座舱结构密封
XM33	双组分	耐大气老化,拉伸力学性能及粘接性能优良	-55~120,短期130	飞机机身、座舱结构密封
XM40	双组分	耐喷气燃料、触变性良好及粘接性能优良	-55~120,短期130	飞机整体油箱工艺缝隙填堵密封
XM41	双组分	耐大气老化,触变性良好及粘接性能优良	-55~120,短期130	飞机结构气动整流密封
XM59	双组分	耐喷气燃料,对碳纤维复合材料粘接性良好	-55~120,短期130	复合材料整体油箱密封
HM101	双组分	耐喷气燃料,黏度低,粘接力强	-55~120,短期130	整体油箱密封

密封剂牌号	组分数	特 性	使用温度范围/℃	应用范围
HM102	双组分	耐喷气燃料、水及海水、乙醇,触变性良好,不引起有机玻璃银纹	-55~120,短期130	飞机机身、座舱结构密封
HM103	双组分	耐喷气燃料,有稳定低粘接力	-55~120,短期130	飞机整体油箱可卸壁板、口盖密封,导管导线定期固定
HM104	双组分	耐喷气燃料,黏度低,粘接力强	-55~120,短期130	整体油箱密封
HM105	双组分	耐喷气燃料,阻蚀性良好	-55~120,短期130	飞机结构防腐蚀密封
HM106	双组分	耐大气老化、水,粘接力良好	-55~120,短期130	飞机口盖结构密封
HM108	双组分	耐喷气燃料,黏度低,粘接力强	-55~110,短期130	整体油箱密封
DB-XM-I	双组分	耐喷气燃料,有稳定低粘接力,可低温硫化	-55~110,短期130	整体油箱快速修补密封
HM109	双组分	耐喷气燃料,耐热性良好,有稳定的粘接力,工艺性良好	-55~120,短期150	整体油箱密封
HM121	双组分	-18℃低温下可以硫化,耐喷气燃料	-55~110,短期130	整体油箱低温快速修补密封

表 7-36 聚硫密封剂主要技术指标及性能数据

密封剂牌号	密度/(g/cm³)	拉伸强度/MPa	扯断伸长率/%	硬度(邵氏A)	低温柔软性(脆性温度)/℃	剥离强度/(kN/m)(阳极化铝合金)
XM15	≤1.50 1.42	≥2.4 4.98	≥280 358	≥35 43	≤-55±5 -55	≥5 8.7
XM16	≤1.50 1.40	≥1.50 4.8	≥250 360	≥35 40	≤-55±5 -55	≥35 9.2
XM18	— 1.5	≥2.9 5.65	≥550 639	—	≤-40 -40	≥8.8 12

密封剂牌号	密度/（g/cm³）	拉伸强度/MPa	扯断伸长率/%	硬度（邵氏A）	低温柔软性（脆性温度）/℃	剥离强度/（kN/m）（阳极化铝合金）
XM22A	≤1.50 1.40	≥3.0 5.9	≥400 594	—	≤ -55 ±5 -55	≥4 11.4
XM22B	≤1.50 1.43	≥3.0 6.1	≥400 552	—	≤ -55 ±5 -55	≥6 12.1
XM22C	≤1.75 1.75	— 4.1	— 436	—	≤ -55 ±5 -55	≥4 8.1
XM23	— 1.49	≥2.9 6.23	≥400 624.3	—	≤ -40 -46	≥7.8 19.5
XM28	≤1.47 1.45	≥3.4 4.8	≥400 61	— 52	≤ -55 ±5 -59	≥7.8 10.8
XM33	≤1.69 1.63	≥2.0 2.16	≥400 806	—	≤ -55 ±5 -55	≥6.0 10.8
XM40	≤1.50 1.45	≥2.5 4.7	≥150 238	—	≤ -55 ±3 -55	≥6.0 8.7
XM41	≤1.50 1.45	≥2.5 4.7	≥250 534	—	≤ -55 ±3 -55	≥35 9.2
XM59	≤1.65 1.47	≥1.5 4.7	≥250 426	—		≥2 7.3
HM101	≤1.55 1.50	—	—	≥35 36	≤ -55 ±3 -55	≥3.5 4.8
HM102	≤1.65 1.47	≥2.5 3.6	≥250 343	≥45 56	≤ -55 ±3 -55	≥4.5 6.6
HM103A	≤1.55 1.50	—	—	30～60 34	≤ -55 ±3 -55	≤0.4 0.4
HM103B	≤1.55 1.50	—	— 377.6	30～60 42.5	≤ -55 ±3 -55	≤0.4 0.4
HM104	≤1.65 1.47	—	—	≥35 37	≤ -55 ±3 -55	≥3.5 58
HM105A	≤1.65 1.56	—	—	≥35 58	≤ -55 ±3 -55	≥2.7 5.1

密封剂牌号	密度/(g/cm³)	拉伸强度/MPa	扯断伸长率/%	硬度（邵氏A）	低温柔软性（脆性温度）/℃	剥离强度/(kN/m)（阳极化铝合金）
HM105B	≤1.65 1.56	≥1.4 3.5	≥150 280	≥35 58	≤-55±3 -55	≥2.7 3.3
HM106	≤1.65 1.49	≥2.5 2.88	≥250 332	—	—	≥4 5.4
HM108A	≤1.65 1.51	—	—		≤-55±3 -55	— 4.2
HM108B	≤1.65 1.62	≥2.0 3.16	≥300 709		≤-55±3 -55	7.6
DB-XM-I	≤1.55 1.5	≥1.4 1.9	≥150 403	41	≤-55±2 -55	≥2.6 5.1
HM109-1	≤1.65 1.45	≥1.8 8.0	≥200 380	≥30 52	≤-36 -36	≥2.0 9.9
HM109-2	≤1.80 1.70	≥1.8 7.1	≥200 420	≥30 49	≤-36 -36	≥2.0 7.3
HM121	≤1.65 1.60	≥2.0 2.2	≥150 680	—	-55 -55	≥2.6 4.8

7.5.1.1 多组分燃料系统用聚硫密封剂

XM-22室温硫化聚硫密封剂是燃料系统用四组分材料,按飞机使用部位结构对密封剂的流淌性、颜色、组分等要求分为A、B、C、D四个类别,它们的基材是端硫基液体羟基聚硫橡胶。密封剂的主要性能见表7-37~表7-41及图7-25~图7-32。该系列材料的显著特点是对金属和防腐底漆有极好的粘接性,剥离强度达10kN/m以上,拉伸强度达5MPa,扯断伸长率达400%,经受了130℃×50h;110℃×100h浸泡航空煤油及130℃×100h;110℃×200h热空气老化考核。根据图7-28、图7-29测算出XM22B室温硫化聚硫密封剂在飞机整体油箱中的工作寿命在长江以北与飞机同寿命(30年以上),长江以南为21年,北回归线以南地区为14.7年,赤道热带丛林地区为10.5年。通过与HM501整体油箱内表面保护密封涂料配套使用,可与飞机同寿命。研究了环境条件对聚硫密封剂与阳极化铝合金粘接力的影响规律,确保了飞机结构密封质量。

表 7－37　**XM22** 密封剂理化性能指标

密封剂类别	硫化后外观	密度/ （g/cm³）	不挥发分含量/%	基料黏度/ Pa·s	腐蚀性	低温柔软性 （－55℃）
XM22A	黑色弹性体	≤1.5	≥92	217～1000	对铝、钢、镁合金不腐蚀	密封剂不裂纹、不失去粘接力
XM22B	黑色弹性体	≤1.5	≥92	355～1300		
XM22C	浅驼色弹性体	≤1.75	≥92	355～1300		
XM22D	黑色弹性体	≤1.5	≥92	—		

表 7－38　**XM22** 密封剂工艺性能指标

密封剂类别	活性期/h	不粘期/h	硫化期/h	流淌性/mm
XM22A	≥8	≤96	—	≤0.25（厚度）
XM22B	2～8	24～48	72～120	2.5～19
XM22C	2～8	24～48	—	—
XM22D	1～3	≤24	72～120	2.5～19

表 7－39　**XM22** 密封剂力学性能

密封剂类别	拉伸强度/MPa		扯断伸长率/%		T型剥离强度 /（kN/m）	
	指标	实测	指标	实测	指标	实测
XM22A	≥3.0	5.9	≥400	594	≥4	11.4
XM22B	≥3.0	6.1	≥400	552	≥6	12.1
XM22C	—	4.1		508	≥4	8.1
XM22D	≥2.4	5.4	≥300	436	≥4	7.8

表 7－40　**XM22** 密封剂耐介质性能指标

密封剂类别	130℃,50h 浸喷气燃料后				110℃,100h 浸喷气燃料后			
	拉伸强度/MPa		扯断伸长率/%		拉伸强度/MPa		扯断伸长率/%	
	指标	实测	指标	实测	指标	实测	指标	实测
XM22A	≥1.8	3.5	≥300	410	≥1.8	3.4	≥300	541
XM22B	≥1.8	4.3	≥300	478	≥1.8	3.9	≥300	509
XM22C	—	3.9	—	400		2.8	—	498
XM22D	≥1.5	2.1	≥250	443	≥1.5	4.4	≥250	450

表 7 – 41　XM22 密封剂热空气老化性能

密封剂类别	130℃,50h 浸喷气燃料后				110℃,100h 浸喷气燃料后			
	拉伸强度/MPa		扯断伸长率/%		拉伸强度/MPa		扯断伸长率/%	
	指标	实测	指标	实测	指标	实测	指标	实测
XM22A	≥2.4	3.2	≥200	437	≥2.4	4.9	≥250	406
XM22B	≥2.4	4.6	≥200	331	≥2.4	5.2	≥250	429
XM22C	—	3.2	—	278	—	4.1	—	391
XM22D	≥2.0	2.1	≥200	443	≥2.0	4.4	≥250	450

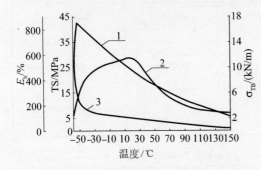

图 7 – 25　XM22B 密封剂的力学性能与
测定时环境温度的关系
1—σ_{TB}；2—E_b；3—TS。

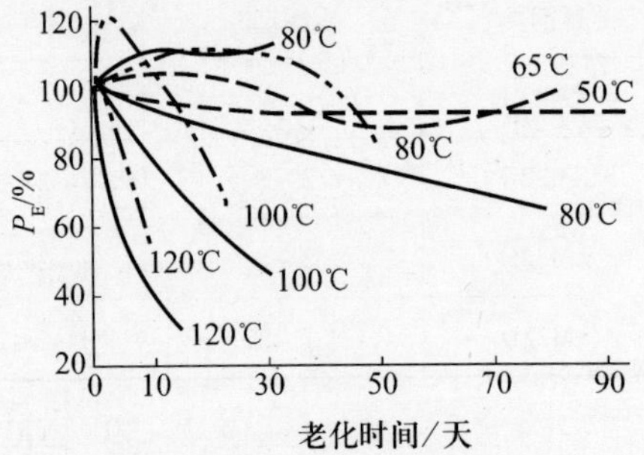

图 7 – 26　XM22B 密封剂湿热及热空气老
化过程中伸长率变化率 P_E 与老化温度及
老化时间的关系
——热空气老化；……湿热老化；
————在 2 号喷气燃料中老化。

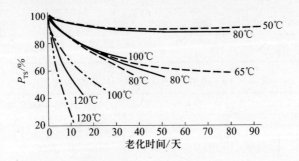

图 7 – 27　XM22B 密封剂湿热及热空气老化过程中拉
伸强度变化率 P_{TS} 与老化温度及老化时间的关系
——热空气老化；……湿热老化；
————在 2 号喷气燃料中老化。

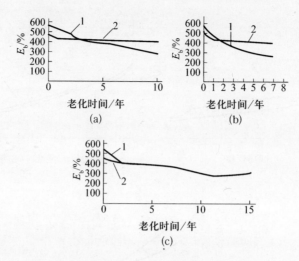

图 7 – 28　XM22B 密封剂在我国不同地点自然条件空气中老化
与相应地点等效温度空空气中加速空气老化结果比较

其中图 7 – 28 中(a)曲线 1—北京大气站进行的空气自然老化结果；曲线 2—按长江以北地区的等效温度进行的人工加速空气老化试验回归结果；图(b)—曲线 1 南昌大气站进行的空气自然老化(户外状态)结果；曲线 2—按长江以南地区的等效温度进行的人工加速空气老化试验回归结果；图(c)曲线 1—在海南岛进行的自然老化(百叶箱中)结果；曲线 2—按北回归线以南地区的等效温度进行的人工加速空气老化试验回归结果。

图 7 – 29 中(a)曲线 1—北京大气站进行的浸泡喷气燃料自然老化结果；曲线 2—按长江以北地区的等效温度进行的浸泡喷气燃料人工加速老化试验回归结果；(b)—曲线 1 南昌大气站进行的浸泡喷气燃料自然老化试验结果；曲线 2—按长江以南地区的等效温度进行的浸泡喷气燃料人工加速老化试验回归结果；(c)曲线 1—在海南岛大气站进行的浸泡喷气燃料自然老化结果；曲线 2—按北回归线以南等地区的效温度进行的浸泡喷气燃料人工加速老化试验回归结果。

图 7 – 30 突显 XM22B 密封剂基膏黏度随剪切速率的增大而快速下降，表明基膏具有强触变性，预示 M22B 密封剂将有良好的抗下垂性和刮涂工艺性，实际应用也证明了这一特点。

7.5.1.2　双组分燃料系统用聚硫密封剂

1. HM108

HM108 室温硫化聚硫密封剂是燃料系统用双组分材料，它的基材是端硫基液体聚硫橡胶，该密封剂与 NJD – 1 粘接底涂、HM504 整体油箱表面保护密封涂料、S06 – 1010H 聚氨酯防腐底漆组成了整体油箱配套材料。材料的特点是具有良好的工艺性。其主要性能见表 7 – 42、表 7 – 43。

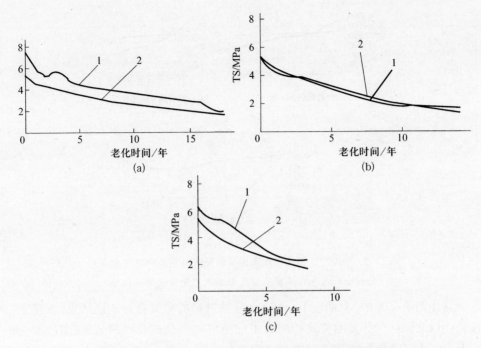

图 7-29　XM22B 密封剂在我国不同地点自然条件喷气燃料
中老化与相应地点等效温度喷气燃料中加速老化结果比较

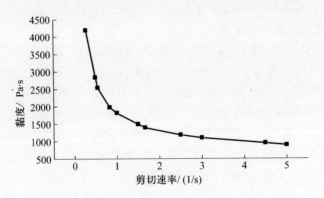

图 7-30　XM22B 密封剂基膏动力黏度曲线

表 7-42　HMl08B 密封剂基本物理和工艺性能

性能名称	指标	典型值
硫化后弹性体外观	黑色弹性体	黑色弹性体
硫化后弹性体密度/（g/cm³）	≤1.65	1.61
不挥发分含量/%	≥92	99.1

性 能 名 称	指 标	典 型 值
基膏黏度/Pa·s	900～1600	902
流淌性/mm	2.5～19	9.8～14
活性期/h	≥1，≥2，≥4	标准条件下符合要求
不粘期/h	≤10，≤40，≤48	标准条件下符合要求
硫化期/h	≤30，≤72，≤90	标准条件下符合要求

表 7-43　HMl08B 密封剂力学性能

性 能 名 称		指 标	典 型 值
热破裂性（120℃±2℃、压力 69kPa 条件下 1h）	硫化后/mm	≤4.0	0.47
	60℃,浸喷气燃料 7 天后/mm	≤4.0	0.64
低温柔软性（-55℃恒温 2h）		密封剂不裂纹、不脱粘	满足要求
耐水性（70℃±1℃,相对湿度为 95% 放置 120 天后,标准条件下放 14 天的邵氏 A 型硬度）		≥30	37
质量损失（60℃±1℃浸喷气燃料 7 天后）/%		-8～+8	5.9
弯曲柔软性（60℃±1℃浸喷气燃料 7 天后,弯曲用轴径为 3mm,弯 180°）		弯后应无裂纹	弯后无裂纹
修补后粘接性/(kN/m)		≥2.5	7.7
耐霉菌性（按 GJB 150.10 测）/级		不低于 1	1
腐蚀性		不引起铝合金、镀锌钝化钢腐蚀	符合要求
剥离强度	标准条件硫化后/(kN/m)	—	7.6
	60℃浸喷气燃料 7 天后/(kN/m)	≥4.2	7.9
	60℃浸双层液体 7 天后/(kN/m)	≥4.2	7.4
	120℃±2℃热空气老化 7 天/(kN/m)	—	9.1
拉伸强度	标准环境条件下硫化 14 天/MPa	≥2.0	3.2
	120℃热空气老化 7 天/MPa	≥1.5	3.3
	60℃浸喷气燃料 l4 天/MPa	≥1.5	3.4
拉伸强度	①/MPa	≥1.5	3.3
	②/MPa	≥1.2	3.5

性 能 名 称		指　标	典型值
扯断伸长率	标准环境条件下硫化 14 天/%	≥300	708
	120℃热空气老化 7 天/%	≥150	166
	60℃浸喷气燃料 14 天/%	≥250	414
	①/%	≥150	241
	②/%	≥150	236

注：① 指 60℃×3 天耐喷气燃料→50℃×3 天干燥→120℃×7 天老化
　　② 指 120℃×3 天老化→60℃×7 天耐喷气燃料

2. HM109

HM109 室温硫化聚硫密封剂是燃料系统用最新型的双组分材料，它的基材是端巯基液体聚硫橡胶，由于在配方上采取了改性技术，在空气及喷气燃料中的工作温度达到了 150℃，经受住了上千小时的高温热空气老化考验。

HM109 密封剂的主要理化性能见表 7-44。

表 7-44　HM109 室温硫化聚硫密封剂性能

性 能 名 称	HM109 - 1		HM109 - 2	
	指标	典型值	指标	典型值
硫化后弹性体外观	黑色弹性体	黑色弹性体	褐色弹性体	褐色弹性体
硫化后弹性体密度/(g/cm³)	≤1.65	1.45	≤1.8	1.7
基膏黏度/Pa·s	300~1200	840	300~1200	750
流淌性/mm	≤19	5.0		
活性期/h	≥2	3.5	≥2	3.5
硫化期/h	—	74	—	74
质量损失和弯曲柔软性(60℃±1℃浸喷气燃料 7 天后,弯曲用轴径为 3mm,弯 180°)/%	-8~+8 弯后应无裂纹	5.9 弯后无裂纹		
腐蚀性	对钢、氧化镁合金、阳极化铝合金、钛合金不腐蚀			
180°剥离强度				
标准条件硫化后/(kN/m)/%	≥2.0/100 内聚破坏	9.9/100 内聚破坏	≥2.0/100 内聚破坏	7.3/100 内聚破坏

性 能 名 称	HM109 - 1		HM109 - 2	
	指标	典型值	指标	典型值
60℃浸双层液体 7 天后/((kN/m)/%)	≥1.0/≥90 内聚破坏	8.3/100 内聚破坏	≥1.0/≥90 内聚破坏	10.4/100 内聚破坏
60℃蒸馏水中浸 48h 后/((kN/m)/%)	≥2.0/≥90 内聚破坏	16.5/100 内聚破坏	≥2.0/≥90 内聚破坏	11.3/100 内聚破坏
150℃热空气老化 24 天后/(kN/m)	—	6.4	—	4.2(150℃热空气 老化50h 后)
150℃浸 3 号喷气 燃料 24 天/(kN/m)	—	8.0	—	7.0(150℃浸 3 号喷 气燃料 50h 后)
拉伸强度				
标准环境条件下硫化 14 天/MPa	≥1.8	8.0	≥1.8	7.1
150℃热空气老化 24h/MPa	≥1.4	3.2	≥1.4	3.5
150℃热空气老化 50h/MPa	—	—		3.2
60℃浸喷气燃料 14 天/MPa	≥1.7	9.9	≥1.7	7.8
150℃浸喷气燃料 24h/MPa	≥1.4	4.0	≥1.4	2.6
扯断伸长率				
标准环境条件下硫化 14 天/%	≥200	380	≥200	420
150℃热空气老化 24h/%	≥50	200	≥50	105
150℃热空气老化 50h/%	—	—	—	81
60℃浸喷气燃料 l4 天/%	≥200	362	≥200	390
150℃浸喷气燃料 24h/%	≥150	340	≥150	290

　　表 7 - 44 所列 HM109 - 2 密封剂,150℃热空气老化 50h 后的拉伸力学性能与文献报道的美国或日本产 LP32 聚硫为基础并由有机过氧化物作硫化剂的密封剂经 150℃热空气老化后所得性能基本一致。

　　另外在 HM109 聚硫密封剂应用过程中还进行了多批次的长期老化试验考核,具体性能见表 7 - 45 和表 7 - 46。

表 7 - 45　HM109 - 1 密封剂长期老化性能数据

介　质	试验条件	拉伸强度/MPa	扯断伸长率/%	剥离强度/kN/m
空气	100℃ ×600h	4.1	198	5.8
	130℃ ×100h	3.4	194	6.9
	150℃ ×24h	2.8	156	7.4
3 号喷气燃料	100℃ ×600h	4.9	229	8.1
	100℃ ×400h	4.4	289	5.3
	130℃ ×100h	3.9	327	4.6
	130℃ ×50h	4.1	320	3.9
	150℃ ×24h	3.7	350	3.7

表 7 - 46　HM109 - 2 密封剂长期老化性能数据

介　质	试验条件	拉伸强度/MPa	扯断伸长率/%	剥离强度/kN/m
空气	100℃ ×1200h	3.7	149	4.8
	130℃ ×100h	3.6	162	5.5
	150℃ ×50h	2.5	84	4.2
3 号喷气燃料	100℃ ×400h	3.2	285	4.3
	130℃ ×100h	3.4	336	3.6
	150℃ ×50h	2.9	248	2.3

　　HM109 - 1 密封剂作为整体油箱密封剂与整体油箱防腐底漆直接接触,因此二者之间的相容性直接关系整体油箱的密封安全性。某型号专用整体油箱防腐底漆 S06 - 0215 底漆属聚氨酯型底漆,为了增加其耐温性和防腐性能,表面能较其他底漆低,因此与密封剂的相容性较差。为了提高二者的相容性,分别对粘接底涂的种类、底漆的厚度、表面状态、停放时间以及固化工艺与粘接性能的影响进行了研究,具体结果见表 7 - 47 ~ 表 7 - 48。

表 7 - 47　不同粘接底涂的粘接性能

表　面	项　目	常　温	70℃ ×3 天耐 3 号喷气燃料	60℃ ×7 天 耐双层液
S06 - 0215 底漆	剥离强度/(kN/m)	—	—	—
	内聚破坏率/%	剥光	剥光	剥光
涂含硫硅烷型底涂 的 S06 - 0215 底漆	剥离强度/(kN/m)	—	—	—
	内聚破坏率/%	剥光	剥光	剥光
涂钛酸酯型底涂 的 S06 - 0215 底漆	剥离强度/(kN/m)	10.3	7.7	7.2
	内聚破坏率/%	100	85	85

表 面	项 目	常 温	70℃×3 天耐 3 号喷气燃料	60℃×7 天 耐双层液
涂复合型底涂 的 S06－0215 底漆	剥离强度/(kN/m)	9.8	7.3	7.3
	内聚破坏率/%	100	100	100

表 7－47 结果表明含硫硅烷和钛酸酯偶联剂配合的底涂粘接效果最好,可能是因为含硫硅烷偶联剂配合钛酸酯偶联剂组成了双亲基团。一部分基团与聚硫密封剂反应,一部分基团与底漆表面的羟基反应,增强了密封剂与底漆的粘接效果。

表 7－48　漆膜厚度对粘接性能的影响

漆膜厚度/μm	内聚破坏率/%		
	常温	70℃×3 天耐 3 号喷气燃料	60℃×7 天双层液
7 ~ 10	100	100	100
10 ~ 20	100	100	100
20 ~ 30	100	100	100
30 ~ 40	100	100	100
40 ~ 50	100	100	100
50 ~ 60	100	100	100

表 7－49　漆膜表面状态对粘接性能的影响

漆膜表面状态	内聚破坏率/%		
	常温	70℃×3 天耐 3 号喷气燃料	60℃×7 天双层液
表面平整光滑	100	100	100
表面有明显气泡	100	40	20

表 7－50　喷漆件停放时间对粘接性能的影响

喷漆件污染程度	内聚破坏率/%		
	常温	70℃×3 天耐 3 号喷气燃料	60℃×7 天双层液
干燥器中 190 天	100	100	100
干燥通风处 190 天	100	100	100

表 7－48 和表 7－49 表明漆膜厚度对粘接性能基本无影响,而漆膜表面状态对粘接性能影响较大,表面平整光滑粘接效果更好,表面的气泡缺陷则明显影响密封剂与底漆的相容性。表 7－50 表明喷漆件停放时间对粘接性能无影响。但此试验仅适用于实验室条件下,实际车间喷漆和粘接试验表明,停放超过 1 个月,二者

的相容性就会出现问题,部分区域甚至会发生100%的界面破坏,严重影响密封质量,因此实际生产过程中喷漆件不宜超过1个月。新喷的制件应放在通风干燥处,避免油气污染。

表7-51　S06-0215底漆固化工艺对粘接性能的影响

固化条件	内聚破坏率/%		
	常温	70℃×3天耐3号喷气燃料	60℃×7天双层液
室温固化7天	100	100	90
表干后50℃×12h	100	100	95
表干后60℃×8h	100	100	100
表干后70℃×8h	100	100	100
表干后120℃×2h	15	10	10

表7-51表明最佳固化条件是表干后60℃×8h和表干后70℃×8h。表干后120℃×2h固化对粘接性能的影响非常严重,不可采用。

7.5.1.3　HM106 双组分聚硫密封剂

我国采用HM106双组分聚硫室温硫化密封剂与9501B不干性密封膏及防腐涂料相配合成功地对我国多架悬索跨江、跨海大桥的承载主缆进行了极为关键的防腐密封工程,见图7-31、图7-32。

悬索主缆外表面涂HM106密封剂

图7-31　厦门海沧大桥主缆涂防腐双组分聚硫密封剂 HM106

由9501B和HM106联合进行
防腐密封后的悬索主缆

图7-32 厦门海沧大桥主缆防腐工程结束后外观

7.5.2 改性聚硫密封剂

各类飞机上使用的改性聚硫密封见表7-52、表7-53。

表7-52 我国部分用于飞机上的改性聚硫密封剂和聚硫代醚密封剂

密封剂牌号	生胶种类	组分数	特　性	使用温度范围/℃	应用范围
HM110	改性聚硫	双组分	具有良好的耐喷气燃料和热空气老化性能，粘接稳定，有一定的防霉和阻蚀作用	-55～120，短期180	整体油箱密封和机体防腐蚀密封
HM111	改性聚硫	双组分	耐喷气燃料和热空气循环老化能力突出，粘接性能稳定，工艺规格分为A类、B类和C类，适用于贴合面、填角和表面密封	-55～120，短期180	整体油箱密封和空气系统密封
HM113	改性聚硫	双组分	较普通聚硫密封剂密度低20%～30%，工艺规格齐全，具有优异的工艺性能、耐油性和耐热老化性能	长期-55℃～120℃，短期180℃	整体油箱密封和机身通用密封
HM114	改性聚硫	双组分	具有良好的耐喷气燃料和热空气老化性能，与阳极化铝合金、钛合金、不锈钢以及复合材料等多种界面均为100%界面破坏	-55～120，短期180	整体油箱和工艺可拆卸口盖密封
HM115	改性聚硫	双组分	具有良好的缓蚀性能、稳定的粘接性能、工艺性能好	-55～120，短期180	飞机空气系统密封

密封剂牌号	生胶种类	组分数	特　　性	使用温度范围/℃	应用范围
HM116	改性聚硫	双组分	长装配期、有稳定的粘接力、工艺性良好	长 期 - 55℃ ~ 120℃，短期 180℃	整体油箱贴合面密封
HM122	改性聚硫	双组分	具有良好的耐喷气燃料和热空气老化性能，与阳极化铝合金、钛合金、不锈钢以及复合材料等多种界面粘接良好，能在 - 7℃ 的低温环境条件下快速硫化	长 期 - 55℃ ~ 110℃，短期 130℃	整体油箱低温快速修补密封
HM123	改性聚硫	双组分	具有良好的耐喷气燃料性能和吸波性能，与阳极化铝合金、钛合金、不锈钢以及复合材料等多种界面均为 100% 界面破坏	长 期 - 55℃ ~ 100℃，短期 130℃	有隐身要求的整体油箱和工艺可拆卸口盖密封
HM124	改性聚硫	双组分	具有雷达波吸收功能、耐油性能	长 期 - 55℃ ~ 100℃，短期 130℃	飞机蒙皮对接缝、口盖对缝、钉头的隐身处理

表 7 – 53　改性聚硫密封剂主要技术指标及性能数据

密封剂牌号		密度/ (g/cm^3)	拉伸强度/ MPa	扯断伸长率/%	硬度 (邵氏 A)	低温柔软性 (脆性温度)/℃	剥离强度/(kN/m) (阳极化铝合金)
HM110		≤1.65 1.52	≥2.0 3.2	≥200 460	≥40 43	≤ - 55 - 55	≥3.5 7.5
HM111	A 类	≤1.65 1.48	—	—	≥40 43	≤ - 55 - 55	≥3.5 4.5
	B 类	≤1.65 1.50	≥1.8 3.6	≥250 450	≥40 43	≤ - 55 - 55	≥3.5 7.5
	C 类	≤1.65 1.50	—	—	≥40 44	≤ - 55 - 55	—
HM113	A 类	1.20 ~ 1.35 1.33	—	—	≥30 40	≤ - 55 - 55	≥3.5 5.4
	B 类	1.20 ~ 1.35 1.29	≥1.4 2.9	≥250 350	≥30 45	≤ - 55 - 55	≥3.5 5.0
	C 类	1.20 ~ 1.35 1.33	—	—	≥30 40	≤ - 55 - 55	≥3.5 5.3

密封剂牌号		密度/ （g/cm³）	拉伸强度/ MPa	扯断伸长率/%	硬度 （邵氏A）	低温柔软性 （脆性温度）/℃	剥离强度/（kN/m） （阳极化铝合金）
HM114	A类	≤1.65 1.52	— 	— 	— 	≤-55 -55	≤0.7 0.3
	B类	≤1.65 1.54	— 	— 	— 	≤-55 -55	≤0.7 0.3
HM115	A类	≤1.50 1.48	— 	— 	≥40 45	≤-55 -55	≥3.5 5.3
	B类	≤1.50 1.48	≥1.4 3.1	≥200 330	≥40 47	≤-55 -55	≥3.5 6.0
	C类	≤1.50 1.48	— 	— 	≥40 42	≤-55 -55	≥3.5 5.1
HM116		≤1.65 1.50	— 	— 	— 	≤-55 -55	≥2.7 4.2
HM122	A类	≤1.65 1.54	— 	— 	≥40 47	≤-55 -55	≥3.5 7.1
	B类	≤1.65 1.55	≥1.4 3.5	≥200 340	≥40 45	≤-55 -55	≥3.5 6.3
HM123		≤4.0 3.4	≥0.9 1.4	≥100 140	— 	≤-55 -55	≤0.7 0.3
HM124		≤4.0 3.5	≥0.9 2.2	≥100 130	— 	≤-55 -55	≥1.5 3.2

注：密封剂的工艺类型按美国宇航标准分为：A类胶，黏度10Pa·s～50Pa·s，具有自流平的特点，适合于表面刷涂；B类胶，黏度900Pa·s～1600Pa·s，具有触变性，适合于通过刮涂或注胶枪实现填角密封、接缝密封和堆砌密封；C类胶，黏度100Pa·s～400Pa·s，适合于贴合面的滚涂密封

7.5.2.1 HM110 防霉改性聚硫密封剂

HM110 改性聚硫密封剂是双组分材料，它的基材是端巯基改性液体聚硫橡胶，与 NJD-3 粘接底涂配合使用。长期使用温度为 -55℃～120℃，短期可在 180℃ 使用，可以应用于燃料系统和空气系统等部位的密封，尤其适合于沿海湿热环境下长期值勤时飞机整体油箱的密封。特点是具有良好的工艺性能、防盐雾腐蚀和防霉功能的功能，防霉达到 0 级要求，并填补了我国整体油箱密封剂在 180℃ 耐温等级上的空白。HM110 改性聚硫密封剂性能见表 7-54。

表 7 - 54　HM110 改性聚硫密封剂性能

序号	性能名称		指标	典型值
1	相对密度/(g/cm³)		≤1.65	1.55 ~ 1.57
2	邵尔 A 硬度		≥30	53 ~ 60
3	活性期/h		≥2	2 ~ 4
4	不粘期/h		≤24	12 ~ 19
5	脆性温度/℃		≤ - 36	-49 通过
6	对阳极化铝合金剥离强度(金属网/密封剂/阳极化铝合金)/(kN/m)		≥2.0	4.6 ~ 6.6
7	拉伸强度/MPa		≥2.0	3.4 ~ 6.0
8	扯断伸长率/%		≥200	260 ~ 500
9	130℃ ×100h 热空气老化	拉伸强度/MPa	≥1.8	3.3 ~ 5.3
		扯断伸长率/%	≥150	170 ~ 230
10	130℃ ×50h 耐3#航空煤油	拉伸强度/MPa	≥1.8	2.2 ~ 3.8
		扯断伸长率/%	≥200	260 ~ 360
11	180℃ ×8h 热空气老化	拉伸强度/MPa	≥1.4	3.1 ~ 5.4
		扯断伸长率/%	≥50	140 ~ 250
12	180℃ ×4h 耐3#航空煤油	拉伸强度/MPa	≥1.7	2.2 ~ 2.7
		扯断伸长率/%	≥200	330 ~ 510
		剥离强度/(kN/m)	≥2.0	3.2 ~ 4.8
13	耐双层液	按 MIL - S - 8802F 相关规定执行	剥离强度≥2.0kN/m 内聚破坏率≥95%	3.8 ~ 6.3 100%
14	阻蚀性能	按 MIL - S - 83430A 相关规定执行	涂敷密封剂的 金属表面不腐蚀	不腐蚀
15	防霉性能	按国军标 相关规定执行	达到防霉 一级标准	零级 ~ 一级

7.5.2.2　HM111 改性聚硫密封剂

HM111 改性聚硫密封剂是国内第一款达到 AMS3276D 标准的改性聚硫密封剂,具有完备的工艺类型包括 A、B、C 三种。它的基体材料是端硫基改性液体聚硫橡胶。密封剂与 NJD - 2 粘接底涂、HM505 整体油箱保护顶涂组成了整体油箱密封体系。长期使用温度为 -55℃ ~120℃,短期可在 180℃ 使用。HM111 系列改性聚硫密封剂性能见表 7 -55 ~ 表 7 -57。

表 7 - 55　HM111A 类密封剂性能

序号	性 能 名 称		指　标		典　型　值	
			A2	A4	A2	A4
1	相对密度/(g/cm³)		≤1.65		1.53	1.53
2	硬度(邵氏 A)		≥30		46	46
3	活性期/h		≥2	≥4	合格	合格
4	不粘期/h		≤24	≤36	合格	合格
5	基膏黏度/Pa·s		10~60		44	44
6	低温柔软性/℃		-55		通过	通过
7	与阳极化铝合金粘接性能,涂 NJD-2	剥离强度/(kN/m)	≥3.5		6.8	6.6
		内聚破坏率/%	100		100	100
	与钛合金粘接性能,涂 NJD-2	剥离强度/(kN/m)	≥3.5		6.1	5.9
		内聚破坏率/%	100		100	100
	与 S06-1010H 底漆粘接性能,涂 NJD-2	剥离强度/(kN/m)	≥3.5		5.6	5.2
		内聚破坏率/%	100		100	100
8	与阳极化铝合金耐双层液后粘接性能,涂 NJD-2	剥离强度/(kN/m)	≥3.5		6.3	6.4
		内聚破坏率/%	100		100	100
	与钛合金耐双层液后粘接性能,涂 NJD-2	剥离强度/(kN/m)	≥3.5		5.8	5.4
		内聚破坏率/%	100		100	100
	与 S06-1010H 底漆耐双层液后粘接性能,涂 NJD-2	剥离强度/(kN/m)	≥3.5		5.0	5.1
		内聚破坏率/%	100		100	100

表 7 - 56　HM111B 类密封剂性能

序号	性 能 名 称	指　标			典　型　值		
		B2	B4	B6	B2	B4	B6
1	相对密度/(g/cm³)	≤1.65			1.57	1.57	1.58
2	硬度(邵氏 A)	≥30			44	43	45
3	活性期/h	≥2	≥4	≥6	合格	合格	合格
4	不粘期/h	≤24	≤36	≤48	合格	合格	合格
5	基膏黏度/Pa·s	900~1600			910	960	920
6	低温柔软性/℃	-55			通过	通过	通过

序号	性能名称		指 标			典 型 值		
			B2	B4	B6	B2	B4	B6
7	常温力学性能	拉伸强度/MPa	≥1.8			3.4	3.2	3.6
		扯断伸长率/%	≥250			600	580	550
8	与阳极化铝合金粘接性能,涂 NJD-2	剥离强度/(kN/m)	≥3.5			13.7	11.2	12.0
		内聚破坏率/%	100			100	100	100
	与钛合金粘接性能,涂 NJD-2	剥离强度/(kN/m)	≥3.5			10.5	9.8	10.0
		内聚破坏率/%	100			100	100	100
	与 S06-1010H 底漆粘接性能,涂 NJD-2	剥离强度/(kN/m)	≥3.5			11.5	11.0	9.8
		内聚破坏率/%	100			100	100	100
9	与阳极化铝合金耐双层液后粘接性能,涂 NJD-2	剥离强度/(kN/m)	≥3.5			10.3	9.7	9.5
		内聚破坏率/%	100			100	100	100
	与钛合金耐双层液后粘接性能,涂 NJD-2	剥离强度/(kN/m)	≥3.5			10.2	9.2	9.7
		内聚破坏率/%	100			100	100	100
	与 S06-1010H 底漆耐双层液后粘接性能,涂 NJD-2	剥离强度/(kN/m)	≥3.5			10.1	10.0	9.5
		内聚破坏率/%	100			100	100	100
10	60℃×12d+70℃×60h+80℃×6h 耐3号喷气燃料	拉伸强度/MPa	≥0.9			3.5	3.3	3.2
		扯断伸长率/%	≥100			670	600	620
11	标准热循环	拉伸强度/MPa	≥0.7			2.1	2.2	2.3
		扯断伸长率/%	≥25			140	130	120

表 7-57 HM111C8 密封剂性能

序号	性能名称	指标	典型值
1	密度/(g/cm³)	≤1.65	1.54
2	硬度(邵氏 A)	≥30	43
3	活性期/h	≥8	合格
4	不粘期/h	≤96	合格
5	基膏黏度/Pa·s	100~400	332
6	低温柔软性/℃	-55	合格

序号	性能名称		指标	典型值
7	装配期/h		≥20	合格
8	剪切性能	剪切强度/MPa	≥1.4	2.0
		内聚破坏率/%	100	100

7.5.2.3 HM113 低密度改性聚硫密封剂

HM113 低密度改性聚硫密封剂是北京航空材料研究院开发的符合 AMS3281 标准的密封剂,它的基材是端巯基改性液体聚硫橡胶。与 NJD-3 粘接底涂配合使用。长期使用温度为 -55℃ ~120℃,短期可在 180℃ 使用。HM113 除具有 HM111 的特点外,突出优点为低密度,密封剂的密度低于 1.35g/cm³。与传统同功能密封剂相比,单位体积可减重达 20% ~30%,可取得良好的减重和密封效果,有效提高飞机载重、航程和燃油经济性。HM113 系列低密度改性聚硫密封剂性能见表 7-58 ~表 7-60。

表 7-58　A 类低密度改性聚硫密封剂性能

序号	性能名称	指标		典型值
1	不挥发分/%	≥92		98
2	基膏黏度/Pa·s	10 ~50		40
4	活性期/h	2	4	合格
5	不粘期/h	24	36	合格
6	硬度(邵氏 A)	≥30		40
7	相对密度/(g/cm³)	1.20 ~1.35		1.33
8	粉化	轻微		轻微
9	低温柔软性/℃	-55		无裂纹、龟裂或失去粘接性
10	水解稳定性(邵氏 A 硬度)	≥30		38
11	耐热破裂	试片不应有鼓泡也不应成海绵状。变形不大于 4mm		最大形变 1.30mm,不起泡不隆起
12	耐液破裂	无压力损失		无压力损失
13	可切削打磨性	密封剂不能卷起或者被撕掉,表面光滑		密封剂无卷起或被撕掉,表面光滑
14	刷涂性	不与密封剂分离		不与密封剂分离
15	耐候性	不产生裂纹、粉化、剥落或失去黏着力		不产生裂纹剥落或失去黏着力

序号	性 能 名 称		指 标	典 型 值
19	与阳极化铝合金粘接性能,涂 NJD-3	剥离强度/(kN/m)	≥3.5	5.4
		内聚破坏率/%	100	100
	与钛合金粘接性能,涂 NJD-3	剥离强度/(kN/m)	≥3.5	5.7
		内聚破坏率/%	100	100
	与 S06-1010H 粘接性能,涂 NJD-3	剥离强度/(kN/m)	≥3.5	4.5
		内聚破坏率/%	100	100
	与不锈钢 1Cr18Ni9Ti 粘接性能,涂 NJD-3	剥离强度/(kN/m)	≥3.5	5.7
		内聚破坏率/%	100	100
20	与阳极化铝合金耐双层液后粘接性能,涂 NJD-3	剥离强度/(kN/m)	≥3.5	5.0
		内聚破坏率/%	100	100
	与钛合金耐双层液后粘接性能,涂 NJD-3	剥离强度/(kN/m)	≥3.5	5.0
		内聚破坏率/%	100	100
	与 S06-1010H 耐双层液后粘接性能,涂 NJD-3	剥离强度/(kN/m)	≥3.5	4.0
		内聚破坏率/%	100	100
	与不锈钢 1Cr18Ni9Ti 耐双层液后粘接性能,涂 NJD-3	剥离强度/(kN/m)	≥3.5	5.2
		内聚破坏率/%	100	100
21	修补性(标准固化),最小	剥离强度/(kN/m)	≥3.5	5.0
		内聚破坏率/%	100	100
22	耐腐蚀性		密封剂层下的基材无腐蚀或明显变化	密封剂层下的基材无腐蚀

表 7-59   B 类低密度改性聚硫密封剂性能

序号	性 能 名 称	指 标		典 型 值
1	不挥发分/%	≥92		98
2	基膏黏度/Pa·s	900~1600		1100
3	流淌性/mm	2.5~19		7
4	活性期/h	2	4	合格
5	不粘期/h	24	36	合格
6	硬度(邵氏 A)	≥30		45

序号	性能名称		指 标	典型值
7	相对密度/(g/cm³)		1.20～1.35	1.29
8	粉化		轻微	轻微
9	低温柔软性/℃		−55	无裂纹、龟裂或失去粘接性
10	水解稳定性(邵氏A型硬度)		≥30	45
11	耐热破裂		试片不应有鼓泡也不应成海绵状。变形不大于4mm	最大形变1.86mm,不起泡不隆起
12	耐液破裂		无压力损失	无压力损失
13	可切削打磨性		密封剂不能卷起或者被撕掉,表面光滑	密封剂无卷起或被撕掉,表面光滑
14	刷涂性		不与密封剂分离	不与密封剂分离
15	耐候性		不产生裂纹、粉化、剥落或失去粘着力	不产生裂纹剥落或失去粘着力
16	常温力学性能	拉伸强度/MPa	≥1.8	2.8
		扯断伸长率/%	≥250	500
17	60℃×12天+70℃×60h+80℃×6h耐3号喷气燃料	拉伸强度/MPa	≥0.9	2.1
		扯断伸长率/%	≥100	550
18	标准热循环	拉伸强度/MPa	≥0.7	1.1
		扯断伸长率/%	≥25	60
19	与阳极化铝合金粘接性能,涂NJD-3	剥离强度/(kN/m)	≥3.5	6.1
		内聚破坏率/%	100	100
	与钛合金粘接性能,涂NJD-3	剥离强度/(kN/m)	≥3.5	5.6
		内聚破坏率/%	100	100
	与S06-1010H粘接性能,涂NJD-3	剥离强度/(kN/m)	≥3.5	4.6
		内聚破坏率/%	100	100
	与不锈钢1Cr18Ni9Ti粘接性能,涂NJD-3	剥离强度/(kN/m)	≥3.5	5.5
		内聚破坏率/%	100	100

序号	性能名称		指标	典型值
20	与阳极化铝合金耐双层液后粘接性能,涂NJD-3	剥离强度/(kN/m)	≥3.5	5.1
		内聚破坏率/%	100	100
	与钛合金耐双层液后粘接性能,涂NJD-3	剥离强度/(kN/m)	≥3.5	5.0
		内聚破坏率/%	100	100
	与S06-1010H耐双层液后粘接性能,涂NJD-3	剥离强度/(kN/m)	≥3.5	4.4
		内聚破坏率/%	100	100
	与不锈钢1Cr18Ni9Ti耐双层液后粘接性能,涂NJD-3	剥离强度/(kN/m)	≥3.5	5.9
		内聚破坏率/%	100	100
21	修补性(标准固化),最小	剥离强度/(kN/m)	≥3.5	5.5
		内聚破坏率/%	100	100
22	耐腐蚀性		密封剂层下的基材无腐蚀或明显变化	密封剂层下的基材无腐蚀

表7-60 C类低密度改性聚硫密封剂性能

序号	性能名称	指标			典型值
1	不挥发分/%	≥85			97
2	基膏黏度/Pa·s	100~400			240
3	流动性/mm	≥0.25			0.30
4	活性期/h	8	12	48	合格
5	硬度(邵氏A)	≥30			35
6	密度/(g/cm³)	1.20~1.35			1.33
7	粉化	轻微			轻微
8	低温柔软性/℃	-55			无裂纹、龟裂或失去粘接性
9	装配期/h	24	48	168	合格
10	可切削打磨性	密封剂不能卷起或者被撕掉,表面光滑			密封剂无卷起或被撕掉,表面光滑
11	刷涂性	不与密封剂分离			不与密封剂分离

序号	性能名称		指 标	典 型 值
12	耐候性		不产生裂纹、粉化、剥落或失去粘着力	不产生裂纹剥落或失去粘着力
13	与阳极化铝合金粘接性能,涂 NJD－3	剥离强度/(kN/m)	≥3.5	5.3
		内聚破坏率/%	100	100
	与钛合金粘接性能,涂 NJD－3	剥离强度/(kN/m)	≥3.5	5.5
		内聚破坏率/%	100	100
	与 S06－1010H 粘接性能,涂 NJD－3	剥离强度/(kN/m)	≥3.5	4.8
		内聚破坏率/%	100	100
	与不锈钢 1Cr18Ni9Ti 粘接性能,涂 NJD－3	剥离强度/(kN/m)	≥3.5	5.0
		内聚破坏率/%	100	100
14	与阳极化铝合金耐双层液后粘接性能,涂 NJD－3	剥离强度/(kN/m)	≥3.5	5.5
		内聚破坏率/%	100	100
	与钛合金耐双层液后粘接性能,涂 NJD－3	剥离强度/(kN/m)	≥3.5	5.7
		内聚破坏率/%	100	100
	与 S06－1010H 耐双层液后粘接性能,涂 NJD－3	剥离强度/(kN/m)	≥3.5	5.0
		内聚破坏率/%	100	100
	与不锈钢 1Cr18Ni9Ti 耐双层液后粘接性能,涂 NJD－3	剥离强度/(kN/m)	≥3.5	5.2
		内聚破坏率/%	100	100
15	剪切性能	剪切强度/MPa	≥1.4	2.0
		内聚破坏率/%	95	100
16	耐腐蚀性		密封剂层下的基材无腐蚀或明显变化	密封剂层下的基材无腐蚀

7.5.2.4　HM114 低粘附力改性聚硫密封剂

HM114 低粘附力改性聚硫密封剂是航材院开发的符合 AMS3284 标准的密封剂,它的基体材料是端硫基改性液体聚硫橡胶。长期使用温度为－55℃～120℃,短期可在 180℃使用。HM114 低粘附力密封剂的突出特点是与多种界面均为100%界面破坏,与以前用于可拆卸口盖密封的密封剂的最大区别在于不需要使用隔离剂,长期使用不粘连,特别适用于可拆卸的整体油箱、燃油舱和空气系统口盖密封。HM114 系列低粘附力改性聚硫密封剂性能见表 7－61、表 7－62。

表 7 - 61　HM114A 类低粘附力改性聚硫密封剂性能

序号	性能名称		指标值		典型值	
			A1/2	A2	A1/2	A2
1	颜色		微红		合格	
2	密度/(g/cm³)		≤1.65		1.58	1.59
3	不挥发分含量/%		≥84		98	98
4	基膏黏度/Pa·s		10 ~ 50		22	
5	活性期/h		≥1/2	≥2	合格	合格
6	不粘期/h		≤10	≤24	8	18
7	标准固化时间/h		≤24	≤72	20	60
8	180°剥离强度（铬酸阳极化 + 铬酸盐封闭的 2A12T4 铝合金）	25℃ × 48h 耐 3 号喷气燃料	剥离强度/(kN/m)			
			≤0.7		0.3	0.3
			界面破坏率/%			
			≥98		100	100
9	180°剥离强度（铬酸阳极化 + 铬酸盐封闭 + S06 - 1010H 底漆的 2A12T4 铝合金）	25℃ × 48h 耐去离子水	剥离强度/(kN/m)			
			≤0.7		0.4	0.3
			界面破坏率/%			
			≥98		100	100
10	180°剥离强度（表面钝化 TC4 钛合金）	25℃ × 48h 耐 3 号喷气燃料	剥离强度/(kN/m)			
			≤0.7		0.3	0.3
			界面破坏率/%			
			≥98		100	100
11	180°剥离强度（表面钝化 1Cr18Ni9Ti 不锈钢）	25℃ × 48h 耐 3 号喷气燃料	剥离强度/(kN/m)			
			≤0.7		0.4	0.4
			界面破坏率/%			
			≥98		100	100
12	耐热性		无目视可见的软化、起泡、裂纹或裂痕		合格	合格
13	低温柔软性		-55℃无目视可见的裂纹或裂痕		合格	合格
14	重量损失/%		≤8		7.5	7.5
15	柔韧性		无裂纹和裂缝		合格	合格

表 7 -62　HM114B 类低粘附力改性聚硫密封剂性能

序号	试验项目			指标值		典型值	
				B1/2	B2	B1/2	B2
1	颜色			微红		合格	
2	密度/(g/cm³)			≤1.65		1.59	1.59
3	不挥发分含量/%			≥97		98	98
4	基膏黏度/Pa·s			600~1400		985	
5	流淌性/mm			2.5~19		3	3
6	活性期/h			≥1/2	≥2	合格	合格
7	不粘期/h			≤10	≤24	6	22
8	标准固化时间/h			≤24	≤72	16	60
9	180°剥离强度(铬酸阳极化 + 铬酸盐封闭的 2A12T4 铝合金)	25℃ × 48h 耐 3 号喷气燃料	剥离强度/(kN/m)	≤0.7		0.3	0.3
			界面破坏率/%	≥98		100	100
10	180°剥离强度(铬酸阳极化 + 铬酸盐封闭 + S06 - 1010H 底漆的 2A12T4 铝合金)	25℃ × 48h 耐去离子水	剥离强度/(kN/m)	≤0.7		0.3	0.3
			界面破坏率/%	≥98		100	100
11	180°剥离强度(表面钝化 TC4 钛合金)	25℃ × 48h 耐 3 号喷气燃料	剥离强度/(kN/m)	≤0.7		0.3	0.2
			界面破坏率/%	≥98		100	100
12	180°剥离强度(表面钝化 1Cr18Ni9Ti 不锈钢)	25℃ × 48h 耐 3 号喷气燃料	剥离强度/(kN/m)	≤0.7		0.3	0.3
			界面破坏率/%	≥98		100	100
13	耐热性			无目视可见的软化、起泡、裂纹或裂痕		合格	合格
14	低温柔软性			-55℃无目视可见的裂纹或裂痕		合格	合格
15	重量损失/%			≤8		7.5	7.5
16	柔韧性			无裂纹和裂缝		合格	合格

7.5.2.5 HM115无铬缓蚀改性聚硫密封剂

HM115无铬缓蚀改性聚硫密封剂是北京航空材料研究院开发的符合 AMS3265标准的密封剂,它的基材是端巯基改性液体聚硫橡胶。长期使用温度为 -55℃~120℃,短时使用温度180℃。可以应用于燃料系统和空气系统等部位的密封,尤其适合于沿海湿热环境下长期值勤时飞机空气系统等部位的密封。与其他防腐蚀密封剂相比,HM115无铬缓蚀改性聚硫密封剂采用的是无铬缓蚀剂,不含严重破坏环境的含铬缓蚀剂,同时具有优异的缓蚀性能。HM115系列无铬缓蚀改性聚硫密封剂性能见表7-63~表7-65。

表7-63 HM115A类无铬缓蚀改性聚硫密封剂性能

序号	性能名称		指　标		典型值
1	不挥发分/%		≥84		97
2	基膏黏度/Pa·s		10~60		45
3	活性期/h		≥2	≥4	合格
4	不粘期/h		≤24	≤48	合格
5	硫化期/h		≤72	≤90	合格
6	14d硬度/(邵氏A)		≥40		49
7	相对密度/(g/cm³)		≤1.50		1.49
8	耐热破裂性		无起泡或疏松,最大变形不超过4mm		无起泡或疏松,最大变形1mm
9	低温柔软性/℃		-55		无裂纹、龟裂或失去粘接性
10	水解稳定性(邵氏A型硬度)		≥30		35
11	重量损失/%		≤10		7
12	与阳极化铝合金粘接性能,涂NJD-3	剥离强度/(kN/m)	≥3.5		5.9
		内聚破坏率/%	100		100
	与钛合金粘接性能,涂NJD-3	剥离强度/(kN/m)	≥3.5		5.4
		内聚破坏率/%	100		100
	与S06-1010H粘接性能,涂NJD-3	剥离强度/(kN/m)	≥3.5		5.2
		内聚破坏率/%	100		100
	与不锈钢1Cr18Ni9Ti粘接性能,涂NJD-3	剥离强度/(kN/m)	≥3.5		5.8
		内聚破坏率/%	100		100

序号	性能名称		指 标	典型值
13	与阳极化铝合金耐双层液后粘接性能,涂 NJD-3	剥离强度/(kN/m)	≥3.5	5.3
		内聚破坏率/%	100	100
	与钛合金耐双层液后粘接性能,涂 NJD-3	剥离强度/(kN/m)	≥3.5	5.6
		内聚破坏率/%	100	100
	与 S06-1010H 耐双层液后粘接性能,涂 NJD-3	剥离强度/(kN/m)	≥3.5	4.9
		内聚破坏率/%	100	100
	与不锈钢 1Cr18Ni9Ti 耐双层液后粘接性能,涂 NJD-3	剥离强度/(kN/m)	≥3.5	5.7
		内聚破坏率/%	100	100
14	耐腐蚀性		密封剂本身无降解,且密封剂保护的金属不应有可目视可见腐蚀	合格

表 7-64　HM115B 类无铬缓蚀改性聚硫密封剂性能

序号	性能名称	指 标		典型值
1	不挥发分/%	≥92		98
2	基膏黏度/Pa·s	900~1600		1000
3	流淌性/mm	2.5~19		4
4	活性期/h	2	4	合格
5	不粘期/h	24	36	合格
6	硬度/(邵氏 A)	≥40		43
7	相对密度/(g/cm³)	≤1.50		1.48
8	粉化	轻微		轻微
9	低温柔软性/℃	-55		无裂纹、龟裂或失去粘接性
10	水解稳定性(邵氏 A 型硬度)	≥30		33
11	耐热破裂	试片不应有鼓泡也不应成海绵状。变形不大于4mm		最大形变2mm,不鼓泡也不成海绵状
12	重量损失/%	≤10		6
13	常温力学性能	拉伸强度/MPa	≥1.4	3.6
		扯断伸长率/%	≥200	320

（续）

序号	性能名称		指标	典型值
14	60℃×12天耐3号喷气燃料后拉伸性能	拉伸强度/MPa	≥1.4	3.3
		拉断伸长率/%	≥200	260
15	60℃×12天+70℃×60h+80℃×6h耐3号喷气燃料	拉伸强度/MPa	≥0.9	3.1
		扯断伸长率/%	≥100	220
16	标准热循环	拉伸强度/MPa	≥1.4	1.7
		扯断伸长率/%	≥100	200
17	与阳极化铝合金粘接性能，涂NJD-3	剥离强度/(kN/m)	≥3.5	8.4
		内聚破坏率/%	100	100
	与钛合金粘接性能，涂NJD-3	剥离强度/(kN/m)	≥3.5	7.8
		内聚破坏率/%	100	100
	与S06-1010H粘接性能，涂NJD-3	剥离强度/(kN/m)	≥3.5	7.4
		内聚破坏率/%	100	100
	与不锈钢1Cr18Ni9Ti粘接性能，涂NJD-3	剥离强度/(kN/m)	≥3.5	8.6
		内聚破坏率/%	100	100
18	与阳极化铝合金耐双层液后粘接性能，涂NJD-3	剥离强度/(kN/m)	≥3.5	7.6
		内聚破坏率/%	100	100
	与钛合金耐双层液后粘接性能，涂NJD-3	剥离强度/(kN/m)	≥3.5	8.1
		内聚破坏率/%	100	100
	与S06-1010H耐双层液后粘接性能，涂NJD-3	剥离强度/(kN/m)	≥3.5	7.6
		内聚破坏率/%	100	100
	与不锈钢1Cr18Ni9Ti耐双层液后粘接性能，涂NJD-3	剥离强度/(kN/m)	≥3.5	7.4
		内聚破坏率/%	100	100
19	耐腐蚀性		密封剂本身无降解，且密封剂保护的金属不应有可目视可见腐蚀	合格

表7-65　HM115C类无铬缓蚀改性聚硫密封剂性能

序号	性能名称	指标	典型值
1	不挥发分/%	≥88	96
2	基膏黏度/Pa·s	100~400	300
3	流淌性/mm	≥0.19	0.25
4	活性期/h	≥12	合格

序号	性能名称		指标	典型值
5	硫化期/h		≤336	合格
6	装配期/h		≥48	合格
7	相对密度/(g/cm³)		≤1.50	1.48
8	粉化		轻微	轻微
9	低温柔软性/℃		-55	无裂纹、龟裂或失去粘接性
10	水解稳定性(邵氏A型硬度)		≥30	32
11	重量损失/%		≤10	5
12	与阳极化铝合金粘接性能,涂NJD-3	剥离强度/(kN/m)	≥3.5	4.8
		内聚破坏率/%	100	100
	与钛合金粘接性能,涂NJD-3	剥离强度/(kN/m)	≥3.5	4.5
		内聚破坏率/%	100	100
	与S06-1010H粘接性能,涂NJD-3	剥离强度/(kN/m)	≥3.5	4.3
		内聚破坏率/%	100	100
	与不锈钢1Cr18Ni9Ti粘接性能,涂NJD-3	剥离强度/(kN/m)	≥3.5	4.5
		内聚破坏率/%	100	100
13	与阳极化铝合金耐双层液后粘接性能,涂NJD-3	剥离强度/(kN/m)	≥3.5	5.0
		内聚破坏率/%	100	100
	与钛合金耐双层液后粘接性能,涂NJD-3	剥离强度/(kN/m)	≥3.5	4.4
		内聚破坏率/%	100	100
	与S06-1010H耐双层液后粘接性能,涂NJD-3	剥离强度/(kN/m)	≥3.5	4.3
		内聚破坏率/%	100	100
	与不锈钢1Cr18Ni9Ti耐双层液后粘接性能,涂NJD-3	剥离强度/(kN/m)	≥3.5	4.8
		内聚破坏率/%	100	100
14	剪切性能	剪切强度/MPa	≥1.0	2.5
		内聚破坏率/%	≥95	100
15	耐腐蚀性		密封剂本身无降解,且密封剂保护的金属不应有可目视可见腐蚀	合格

7.5.2.6 HM116 高粘附力改性聚硫密封剂

HM116 高粘附力改性聚硫密封剂是双组分材料,它的基材是端巯基改性液体聚硫橡胶,与 NJD - 3 粘接底涂配合使用。长期使用温度为 - 55℃ ~ 120℃,短期可在 180℃使用,具有长装配期的特点,有两种工艺类别,分别为 C8 和 C24,装配期可达 20h 和 80h,特别适合于大型制件和复杂制件贴合面密封。HM116 高粘附力改性聚硫密封剂性能见表 7 - 66。

表 7 - 66   HM116 高粘附力改性聚硫密封剂性能

序号	试验项目			指标	典型值
1	活性期/h			≥8	合格
2	装配期/h			≥20	合格
3	基膏黏度/Pa·s			100 ~ 400	271
4	标准硫化时间/h			≤168	155
5	流淌性/mm			≥0.19	0.41
6	不挥发分含量/%			≥90	97
7	密度/(g/cm³)			≤1.65	1.54
8	粉化			轻微	不粉化
9	重量损失和柔韧性	重量损失/%		≤8	6.5
		柔韧性		无裂纹或裂缝	合格
10	低温柔软性			无目视可见的裂纹或裂痕,不失去粘接性	合格
11	耐腐蚀性			无腐蚀或变质现象	合格
12	常温剥离性能(与 NJD - 3 粘接底涂配合使用)	铬酸阳极化铝合金	剥离强度/(kN/m)	—	3.7
			内聚破坏率/%		100
		S06 - 1010 聚氨酯底漆	剥离强度/(kN/m)	—	3.9
			内聚破坏率/%		100
		表面钝化 1Cr18Ni9Ti 不锈钢	剥离强度/(kN/m)	—	4.0
			内聚破坏率/%		100
		钝化 Tc4 钛合金	剥离强度/(kN/m)	—	3.8
			内聚破坏率/%		100

7.5.2.7 HM122 低温硫化快速修补改性聚硫密封剂

HM122 低温硫化快速修补改性聚硫密封剂是北京航空材料研究院开发的低温硫化型改性聚硫密封剂,它的基材是端巯基改性液体聚硫橡胶。长期使用温度为 -55℃ ~110℃,短期可在 130℃ 使用。它具有良好的耐喷气燃料和热空气老化性能,与阳极化铝合金、钛合金、不锈钢以及复合材料等多种界面粘接良好,能在 -7℃ 的低温环境条件下硫化,适用于整体油箱快速修补。HM112 系列低温快速硫化修补改性聚硫密封剂性能见表 7-67、表 7-68。

表 7-67　HM122A 类低温快速硫化修补改性聚硫密封剂性能

序号	性 能 名 称		指　　标			典型值
1	不挥发分/%		≥87			97
2	基膏黏度/Pa·s		100~400			150
3	活性期/h		≥1/6			合格
4	不粘期/h		25℃	7℃	-4℃	合格
			≤3	≤12	≤48	
5	硫化期/h		25℃	7℃	-4℃	合格
			≤8	≤24	≤96	
6	14 天硬度(邵氏 A)		≥40			53
7	相对密度/(g/cm³)		≤1.65			1.54
8	耐热破裂性		无破裂			无破裂
9	粉化		允许轻微粉化			轻微
10	低温柔软性/℃		-55			无裂纹、龟裂或失去粘接性
11	水解稳定性(邵尔 A 型硬度)		≥30			35
12	重量损失/%		≤8			4
13	与阳极化铝合金粘接性能,涂 NJD-3	剥离强度/(kN/m)	≥3.5			8.9
		内聚破坏率/%	100			100
	与钛合金粘接性能,涂 NJD-3	剥离强度/(kN/m)	≥3.5			8.4
		内聚破坏率/%	100			100
	与 S06-1010H 粘接性能,涂 NJD-3	剥离强度/(kN/m)	≥3.5			7.2
		内聚破坏率/%	100			100
	与不锈钢 1Cr18Ni9Ti 粘接性能,涂 NJD-3	剥离强度/(kN/m)	≥3.5			6.8
		内聚破坏率/%	100			100

序号	性能名称		指标	典型值
14	与阳极化铝合金耐双层液后粘接性能,涂 NJD-3	剥离强度/(kN/m)	≥3.5	7.8
		内聚破坏率/%	100	100
	与钛合金耐双层液后粘接性能,涂 NJD-3	剥离强度/(kN/m)	≥3.5	7.6
		内聚破坏率/%	100	100
	与 S06-1010H 耐双层液后粘接性能,涂 NJD-3	剥离强度/(kN/m)	≥3.5	6.4
		内聚破坏率/%	100	100
	与不锈钢 1Cr18Ni9Ti 耐双层液后粘接性能,涂 NJD-3	剥离强度/(kN/m)	≥3.5	7.3
		内聚破坏率/%	100	100
15	耐腐蚀性能		密封剂下基材无腐蚀或出现劣化	合格

表 7-68　HM122B 类低温快速硫化修补改性聚硫密封剂性能

序号	性能名称	指标			典型值
1	不挥发分/%	≥87			97
2	基膏黏度/Pa·s	100~400			150
3	活性期/h	≥1/6			合格
4	不粘期/h	25℃	7℃	-4℃	合格
		≤3	≤12	≤48	
5	硫化期/h	25℃	7℃	-4℃	合格
		≤8	≤24	≤96	
6	14 天硬度(邵氏 A)	≥40			53
7	相对密度/(g/cm³)	≤1.65			1.54
8	耐热破裂性	无破裂			无破裂
9	粉化	允许轻微粉化			轻微
10	低温柔软性/℃	-55			无裂纹、龟裂或失去粘接性
11	水解稳定性(邵氏 A 硬度)	≥30			37
12	重量损失/%	≤8			5
13	常温力学性能	拉伸强度/MPa		≥1.4	3.1
		扯断伸长率/%		≥150	340

序号	性能名称		指　标	典　型　值
14	60℃×12天耐3号喷气燃料后拉伸性能	拉伸强度/MPa	≥1.2	3.4
		拉断伸长率/%	≥100	280
15	121℃×7天耐3号喷气燃料	拉伸强度/MPa	≥2.1	2.9
		扯断伸长率/%	≥50	210
16	与阳极化铝合金粘接性能，涂NJD-3	剥离强度/(kN/m)	≥3.5	6.3
		内聚破坏率/%	≥95	100
	与钛合金粘接性能，涂NJD-3	剥离强度/(kN/m)	≥3.5	6.7
		内聚破坏率/%	≥95	100
	与S06-1010H粘接性能，涂NJD-3	剥离强度/(kN/m)	≥3.5	5.6
		内聚破坏率/%	≥95	100
	与不锈钢1Cr18Ni9Ti粘接性能，涂NJD-3	剥离强度/(kN/m)	≥3.5	7.3
		内聚破坏率/%	≥95	100
17	与阳极化铝合金耐双层液后粘接性能，涂NJD-3	剥离强度/(kN/m)	≥3.5	6.0
		内聚破坏率/%	≥95	100
	与钛合金耐双层液后粘接性能，涂NJD-3	剥离强度/(kN/m)	≥3.5	5.7
		内聚破坏率/%	≥95	100
	与S06-1010H耐双层液后粘接性能，涂NJD-3	剥离强度/(kN/m)	≥3.5	5.4
		内聚破坏率/%	≥95	100
	与不锈钢1Cr18Ni9Ti耐双层液后粘接性能，涂NJD-3	剥离强度/(kN/m)	≥3.5	6.1
		内聚破坏率/%	≥95	100
18	耐腐蚀性能		密封剂下基材无腐蚀或出现劣化	合格

7.5.2.8　HM123低粘附力吸波密封剂

HM123低粘附力吸波密封剂是北京航空材料研究院开发的新型吸波密封剂，它的基材是端巯基改性液体聚硫橡胶。长期使用温度为-55℃~100℃，短期可在130℃使用。HM123低粘附力吸波密封剂在2GHz~18GHz范围内具有良好的吸波性能。HM123低粘附力吸波密封剂的突出特点是与多种界面均为100%界面破坏，不需要使用隔离剂，而且长期使用不粘连，特别适用于有隐身需求的可拆卸整体油箱、燃油舱和空气系统口盖密封。HM123低粘附力吸波密封剂性能见表7-69。

表 7 - 69 HM123 低粘附力吸波密封剂性能

序号	性能项目			指 标	典 型 值
1	活性期/h			≥2	2.5
2	不粘期/h			≤24	10
3	硫化期/h			≤72	30
4	流淌性/mm			0 ~ 19	2
5	低温柔软性			-55℃下不开裂	-55℃下不开裂
6	密度/(g/cm³)			≤4.0	3.4
7	拉伸性能	硫化后	拉伸强度/MPa	≥0.9	1.3
			拉断伸长率/%	≥100	120
8		耐热空气老化 (100℃×100h)	拉伸强度/MPa	≥0.5	4.5
			拉断伸长率/%	≥25	50
9	粘接性能	硫化后	剥离强度/(kN/m)	≤0.7	0.3
10		耐 3 号喷气燃料 (60℃×7 天)	剥离强度/(kN/m)	≤0.7	0.2
11		耐 3 号喷气燃料和 3% 氯化钠水溶液双 层液(60℃×7 天)	剥离强度/(kN/m)	≤0.7	0.3

7.5.2.9 HM124 雷达吸波密封剂

HM124 雷达吸波密封剂是双组分材料,它的基材是端巯基改性液体聚硫橡胶,与 NJD - 8 粘接底涂配合使用。长期使用温度为 - 55℃ ~ 100℃,短期可在 130℃使用,具有密封剂的工艺特点,同时具有雷达波吸收功能,在 2GHz ~ 18GHz 范围内具有良好的吸波性能,适合于飞机蒙皮对接缝、口盖对缝、钉头的隐身处理,也适用于舰船、导弹的缝隙隐身处理。HM124 雷达吸波密封剂性能见表 7 - 70。

表 7 - 70 HM124 雷达吸波密封剂性能

序号	性能项目	指 标	典 型 值
1	活性期/h	≥2	2.5
2	不粘期/h	≤24	12
3	硫化期/h	≤72	36
4	流淌性/mm	0 ~ 19	2
5	低温柔软性	-55℃下不开裂	-55℃下不开裂
6	密度/(g/cm³)	≤4.0	3.4

序号	性能项目			指　标	典型值
7	拉伸性能	硫化后	拉伸强度/MPa	≥0.9	1.5
			拉断伸长率/%	≥100	120
8		耐热空气老化 （100℃×100h）	拉伸强度/MPa	≥0.5	4.8
			拉断伸长率/%	≥25	58
9	粘接性能	硫化后	剥离强度/（kN/m）	≥1.5	3.2
10		耐 3 号喷气燃料 （60℃×7 天）	剥离强度/（kN/m）	≥1.2	1.4
11		耐 3 号喷气燃料和 3%氯化钠水溶液双 层液（60℃×7 天）	剥离强度/（kN/m）	≥1.2	1.4

参 考 文 献

[1] 曹寿德. 整体油箱密封剂寿命评估研究. 航空制造工程,1997. (11):20－22.

[2] Morris Lester,Singh Hakam. Modified disulfide polymer composition and method for making same from mercaptan terminated disulfide polymer and diethyl formal mercaptan terminated polysulfide, US 4623711, 1986.

[3] 曹寿德. 分子量分布即分子量对硫醇端基液体聚硫橡胶密封剂性能的影响. 橡胶工业,1993,40(2):77－81.

[4] 黄应昌,吕正芸. 弹性密封胶与胶黏剂. 北京:化学工业出版社,2003.

[5] Lowe G B. The cure chemistry of polysulfides. Int. J. Adhesion and adhesives,1997, 17(4):345－348.

[6] 郑昌,冉均国. 新型无机材料. 北京:科学出版社,2003.

[7] 李子彬,等. 中国化工大全. 上卷. 北京:化学工业出版社,1995.

[8] 吴松华,等. 环氧树脂对聚硫密封胶耐高温性能的影响. 粘接,2007,28(4)24－26.

[9] 潘广萍,等. 提高聚硫密封剂粘接性能的研究. 粘接,2008,29(1)22－24.

[10] 陈平,刘胜平. 环氧树脂. 北京:化学工业出版社,1999.

[11] 柳莹,等. 硬脂酸盐对聚硫橡胶预聚体硫化后性能的影响. 材料工程,2006 增刊1:307－309.

[12] 曹寿德. 环境条件对聚硫型密封剂性能的影响. 航空材料,1983(4):27.

[13] 杨培霞,等. 预处理工艺对制备多孔阳极氧化铝膜的影响. 材料工程,2005(9):26－29.

[14] 吴松华,等. γ 射线辐射对聚硫密封剂耐高温燃油性能的影响. 粘接,2003,24(5):5－6.

第8章 聚硫代醚密封剂

8.1 概述

由于聚硫橡胶相对分子质量中含有大量的双硫键,所以在受热情况下会首先发生断裂,降低了密封剂的耐热性能。所以研究人员合成了聚硫代醚橡胶。聚硫代醚[1-3]分子主链中的仅含有单硫键即硫醚键(C—S—C 键能:289kJ/mol,—S—S—键的键能:264kJ/mol),不含有聚硫橡胶中含有的双硫键,因此聚硫代醚聚合物耐热性比液体聚硫高出 50℃,采用聚硫代醚生胶可制备出耐热达 180℃的密封剂,而且聚硫代醚橡胶具有很好的工艺性能。

8.2 聚硫代醚生胶的结构和特性

8.2.1 聚硫代醚生胶的结构

聚硫代醚聚合物在合成过程中可加入不同封端试剂合成不同封端类型的聚合物,按端基来分,可分为巯端基、羟基、环氧基、乙烯基(CH_2 ═ CH—)、异氰酸根(—N ═ C ═ O)等类别,不同的端基可使用不同的硫化剂进行硫化,所以可以根据不同使用环境设计出不同的功能型密封剂。

其中美国 PRC 公司的 Permapol P – 3 为巯端基聚硫代醚聚合物,其化学结构式为

$$HS—[(O—\underset{\underset{CH_3}{|}}{C}—CH_2—S—CH_2—CH_2)_m—(O—CH_2—CH_2—S—CH_2—CH_2)_n]—SH$$

8.2.2 聚硫代醚生胶的特性

Permapol P – 3 具有优良的耐喷气燃料、溶剂和水解稳定性、宽的使用温度范围。由于端基的不同,可与许多化合物反应,产生一系列新的聚合物和交联体,仅就巯端基的 Permapol P – 3 而言,它有与巯端基的液体聚硫橡胶几乎一致的化学特性。最大的特点是,经化学交联后形成的弹性体耐热性要显著的高于液体聚硫橡胶,原因是弹性体内有比聚硫弹性体内少得多的双硫键。

Permapol P – 3 特性参数见表 8 – 1、表 8 – 2。

从表8-2可看出 Permapol P-3 聚硫代醚聚合物相对分子质量呈正态分布且分散性很小,这预示密封剂有良好的性能。

表8-1　聚硫代醚 Permapol P-3 特性参数

序号	参数名称	数据	序号	参数名称	数据
1	主单体比例	2.6:1	4	本体黏度/Pa·s	20~60
2	巯基含量/%	2.0~3.0	5	交联剂含量/%	2.65~2.75
3	挥发分含量/%	3.0	6	pH 值	7

表8-2　聚硫代醚 Permapol P-3 相对分子质量及相对分子质量分布

样品序号	数均相对分子质量/M_n	分散系数	重均相对分子质量/M_W
1	6318	2.557	16155
2	5829	2.6264	15301
3	7640	2.341	17885
4	6152	2.8952	17811

8.3　聚硫代醚密封剂基本组成和制备工艺

8.3.1　聚硫代醚密封剂基本组成

以二氧化锰、二氧化铅或重铬酸盐为硫化剂的聚硫代醚密封剂的基本组成见表8-3。

表8-3　美国聚硫代醚聚合物密封剂的基本组成

组分名称		配合量/质量份
基　膏		
1	液体聚硫代醚聚合物	100
2	填充剂	54
3	氢氧化铝	15.6
4	氧化锌	2.0
5	增粘剂	1.25
6	氧化还原催化剂	0.25
基膏总量		173.1
二氧化锰硫化膏		
7	二氧化锰	100.0
8	着色剂	5

（续）

	组 分 名 称	配合量/质量份
9	增塑剂	52
10	促进剂	8.0
11	阻聚剂	0.67
12	硬脂酸钠	1.33
	二氧化锰硫化膏总量	167
	二氧化铅硫化膏	
13	二氧化铅	100.0
14	液体氯化石蜡	100.0
	二氧化铅硫化膏总量	200.0
	硫化配方比例（基膏：硫化膏）	100:10
	重铬酸盐硫化膏（Dichromate Accelerator）	
15	重铬酸盐	80.00
16	水	70.38
17	二甲基乙酰胺	98.30
18	着色剂	2.60
19	填充剂	54.00
	重铬酸盐硫化膏总量	305.28
	硫化配方比例（基膏：硫化膏）	100:10

8.3.1.1 巯端基液体聚硫代醚橡胶

美国 PRC 公司在美国专利 US4,366,307 中公开了一种聚硫代醚橡胶的合成路线:使用羟基缩合的方式分子链含硫的端羟基化合物,然后利用含巯基的醇进行缩合封端合成了聚硫醚橡胶。随后有更多的聚硫醚橡胶合成专利被公开,如使用二硫醇化合物与二烯烃类化合物通过自由基加聚反应得到,合成的方法也在不断的改进和更新中。

合成的聚硫代醚橡胶的基本性能如表 8-4 所列。

表 8-4 聚硫代醚橡胶基本性能

产品类型	外观	密度/(g/cm³)	数均相对分子质量	黏度/Pa·s	pH 值	挥发分含量/%	巯基含量/%	官能度
Ⅰ	浅棕色透明黏稠液体	1.15 ± 0.05	800 ~ 1200	—	6 ~ 8	≤1.5%	10.0 ± 0.5	2.7 ± 0.3
Ⅱ			3500 ~ 4500	30 ~ 70		≤1.0%	2.5 ± 0.3	2.7 ± 0.3
Ⅲ			4000 ~ 5000	30 ~ 70		≤1.0%	2.0 ± 0.1	2.2 ± 0.1

8.3.1.2 硫化体系组成及特性

巯基封端的聚硫醚橡胶与聚硫橡胶具有相类似的硫化特性,所以可采用聚硫相同的硫化体系,具体可参照7.3.1.2。

8.3.1.3 其他配合剂

由于聚硫醚橡胶与聚硫橡胶相类似,所以在密封剂的配置过程中可使用与聚硫密封剂体系相同的补强剂、增粘剂、防老剂等,具体可参照7.3.1.3。

8.3.2 聚硫代醚密封剂制备工艺

聚硫代醚聚合物基双组分密封剂的制备工艺与双组分聚硫密封剂的制备工艺相似,具体可参照7.3.2。

8.4 聚硫代醚密封剂的性能

8.4.1 聚硫代醚密封剂的理化性能

US4366307专利[3]中二氧化锰硫化胶性能见表8-5~表8-7;重铬酸钙硫化胶性能见表8-8。图8-1、图8-2分别是聚硫代醚密封剂与聚硫密封剂耐热性及耐水性的比较实验结果。两图表明聚硫代醚密封剂比液体聚硫橡胶密封剂的耐热性和耐水性明显优越。耐热性差别的原因主要在于聚硫代醚密封剂交联网络中的单硫键—C—S—C—占绝对多数,仅在交联点上是双硫键,数量很少。液体聚硫密封剂交联网络中仅有双硫键—C—S—S—C—,而且数量很多。耐水性差别的原因主要是聚硫密封剂交联网络中有易水解的缩醛基团(CH$_2$)$_2$—O—CH$_2$—O—(CH$_2$)$_2$,而聚硫代醚聚交联网络中没有。

刘刚等[4]研究了聚硫代醚密封剂的耐热耐油性能,发现聚硫代醚密封剂的耐油性能与传统的聚硫密封剂相当,其耐热性和工艺性优于聚硫密封剂。经204℃/6h热空气老化后,聚硫代醚密封剂呈弹性体,其拉伸强度为1.10MPa、断裂伸长率为192%;而聚硫密封剂内部已呈蜂窝状,并且其表面硬化,力学性能无法测量。

表8-5 聚硫代醚密封剂的性能

序号	性能名称		典型值
1		活性期/h	24
2	硬度	室温硫化48h后/度	45
3		室温硫化72h后/度	48
4		室温硫化96h后/度	50

序 号	性 能 名 称	典 型 值
5	拉伸强度/MPa	1.8
6	扯断伸长率/%	300

表 8-6 聚硫代醚密封剂的热破裂性性能

（室温硫化 7 天 +60℃1 天后，按 MIL-S-8802 试验方法）

序 号	试验温度/℃	试验时间/min	试验压力/kPa	挤出量/mm
1	65.5	30	0.72	0
2	190	30	0.72	0
3	204.4	30	0.72	1.59
4	218.3	15	0.72	爆破，气漏

表 8-7 聚硫代醚密封剂耐介质后的热破裂性性能

（在 60℃喷气燃料参考液 JRF 中浸泡 7 天后按 MIL-S-83430 试验方法）

试验温度/℃	试验时间/min	试验压力/kPa	挤出量/mm	质量损失/%
204.4	30	0.72	0	3.53(最大允许 8.0)

表 8-8 重铬酸钙硫化后聚硫代醚密封剂的性能

序 号	室温下硫化时间/h	硬度/度
1	24	45
2	48	50
3	96	55

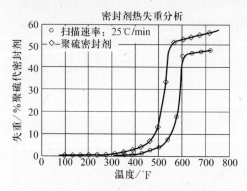

图 8-1 聚硫代醚密封剂与液体
聚硫性比较

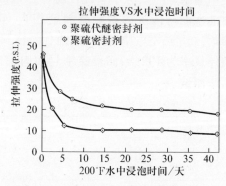

图 8-2 聚硫代醚密封剂与液体聚密封
剂耐热硫密封剂耐水性比较

8.4.2 聚硫代醚密封剂的工艺性能

聚硫代醚密封剂在工艺性能上与聚硫密封剂相似,具体工艺见表8-9。

表8-9 聚硫代醚密封剂的主要工艺性能

序号	性能名称		A类	B类	C类
1	基膏黏度(25℃)/Pa·s		10~60	900~1800	100~400
2	流淌性	流淌长度法/mm	—	2.5~19	—
3	活性期	2h级/h	≥2	≥2	—
		4h级/h	≥4	≥4	≥4
4	不粘期	2h级/h	≤24	≤24	—
		4h级/h	≤36	≤36	≤30
5	装配期	8h级(20)/h	—	—	≥4
6	硫化期	2h级/h	≤16	≤16	—
		4h级/h	测定值	≤48	≤30

8.5 应用实例

各类飞机上使用的聚硫代醚密封见表8-10、表8-11。

表8-10 我国部分用于飞机上的聚硫代醚密封剂

密封剂牌号	生胶种类	组分数	特性	使用温度范围/℃	应用范围
HM1101	聚硫代醚	双组分	耐喷气燃料,耐热性突出,有稳定的粘接力,工艺性良好	-55~150,短期180	整体油箱密封
HM1102	聚硫代醚	双组分	耐喷气燃料、耐热性能优良,粘接性能稳定,工艺性能优良	-55~160,短期204	整体油箱密封

表8-11 改性聚硫密封剂主要技术指标及性能数据

密封剂牌号		密度/(g/cm³)	拉伸强度/MPa	扯断伸长率/%	硬度(邵氏A)	低温柔软性(脆性温度)/℃	剥离强度/(kN/m)(阳极化铝合金)
HM1101		≤1.65 1.41	≥1.8 2.5	≥200 240	20~50 35	≤-40 -40℃	≥2.2 2.8
HM1102	A类	≤1.50 1.47	— 	— 	≥30 35	≤-55 -55	≥3.5 4.7
	B类	≤1.50 1.48	≥1.8 4.2	≥250 550	≥30 50	≤-55 -55	≥3.5 6.5
注:密封剂的工艺类型按美国宇航标准分为:A类胶,黏度10Pa·s~50Pa·s,具有自流平的特点,适合于表面刷涂;B类胶,黏度900Pa·s~1600Pa·s,具有触变性,适合于通过刮涂或注胶枪实现填角密封、接缝密封和堆砌密封							

8.5.1 HM1101 聚硫代醚密封剂

HM1101 聚硫代醚密封剂以液体聚硫醚橡胶为主成分的双组分室温硫化型密封剂,具有良好的耐热、大气老化、水、喷气燃料、石油基滑油等性能。对铝合金、钛合金、不锈钢等金属有良好的粘接力并具有良好的工艺性能,主要用于飞机整体油箱和空气系统等高温部位的结构密封与防腐蚀,长期使用温度范围为 −55℃ ~ 150℃,可在 180℃ 下短期使用。HM1101B 类聚硫代醚密封剂性能见表 8 − 12。

表 8 − 12　HM1101B 类聚硫代醚密封剂性能

序号	试 验 项 目		指　　标	典 型 值
1	不挥发分含量/%		≥96	98
2	基膏黏度/Pa·s		900 ~ 1800	1300
3	流淌性/mm		≤19	5
4	活性期/h		≥4	合格
5	不粘期/h		≤36	合格
6	硫化期/h		≤90	合格
7	14 天硬度(邵氏 A)		≥30	35
8	密度/(g/cm³)		≤1.65	1.50
9	拉伸性能	拉伸强度/MPa	≥1.8	2.5
		拉断伸长率/%	≥200	240
10	180℃ ×8h 热空气后拉伸性能	拉伸强度/MPa	≥1.4	1.8
		拉断伸长率/%	≥50	200
11	100℃ × 1600h 热空气后拉伸性能	拉伸强度/MPa	—	1.6
		拉断伸长率/%	—	140
12	60℃ ×14 天耐 3 号喷气燃料后拉伸性能	拉伸强度/MPa	≥1.7	2.5
		拉断伸长率/%	≥200	240
13	150℃ ×24h 耐 3 号喷气燃料拉伸性能	拉伸强度/MPa	—	2.2
		拉断伸长率/%	—	260
14	粘接性能	剥离强度/(kN/m)	≥3.5	6.2
		内聚破坏率/%	≥95	100
15	60℃ ×48h 耐 3 号喷气燃料和3% 氯化钠水溶液双层液后粘接性能	剥离强度/(kN/m)	≥1.0	3.2
		内聚破坏率/%	≥90	100

8.5.2 HM1102 聚硫代醚密封剂

HM1102 聚硫代醚密封剂使用新一代聚硫代醚液体橡胶,具有更好的施工性能以及耐热性能,同时具有更好的耐水、喷气燃料、石油基滑油等性能,对铝合金、钛合金、不锈钢等金属有良好的粘接力并具有良好的工艺性能,主要用于飞机整体油箱和空气系统等高温部位的结构密封与防腐蚀,长期使用温度范围为 −55℃ ~ 160℃,可在204℃下短期使用。HM1102B 类聚硫代醚密封剂性能见表 8 − 13。

表 8 − 13　HM1102B 类聚硫代醚密封剂性能

序号	试 验 项 目		指　标	典　型　值
1	不挥发分含量/%		≥96	98
2	基膏黏度/Pa·s		900 ~ 1800	1650
3	流淌性/mm		3 ~ 19	5.0
4	活性期/h		≥4	合格
5	不粘期/h		≤36	合格
6	硫化期/h		≤90	合格
7	14 天硬度(邵氏 A)		≥30	43
8	密度/(g/cm³)		≤1.50	1.42
9	粉化		轻微粉化或不粉化	合格
10	耐热破裂性		不应有鼓泡或呈海绵状,变形不大于4mm	合格
11	低温柔软性		不龟裂、不脱粘	合格
12	拉伸性能	拉伸强度/MPa	≥1.8	4.6
		拉断伸长率/%	≥250	400
13	204℃ ×2h 热空气后拉伸性能	拉伸强度/MPa	≥1.0	2.5
		拉断伸长率/%	≥100	250
14	标准热循环后拉伸性能	拉伸强度/MPa	≥0.7	1.8
		拉断伸长率/%	≥125	200
15	60℃ ×12 天 +70℃ ×60h +80℃ ×6h 耐 3 号喷气燃料后拉伸性能	拉伸强度/MPa	≥0.9	4.2
		拉断伸长率/%	≥100	420
16	60℃ ×12 天 +70℃ ×60h +80℃ ×6h 耐 3 号喷气燃料 +50℃ ×24h 热空气 +标准热循环后拉伸性能	拉伸强度/MPa	≥0.7	1.1
		拉断伸长率/%	≥50	120
17	粘接性能	剥离强度/(kN/m)	≥3.5	6.2
		内聚破坏率/%	≥95	100

序号	试 验 项 目		指　标	典 型 值
18	60℃×7天耐3号喷气燃料和3%氯化钠水溶液双层液后粘接性能	剥离强度/（kN/m）	≥3.5	5.0
		内聚破坏率/%	≥95	100
19	腐蚀性		密封剂下的基材无腐蚀	合格

参 考 文 献

［1］ Hakam Singh；Jack W. Hutt，（Tarzana）；Morris E. Williams，（Van Nuys，all of Calif.）. Liquid polythioethers. US4366307，1982.

［2］ Jack W Hutt, Hakam Singh. New high temperature and fuel resistant sealants based on permapol P – 3，poly-thioether polymers. 29th National SAMPE Symposium（Science of Advanced Materials and Process Engineering Symposium）. MGM Grand Hotel，Reno，Nevada：April 3 – 5，1984. Publisher：Covina，Calif. ：SAMPE National Business Office，Date：c1984. 1204 – 1212 .

［3］ Morris Lester，Jonathan D Z，Hakam Singh. Thioethers having a high sulfur content and method therefor，US4609762. 1986.

［4］ 刘刚，等. 新型耐高温耐油聚硫代醚密封剂的研究. 中国胶黏剂，2009，18（4）：36 – 38.

第9章　有机硅密封剂

9.1　概述[1,2]

有机硅密封剂是以液体硅橡胶为基体,由于液体硅橡胶以硅氧硅—Si—O—Si—为主链,有较高的键能(441kJ/mol)和柔顺性,使得有机硅密封剂具有优异的耐高低温、耐氧、耐光和天候老化等性能。有机硅密封剂以其优异的性能在高性能密封剂领域中占有重要的地位,广泛应用于航空、航天、电子和通信等高新技术领域。

自20世纪60年代以来,不同硫化类型的以液体硅橡胶为基体的有机硅密封剂不断被开发出来,目前有机硅密封剂类型繁多,按其硫化机理和反应副产物类别分,如图9-1所示。

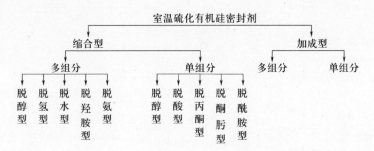

图9-1　室温硫化有机硅密封剂的类型

近年来,国内外有机硅密封剂发展较快,研制的新品种层出不穷,各类功能性密封剂已经开始系列化。西方发达国家的有机硅密封剂产业集中度高,技术领先,他们掌握了中高端有机硅密封剂全球市场的话语权。世界著名有机硅密封剂公司主要有美国Dowcorning公司、美国迈图公司(原GE东芝公司)、美国Nusil公司、德国Warker公司、日本信越等。美国Nusil公司有两千多种有机硅产品,是美国国家航天航空制定的宇航级有机硅材料研制和生产厂家。

国内有机硅密封剂发展迅速,生产厂家达百余家,产业集中度低,但也涌现了一批规模和竞争能力较强的企业如蓝星有机硅、郑州中原、杭州之江和广州白云等。国内从事有机硅密封剂相关研究的高校和研究机构也较多,比较有名的有北京航空材料研究院、中科院化学研究所、晨光化工研究院和武汉大学等。

9.2 有机硅密封剂的基本组成和制备工艺[1]

9.2.1 有机硅密封剂的基本组成

9.2.1.1 基体材料(即液体硅橡胶)的结构和特性

有机硅密封剂的基体材料是液体硅橡胶,其中缩合型有机硅密封剂采用端羟基液体硅橡胶,主要有端羟基聚二甲基硅氧烷(俗称 107 胶)、端羟基聚甲基苯基硅氧烷(俗称 108 胶)、端羟基聚甲基三氟丙基硅氧烷等。加成型有机硅密封剂采用端乙烯基液体硅橡胶或端三甲基含乙烯基液体硅橡胶。液体硅橡胶的类型与化学结构式见表 9－1。

表 9－1　液体硅橡胶的类型化学结构式

序号	生胶类别	分子结构
1	聚二甲基硅氧烷	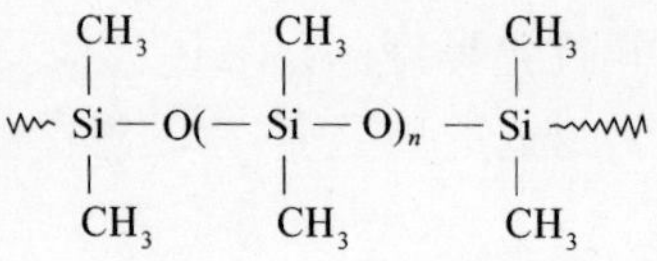 $\sim\!\!Si\!-\!O(-\!Si\!-\!O)_n\!-\!Si\!\sim$,其中各硅原子连接 CH_3、CH_3 基团
2	聚甲基乙烯基硅氧烷	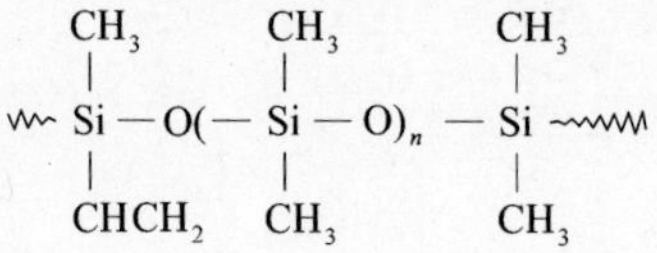 $\sim\!\!Si\!-\!O(-\!Si\!-\!O)_n\!-\!Si\!\sim$,含 CH_3、$CHCH_2$、CH_3 基团
3	聚甲基苯基硅氧烷(单苯基或双苯基)	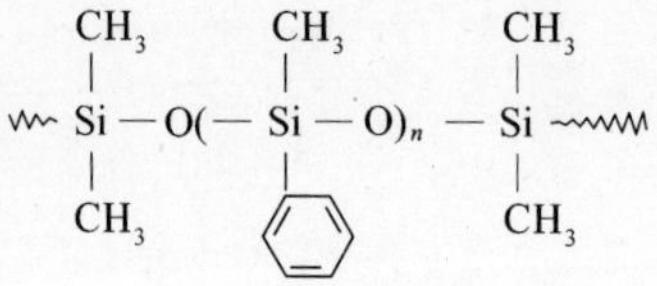 $\sim\!\!Si\!-\!O(-\!Si\!-\!O)_n\!-\!Si\!\sim$,含 CH_3、苯基、CH_3 基团
4	聚氰乙基甲基硅氧烷	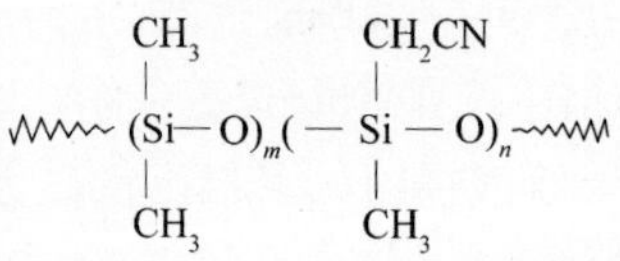 $\sim\!\!(Si\!-\!O)_m(-\!Si\!-\!O)_n\!\sim$,含 CH_3、CH_2CN、CH_3 基团
5	聚甲基苯基苯撑硅橡胶	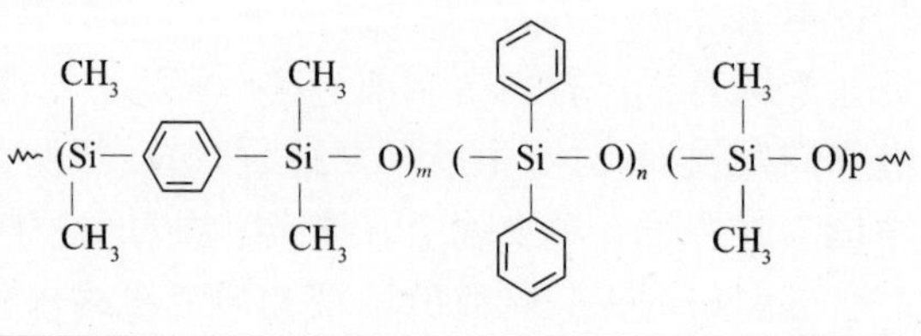 $\sim\!\!(Si\!-\!苯撑\!-\!Si\!-\!O)_m(-\!Si\!-\!O)_n(-\!Si\!-\!O)_p\!\sim$,含 CH_3、苯基、CH_3 基团

序号	生胶类别	分子结构
6	聚甲基苯基苯撑苯醚撑有机硅共聚物	$CH_3-Si-O-(Si-\!\!\!\!\bigcirc\!\!\!\!-O-\!\!\!\!\bigcirc\!\!\!\!-Si-O)_n-(Si-\!\!\!\!\bigcirc\!\!\!\!-Si-O)_n-(Si-O)_p-Si-CH_3$ （甲基/苯基取代基）
6	聚三氟丙基甲基硅氧烷	$\sim\!\!\!(Si-O)_n\!\!\!\sim$，取代基 $CH_2CH_2CF_3$ 和 CH_3
7	三氟丙基甲基–二甲基共聚硅氧烷	$\sim\!\!\!(Si-O)_m(-Si-O)_n\!\!\!\sim$，取代基 CH_3、$CH_2CH_2CF_3$、CH_3、CH_3
8	聚二乙基硅氧烷	$\sim\!\!\!(O-Si)_n\!\!\!\sim$，取代基 CH_2CH_3 和 CH_2CH_3
9	含碳十硼烷聚硅氧烷	$\left[Si-CB_{10}H_{10}C-(Si-O)_x\right]_n$，取代基 CH_3、CH_3、CH_3、CH_3

当液体硅橡胶分子链节中含有二苯基或甲基苯基链节结构,有机硅密封剂的耐高低温、耐辐射和阻燃等性能得到提高;当液体硅橡胶分子链节中含有甲基三氟丙基或甲基氰乙基链节结构,有机硅密封剂的耐油和耐溶剂等性能得到提高;当液体硅橡胶分子链节中含有苯撑、苯醚撑或碳十硼烷链节结构,有机硅密封剂的物理力学性能、耐热性和耐辐射等性能得到提高;当液体硅橡胶分子链节中含有乙基链节结构,有机硅密封剂具有耐超低温性能。[3]

9.2.1.2 交联剂[4]

缩合型有机硅密封剂的交联剂主要有:有机酰氧基硅烷(脱酸型交联剂)、有机烷氧基硅烷(脱醇型交联剂)、有机酮肟基硅烷(脱酮肟型交联剂)、含氢硅油(脱氢型交联剂)、有机氨基硅烷和硅氮烷交联剂(脱胺氨型交联剂)、有机酰氨基硅烷(脱酰氨型交联剂)、有机异丙烯氧基硅烷(脱丙酮型交联剂)七类。在制备室温硫化缩合型有机硅密封剂时,选择相同的液体硅橡胶和补强填料,而交联剂不同时,所获得产品的性能有很大差别。典型交联剂类别对缩合型有机硅密封剂性能的影响见表9-2。

表9-2 交联剂类别对缩合型有机硅密封剂性能的影响

类型	交联剂类别	脱出的小分子	组分数	性能特点	
				优点	缺点
脱醇	$CH_3Si(OCH_3)_3$	CH_3OH	单、多	无味、无腐蚀	粘接性欠佳、透明性差
脱酸	$CH_3Si(O-COCH_3)_3$	CH_3COOH	单	硫化快、透明性好、粘接性好	有酸味、腐蚀金属
脱肟	$CH_3Si(O-N=C(CH_3)(C_2H_5))_3$	$MeEtC=N-OH$	单	综合性能好、无腐蚀	对铜有腐蚀、有味
	$CH_3Si(O-N=C(CH_3)_2)_3$	$Me_2C=N-OH$			
脱胺	$CH_3Si(NHC_6H_{11})_3$	$C_6H_{11}NH_2$	单	硫化快、对石材粘接性好	有胺味、有腐蚀和一定毒性
其他	$MeSi(NMeAc)_3$	$AcNHMe$	单	无味、低模量、高伸长率	粘接性欠佳
	$MeSi(OCMeCH_2)_3$	Me_2CO	单	无毒、无味、硫化快、储存稳定性好、耐热好	成本高
	$-H(CH_3)SiO-$	H_2	多	无味、在密闭状态下不易热降解	有气泡产生、粘接性差

加成型有机硅密封剂所使用交联剂主要是含3个以上硅氢键的硅氧烷低聚物（俗称含氢硅油）。

9.2.1.3 催化剂

液体硅橡胶与硅烷交联剂在没有催化剂的条件下几乎不反应或反应非常缓慢，为了获得具有使用价值的室温硫化有机硅密封剂必须添加催化剂。缩合型有机硅密封剂的催化剂分为有机锡化合物和有机钛化合物。有机锡化合物催化剂又分为有机羧酸锡和有机锡螯合物，包括辛酸亚锡、二月桂酸二丁基锡、二辛酸二丁基锡、二辛酸二乙基锡、二乙基二丁基锡、二甲氧基二丁基锡、二丁基氧化锡、甲基有机锡螯合物以及乙氧基有机锡螯合物等。有机钛化合物催化剂主要有钛酸酯及钛酸酯螯合物，包括四异丙基钛酸酯、四正丁基钛酸酯、四（三甲基硅烷氧基）钛、二异丙氧基-双（乙酰丙酮基）钛等。

加成型有机硅密封剂的催化剂为活性较高的氯铂酸及其络合物，包括邻苯二甲酸二乙酯配位的乙醇-氯铂酸络合物的溶液（铂含量约2%，适用于60℃~80℃

硫化用）、四甲基二乙烯基二硅氧烷配位的氯铂酸络合物（铂含量约 2%，为油状液体，适用于室温硫化用）、氨烃基聚硅氧烷配位的热敏性铂催化剂（适用于加热硫化用）和热塑性树脂包封的微胶囊型铂催化剂（适用于单组分硫化用）等。

9.2.1.4　填料

由于液体硅橡胶的内聚能密度很低，分子间的作用力小，不添加补强填料的有机硅密封剂强度非常低，不能满足使用要求，因此必须添加一定量的补强填料。有机硅密封剂的填料可以分为补强填料和弱补强填料两大类。补强填料主要是气相法白炭黑和沉淀法白炭黑，弱补强填料主要有碳酸钙、氧化锌、硅藻土和石英粉等。

白炭黑是有机硅密封剂的高效补强填料。一方面白炭黑的分子结构与液体硅橡胶的主链结构相似，因此液体硅橡胶的分子链可以吸附于二氧化硅粒子的表面，使每一个二氧化硅颗粒成为物理交联点；另一方面白炭黑表面积大并含有大量的羟基，可以与液体硅橡胶的硅氧键或硅羟基形成氢键，这都显著提高了有机硅密封剂的力学性能。根据生产工艺不同，白炭黑分为沉淀法白炭黑（湿法）和气相法白炭黑（燃烧法）。由于高补强的白炭黑的比表面积超过 $100m^2/g$，且表面含有大量硅羟基，故粒子间的凝聚力相当强，在液体硅橡胶中很难分散，对补强非常不利；而硅羟基还易和液体硅橡胶大分子中的硅氧键或硅羟基作用，产生结构化而难于使用。因此采用有机硅化合物处理白炭黑，以减少白炭黑硅羟基的含量，得到疏水性的改性白炭黑（如德国 Degussa 公司的 Aerosil R974、Aerosil R202 和 Aerosil R812 系列），从而改善白炭黑在液体硅橡胶中分散性和减少结构化。

9.2.1.5　结构控制剂

为防止有机硅密封剂基膏因产生结构化而黏度增加，而影响使用，常在有机硅密封剂基膏中，特别是有白炭黑补强的体系中，加入结构控制剂，如 $Ph_2Si(OH)_2$、$Ph_2Si(OMe)_2$、$Ph_2Si(OEt)_2$、$(Me)_3Si—(NH—SiH_2—)NH—Si(Me)_3$、$(Me_3—)Si—CH_2—(C=O)—O—CH_2—Me$、$(CH_2=C(CH_3)—O—)_3Si—CH_2—CH_2—Si(—O—Me)_3$、$HO(Me_2SiO)~10H$、$MeO(Me_2SiO)_2~10Me$、$EtO(Me_2SiO)_2~10Et$，或对白炭黑进行表面处理，如用 Me_2SiCl_2、$(Me_2SiO)_n$（式中 $n=3~10$）或 $(Me_3Si)_2NH$ 处理，可使密封剂贮存期明显延长，其用量约为聚硅氧烷的 2% 左右。

9.2.1.6　耐热添加剂[5-8]

为了提高密封剂在高温有氧环境下的耐老化性能，通常在密封剂中加入耐热添加剂如二氧化钛、氧化铁、氧化铈等金属氧化物。金属氧化物在老化过程中产生氧化还原反应，阻止了烷基自由基对有机硅聚合物分子的破坏作用，大大提高了密封剂的耐热空气老化性能。如在配方中加入 0.3 份~3 份的氧化铁，即可提高聚硅氧烷的氧化分解温度，延长聚硅氧烷在空气中的使用寿命，其作用机理是三价铁被还原为二价铁，使得引起降解反应连续发生的游离基 R·氧化从而失去反应活性，降低了降解反应发生的能力，甚至终止了聚硅氧烷交联体的降解。反应式如下：

$$Fe^{3+} + R^{\cdot} \longrightarrow Fe^{2+} + R^{+} \qquad (9-1)$$

$$Fe^{2+} + [O^{\cdot}] \longrightarrow Fe^{3+} \qquad (9-2)$$

9.2.1.7 触变剂

触变剂主要有气相法二氧化硅、含硅基的聚乙二醇、聚醚硅烷类、聚甲基硅倍半噁烷、氰乙基三甲氧基硅烷和聚醚类。它们把组成密封剂的各物料团粒或分子间连接起来（并非交联），变成一个暂时稳定的立体网络结构，在重力作用下可保持堆砌而不流淌，而当混合或压注时，类似双头钩的连接作用瞬间消失，立体的网络结构也瞬间被破坏，密封物料的黏度立即变小，工艺性能得以恢复。图9-2~图9-5是该机理的形象表达。图9-2中，(a)、(b)、(c)和(d)分别表示长径比大的配合剂、线团状高分子或准高分子、微珠形有机或无机填料、团粒状填料，密封剂组成中的这四种状态均有良好的流动性。图9-3中的(a)′、(b)′、(c)′、(d)′分别代表因加入触变剂后形成的可堆放而不流淌的新聚集状态。图9-4中的(a)、(b)、(c)、(d)代表了四种新聚集状态受到外力挤压或搅拌后瞬间形成的聚集状态。

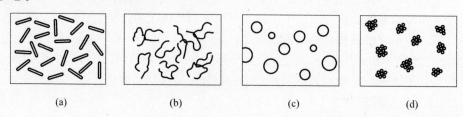

(a)　　　　　(b)　　　　　(c)　　　　　(d)

图9-2　未加触变剂前密封剂组成中四种物料的聚集状态

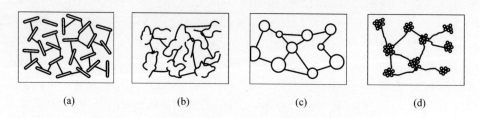

(a)　　　　　(b)　　　　　(c)　　　　　(d)

图9-3　加触变剂后密封剂组成中四种物料的新聚集状态

由图9-2中四种物料组成的密封剂不具备触变性，但具有良好的流动性。由图9-3中四种物料组成的密封剂具备良好的触变性。

9.2.1.8 粘接用偶联剂

有机硅密封剂对异质材料的粘接性一般较差，尤其是加成型有机硅密封剂的粘接性更差，有效地解决办法是选择匹配的粘接底涂。匹配的含义是指粘接底涂可以使密封剂与被粘物的表面张力基本一致。由于粘接底涂的介入，密封

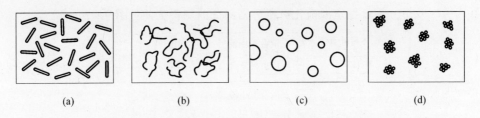

(a)　　　　　　(b)　　　　　　(c)　　　　　　(d)

图9-4　加触变剂后密封剂组成中四种物料在受到外力
挤压或搅拌后瞬间出现的聚集状态

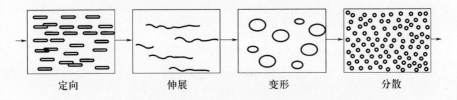

定向　　　　　伸展　　　　　变形　　　　　分散

图9-5　加触变剂后密封剂组成中的四种物料在受到外力挤压
或搅拌后通过小孔瞬间形成的动态的聚集状态

剂的表面张力将接近或小于被粘物的表面张力,这样就可有效地解决有机硅密
封剂与被粘物的粘接。选择粘接底涂的方法是在充分了解粘接底涂主料的物理
特性如黏度、挥发速度、反应活性和表面张力的基础上,通过试验选出适用的粘
接底涂。

此外,还通过加入发泡剂、阻燃剂、导电填料、导热填料和雷达吸波剂等制备出
相应的功能有机硅密封剂。

9.2.2　有机硅密封剂的制备工艺

1. 缩合型室温硫化有机硅密封剂的制备工艺
(1) 单组分缩合型室温硫化有机硅密封剂的制备工艺(图9-6)。

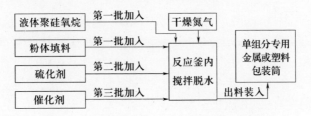

图9-6　单组分缩合型室温硫化有机硅密
封剂的制备工艺流程

整个过程必须做到除水干燥,这是单组分有机硅密封剂制备工艺成败的关键
之一。

（2）双组分缩合型室温硫化有机硅密封剂的制备工艺见图9-7。

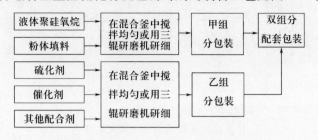

图9-7　双组分缩合型室温硫化有机硅密
封剂的制备工艺流程

　　双组分或多组分有机硅密封剂制备过程中,乙组分的制备过程必须确保干燥脱水,否则未去除的水可导致密封剂难以硫化。

　　2. 加成型室温硫化有机硅密封剂的制备工艺

　　加成型室温硫化有机硅密封剂可制成单组分或双组分材料。密封剂的两个组分可以用真空脱水立式搅拌机分别制备。在加工过程中采取抽真空加热脱水、充氮气排水等工艺。

9.3　有机硅密封剂的性能

9.3.1　单组分缩合型有机硅密封剂

9.3.1.1　单组分缩合型有机硅密封剂的基本特点

　　单组分缩合型有机硅密封剂是由生胶、交联剂、催化剂和填料等按一定比例配合,均匀混合后密封在一个软管或封筒中,使用时,挤出胶料,在常温常压下遇湿气硫化成弹性体,使用特别方便。硫化时,不放热、不吸热,对各种基材粘接良好,兼具优良的耐高低温、耐候及介电性能等。

　　单组分缩合型有机硅密封剂的生胶是 α,ω—端羟基聚二有机基硅氧烷,交联剂的品种主要有机酰氧基硅烷、有机烷氧基硅烷、有机酮肟基硅烷、有机氨基硅烷、有机酰氨基硅烷和有机异丙烯氧基硅烷。催化剂主要是有机羧酸锡及有机锡螯合物,钛酸酯及钛螯合物。单组分缩合型有机硅密封剂的硫化,既与交联剂有关也和环境的湿度和温度有关,其硫化速度很大程度上取决于水分在胶层的扩散速度。

9.3.1.2　单组分缩合型有机硅密封剂的应用实例

　　1. HM304 单组分脱醇型有机硅密封剂

　　脱醇型单组分有机硅密封剂是高性能有机硅密封剂的最主要品种之一,HM304 单组分脱醇型有机硅密封剂主要用于空气介质中工作温度为 -60℃ ~ 250℃下的结构件螺接、铆接接头和仪表、电阻器、无线电电子设备的表面密封,以及用于有机硅密封剂密封制件的修补密封。该密封剂与阳极化铝合金、耐腐蚀钢、玻璃有良好的粘接性能,也可与粘接底涂 NJD－9 和 NJD－11 配套使用,可以保证密封剂对被黏材料有更好的粘接。HM304 单组分有机硅密封剂的性能见表 9－3。

表 9－3   HM304 单组分有机硅密封剂的性能

性 能 名 称	技术指标	实测典型值	性 能 名 称	技术指标	实测典型值
外观	白色膏状	白色膏状	拉伸强度/MPa	≥2.0	3.0
表干时间/min	≥10	15	扯断伸长率/%	≥250	280
硬度(邵氏 A)	≥28	40	180°剥离强度 /(kN/m)	≥1.7	2.5

储存后的活性期是单组分有机硅密封剂储存稳定性的主要标志。表 9－4 列举了 HM304 密封剂在储存前后活性期的变化,由表 9－4 可知,HM304 密封剂的储存稳定性良好。

表 9－4   HM304 单组分有机硅密封剂的储存稳定性

性 能 名 称	1 批	2 批	3 批	4 批	5 批
初始活性期/min	20	25	30	20	30
6 个月后活性期/min	15	25	30	—	—
12 个月后活性期/min	—	—	—	20	25

HM304 单组分有机硅密封剂的耐热性能突出。HM304 单组分有机硅密封剂的耐 300℃热空气老化性能见表 9－5。在热空气环境下进行老化,密封剂的拉伸强度、硬度随着老化时间的增长,呈现先下降后回升的趋势,这主要是因为热老化过程中,密封剂不仅发生主链的降解反应,同时也伴随着交联反应。在热氧老化初期阶段,以聚硅氧烷主链的降解为主,因而密封剂的拉伸强度、硬度都有所下降;热氧老化中后期阶段,聚硅氧烷主链的降解作用逐渐减弱,侧甲基氧化引发的交联反应逐渐起主导作用,因而密封剂的拉伸强度、硬度又有所回升。

表 9－5   M304 单组分有机硅密封剂的耐 300℃热空气老化性能

时间/h	拉伸强度/MPa	扯断伸长率/%	硬度(邵氏 A)	180°剥离强度/(kN/m)
0	2.6	300	44	4.7
50	1.8	200	28	1.6
100	1.8	140	44	1.5
150	2.1	150	43	1.5
200	2.1	135	52	1.5
300	2.2	125	57	1.0

2. HM319 单组分有机硅密封剂

HM319 单组分有机硅密封剂是无色透明脱肟型,主要用于电子电器、太阳能镜面的粘接与密封,起绝缘、防水、防潮的作用。

HM319 单组分有机硅密封剂对多种金属、硅酸盐玻璃、聚碳酸酯等材料具有良好的粘接性。主要用于空气介质中工作温度为 $-60℃ \sim 250℃$ 下的结构件螺接、铆接接头和仪表、电子电器、户外设备的表面密封,以及有机硅密封剂密封制件的修补密封、硅橡胶制件的粘接等。密封剂可以单独使用,为了提高与被密封材料的粘接性,必要时与配套粘接底涂配合使用。HM319 单组分有机硅密封剂的性能见表 9 – 6。

表 9 – 6　HM319 单组分有机硅密封剂的性能

性 能 项 目		指 标 要 求	实测典型值
外观		无色透明	无色透明
表干时间/min		≥10	20
密度/(g/cm³)		≤1.9	1.1
拉伸强度/MPa		≥1.0	2.0
扯断伸长率/%		≥100	230
硬度(邵氏 A)		≥18	24
180°剥离强度/(kN/m)		≥1.0	1.7
热空气老化性能 (250℃ ×24h)	拉伸强度/MPa	≥1.0	2.5
	扯断伸长率/%	≥100	150
	硬度(邵氏 A)	≥18	28
	180°剥离强度/(kN/m)	≥0.7	1.5

9.3.2　多组分缩合型有机硅密封剂

9.3.2.1　多组分缩合型有机硅密封剂的基本特点

多组分缩合型有机硅密封剂是由生胶、交联剂、催化剂和填料等配制而成,使用时将其混合在一起,即可在常温常压下(无需水分)硫化成弹性体。多组分缩合型有机硅密封剂一般是双组分、三组分或四组分,并以双组分为主。双组分缩合型有机硅密封剂的包装形式多样,一般它以交联剂和一部分生胶为一组分,以催化剂和另一部分生胶为一组分;也有采用将生胶和填料混合成基膏为一组分,将交联剂和催化剂混合成硫化剂为一组分。双组分缩合型有机硅密封剂的使用比较方便,可以根据加工及使用需要,现场通过变换交联剂和催化剂品种、用量,获得不同性能的硫化胶。

多组分缩合型有机硅密封剂的生胶是 α, ω —端羟基聚二有机基硅氧烷,交联剂的品种主要有四烷氧基硅烷及其部分水解物(脱醇型交联剂)、含多硅氢键的硅氧烷低聚物(脱氢型交联剂)、含多氨氧基的硅氧烷低聚物(脱羟胺型交联剂)、多羟基硅氧烷(脱水型交联剂)。催化剂主要是有机羧酸锡及有机锡螯合物、钛酸酯及钛螯合物和铂化合物等。多组分缩合型有机硅密封剂的硫化无需水分,里外同时硫化,深度固化性能较好。

9.3.2.2 多组分缩合型有机硅密封剂的应用实例

1. HM301 室温硫化耐高温有机硅密封剂

HM301 室温硫化耐高温有机硅密封剂是一种综合性能优异的三组分脱氢缩合型有机硅密封剂,其耐热性能突出,缝内密闭状态下可长期耐 250℃,缝外空气中可耐 300℃高温,并有较好的电性能和粘接性能。该密封剂用于飞机座舱系统和不接触燃油耐热部位的缝内和表面、温度从 −60℃~250℃空气介质中工作的电气连接件和其他无线电电子设备的密封,例如座舱前风挡和座舱盖玻璃与边框间的缝内密封,座舱和中央翼前段口盖、方向舵、座椅支架、支点、螺栓的密封,近250℃高温区口盖密封,铆钉及螺栓连接的缝内密封等。HM301 密封剂与阳极化铝合金、耐腐蚀钢、玻璃有良好的粘接性能,也可与粘接底涂 NJD − 9 和 NJD − 11配套使用,可以保证密封剂对被黏材料有更好的粘接。该材料的研制成功,填补了我国该类密封剂的空白,已广泛应用于航空、航天和电子电器等高新技术领域。

硫化剂类型对密闭状态的密封剂耐热稳定性的影响见表 9 − 7。由表 9 − 7 可以看出,HM301 室温硫化耐高温有机硅密封剂经密闭高温 250℃作用后,密封剂的硬度几乎不变,而将硫化剂改为正硅酸乙酯后,密封剂在 250℃已降解,说明脱氢型密封剂的热稳定性优于脱醇型。脱氢型密封剂在没有氧气的条件下,体型交联网络破坏发生在主链上,因为 Si − O 键具有离子特性,硅原子可遭受亲核基团及亲电基团的进攻,引起主链断裂,密封剂中仍有未参加反应的端羟基在高温下可引起解扣式降解产生环体,末端的羟基和第四个硅原子上的氧结合,生成新的端基,而新的端基又回头引起解扣反应,如此循环不止,最终使交联的密封剂降解为黏流体。

表 9 − 7　硫化剂类型对密闭状态的密封剂耐热稳定性的影响

项目名称		HM301	HM301 改
硫化剂		含氢硅油	正硅酸乙酯
常温硬度(邵氏 A)		40	44
密闭状态下热老化后硬度(邵氏 A)	250℃ ×3h	42	降解为黏稠状
	250℃ ×10h	41	
	250℃ ×20h	40	
	250℃ ×50h	41	
	250℃ ×224h	45	

HM301 密封剂的耐高低温性能突出,适合于宇航结构密封剂,对金属材料不腐蚀,具有良好的电气绝缘性能。HM301 室温硫化耐高温有机硅密封剂高低温条件下的力学性能见表 9 - 8,HM301 室温硫化耐高温有机硅密封剂的性能见表 9 - 9。

表 9 - 8 HM301 室温硫化耐高温有机硅密封剂高低温条件下的力学性能

测试温度/℃	拉伸强度/MPa	扯断伸长率/%	180°剥离强度/(kN/m)
-45	7.7	230	1.6
200	1.6	110	1.1
250	0.6	53	1.0
300	0.7	70	0.9

表 9 - 9 HM301 室温硫化耐高温有机硅密封剂的性能

性 能 名 称		粉红色 HM301	灰色 HM301
活性期/h		3.5	4.5
密度/(g/cm³)		2.14	2.15
常温力学性能	硬度(邵氏 A)	40	39
	拉伸强度/MPa	3.5	2.8
	扯断伸长率/%	400	532
	180°剥离强度/(kN/m)	3.0	4.7
	脆性温度/℃	-68.8	-68.5
250℃ ×100h 老化后	硬度(邵氏 A)	44	36
	拉伸强度/MPa	3.8	1.7
	扯断伸长率/%	312	270
	撕裂强度/(kN/m)	10.8	10.0
电性能	介电强度/(kV/mm)	10.4	—
	介电常数	4.6	—
	损耗系数	0.016	—
	体积电阻率/(Ω·cm)	2.8×10^{16}	—

2. HM321 耐高温高强度有机硅密封剂

HM321 耐高温高强度有机硅密封剂是多组分缩合型有机硅密封剂,该材料分为Ⅰ型和Ⅱ型,Ⅰ型硫化体系为脱氢型,三组分包装,Ⅱ型硫化体系为脱醇型,双组分包装。HM321 密封剂要与 NJD - 6 粘接底涂配套使用,对钢、钛合金和铝合金等金属材料、座舱玻璃和陶瓷材料具有良好的粘接性能。主要用于空气介质中工作温度为 -60℃ ~250℃ 下的飞机座舱、导弹、各种机械设备的螺接和铆接、电子电气系统的密封。HM321 密封剂具有高强度、良好的耐候性和耐高低温性。

HM321 耐高温高强度有机硅密封剂热老化性能见表 9-10。由表 9-10 可知,脱氢型硫化 I 型和脱醇硫化 II 型耐热性能优良,但脱氢型硫化 I 型得耐热性能更好。

表 9-10　HM321 耐高温高强度有机硅密封剂热老化性能

性 能 名 称		I 型	II 型
活性期/h		3.0	5.0
常温力学性能	硬度(邵氏 A)	40	50
	拉伸强度/MPa	7.3	8.1
	扯断伸长率/%	585	560
260℃×200h 耐热后	硬度(邵氏 A)	30	47
	拉伸强度/MPa	3.3	4.0
	扯断伸长率/%	370	150
	扯断伸长率保持率/%	63	27
300℃×200h 耐热后	硬度(邵氏 A)	38	57
	拉伸强度/MPa	3.2	3.0
	扯断伸长率/%	250	115
	扯断伸长率保持率/%	43	21
316℃×100h 耐热后	硬度(邵氏 A)	47	53
	拉伸强度/MPa	3.9	3.1
	扯断伸长率/%	160	100
	扯断伸长率保持率/%	27	18

HM321 密封剂采用不同苯基含量生胶的性能见表 9-11。由表 9-11 可以看出,以 107 胶制备密封剂的拉伸强度、扯断伸长率和 180°剥离强度基本上比一般有机硅密封剂高出一倍。随着生胶中苯基含量增加,密封剂的拉伸强度变差,伸长率变小,原因是生胶的苯基含量升高,导致端羟基的活性变差,室温下难以硫化完全。可见,要得到高强度的有机硅密封剂,生胶使用 107 胶最优。

表 9-11　HM321 密封剂采用不同苯基含量生胶的性能

性 能 项 目	107 胶(Ph% =0)	108-1 胶(Ph% =7%)	108-2 胶(Ph% =11.4%)
硬度(邵氏 A)	40	22	27
拉伸强度/MPa	7.3	2.4	2.3
扯断伸长率/%	585	460	240
180°剥离强度/(kN/m)	8.8	5.7	2.8

HM321 耐高温高强度有机硅密封剂 I 型综合性能优异,其性能见表 9-12。

表 9 - 12 HM321 耐高温高强度有机硅密封剂 I 型的性能

性 能 项 目		指标要求	实测典型值
外观		红色膏状	红色膏状
活性期/h		2 ~ 8	2.5
脆性温度/℃		≤ - 60	- 60
硬度(邵氏 A)		30 ~ 50	39
密度/(g/cm³)		≤1.25	1.22
常温力学性能	拉伸强度/MPa	≥4.5	6.5
	扯断伸长率/%	≥450	500
250℃ ×200h	拉伸强度/MPa	≥3.0	5.0
	扯断伸长率/%	≥250	340
粘接性能	剪切强度/MPa	≥4.0	4.1
	180°剥离强度/(kN/m)	≥5.0	6.5
	内聚破坏率/%	≥95	95
密闭体系中250℃ ×50h 耐热后	硬度(邵尔 A 型)	≥20	31
注:粘接强度试验采用底涂 NJD - 6 对不锈钢和钛合金表面进行处理			

3. HM307 电器灌封用有机硅密封剂

HM307 电器灌封用有机硅密封剂是双组分缩合脱醇型有机硅密封剂,材料的综合性能优良,耐高温老化性能优良,经过 300℃ ×600h 老化后仍然具有良好的物理性能,保证密封可靠性,使用时一般要与粘接底涂 NJD - 9 和 NJD - 11 配套使用,以保证密封剂对被粘材料有更好的粘接。HM307 密封剂用于在空气介质中温度为 -60℃ ~ 300℃ 下工作的结构件和仪表的螺接、铆接和焊接件等的密封。HM307 电器灌封用有机硅密封剂的性能见表 9 - 13。

表 9 - 13 HM307 电器灌封用有机硅密封剂的性能

性 能 名 称		技术指标	实测典型值
外观		白色膏状	白色膏状
活性期/h		0.5 ~ 6	2.0
密度/(g/cm³)		≤1.4	1.2
常温力学性能	硬度(邵氏 A)	42 ~ 55	48
	拉伸强度/MPa	≥1.5	3.4
	扯断伸长率/%	≥100	200
	180°剥离强度/(kN/m)	≥0.5	2.0
	脆性温度/℃	≤ - 60℃	- 76℃

性　能　名　称		技　术　指　标	实测典型值
电性能	介电强度/(kV/mm)	≥10	21
	介电常数	—	3.34
	损耗系数	—	0.02
	体积电阻率/Ω·cm	≥1×10^{13}	1.8×10^{14}
300℃×600h 老化后	硬度/(邵氏 A)	≥30	73
	拉伸强度/MPa	≥1.0	4.2
	扯断伸长率/%	≥81	100
	180°剥离强度/(kN/m)	≥0.9	3

9.3.3　加成型有机硅密封剂

9.3.3.1　加成型有机硅密封剂的基本特点[9,10]

加成型有机硅密封剂是由生胶、交联剂、催化剂和填料等配制而成,根据包装形式分为单组分和双组分,以双组分居多,但正朝着单组分方向发展,使用时将其混合在一起,在室温下或加热条件下硫化成弹性体。加成型有机硅密封剂固化时无小分子生成,硫化速度受温度影响大,得到的硫化胶线收缩率低,深度固化性能优异。

加成型有机硅密封剂的生胶是含有两个或两个以上乙烯基的聚二有机基硅氧烷,交联剂是含 3 个以上硅氢键的硅氧烷低聚物(俗称含氢硅油),催化剂主要是铂系催化体系,为了得到满足使用要求的适用期,往往还要加入抑制剂,抑制剂主要是含 N、P、S 的有机化合物。此外,为了得到高透明的加成型有机硅密封剂,往往加入 MQ 硅树脂做补强剂。

9.3.3.2　加成型有机硅密封剂的应用实例

1. HM322 室温硫化硅橡胶

HM322 室温硫化硅橡胶为双组分加成型有机硅密封剂,HM322 密封剂是针对新型发动机增压级静子内环用密封剂需求而研制,对静子叶片起到固定、减振作用,也可以用于工作的结构件和仪表的螺接、铆接和焊接件等的密封。HM322 密封剂使用温度从 −60℃~204℃空气介质中,具有优良的物理力学性能,拉伸强度和撕裂强度均较高,其使用时一般要与粘接底涂 NJD−6 配套使用,以保证密封剂对被粘材料有更好的粘接,HM322 室温硫化硅橡胶的性能见表 9−14。

表 9 - 14　HM322 室温硫化硅橡胶的性能

性能名称		技术指标	实测典型值
外观	组分一	蓝色膏状	蓝色膏状
	组分二	米色黏稠液体	米色黏稠液体
基膏黏度 /mPa·s	组分一	$(1.3 \sim 1.7) \times 10^{15}$	1.5×10^{15}
	组分二	$\leqslant 6000$	1250
密度/(g/cm³)		$1.0 \sim 1.3$	1.1
活性期/h		$2 \sim 5$	2.5
硬度(邵氏 A)		60 ± 5	56
拉伸强度/MPa		$\geqslant 4.5$	5.3
扯断伸长率/%		$200 \sim 300$	205
撕裂强度/(kN/m)		$16 \sim 21$	17
粘接强度/MPa		$\geqslant 1.2$	4.4
导热系数/[W/(m·K)]		0.31 ± 0.3	0.26

注：粘接强度试验采用底涂 NJD - 6 对不锈钢和钛合金表面进行处理

2. XZ - 1 电磁铁灌注料

XZ - 1 电磁铁灌注料为三组分加成型导热有机硅密封剂,组分一为白色黏稠液体,组分二为透明黏稠液体,组分三为粉状填料,硫化后为白色弹性体,色泽均匀,无可见外来杂质。该密封剂主要用于电器、仪表和插头的灌封,使用温度为 $-60℃ \sim 270℃$,也可用于要求低收缩率的部件灌封或需要在密闭状态下硫化的部件灌封。

XZ - 1 电磁铁灌注料的主要性能见表 9 - 15,XZ - 1 电磁铁灌注料的模拟试验条件及结果见表 9 - 16。

表 9 - 15　XZ - 1 电磁铁灌注料的主要性能

性能名称	技术指标	实测典型值	性能名称	技术指标	实测典型值
外观	白色	白色	热分解温度(DSC)/℃	—	507
黏度/Pa·s	—	$2500 \sim 3500$	防霉等级/级	—	$0 \sim 1$
活性期/h	$\geqslant 2$	2	毒性	—	低毒
不粘期/h	$\leqslant 24$	24			

表 9 - 16　XZ - 1 电磁铁灌注料的模拟试验条件及结果

试验项目	试验条件	结果
振动试验	频率 100Hz,过载 4g,振动 20h	灌注孔无变化
	频率 200Hz,过载 8g,振动 10h	灌注孔无变化

试 验 项 目	试 验 条 件	结 果
热循环试验	120℃下,不通工作液,每隔 1min 通电 45s,如此循环 5 次,自然冷却 10min 再重复通电 10 次,冷却至室温。重复上述操作 100 个循环	灌注孔无变化
低温试验	-60℃下保持 2h	灌注孔无变化
绝缘电阻	上述试验完成后,通入 500V、50Hz 交流电 1min	未击穿

9.4 功能型有机硅密封剂

随着航空、航天、电子和通信等高新技术的快速发展,对有机硅密封剂的功能提出了越来越多的要求,单一的密封性能已经远远不能满足需要,因此各种功能型有机硅密封剂被不断开发出来,如耐高温抗密闭降解有机硅密封剂、防火阻燃有机硅密封剂、导电有机硅密封剂、导热绝缘有机硅密封剂、泡沫有机硅密封剂和吸波有机硅密封剂等。

9.4.1 耐高温抗密闭降解有机硅密封剂

9.4.1.1 耐高温抗密闭降解有机硅密封剂的基本特点

1. 有机硅密封剂的高温老化和密闭降解原理

有机硅密封剂高温下的性能损失主要是由于主链降解和侧基氧化造成的。影响有机硅密封剂的耐热性因素主要有以下几种:

(1)解扣式降解。在水、硅羟基或残存催化剂的存在下,聚有机硅氧烷从链端开始失去小分子环体的降解,即解扣式降解:

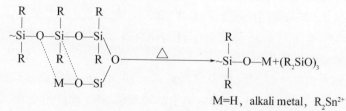

$$M=H, \quad \text{alkali metal}, \quad R_2Sn^{2+}$$

这种降解是连续的,它造成聚硅氧烷相对分子质量不断降低和严重失重,是影响有机硅密封剂高温使用性能的主要原因。硅羟基封端的聚硅氧烷开始降解温度比甲基封端的低 40℃~50℃,降解速率快 30 倍~50 倍。

(2)热重排降解。聚二甲基硅氧烷的组成骨架是 Si-O 键和 Si-C 键,两者键能分别为 450kJ/mol 和 326kJ/mol,所以聚二甲基硅氧烷的耐热性好。但其硅氧主链柔性大,硅氧键极性大,惰性基团封端的聚硅氧烷加热到一定温度,会发生失去硅氧烷环体的热重排降解：

$$n=3,4,5\cdots$$

这是由于聚硅氧烷分子链内氧原子的未共享电子对与临近硅原子的 3d 轨道配位,经过一个四中心过渡态,在热作用下使 Si—O—Si 键断裂而引起的。聚硅氧烷在真空或惰性气氛下的热降解活化能约为 167kJ/mol。一般情况下,与其他降解相比,热重排降解的温度更高,不会影响硅橡胶的使用性能。

(3) 侧基的氧化。在氧气存在下,升温至 200℃ ~250℃ 以上时,聚有机硅氧烷的侧基会发生氧化降解。首先是硅甲基氧化成过氧基团,然后消去一分子甲醛生成硅羟基。

硅羟基缩合使聚合物产生交联。同时这些硅羟基还会导致环硅氧烷的生成。

硅上取代基的热氧化稳定性按下列顺序递减:苯基 > 甲基 > 乙基 > 丙基 > 乙烯基。

2. 提高有机硅密封剂的耐高温老化和抗密闭降解的途径[11-14]

(1) 提高有机硅密封剂的耐高温老化的方法。为提高有机硅密封剂的耐高温性能,一方面通过对有机硅主链进行改性,引入耐热性能更好的基团,如二苯基链节、甲基苯基链节、环二硅氮烷和碳十硼烷等;另一方面通过加入抗氧剂抑制聚硅氧烷的侧基氧化,普遍使用的抗氧剂有 Y 型氧化铁、氧化铈、二氧化钛、氢氧化铁和有机硅二茂铁等。此外,上海高分子材料研究开发中心合成的铁络合物 801 耐热添加剂效果也较好。

(2) 提高有机硅密封剂的抗密闭降解的方法。为抑制聚硅氧烷的解扣式降解,可采用硅氮交联剂,它可以与硅氧链上的羟基脱 NH3 而产生交联,在室温固化完全。这种交联剂的优点是使用微量金属盐催化,可以过量使用,过量的硅氮交联剂能消除体系中残存的羟基和水,提高有机硅密封剂的耐热性能,原因是硅氮链节能在一定温度下与硅羟基和水作用生成硅胺,硅胺活性大,又能很快与硅羟基缩合生成硅氧链和氨,如下式:

因此,硅氮交联剂可消除体系中的羟基和水,再重新生成高分子链,从而阻止降解的进行。

$$—SiNHSi— + —SiOH— \longrightarrow —SiNH_2 + —SiOH—$$

$$—SiNHSi— + H_2O \longrightarrow —SiNH_2 + —SiOH—$$

$$—SiNH_2 + —SiOH— \longrightarrow —SiOSi— + NH_3$$

9.4.1.2 耐高温抗密闭降解有机硅密封剂的应用实例

1. HM306 有机硅密封剂

HM306 有机硅密封剂是双组分缩合型有机硅密封剂,综合性能优异,它在空气中长期使用温度范围为 $-60℃ \sim 350℃$,用于电器插头和加热元件的密封和防护。

HM306 有机硅密封剂无需粘接底涂,即可对被粘材料有良好的粘接性能,HM306 有机硅密封剂与不同金属的粘接性能见表 9 - 17。

表 9 - 17　HM306 有机硅密封剂与不同金属的粘接性能结果

基材类别	底涂	耐热条件	180°剥离强度/(kN/m)
阳极化铝合金	有	—	2.08
	无		2.04
1Cr18Ni9Ti 不锈钢	有	—	1.79
	无		1.81
	有	300℃ ×200h	0.76
	无		1.13
	有	350℃ ×100h	0.05
	无		0.65

HM306 有机硅密封剂具有优异的耐高温和抗密闭降解性能,HM306 有机硅密封剂的性能见表 9 - 18。

表 9 - 18　HM306 有机硅密封剂的性能

性能名称	技术指标	实测值
活性期/h	3.0 ~8.0	3.0 ~4.5
拉伸强度/MPa	≥2.0	2.4 ~2.9
扯断伸长率/%	≥100	146 ~210
硬度(邵氏 A)	30 ~55	35 ~40
180°剥离强度/(kN/m)	≥1.5	1.77 ~2.34
脆性温度/℃	≤ -60	< -64

性 能 名 称		技术指标	实 测 值
耐降解性(密闭条件下 300℃×3h后)	硬度(邵尔 A 型)	≥18	20~30
300℃×200h 热空气老化	拉伸强度/MPa	≥1.0	3.35~4.70
	扯断伸长率/%	≥50	65~110
	180°剥离强度/(kN/m)	≥1.0	1.04~1.22
350℃×55h 热空气老化	拉伸强度/MPa	≥1.0	3.68~4.56
	扯断伸长率/%	≥30	44~57
	180°剥离强度/(kN/m)	≥0.5	0.61~0.73
350℃×100h 热空气老化	拉伸强度/MPa	≥1.0	3.62~4.60
	扯断伸长率/%	≥30	34~45
	180°剥离强度/(kN/m)	≥0.5	0.53~0.78
电性能	击穿电压/(kV/mm)	≥5	10.1~13.3
	体积电阻率/($\Omega\cdot$cm)	≥1×10^{13}	$(1.4~13)\times10^{14}$
	表面电阻率/Ω	≥1×10^{13}	$(1.5~31)\times10^{15}$

2. XY-602S 胶黏剂

XY-602S 胶黏剂是双组分缩合型有机硅密封剂,它在空气中工作温度范围为 -60℃~350℃,用于在缝隙中硫化的有机硅橡胶与金属(不锈钢、阳极化铝合金等)的胶接。

XY-602S 胶黏剂无需粘接底涂,即可对被黏材料有良好的粘接性能,XY-602S 胶黏剂耐热后的粘接性能见表 9-19。由表 9-19 可知,XY-602S 胶黏剂在粘接硅橡胶胶料和金属时,经过 200℃及 250℃耐热后,仍有良好的粘接强度;由于所用硅橡胶胶料的耐热温度只有 250℃,为考察 XY-602S 胶黏剂的耐热性,使用此胶粘接金属,经过 300℃和 350℃的耐热研究,结果表明 XY-602S 胶黏剂完全可以耐受 300℃和 350℃的高温。

表 9-19 XY-602S 胶黏剂耐热后的粘接性能结果

被胶接材料	试验温度/℃	耐 热 条 件	粘接强度/MPa
SE6050 硅橡胶胶料 +30CrMnSi 钢	20	200℃×200h	2.26
	200		1.43
	20	250℃×300h	1.82
	200		0.94
	20	250℃×200h	2.38
	200		1.53
	250		1.12

被胶接材料	试验温度/℃	耐 热 条 件	粘接强度/MPa
SE6050 硅橡胶胶料 + Ly12 铝合金	20	250℃ ×200h	2.26
	200		1.29
	250		1.18
Ly12 铝合金 + Ly12 铝合金	20	250℃ ×200h	3.18
	200		2.28
	250		1.73
	20	300℃ ×200h	3.20
	20	350℃ ×50h	1.51
30CrMnSi 钢 + 30CrMnSi 钢	20	250℃ ×200h	3.15
	200		2.33
	20	300℃ ×200h	2.78
	20	350℃ ×50h	1.29

对 HM307、HM301、HM306 和 XY602S 四种有机硅密封剂进行密闭体系老化性能研究,考察了 250℃、300℃和 350℃密闭体系中密封剂的邵尔 A 型硬度,结果见表 9 - 20。

表 9 - 20 密封剂密闭体系下老化后的硬度

牌 号	250℃ ×24h 老化后 邵氏 A 型硬度	300℃ ×200h 老化后 邵氏 A 型硬度	350℃ ×50h 老化后 邵氏 A 型硬度
HM301	37	46	流淌
HM307	流淌	流淌	流淌
HM306	—	46	46
XY -602S		42	44

由表 9 - 20 的试验结果可以看出,HM307 有机硅密封剂在 250℃ ×24h 密闭体系下老化后已经流淌,说明其在 250℃密闭体系下降解,而 HM301 有机硅密封剂在 350℃ ×50h 密闭体系下老化后也出现流淌现象。三种条件老化后,HM306有机硅密封剂和 XY -602S 胶黏剂的邵尔 A 型硬度变化不大,说明这两种密封剂均可以耐 350℃高温密闭降解。

9.4.2 阻燃防火有机硅密封剂

9.4.2.1 防火阻燃有机硅密封剂的基本特点[15,16]

"防火"的含义是一种材料或者部件可以经受 1093℃甚至更高温度的火焰至少 15min 不烧穿,且在其背面观察不到任何火焰;"阻燃"是指材料在点火源撤离后,具有自熄能力,从而在火灾发生时能够阻止燃烧或对燃烧迅速扩展有延滞作用。

为了隔离某些潜在的易引燃区,保护可能要经受极端高温的地方,在建筑和交通运输工具,尤其是在飞机、太空舱和舰船中(如发动机、辅助动力设备、燃烧引燃器等地方)需要防火墙的设计。防火阻燃有机硅密封剂是防火墙结构中不可或缺的材料。国外防火阻燃有机硅密封剂已经形成系列化的产品并得到广泛的应用,国内这方面的研究还刚刚开始,目前国内市场上可以与国外产品相媲美的,有北京航空材料研究院研发的 HM317 和 HM320 这两个牌号的有机硅密封剂。

1. 防火阻燃机理

燃烧是一个发热发光的复杂化学反应,高分子材料的燃烧的过程:固相的有机可燃物,在高温或火焰的作用下发生热分解,热分解后的产生焦炭或一些可燃的挥发物,产生的挥发性气体扩散至气相,与氧气作用而燃烧,形成火焰,并释放热量,再将固相加热,如此循环,燃烧发展并逐渐扩大。要阻止燃烧,只要消除其中一个因素即可。阻燃的机理大致可分为以下三种:

(1)中断热交换阻燃机理。将材料燃烧产生的部分热量带走,致使材料不能维持热分解温度,因而不能持续产生可燃性气体,于是燃烧自熄。

(2)气相阻燃机理。气相阻燃是指在气相中使燃烧中断或延缓链式燃烧反应的阻燃作用,阻燃剂主要从以下几个方面起作用。阻燃剂受热或燃烧时能产生自由基抑制剂或生成细微粒子,前者捕捉气相中的 HO·,H· 及 O· 等高活性的自由基,后者能促进自由基相互结合,从而使燃烧反应中断;阻燃剂受热或燃烧时释放大量惰性气体或高密度蒸气,惰性气体可稀释氧和气态可燃物,并降低此可燃气的温度,高密度蒸气则覆盖于可燃气上,隔绝它与空气的接触,因而使燃烧窒息。

(3)凝聚相阻燃机理。这是指在固相中延缓或中断阻燃材料热分解而产生的阻燃作用,下述几种情况的阻燃都属于凝聚相阻燃。阻燃剂在固相中延缓或阻止可产生可燃性气体和自由基的热分解;比热容较大的无机填料,通过蓄热和导热使材料不易达到热分解温度;阻燃剂分解吸热,使材料升温减缓或中止;阻燃材料燃烧时在其表面生成多孔炭层,此层难燃、隔热、隔氧,又可阻止可燃气进入燃烧气相,致使燃烧中断。

要赋予材料防火性能,仅仅使材料具有阻燃性能是不够的,还要求材料在高温的火焰下能形成陶瓷化或类石墨的耐高温阻隔层,从而避免材料被高温火焰穿透,以保护背面部件不受强热量而损坏。[17]

2. 防火阻燃填料的类型和特点

从防火阻燃机理可知,材料要同时满足防火和阻燃性能的要求,选择在凝聚相中起作用的阻燃剂作为有机硅密封剂的防火阻燃填料是比较合适的。在有机硅密封剂中,应用比较广泛的有膨胀型阻燃剂、无机填料、铂以及铂化合物等。

（1）膨胀型阻燃剂。通常由酸源(如聚磷酸铵或磷酸酯)、炭源(如多元醇)及气源(如三聚氰胺)组成的混合物,在火焰或温度的作用下,三源反应可以在材料的表面形成多孔的炭层,隔绝热、氧和可燃气体的传递,从而中断燃烧的循环,这些多孔的炭层在更高的温度下可以形成类石墨的炭层,可以耐受高温火焰的冲击,使材料具备防火的性能。

（2）无机填料。无机填料中应用最多的是氢氧化镁和氢氧化铝,这两种阻燃剂受热时可释放大量的水,吸收大量的热,同时生成比表面积较大的氧化镁或氧化铝,可以覆盖在可燃物的表面,形成坚硬的保护层。还有一类是本身可以耐高温的一类填料,如石英粉、滑石粉、珍珠岩、海泡石以及碳化硼等,这类无机填料通常与其他阻燃剂共用,以提高体系的防火阻燃效果。

（3）铂及铂化合物。铂及铂化合物是有机硅材料一种高效的阻燃剂,研究指出基胶中铂含量在 $3 \times 10^{-6} \sim 300 \times 10^{-6}$ 就可达到阻燃效果。其作用机理为:一是促进硅氧烷聚合物链之间交联反应,阻止生成促进解聚的过渡络合物;二是裂解时,有利于通过填料或氧化物的中间体在凝聚相中形成坚硬的阻隔层。

9.4.2.2 防火阻燃有机硅密封剂的应用实例

1. HM317 双组分防火阻燃有机硅密封剂

HM317 双组分防火阻燃有机硅密封剂是室温硫化缩合型有机硅密封剂,该密封剂工作温度为 $-55℃ \sim 204℃$,用于防火墙结构的缝隙、橡胶管道的防火密封、防火密封板材和防火橡胶板材的粘接,也可用于其他防火阻燃结构的密封。为了提高与被密封材料的粘接性,密封剂需要与 NJD-6 粘接底涂配合使用。

HM317 双组分防火阻燃有机硅密封剂的性能见表 9-21,由表 9-21 中数据可见 HM317 有优异的防火阻燃性能。

表 9-21　双组分防火阻燃有机硅密封剂的性能

性 能 名 称	技 术 指 标	实 测 典 型 值
外观	红色或灰色膏状,混合有短切纤维	红色膏状,混合有短切纤维
密度/(g/cm³)	≤1.5	1.43
活性期/h	≥2	≥2
不粘期/h	≤24	20
低温脆性/℃	≤-60	-70
阻燃性能(垂直燃烧等级)	FV-0	FV-0
防火性能	3.2mm 厚的密封剂经过 1050℃ ~1150℃ 火焰燃烧 15min,火焰不会穿透	3.2mm 厚的密封剂经过 1050℃ ~1150℃ 火焰燃烧 15min,火焰不会穿透

性 能 名 称		技 术 指 标	实 测 典 型 值
常温力学性能	拉伸强度/MPa	≥1.5	2.0
	180°剥离强度/(kN/m)	≥2.0	铝合金:2.2 钛合金:2.1
	剪切强度/MPa	≥1.5	铝合金:3.0 钛合金:2.8
热老化性能(204℃×200h)	拉伸强度/MPa	≥1.0	3.8
	180°剥离强度/(kN/m)	≥1.5	铝合金:2.0 钛合金:1.9
	剪切强度/MPa	≥1.0	铝合金:3.3 钛合金:2.6

图9-8给出了HM317密封剂防火试验前后测试样片的照片,从照片中可以清晰地看到,在高温火焰的作用下,HM317密封剂生成了坚固紧实的炭层,正是这一炭层有效阻止了高温火焰的穿透。

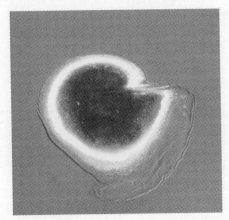

图9-8 防火试验前后HM317密封剂试片的照片

2. HM320低密度防火隔热有机硅密封剂

HM320低密度防火隔热有机硅密封剂是室温硫化加成型有机硅密封剂,该密封剂的密度为0.8g/cm³,工作温度为-60℃~204℃,用于防火墙表面的大面积涂敷和贴敷,也可用于其他防火隔热结构件的密封。为了提高与被密封材料的粘接性,密封剂需要与NJD-6粘接底涂配合使用。

HM320低密度防火隔热有机硅密封剂的性能见表9-22,由表9-22中数据可见HM320有优异的防火隔热性能。

表 9 - 22　HM320 低密度防火隔热有机硅密封剂的性能

性能名称		技术指标	实测典型值
外观		红色或灰色膏状,混合有短切纤维	红色膏状,混合有短切纤维
密度/(g/cm³)		≤0.9	0.8
活性期/h		≥2	≥2
不粘期/h		≤24	20
低温脆性/℃		≤ -60	-70
阻燃性能(垂直燃烧等级)		FV -1	FV -1
防火性能		3.2mm 厚的密封剂经过 1050℃~1150℃ 火焰燃烧 15min,火焰不会穿透	3.2mm 厚的密封剂经过 1050℃~1150℃ 火焰燃烧 15min,火焰不会穿透
隔热性能		防火性能试验过程中:TC4 钛合金板背温不超过 450℃,Ly12 铝合金不超过 300℃	铝合金:387 钛合金:266
常温力学性能	拉伸强度/MPa	≥1.0	2.1
	180°剥离强度/(kN/m)	≥1.0	铝合金:1.7 钛合金:1.6
	剪切强度/MPa	≥1.0	铝合金:2.6 钛合金:2.5
热老化性能(204℃ × 200h)	拉伸强度/MPa	≥1.0	3.8
	180°剥离强度/(kN/m)	≥0.8	铝合金:1.5 钛合金:1.4
	剪切强度/MPa	≥0.8	铝合金:2.8 钛合金:2.6

　　将 2.0mm、2.5mm、3.0mm 不同厚度的 HM320 密封剂试片,分别硫化粘接在 TC4 钛合金和 Ly12 铝合金板上进行隔热性能测试,隔热曲线和背面最高温度见图 9 -9 和表 9 -23。由图 9 -9 和表 9 -23 中数据可见,HM320 密封剂具有很好的隔热性能,即使厚度 2mm 的 HM320 密封剂也具有优良的隔热效果。

表 9 -23　不同厚度 HM320 密封剂的隔热试验中背板最高温度

厚度/mm		2	2.5	3
背板最高温度/℃	铝合金	307	288	268
	钛合金	417	405	387

3. 防火密封板材

对于复杂或较大面积的施工表面,可以采用先将密封剂压制成板材,再进行粘

379

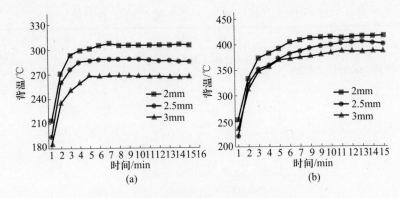

图 9 - 9 不同厚度 HM320 密封剂的隔热曲线

(a)铝合金；(b)钛合金。

贴的方法进行施工,可以更好的保障密封剂的施工质量。

防火密封板材要求表面不应有目视可见的破裂、折皱、凸起、分层、重皮、胶疙瘩以及杂质等;厚度一般不小于 1.0mm,防火厚度一般不小于 1.5mm,最大规格 600mm×600mm,厚度及尺寸公差要求见表 9 - 24。图 9 - 10 给出了不同规格的 HM320 防火密封板材照片。

表 9 - 24 防火密封板材厚度及公差要求

板材厚度 d/mm	公差/mm	板材厚度 d/mm	公差/mm
$1.0 \leqslant d < 1.5$	±0.15	$2.5 \leqslant d < 3.0$	±0.25
$1.5 \leqslant d < 2.0$	±0.15	$3.0 \leqslant d$	±(厚度的10%)
$2.0 \leqslant d < 2.5$	±0.20		

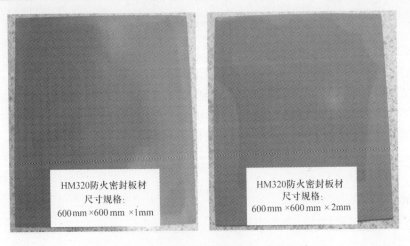

图 9 - 10 不同厚度 HM320 防火密封板材

防火密封剂板材是通过 HM317 和 NJD – 6 底涂粘接到施工面上的。施工时，先在清洗干净的待施工面和板材的粘接面上均匀涂一层 NJD – 6 薄层，在空气中放置 1h ~ 5h 后，再用刮刀在待施工的表面上刮涂薄薄的一层 HM317 防火密封剂，然后将处理好的防火密封板材粘贴在刮涂好的 HM317 防火密封剂薄层上，在温度 16℃ ~ 32℃，湿度 30% ~ 80% 环境下放置不少于 24h，完全硫化需要 4 天 ~ 7 天，也可以在 70℃ ~ 90℃ 温度条件下处理 24h 即可完全硫化。

9.4.3　导电有机硅密封剂

9.4.3.1　导电有机硅密封剂基本特点

1. 导电机理

导电有机硅密封剂是复合型导电高分子材料，而导电填料是复合型导电高分子材料的主要成分，是形成导电通路、产生受热激发电子或内部电场的核心。自从复合型导电高分子材料问世以来，人们就从多方面广泛研究了它的作用机理，建立了许多数学模型或物理模型。目前比较流行的有两种理论：一种是宏观的渗流理论（percolationmodel），即导电通路说；还有微观的量子力学隧道效应（tunnelingeffect）和场致发射效应等。

（1）渗流理论。渗流理论也称为渗透理论、渗滤理论或逾渗理论，该理论认为导电性能是由导电填料在绝缘性基体中形成导电通路实现的，它主要从复合材料的形态结构（导电网络）解释材料的电阻率和填料的浓度关系，从宏观上研究复合材料的导电现象，并不涉及导电的本质。导电复合材料的导电性能与导电填料的体积分数关系可用图 9 – 11 表示，同时表明了导电粒子浓度在聚合物中形成导电通路的示意图。

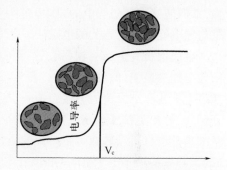

导电填料的体积分数

图 9 – 11　复合型导电材料导电性能与
导电填料加入量的关系

（2）隧道效应。渗流理论认为当填料粒子间隙很小（1nm 以内）时才形成导电通路，材料在宏观上表现为导电现象。后来的研究发现当导电粒子间隙较大时即使不形成导电通路也可以获得较明显的导电能力，此时的导电方式为隧道效应。

综上，导电通路机理和隧道效应机理在复合材料中是同时存在的，但在不同条件下可以以某一种或两种为主。此外，温度、电场、填料用量和微观结构等特征均影响材料的导电机理。在临界体积以上材料以导电通路为主要传导方式，即渗流理论表现为主导；若导电填料用量较低和外加电压较小时，孤立粒子或聚集体的间隙较大而无法参与导电，热振动受激电子则发生跃迁，形成较大的隧道电流；填料的浓度较低、粒子间内部电场很强时,树脂隔层相当于内部分布电容,场致发射机理更显著。

2. 导电填料的类型和特点

通常作为导电高分子材料的填料有导电炭黑、石墨、碳纳米材料、金粉、银粉、铜粉、镍粉和表面镀银材料等。

炭黑的导电性是基于粒子的结构性、粒径和表面的物理化学性质。炭黑的粒子越小,单位体积内的颗粒数越多,粒子之间越易接触并形成导电通路,导电能力也越高。通常,炭黑的比表面积越大,体积电阻率越小,导电性越高。炭黑表面往往含有一些由 H、O 等原子组成的基团,如羧基、羟基和醌等,这些基团对电子的迁移有阻碍作用,故导电炭黑表面基团的含量不宜过高。乙炔炭黑的结构性高,表面活性基团含量低,是比较理想的导电填料。国内外研究和开发出的导电性较好的炭黑有中国华光超导电炭黑(HG-CB)、美国的 N472、Conductex975Ultra 和 SCUltra 以及荷兰 AK 公司的 Kentjen-blackEC 导电炭黑。此外,石墨常被用来做导电填料,碳纳米管作为导电填料也成为研究的热点。

金属具有优良的导电性能,是制备高导电高分子材料的重要填料。与炭黑和石墨填充的传导型高分子材料相比,金属/聚合物复合在一起的材料导电能力更强,不但能够满足防静电的要求,而且可以应用在导电能力要求更高的场合,尤其是与导电能力密切相关的电磁波屏蔽领域(EMI)。

金属填料有金、银、铁、铝、锌、镍、及紫铜、黄铜、不锈钢和各种合金等。金、银的导电能力最强,但价格最高。表 9-25 列出各种导电填料的密度及体积电阻率。通过电镀或真空涂覆的方法包覆一层金属薄层(镍、银或金),镀金属的玻璃球、陶瓷球、云母和塑料球等在近年来发展很快,使用效果好,在导电胶黏剂和密封剂等精细高分子材料领域获得了广泛的应用。这些微球可以是实心的,也可以是空心的,实心球的尺寸为 $15\mu m \sim 40\mu m$,空心球为 $30\mu m \sim 300\mu m$,如在聚丙烯和 ABS 树脂中填充15%(体积分数)的镀镍云母时,材料的电磁波屏蔽(EMI)效果在30dB 以上;填充30%镀银玻璃球时,材料的体积电阻率小于 $1\Omega \cdot cm$。

表 9-25　各种导电填料的相对密度和体积电阻率

材料名称	密度/ (g/cm^3)	体积电阻率/ $\Omega \cdot cm$	材料名称	密度/ (g/cm^3)	体积电阻率/ $\Omega \cdot cm$
银	10.5	1.610^{-6}	镍	8.9	7.2510^{-6}
铜	8.9	1.810^{-6}	石墨	—	0.001
金	19.3	2.310^{-6}	乙炔炭黑	—	0.01
铝	2.7	2.910^{-6}			

3. 导电密封剂的性能特点

北京航空材料研究院对导电密封剂的研究过程中发现许多值得考虑的现象，对导电材料研发有很大的参考价值。[18]

（1）导电密封剂具有典型的渗流曲线特征。由图9-12可以看出，当镀银镍粉含量小于25%时，密封剂不具有导电性；加入量达到27%时，导电性迅速提高，体积电阻率为0.63Ω·cm，再继续增大镀银镍粉的用量，体积电阻率下降很缓，当镀银镍粉含量达到38%时，密封剂的体积电阻率小于0.03Ω·cm，再继续增大镀银镍粉含量，密封剂的导电性提高很小。

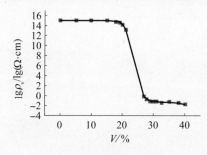

图9-12　有机硅导电密封剂的渗流曲线　　　　图9-13　海岛微结构导电通路示意

（2）在聚合物中导电填料形成群集的三维"富集体"，称为"导电海岛微结构"，镶嵌在聚合物的交联网络中。该结构实际上是导电填料在交联后的非极性液体聚合物中的非均相分散。相邻的导电海岛微结构间容易被外加电场击穿，形成等效于电阻与电容的串联结构，从而变成导电通路（见图9-13）。

（3）导电通路形成受液体橡胶极性的影响。在13.6V直流电压的条件下，密封剂导电性能与镀银镍粉浓度的关系见表9-26。

表9-26　密封剂导电性能与镀银镍粉浓度的关系

镀银镍粉占体积比/%		26.6	31.6	35.5	38.4
体积电阻/Ω·cm	有机硅密封剂	0.12	0.035	0.0027	0.0043
	聚硫密封剂	N/A	N/A	N/A	N/A

从表9-26中可以看出，当镀银镍粉占体积比为26.6%时，有机硅密封剂的体积电阻率为0.12Ω·cm，而聚硫密封剂的体积电阻率测不出，超过量程（表示为N/A）；继续增大导电填料浓度，有机硅密封剂导电性能逐渐提高。但即使镀银镍粉占体积比达到38.4%时，聚硫密封剂仍然不导电。可见，橡胶极性越强，越不利于形成导电通路，反之，越易形成导电通路。

图9-14和图9-15分别是填充镀银镍粉的有机硅密封剂和聚硫密封剂的扫描电镜照片。从照片中可以看出，非极性基体材料与导电粉体粒子容易形成海岛结构，海岛结构的存在是形成导电通路的重要原因。从海岛结构存在的事实中可

认为海岛结构是聚集的金属粒子和包裹它们的液体聚硅氧烷在一个不大的空间范围内构成的不同于分隔海岛结构的液体聚硅氧烷分散相的"独立胶团"，它们相互贯通分散在绝缘的硫化硅橡胶网络中，在电场的激发下（直流电压），"独立胶团"中导电粒子间的聚合物层和"独立胶团"间的聚合物层被击穿（相当于串联的电阻与电容被击穿），从而构成了非金属导电的通路。

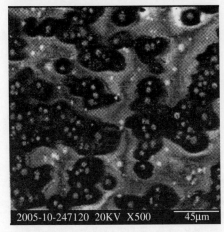

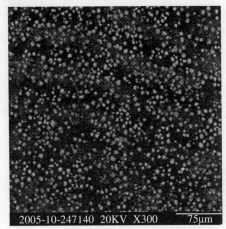

图 9-14　有机硅密封剂的海岛结构　　　图 9-15　聚硫密封剂的均匀分散结构

（4）导电密封剂的导电性对时间的有依赖关系。导电有机硅密封剂的导电性与通电时间的关系见图 9-16，由图 9-16 可知，随通电时间的延长，导电粒子发生热膨胀，粒子间的距离变小，从而使导电有机硅密封剂的电阻变小。

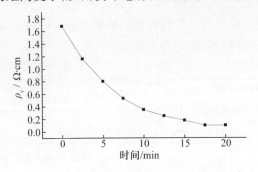

图 9-16　导电有机硅密封剂的导电性
与通电时间的关系

9.4.3.2　导电有机硅密封剂的应用实例

HM315 导电有机硅密封剂：

HM315 导电有机硅密封剂是双组分室温硫化缩合型有机硅密封剂，它包括三种类型：HM315A 型、HM315B 型和 HM315C 型。该密封剂主要用于空气介质中工

作温度为 -54℃ ~150℃ 下的阳极氧化或未阳极氧化铝合金导电材料接口的电连接密封,也可用于其他材料的电连接密封。为了提高与被密封材料的粘接性,密封剂需要与 NJD -9 粘接底涂和 NJD -11 粘接底涂配合使用,也可使用单一底涂 NJD -6。

HM315 导电有机硅密封剂的性能见表 9 -27,其中 HM315A 为超导电有机硅密封剂,其导电性能和导电稳定性优异。

表 9 -27　HM315 导电有机硅密封剂的性能

性 能 项 目		技 术 指 标		
		HM315A	HM315B	HM315C
基膏外观		灰黄色膏状	灰色膏状	灰黑色膏状
活性期/h		0.5 ~4.0	0.5 ~4.0	0.5 ~4.0
密度/(g/cm³)		2.9 ±0.2	3.5 ±0.2	2.0 ±0.2
体积电阻率/Ω·cm		≤0.01	≤0.1	≤0.1
常温力学性能	拉伸强度/MPa	≥1.0	≥1.5	≥1.0
	扯断伸长率/%	≥80	≥100	≥50
	硬度(邵氏 A)	≥50	≥50	≥50
	180°剥离强度/(kN/m)	≥1.0	≥1.0	≥1.0
低温脆性/℃		≤ -54	≤ -54	≤ -54
热空气老化性能 (121℃ ×48h)	体积电阻率/Ω·cm	≤0.01	≤0.1	≤0.1
	硬度变化(邵氏 A)	-15 ~15	-15 ~15	-15 ~15
热空气老化性能 (150℃ ×48h)	体积电阻率/Ω·cm	≤0.1	≤1.0	≤0.5
	硬度变化(邵氏 A)	-15 ~15	-15 ~15	-15 ~15
耐盐雾性能(200h)	体积电阻率/Ω·cm	≤0.1	≤1.0	≤10

HM315A 超导电有机硅密封剂的电磁屏蔽性能优异,以 2mm 厚的密封剂试片,采用法兰同轴线屏蔽测量法,HM315A 超导电有机硅密封剂的电磁屏蔽效能见图 9 -17。

9.4.4　导热有机硅密封剂

9.4.4.1　导热有机硅密封剂的基本特点

1. 导热机理

导热有机硅密封剂主要是通过加入导热填料来实现的,是填充型导热高分子材料。填充型导热高分子材料的导热性能最终由高分子基体、导热填料以及它们之间的相互作用来共同决定。高分子基体中基本上没有热传递所需的均一致密的有序晶体结构或载荷子,导热性能相对较差。作为导热填料来讲,其无论以粒

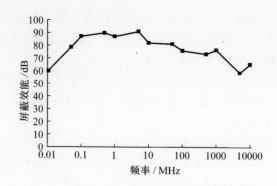

图 9-17　HM315A 超导电有机硅密封剂的
电磁屏蔽效能

状、片状,还是纤维状存在,导热性能都比高分子基体本身要高。当导热填料的填
充量很小时,导热填料之间不能形成真正的接触和相互作用,这对高分子材料导热
性能的提高几乎没有意义;只有当高分子基体中,导热填料的填充量达到某一临界
值时,导热填料之间才有真正意义上的相互作用,体系中才能形成类似网状或链状
的形态一即导热网链。当导热网链的取向与热流方向一致时,导热性能提高很快;
体系中在热流方向上未形成导热网链时,会造成热流方向上热阻很大,导热性能很
差。因此,如何在体系内最大程度地在热流方向上形成导热网链成为提高导热高
分子材料导热性能的关键所在。

　　AgariY 提出了适用于高填充及超高填充量热高分子材料的理论模型,该理论
模型认为:在填充聚合物体系中,若所有填充粒子聚集形成的传导块与聚合物传导
块在热流方向上是平行的,则复合材料导热率最高;若与热流方向相垂直,则复合
材料的导热率为最低。该理论模型充分考虑了粒子对复合材料热性能的影响,并
假定粒子的分散状态是均匀的,从而得到了理论等式。其表达式为

$$\lg\lambda = V_f C_2 \lg\lambda_2 + (1 - V_f)\lg(C_1\lambda_1)$$

式中:λ 为复合材料的导热系数;

　　λ_1 和 λ_2 分别为聚合物和填料的导热系数;V_f 为填料的体积分数;C_1 为影响结
晶度和聚合物结晶尺寸的因子;C_2 为形成粒子导热链的自由因子;C_2 越接近 1,粒
子就越容易形成导热链,其对复合材料导热性能影响也越大。

　　随着导热材料研究的进一步深入,复合材料中所添加的导热填料也由最初的
一种而转变为两种或两种以上,以前预测单组分导热填料填充体系的理论模型已
经不能够对多组分导热填料填充体系的导热性能进行准确预测。Agari Y 等人在
其研究的基础上建立了一种新的模型,能够适用于多相体系的聚合物基复合材料。
该模型的表达式为

$$\lg\lambda = V_f(X_2 C_2 \lg\lambda_2 + X_3 C_3 \lg\lambda_3 + \cdots) + (1 - V_f)\lg(C_1\lambda_1)$$

式中：λ_1 为聚合物的热导率；λ_2、λ_3 为粒子的热导率；λ 为复合材料的热导率；V_f 为混和填料在整个体系中占有的体积分数；X_2、X_3 分别为混和填料中各种粒子占总混和粒子的统计分数，它们的加和等于 1。

2. 导热填料的类型及特点

有机硅密封剂的导热性能主要是通过加入导热填料来实现的。导热填料的类别和性能见表 9-28。从表 9-28 中可看出在非金属导热填料中，氧化铍、氮化铝、碳化硅和氮化硼的热导率较高，它们是近年来用于填充型高分子导热材料的主要填料。金、银、铜和镍四种金属的热导率很高，而体积电阻率很低，它们能赋予密封剂更高的导热性能，但不能绝缘，因而其使用受到极大限制。

表 9-28　导热填料的热导率

填料名称	热导率/(W/(m·K))	填料名称	热导率/(W/(m·K))
氧化铍	251	氧化镁	42
氮化铝	209	石英	7.4 ~ 13.6
碳化硅	268	沥青基碳纤维	25 ~ 100
氮化硼	120 ~ 220	氧化铝	29
铝片和铝粉	204	石墨	110 ~ 190
金粉	345	铜粉	483
银粉	450	镍粉	158

9.4.4.2　导热有机硅密封剂的应用实例

HM313 和 HM314 双组分导热有机硅密封剂：

HM313 和 HM314 是由氮化铝和其他填料并用制成导热性良好、耐热性能优异的双组分缩合型导热有机硅密封剂，由于导热能力强，散热速度快，已经用于飞机发动机和机载仪表的灌注密封[18-22]，性能分别见表 9-29 和表 9-30。

表 9-29　HM313 双组分导热有机硅密封剂的性能

性能名称	技术指标	实测典型值	性能名称	技术指标	实测典型值
外观	浅灰色膏状	浅灰色膏状	损耗系数	≤0.016	0.016
活性期/h	≥1	1	拉伸强度/MPa	≥2.0	3.6
硫化期/h	≤8	8	扯断伸长率/%	≥70	103
热导率/[W/(m·K)]	≥0.8	0.9	硬度(邵氏 A)	50 ~ 75	68
介电强度/(kV/mm)	≥18	18.4	180°剥离强度/(kN/m)	≥1.0	2.0
体积电阻率/(Ω·cm)	≥4.2×10¹³	4.2×10¹³	剪切强度/MPa	—	2.2

387

表 9 – 30　HM314 双组分导热有机硅密封剂的性能

性能名称	技术指标	实测典型值	性能名称	技术指标	实测典型值
外观	白色膏状物	白色膏状物	损耗系数	≤0.016	0.016
硫化期(70℃)/h	≤2	1	拉伸强度/MPa	≥1.0	1.1
热导率/[W/(m·K)]	≥0.8	0.83	扯断伸长率/%	≥70	74
介电强度/(kV/mm)	≥18	18.4	硬度(邵氏 A)	45～75	45
体积电阻率/(Ω·cm)	≥4.0×10¹³	4.2×10¹³			

9.4.5　有机硅泡沫密封剂

9.4.5.1　有机硅泡沫密封剂的基本特点

室温硫化有机硅泡沫密封剂是新型功能密封材料,它除了具有良好的耐候、耐久、耐热、耐寒及电气性能外,还具有质量轻、缓冲性好、隔热、隔声性强、可压缩性大等特点,以及使用方便、便于修补、综合性能优异等优点,是一种理想的轻质封装材料。

按照发泡和硫化机理,有机硅泡沫密封剂又可分为两种类型:一是外加发泡剂型,发泡剂并不参与硫化,外加发泡剂主要有碳酸氢铵、碳酸铵、过氧化氢,它们分别在 35℃、60℃、常温下分解放出二氧化碳、氨气及氧气;二是无外加发泡剂型,硫化剂或催化剂同时也是发泡剂,发泡和硫化同时进行,如甲基含氢硅油与端羟基二甲基聚硅氧烷聚合物发生脱氢反应,放出的氢气作为发泡剂,其中含氢硅油既是发泡剂也是硫化剂。此外,为了满足不同性能要求,也要加入泡沫稳定剂、匀泡剂和着色剂等。

室温硫化有机硅泡沫密封剂以其使用方便、便于修补、综合性能优异等特点,已经在航空、航天、电子和电器等高新技术领域获得广泛的应用。国外已经开发了一系列满足不同使用环境和性能要求的室温硫化有机硅泡沫密封剂,如美国 Nusil 公司的室温硫化有机硅泡沫密封剂见表 9 – 31。

表 9 – 31　美国 Nusil 公司的室温硫化有机硅泡沫密封剂

材料牌号	密度/(g/cm³)	活性期/min	使用温度/℃	催化剂	组成
R – 2350	0.35	3	–65～200	铂系	双组分
CF3 – 2350	0.35	15	–65～250	铂系	双组分
R1 – 2354	0.45	3	–65～200	铂系	双组分
R – 2356	—	3	–65～200	铂系	双组分
R – 2370	0.16	3	–65～200	有机锡	双组分
R – 2380	0.34	3	–65～200	有机锡	双组分

9.4.5.2 有机泡沫硅密封剂的应用实例

1. HM302 有机硅泡沫密封剂[23-25]

HM302 有机硅泡沫密封剂是三组分室温硫化有机硅泡沫密封剂,组分一基膏为白色可流动黏稠体,组分二发泡剂为无色液体,组分三催化剂为浅橙红色黏性液体,使用时三个组分混合后在室温下发泡并硫化成白色泡沫材料。该密封剂用于空气系统中 $-60℃ \sim +250℃$ 电气部件灌封。

HM302 有机硅泡沫密封剂是以端羟基液体硅橡胶为基料,含氢硅油为发泡剂,自制的集增黏、扩链、催化和硫化作用为一体的含 N、P、Ti 复合元素有机化合物为硫化催化体系,在含 N、P、Ti 复合元素有机化合物为硫化催化体系的作用下,发泡剂含氢硅油分子中的硅氢键与液体硅橡胶的端羟基进行缩合脱氢反应,产生的氢气聚集成气泡分布在密封剂中,同时,催化剂中使密封剂生胶分子扩链的成分,很快在机体中形成支撑泡沫材料的骨架,使硫化产生的气体不至于破孔和塌陷,获得具有满意的表观密度和综合性能的泡沫材料。其反应式如下:

发泡和硫化速度的匹配是室温硫化泡沫密封剂达到预定指标的关键。密封剂催化体系必须在微量水分的存在下才能起作用,达到硫化和发泡反应的匹配。在冬季低温低湿的环境条件下,密封剂的硫化与发泡反应变慢,而且两个速度不匹配,硫化速度明显变慢,适用期延长,胶料黏度的增长缓慢,早期生成的氢气和氨气聚集并逸出,使得泡沫弹性体的底部成为没有泡孔的厚硬胶层,发泡系数偏低、密度增大。而在高湿环境条件下,催化剂易水解,甚至使催化剂在贮存过程中水解,丧失催化作用,使密封剂硫化不完全。高温高湿条件下,有利于增大发泡剂的硅氢键和生胶的端羟基的碰撞几率,加快催化剂与活性基团的过渡态的形成,加速发泡和硫化反应,适用期变短,发泡系数增大。不同环境温湿度对硫化发泡反应的影响见表 9-32。

表 9-32 不同环境温湿度对硫化发泡反应的影响

温度/℃	相对湿度/%	适用期/min	表观密度/(g/cm³)
16	42	100	0.58

温度/℃	相对湿度/%	适用期/min	表观密度/(g/cm³)
20	53	90	0.57
23	60	60	0.57
24	68	65	0.51
28	57	50	0.51

由表 9-32 可知,有机硅泡沫密封剂的物理性能和工艺性能与施工环境密切相关,温度和湿度较低时,表观密度大,适用期增长;温度和湿度增大,表观密度和适用期减小。在 20℃~30℃、湿度 42%~68% 环境条件下,泡沫密封剂一般能够达到发泡和硫化速度的匹配。

含氢硅油既是交联剂,又是发泡剂,它的用量不仅影响有机硅泡沫密封剂的发泡系数,而且还影响有机硅泡沫密封剂的硫化性能。从表 9-33 可以看出,随着含氢硅油用量的增加,有机硅泡沫密封剂的发泡系数增大;但当其用量达到一定值后,发泡系数变化不明显。当含氢硅油用量过低时,不仅发泡系数小,而且硫化也不完全,有机硅泡沫密封剂的表面发黏。因此,含氢硅油的用量不应低于 3 份。

表 9-33　含氢硅油用量对有机硅泡沫密封剂性能的影响

含氢硅油/份	发泡系数	泡孔状态	外观
1	1.5	孔小且少,多为闭孔	泡孔分布较均匀,很软,表面黏手
2	1.8	孔小且少,多为闭孔	泡孔分布较均匀,很软,表面黏手
3	2.9	孔小,多为闭孔	泡孔分布均匀细密,表面平整,硫化好
4	3.0	孔小,多为闭孔	泡孔分布均匀细密,表面平整,硫化好
5	3.0	孔小,多为闭孔	泡孔分布均匀细密,表面平整,硫化好
6	3.2	孔小,多为闭孔	泡孔分布均匀细密,表面平整,硫化好
9	3.0	孔小,多为闭孔	泡孔分布均匀细密,表面平整,硫化好

铂系催化剂对有机硅泡沫密封剂的催化活性较高。在它的催化作用下,密封剂在几分钟之内即可完成硫化并发泡。铂催化剂用量对有机硅泡沫密封剂的影响见表。由表 9-34 可知,随着铂催化剂用量的增加,发泡速度明显加快,发泡系数增加,生成泡沫的泡孔变小,分布也趋于均匀细密。铂催化剂用量过低时,发泡速度与硫化速度不匹配,发泡速度比硫化速度快,反应生成的气体过早地从胶料中逸出,导致泡沫的泡孔尺寸大,发泡系数小;铂催化剂用量过大时,发泡及硫化速度极快,发泡及硫化在瞬间完成,使用期太短,操作困难,且泡沫表面不平整。铂催化剂的适宜用量在 5 份~8 份之间。

表9-34 铂催化剂用量对有机硅泡沫密封剂性能的影响

性能名称	铂催化剂用量/份			
	2.5	5.0	8.0	10
发泡系数	2.0	3.0	3.3	-
活性期/min	15	8	3	-
硫化时间/min	50	20	10	瞬间完成
泡孔状态	孔较大,多为闭孔	孔小,多为闭孔	孔小,多为闭孔	孔很小,多为闭孔
外观	泡沫分布较均匀,表面稍黏,不平整,弹性较差	孔小,多为闭孔泡沫分布均匀细密,表面平整,弹性好	孔小,多为闭孔泡沫分布均匀细密,表面平整,弹性好	泡沫分布极细密,表面不平整,硫化很好,弹性好

注:含氢硅油用量为3份

一般有机硅泡沫密封剂的发泡时间较短(如美国 Nusil 公司的系列泡沫密封剂),而很多使用场合,如飞机机体和机载设备的泡沫密封剂要求具有相当长的活性期,使发泡和硫化平稳进行,因此一般有机硅泡沫密封剂难以满足使用要求。HM302 有机硅泡沫密封剂的活性期在 50min ~ 90min,具有优异的施工性能、耐高温和抗密闭降解性能。HM302 有机硅发泡密封剂的全面性能见表9-35。

表9-35 HM302 有机硅发泡密封剂的全面性能

性能名称	性能指标
基膏黏度/Pa·s	15 ~ 40
活性期/min	50 ~ 90
密度/(g/cm^3)	0.4 ~ 0.6
吸水率(10h)/%	≤3.2(实测0.5)
低温脆性/℃	- 55 ~ - 76
粘接性	对金属、玻璃、陶瓷等的内聚破坏面积为100%
热导率/[W/(m·K)]	0.07
工作寿命	250℃×500h 保持弹性,300℃×100h 保持弹性

2. HM308 耐高低温有机硅泡沫密封剂

HM308 密封剂由基膏、发泡剂和催化剂三部分组成,基膏的基本成分是液体有机硅橡胶。密封剂的三个组分混合后在室温下发泡并硫化成白色软质泡沫弹性体。密封剂可单独使用或者与 NJD-11 密封剂粘接底涂复合使用,可保证密封剂对被接触材料有良好的粘接。HM308 耐高低温有机硅泡沫密封剂的全面性能见表9-36。

表 9 - 36   HM308 耐高低温有机硅泡沫密封剂的全面性能

性能名称	性能指标
外观	基膏为白色可流动黏稠体,发泡剂为无色液体,催化剂为橙红色液体
活性期/min	60~90
密度/(g/cm^3)	0.60~0.75
吸水率(10h)/%	≤3.6
低温脆性/℃	-76
腐蚀性	在 250℃下对铝合金、银、钛合金、不锈钢应不腐蚀,在 150℃下对铜、黄铜应不腐蚀

9.4.6 吸波有机硅密封剂

9.4.6.1 吸波有机硅密封剂的基本特点[26]

1. 吸波机理

吸波材料是指能吸收投射到它表面的电磁波能量,并通过材料的介质损耗使电磁波能量转化为热能或其他形式能量的一类材料。一般由基体材料与吸收剂复合而成。根据吸波机理,吸波材料可分为电损耗型和磁损耗型两类:电损耗型吸波材料主要通过介质的电子极化、离子极化和界面极化等来吸收、衰减电磁波;磁损耗型吸波材料主要通过磁滞损耗、畴壁共振和后效损耗等磁激化机制来吸收、衰减电磁波。吸收剂的吸波性能主要与其复介电常数 $\varepsilon = \varepsilon' - i\varepsilon''$ 和复磁导率 $\mu = \mu' - \mu''$ 有关。具体来说吸收剂对电磁波能量的吸收主要取决于 ε 和 μ 的虚部,介质中单位体积内吸收的电磁波能量 τ 可以表达为:

$$\tau = \frac{1}{2} \times \frac{1}{4\pi}(\varepsilon_0 \varepsilon'|E| + \mu_0 \mu'|H|^2)$$

式中:ε_0 为真空介电常数;μ_0 为真空磁导率;μ'' 为介质的复磁导率 μ 虚部;ε'' 为介质的复介电常数 ε 虚部;E 为电磁波的电场矢量;H 为电磁波的磁场矢量。

由上式可知,增大吸收剂的 μ'' 和 ε'' 对于提高其吸波性能具有决定作用。另外,吸波材料的吸波性能还取决于材料的厚度,由于材料的介电常数与磁导率的优化函数受到材料厚度的影响,可通过改变材料的厚度控制材料的吸波性能。低频时增加磁导率的虚部和高频时增加介电常数的虚部,都能改善吸波材料的吸性能,并拓宽吸波材料的吸收带宽。设计吸波材料时,应综合考虑影响材料吸波性能的电磁参数。设计结构吸波材料时,优先考虑的因素主要有:材料的重量、吸收率与环境阻抗是否匹配以及力学性能等。材料表面阻抗与环境阻抗相匹配,能使电磁波尽量入射到吸波材料中,增强吸波材料的表面透波能力。

吸波材料具备基本特点:①当电磁波传播、入射到吸波材料表面时,能够最大限度地使电磁波进入到吸波材料内部,以减少电磁波的直接反射。②当电磁波一旦进入材料内部,吸波材料对入射电磁波能产生有效吸收或衰减,即产生电磁损耗,使电磁波能量转化为热能或其他形式能,从而电磁波在介质中被最大限度地吸收。

2. 吸波填料的类型和特点

目前,对吸波材料的分类有多种方法,还没有权威的定论,其中按材料的损耗机理,吸波材料可分为电阻型、电介质型和磁介质型三大类。碳化硅、石墨等属于电阻型吸波材料,电磁能主要衰减在材料电阻上;钛酸钡之类属于电介质型吸波材料,其机理为介质极化弛豫损耗;磁介质型吸波材料的损耗机理主要归结为铁磁共振吸收,这类材料有铁氧体、羰基铁等。

(1) 铁氧体。当前吸波材料发展的主体仍是磁性材料,铁氧体价格便宜、化学稳定性好,是发展最早、较为成熟的吸波材料。按微观结构的不同,铁氧体可分为尖晶石型、石榴石型和磁铅石型,它们均可作吸波材料。许多研究表明,三种铁氧体中六角晶系磁铅石型吸波材料的性能最好。六角晶系磁铅石型铁氧体为片状颗粒,而片状颗粒是吸收剂的最佳形状;其次六角晶系磁铅石型铁氧体具有较高的磁性各向异性等效场,因而有较高的自然共振频率。

(2) 金属微粉。超细金属粉末属于半导体材料。这种材料的电磁波磁导率较高,温度稳定性好(居里温度高达 770K),其电磁损耗机理是通过磁滞损耗、涡流损耗等吸收衰减电磁波,一般由超细磁性金属粉末与高分子胶黏剂复合而成,通过改变多相超细磁性金属粉末的混合比例,调节吸波材料的电磁参数,从而获得较理想的吸波效果。超细金属粉末主要分为羰基金属微粉和磁性金属微粉。羰基金属微粉包括羰基铁、羰基镍、羰基钴,粒度一般为 $0.5\mu m \sim 20\mu m$,其中羰基铁微粉是最常用的一种。

(3) 碳纳米管。碳纳米管是一维纳米材料,纳米粒子的小尺寸效应、量子尺寸效应和表面界面效应等使其具有奇特的光、电、磁、声等性质,从而使得碳纳米管的性质不同于一般的宏观材料。一般认为,纳米吸波材料对电磁波能量的吸收是由晶格电场热运动引起的电子散射、杂质和晶格缺陷引起的电子散射,以及电子与电子之间的相互作用等 3 种效应决定的。碳纳米管具有特殊的螺旋结构和手征性,这也是碳纳米管吸收微波的重要机理。碳纳米管具有特殊的电磁效应,表现出较强的宽带吸收性能,而且具有密度小、高温抗氧化、介电性能可调、稳定性好等优点。

(4) 碳纤维。碳纤维结构吸波材料是功能与结构一体化的优良微波吸收材料。与其他吸波材料相比,它不仅具有硬度高、高温强度大、热膨胀系数小、热传导率高、耐蚀、抗氧化等特点,还具有质轻、吸收频带宽的优点。研究碳纤维的吸波性能和吸波机理,并对纤维吸收剂进行改性和结构设计,研制出高性能的碳纤维复合材料是现在研究的热点课题。

(5)纳米氧化物。纳米氧化物吸波材料主要有 Fe,Mo,Ti,W,Ni,Sn 等的氧化物和复合氧化物,它们不仅吸波性能良好,还兼有抑制红外辐射的功能。由不同粒径的纳米软磁氧化铁。组成纳米氧化物吸波材料,其粒径越小,磁损耗越大,吸波能力越强。

(6)陶瓷材料。陶瓷材料具有优良的力学性能和热物理性能,它耐高温、强度高、蠕变低、膨胀系数低、耐腐蚀性强,且化学稳定性好。陶瓷材料中应用最广的吸收剂是碳化硅,这种吸收剂密度低,使用频带从几十 Hz 到十几 GHz。

优良的吸波材料应具备强吸收、轻质、宽频和结构简单的特点。目前,单一的吸波材料难以达到多波段、宽频带的吸收效果,而拓宽频带、增加频段的方法就是材料的复合。

9.4.6.2 雷达吸波有机硅密封剂的应用实例

HM323 室温硫化雷达吸波有机硅密封剂是三组分室温硫化缩合型有机硅密封剂,其中组分一是基膏,组分二是硫化剂,组分三是催化剂。该密封剂主要用飞机外表面蒙皮缝隙和口盖对缝等部位。为了提高与被密封材料的粘接性,密封剂需要与 NJD－9 粘接底涂和 NJD－11 粘接底涂配合使用,也可使用单一底涂 NJD－6。

HM323 室温硫化雷达吸波有机硅密封剂的力学性能和厚度≤0.6mm 薄片的垂直反射率分别见表 9－37 和图 9－35。

表 9－37　HM323 室温硫化雷达吸波有机硅密封剂的全面性能

物理性能				
序号	项 目		技术要求	实测值
1	密度/(g/cm³)		≤4.0	3.5
2	活性期/h		≥2	2.5
3	硬度(邵氏 A)		50～70	65
4	剥离强度/(kN/m)		≥1.5	1.8
5	拉伸强度/MPa		≥1.0	2.8
6	扯断伸长率/%		≥100	125
7	150℃×100h 热空气	拉伸强度/MPa	≥1.0	4.8
		扯断伸长率/%	≥60	87
8	180℃×4h 热空气	拉伸强度/MPa	≥1.0	4.5
		扯断伸长率/%	≥50	77
吸波性能(试片厚度≤0.6mm)				

物理性能			
序号	项 目	技术要求	实测值
	控制频率点/GHz	垂直反射率指标值/dB	垂直反射率实测值/dB
9	2	≤ -0.7	-0.89
	4	≤ -2	-2.89
	8	≤ -3	-6.88
	15	≤ -3	-5.47
	18	≤ -2	-4.58

9.4.7 耐高温硅树脂基密封剂

9.4.7.1 耐高温硅树脂基密封剂的基本特点

1. 硅树脂的类型和特点

硅树脂是具有高度交联结构的热固性聚硅氧烷体系。它首先由有机氯硅烷出发,经水解缩合及稠化重排,制成室温下稳定的活性硅氧烷预聚物,使用时通过缩合反应、有机过氧化物反应和铂催化加成反应等3种方式实现交联固化。

硅树脂分子侧基主要为甲基,引入苯基可提高热弹性及粘接性,改善与有机聚合物及颜料等配伍性;引入乙基、丙基或长链烷基可提高对有机物的亲和性,并改善憎水性;引入乙烯基及氢基,可实现铂催化加成反应及过氧化物引发交联反应;引入碳官能基,改善对基材的粘接性;此外,也可以通过杂化等方式得到改性硅树脂。

硅树脂具有极佳的耐热性及耐候性,并具有优良的电绝缘性、耐化学药品性、憎水性及阻燃性,R/Si 比值是判断硅树脂中三官能链节含量及控制质量的主要指标之一,它对硅树脂漆膜硬度、柔软性、热失重和耐开裂性有重要影响。硅树脂主要用于电绝缘漆、各种高性能涂料、有机硅模塑料和硅树脂微粉等。

2. 硅树脂耐高温机理

硅树脂的耐热性取决于硅原子所连结的有机基(Si - R),当 R 为甲基时,在 350℃下甲基分解成 CO_2 和 H_2O;当 R 为苯基时,则到 400℃左右才分解成 C_6H_6 或进一步分解成 C、H_2 及低级烃等。一般耐高温硅树脂材料多由甲基苯基硅树脂预聚物、石棉粉、玻璃粉和耐热颜料(如铝粉、氧化铬和四氧化三铁等)组成,石棉粉的主要作用是提高硅树脂的耐热性和抗龟裂性,玻璃粉的主要作用是提高硅树脂的耐高温性。玻璃料或陶瓷烧结料的作用原理是:当有机成膜物质发挥对颜料基料和基材的黏附和成膜作用,形成一种耐热的致密层,以承受高温下的热、氧化、腐蚀及气流冲刷等作用。

此外,由硅硼聚合物、硅氮聚合物、有硅亚芳基硅氧烷及含硼硅树脂等出发加入耐热无机颜料也可得到耐500℃~800℃硅树脂材料。

目前,国内能耐500℃和800℃高温的有机硅树脂或改性有机硅树脂漆主要有 W61-55,500℃铝粉有机硅耐高温漆、600#有机硅耐高温漆、800#有机硅耐高温漆 等。这些耐高温漆作为金属部件的保护涂料可满足高温环境下的使用要求,但未 见其作为金属缝隙耐高温密封剂的报道。[27]

9.4.7.2 耐高温硅树脂基密封剂的应用实例

1. HM310 封口密封剂(耐500℃)[28]

HM310 封口密封剂是室温固化硅树脂基密封剂,它分为三个组分。组分一是 有机硅树脂,组分二是填料,组分三是固化剂。HM310 封口密封剂在空气中使用 温度为500℃,用于飞机发动机空—空换热器和气压作动筒等零组件的密封。 HM310 封口密封剂的性能见表9-38。

表9-38　HM310 封口密封剂的性能

性能项目		指标要求	实测典型值
外观		组分一为无外来杂质的无色或淡黄色黏稠液体,组分二为银色固体粉末,组分三为透明液体	组分一为无外来杂质的淡黄色黏稠液体,组分二为银色固体粉末,组分三为透明液体
表面干燥时间/h		≤12	≤6
经耐热500℃×36h后	耐热性能	漆膜不起皮、不鼓泡、不开裂、不脱落	漆膜不起皮、不鼓泡、不开裂、不脱落
	耐冲击性能/cm	≥10	20
	附着力/级	≤2	1
	密封性能	经1.0MPa打压试验不漏气	经1.0MPa打压试验不漏气
腐蚀性		不腐蚀不锈钢等金属	不腐蚀

2. HM311 高温密封剂(耐800℃)[29]

HM311 高温密封剂分为二个组分,组分一有机硅树脂,为无色或淡黄色黏稠 液体;组分二是填料,为暗红色固体粉末。它在空气中使用温度为800℃,可用于 各种发动机或燃气轮机的燃烧室与整流器安装边和调节环等处的密封,密封压力 达2.5MPa。

HM311 高温密封剂以硅树脂为基料配制,主要在有机硅树脂和环氧改性有机 硅树脂之间进行选择。不同基料对高温密封剂主要性能的影响见表9-39。

表9-39　不同基料对高温密封剂主要性能的影响

性能名称	1号硅树脂	2号硅树脂	环氧改性硅树脂
耐热性(500℃×36h)	合格	合格	不合格
2.5MPa密封性能(耐热后)	合格	不合格	—

由表 9-39 可见,硅树脂与填料配合后的耐热性能可达到要求,进口 2 号硅树脂配制的材料耐热后的表面状态虽然完整,但比较粗糙,比 1 号硅树脂的表面状态差,密封性能试验不合格;环氧改性硅树脂的耐热性能不合格,所以确定 1 号硅树脂为 HM311 高温密封剂的基料。

填料组成对耐 800℃高温密封材料的耐热性和密封性能的影响见表 9-40。

表 9-40   填料组成对耐 800℃高温密封材料的耐热性和密封性能的影响

填 料 组 成	在填料中所占的质量分数/%	经 800℃×36h 后涂层性能	
		表面	密封压力/MPa
玻璃粉 + 石棉粉 + 氧化铝	50 + 25 + 25	无变化	加压即漏气
云母粉 + 石棉粉 + 氧化铝	30 + 40 + 30	无变化	加压即漏气
云母粉 + 氧化铝 + 碳化硅	30 + 30 + 40	无变化	加压即漏气
云母粉 + 氧化铝 + 硅微粉	40 + 20 + 40	无变化	2.5
云母粉 + 氧化铝 + 硅微粉 + 滑石粉	25 + 15 + 50 + 10	无变化	2.0

由表 9-40 可见,耐 800℃高温密封材料的密封性能与填料组成密切相关。耐 800℃高温的涂料一般采用耐高温体质填料和玻璃料等作填料。用石棉粉和玻璃粉作填料时,由于石棉粉与有机硅树脂的结合有助于提高其耐热性和高温下的抗龟裂性,所以材料可耐 800℃的高温;但石棉粉易成团,且粒径较大,从而影响了其密封性。玻璃粉可在高温下熔融,形成无机膜,从而提高涂层的耐热性;但其密封性能仍无法达到指标要求,采用碳化硅亦是如此。用硅微粉替代上述 3 种填料后,由于硅微粉颗粒很小,所以材料的密封性能可满足使用要求。采用云母粉、氧化铝、硅微粉和滑石粉混合填料时,4 种填料的平均粒径都超过了 800 目,云母粉、硅微粉可与有机硅树脂的高温分解残余物形成无机网络结构,从而提高材料的耐热性能;氧化铝能促进这种无机网络结构的形成;滑石粉具有抗龟裂性;多种填料的组合保证材料具有良好的耐热性和密封性能,使材料的密封压力达到了 2.5MPa。

HM311 高温密封剂含有溶剂,在密封金属缝隙时,溶剂的挥发程度直接影响了材料的密封性能。使用工艺对 HM311 高温密封剂的密封性能的影响见表 9-41。

表 9-41   使用工艺对 HM311 高温密封剂的密封性能的影响

序 号	使 用 工 艺	经 800℃×36h 后密封压力/MPa
1	刷涂,18℃~25℃晾置 25min 后合模	1.8
2	刷涂,18℃~25℃晾置 45min 后合模	2.3

序 号	使 用 工 艺	经 800℃ ×36h 后密封压力/MPa
3	刷涂,18℃ ~25℃晾置 50min 后合模	2.5
4	刷涂,18℃ ~25℃晾置 60min 后合模	2.5
5	刷涂,18℃ ~25℃晾置 70min 后合模	2.5
6	刷涂,18℃ ~25℃晾置 90min 后合模	2.5
7	刷涂,18℃ ~25℃晾置 120min 后合模	漏气

从表 9 – 41 可见,HM311 高温密封剂受热后的密封压力与其使用工艺有关。材料刷涂后晾置时间过短时,由于合模后的残余溶剂不能挥发出来或挥发后形成空洞,使 HM311 高温密封剂受热后的密封压力下降;材料刷涂后晾置时间过长,由于合模时密封材料硬化,合模后密封的空隙较大,也使 HM311 高温密封剂受热后的密封压力下降。

HM311 高温密封剂的适宜使用工艺:刷涂在金属缝隙上后,室温晾置 60min ~ 90min;然后装模,室温放置 12h ~ 24h,即可进行室温密封性能试验、耐热性试验、受热后密封性能试验或使用。

对 HM311 高温密封剂对 GH698 板经 800℃ ×36h 老化后的耐腐蚀问题进行研究,未涂和涂敷 HM311 高温密封剂的 GH698 板经 800℃ ×36h 老化后的纵剖面的扫描电镜照片分别见图 9 – 18 和图 9 – 19。

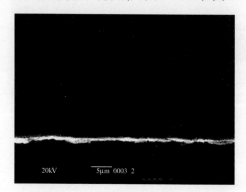

图 9 – 18　未涂 HM311 的 GH698 的纵剖面

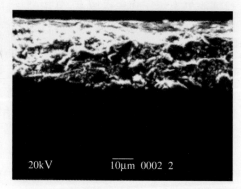

图 9 – 19　涂敷 HM311 的 GH698 的纵剖面

由图 9 – 18 可见,未涂 HM311 的 GH698 的表面出现氧化现象,由图 9 – 19 可见,涂敷 HM311 的 GH698 的表面未见氧化及沿晶腐蚀现象,这表明 HM311 高温密封剂高温时不会对 GH698 高温合金产生腐蚀。

参 考 文 献

[1] 张庆余,韩孝族,纪奎江. 低聚物[M]. 北京:科学出版社,1994.

[2] 张洪雁,曹寿德,王景鹤. 高性能橡胶密封材料[M]. 北京:化学工业出版社,2007.

[3] 冯圣玉,栗付平,李美江. 含硅聚合物合成与应用[M]. 北京:化学工业出版社,2008.

[4] 幸松民. 有机硅合成工艺及产品应用[M]. 北京:化学工业出版社,2000.

[5] 孙全吉,刘梅,张鹏,等. 几种抗氧剂提高室温硫化硅橡胶耐热性能的研究[J]. 第十五届中国有机硅学术交流会论文集,2010:175-178.

[6] 刘梅,王恒芝,孙全吉,等. 高强度有机硅密封剂的耐热性能研究[J]. 有机硅材料,2009,23(2):89-94.

[7] 黄应昌,吕正芸. 弹性密封胶与胶黏剂[M]. 北京:化学工业出版社,2003.

[8] 武卫莉,刘伟. 提高硅橡胶硫化胶耐热性能的研究[J]. 橡胶工业,2001,48(8):471-473.

[9] 黄文润. 加成型液体硅橡胶用铂催化合物催化剂[J]. 有机硅材料,2005,19(6):37-45.

[10] 范元蓉,徐志君,唐颂超. 加成型液体硅橡胶[J]. 弹性体,2001,11(3):44.

[11] 周重光,贝小来,周长忍,等. 双马来酰亚胺改性硅橡胶耐热性能的研究[J]. 合成橡胶工业,1990,13(1):17.

[12] 谢择民,王金亭,李其山,等. 硅氮化合物在改进聚硅氧烷热稳定性中的作用[J]. 高分子学报,1989(1):46.

[13] 高伟,汪倩,杨始燕,等. 碳酸钙与碳化硅对室温硫化硅橡胶的补强作用[J]. 高分子学报,2000(1):1-4.

[14] 陈剑华,冯圣玉,于淑歧,等. 高强度耐热性加成型高温硫化硅橡胶的研究[J]. 高分子材料科学与工程,1987,(6):38-42.

[15] 欧育湘,陈宇,等. 阻燃高分子材料[M]. 北京:国防工业出版社,2001.

[16] 聂梅,范召东. 阻燃防火有机硅高分子材料研究进展[J]. 化工新型材料,2008,36(2):8-9.

[17] 王宏刚. 耐热有机硅树脂研究进展[J]. 粘接,2000,(3):29-33.

[18] 齐士成. 传导性密封材料的研究[D]. 北京航空材料研究院,2005.

[19] 潘大海,刘梅. 填料并用对双组分室温硫化导热硅橡胶性能的影响[J]. 有机硅材料,2005,19(5):15-17.

[20] 潘大海,刘梅,孟岩,等. 导热绝缘室温硫化硅橡胶的研制[J]. 橡胶工业,2004,51(9):534-536.

[21] 刘梅,王恒芝,孙全吉,等. 不同苯基含量的有机硅密封剂耐热性能研究[J]. 粘接,2009:59-61.

[22] 潘大海,刘梅. 刚玉粉对室温硫化导热硅橡胶性能的影响[J]. 有机硅材料,2004,18(6):9-12.

[23] 齐士成. 新型泡沫有机硅密封剂的研制[J]. 有机硅材料,2001,15(5):15-17.

[24] 齐士成,刘嘉,黄梅星. 泡沫有机硅密封剂的研制[J]. 粘接,2004,25(2):27-29.

[25] 潘大海,刘梅. 室温硫化泡沫硅橡胶的研究[J]. 有机硅材料,2004,18(3):10-12.

[26] 王海滨,刘树信,霍冀川,等. 无机吸波材料研究进展[J]. 硅酸盐通报,2008,27(4):754-757.

[27] 孙酣经. 功能高分子材料及应用[M]. 北京:化学工业出版社,1990.

[28] 范召东,张鹏,王景鹤. 耐高温密封材料的密封性能研究[J]. 有机硅材料,2005,19(1):8-10.

[29] 范召东,张鹏,成晓阳,等. 耐800℃密封材料(涂料)的研制[J]. 化工新型材料,2006,34(5):61-67.

第 10 章　氟硅密封剂

10.1　概述

氟原子被引入有机硅分子中后,克服了有机硅材料不能耐受烃类化合物浸泡的缺陷。具有使用价值的研究是用 3,3,3 - 三氟丙基取代硅原子上的一个氢或取代一个甲基,形成了聚三氟丙基甲基硅氧烷,以它为基础制备的密封剂即氟硅密封剂。3,3,3 - 三氟丙基的引入使非极性的有机硅分子链段显著的提高了极性,虽然耐热性有所降低,但仍不失为耐热—耐寒材料家族系的成员,却有了良好的耐受烃类燃料的良好性能,显著扩大了它的应用领域。3,3,3 - 三氟丙基在核磁共振(NMR)光谱上的化学位移 δ(displacement δ)是 $2.1 \times 10^{-6} \sim 2.3 \times 10^{-6}$,,$Si - CH_2 - CH_2 - CF_3$ 的极性达到 1.8,没有引入氟原子的硅甲基在 NMR 光谱上的化学位移 δ 是 $0 \sim 0.6$,$Si - CH_3$ 的极性是 0.3。显而易见,当把含有 3,3,3 - 三氟丙基和苯撑基团引到 Si 原子上后,有机硅分子的极性更会明显增大[1]其结构变为

$$CF_3CH_2CH_2 \quad\quad\quad\quad\quad CH_2CH_2CF_3$$

以有机氟硅低聚物为基础的室温硫化密封剂工作温度范围为 $-55℃ \sim 230℃$,有良好的耐受喷气燃料特性[2],可成为飞机高温整体油箱密封剂,飞机发动机燃油系统用密封剂,也可用于汽车、轮船发动机燃油系统用密封剂。20 世纪五六十年代,美国道康宁公司开发出液体氟硅橡胶,研制了许多不同用途的室温硫化氟硅密封剂,其中 Q4 - 2817 建议作为飞机整体油箱密封剂使用[3]。国内也开始了对氟硅密封剂的研究[4,5,6]。

10.2　氟硅密封剂基体材料的结构和特性

10.2.1　氟硅密封剂基体材料的结构

氟硅密封剂基体材料为氟硅低聚物。氟硅低聚物结构类型很多,可以有各种

不同的活性端基,如乙烯基、羟基、烷氧基、酰氧基等,几乎可采用和无氟有机硅低聚物一样的方法硫化成弹性体,进入应用阶段的几种氟硅低聚物列举如下。

10.2.1.1 乙烯基封端氟硅低聚物

乙烯基封端氟硅低聚物的结构式为

$$\mathrm{CH_2\!=\!CH\!-\!\underset{\underset{CH_3}{|}}{\overset{\overset{CH_2CH_2CF_3}{|}}{Si}}\!-\!O\!-\!\Big]_n\!CH\!=\!CH_2}$$

式中:n 为聚合度,约为 $100 \sim 1000$。黏度为 $1\mathrm{Pa \cdot s} \sim 15\mathrm{Pa \cdot s}$,是一种无色无臭透明有黏性的液体。

10.2.1.2 羟基封端氟硅低聚物

羟基封端氟硅低聚物的结构式为

$$\mathrm{OH\!-\!\underset{\underset{CH_3}{|}}{\overset{\overset{CH_2CH_2CF_3}{|}}{Si}}\!-\!O\!-\!\Big]_n\!H}$$

式中:n 为聚合度,约为 $100 \sim 1000$。黏度为 $1\mathrm{Pa \cdot s} \sim 40\mathrm{Pa \cdot s}$。羟基封端氟硅低聚物适合制备室温硫化密封剂。黏度为 $80\mathrm{Pa \cdot s} \sim 200\mathrm{Pa \cdot s}$ 的级别,适合制备不干性密封腻子。它们的挥发分不大于 3%。是一种无色透明无臭有黏性的液体。

10.2.2 氟硅密封剂基体材料的特性

10.2.2.1 乙烯基封端氟硅低聚物基本特性

$\mathrm{CH_2 = CH - [(CF_3 - CH_2 - CH_2) Si (CH_3) - O -]_n CH = CH_2}$ 在铂催化剂存在下并于室温下,与含氢硅油发生加成反应最终成为弹性体。

10.2.2.2 羟基封端氟硅低聚物基本特性

羟基封端氟硅低聚物可与异氰酸根($\mathrm{-C-N = O}$)、正硅酸乙酯、酰氧基硅烷、烷氧基硅烷、酮肟基硅烷、含氢硅油、胺基硅烷、酰胺基硅烷和异丙烯氧基硅烷等发生反应,在室温下,它们中大多数反应必须借助适当的催化剂才能有效的进行,通常催化剂为有机锡类和钛酸酯类,与有机硅密封剂一样,羟基封端氟硅低聚物硫化后的性能也受硫化剂类型的明显影响。

10.3 氟硅密封剂基本组成和制备工艺

10.3.1 加成型液体氟硅密封剂的基本组成和制备工艺

10.3.1.1 加成型液体氟硅密封剂的基体材料类别、特性

加成型液体氟硅密封剂也可以制备成可在低温贮存,高温硫化的单组分密封剂。为在常温下贮存和硫化,加成型液体氟硅密封剂必须制作成双组分或多组分材料,因为常温硫化的加成型液体氟硅密封剂所采用的催化剂催化能力很强,制作成单组分时,在强催化剂存在下,液体氟硅聚合物的端乙烯基极容易与硫化剂发生加成反应形成弹性体,无法贮存。加成型液体氟硅密封剂的基本组成是含有乙烯基封端的甲基三氟丙基硅氧烷低聚物为基体成分,其类别及特性见本章10.2节。

10.3.1.2 加成型液体氟硅密封剂的补强剂和填料类型与特性

适宜于加成型液体有机硅密封剂的补强填料都可以采用,如各类二氧化硅、氧化锌等,具体详见第9章9.3节。所用补强剂、填充料、耐热添加剂,必须不能引起铂催化剂中毒。当要求密封剂透明时,可不加填料。

10.3.1.3 加成型液体氟硅密封剂的硫化催化系统组分类别及特性

含有硅氢键的硅氧烷(含氢硅油)或含有硅氢键的含氟硅氧烷低聚物(含氢氟硅油)为加成型液体氟硅密封剂的硫化剂,由氯铂酸($H_2PtCl_6 \cdot 6H_2O$)与二乙烯二硅氧烷的回流反应得到的油状乙烯基硅氧烷铂络合物为加成型液体氟硅密封剂的催化剂。乙烯基封端液体氟硅聚合物的不饱和键与硫化剂的硅氢键发生加成反应,形成三维网状结构。

10.3.1.4 加成型液体氟硅密封剂的制备工艺

加成型液体氟硅密封剂的制备工艺与第9章9.3节加成型室温硫化有机硅密封剂制备工艺"基本相同。

当密封剂为透明黏稠体时,其制造工艺为:透明氟硅树脂(可溶于液体氟硅橡胶中)与乙烯基封端的甲基三氟丙基硅氧烷低聚物混合加工、铂催化剂的制造与包装和含氢硅油配套包装与前相同。

10.3.2 羟基封端氟硅密封剂基本组成和制备工艺

10.3.2.1 羟基封端氟硅密封剂基本组成

羟基封端氟硅密封剂基本组成见表10-1。

10.3.2.2 羟基封端氟硅密封剂制备工艺

与第9章9.3节缩合型室温硫化有机硅密封剂制备工艺"基本相同。

表 10-1 羟基封端氟硅密封剂基本组成

序号	组分数	组分名称	组　　成
1	单组分	单组分	羟基封端氟硅低聚物,填料(如着色填料、补强填料、防霉填料、导电填料、阻蚀填料等),硫化剂,结构控制剂,催化剂
2	双组分	基膏	羟基封端氟硅低聚物,填料(如着色填料、补强填料、防霉填料、导电填料、阻蚀填料等),结构控制剂
		硫化膏	硫化剂(正硅酸乙酯)和催化剂(二月桂酸二正丁基锡)
3	多组分	基膏	羟基封端氟硅低聚物,填料(如着色填料、补强填料、防霉填料、导电填料、阻蚀填料等),结构控制剂(二氧化硅、氟硅油)
		硫化剂	正硅酸乙酯或多官能团硅烷化合物
		催化剂	二月桂酸二正丁基锡、二月桂酸二正辛基锡、辛酸亚锡

10.4 密封剂的性能

10.4.1 乙烯基封端氟硅密封剂的性能

加成型乙烯基封端氟硅密封剂具有有机硅耐高低温的特点,有良好的电性能,又有耐油料的特点,能在 $-55℃ ~185℃$ 范围内长期工作,能耐受煤油、汽油、柴油、航空滑油、液压油、水的浸泡,仅有很小的体积变化。硫化后体积收缩率低,能够深层硫化,而且密闭状态下不降解,因此被航空、航海、高级轿车选为接触油料或化学溶剂的部位的隔垫、防潮、绝缘、抗震的电子、电器元件的灌注密封材料,根据选择聚合物和填料的种类的不同,可以获得不同硬度、透明度、流动性、强度的灌封材料。

10.4.2 羟基封端氟硅密封剂的性能

羟基封端氟硅密封剂长期工作温度为 $-55℃ ~185℃$,可在 $230℃$ 短期使用。具有耐航空煤油、柴油、滑油、液压油和水浸泡的能力,对铝合金、钢不腐蚀并有良好的黏接力,可作为结构贴合面、连接件头部、填角的密封剂。耐受各种环境试验后仍能保持良好的力学性能。

10.5 应用实例

各类飞机上使用的氟硅密封剂见表 10-2、表 10-3,详细介绍应用较广的 HM803、HM804 和 HM806。

表 10-2 我国部分用于飞机上的氟硅密封剂

密封剂牌号	组分数	特 性	使用温度范围/℃	应 用 范 围
HM801	双组分	对阳极化铝合金、不锈钢具有良好粘接性,耐老化、耐燃油、阻燃	-55~180	燃油系统中工作的螺栓连接和铆接接头的密封
HM802	三组分	对阳极化铝合金具有良好粘接性,耐老化、耐燃油	-55~180	燃油系统中工作的螺栓连接和铆接接头的密封
HM803	三组分	对阳极化铝合金具有良好粘接性,耐热空气老化、高温耐油	-55~185	燃油系统中工作的螺栓连接和铆接接头的密封
HM804	双组分	对阳极化铝合金具有良好粘接性,耐热空气老化、高温耐油	-55~200	飞机燃油系统中工作的电气元件灌封,还可用于在燃油系统中工作的螺栓连接和铆接接头的密封
HM806	三组分	高温密闭不降解,对阳极化铝合金具有良好粘接性,耐热空气老化、高温耐油	-55~200	飞机燃油系统中工作的电气元件灌封,还可用于在燃油系统中工作的螺栓连接和铆接接头的密封

表 10-3 氟硅密封剂主要技术指标及性能数据

密封剂牌号	密度/(g/cm³)	拉伸强度/MPa	扯断伸长率/%	硬度(邵氏 A)	低温柔软性(脆性温度)/℃	剥离强度/(kN/m)(阳极化铝合金)
HM801	≤1.6 1.6	— —	— —	≥30 32	≤-55±5 -55	≥1.8 2.0
HM802	— —	≥2.0 2.2	≥100 160	≥25 39	≤-55±5 -55	≥0.6 0.8
HM803	≤1.90 1.85	≥2.0 2.2	≥100 150	≥25 32	≤-55 -55	≥0.6 0.8
HM804	1.70~1.90 1.80	≥1.5 1.9	≥100 200	≥35 42	—	≥0.6 0.8
HM806	≤1.90 1.8	≥2.5 2.8	≥100 130	≥40 42	—	≥1.0 1.3

10.5.1 HM803 氟硅密封剂

HM803 是以羟基封端液体氟硅橡胶为基体材料的三组分室温硫化密封剂,配方中使用了结构控制剂,因此密封剂基膏有很长的贮存期,硅酸酯和有机锡组成了它的硫化—催化系统。主要用于 -55℃~185℃喷气燃料工作的环境中结构的密封,如航空、汽车、船舶发动机的密封,取得了良好效果。具体性能见表 10-4～表 10-6 和红外光谱图见图 10-1。

表 10-4　HM803 氟硅密封剂性能

序号	性能名称		技术指标	典型值
物理性能				
1	颜色和外观		白色黏稠膏状	白色黏稠膏状
2	密度/(g/cm³)		≤1.9	1.9
3	不挥发分含量/%		—	98
常温力学性能				
4	拉伸强度/MPa		≥2.0	2.9
5	扯断伸长率/%		≥250	460
6	硬度(邵氏 A)		≥25	27
7	180°剥离强度①	T 与 B 粘结/(kN/m)	—	3.1
8		B 与 B 粘结/(kN/m)	—	2.4
9		L 与 B 粘结/(kN/m)	—	2.6
180℃经 72h 热空气老化后力学性能				
10	拉伸强度/MPa		≥1.5	4.0
11	扯断伸长率/%		≥150	480
12	硬度(邵氏 A)		≥20	28
13	180°剥离强度①	钛合金/(kN/m)	≥1.0	1.9
14		不锈钢/(kN/m)	—	2.2
15		铝合金/(kN/m)	—	3.2
185℃经 72h 浸 3 号喷气燃料后力学性能				
16	拉伸强度/MPa		≥1.5	3.1
17	扯断伸长率/%		≥150	470
18	硬度(邵氏 A)		≥20	22
19	180°剥离强度①	钛合金/(kN/m)	≥1.0	2.0
20		不锈钢/(kN/m)	—	1.8
21		铝合金/(kN/m)	—	4.0
工艺性能				
22	活性期/h		≥2	4
23	不粘期/h		≤24	20
24	硫化期/h		≤72	67
25	密封剂基膏黏度/Pa·s		—	547
26	施工性		可刮涂和注射	符合指标
① T、B、L 分别为钛合金、不锈钢、铬酸阳极化铝合金试片,采用 NJD-9、NJD-11 为联合底涂				

表 10 - 5   HM803 氟硅密封密封的整体油箱模拟盒①充放气疲劳试验

充气压力值/MPa	充放气疲劳次数	疲 劳 结 果
$0.045 \pm 0.005 \rightarrow 0.085 \pm 0.005$	61346	未发生渗漏
$0.045 \pm 0.005 \rightarrow 0.100 \pm 0.005$	1050	未发生渗漏
$0.045 \pm 0.005 \rightarrow 0.150 \pm 0.005$	309	未发生渗漏

① 整体油箱模拟盒尺寸为 153mm × 350mm × 500mm 的 LY12CZ 铝合金和铝锻件组成,采用 HM803 氟硅密封剂进行贴合面和表面密封,硫化后,模拟整体油箱内充入 80% ~90% 的喷气燃料,即进行充放气疲劳试验,试验结束后,放出燃料,充入 75% 的红油进行高温、常温、低温振动疲劳试验

表 10 - 6   HM803 氟硅密封剂的整体油箱模拟盒振动疲劳试验

箱内温度/℃	振动频率/Hz	振动加速度/g($=9.8\text{m/s}^2$)倍数	振动次数	振幅/mm	各频率振动时间/h	各频率振动时间总计/h	试件振动时间总计/h	振动试验结果
180 ± 5	20	1	$1/6 \times 10^6$	0.625	2.33	6.13		
	60	4.3	$1/6 \times 3 \times 10^6$	0.299	2.33			
	190	5	$1/6 \times 6 \times 10^6$	0.035	1.47			
室温	20	1	$4/6 \times 10^6$	0.265	9.25	24.42	67.23	试验件未见渗漏
	60	4.3	$4/6 \times 3 \times 10^6$	0.299	9.25			
	190	5	$4/6 \times 6 \times 10^6$	0.035	5.92			
-55 ± 5	20	1	$1/6 \times 10^6$	0.625	2.33	6.13		
	60	4.3	$1/6 \times 3 \times 10^6$	0.299	2.33			
	190	5	$1/6 \times 6 \times 10^6$	0.035	1.47			

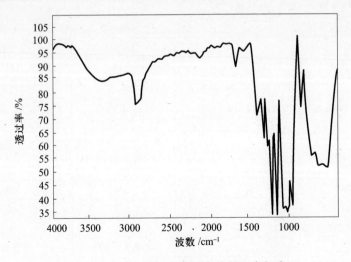

图 10 - 1   HM803 氟硅密封剂红外光谱

10.5.2　HM804 双组分氟硅密封剂

HM804 是以羟基封端液体氟硅橡胶为基体的双组分室温硫化密封剂,常温、高温、耐油性能优良,具有较好的耐降解性和优良的电绝缘性能,可充分满足飞机燃油系统管路、螺栓、连接件和铆接接头等部位的密封以及发动机的电器插头灌封密封的应用要求,对电器元件起到绝缘和固定作用,能够在 −60℃ ~250℃ 长期工作。也可以作为氟硅胶黏剂使用,已经用于某型飞机口盖胶垫的粘接。是目前氟硅密封剂中应用最广、用量最大、技术成熟度最高的牌号。

10.5.3　HM806 高温耐油密封剂

HM806 是羟基端液体氟硅橡胶为基体的三组分室温硫化密封剂,具有耐高温耐油的特点。与 HM804 相比突出的特点为高温密闭条件下可以使用。性能见表 10 − 7。

表 10 − 7　HM806 高温耐油密封剂的性能

序号	项　目		技术指标	典型值
1	外观		白色膏状物	白色膏状物
2	密度/(g/cm^3)		≤1.9	1.8
3	活性期/h		≥2.0	2.5
4	硬度(邵氏 A)		≥40	42
5	标准硫化	拉伸强度/MPa	≥2.5	2.8
		扯断伸长率/%	≥100	130
6	250℃,3h 隔绝空气热老化	硬度(邵氏 A)	≥18	22
7	剥离强度/(kN/m)		≥1.0	1.3

参 考 文 献

[1]　Shoude Cao,Liqiong Miao. The influence on crosslinkage of polysi-loxanes introducing fluor atoms:Sino-Russian symposium on aero material and manufacturingtechnology:Chinese Aeronautical Establishmant,1993.10.

[2]　晨光化工研究院有机硅编写组编. 有机硅单体及聚合物. 北京:化学工业出版社,1986.

[3]　石卿. 燃油箱用氟硅氧烷密封剂[J],国际航空,1991(9),60 − 62.

［4］ 张殿松,左德钧,王凤兰,等.对含有 γ - 三氟丙基甲基氟硅氧链节的室温硫化硅橡胶耐油性能的研究 ［J］.合成橡胶工业,1984,7(2),129 - 131.

［5］ 杨中文,吴轩.单组分室温硫化氟硅橡胶胶黏剂/密封剂的研究［J］.中国胶黏剂,2007,16(10), 23 - 25.

［6］ 吴松华,涂洪斌.密闭条件下使用的氟硅密封剂的制备［J］.有机硅材料,2002,16(4),13 - 15.

第11章 不硫化密封剂

11.1 概述[1]

　　密封剂按硫化状态可分为室温硫化密封剂和不硫化密封剂两大类。不硫化密封剂俗称密封腻子，为单组分的不干性密封材料。从外观、状态看，有膏状、块状、带状和涂在织物上的腻子布等。包装形式有桶(筒)装、块状包装、胶带盘状包装和腻子布卷状包装等。用手触摸其表面，可感觉到明显的可塑性、粘性或粘弹性。不硫化密封剂在密封结构中起着填充结构间隙、粘接和密封的作用。

　　与室温硫化密封剂一样，不硫化密封剂也是一种起"堵截"密封作用的无定形密封材料。其密封的基本原理是借助于塑性或粘弹性的密封材料使金属或非金属结构件连接的贴合面紧密贴合，堵塞缝隙达到密封。在施工时具有足够的可塑性或流动性，容易充满结构的所有缝隙；对金属或非金属结构材料有一定的粘附性；施工完成以后又永久保持可塑性或黏弹性，以保证结构在其允许变形的范围内保持密封性能。除了对需要密封的部位可以起到防止油、气、水、酸、碱等介质泄漏的作用外，还有隔热、绝缘、防潮、抗振、防腐蚀等多重保护作用。

　　与室温硫化密封剂相比，不硫化密封剂的基体材料不含或仅含有部分的网状交联结构，因此，它的内聚强度比室温硫化密封剂的内聚强度要低得多，用粘接剪切强度来表示，一般仅为 0.02MPa ~ 0.10MPa。作为不硫化的密封材料，在其贮存期内和使用期内一般都应保持不干性状态和柔软性，对需要密封的结构材料有良好的粘接性，以便于密封施工。不硫化密封剂还应有较关键的流变性能，即在较宽的使用温度范围内(例如马赫数 2 的超声速喷气式飞机上，密封剂的使用温度范围为 -55℃ ~ 130℃)，密封剂的黏度变化不能太大，以应对密封结构件的高、低温变化，保证结构的密封，这是作为一个以线性结构为特点的不硫化密封剂能够成功使用所必须具有的性质。为了能够阻止结构空间中油、气、水、酸、碱等介质的泄漏，密封剂在与其接触的介质中溶解度的变化应较小、渗透性应较差(例如透气性)，才能保证有效的密封。密封剂的成分对所接触的材料(如铝、镁、钢等金属材料或橡胶、塑料、有机玻璃、无机玻璃、陶瓷等非金属材料)不应有腐蚀作用。此外，它还必须有良好的使用工艺性能，以便于密封施工。工艺性的好坏，一般用柔软度、可塑性、针入度、可注射性、可涂敷性、可铺贴性等来表示。不硫化密封剂在航空航天飞行器、导弹、船舶、汽车、建筑、桥梁、集装箱以及家用电器等许多领域有着较广泛的应用。

不硫化密封剂低模量的特点,决定了它一般仅用于结构的装配贴合面密封(即缝内密封)、沟槽密封和一些需要拆卸的结构密封。在一些变形不大部位的缝外密封中(如集装箱结构焊接缝的缝外密封)和填堵孔洞间隙的密封等也可使用不硫化密封剂。不硫化密封剂的不硫化特点对结构的密封带来了很大方便,在飞机座舱结构的骨架与蒙皮之间贴合面密封中,长达十几米的密封装配线上,可以不受室温硫化密封剂使用活性期和施工期的限制,从容地铺贴腻子布和腻子,从容地铆装结构件。这对于保证结构的密封性和装配质量十分有利。又如飞机整体油箱的沟槽密封形式,沟槽位于装配贴合面的骨架上,其密封工序则是在整体油箱装配完成以后进行的,其特点是工艺简便,用胶量少,密封修补随时可以进行。密封剂被预先装在高压注射枪内,将枪嘴插入蒙皮上预留的注射孔,密封剂进入沟槽,然后拧紧注射孔螺钉即可完成密封施工,这对于提高燃油箱的装配质量和速度,保证密封质量和控制密封剂用量非常有利。不仅如此,沟槽密封剂的修补密封也十分方便,打开渗漏区沟槽两侧的注射孔螺钉,采用高压注射枪注入新密封剂,替换出旧密封剂,即可重新密封。

可用于配制不硫化密封剂的基体材料很多,丁基橡胶、聚异丁烯橡胶、聚丁二烯橡胶、聚硫橡胶、聚氨酯橡胶、氯丁橡胶和硅橡胶等都可以用来做不硫化密封剂的主体胶料。由于基体材料和配合剂的不同,赋予不硫化密封剂不同的使用温度范围、工作环境(油、气、水、酸、碱等介质)和使用寿命,并使密封剂具有阻燃、绝缘、导电、隔热、导热等各种特殊的使用性能。在使用不硫化密封剂时,要根据使用温度范围、环境和特性等要求去选择。

11.2 不硫化密封剂生胶类型、结构和基本特性[1]

11.2.1 有机硅类不硫化密封剂生胶类型、结构和基本特性

可用于空气系统的不硫化有机硅密封剂基体材料有二甲基硅橡胶、甲基苯基硅橡胶、甲基乙烯基硅橡胶、苯撑硅橡胶、苯醚撑硅橡胶。最早的飞机整体油箱沟槽密封采用的是不硫化聚硫橡胶密封剂(使用温度范围为 $-54\text{℃} \sim 107\text{℃}$),从1953年左右开始应用。到20世纪六七十年代,随着对密封剂的使用温度要求越来越高,美国研制出不硫化氟硅、腈硅密封剂用于飞机整体油箱沟槽、宇宙站和其他宇宙飞行器系统的密封,并进行了大量的模拟试验和筛选试验,用以代替使用温度较低的聚硫密封剂。此外,美国还研制出以氟碳–氟硅混聚物(FCS 210)、FCS 210/LS 共聚物、PNF200(氟化磷腈)和氟硅苯撑橡胶(FASIL)为基材的不硫化密封剂,用于飞机整体油箱沟槽密封剂的筛选试验,但未见相应的密封剂商品牌号在飞

机上应用。目前美国在飞机整体油箱上获得使用的商品牌号均为不硫化聚硫橡胶密封剂和不硫化氟硅橡胶密封剂。

我国于 20 世纪七八十年代也进行了液体腈硅橡胶、液体氟硅橡胶和液体氟硅苯撑橡胶的合成研究,研制出的产品有吉林化工研究院的 β - 腈乙基甲基硅橡胶,上海有机氟材料研究所的 γ - 三氟丙基甲基硅橡胶和氟硅苯撑橡胶。

腈硅橡胶、氟硅橡胶和氟硅苯撑橡胶由于在聚硅氧烷的侧基引入了极性基团,耐燃油、耐溶剂性能大为提高。氟硅橡胶的主要特点是具有优良的耐燃油、耐溶剂性能,在常温和高温下对脂肪族、芳香族溶剂,对石油基的各种燃料油、润滑油、液压油等稳定性都很好,作为不硫化密封剂的使用温度范围为 $-54℃ \sim 180℃$。腈硅橡胶主要特点与氟硅橡胶相似,还有良好的低温性,使用温度范围为 $-54℃ \sim 130℃$。氟硅苯撑橡胶比氟硅橡胶有更好的高温耐油性,使用温度范围为 $-54℃ \sim 230℃$。不硫化腈硅橡胶、氟硅橡胶和氟硅苯撑橡胶密封剂的耐高温比不硫化的聚硫橡胶密封剂要高出 $30℃ \sim 130℃$。

11.2.2 丁基橡胶生胶类型、结构和基本特性

早在 20 世纪 30 年代末期,德国首次合成出聚异丁烯,进而研制成功丁基橡胶,以后美、日、俄罗斯等国也陆续开发了此产品。丁基橡胶是以异丁烯为主单体和少量异戊二烯单体,采用 AlCl3 或 BF3 为催化剂,低温聚合而成的相对分子质量约为 40 万的线型共聚物。

由于共聚物中异戊二烯的含量很少,大分子的不饱和度较低,一般为 1% ~ 2%(摩尔分数),所以丁基橡胶的性能主要由饱和的异丁烯链节所决定。大分子的高饱和性使丁基橡胶具有较高的耐热性和优异的耐候性,非极性的大分子烷烃结构为丁基橡胶提供了良好的电绝缘性和耐酸碱性。而异丁烯链节又具有许多支链,大分子间互相纠缠,使其具有极好的气密性和水密性。由于丁基橡胶分子中含有少量的双键,因此它们还可以加入适量硫化剂(硫磺类或过氧化物类)在高温下进行加成反应,分别生成轻度交联的 $-C-S-S-C-$(双硫硫化)键和 $-C-C-$(碳碳交链)键,由此可制备某些半硫化的密封剂。各种橡胶在 90℃ 的气体和 100℃ 的水蒸气透过率见表 11 - 1。

表 11 -1　各种橡胶在 90℃ 气体和 100℃ 水蒸气中透过率 Q

单位:$10^{18} cm^2/(98kPa \cdot s)$

橡胶种类	二元乙丙胶	天然胶	丁苯胶	丁基胶	聚丁二烯胶
氢气	271.0	223.0	220.0	116.0	—
氧气	242.0	132.1	106.0	35.8	—
氮气	120.3	132.1	69.5	17.8	—
水蒸气	638×10^6	1237×10^6	944×10^6	112×10^6	2118×10^6

丁基橡胶还可以通过溴化或氯化在分子链中引入少量1%~3%(摩尔分数)极性的氯原子或溴原子,制成溴化丁基或氯化丁基橡胶,使其耐热性和耐候性进一步提高,同时还可改善与其他材料的黏接性,它们均可用于配制不硫化丁基密封剂。

11.2.3 聚异丁烯橡胶生胶类型、结构和基本特性[2]

世界各国的聚异丁烯均采用异丁烯单体经不同催化体系于低温下($-104℃$ ~ $-30℃$)聚合而成线型的聚合物。中等相对分子质量(M_n 为3万~40万)的聚异丁烯呈黏性的软树脂状态,易冷流变形;高相对分子质量(M_n 为80万~400万)的聚异丁烯呈橡胶状固体,分子间内聚力强,不易变形。

11.2.4 不硫化聚丁二烯密封剂生胶类型、结构和基本特性

聚丁二烯橡胶是以丁二烯单体采用催化剂聚合而成的一种通用型合成橡胶。聚丁二烯橡胶的研制从20世纪20年代后半期开始,最早作为商品使用的是德国I. G. 公司生产的 Buna – S。聚丁二烯橡胶是顺式 –1,4、反式 –1,4 和等规 –1,2、间规 –1,2 聚丁二烯的混合物。采用不同的催化体系和聚合方法制得的聚丁二烯橡胶,结构和性能有所不同,采用定向聚合催化剂时,聚合物的顺式 –1,4 结构含量一般在 90% 以上,称为高顺丁橡胶;采用碱金属或其他有机化合物催化剂时,聚合物的顺式 –1,4 结构含量为 35% ~ 40%,称为低顺丁橡胶。顺丁橡胶的低温性能是通用橡胶中最好的,其玻璃化温度达 –105℃,而天然橡胶为 –73℃,丁苯橡胶为 –60℃左右;耐老化性能比天然橡胶优良。

我国于 20 世纪 70 年代,先后以苯、汽油为溶剂合成出低分子聚丁二烯橡胶,90 年代研制出以本体聚合的低分子聚丁二烯橡胶,用作不硫化密封剂的基体材料。以汽油为溶剂、环烷酸烯钴为催化剂通过本体聚合得到的聚合物,其黏性和成膜性好,毒性小,能够满足作为不硫化密封剂基体材料的要求。本体聚合方法合成的低分子聚丁二烯橡胶为无色或浅黄色透明的产品,不含溶剂,挥发性小,粘均相对分子质量稳定,其技术指标见表 11 – 2。

表 11 – 2 低分子聚丁二烯橡胶技术指标

项目名称	牌　号			
	LBR – 1	LBR – 2	LBR – 3	LBR – 15
颜色	无色或浅黄色	无色或浅黄色	无色或浅黄色	无色或浅黄色
粘均相对分子质量	1~2	4~6	11~13	13~15
凝胶含量/%	<0.5	<0.5	<0.5	<0.5
挥发分/%	<0.5	<0.5	<0.5	<0.5

11.2.5　不硫化氯丁橡胶密封剂生胶类型、结构和基本特性[3]

不硫化氯丁密封剂是指以通用型氯丁橡胶为基体材料,加入适当的配合剂制成的,该类密封剂耐大气老化、耐温(可在100℃左右长期工作)、耐水和耐酸碱作用,并具有一定的阻燃性和耐油性,对多种材料有良好的粘接性。常用的密封剂有三种:①阻燃型氯丁密封剂,可用于建筑物通风管道法兰盘和电线电缆的防火密封;②粘接性氯丁密封剂,可用于集装箱和车辆的金属焊缝防水防腐密封以及建筑物变形量限于5mm的墙体接缝和污水管道接缝的密封;③耐油型氯丁密封剂,主要用于车辆、船舶和通用机械平面法兰连接和齿轮箱、汽缸端盖等处的耐油密封。

氯丁二烯在聚合过程中生成反式-1,4、顺式1,4、1,2和3,4四种结构的聚合体,其中反式-1,4结构含量决定氯丁橡胶的结晶度,其比例越大,结晶度越高。氯丁橡胶由于分子链中含有氯原子,因而具有极性,在通用橡胶中其极性仅次于丁腈橡胶。氯丁橡胶生胶有很高的强度和伸长率,属于自补强橡胶,具有良好的耐天候、耐臭氧老化性、耐热性、耐油性和耐酸碱腐蚀性。

11.2.6　不硫化聚氨酯密封剂生胶类型、结构和基本特性

聚氨酯密封剂的基体材料常用二异氰酸酯和较高相对分子质量的线型聚醚多元醇共聚而成的线型预聚体。作为不干性聚氨酯密封剂的生胶还需应用乙醇等化合物将预聚体的异氰酸酯基封闭,生成无反应活性、稳定的聚氨酯橡胶。

聚氨酯橡胶由于饱和的分子结构以及含有强极性的(—NH—COO—)链节,因此具有优良的耐老化性及耐臭氧性、耐喷气燃油性、耐低温性和黏弹性,其缺点是耐水解稳定性较差。由于目前不硫化聚氨酯密封剂的使用范围较窄,用量不大,一般由各供货方在配制密封剂前自行合成以满足供货的需要。

11.3　不硫化密封剂基本组成和制备工艺

11.3.1　基本组成

11.3.1.1　生胶

生胶是不硫化密封剂的基体成分,由于不同的用途,其在不硫化密封剂中的含量会有很大的差别,例如螺纹不硫化密封膏、发动机机匣装配贴合面之间防双金属腐蚀的不硫化密封膏,生胶在密封膏中的含量可高达80%,而在其他场合,生胶的含量相应降低,最低可为30%～40%。聚合物分子主链结构、侧基和端基对不硫化密封剂的性能有决定性的影响,如主链决定密封剂的耐高低温和耐老化性能,而

耐化学品性、耐燃油性和阻燃性能则往往与侧基的种类和含量有关,结构中含有双键会对不硫化密封剂的寿命及耐热氧老化性能产生不良影响。从不硫化的角度考虑,生胶结构中应不含有活性基团,其端基选择非反应性的甲基较为合理,但是在硅橡胶密封剂中,从粘合的角度出发则往往选择羟基为端基。试验证明端羟基的腈硅密封剂在燃油浸泡下对铝合金的黏附性要明显好于甲基封端的腈硅密封剂,甲基封端的腈硅密封剂经燃油浸泡后密封剂从金属表面滑脱,而端羟基的腈硅密封剂黏附性良好,这是由于羟基和氰基作为活性基团与金属表面形成分子间力(如氢键)所致。

硅橡胶、聚氨酯和聚丁二烯橡胶为基体的不硫化密封剂大多选择中低黏度的液体橡胶,丁基橡胶和氯丁橡胶为基材的不硫化密封剂是固体橡胶,聚异丁烯选用高、中等相对分子质量的生胶。生胶的相对分子质量大小对不硫化密封剂的柔软度和对金属材料的粘附性有直接影响,必须严格控制。生胶的挥发分会影响不硫化密封剂的收缩率。

11.3.1.2 补强填充剂

不硫化密封剂的补强剂应选用惰性(化学稳定性好)、耐热性和分散性好,对生胶有良好亲和性的填料。配方中要尽量避免加入含有能与生胶的活性端基反应生成弹性体的化合物,以免密封剂在贮存和使用过程中逐渐交联而失去不硫化的特性。

不硫化有机硅密封剂一般加入二氧化硅(气相法白炭黑、沉淀法白炭黑和石英粉等)作补强剂,它与有机硅生胶有良好的相容性。其他不硫化密封剂除可采用白炭黑、炭黑作补强剂外,还可采用纤维类补强剂、硅藻土、陶土、高龄土、碳酸钙、氢氧化铝、氧化锌、石英粉、玻璃粉、硫酸钡和滑石粉等弱补强填料。补强填料除了提高密封剂的强度外,还有调节工艺性能,提高耐热性,改善耐油性和降低成本等作用。

气相二氧化硅的比表面积大,二氧化硅聚集体与生胶相互浸润、吸附并形成氢键,产生有无规则的网络。当密封剂受到外力时,这些键的一部分被破坏,使黏度降低,当密封剂静止时,初始状态重新恢复。因此,使用气相二氧化硅可使密封剂具有触变性、抗冷流性。

为了改善密封剂的工艺性、耐水性能和物理力学性能,可以对补强填充剂进行表面处理以改善其憎水性和表面活性,选用纳米级、亚微米级表面改性的补强填料,可使密封剂获得更为优异的各种性能。

11.3.1.3 其他配合剂

1. 增塑剂和软化剂

增塑剂可增大不硫化密封剂的塑性和黏性,改善低温性能,但加入过多会影响密封剂的耐热性和耐压力破坏性,应根据需要考虑其使用量及是否选用。增塑剂要选择与生胶亲和性好,挥发性小,耐热稳定性好,迁移性小,耐介质以及无毒的物质。常用各种酯类(如邻苯二甲酸酯类、脂肪族二元酸酯、磷酸酯类)做增塑剂。

石油基油、相对分子质量较低的树脂或低相对分子质量聚异丁烯等高沸点的液体惰性有机物常作为增塑剂和软化剂加入丁基和聚异丁烯密封剂中,可提高密封剂的塑性和黏性,改善低温性能。

2. 增粘剂

为了提高不硫化密封剂的黏接性能,在配制密封剂时常常需要加入适量的增粘剂。酚醛树脂、石油树脂、萜烯树脂、醇酸树脂、松香树脂等经研磨成粉料后作为增粘剂加入丁基密封剂和氯丁密封剂中,可改善聚合物与补强剂和其他配合剂分子间的相容性和粘接性,提高密封剂的内聚强度以及与被粘接材料之间的润湿性和粘接力。

3. 腐蚀抑制剂

任何高分子材料在湿气的长期作用下都会不同程度的透过水分,水是各种酸碱等腐蚀性物质的优良溶剂。在空气和许多腐蚀介质中,大多数工业合金在热力学上是不稳定的,有从金属原子状态转变为离子态的倾向,这就是腐蚀的过程,因此金属将不可避免的发生腐蚀。腐蚀是导致飞机结构提前失效的主要原因,据国际民航运输协会报导由于腐蚀导致民航定期维修和机件更换的直接费用为每飞行小时 5 美元～12 美元。不硫化密封剂要比网状交联的硫化型密封剂更容易透水蒸气,往往要加入腐蚀抑制剂来提高密封剂的抗腐蚀性。腐蚀抑制剂分阻蚀剂(以无机化合物为多)和缓蚀剂(以有机物为多)两类,在密封剂中的含量很少即可达到满意的效果。阻蚀剂使金属表面氧化,可使一度离开金属的离子再次吸附于金属表面,使金属表面钝化,在金属表面生成一层极薄的致密氧化膜,使金属处于耐腐蚀状态。铬酸盐对铝合金和钢是良好的阻蚀剂,亚硝酸盐、铬酸盐、硅酸盐、聚磷酸盐、钼酸盐、硼酸盐等都有阻蚀作用。缓蚀剂不参与化学变化,是一种界面活性剂,这类化合物能够以其亲水性的原子或原子团(含有 O、S、N、P 和活泼 H 等)对金属形成提供电子型吸附或接受电子型吸附,吸附在金属表面上并形成保护膜,从而对腐蚀性物质起屏蔽作用,其防护作用的好坏又与吸附的临界温度有关。氨基化合物、醛类、杂环和咪唑类化合物都有缓蚀作用,苯并三氮唑是铜的良好缓蚀剂,加入有机硅密封剂中可抑制对铜的腐蚀,防老剂 MB(硫醇基苯并咪唑),由于其分子中有两个 N、一个 S 和活泼 H 可提供电子对,因此对铝、镁合金的防腐蚀也有一定的作用。还有一种成功的应用是采用脱水添加剂(也称脱水防锈剂),常用于金属的表面防护。试验证明,在不硫化密封剂中加入极少量的脱水添加剂,即可使不硫化密封剂的水蒸气透过率大大降低,并能使不硫化密封剂表面上吸附的水的表面张力得以提高,密封剂的腐蚀试样在大湿度环境中,水分甚至能凝结成水珠从密封剂的表面滚落,从而使密封剂具有良好的抗腐蚀性能。

4. 挡隔材料

飞机整体油箱沟槽不硫化密封剂是在油箱装配完成以后,用高压将密封剂注入沟槽,为了防止密封剂在高压下通过油箱的贴合面间隙被挤进油箱内部阻塞燃油通路,一般用两种方法阻挡密封剂进入油箱。一种是在油箱装配时,在油箱内部的装配贴合面缝的部位,用室温硫化密封剂先作一圈缝外密封,即顺着贴合面缝外涂一圈室温硫化密封剂并使其硫化,以阻挡沟槽密封剂进入油箱,但是在油箱的上翼面施工时,由于没有可进入油箱的可卸口盖,已不可能再涂缝外密封剂来做这种挡隔。另一种方法是直接往沟槽不硫化密封剂中加入可用于堵住贴合面接缝间隙的粒状填料,在注射密封剂时这些粒状填料能堵塞在贴合面间隙处,阻挡黏流状密封剂进入油箱。挡隔材料可选用耐燃油、耐热稳定性好、密度小、有一定硬度和形状的颗粒,如选择一定粒径、形状的耐油的硫化橡胶粒、某些树脂粒料、玻璃微球等。

5. 防老剂

密封剂老化是密封剂使用性能衰退过程的总称。导致老化的因素主要有热氧老化作用;应力老化(屈挠龟裂)、臭氧老化(臭氧龟裂)作用;光和紫外光参与的氧化(细微龟裂)作用、重金属参与的氧化作用(与铜接触的密封剂、含有可溶性金属盐的密封剂,在热等因素作用下,也会明显促进老化)和水解作用等。为了使不硫化密封剂保持持久的塑性或黏弹性以及良好的耐老化性能,往往要加入各种不同的防老剂,对一些分子结构中含有双键的胶料必须加入防老剂。要根据密封剂的使用部位和要求选择抗热氧老化、臭氧老化、光老化、有害金属老化的各类防老剂,而不硫化密封剂多用于缝内密封,以防热氧老化为主。

防老剂按化学结构可分为胺类、酚类、杂环及其他类防老剂。胺类对热氧老化有优良的防护效果,缺点是有迁移污染性,在与防弹玻璃夹层材料接触时,密封剂中的胺类防老剂会使无色透明的夹层材料污染成棕黄色,降低防弹玻璃透明度。酚类防老剂无污染性,防护效果不及胺类,可用于浅色密封剂。有时选择不同的防老剂并用,有很好的协同效应,可使防老剂用量减少,而防护效果得到大幅度的提高。如氯丁橡胶的分子链中存在大量的2－氯丁烯结构,在使用过程中受氧、阳光和热辐射的作用,会脱掉氯化氢产生多烯结构,使聚合物表面发黄变暗,必须添加适量的热稳定剂(如硬脂酸钡/锌复合物)和光稳定剂,如加入钛白粉、氧化锌或碳黑等强着色剂,它们对光有良好的屏蔽作用,也可提高密封剂的光稳定性。聚丁二烯橡胶分子链中存在大量丁二烯结构,其耐热氧老化性能较差,受热氧化、阳光等作用易表面结皮,必须添加适量的防老剂如 RD 与 MB 并用体系。丁基和聚异丁烯橡胶虽是饱和度较高的聚合物,但是在超过 160℃ 的高温环境下也会逐步氧化而降解,在此环境中使用的密封剂中应添加少量耐热氧化防老剂。聚氨酯橡胶主要是热氧老化、光老化及水解引起的老化,可针对使用要求加入不同的防老剂。为了提高不硫化有机硅密封剂的耐高温性能,可加入氧化铁、氧化铈等耐热添加剂,近年来开发出纳米级氧化铈、金属有机络合物等耐热添加剂新产品,比一般的耐热添加剂效果有较大提高,可使有机硅密封剂的耐高温性能提高50℃。

6. 阻燃剂

为了使不硫化密封剂具有阻燃性,除采用有阻燃作用的橡胶(如氯丁橡胶、氟硅橡胶和氟橡胶等)外,必须加入阻燃剂。一般来说阻燃剂在密封剂中起三个作用:①屏蔽氧气和燃烧物之间的接触面,是物理作用;②影响密封剂的热分解,其作用常在固相;③影响燃烧的链反应,增加链终止反应,作用常在气相;后两种是化学反应。常用的阻燃剂种类很多,有含磷化合物(如磷酸锌)、含卤化合物(如氯化石蜡、溴化石蜡)、含氮化合物、含锑化合物(如胶体三氧化二锑)、水合氢氧化铝、水合氢氧化镁等,其中磷化合物与卤素化合物、磷化合物与氮化合物、卤素化合物与锑化合物、锑化合物与硼酸锌之间有协同效应,因此常常多种阻燃剂配合使用以达到既有良好的阻燃性,又能减少有害气体产生和发烟的效果,如三氧化二锑和氯化石蜡在高温下相互作用产生挥发性 $SbCl_3$、$SbOCl$,它们在挥发时可吸收大量的热,同时隔绝氧气,从而提高了密封剂的阻燃性。

7. 着色剂

着色剂有无机物和有机物之分。无机物遮盖力大,耐热和耐溶剂性好,但不如有机物着色力强。选用着色剂要考虑其耐热性、耐燃油性、腐蚀性等性能是否符合密封剂的性能要求。氧化铁红、钛白粉、锌钡白、三氧化二铬和炭黑等都是常用的无机着色剂。偶氮化合物、钛菁化合物是有机着色剂,钛菁蓝、钛菁绿是密封剂中常用的有机着色剂。

8. 溶剂

采用固体橡胶胶料来配制膏状不硫化密封剂时,须加入适量的芳香族或脂肪族烃类溶剂和酯类溶剂,其作用是溶解、溶胀橡胶胶料,以利于其他配合剂分散均匀并赋予密封剂良好的施工性能。某些以腻子布形式提供使用的产品,也要用溶剂先溶解腻子,方可涂布。溶剂的选择取决于生胶品种、溶解度参数和溶剂的挥发性等。

11.3.2 制备工艺

不硫化密封剂的配制可根据密封剂的黏稠度采用不同的生产设备进行。液体状生胶和粉状配合剂可在捏合机中粗混均匀,再在三辊研磨机上研磨混炼均匀,然后装入包装桶。

固体状和黏稠度较大的密封剂应采用开放式两辊炼胶机或密炼机进行混炼。固体橡胶要先进行塑炼,通过机械力、氧和热等因素的破坏作用,使生胶分子链断裂,粘均相对分子质量降低,黏度下降,使生胶具有一定的可塑性,能较好地包辊吃料为止,然后再加入配合剂并混炼均匀。液体橡胶不需要塑炼,可直接包辊,依次加入防老剂、增塑剂、补强填料和着色剂等配合剂混炼均匀,添加硬质、易结团及纤维状补强剂的胶料要通过薄通工艺使胶料充分分散均匀,然后混炼直至达到所需的可塑性或柔软度。

固体状的腻子要在辊上通过不断改变腻子厚度的方式消除混炼中裹入的气泡,然后下辊包装。腻子布是用经检验合格的密封剂(腻子)溶于相应溶剂中并打成均匀的胶浆,在涂布机上进行涂布。布料通过胶浆槽中经浸胶、刮平并烘干再重复浸胶,直至腻子布的厚度达到用户要求为止,成品腻子布应无溶剂、无缺胶、无外来杂质,腻子布的黏性取决于腻子的黏性。腻子布用防粘材料做隔离层卷在芯轴上,必须装在带有芯轴托架的包装箱内运输和贮存。

胶带是将混炼好的腻子通过挤出机成型,按照胶带的形状和尺寸设计并加工挤出机口型。腻子通过挤出机口型而成胶带形状。胶带采用双面防黏纸隔离,在芯轴上卷成盘状。

热熔密封剂一般在可调温的热炼机或加热式捏合机中,将生胶和配合剂在生胶熔融温度下经反复热炼和捏合,使各组分充分热熔混合均匀,并经加热包装机按规格包装成产品。

有机硅密封剂采用气相二氧化硅补强时,密封剂在贮存过程中易产生结构化倾向,胶料逐渐变硬,失去粘接性。如在配方中添加二苯基硅二醇等结构控制剂,混炼后的胶料要在180℃处理并返炼。

由于不硫化密封剂经过炼制后,在使用前和使用中不再有硫化等反应发生,因而炼制中薄通或返炼的次数、时间的长短、辊距的大小和辊温的高低等因素将直接影响到密封剂的使用性能,如可塑性、针入度、冷流性、耐压力值、耐热流淌性等,因此,配方确定后制备工艺对性能将有明显的影响。过度混炼和返炼会导致橡胶分子被切断乃至降解,降低补强剂气相二氧化硅聚集体的尺寸,使聚集体不能在混炼胶中生成相互连接的氢键网络,使密封剂性能下降,冷流性变大,耐压力性能下降,这样的过度混炼是不可逆的。必须控制好温度、辊距、上辊的胶量和混炼时间,才能保证不硫化密封剂获得令人满意的技术性能。

11.4 不硫化密封剂性能和应用实例

11.4.1 不硫化有机硅类密封剂性能和应用实例

11.4.1.1 整体油箱沟槽注射用有机硅类耐油密封剂性能和应用实例

美国于20世纪50年代就开始采用不硫化聚硫密封剂用于飞机整体油箱的沟槽密封。随后于60年代进行了一系列关于飞机整体油箱沟槽密封的结构设计、腈硅密封剂、氟硅密封剂模拟试验及其挡隔材料研究,于1978年发表"飞机整体油箱不硫化密封剂的原理",沟槽密封剂的应用进入了成熟阶段。对沟槽密封形式及其密封剂的应用和性能有一个认识、发展过程,从沟槽密封剂的两个美军标可以看出其变化,即由60年代的MIL-S-81323(1965.9.15)"整体油箱沟槽注射型非硫化密封剂"的耐高温要求演变至MIL-S-85334(1980.5.21)"整体油箱沟槽注射用低稠度硅密封剂"的耐高温较低的要求,将沟槽密封剂性能试验的温度降了下来,并增加了间隙滞留性要求。这可能与对飞机整体油箱环境温度谱的认识以及间隙滞留性是不硫化密封剂密封失效的主要原因有关。两个美军标对沟槽密封剂某些性能的测试条件对比见表11-3。F-16军用飞机整体油箱的环境温度谱见表11-4。

沟槽注射用耐油密封剂由氟硅生胶或腈硅生胶添加补强填充剂、挡隔颗粒等各种配合剂配制而成,具有优异的耐高低温、耐航空喷气燃料性能。适用于空气和燃油等系统中结构件装配贴合面的沟槽密封。我国近25年来在航空、航天等武器上使用了由北京航空材料研究院研制的氟硅橡胶。

表11-3 两个美军标对沟槽密封剂的性能指标要求

项目名称	测试条件	
	MIL-S-81323	MIL-S-85334
耐压力破坏	176℃	71℃
重新注射性	室温、油中浸泡或热条件后取出,再经空气中:107℃×120h、154℃×60h、176℃×6h后常温测试	室温、油中浸泡或热条件后取出,再经空气中:25℃×4h后常温测试
低温性	油中浸泡后取出,再经空气中:107℃×120h、154℃×60h、176℃×6h后在-54℃测试	油中浸泡后取出,再经空气中:49×16h、71℃×6h、25℃×16h后在-51℃测试
密封效率	(1) 装满海水,经:49℃×25天+71℃×60h+82℃×6h后,倒空海水,充压5psi、176℃×2h检漏,再充压10psi、176℃×1min检漏; (2) 装满油,充压5psi经:49℃×100h+71℃×10h+82℃×1h后,倒空油,充压5psi检漏,再充压5psi、107℃×20h+154℃×10h+176℃×1h检漏,再充压10psi、176℃×1min检漏; 重复5个周期	(1) 装满油,充压7psi经:25℃×24h+38℃×72h+49℃×5h+71℃×1h后,充压15psi,2min检漏; (2) 油蒸汽下充压7psi经:38℃×20h+49℃×3h+71℃×1h后,充压15psi,2min检漏; 重复5个周期

表 11 - 4 F - 16 军用飞机整体油箱的环境温度谱

机身整体油箱									
最高 135℃	>130℃ 3.2h	>110℃ 19h	>80℃ 100h	+50℃ ~ -37℃ 7000h	< -55℃ 32h	< -60℃ 19h	< -70℃ 4h	最低 -76℃	—
机翼整体油箱									
最高 124℃	>120℃ 1h	>110℃ 5.6h	>80℃ 60h	+45℃ ~ -40℃ 7000h	< -55℃ 35h	< -60℃ 25h	< -70℃ 11h	< -80℃ 3h	最低 -87℃

HMB802 和 HMB802A 不硫化氟硅密封剂:

HMB802 和 HMB802A 是氟硅橡胶为基体材料的整体油箱沟槽注射用不硫化密封剂,长期使用温度为 -54℃ ~180℃,密封剂中含有挡隔颗粒,已在飞机整体油箱和导弹密封中使用多年,其性能见表 11 -5,红外光谱见图 11 -1 和图 11 -2,热失重分析(TGA)见图 11 -3 和图 11 -4,HMB802 和 HMB802A 的注射密封装置见图 11 -5,HMB802 和 HMB802A 采用挡隔材料的结构见图 11 -6。

表 11 - 5 国内外氟硅沟槽密封剂的主要性能

性能名称		Q/6S 1335—2000 指标	HMB - 802	HMB - 802A	DC 94 - 031
密度/(g/cm³)		≤1.60	1.55	1.50	1.52
不挥发物含量/%		≥98	99.72	99.76	99.47
粘附性/%		≥85	100	100	100
冷流性/%		≤30	9.2	9.2	34.2
耐喷气燃料性 (130℃×50h)	体积变化/%	1 ~ 17	5.5	6.2	10.7
	重量损失/%	≤5	0.5	0.3	0.4
	外观	无硬化、粉化,粘附良好	合格	合格	合格
耐压力 破坏性/kPa	25℃±2℃	≥40.6	45.6	70.9	88.7
	71℃±1℃	≥11.7	26.6	51.2	51.0
	燃油浸泡后	≥11.7	44.3	83.3	82.4
腐蚀性		对铝合金不腐蚀	对铝合金 不腐蚀	对铝合金 不腐蚀	—
低温柔软性 (-54℃×2h)		弯曲180°无裂纹, 不变硬不失去粘附性	合格	合格	—
挤出性		5MPa ~ 8MPa 可挤出	5MPa:243s	5MPa:—	8MPa:483s
			8MPa:168s	8MPa:255s	12MPa:73s

性 能 名 称		Q/6S 1335—2000 指标	HMB－802	HMB－802A	DC 94－031
间隙滞留性①	初注	HMB802：0.25 mm 间隙不挤到贴合面外缘 HMB802A：0.30mm 间隙不挤到贴合面外缘	0.1mm：合格	0.1mm：合格	0.1mm：无挤出
			0.2mm：合格	0.2mm：合格	0.2mm：无挤出
			0.25mm：合格	0.25mm：合格	0.25mm：2 处挤出
			—	0.30mm：合格	0.30mm：3 处挤出
	重注①		0.1mm：合格	0.1mm：合格	0.1mm：无挤出
			0.2mm：合格	0.2mm：合格	0.2mm：无挤出
			0.25mm：合格	0.25mm：合格	0.25mm：3 处挤出
			—	0.30mm：合格	0.30mm：5 处挤出

① HMB802 和 HMB802A 前处理条件为 100℃×3h 加热处理

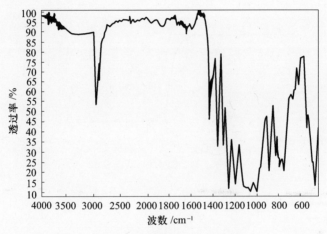

图 11－1　HMB802 红外光谱

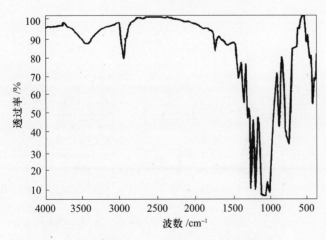

图 11－2　HMB802A 红外光谱

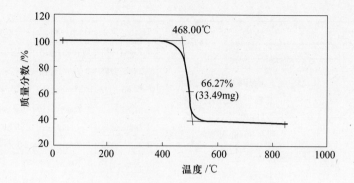

图 11-3 HMB802 热失重分析(TGA)

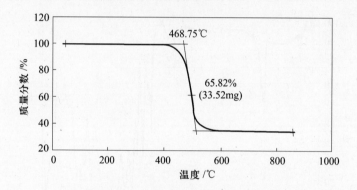

图 11-4 HMB802A 热失重分析(TGA)

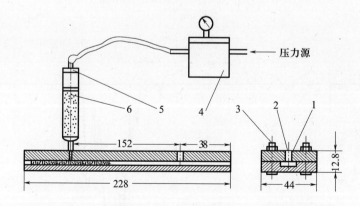

图 11-5 HMB802 和 HMB802A 的注射密封装置

注:试验件由 228mm×44mm×6.4mm 的上下铝合金板组成,上板开注射孔,下板开沟槽;
沟槽尺寸为 6.5mm×1.5mm;注射孔间距为 152mm;螺栓间距为 25.4mm;螺栓扭距 4.5N·m。
1—沟槽;2—注射孔;3—螺栓;4—控制箱;5—高压注射枪;6—HMB802 腻子。

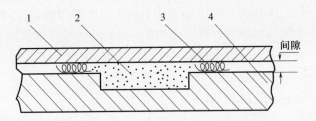

图 11 −6　HMB802 和 HMB802A 采用挡隔材料的结构

1—蒙皮；2—HMB802 或 HMB802A；3—XM22B 指隔密封剂；4—开有注射沟槽的构件。

美国 Dow Corning 公司的 DC94 − 031 与 HMB802 和 HMB802A 三种密封剂的性能对比分析，分别见表 11 − 6 ～ 表 11 − 9。

（1）四个材料的标准见表 11 − 6。

表 11 − 6　沟槽密封剂牌号及标准

材料牌号	材料标准	相近材料牌号	相关材料标准
HMB − 802（使用中）	Q/6S 1335—2000	G − 651、Q4 − 2805、DC94 − 031	MIL − S − 85334
HMB − 802A（使用中）	Q/6S 1335—2000	DC 94 − 031	MIL − S − 85334
DC 94 − 031（使用中）	MIL − S − 85334	HMB802A、HMB802	Q/6S 1335—2000

（2）间隙滞留性试验件按 MIL − S − 85334 要求，试验参数见表 11 − 7。HMB802A、HMB802 和 DC94 − 031 密封剂按表 11 − 7 的间隙滞留性试验参数对比试验结果见表 11 − 8。

表 11 − 7　间隙滞留性试验参数

沟槽尺寸/mm	注射孔间距/mm	贴合面间隙/mm	螺栓力矩/N·m	注射及重新注射压力/MPa	
				HMB802、HMB802A	DC 94 − 031
6.5 × 1.5	152	0.10 ～ 0.35	4.5	8	12

表 11 − 8　三种腻子的间隙滞留性对比

间隙/mm	试验条件	HMB802A	HMB 802	美国 DC94 − 031
0.10	初注	无挤出	无挤出	无挤出
0.20	初注	无挤出	无挤出	无挤出
0.25	初注	无挤出	无挤出	1 处挤出,1 处到边
0.30	初注	无挤出	无挤出	2 处挤出,2 处到边
0.10	100℃ ×3h 后再注射	无挤出	无挤出	无挤出
0.20	100℃ ×3h 后再注射	无挤出	无挤出	无挤出
0.25	100℃ ×3h 后再注射	无挤出	无挤出	5 处挤出,2 处到边
0.30	100℃ ×3h 后再注射	无挤出	2 处微量挤出	3 处挤出,2 处到边

由表 11 - 8 可见,HMB802 比 DC94 - 031 的大间隙滞留性好,经初次注射、耐热后重新注射,均不挤出贴合面外缘。而 HMB802A 的间隙滞留性比 HMB 802 和 DC94 - 031 都好,在 0.30mm 的大间隙下经初次注射,耐热后再注射,均不挤出贴合面外缘。

(3) 耐热油和高温油气作用后的间隙滞留性比较试验。

注射了 HMB802、HMB802A 和 DC94 - 031 的试验件数件,每件选用一种密封剂进行沟槽注射密封,然后将试验件放置在 82℃ 燃油中浸泡 16h,取出后,置入 130℃ 油气环境中 8h,此为一个周期,共进行三个周期后重新注射,结果见表 11 - 9、图 11 - 7 ~ 图 11 - 10。表 11 - 9 括号中数据为离贴合面外缘最近的距离(mm)。

表 11 - 9　三种腻子经热油和高温油气作用后的间隙滞留性对比

间隙/mm	HMB 802A	HMB 802	DC94 - 031
0.10	无挤出(4)	无挤出(5)	1 处微量挤出
0.20	无挤出(6)	—	—
0.25	—	无挤出(7)	4 处挤出
0.30	无挤出(5)	—	—

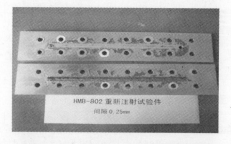

图 11 - 7　经试验后再注射 HMB 802
到试验件贴合面外缘

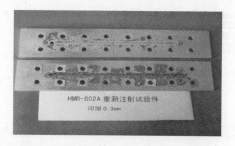

图 11 - 8　经试验后再注射 HMB 802A
到试验件贴合面外缘

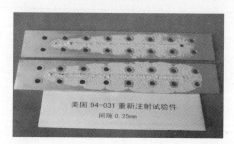

图 11 - 9　经试验后再注射美国 DC94 - 031
到试验件外缘贴合面

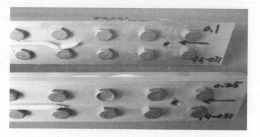

图 11 - 10　0.25mm 间隙的试验件试验后
再注射到试验件贴合面外缘

(4) HMB 802、HMB 802A 和 DC 94 - 031 的全面性能对比结果见表 11 - 10。由表 11 - 10 可见,HMB - 802A、HMB - 802 比 DC94 - 031 注射速度快,大间隙滞

留性明显优于 DC 94 – 031。

表 11 – 10　几种沟槽密封剂全面性能对比

性 能 项 目		DC 94 – 031	HMB – 802A	HMB – 802
不挥发物含量/%		99.47	99.8	99.82
密度/(g/cm³)		1.52	1.52	1.56
粘附性/%		93	100	100
耐压力破坏/kPa	标准试验条件	88.7	66.0	47.0
	71℃±1℃	51.0	32.6	23.1
	耐油后	82.4	59.0	42.6
耐喷气燃料性	体积变化/%	10.8	3.7	3.9
	重量损失/%	0.4	0.3	0.6
	外观	粘附良好	粘附良好	粘附良好
注射性/s (152mm)		8MPa:483s 12MPa:73s	8MPa:255s	5MPa:243s 8MPa:168s
重新注射性/%	耐油后	132	100	86
	耐热后	112	121	107
大间隙滞留性		加 0.25mm 垫片注射不挤到贴合面外缘	0.3mm 间隙注射、受热及再注射不挤到贴合面外缘	0.25m 垫片注射、受热及再注射不挤到贴合面外缘

　　任何密封剂使用前,必须清洁结构上待密封的部位,以保证结构材料与密封剂的良好黏接性和密封性。沟槽密封结构对装配间隙有较高的要求,结构件的密封沟槽一般通过数控加工而成,沟槽密封部位必须在结构装配之前清洗干净。沟槽密封剂的使用是将密封剂装入专用的高压注射枪中,在高压(5MPa ~ 8MPa)下注射密封。有些部位的密封也可将稍多的密封剂预先挤入结构的密封容积内,再进行装配。

11.4.1.2　空气系统用有机硅密封剂性能和应用实例

　　空气系统用不硫化有机硅密封剂应具有优良的耐高低温性和良好的耐烧蚀性、电绝缘性和工艺性。主要用于飞机的座舱系统、空调系统的缝内密封和防弹玻璃的边缘密封,固体火箭发动机的耐烧蚀绝热密封和高温高压下耐水的电绝缘密封。

　　1. HMB808 不硫化吸波氟硅密封腻子

　　HMB808 不硫化吸波氟硅密封腻子的长期使用温度为 – 55℃ ~ 130℃,短期可达 150℃,主要用于飞机上各类口盖对缝和钉头等部位的密封和隐身。HMB808 不硫化吸波氟硅密封腻子全面性能,见表11-11。

表11-11　HMB808 不硫化吸波氟硅密封腻子全面性能

物 理 性 能			
序号	项　目	技术要求	实测值
1	外观	灰黑色均匀的单组分黏性材料,无离析、无气泡、无直径大于1.0mm的块状物或凝胶	灰黑色均匀的单组分黏性材料,无离析、无气泡、无直径大于1.0mm的块状物或凝胶
2	密度/(g/cm³)	≤4.0	3.5~3.6
3	不挥发分含量/%	≥98	99.2~99.5
4	剪切强度/MPa	≥0.02	0.024~0.032
5	内聚破坏面积率/%	≥85	90~98
6	耐热性 (130℃±2℃×4h 热空气)	棱角不变形,表面不结皮	棱角不变形,表面不结皮
7	剪切强度 (130℃±2℃×50h 热空气)	≥0.02 MPa	0.03~0.04
8	耐RP-3 航空煤油性能 (60℃×7 天浸泡)	不发黏、不气泡	不发黏、不气泡
9	耐15 号液压油性能 (25℃±1℃×7 天浸泡)	不发黏、不气泡	不发黏、不气泡
10	低温柔软性(-55℃)	合格	合格
11	腐蚀性	对 LY12CZ 去包铝铝合金和30CrMnSiA 钢不腐蚀	对 LY12CZ 去包铝铝合金和30CrMnSiA 钢不腐蚀
12	71 蒙皮涂层后, 在 60℃×7 天浸泡后)	涂层表面不起泡、脱落、溶胀	涂层表面不起泡、脱落、溶胀
吸 波 性 能(腻子厚度≤0.6mm)			
13	控制频率点/GHz	垂直反射率指标值/dB	垂直反射率实测值/dB
	2	≤-1	-0.9~-1.1
	4	≤-2	-2.2~-3.0
	8	≤-3	-5.0~-7.0
	15	≤-3	-4.0~-5.0
	18	≤-2	-2.8~-4.0

2. XM30 不硫化密封腻子和腻子布

XM30 不硫化密封腻子和腻子布是一种用聚苯醚撑硅橡胶配制的不硫化密封

材料,长期使用温度为 –54℃ ~200℃,在 230℃ 可短期使用,在 2700℃ 左右可瞬时使用,已用于防弹玻璃的边缘密封和运载火箭发动机的密封。材料的红外光谱见图 11 – 11,主要性能见表 11 – 12。

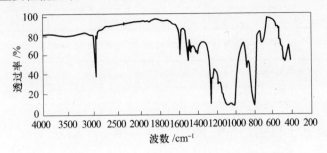

图 11 – 11　XM30 不硫化密封腻子红外光谱

表 11 – 12　XM30 密封腻子的主要性能

性 能 名 称		指标(Q/6S 77 – 87)	典型值
颜色		白色	白色
密度/(g/cm³)		—	1.3
不挥发物含量/%			99
黏合剪切强度 MPa	常温下	≥0.05	0.073
	175℃ ×75h + 200℃ ×5h	≥0.04	0.072
	230℃ ×12h	—	0.074
耐热性(230℃ ×2h)		不结皮、不流散、保持棱角	合格
耐寒性(–55℃ ×2h)		弯曲180°无裂纹	合格
可塑性/s		4 ~25	4.8
腐蚀性		对去包铝铝合金、氧化的镁合金、镀锌钝化的钢不腐蚀	合格
介电强度/(kV/mm)		—	3.2 ~3.5

　　XM30 不硫化密封腻子耐辐射性能见表 11 – 13 ~ 表 11 – 15。经电子或质子轰击试验后的腻子基本无变化,与未进行试验的腻子的烧蚀试验结果相比,线烧蚀速度稍有增加(约增加 10%)。经烧蚀试验后,腻子不松散,烧蚀面下的腻子密封良好。

表 11 – 13　XM – 30 密封腻子电子轰击使用性能

电子轰击试验	电子能量/MeV	电子瞬时通量/s⁻¹ · m⁻²	暴露时间/s	电子积分通量/m⁻²
	1	6×10^{15}	1000	6×10^{18}

表 11 - 14　　XM - 30 密封腻子质子轰击使用性能

质子轰击试验	质子瞬时通量/$s^{-1} \cdot m^{-2}$	暴露时间/s	质子积分通量/m^{-2}	真空度/Pa	靶区温度/℃
	5×10^{12}	2000	1×10^{16}	1.33×10^{-3}	51

表 11 - 15　　XM - 30 密封腻子烧蚀使用性能

烧蚀试验	火焰温度/℃	烧蚀时间/s	线烧蚀速度/(mm/s)
	2700	10	0.206

11.4.2　不硫化丁基密封剂性能和应用实例

丁基橡胶密封剂的特点是对多数金属和非金属材料粘接性良好,耐水、耐酸碱,耐大气老化和气密性优良,而且它的"黏温性"变化更适于民用工业材料工作温度范围内(-40℃ ~80℃)的使用要求,因而被广泛用于建筑、车辆、船舶的接缝防水、防腐、防尘和减振密封。该类密封剂的工作寿命最高达 30 年,最低为 10 年。它是采用相对分子质量为 40 万的通用型丁基橡胶为基础,加入不同的配合剂,经常温或较高温度炼制后,不需要硫化而直接使用,在使用温度范围内长期保持良好黏弹性和柔性。我国已将丁基密封腻子用于飞机空气系统缝内密封[4-6]。

1. XM - 48 密封腻子

XM - 48 密封腻子是以丁基橡胶为基体材料的密封剂,具有良好的耐热性、耐老化性、粘接性和持久的气密性,主要用于飞机机身、座舱的缝内密封和座舱盖玻璃与舱盖前后弧框连接处的密封。由 XM - 48 腻子用涂布法制得腻子布,使用温度为 -55℃ ~130℃,已在多机种飞机座舱口盖及导弹产品的结构缝内密封中广泛使用 10 多年。XM - 48 腻子材料的热失重分析(TGA)和热解质量微分分析(DT-GA)见图 11 -12,红外光谱见图 11 -13,主要性能见表 11 -16。

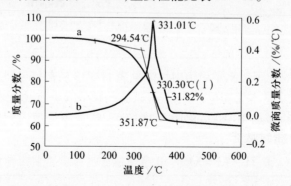

图 11 - 12　XM - 48 密封腻子热失重分析(TGA)及热解质量微分分析(DTGA)
a—TGA 曲线; b—DTGA 曲线。

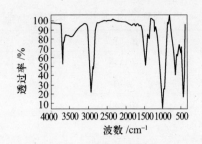

图 11 - 13　XM - 48 密封腻子红外光谱

表 11 - 16　XM48 密封腻子的主要性能

性 能 名 称		指　标	典 型 值
外观		灰白色均质黏稠状	灰白色均质黏稠状
密度/（g/cm³）		≤1.50	1.33~1.46
粘合剪切强度/MPa	常温下	≥0.02	0.043
	130℃×50h	≥0.02	0.049
耐热性(130℃×2h)		不结皮、不流散、保持棱角	合格
耐寒性(-40℃×2h)		弯曲180°无裂纹	合格
柔软度(23℃±2℃)		3~25	9.3
耐气候性(日光照射60天)		—	不结皮、不变色
腐蚀性		对去包铝铝合金、氧化的镁合金和钢不腐蚀	合格
对有机玻璃的影响		应不产生银纹	合格
对防弹玻璃夹层材料的影响		—	不引起变色
热分解温度/℃		—	330

2. XM52 丁基密封剂

XM52 丁基密封剂是单组分丁基橡胶膏状密封剂,具有优异的防水性、耐低温性和耐侯性,适用于建筑物彩钢板接缝和塑钢门窗安装接缝的防水防腐密封。该材料已在我国北方地区使用近十年,密封效果良好,主要性能见表 11 - 17。密封剂以 310ml 筒装的形式供应,使用时采用手动或气动注射枪注射施工。

3. XM43 密封腻子

XM43 密封腻子是丁基橡胶为基的建筑物嵌缝密封及船舶冷库装配缝用密封腻子,具有良好的防水性、隔热性和粘附性,无毒,手感柔软适于手工工具嵌缝和粘贴施工,已在建筑物墙体嵌缝和船舶冷库安装缝以及车辆铆接缝的防水密封中应用 15 年以上,使用效果良好,主要性能见表 11 - 18。

表 11 – 17　XM52 丁基密封剂主要性能

性 能 名 称	指　标	典 型 值
密封剂颜色	灰白色	灰白色
不挥发物含量/%	≥70	72
表干时间/min	20～30	20
针入度/10^{-1}mm	280～310	295
耐热性(120℃×24h)	不流淌、不开裂	合格
低温性(－40℃×2h)	不开裂	合格
扯断伸长率/%	≥300	400
粘附损失/%	≤25	0
耐侯性(老化 500h)	不开裂不流淌,变色轻微	合格

表 11 – 18　XM43 密封腻子主要性能

性 能 名 称		指　标	典 型 值
外观		灰黄色或白色黏性塑性体	白色黏性塑性体
密度/(g/cm^3)		≤1.6	1.52
针入度/10^{-1}mm		≥65	75
耐热性(100℃×2h)		不结皮、保持棱角	合格
低温性(－40℃×2h)		弯曲180°无裂纹	合格
粘合剪切强度/MPa	常温下	≥0.02	0.030
	100℃×50h	≥0.03	0.034
耐水性(室温水中浸泡 15 天)/%		≤6;与基材不脱粘	4;合格
毒性(经小白鼠口服试验)		—	无毒

4. BT102 丁基密封剂[6]

BT102 是中空玻璃内道密封用的热熔密封剂,基体材料由丁基橡胶和中等相对分子质量聚异丁烯所组成,该材料最显著的特点是对水和水蒸气的透过率极低,抗紫外线辐射性能和耐大气老化性能优异,对玻璃和铝间隔条有良好而持久的粘接力。该材料是国内第一个研制成功并于 1988 年通过国家建材局鉴定的热熔丁基密封剂。已在国内建筑物中空玻璃构件上应用达 15 年,预计使用寿命为 30 年。材料的主要性能见表 11 – 19。

5. XM37 密封胶带

XM37 是以氯化丁基橡胶为基体成分的密封剂,在室温下及贮存期内保持不硫化高黏弹性状态,在 130℃～180℃高温下可硫化,与金属模板及聚酰胺薄膜有良好的初黏性、使用工艺简便,经高温使用后可容易地从金属模板表面剥离。主要用于复合材料、蜂窝结构等制品热压罐真空成型工艺的密封,也可用于其他气密

表 11-19 BT102 丁基密封剂主要性能

性能名称		指标	典型值
颜色		黑色	黑色
密度/(g/cm³)		≤1.1	1.07
针入度/10⁻¹mm	23℃±2℃	53±2	53
	125℃±2℃	210℃±20℃	215
耐温性（-40℃~80℃）		低温不开裂,高温不下垂	合格
粘接拉伸强度/MPa		≥0.2	0.28
水蒸气透过率/(g/m²·d)		≤10	6.67
抗紫外线性能		无挥发物	合格
挤出温度/℃		120~130	125

结构的缝内密封,最高使用温度为180℃。XM37密封胶带在蜂窝结构等制品热压罐真空成型工艺中的具体使用法是,清理干净金属模板上需贴胶带的部位,然后铺贴胶带,在铺贴薄膜到预成型复合材料零件上时,应从中间向两头把薄膜贴合到胶带上,在零件有明显棱角处的薄膜应叠折,使表面积明显大于应覆盖的零件表面积,防止由于真空使薄膜贴附于预成型零件表面,造成密封胶带被拉脱,导致密封失效。叠折的薄膜之间要用胶带贴合并不留空隙,由密封区引出的导线应用密封胶带包裹,胶带搭接处应压实,不留空隙。密封完毕后,抽真空检查密封性,对漏气部位用手压实或补贴胶带,直到达到要求,成型完成后,可从模板表面剥离掉密封胶带,也可用汽油等溶剂清除干净,借助XM37密封胶带真空成型复合材料的示意见图11-14。XM37密封胶带材料的红外光谱见图11-15,主要性能见表11-20,使用性能见表11-21。

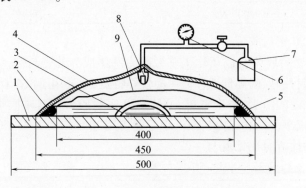

图 11-14 借助 XM37 密封胶带真空成型示意

1—金属模板；2—密封胶带；3—复合材料制作；4—真空袋膜（聚酰胺薄膜）；5—密封胶带；
6—真空表；7—真空泵；8—表面真空嘴；9—透气材料（Airtech N-20）。

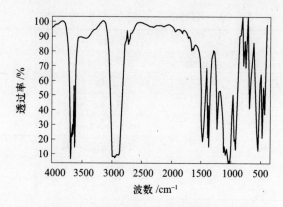

图 11 – 15　XM37 密封胶带材料的红外光谱

表 11 – 20　XM37 密封胶带的主要性能

性 能 名 称	指 标	典 型 值
外观	均质黏弹性材料	均质黏弹性材料
密度/(g/cm³)	—	1.0
黏合剪切强度/MPa	≥0.07	0.12
针入度/10⁻¹mm	—	40
常温密封性/Pa	≤1.8×10⁴	0.6×10⁴
高温密封性/Pa	≤2.7×10⁴	0.6×10⁴
高温后可清除性	整体剥离	整体剥离

表 11 – 21　XM37 密封胶带使用性能

使用温度和时间	真空区尺寸/(mm×mm)	真空度/kPa	压力/MPa	真空袋薄膜材料	试验结果
175℃×4h	8000×1000	≤8.0	6.9	聚酰胺薄膜	无漏气易清除
175℃×4h	1000×2000	≤8.0	2.0	气球布	无漏气易清除

6. XM – 50 密封胶带

XM – 50 密封胶带是以氯化丁基橡胶为基体成分的密封剂,该材料具有指压黏合力高、密封性好、耐高低温和使用简便等特点,主要用于汽车挡风玻璃、车门内板和钢接缝等处的防水、防尘密封。XM – 50 密封胶带与日本同类产品的性能相当,已在东风汽车公司和国内其他汽车行业使用近 10 年。XM – 50 密封胶带与日本同类产品的性能对比见表 11 – 22。

表 11 – 22　XM – 50 密封胶带与日本同类产品性能比较

性 能 名 称	指 标	典 型 实 测 值	
	日本 TB170 胶带	XM – 50 胶带	
外观	黑色黏弹性胶带	黑色黏弹性胶带	黑色黏弹性胶带
密度/(g/cm³)	≤1.1	0.98	0.86

（续）

性能名称	指标	典型实测值	
针入度/10^{-1}mm	70 ± 5	77	68
不挥发分/%	>98	98.3	99.8
拉伸强度/MPa	>0.025	0.033	0.059
扯断伸长率/%	>1000	2272	1973
剥离强度/（kN/m）	≥0.7	0.97	0.77
剪切强度/MPa	≥0.05	0.048	0.05
压缩率/%	20～45	42.2	27.9
回复率/%	≥20	28.7	49
加热下垂性/℃	>50	>70	>70
低温弯曲性（-40℃×2h）	弯曲90°不龟裂,保持黏性	合格	合格

11.4.3 不硫化聚异丁烯密封剂性能和应用实例

1601 密封腻子：

1601 密封腻子的使用温度范围为 -50℃～70℃,可塑性良好,可挤出成为各种形状的腻子条,腻子布易剪、易铺贴、易拆卸和易修补。使用时需密封的零部件事先要预装,包括钻孔、划窝、去毛刺和表面清洗。然后根据密封部位的尺寸、形状,将腻子或腻子布制成所需要的形状,进行铺贴,按螺钉或铆钉孔位置在腻子布上穿孔,并用钢钎校正孔位,然后组装。已用于歼击机、轰炸机、运输机座舱缝内密封。1601 密封腻子红外光谱见图 11 - 16,性能见表 11 - 23。

表 11 - 23　1601 密封性能

性能名称	指标	典型值
外观	绿色块状塑性体	合格
工作温度/℃	-50～70	
柔软度（23℃×4h）/ s	15～60	27～59
腻子带用腻子柔软度（23℃×4h）/ s	30～120	42
粘接剪切强度/ kPa	≥14.7	66.8
耐热性（70℃×1h 后试样高度）/ mm	≥15	18.3
耐低温性（-50℃×2h 弯曲180°）	不断裂	合格
腐蚀性	对 MB - 8、MB - 3、ZM - 5 镁合金不腐蚀	

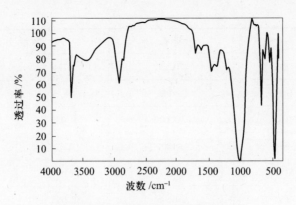

图 11 – 16　1601 密封腻子红外光谱

11.4.4　不硫化聚硫橡胶密封腻子性能和应用实例

102 不干性密封腻子和腻子布：

102 不干性密封腻子和腻子布的使用温度范围 −35℃～80℃，可塑性良好，可挤出成为各种形状的腻子条，腻子布易剪、易铺贴、易拆卸和易修补。102 不干性密封腻子和腻子布已在国产歼击机座舱盖框架、座舱和机身气密结构的密封中以及国产轰炸机驾驶舱、机身气密中使用。102 不干性密封腻子的红外光谱见图 11 –17，性能见表 11 –24。

表 11 – 24　102 不干性密封腻子和腻子布性能

性 能 名 称	指 标	典 型 值
外观	灰色或灰褐色或灰黄色塑性体	合格
柔软度(23℃ ×4h)/ s	10 ~ 80	16
剪切强度/kPa	≥15	81
耐热性(50℃ ×2h 试样高度的变化率)/%	≤20	2.8
耐航空汽油性(长期浸泡后)	不变质,不溶解	合格
质量变化率(耐 20℃ ×24h 汽油 – 苯混合液)/ %	≤3	1.31
质量变化率(耐 20℃ ×24h 20 号航空润滑油) / %	≤2	− 0.26
质量变化率(耐 20℃ ×24h 水性) / %	≤2	0.11
耐低温性(−35℃ ×2h 弯曲 180°)	不断裂	合格

11.4.5　不硫化聚丁二烯密封腻子性能和应用实例

XM – 17 密封腻子：

XM – 17 密封腻子以聚丁二烯橡胶为基体成分的密封剂，具有良好的耐热性、粘接性、优良的使用工艺性和持久的气密性。主要用于飞机机身、座舱的缝内密封

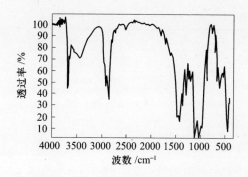

图 11 - 17　102 不干性密封腻子红外光谱

和座舱盖玻璃与舱盖前后弧框连接处的密封。由 XM - 17 腻子用涂布法制得腻子布,其使用温度为 -55℃ ~ 100℃,在 130℃ 可短期使用。XM - 17 密封腻子的红外光谱见图 11 - 18,热失重率曲线见图 11 - 19,其他主要性能见表 11 - 25。

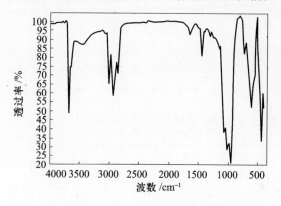

图 11 - 18　XM - 17 密封腻子红外光谱

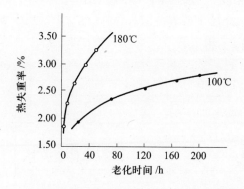

图 11 - 19　XM - 17 密封腻子的热失重率曲线

表 11 − 25　XM −17 密封腻子的主要性能

性能名称		指　标	典型值
外观		绿色均质黏性塑性体	绿色均质黏性塑性体
密度/(g/cm³)		—	1.4
粘合剪切强度/ MPa	常温下	≥0.02	0.032
	130℃ ×50h	≥0.02	0.034
耐热性(130℃ ×4h)		不结皮、不流散、保持棱角	合格
耐寒性(−40℃ ×2h)		弯曲180°无裂纹	合格
柔软度(25℃ ±2℃)		4 ~ 30	8.7
质量变化率 (耐40℃水浸泡后)/%	5 天	—	1.97
	10 天	—	2.26
	15 天	—	2.88
腐蚀性		对去包铝铝合金、氧化的 镁合金和钢不腐蚀	合格
对有机玻璃的影响		应不产生银纹	合格
对防弹玻璃夹层材料的影响			边缘略有变色
热分解温度/℃		—	326

11.4.6　不硫化氯丁密封腻子性能和应用实例

XM51 氯丁密封剂:

XM51 氯丁密封剂是单组分氯丁橡胶基膏状密封剂,该材料的主要特点是对多种金属和非金属材料有较高的粘附力,并有良好的耐水性、耐候性和弹塑性[7]。主要用于海运集装箱和铁路集装箱、汽车金属焊缝、铆接缝的防水、防腐密封,建筑物变形小于5mm 的伸缩缝和污水管道接缝的防水防渗密封[8,9]。该材料已在我国海运和铁路用集装箱、汽车的金属焊缝防水、防腐密封中使用十多年,效果良好,密封剂是筒装形式,使用时采用手动或气动注射枪注射施工。XM51 氯丁密封剂主要性能见表 11 −26。

表 11 − 26　XM51 氯丁密封剂主要性能

性能名称	指　标	典型值
颜色	灰色	灰色
密度/(g/cm³)	≤1.2	1.15
针入度/10⁻¹mm	280 ~ 310	293
不挥发物含量/%	≥70	71
表干时间/min	≤15	12
耐热性(80℃ ×24h)	不流淌,不开裂	合格

性 能 名 称		指　标	典 型 值
低温性（-30℃×2h）		不开裂，无粘附损失	合格
剥离强度/（kN/m）		≥1.0	1.3
人工老化性能（500h）	外观	无龟裂	合格
		允许轻微变色	合格
	粘接损失/%	<25	0

11.4.7　不硫化聚氨酯密封剂性能和应用实例

HMB701 密封剂：

HMB701 密封剂是以聚醚型聚氨酯为基体的单组分不含溶剂的膏状密封剂，该材料的主要特点是有良好的耐油性、耐腐蚀性，对石油基的各种燃料油、润滑油、液压油等稳定性都很好，已在航空用仪器仪表的螺纹密封中使用多年，效果良好。材料的使用是用刮刀将适量的密封剂均匀地涂抹在清洗并干燥的贴合面上，再进行装配。HMB701 密封剂的主要性能见表 11-27。

表 11-27　HMB701 密封剂主要性能

性　能		指　标	典 型 值
外观		兰色膏状黏稠体	兰色膏状黏稠体
不挥发物含量/%		≥70	96.10
粘接强度/MPa		≤0.5	0.49
耐寒性（-50℃×2h）		不龟裂、不脱粘	合格
耐油性	汽油	不溶解、不脱粘	合格
	滑油	不溶解、不脱粘	合格
耐压力破坏/MPa		≥0.03	0.06
腐蚀性		对铝、铜、镀锌钝化和镀镉钝化的钢不腐蚀	合格
热分解温度/℃		>290	320
工艺性		有良好的堆砌性和可拆卸性	合格

参 考 文 献

［1］　张洪雁，曹寿德，王景鹤.高性能橡胶密封材料［M］.北京：化学工业出版社，2007.

［2］　《橡胶工业手册》编写小组编写.生胶与骨架材料.橡胶工业手册（第一分册）.北京：化学工业出版社，1981.

[3] 日本橡胶协会.特种合成橡胶.江伟,纪奎江,译.北京:石油化学出版社,1977.

[4] 陈民助.丁基橡胶 IIR–1751 用于密封腻子的研制[J].中国胶黏剂.2003,13(6):28–29.

[5] 曹斌,曹晓凤.XM–17 不干性腻子的选用及在某型飞机上的应用[J].粘接,2003,24(2):26–27.

[6] 韩永采,卢锦贵.中空玻璃内密封剂及成型工艺的研究[J].材料工程,1997,(7):39–40.

[7] 黄永炎.氯丁胶腻子和氯磺化聚乙烯腻子的研制与应用[J].天津橡胶,2004,(1):20–21.

[8] 乔冬平,王利.船用高性能硅橡胶腻子的研制[J].材料开发与应用,2005,20(4):12–14.

[9] 杨九成.粘接技术在客车外护面制造中的应用[J].粘接,2000,21(3):37–39.

第 12 章 密封剂粘接底涂

12.1 概述

密封剂与金属的粘接好坏对密封效果起决定性作用,为此,对于粘接不可靠的密封剂,采用底涂(如底漆、胶黏剂、偶联剂等)改善的办法。从飞机工艺考虑,使用底涂增加了工艺难度。研究者从密封剂配方下功夫,使密封剂自身对金属表面产生可靠粘接力,此类研究有很好的效果,但金属表面会明显地受到外部环境的不良影响,无论密封剂配方多么优良,也不能保证对金属表面的粘接可靠。进一步的研究发现,针对性的粘接底涂,可以很有效地保证密封剂对金属表面的粘接。于是研究者又回到了底涂的道路上,现在无论是飞机设计、或者是飞机工艺或是航空密封剂研究者,大家已达成使用粘接底涂更可靠的共识。

密封剂的粘接底涂(Sealant Primer)是在密封剂施工之前,预先涂覆在被粘接表面上,用来提高密封剂与被粘接表面粘接效果的液状物质,粘接底涂是密封剂与被粘接表面之间的过渡层,能保证密封剂和被粘接表面具有良好的相容性。粘接底涂的特点是:易于涂刷、浸润性好、干燥时间短、与被粘体和密封剂的相容性好、使用简单。

密封剂与被粘体发生粘接,是通过密封剂大分子与被黏体表面间吸附并被保持下来的结果。这些吸附力包括化学键力和分子间物理作用力(氢键力及范德华力)。其中以化学键力最强,氢键力次之,范德华力最弱。金属、玻璃、陶瓷、搪瓷等无机物表面一般含有—OH、—COOH 等活性基团,有机树脂、有机高聚物本身或通过处理都含有各种不同的活性基团,如:—OH,—COOH,—NH$_2$,—CONH$_2$,—SH等基团,粘接底涂中 Si—OR、Ti—OR、—NCO、环氧基团等与密封剂和被粘体表面的活性基团发生化学反应形成化学键或氢键力,从而有效地将两者连接起来,提高了密封剂与被粘体的粘接强度。

12.2 粘接底涂的组成

粘接底涂从组分上可分为单组分型和多组分型,多数粘接底涂都是单组分的。粘接底涂主要由偶联剂和稀释剂组成。

粘接底涂基体材料常用的偶联剂的产品牌号和品种见表 12 – 1。

表 12-1　粘接底涂基体材料常用偶联型化合物产品牌号[1]

序号	化学名称	产品牌号	分子式	相对分子质量
第一类:硅烷化合物				
1	乙烯基三乙氧基硅烷	A-151;KBE1003;WD-20	$CH_2=CHSi(—OC_2H_5)_3$	190.4
2	乙烯基三甲氧基硅烷	A-171;WD-21	$CH_2=CHSi(-OCH_3)_3$	148.2
3	乙烯基三(2-甲氧基乙氧基)硅烷	A-172;KBC-1003	$CH_2=CHSi(—OCH_2CH_2OCH_3)_3$	280.4
4	N,N'-双(β-氨乙基)-γ-氨丙基三甲氧基硅烷	A-1130;Y-5162	$H_2N(CH_2)_2NH(CH_2)_2NH(CH_2)_3Si(—OCH_3)_3$	265.1
5	γ-脲基丙基三乙氧基硅烷	A-1160;Y-5650	$H_2NCONH(CH_2)_3Si(—OC_2H_5)_3$	264.09
6	有机改性聚二甲氧基硅烷	Y-11343	见注1	聚合度不确定
7	双[γ-(三乙氧基硅)丙基]四硫化物	WD-40(Si-69)	$(C_2H_5O)_3Si—(CH_2)_3—S_4—(CH_2)_3—Si(—OC_2H_5)_3$	538.42
8	$N-(\beta-$氨乙基$)-\gamma-$氨丙基三甲氧基硅烷	A-1120;KBM-603;Z-6020	$H_2NCH_2CH_2NH(CH_2)_3Si(—OCH_3)_3$	222.4
9	$N-(\beta-$氨乙基$)-\gamma-$氨丙基三乙氧基硅烷	WD-52	$H_2NCH_2CH_2NH(CH_2)_3Si(—OC_2H_5)_3$	264.09
10	$N-(\beta-$氨乙基$)-\gamma-$氨丙基甲基二甲氧基硅烷	WD-53;A-2120	$H_2N=CH_2CH_2NH(CH_2)_3SiCH_3(OCH_3)_2$	206.09
11	γ-氨丙基甲基二甲氧基硅烷	WD-54	$H_2N—(CH_2)_3Si-CH_3(—OCH_3)_2$	163.09
12	$N-(\beta-$氨乙基$)-$氨甲基三乙氧基硅烷	WD-55	$H_2NCH_2CH_2NHCH_2Si(—OC_2H_5)_3$	236.1
13	γ-甲基丙烯酰氧丙基三甲氧基硅烷	KH570;A-174;KBE-503;WD-70	$CH_2=C(CH_3)COO(CH_2)_3Si(—OCH_3)_3$	248.4
14	$N,N-$双(β-羟乙基)$\gamma-$氨丙基三乙氧基硅烷	A-1111;Y-2967	$(HOC_2H_4)_2=N—(CH_2)_3Si(—OC_2H_5)_3$	309.09
15	γ-氨丙基三甲氧基硅烷	A-1110;WD-56	$H_2N—(CH_2)_3—Si(—O—CH_3)_3$	179.09
16	γ-氨丙基三乙氧基硅烷	KH550;A-1100;A-1101;A-M-9;KBE-903;WD-50	$H_2N—(CH_2)_3—Si(—O—C_2H_5)_3$	221.4

序号	化学名称	产品牌号	分子式	相对分子质量
		第一类:硅烷化合物		
17	γ-缩水甘油醚基丙基三甲氧基硅烷又称:γ-[(2,3)-环氧丙氧]丙基三甲氧基硅烷	KH560；A187；KBM-403；Y-4087；Z-6040；WD-60；	$CH_2\!-\!CH\!-\!CH_2\!-\!O\!-\!(CH_2)_3$ $\underset{O}{\diagup}$ $Si(\!-\!O\!-\!CH_3)_3$	236.4
18	γ-氯丙基三乙氧基硅烷	KBM-703	$ClCH_2CH_2CH_2Si(\!-\!O\!-\!C_2H_5)_3$	240.54
19	**γ-巯丙基三乙氧基硅烷	A-1891；A-M-9；WD-81；KH580	$HS\!-\!CH_2CH_2CH_2\!-\!Si$ $(\!-\!O\!-\!C_2H_5)_3$	238.09
20	γ-巯丙基三甲氧基硅烷	KH-590；A-189；KBM-803；WD-80	$HS\!-\!(CH_2)_3\!-\!Si(\!-\!O\!-\!CH_3)_3$	196.4
21	γ-(甲基丙烯酰氧)丙基三(β-甲氧乙氧基)硅烷	A-175	$CH_2=CCH_3COO(CH_2)_3\!-\!Si$ $(\!-\!O\!-\!C_2H_5\!-\!O\!-\!CH_3)_3$	383.09
22	γ-(甲基丙烯酰氧)丙基三甲氧基硅烷	WD-70；KH-570；A-174；KBM-503	$CH_2=CCH_3COO(CH_2)_3\!-\!Si$ $(\!-\!O\!-\!CH_3)_3$	249.09
23	β-(3,4-环氧环己基)乙基三甲氧基硅烷	A-186；Y-4086；KBM-303	$\overset{O}{\diagdown}\!\!-\!CH_2CH_2Si(OCH_3)_3$	246.4
24	二乙胺基甲基三乙氧基硅烷	南大-22	$(CH_3CH_2)_2N\!-\!CH_2\!-\!Si$ $(\!-\!O\!-\!CH_2CH_3)_3$	249.21
25	己二胺基甲基三乙氧基硅烷	南大-24	$H_2N(CH_2)_6NH\!-\!CH_2\!-\!Si$ $(\!-\!O\!-\!C_2H_5)_3$	292.24
26	苯胺甲基三乙氧基硅烷	南大-42、WD-42	$\langle\!\!\!\bigcirc\!\!\!\rangle\!\!-\!NHCH_2Si(\!-\!OC_2H_5)_5$	359.27
27	二氯甲基三乙氧基硅烷	南大-43	$Cl_2CHSi(OC_2H_5)_3$	247.06
28	苯胺甲基三甲氧基硅烷	南大-73	$\langle\!\!\!\bigcirc\!\!\!\rangle\!\!-\!NHCH_2Si(\!-\!OCH_3)_3$	227.2
29	乙烯三过氧叔丁基硅烷	南大-78；A-1010；Y-4310；Y-5620	$CH_2\!=\!CHSi(\!-\!O\!-\!O\!-\!\overset{\overset{\displaystyle CH_3}{\vert}}{\underset{\underset{\displaystyle CH_3}{\vert}}{C}}\!-\!CH_3)_3$	322.23

441

序号	化学名称	产品牌号	分子式	相对分子质量
第一类:硅烷化合物				
30	α-（甲基丙酰氧基）甲基三乙氧基硅烷	南大-NS	$CH_2=C-C-O-CH_2Si(-OC_2H_5)_3$ 其中含 CH_3O	262.2
31	十二烷基三甲氧基硅烷	WD-10	$CH_3(CH_2)_{11}-Si(-O-C_2H_3)_3$	290.1
32	γ-异氰酸酯基丙基三乙氧基硅烷	A-1310	$OCN-(CH_2)_3-Si(-O-C_2H_5)_3$	247.2
33	γ-异氰酸酯基丙基三甲氧基硅烷	—	$OCN-(CH_2)_3-Si(-O-CH_3)_3$	205.1
34	甲基三乙酰氧基硅烷	WD-922	$CH_3-Si(-O-\overset{O}{\overset{\|}{C}}-CH_3)_3$	220.16
35	乙烯基三乙酰氧基硅烷	A-188	$CH_2=CH-Si(-O-\overset{O}{\overset{\|}{C}}-CH_3)_3$	232.17
第二类:钛酸酯类				
36	钛酸四丁酯	—	$(C_4H_{10}O)_4Ti$	339.9
37	钛酸四甲酯	—	$(CH_3O)_4Ti$	171.91
38	钛酸四异丙酯	—	$(CH_3CH_3CHO)_4Ti$	283.9
39	异丙基三（硬脂酰氧基）钛酸酯	KR-TTS;TC-101;NDZ-105;KHT-101	注4	955.9
40	异丙酯三（异辛酰氧基）钛酸酯	KHT-107	CH_3CH_3CHOTi $[OOCC(C_2H_5)C_4H_9]_3$	619.9
41	异丙基三（二辛基焦磷酰）钛酸酯	KR-38S;NXT-201 NDZ-201;TTDPP-38	注5	1310.23
42	三（二辛基磷酰氧基）钛酸异丙酯	KR-12;NDZ-102;KHT-202;TTOP-12	注6	1070.32
第三类:其他				
43	1,1,1-三氯乙烷（即甲基氯仿）	—	CH_3CCl_3	133.37

注1：表12-1序号6的结构式为

$$(CH_3)_3SiO-((CH_3)_2SiO)_x-(CH_3SiO)_y-(CH_3SiO)_z-Si(CH_3)_3$$
$$| \qquad\qquad\qquad |$$
$$NR_2 \qquad\qquad HNRSi(OR)_3$$

注2：* A-及Y-为美国联合碳化物公司硅烷化合物牌号前缀，南大—南京大学化工厂硅烷化合物牌号前缀，WD—武汉大学化工厂硅烷化合物牌号前缀，KH—中科院化学所研制的硅烷化合物牌号前缀，Z—美国道康宁公司硅烷化合物牌号前缀。

注3：** γ—巯丙基三乙氧基硅烷的代号比较混乱，特别是中科院化学所命名的KH—代号被一些作者引用时发生了错位现象，如γ—巯丙基三乙氧基硅烷被称为KH-590又被称为KH-580，乙烯三过氧叔丁基硅烷也被称为KH-590，γ—巯丙基三甲氧基硅烷也被称为KH-580等等，提请读者注意。

注4：表12-1序号39的结构式为

$$CH_3-CH-O-Ti-(-O-C-CH-(CH_2)_{14}-CH_3)_3$$
$$| \qquad\qquad\qquad || \quad |$$
$$CH_3 \qquad\qquad O \quad CH_3$$

注5：表12-1序号41的结构式为

$$CH_3-CH-O-Ti\left[-O-P-O-P-(O-CH_2-CH-(CH_2)_3-CH_3)_2\right]_3$$

注6：表12-1序号42的结构式为

$$CH_3-CH-O-Ti\left[-O-P-(O-C_8H_{17})_2\right]_3$$

　　表12-1中前两大类化合物的共同特性是含有双亲基团，遇空气中水分即水解产生对各种被粘体表面具有粘接力的羟基，还有另一个与密封剂基体成分能良好物理相容或能形成化学交联的有机基团。双亲基团型粘接底涂的基体材料一般选用一种或几种有双亲基团的活性物质与相容的有机溶剂进行溶解配制，形成单组分粘接底涂。双亲基团型粘接底涂应用广泛，可适用于所有的密封剂。可耐高温、耐水和耐喷气燃料的长期浸泡。粘接底涂中活性物质应根据被粘体和密封剂基体材料的类型进行选择，如将聚硫密封剂与金属表面接触前，可选择含巯基—烷氧基、环氧基—烷氧基、酰氧基—烃基等有双亲基团的底涂涂覆，而针对有机硅密封剂则可选择钛酸酯、硅酸酯、乙烯基、丙烯基硅烷化合物为粘接底涂的基体材料。在水中长期浸泡时，粘接底涂应选择耐水性好的螯合型钛酸酯类化合物。经验表明，表12-1中的第一类和第二类可以并用，且可能得到更好的效果。

　　溶剂往往可以使底涂快速地浸润被粘体表面，并形成极薄分子层（单分子层最佳)确保产生有效粘接。因此溶剂是粘接底涂的稀释剂并且是极为重要的组成部分。选择溶剂应考虑以下三方面：

(1) 溶剂与粘接底涂中的活性物质的相容性。溶剂与粘接底涂中的活性物质的相容性影响粘接底涂与被粘体及密封剂的结合,应选择与活性物质相容性好、溶解度参数(蒸发能/摩尔体积即 J/ml)尽量相近的有机溶剂,溶剂与粘接底涂中的活性物质应以物理方式共存。

(2) 溶剂的挥发速度。溶剂的挥发速度应适中。挥发速度过快,粘接底涂表面很快结膜,阻止了内部溶剂的挥发,甚至表面会出现白化现象;挥发速度过低,将影响密封施工的速度。

(3) 溶剂的毒性。为保障操作人员的健康,防止环境污染,尽量不要用有毒溶剂。若一种溶剂无法满足要求,可以选择多种溶剂混合使用。表 12 - 2 列出了粘接底涂常用有机溶剂的性能。

表 12 - 2　粘接底涂常用有机溶剂的性能

序号	名　称	溶解度参数 /(4.18J/cm³)^{1/2}	挥发速度 /(min/25℃,5ml)	摩尔体积 /(ml/mol)	沸点/℃
1	乙醇	12.7	32	57.6	78.3
2	丙酮	10.0	5	74	56.1
3	丁酮	9.3	—	89.5	79.6
4	乙酸乙酯	9.1	10.5	99	77.1
5	乙酸丁酯	8.55	65	132	126.5
6	乙酸戊酯	8.5	90	148	149.3
7	甲苯	8.9	36	107	110.6
8	二甲苯	8.8~9.0	81	121~124	138.4~144.4
9	环己酮	9.9	—	109	155.8
10	120#汽油	—	15	—	—

12.3　粘接底涂的性能

12.3.1　粘接底涂的典型理化性能

粘接底涂的理化性能主要表现为密封剂与多种表面的粘接效果,表 12 - 3 是粘接底涂可以配合使用的多种典型表面以及粘接效果。

表 12 – 3 粘接底涂的粘接效果

序号	配合的典型表面状态	常温	60℃×7天耐双层液
		内聚破坏率/%	内聚破坏率/%
1	铝合金	100	100
2	硫酸阳极化铝合金	100	100
3	铬酸阳极化铝合金	100	100
4	钛合金	100	100
5	不锈钢	100	100
6	结构钢	100	100
7	树脂基复合材料	100	100
8	环氧底漆	100	100
9	聚氨酯底漆	100	100

12.3.2 粘接底涂的工艺性能

粘接底涂的典型工艺性能见表 12 – 4。

表 12 – 4 粘接底涂的工艺性能

序 号	性 能	典 型 数 据
1	颜色	红色、无色或浅黄色透明液体
2	干燥时间	≤15min
3	密度	≤1.0g/cm^3
4	有效期	≥4h
5	贮存期	≥6个月

粘接底涂涂敷前,被粘体表面应除油、去污并保持表面干燥。对于单组分粘接底涂,因黏度很低,可直接用脱脂棉或刷子蘸粘接底涂涂覆在被黏体表面,涂覆粘接底涂的面积要大于涂敷密封剂的面积,涂覆时用力要均匀,要使粘接底涂在被黏体表面形成一层厚度均匀的薄膜。对于双组分或多组分粘接底涂,应先将各组分倒在一起,用手工或机械混合均匀,然后按单组分粘接底涂的工艺进行操作。待粘接底涂干燥或固化后,再进行密封剂的涂敷施工。密封剂施工前必须保证粘接底涂已经完全干透,不允许在未干的粘接底涂上涂覆密封剂。粘接底涂涂覆后超过有效期必须清洗后重新涂覆,绝不允许在旧有粘接底涂表面涂新的粘接底涂,更不允许超过底涂的有效期使用。

12.4 粘接底涂的制备工艺

制备工艺路线:溶剂干燥→干燥检验→主成分投入→密闭摇溶(此过程发生

溶入—析出—再溶入)→过滤→性能检验→干燥灌装密封包装。

12.5 粘接底涂应用实例[2]

12.5.1 聚硫密封剂粘接底涂

国内最初研制的聚硫均为多组分,增黏树脂可以作为一个单独的组分,所以粘接效果较好,一般不需要粘接底涂。在后来聚硫密封剂的推广应用过程中,由于增粘树脂并不是对所有表面有效,出现了一些粘接失效的问题,由此有了粘接底涂配合聚硫密封剂的应用。随着聚硫密封剂组分的减少,现在一般为双组分,不可能在密封剂中加入大量增粘树脂了,所以更需要粘接底涂配合使用。而且国外研究表明,配合使用粘接底涂,粘接效果更持久。北京航空材料研究院研究开发了多种密封剂粘接底涂,与聚硫密封剂配套使用,在航空、航天、建筑、道路建设等多个领域得到应用,保证了我国制造的各类飞机机翼、机身结构的气密及整机防腐密封,确保机翼、机身整体油箱密封的质量。航空聚硫和改性密封剂上配合使用的粘接底涂主要有 QS – 7、NJD – 1、NJD – 2、NJD – 3 和 NJD – 4、NJD – 6、NJD – 9、NJD – 11 等牌号。

12.5.1.1 QS – 7 粘接底涂

1. 耐喷气燃料性能

采用 QS – 7 粘接底涂,聚硫密封剂与金属组成的剥离强度试样在 60℃ ±2℃ 经 7 天及 130℃ ±2℃ 经 50h 航空煤油浸泡后, QS – 7 粘接底涂的粘接效果不受影响,实测结果见表 12 – 5。

2. 耐湿热环境性能

采用 QS – 7 粘接底涂,聚硫密封剂与金属组成的剥离强度试样在 50℃ ±2℃、相对湿度 100% 湿热气氛中经 30 天后, QS – 7 粘接底涂的粘接效果不受明显影响,实测结果见表 12 – 5。

3. 耐冷热交变性能

采用 QS – 7 粘接底涂,聚硫密封剂与金属组成的剥离强度试样在 130℃ ±2℃ 保持 30min 后,立即转入 –55℃ ±3℃ 环境中保持 30min,然后立即又转入 130℃ ±2℃ 环境中保持 30min,如此循环 10 次, QS – 7 粘接底涂的粘接效果不受明显影响,实测结果见表 12 – 5。

4. 耐盐雾性能

采用 QS – 7 粘接底涂,聚硫密封剂与金属组成的剥离强度试样在 35℃ ±2℃ 经 3.5% 氯化钠水溶液的喷雾作用 15 天后, QS – 7 粘接底涂的粘接效果不受明显影响,实测结果见表 12 – 5。

表 12－5　QS－7 耐环境性能

被粘体所用粘接底涂	被 粘 体	剥离强度/（kN/m）				
		盐雾试验后	冷热交变试验后	湿热老化试验后	耐喷气燃料试验后	
					60℃±2℃经7天	130℃±2℃经50h
刷涂 QS－7 粘接底涂	2A12T4（原称:LY12CZ）阳极化铝合金	6.8	7.0	6.6	密封剂层内聚破坏	6.5
	镁合金	6.8	5.6	5.1		6.2
	1Cr18Ni9Ti 不锈钢	5.6	5.0	5.0		5.7
未涂粘接底涂	2A12T4 阳极化铝合金	6.4	6.1	粘接破坏	—	6.1
	镁合金	粘接破坏	粘接破坏	粘接破坏		6.2
	1Cr18Ni9Ti 不锈钢	粘接破坏	粘接破坏	粘接破坏		粘接破坏

5. 耐低温性能

以 QS－7 为粘接底涂,由聚硫密封剂与金属组成的低温柔软性试样在 －55℃ 下恒温 2h 后进行弯曲试验,密封剂与金属不发生粘接失效现象。

QS－7 底涂的应用很广,可以排除异常表面状态对聚硫密封剂粘接稳定性带来的不良影响,实测数据见表 12－6。QS－7 粘接底涂不仅适合于聚硫和改性聚硫密封剂的增黏,而且也可以用于有机硅、氟硅类密封剂的增黏。

表 12－6　QS－7 底涂对聚硫密封剂/金属剥离强度的影响

硫化条件	使用底涂状态	T 形剥离强度/（kN/m）					
		新阳极化铝合金试片	阳极化后随机停放年的铝合金试片	用从旧飞机上拆下来的铝合金制备的试片	低表面能表面		
					未阳极化铝合金试片	镁铝合金	不锈钢试片
常温硫化 14 天	涂 QS－7 底涂	6.6	5.1	7.4	6.8	6.9	—
	不用底涂	6.1	粘接破坏	粘接破坏	粘接破坏	粘接破坏	—
70℃±2℃硫化 24h	涂 QS－7 底涂	6.9	6.1	12.8	6.4	6.6	5.8
	不用底涂	6.5	粘接破坏	粘接破坏	粘接破坏	6.5	粘接破坏

12.5.1.2　NJD－1 粘接底涂

1. 耐热空气老化性能

采用 NJD－1 粘接底涂,HM108 聚硫密封剂与铬酸阳极化铝合金、TA2 钛合金、1Cr18Ni9Ti 不锈钢、镀镉 20 号钢、30CrMnSiA 镀锌钝化钢和涂有 S06－1010H 聚氨酯底漆的 2A12T4 铬酸阳极化铝合金等材料组成的粘接剥离强度试样,在

130℃经100h热空气老化后粘接效果不受明显影响,实测结果见表12-7。

2. 耐喷气燃料性能

采用 NJD-1 粘接底涂,HM108 聚硫密封剂与铬酸阳极化铝合金、TA2 钛合金、1Cr18Ni9Ti 不锈钢、镀镉 20 钢、30CrMnSiA 镀锌钝化钢和涂有 S06-1010H 聚氨酯底漆的 2A12T4 铬酸阳极化铝合金,用 HM108、XM22 密封剂分别与镀镉 20 钢、30CrMnSi2A 镀锌钝化钢等材料组成粘接剥离强度试样,在 60℃的 2 号喷气燃料中经过 7 天后,粘接效果不受明显影响,实测结果见表 12-7。

3. 耐湿热环境性能

采用 NJD-1 粘接底涂,HM108 聚硫密封剂与 1Cr18Ni9Ti 不锈钢,涂有 S06-1010H 聚氨酯底漆表面的 2A12T4 铬酸阳极化铝合金组成的粘接剥离强度试样,在 50℃、相对湿度 90% 的湿热环境中经过 30 天后粘接效果不受明显影响,实测结果见表 12-7。

表 12-7　NJD-1 耐环境性能

被粘体材料	T形剥离强度/((kN/m))/内聚破坏率/%											
	在130℃下热空气老化100h		经60℃2号喷气燃料浸泡7天				50℃,相对湿度90%经30天		经60℃±1℃的2号喷气燃料-3%氯化钠水溶液双层液体浸泡			
									7天		30天	
	HM108		HM108		XM22		HM108		HM108		XM22	
	A	B	A	B	A	B	A	B	A	B	A	B
2A12T4 铬酸阳极化铝合金	6.5/100	6.4/100	—	—	—	—	—	—	—	—	5.0/92	9.3/100
TA2 钛合金	5.4/100	6.9/100	—	—	—	—	5.0/95	6.8/95	—	—	4.5/90	8.5/95
1Cr18Ni9Ti 不锈钢	6.0/100	6.9/100	—	—	—	—	4.8/95	9.6/100	—	—	5.5/90	10.1/100
30CrMnSiA 镀锌钝化钢	—	—	4.1/100	6.3/100	8.6/100	8.2/100			4.1/100	6.3/100	8.6/100	8.2/100
镀镉 20 钢	—	—	3.8/100	7.5/100	8.1/100	8.5/100			3.8/100	7.5/100	8.1/100	8.5/100
涂有 S06-1010H 聚氨酯底漆的 2A12T4 铬酸阳极化铝合金	6.2/100	9.3/100	—	7.4/100			4.6/100	10.1/100			5.8/95	10.1/100

4. 耐喷气燃料 -3% 氯化钠水溶液双层液体的性能

采用 NJD-1 粘接底涂,HM108 聚硫密封剂与镀镉 20 钢、30CrMnSiA 镀锌钝化钢和涂有 S06-1010H 聚氨酯底漆表面的 2A12T4 铬酸阳极化铝合金等材料组成粘接剥离强度试样,在 60℃ 的 2 号喷气燃料 -3% 氯化钠水溶液双层液体中经过 7 天浸泡后粘接效果不受明显影响,实测结果见表 12-7。

5. 耐低温性能

由 NJD-1 粘接底涂、聚硫密封剂与金属组成的低温柔软性试样在 -55℃ 下恒温 2h 后经弯曲,密封剂与金属不发生粘接失效现象。

12.5.1.3 NJD-2 粘接底涂

1. 耐喷气燃料性能

采用 NJD-2 粘接底涂,HM111 改性聚硫密封剂与铬酸阳极化铝合金、TC4 钛合金、1Cr18Ni9Ti 不锈钢和 S06-1010H 聚氨酯底漆等材料组成的粘接剥离强度试样,在 60℃ 的 3 号喷气燃料中经过 7 天后,粘接效果不受明显影响,实测结果见表 12-8。

2. 耐喷气燃料 -3% 氯化钠水溶液双层液体的性能

采用 NJD-2 粘接底涂,HM111 改性聚硫密封剂与铬酸阳极化铝合金、TC4 钛合金、1Cr18Ni9Ti 不锈钢和涂有 S06-1010H 聚氨酯底漆的铬酸阳极化铝合金等材料组成的粘接剥离强度试样,在 60℃ 的 3 号喷气燃料/3% 氯化钠水溶液双层液体中经过 7 天和 70 天浸泡后粘接效果不受明显影响,实测结果见表 12-8。

3. 耐低温性能

以 NJD-2 为粘接底涂,由 HM111 改性聚硫密封剂与 2A12T4 阳极化铝合金组成的低温柔软性试样在 -55℃ 下恒温 2h 后,经弯曲密封剂与金属不发生粘接失效现象。

表 12-8　NJD-2 粘接底涂耐环境性能

被粘体材料	180°剥离强度/((kN/m))/内聚破坏率/%								
	经 60℃3 号喷气燃料浸泡 7 天			经 60℃±1℃ 的 3 号喷气燃料/3% 氯化钠水溶液双层液体浸泡					
				7 天			70 天		
	HM111			HM111			HM111		
	A	B	C	A	B	C	A	B	C
铬酸阳极化铝合金	5.5/100	8.0/100	6.5/100	5.2/100	7.5/100	5.8/100	4.9/100	8.0/100	6.0/100
TC4 钛合金	6.0/100	9.2/100	5.8/100	5.3/100	7.8/100	6.0/100	5.2/100	8.2/100	5.6/100
1Cr18Ni9Ti 不锈钢	5.0/100	8.7/100	6.3/100	5.6/100	7.5/100	5.5/100			5.5/100
S06-1010H 聚氨酯底漆	5.2/100	8.2/100	6.0/100	5.7/100	7.6/100	6.2/100	5.2/100	8.3/100	5.2/100

12.5.1.4 NJD-3 粘接底涂

1. 耐喷气燃料性能

采用 NJD-3 粘接底涂,HM109 聚硫密封剂与硫酸阳极化铝合金、TA15 钛合金、1Cr18Ni9Ti 不锈钢、S06-0215 聚氨酯底漆、QY8911/T300 复合材料和铝锂合金等材料组成的粘接剥离强度试样,在 60℃ 的 3 号喷气燃料/3% 氯化钠水溶液双层液体中经过 7 天后,粘接效果不受明显影响,实测结果见表 12-9。

2. 耐喷气燃料-3% 氯化钠水溶液双层液体的性能

采用 NJD-3 粘接底涂,HM113 改性聚硫密封剂与铬酸阳极化铝合金、TC4 钛合金、1Cr18Ni9Ti 不锈钢、5429/T700 复合材料和 S06-1010H 聚氨酯底漆等材料组成的粘接剥离强度试样,在 60℃ 的 3 号喷气燃料/3% 氯化钠水溶液双层液体中经过 70 天浸泡后粘接效果不受明显影响,实测结果见表 12-9。

3. 耐低温性能

以 NJD-3 为粘接底涂,由 HM109 聚硫密封剂或 HM113 改性聚硫密封剂与 LY12CZ 硫酸阳极化铝合金组成的低温柔软性试样在 -55℃ 下恒温 2h 后,经弯曲密封剂与金属不发生粘接失效现象。

表 12-9 NJD-3 粘接底涂耐环境性能

被粘体材料	180°剥离强度/((kN/m))/内聚破坏率/%			
	经60℃±1℃的3号喷气燃料/3%氯化钠水溶液双层液体浸泡			
	7 天	70 天		
	HM109	HM113		
		A	B	C
铬酸阳极化铝合金	—	4.9/100	8.5/100	6.2/100
硫酸阳极化铝合金	7.5/100			
TA15 钛合金	7.8/100			
TC4 钛合金	—	5.3/100	8.7/100	6.6/100
1Cr18Ni9Ti 不锈钢	7.8/100	5.6/100	8.0/100	6.5/100
S06-1010H 聚氨酯底漆	—	5.3/100	8.4/100	6.0/100
S06-0215 聚氨酯底漆	8.0/100			
5429/T700 复合材料	—	5.5/100	8.3/100	6.0/100
QY8911/T300 复合材料	8.0/100			

12.5.1.5 NJD-4 粘接底涂

1. 耐热空气老化性能

由 NJD-4 为粘接底涂,XM22 聚硫密封剂与各种被粘体组成的剥离强度试样,在 110℃ 经 236h 热空气老化后粘接效果的实测结果见表 12-10。

450

2. 耐喷气燃料性能

由 NJD-4 为粘接底涂，XM22 聚硫密封剂与各种被粘体组成的剥离强度试样，在不同温度的 3 号喷气燃料中浸泡不同时间并进行热空气老化后粘接效果不受明显影响，实测结果见表 12-10。

3. 耐喷气燃料-3%氯化钠水溶液双层液体的性能

由 NJD-4 为粘接底涂，将 XM22 聚硫密封剂对各种被粘体组成的剥离强度试样，在 60℃ 的 3 号喷气燃料-3%氯化钠水溶液双层液体中浸泡 7 天后，180°剥离强度实测结果均为 100% 内聚破坏，剥离强度值见表 12-10。

表 12-10　NJD-4 耐环境性能

试验条件	180°剥离强度/[（kN/m）/内聚破坏率%]			
	2A12T4 阳极化铝合金喷 H06-1012H 底漆	30CrMnSiA 裸钢	30CrMnSiA 裸钢喷 H06-1012H 底漆	30CrMnSiA 裸钢磷化面喷 H06-1012H 底漆
110℃经236h 热空气老化后	—	—	—	8.2
110℃经100h 浸3 号喷气燃料	（10.7~12.1）/100	12	10.7	12.8
110℃经500h 浸3 号喷气燃料	（5.9~10.7）/100	5.9		8.5~10.7
110℃经307h 浸3 号喷气燃料	6.8/100	6.1	—	—
60℃经14 天浸3 号喷气燃料	（12.6~12.5）/100	16.5	12.6	12.9
60℃经30 天浸3 号喷气燃料	15.0/100	18.3	—	12.8
60℃经3 天浸3 号喷气燃料→50℃经3 天热干燥→120℃经7 天热老化	15.6/100	17.2	12.	13.2
浸60℃喷气燃料-3%氯化钠水溶液双层液体7 天后	10.1/100	10.1/	10.1/	11.7/

4. 耐低温性能

以 NJD-4 为粘接底涂，由 XM22B 聚硫密封剂与 2A12T4 阳极化铝合金组成的低温柔软性试样在 -55℃ 下恒温 2h 后，经弯曲密封剂与金属不发生粘接失效现象。

12.5.2　有机硅密封剂粘接底涂

有机硅密封剂的粘接性一般较差，在作为灌封、涂覆、嵌件注射成形材料使用时，为了提高与接触基材的粘接性，通常需预先对基材进行底涂处理或添加增黏剂。由于接触基材的多样性及对粘接性要求的不断提高，相应底涂剂的开发一直是有机硅密封剂领域的研究热点。

北京航空材料研究院开发了多种密封剂粘接底涂,与 HM 系列有机硅密封剂配套使用,在航空、航天、仪器仪表、电子设备等多个领域得到应用,保证了有机硅密封剂与基材粘接的质量。目前在应用的粘接底涂主要有 NJD－6、NJD－9 和 NJD－11 等牌号。

12.5.2.1 NJD－6 粘接底涂

NJD－6 粘接底涂是一种由偶联剂和稀释剂组成的混合溶液,涂覆后在室温下可以很快干燥,形成粘接底涂层。NJD－6 粘接底涂可以用于空气介质中,也可以用于燃料介质中,其应用温度取决于配套的相应密封剂及其粘接的材料。NJD－6 粘接底涂的性能见表 12－11。

表 12－11　NJD－6 粘接底涂的性能

序号	性能项目	指　　标
1	外观	淡黄色透明液体,在贮存过程中允许有少量沉淀物
2	粘接性能	180°剥离强度应符合配套密封剂技术标准规定。沿密封剂层扯断,内聚破坏率不小于85%,或沿钢丝网剥离
3	腐蚀性能	对阳极氧化的铝合金、铝合金、钛合金、不锈钢不腐蚀

NJD－6 粘接底涂可以单独使用。使用时,NJD－6 粘接底涂直接涂覆于被粘接材料表面,然后再涂覆相应密封剂,能有效地保证室温硫化有机硅密封剂(包括缩合型和加成型)对多种金属材料(如阳极氧化铝合金、铝合金、钛合金等63)的粘接性。NJD－6 粘接底涂和 HM301 有机硅密封剂的粘接性能见表 12－12。

表 12－12　NJD－6 粘接底涂和 HM301 有机硅密封剂的粘接性能

序号	被粘材料	剥离强度/(kN/m)	剥离破坏状态
1	LY12CZ 铬酸阳极化铝合金	3.8	100% 内聚破坏
2	LY12CZ 硫酸阳极化铝合金	3.4	100% 内聚破坏
3	2A12 未阳极化铝合金	3.5	100% 内聚破坏
4	TA2 钛合金	3.5	100% 内聚破坏
5	TC4 钛合金	3.3	100% 内聚破坏
6	合金钢	3.7	100% 内聚破坏

12.5.2.2 NJD－9 和 NJD－11 粘接底涂

NJD－9 与 NJD－11 两种粘接一般采取联合使用,首先在被粘基材的表面均匀涂上一层粘接底涂 NJD－9,晾干后再涂一层粘接底涂 NJD－11,再经晾干后涂敷有机硅密封剂。

1. 粘接底涂 NJD－9 和 NJD－11 的配套使用方法及粘接性能

NJD－9、NJD－11 对各种材料的粘接性能列入表 12－13。

表 12 – 13   使用 NJD – 9 和 NJD – 11 的 HM301 有机硅密封剂的粘接性能

序号	被 粘 材 料	剥离强度/(kN/m)	剥离破坏状态
1	2A12T4 铬酸阳极化铝合金	3.5	100% 内聚破坏
2	2A12T4 硫酸阳极化铝合金	3.4	100% 内聚破坏
3	2A12 未阳极化铝合金	3.0	100% 内聚破坏
4	TA2 钛合金	4.1	100% 内聚破坏
5	俄罗斯阳极化铝合金 Д16	4.4	100% 内聚破坏
6	碳钢	4.5	100% 内聚破坏
7	涂胶涤纶布	3.7	100% 内聚破坏
8	有机玻璃(打磨)	2.8	95% 内聚破坏
9	2A12T4 硫酸阳极化铝合金/TS70 – 1 蓝漆	4.2	100% 内聚破坏
10	2A12T4 硫酸阳极化铝合金/TS70 – 60 灰漆	3.4	100% 内聚破坏
11	2A12T4 硫酸阳极化铝合金/TB06 – 9 黄漆	2.8	100% 内聚破坏

2. 耐环境性能

(1) 耐水性能。由 NJD – 9 与 NJD – 11 为底涂的 2A12T4 铝合金与 HM301 有机硅密封剂制成的 180°剥离强度试样,在 60℃水中浸泡 7 天后,测得 180°剥离强度值为 2.8kN/m,内聚破坏面积率为 100%。

(2) 耐热空气老化性能。以 NJD – 9 与 NJD – 11 为底涂,由 2A12T4 铝合金与有机硅密封剂制成的 180°剥离强度试样在 180℃ ±2℃热空气中老化 72h 后,实测强度值为 6.8kN/m,内聚破坏面积率为 100%。

(3) 耐喷气燃料性能。以 NJD – 9 与 NJD – 11 为底涂,由 2A12T4 硫酸阳极化铝合金与 HM803 氟硅密封剂制成的 180°剥离强度试样在 170℃的 3 号喷气燃料中浸泡 72h 后,剥离强度值为 2.0kN/m,内聚破坏面积率为 100%。

(4) 耐低温性能。以 NJD – 9 与 NJD – 11 为底涂,由 2A12T4 铝合金与有机硅密封剂 HM301 及氟硅类密封剂 HM803 制成的单面涂密封剂的试样,在 – 55℃下恒温 2h 后,进行弯曲试验,密封剂与金属不发生粘接失效现象。

参 考 文 献

[1] 张洪雁,曹寿德,王景鹤. 高性能橡胶密封材料[M]. 北京:化学工业出版社,2007,380 – 384.
[2] 中国航空材料手册编辑委员会. 中国航空材料手册:第 8 卷. 第二版. 北京:中国标准出版社,2002:530 – 546.

第 13 章　表面保护密封涂料

通用型固体丁腈橡胶和固体羧基丁腈橡胶可制成溶剂型胶液,用于飞机整体油箱内表面保护密封和汽车金属油箱的保护涂层,叫做表面保护密封涂料。按丙烯腈含量丁腈橡胶有五种类型:结合丙烯腈含量高于42%以上为极高腈品级,36%～41%为高腈品级,31%～35%为中高腈品级,25%～30%为中腈品级,24%以下为低腈品级。按物理状态又分为固态(块、片、粉末)丁腈橡胶(相对分子质量在5～70万)和液态丁腈橡胶(相对分子质量仅有1000～5000)。按改性后可分为羧基丁腈橡胶、丁腈酯橡胶、氢化丁腈橡胶和常规四类。

其主体结构式为

$$+CH_2=CH-CH-CH_2)_m-CH_2-CH+_n$$

随着丙烯腈含量的提高,硫化胶在石油烃油料中的稳定性增强,浸渍后的拉伸力学性能和体积变化率较小。丁腈橡胶在酮、酯、卤代烃溶剂中有很大溶胀,这些溶剂对其的破坏作用也比较大。另外,丁腈硫化胶在混合溶剂中的溶胀程度要比单一溶剂中的大的多。例如丙烯腈含量为40%的硫化胶在苯和甲醇中的体积增加分别为22%和3%,而在两种溶剂组成的混合溶剂中其最大膨胀可达62%。随着结合丙烯腈含量的增加,丁腈橡胶硫化胶的耐寒性能降低。丁腈橡胶有较好的耐水性,但随丙烯腈含量增加其耐水性变差。丁腈橡胶的耐热性要比天然、丁苯、氯丁橡胶要好,而且随着丙烯腈含量的增加其耐热性有所改善,这是因为高丙烯腈含量的丁腈橡胶所含丁二烯不饱和双键量少。丁腈橡胶是非结晶性无规共聚物,其拉伸强度很低,仅有3MPa～4.5MPa,但作为密封剂已满足要求。丁腈-40的透气性最小。目前材料研究者为提高单组分丁腈橡胶密封剂的耐热和耐老化性能,已采用氢化丁腈橡胶,研制出了新型保护顶涂。

13.1　表面保护密封涂料的组成

表面保护密封涂料的基本组成见表13-1。

13.1.1　固体丁腈橡胶

表面保护密封涂料常采用的固体丁腈橡胶有丁腈-18、丁腈-26、丁腈-40、氢化丁腈等品种。

表 13 - 1　表面保护密封涂料的基本组成

序 号	组分名称	质量比	序 号	组分名称	质量比
1	固体丁腈橡胶	16	4	防老剂	0.5
2	增黏剂	1.5	5	红色染料	0.5
3	固化剂	1.5	6	有机溶剂	80

13.1.2　树脂增黏剂和树脂固化剂

丁腈橡胶虽为极性分子结构，但试验证明其对铝合金、碳钢等金属材料的粘接性不良，需采用合成树脂如环氧树脂、酚醛树脂等增黏。这是树脂与丁腈橡胶的溶解度参数相近，相容性也比较强，因此，用树脂增黏的密封剂其均匀性和粘接性均良好。酚醛树脂同时可作为丁腈橡胶的硫化剂，但其反应速度很慢，故密封剂贮存性能良好，在密封施工后膜层强度逐渐增强，由可溶解变成不溶物。

13.1.3　防老剂

表面保护密封涂料的防老剂常采用防老剂 D 或防老剂 RD 等。

13.1.4　红色染料

红色是飞机整体油箱内防护密封涂层的施工质量标志色，这是为了与油箱内层基体材料的颜色形成反差并防止漏涂。红色染料的使用应不带来副作用，如腐蚀性、加速硫化、加速老化、对燃油污染性、助霉菌生长等。常用的红色染料有油溶性朱红、醇溶性猩红 CG 等。

13.1.5　有机溶剂

有机溶剂是单组分丁腈橡胶密封剂的分散剂，必须使密封剂所有成分充分溶解或悬浮，为此，溶剂与被溶物应尽量极性相近并应无毒或低毒，尽量为非易燃品，其挥发速度应适中，不能太快，否则不利于刷涂施工。当然，也不能太慢，否则施工后长时间不干燥，影响下步施工。为此，采用混合有机溶剂，满足施工和干燥的需求。常用溶剂有丙酮、丁酮、乙酸乙酯等。由于挥发速度不同的溶剂分子间的非化学键合作用，混合溶剂挥发时的速度能自动进行调节。

13.2　表面保护密封涂料的性能

表面保护密封涂料的性能要求见表 13 - 2。

表 13-2 表面保护密封涂料的性能要求(MIL-S-4383B)

序号	性能名称	指标
1	外观及颜色	均匀无粗粒子的透明红色胶液
2	毒性	不含苯、氯化溶剂及已知有毒的材料
3	固体含量/%	17~22
4	黏度/Pa·s	0.4~2.0
5	干燥时间/h	≤4
6	加速贮存稳定性,黏度/Pa·s	≤原始值×0.1
7	施工性能	刷涂、浸涂后膜层应光滑均匀,无流痕、气泡和小孔
8	膜层厚度/mm	0.0127~0.0381
9	重新涂敷性	新涂层不卷起、不起泡,粘接良好
10	对铝合金的剥离强度/(kN/m)	≥0.875
11	对聚硫密封剂的剥离强度/(kN/m)	≥1.751
12	低温挠性	无裂纹、粘接良好
13	耐热性(空气中50℃×48h+空气中80℃×72h)	不硬化、不起泡、不龟裂、不裂纹、不皱缩、粘接良好
14	耐烃和盐水双层液体	不软化、不起泡、不溶解、金属不被腐蚀、不失去粘接力
15	耐热油性(120℃×14天,浸1065级航空滑油后在直径3.2mm圆轴上弯曲180°)	不开裂、不剥皮、不失去粘接力
16	燃油污染度/(mg/100ml)	≤20
17	皱缩性(空气中50℃×48h+空气中80℃×72h)	不因皱缩发生脱落
18	对聚硫密封剂的保护性	聚硫密封剂应无明显的溶解、硬化、挠性变化或开裂的迹象,保护密封层应无裂纹、龟裂或脱层

13.3 表面保护密封涂料的制备工艺

分两步进行。第一步为混炼胶制备,制备工艺如下:将固体丁腈橡胶切成块状,在两辊炼胶机上进行塑炼,以降低丁腈橡胶的相对分子质量,提高其可塑性,然后按配方量加入树脂、防老剂及红色染料进行混炼直至均匀,最后薄通至胶片厚度约为0.8mm下片并将胶片展开悬挂冷却。第二步为混炼胶溶解工艺:将混炼胶片切成 10mm×10mm 的小片,置入加有配方量混合溶剂的密闭式并带有夹套的搅拌容器中,边搅拌边加入,待料加完后,密闭容器,在夹套中通入 60℃ 热水,密闭状态下搅拌一定时间,使成均匀胶液状,取样检测合格后即为成品。

13.4　表面保护密封涂料

表面保护密封涂料在室温或加温下可硫化成弹性密封膜,具有耐热、耐喷气燃料的性能,它可提高密封剂的防霉及在燃油中耐老化性能,延长密封剂及整体油箱的工作寿命。北京航空材料研究院研制了 HM501、HM504、HM505 等牌号的表面保护密封涂料,与聚硫或改性聚硫密封剂配套使用,已成功的在航空领域应用,效果良好。

13.4.1　HM501 表面保护密封涂料粘接底涂[1]

HM501 表面保护密封涂料是以丁腈橡胶为基体成分的无色半透明或红色半透明液状单组分表面涂覆密封材料。在室温或加温下可硫化成弹性密封膜,具有耐热、耐喷气燃料的性能,它可提高密封剂的防霉及在燃油中耐老化性能,延长密封剂及整体油箱的工作寿命,并对聚硫密封剂、铝合金及 SF-9 底漆、H06-1012底漆等材料表面有良好的粘接。涂覆工艺简单、干燥快速、耐喷气燃料的浸泡,主要用于整体油箱的内表面裸露金属及聚硫密封剂的保护密封,长期使用温度为 -55℃~130℃,可在 150℃短期使用。已同 XM-22B 聚硫密封剂、XM-21B 胶膜、SF-9 防腐底漆配套用于直升机燃油系统及歼教机机翼整体油箱的密封,对缝内和表面起密封作用的聚硫密封剂进行保护和灌涂密封修理。对整体油箱内的微小渗漏有良好的修堵作用,对被其覆盖的聚硫密封剂的力学性能的衰减速度有明显的延缓效果。具体性能见图 13-1、图 13-2、表 13-3、表 13-4。

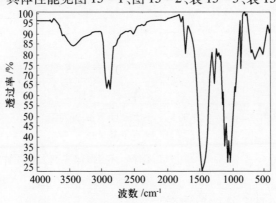

图 13-1　HM501 表面保护密封剂红外光谱图

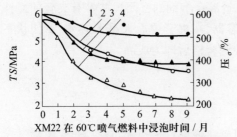
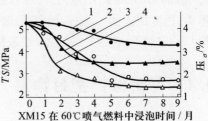

XM22 在 60℃喷气燃料中浸泡时间 / 月
1,3—由 HM501 保护后的 XM22B 密封剂拉伸
　　强度 (TS) 及扯断伸长率 (E_b) 的衰减曲线；
2,4—未经保护的 XM22B 密封剂拉伸强度 (TS)
　　及扯断伸长率 (E_b) 的衰减曲线。

XM15 在 60℃喷气燃料中浸泡时间 / 月
1,3—由 HM501 保护后的 XM15 密封剂拉伸
　　强度 (TS) 及扯断伸长率 (E_b) 的衰减曲线；
2,4—未经保护的 XM15 密封剂拉伸强度 (TS)
　　及扯断伸长率 (E_b) 的衰减曲线。

图 13-2　经 HM501 表面保护密封剂保护的 XM22B、XM15 密封剂性能衰减速度

表 13-3　HM501 表面保护密封剂全面性能

序号	性 能 名 称	指　　标	典 型 值
1	外观及颜色	均匀无粗粒子透明红色胶液	符合指标
2	毒性	不含苯和氯化溶剂及已知有毒材料	符合指标
3	固体含量/%	17 ~ 22	20
4	黏度/Pa·s	0.4 ~ 2.0	0.6
5	干燥时间/h	≤4	0.5
6	黏度加速贮存稳定性/Pa·s	≤原始值×0.1	0.05
7	施工性能	刷涂、浸涂后膜层应光滑均匀,无流痕和气泡、小孔	符合指标
8	膜层厚度/mm	0.0127 ~ 0.0381	0.02
9	重新涂敷性	新涂层不卷起、不起泡、粘接良好	符合指标
10	对铝合金的 180°剥离强度/(kN/m)	≥0.9	2.6
11	对聚硫密封剂的 180°剥离强度/(kN/m)	≥1.8	4.4
12	对 H06 - 1012H 底漆的 180°剥离强度/(kN/m)	≥1.0	4.6
13	低温挠性, - 55℃恒温 2h	无裂纹、粘接良好	符合指标
14	耐热性(空气中 50℃ ×48h + 空气中 80℃ ×72h)	不硬化、不起泡、不龟裂、不裂纹、不皱缩、粘接良好	符合指标
15	耐烃和盐水双层液体	不软化、不起泡、不溶解、金属不被腐蚀、不失去粘接力	符合指标
16	耐热油性(120℃ ×14 天,浸 1065 级航空滑油后在直径 3.2mm 圆轴上弯曲 180°)	不裂纹、不剥皮、不失去粘接力	符合指标

序号	性能名称	指标	典型值
17	燃油污染度/(mg/100mL)	≤20	3
18	皱缩性(空气中50℃×48h+空气中80℃×72h)	不因皱缩发生脱落	符合要求
19	对聚硫密封剂的保护性	聚硫密封剂应无明显的溶解、硬化挠性变化或裂纹的迹象,保护密封层应无裂纹、龟裂或脱层	符合指标

表 13 - 4　不同环境条件下复合密封剂的粘接性 180°剥离强度/(kN/m)

环境条件		60℃经7天耐喷气燃料	60℃经7天耐烃和盐水双层液体	130℃经59天热空气老化
	配伍关系	阳极化铝合金/HM501 涂层/XM15 密封剂/ HM501 涂层/阳极化铝合金		
黏接性	180°剥离强度	7.0	1.9	7.9
	界面状况	XM15 内聚破坏面积率为100%	HM501 内聚破坏面积率为100%	XM15 内聚破坏面积率为100%
	配伍关系	HM501 涂层/帆布/HM501 涂层/H06 - 1012H 底漆/阳极化铝合金		
黏接性	180°剥离强度	3.6	3.2	3.5
	界面状况	HM501 内聚破坏面积率为100% , 界面间无相互腐蚀	HM501 内聚破坏面积率为100% , 界面间无相互腐蚀	HM501 内聚破坏面积率为100% , 界面间无相互腐蚀
	配伍关系	HM501 涂层/帆布/HM501 涂层/阳极化铝合金		
黏接性	180°剥离强度	1.0	0.9	1.9
	界面状况	HM501 内聚破坏面积率为100% , 界面间无相互腐蚀	HM501 内聚破坏面积率为100% , 界面间无相互腐蚀	HM501 内聚破坏面积率为100% , 界面间无相互腐蚀
	配伍关系	阳极化铝合金/HM501 涂层/XM22 密封剂/HM501 涂层/阳极化铝合金		
黏接性	180°剥离强度	3.9	2.5	4.1
	界面状况	HM501 内聚破坏面积率为100% , 界面间无相互腐蚀	HM501 内聚破坏面积率为100% , 界面间无相互腐蚀	HM501 内聚破坏面积率为100% , 界面间无相互腐蚀

教练机全尺寸模拟机翼整体油箱试验件由 HM501 表面保护涂料灌封并干燥后进行如下模拟飞行条件的试验:

(1) 气密试验:试验件中充入喷气燃料及空气,充气压力 0.03 MPa,保压时间

30min,结果不渗不漏。

（2）高温动态疲劳试验:试验件中充入 70℃ ±3℃ 的水,然后充压,脉动压力为 0 ~ 0.03MPa,脉动频率 1 次/min,总次数为 6000 次,然后充压 0.03MPa,保压 30min,结果不渗不漏。

（3）低温动态疲劳试验:试验件中充入喷气燃料,降温至 −26℃,脉动压力为 0 ~ 0.02MPa,脉动频率 1 次/34s(充气 6s 压力至 0.02MPa,然后放气至 0,全程 34s),总次数为 1500 次,降温至 −55℃ 以相同条件脉动 600 次,结果不渗不漏。

（4）常温充气动态疲劳试验:低温脉动充压 0 ~ 0.03MPa,脉动频率 1 次/34s,共脉动 80000 次,结果不渗不漏。

13.4.2　HM504 表面保护密封涂料[1]

HM504 表面保护密封涂料是以固体丁腈橡胶为基体的胶液状单组分密封涂料,它已用于运输机机翼整体油箱内聚硫密封剂的表面保护。对整体油箱内的微小渗漏有良好的修堵作用,对被其覆盖的聚硫密封剂的力学性能的衰减速度有明显的延缓效果,与 HM501 相比,不同之处是 HM501 弹性伸长率明显大于 HM504,而 HM504 对所有接触面的粘接力要明显大于 HM501。油箱刚度大时,宜采用 HM504。HM504 红外光谱见图 13 −3,物理、化学、力学、耐环境及工艺性能见表 13 −5。由密封涂料作内表面保护的飞机整体油箱典型结构模拟件试验见图 13 −4,其试验步骤如下:

（1）常温充喷气燃料脉动冲压试验:脉动力为 0.049MPa→0.196MPa→0.049MPa,脉动频率 1 次/min;脉动冲压时间 8h,结果不渗不漏。

（2）低温(−55℃)充喷气燃料脉动冲压试验:脉动压力同常温,脉动频率 1 次/min;脉动冲压时间 8h,结果不渗不漏。

（3）高温(130℃)充喷气燃料脉动冲压试验:脉动压力同常温,脉动频率 1 次/min;脉动冲压时间 4h,结果不渗不漏。

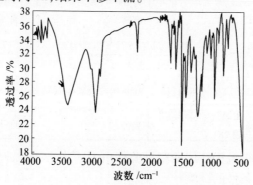

图 13 −3　HM504 红外光谱图

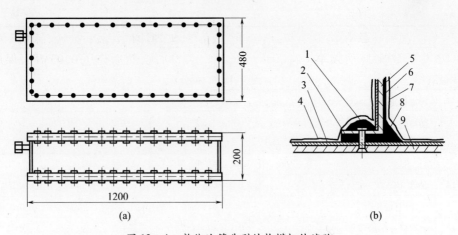

图 13-4 整体油箱典型结构模拟件试验

(a) 模拟件轮廓及尺寸；(b) 模拟件内部典型密封结构。

1—HM108A 密封剂(铆钉头罩封)；2—HM108B 密封剂(代做贴合面密封用)；3,6—S06-1010H 底漆；
4,7—HM504 表面何护密封涂层；5,9—铝合金件；8—HM108B 密封剂填角密封。

表 13-5 HM504 表面保护密封剂全面性能

序号	性 能 名 称	指 标	典 型 值
物 理 性 能			
1	外观及颜色	均匀无粗粒子透明红色胶液	符合指标
2	固体含量/%	17~22	20
3	收缩性	不因收缩而引起开裂或剥落	符合指标
化 学 性 能			
4	毒性	低毒,不含苯和氯化溶剂及已知有毒材料	符合指标
5	抗腐蚀及对密封剂保护性	对铝合金不腐蚀,对聚硫密封剂起保护作用	
6	燃烧性	涂料遇明火易燃烧	
力 学 性 能			
7	与 HM108A 的 180°剥离强度/(kN/m)	≥1.8	5.5
8	与 HM108B 的 180°剥离强度/(kN/m)	≥1.8	5.8
9	与 S06-1010H 底漆的 180°剥离强度/(kN/m)	≥1.0	1.8
耐 环 境 性 能			
10	低温挠性(在 50℃±2℃喷气燃料中浸泡48h后,于-55℃恒温 2h)	无裂纹、粘接良好	符合指标
11	耐烃和3% NaCl 盐水双层液体(在 50℃±2℃烃和3% NaCl 盐水双层液体浸泡20 天后)	不软化、不起泡、不溶解、金属不被腐蚀、不失去粘接力	符合指标

序号	性能名称	指 标	典型值
		耐 环 境 性 能	
12	燃油污染度/(mg/100ml)	≤20	6.5
13	防霉性(涂层经29℃相对湿度95%试验条件28天后)/级	零	零
		工 艺 性 能	
14	黏度/Pa·s	0.1~1.5	0.15
15	干燥时间/h	≤4	0.5
16	一次刷涂膜层厚度/mm	0.01~0.04	0.02
17	重新涂敷性	新旧涂层间有良好黏性,不卷起、不气泡	符合指标

使用 HM504 表面保护密封涂料的基本工艺条件是:必须具备通风的条件,试样制备在标准条件下进行(温度23℃±2℃、相对湿度45%~55%)。装机施工的环境温度为15℃~30℃,相对湿度不超过80%。HM504 表面保护密封剂可采用刷涂、灌涂,灌涂的浓度不得大于15%,灌入涂料后应充分摇动箱体,多余涂料应立即放出并及时在强力通风下摇动箱体,迫使涂料中的溶剂快速挥发掉,以此保证涂层厚度的均匀性。

13.4.3　HM505 表面保护密封涂料

HM505 表面保护密封涂料是以固体氢化丁腈橡胶为基体的胶液状单组分密封涂料,它已用于某型歼击机机翼整体油箱内改性聚硫密封剂的表面保护。与 HM501、HM504 相比,不同之处是 HM505 采用氢化丁腈橡胶作为基础用胶,其耐高温性能由于采用普通丁腈橡胶的 HM501、HM504,适合于具有更高耐温要求的场合。施工工艺与 HM501、HM504 相同。HM505 表面保护密封涂料性能见表 13-6。

表 13-6　HM505 表面保护密封涂料性能

序号	试验项目	技术指标	典型值
1	外观	均匀、无凝胶、无机械杂质的红色透明或半透明液体	均匀、无凝胶、无机械杂质的红色透明液体
2	不挥发分含量/%	17~22	17.25
3	黏度/CP	400~200	520
4	干燥时间/h	≤4	1
5	再涂性	新旧涂层间应有好的粘接性,不起泡、不起皮、不起皱	新旧涂层间应有好的粘接性,不起泡、不起皮、不起皱

序号	试验项目		技术指标	HM505
6	粘接性能	配合阳极氧化的 2A12 铝合金的剥离强度/（kN/m）	≥0.9	5.4
		配合聚硫密封剂或改性聚硫密封剂的剥离强度/（kN/m）	≥1.8	9.8
7	低温柔软性		无裂纹，不失去粘接性	无裂纹，不失去粘接性
8	耐热性		不变硬、不起泡、无裂纹、不失去粘接性和柔软性	不变硬、不起泡、无裂纹、不失去粘接性和柔软性
9	耐双层液性能		不变软、不起泡、对金属无腐蚀，与金属不失去粘接性	不变软、不起泡、对金属无腐蚀，与金属不失去粘接性
10	加速贮存稳定性		无分层和凝胶	无分层和凝胶

参 考 文 献

[1]　《中国航空材料手册(第 2 版)》编辑委员会.中国航空材料手册:第 8 卷.第二版.北京:中国标准出版社,2002:380 - 387.